教育部全国职业教育与成人教育教学用书规划教材

"十二五"全国高校动漫游戏专业骨干课程权威教材

U0684384

中文版 3ds Max 建模百例

联合策划：海洋出版社&欧星文化

编　著：张璟雷　郝边远

海洋出版社

2011年·北京

内 容 简 介

　　本书是作者总结自己多年使用3ds Max建模的实践经验以及教学经验，特别为广大三维模型设计师编写的教材。通过100个经典实例，100种经典模型的设计，多种建模方法的综合应用，详细深入的流程讲解，帮助您迅速掌握3ds Max建模方法与技巧，适应实际工作的需要。

　　本书是基于3ds Max2010版本编写的，全书共分为9章，包括基础物体建模、二维图形到三维模型的转换、复合对象建模、多边形建模、生活用品建模、厨具洁具建模、基础设施建模以及综合建模练习等内容。整个学习流程联系紧密，范例典型实用，技术含量十足。在每章的最后都安排了上机练习题，帮助您更好地巩固所学知识。配合本书配套光盘的多媒体视频教学课件，让您在掌握各种建模技巧的同时，享受无比的学习乐趣！

　　超值1CD内容： 19个完整影音视频文件+电子课件+作品与素材

　　读者对象： 适用于高等院校三维动画专业教材；社会各类3ds Max培训班教材；用3ds Max进行室内外效果图设计、动画设计等从业人员实用的自学指导书。

图书在版编目（CIP）数据

中文版3ds Max建模百例/张璟雷，郝边远编著. — 北京：海洋出版社，2011.6
ISBN 978-7-5027-8008-1

Ⅰ.①中… Ⅱ.①张…②郝… Ⅲ.①三维动画软件，3DS MAX Ⅳ.①TP391.41

中国版本图书馆CIP数据核字（2011）第078358号

总 策 划：刘 斌

责任编辑：刘 斌

责任校对：肖新民

责任印刷：赵麟苏

排　　版：海洋计算机图书输出中心　　晓阳

出版发行：海洋出版社

地　　址：北京市海淀区大慧寺路8号（716房间）
　　　　　100081

经　　销：新华书店

技术支持：（010）62100055

发行部：（010）62173651（传真）（010）62132549
　　　　（010）68038093（邮购）（010）62100077

网　　址：www.oceanpress.com.cn

承　　印：北京朝阳印刷厂有限责任公司

版　　次：2011年6月第1版
　　　　　2015年9月第2次印刷

开　　本：787mm×1092mm 1/16

印　　张：27.25

字　　节：523千字

印　　数：3001~4500册

定　　价：68.00元（含1CD）

前　言

随着计算机技术的飞速发展，三维动画技术也在各个方面得到了广泛的应用，伴随着的是动画制作软件的层出不穷，3ds Max 是这些动画制作软件中的佼佼者。使用 3ds Max 可以完成多种工作，包括影视制作、广告动画、建筑效果图、室内效果图、模拟产品造型设计和工业设计等。

本书基于 3ds Max 2010 版本编写，3ds Max 2010 版本在建模技术、材质编辑、环境控制、动画设计、渲染输出和后期制作等方面日趋完善，其内部算法有很大的改进，提高了制作和渲染输出的速度，渲染效果达到了工作站级的水准。它的功能和界面划分也更加合理、更人性化，各功能组有序的组合大大提高了制作三维动画的工作效率。

本书是一本专门介绍 3ds Max 建模方法及建模命令的速成宝典，全书共分为 9 章，内容包括基础物体建模；二维图形到三维模型的转换；复合对象建模；多边形建模；生活用品建模；厨具洁具建模；基础设施建模；综合建模练习等。重点介绍了 3ds Max 的多边形建模法。

本书图文并茂、通俗易懂。每个范例都配以制作流程和具体操作步骤，即学即用，大大降低学习难度、激发学习兴趣和动手操作的欲望，事半功倍。本书具有很强的实用性，书中所有的实例都精选于实际设计，读者可以直接将其套用到实际工作中，或者作为参考资料进行借鉴，为设计工作增加创作的灵感。

本书内容系统，层次清晰，可作为高等院校相关专业教材，各类 3ds Max 培训班教材以及工程技术人员和从事三维设计的从业人员自学参考用书。

感谢参与和支持本书写作的朋友，他们是吉林动画学院的白立明、李飞、王富利、丁晓春、田立群、郭永顺、李彦蓉、唐赛、董敏捷、安培、李传家、王晴、徐建利、张余、艾琳、陈腾、左超红、奚金、蒋学军、牛金鑫、蒋丽、贾建、王春铁、朱万双、严明明、张志山、马云飞、李宇民、姜丽丽、吴启鹏、李鹏程、衡忠兵、李志刚、冯建强、金建伟、吴海英等。书中难免有错误和疏漏之处，希望广大读者批评、指正。

编　者

效果图鉴赏

撞球（P1）

桌椅（P4）

胶囊（P6）

DNA链（P8）

旋转楼梯（P10）

联想标志（P14）

站台（P17）

果酱瓶子（P20）

喷漆罐（P22）

笔筒（P24）

钟表摆件（P28）

弯头（P32）

椅子（P36）

水壶（P39）

搪瓷小罐（P44）

红酒架子（P46）

茶几（P49）

吊灯（P51）

电脑椅（P53）

红酒静物（P57）

火车路标（P62）

木质婴儿床（P66）

窗帘（P70）

三维制作大师

奔驰车标（P72）

荷花（P73）

高尔夫球（P77）

乒乓球拍（P78）

仙人掌球（P80）

草莓（P83）

小号（P86）

麦克风（P96）

秤（P100）

iv

三 维 制 作 大 师

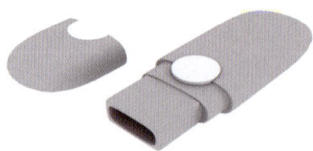

U盘（P105）

帆船（P109）

高跟鞋（P113）

时尚音箱（P117）

旋转文字（P122）

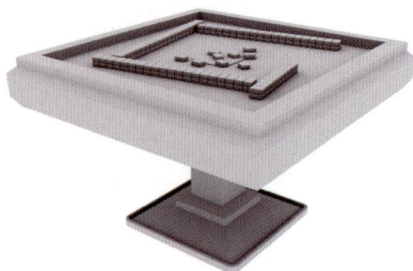

麻将桌（P124）

欧式茶几（P128）

台灯（P133）

音箱（P137）

蜗牛（P142）

显示器（P145）

古巴雪茄盒（P147）

遥控器（P150）

橡皮船（P152）

钟表（P157）

哑铃（P163）

闹钟（P168）

屋顶吊灯（P173）

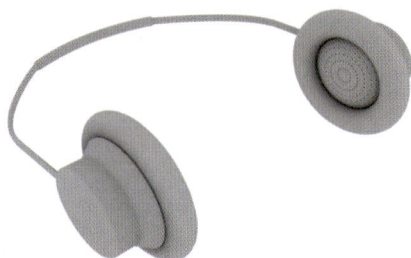

耳机（P177）

液晶显示器（P181）

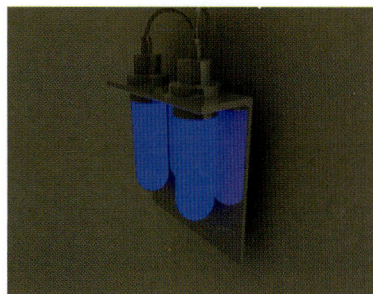

墙灯（P184）

V

三 维 制 作 大 师

照明灯具 (P188)

应急灯 (P191)

哑铃架 (P196)

风扇 (P200)

照明灯 (P202)

吧台椅子 (P207)

沙发 (P212)

躺椅 (P218)

会议桌 (P221)

灯 (P224)

名片夹 (P227)

壁灯 (P231)

地灯（P235）

地球仪（P240）

简约沙发（P244）

相机（P250）

精致相机（P254）

雨伞（P258）

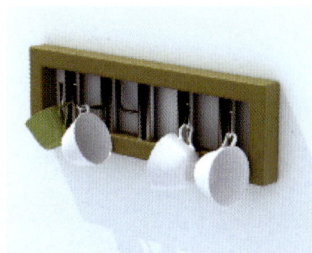

浴缸（P261）

茶杯（P263）

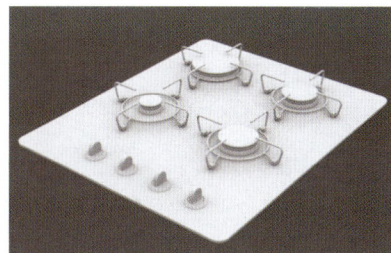

燃气灶（P265）

垃圾箱（P272）

饮水机（P279）

餐具架（P283）

三维制作大师

厨房用水池（P286）

单把水壶（P290）

陶瓷盘子（P294）

淋浴喷头（P297）

酒壶（P299）

咖啡机（P303）

缕空花瓶（P306）

时尚镜子（P309）

时尚酒瓶（P313）

坐便器（P317）

手纸架（P322）

牙膏（P324）

易拉罐（P327）

油桶（P330）

公园长椅（P334）

消防栓（P339）

电话亭（P349）

公交站台（P352）

欧式路灯（P356）

垃圾桶（P370）

钢琴（P364）

办公楼（P374）

带天桥的办公楼（P381）

别墅（P385）

自行车（P393）

摩托车（P405）

ix

三维制作大师

目录 CONTENT

x

三维制作大师

第5章 生活用品建模 163

第6章 厨具洁具建模 261

三维制作大师

第 1 章　基础物体建模

> 基础物体建模可以说是整个建模体系的基础，3ds Max 2010提供了
> 【长方体】、【球体】、【圆柱体】等简单的几何对象，通过修改
> 相应的参数，可以修改对象的形状。本章将通过对基础几何体的基
> 本搭建，进行模型的创作。

▶ 1.1　撞球的制作

在这一节中，将学习利用 3ds Max 2010 中所提供的标准基本体，创建一套表现恒动力的撞
球的模型。如图 1-1 所示为制作的撞球效果。

学习重点

（1）学习使用基本几何体搭建模型。
（2）学会在各个视图中正确的操作，视图使用合理。

图1-1　撞球效果图

实例场景: 光盘 \ 效果 \ 第 1 章 \ 撞球 .max

操作步骤

01 激活左视图，进入【创建】控制面板的 【几何体】建立区域，单击 圆锥体 按钮，在左
视图中创建一个圆柱体，如图 1-2 所示。再单击 长方体 按钮在左视图中绘制一个长方体，在
前视图中使用 【移动】工具沿 X 轴方向移动至如图 1-3 所示位置。

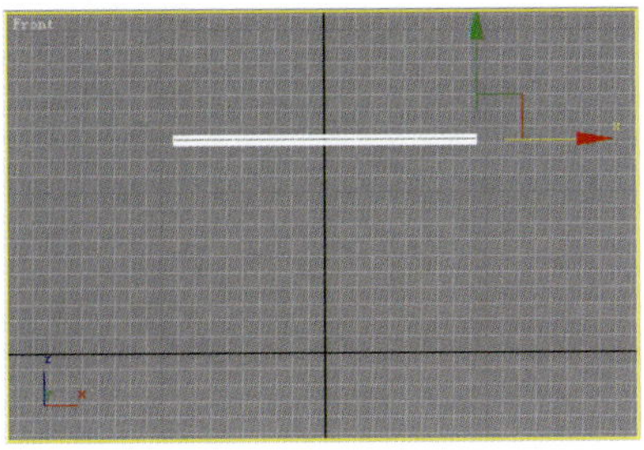

图1-2　建立圆柱体

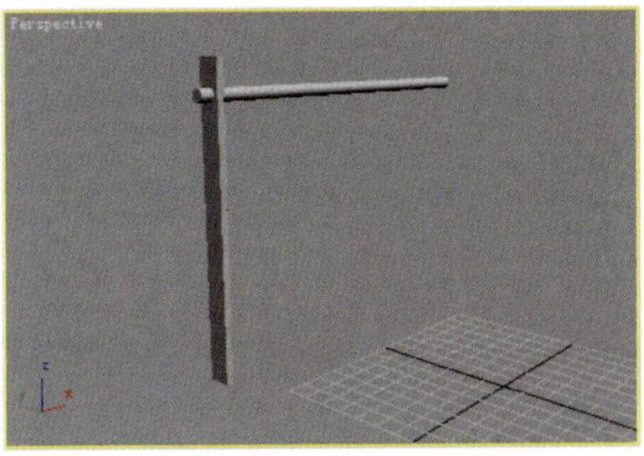

图1-3　建立长方体

02 保持长方体处于选择状态，在前视图中按键盘 Shift 键沿 X 轴移动复制出另一个长方体，在复制对象类型中选择【实例】的复制方法，如图 1-4 所示。移动位置至如图 1-5 所示。

> **提 示** 按住键盘 Shift 键是复制的快捷键，在【克隆选项】对话框中将复制的类型选为【实例】的关系是使复制的对象与原对象相互关联，改变其中一个对象的参数，其他复制的对象也会发生相同的改变。

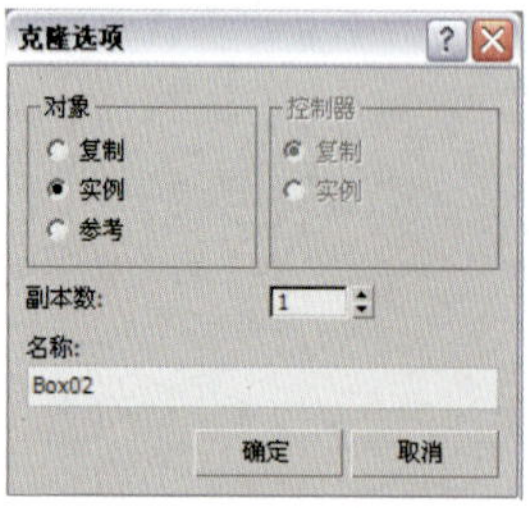

图1-4 【克隆选项】对话框

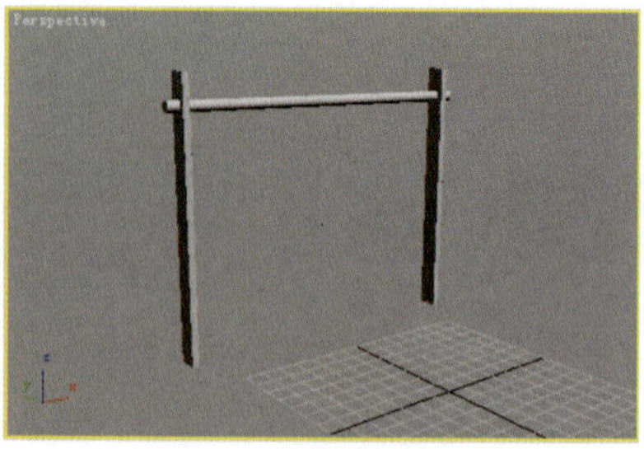

图1-5 复制长方体

03 再次将三个对象全部选中，使用同样的复制方法在顶视图中沿 Y 轴向下复制，得到如图 1-6 所示的支架效果。单击 长方体 按钮在左视图中绘制一个长方体，如图 1-7 所示。

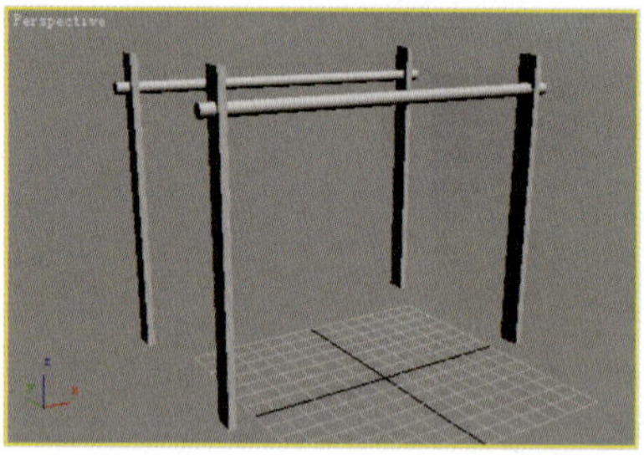

图1-6 复制对象

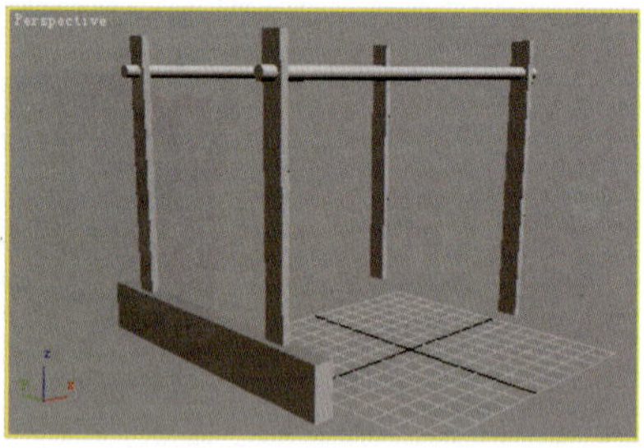

图1-7 绘制长方体

04 保持新绘制的长方体处于选择状态，在前视图中按键盘 Shift 键沿 X 轴移动复制出另一个长方体，如图 1-8 所示。在复制对象类型中选择【实例】的复制方法。激活顶视图，单击 长方体 按钮在顶视图中绘制一个长方体并使用 ✛【移动】工具调整位置至支架底部，整个支架制作完成，如图 1-9 所示。

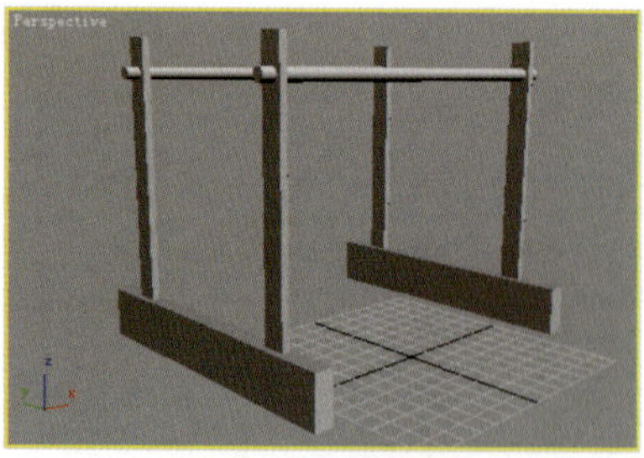

图1-8 复制对象

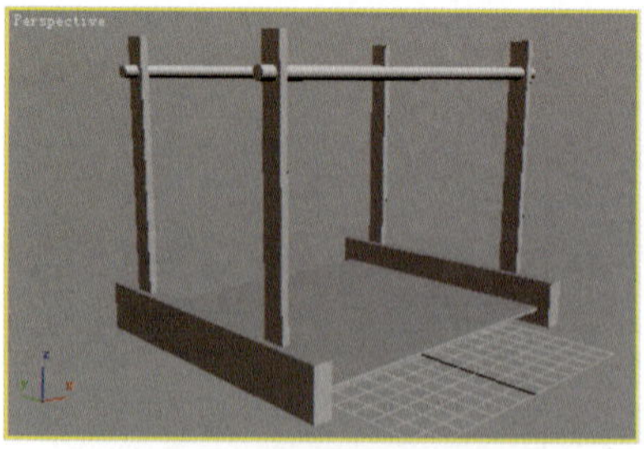

图1-9 绘制长方体

05 撞球的绘制。激活顶视图，进入【创建】控制面板的 ○【几何体】建立区域，单击 球体 按钮，在顶视图中创建一个球体体，并使用 ✛【移动】工具在前视图中调整位置，如图 1-10 所示。绘制球体中间的金属杆。单击 圆柱体 按钮，在前视图中绘制一个圆柱体，使用 ✛【移动】工具将圆柱体摆放至球体的中间处，如图 1-11 所示。

图1-10　绘制球体

图1-11　绘制圆柱体

06 绘制撞球的拉线。激活顶视图，单击 圆柱体 按钮，在顶视图中绘制一个圆柱体，注意圆柱体的【半径】值要小，如图 1-12 所示。单击工具条 【旋转】工具，将圆柱体旋转一定的角度并调整位置，如图 1-13 所示。

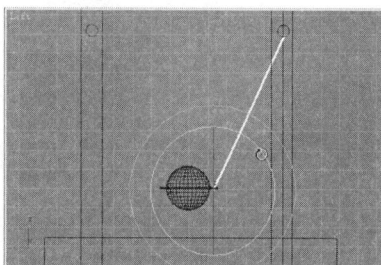

图1-12　绘制圆柱体

图1-13　旋转圆柱体角度

07 镜像复制另一个圆柱体。激活左视图，单击工具条 【镜像】工具，在【镜像：屏幕坐标】对话框中调整【镜像轴】为 X 轴，【克隆当前选项】为【实例】的复制关系，适当的调整【偏移】值，如图 1-14 所示，得到如图 1-15 所示的镜像效果。

> **提　示**　使用工具栏中的 【镜像】工具可以移动一个或多个对象沿着指定的坐标轴镜像到另一个方向，同时也可以产生具备多种特性的复制对象。

08 将所有的撞球和连接线一同选中，在前视图中按键盘 Shift 键沿 X 轴移动复制出另外的撞球，如图 1-16 所示。撞球模型制作完毕。

图1-14　【镜像：屏幕坐标】对话框

图1-15　镜像复制圆柱体

图1-16　撞球模型

三维制作大师

1.2 木质桌椅的制作

在这一节中，将学习利用 3ds Max 2010 中所提供的标准基本体，创建一套简单的木质桌椅模型。图 1-17 所示为制作的桌椅效果。

学习重点

(1) 学习使用基本几何体搭建桌椅的结构。

(2) 学会在各个视图中正确的操作，视图使用合理。

图1-17 桌椅效果图

实例场景：光盘\效果\第1章\桌椅.max

操作步骤

01 激活顶视图，进入【创建】控制面板的 ◎【几何体】建立区域，单击 长方体 按钮，在顶视图中创建一个立方体。并使用 ✛ 在前视图中沿 Y 轴向上移动至合适的位置，如图 1-18 所示。

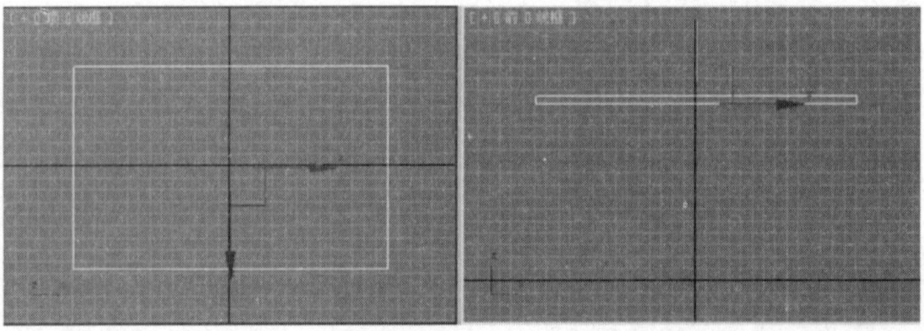

图1-18 建立长方体

02 在顶视图中，再次单击 长方体 按钮，绘制出桌子腿，同时在前视图中调整好高度，如图 1-19 所示。在顶视图中按键盘 Shift 键沿 X 轴移动复制一个桌子腿，在复制对象类型中选择【实例】的复制方法，如图 1-20 所示。

03 在顶视图中，按键盘 Ctrl 键加选两个桌腿，按键盘 Shift 键沿 Y 轴向下移动复制出另外两个桌子腿，复制方法同步骤 2，如图 1-21 所示。

04 在前视图中，单击 长方体 按钮，绘制桌子四腿之间的横梁，同时在顶视图中调好相应位置，如图 1-22 所示。按键盘 Shift 键，复制出相对应的横梁，如图 1-23 所示。

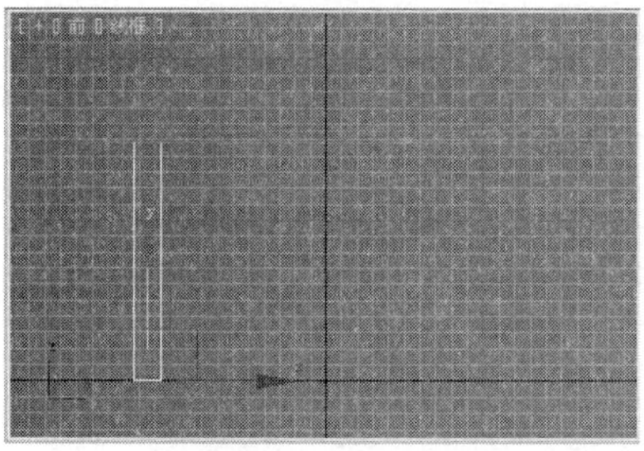

图1-19　建立桌子腿 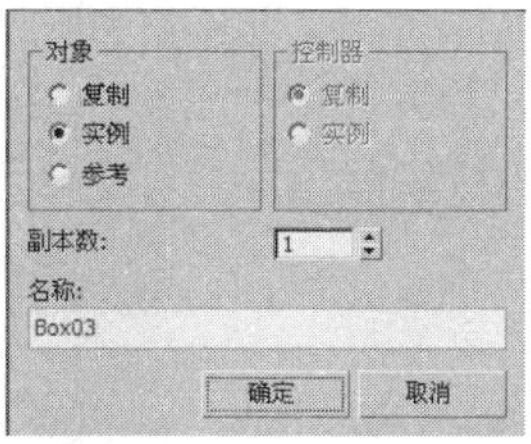　　　　图1-20　【克隆选项】对话框 　　　　图1-21　复制桌子腿

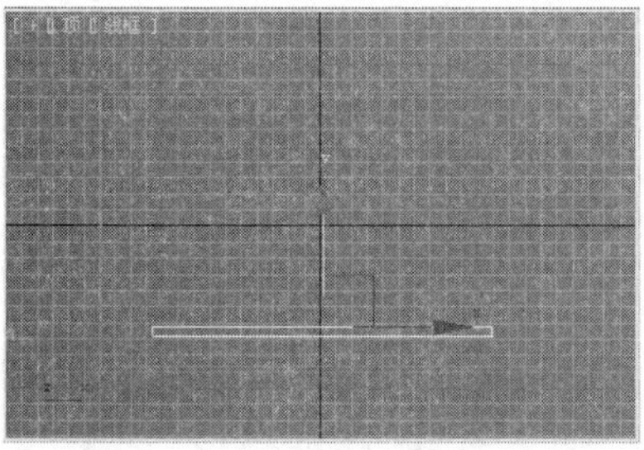

图1-22　绘制横梁 　　　　　　　　图1-23　复制横梁

05 激活顶视图，进入【创建】控制面板的○【几何体】建立区域，单击 长方体 按钮，在顶视图中创建一个立方体。并使用✛在前视图中沿 Y 轴向上移动至合适的位置，如图 1-24 所示。

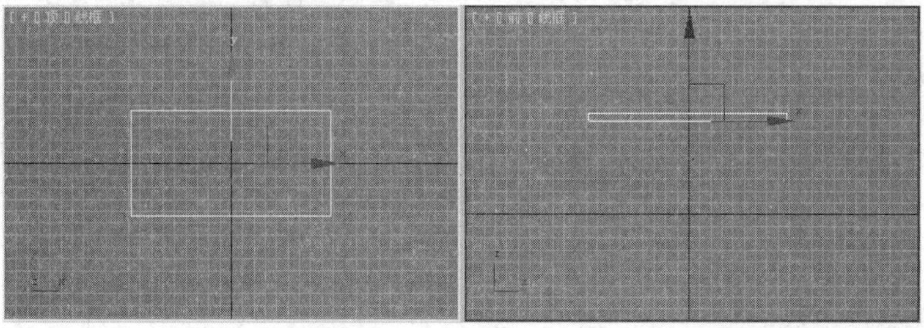

图1-24　绘制长方体

06 在顶视图中，再次单击 长方体 按钮，绘制出椅子腿，同时在前视图中调整好高度，如图 1-25 所示。在顶视图中按键盘 Shift 键沿 X 轴和 Y 轴分别移动复制出另外的椅子腿，在复制对象类型中选择【实例】的复制方法，如图 1-26 所示。

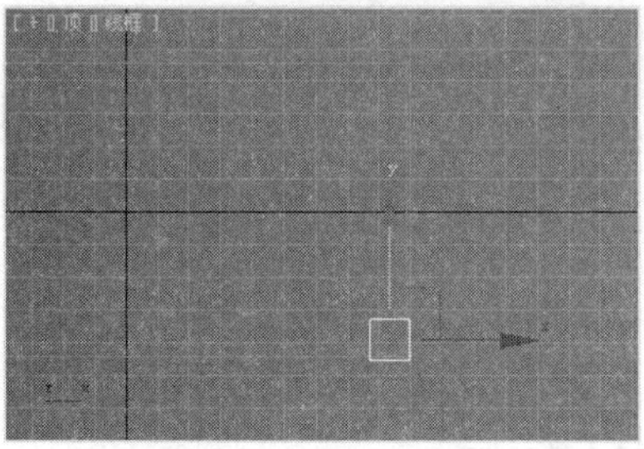

图1-25　绘制椅子腿 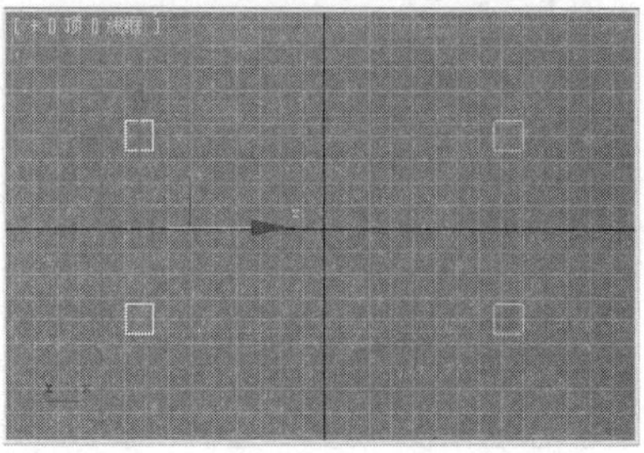　　　　　　　图1-26　复制椅子腿

07 在顶视图中，单击 长方体 按钮，绘制出椅子腿部的两根横梁，同时在前视图中调整好位置，如图 1-27 所示。在顶视图中按键盘 Shift 键沿 X 轴移动复制出另外的横梁，在复制对象类型中

三维制作大师

选择【实例】的复制方法，如图 1-28 所示。

08 在顶视图中，单击 长方体 按钮，绘制出椅子最上端的垫子，注意在前视图中调整好高度位置，如图 1-29 所示。完成的椅子如图 1-30 所示。

09 将桌子和椅子组合起来，完成如图 1-31 所示的组合。

图1-27　绘制横梁

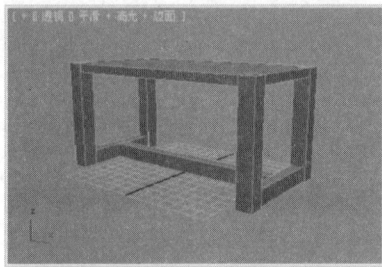

图1-28　复制横梁

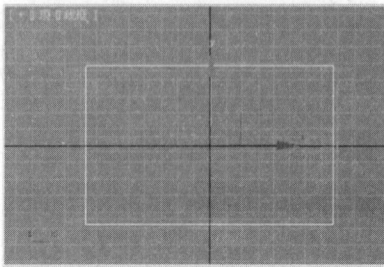

图1-29　绘制椅垫

图1-30　椅子建模完成

图1-31　桌椅组合

1.3　胶囊的制作

在这一节中，将学习利用 3ds Max 2010 中所提供的扩展基本体中的胶囊，创建胶囊药的模型。图 1-32 所示为制作的胶囊效果。

学习重点

（1）学习使用扩展基本体搭建模型。

（2）学会在各个视图中正确的操作对象。

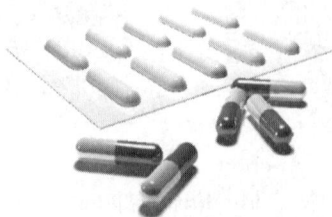

图1-32　胶囊效果图

实例场景：光盘＼效果＼第1章＼胶囊.max

操作步骤

01 药板的制作。激活顶视图，进入【创建】控制面板的⊙【几何体】建立区域，单击 长方体 按钮，在顶视图中创建一个长方体，如图 1-33 所示。再在⊙【几何体】建立区域中，单击【标准基本体】下拉菜单，选择【扩展基本体】选项，单击 胶囊 按钮，在左视图中创建一个胶囊体，如图 1-34 所示。

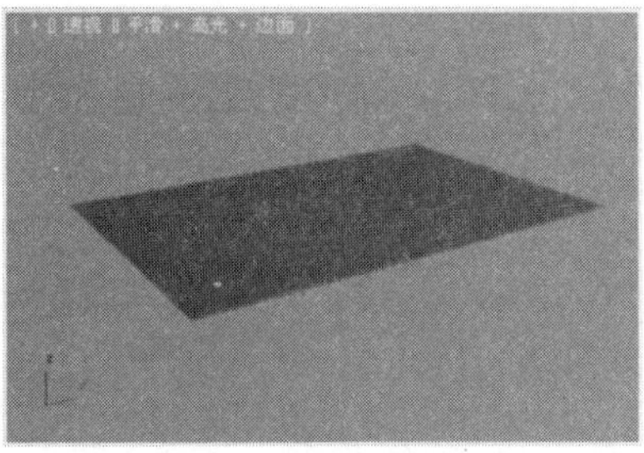

图1-33　建立长方体 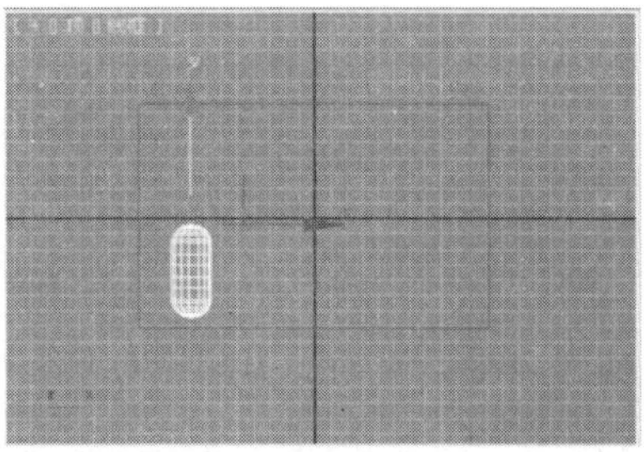　　　　　　图1-34　建立胶囊

02 调整胶囊的参数。选择胶囊体，进入 ⬚【修改】命令面板，勾选【启用切片】选项，调整【切片起始位置】的值为 180，将胶囊变为一半的效果，如图 1-35 所示。激活顶视图，按住键盘 Shift 键将胶囊沿 X 轴向右侧复制出另外四个，复制关系选择为【实例】，如图 1-36 所示。

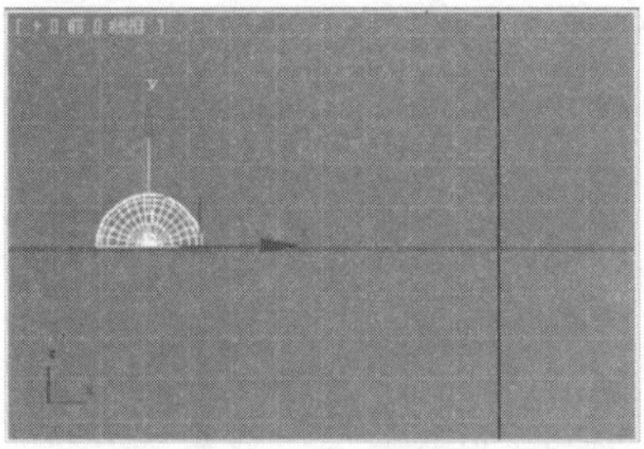

图1-35　建立切片效果 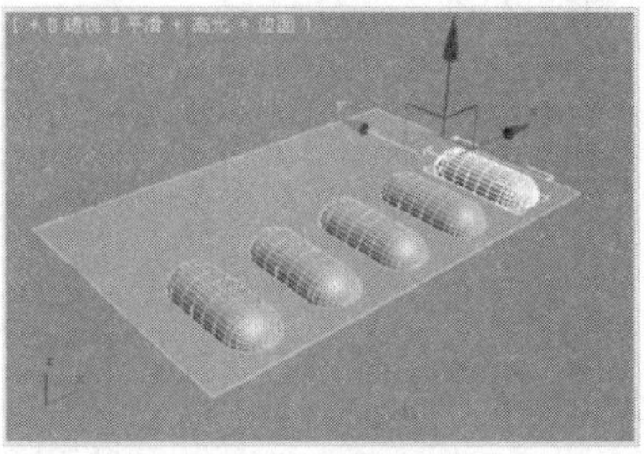　　　　　　图1-36　复制胶囊

03 按住键盘 Ctrl 键，将五个胶囊体同时选中，按住键盘 Shift 键，将选中的胶囊在顶视图中沿 Y 轴向上复制出另外一排，复制关系选择【实例】的类型，如图 1-37 所示。再次单击 胶囊 按钮，在左视图中继续创建胶囊体作为药的模型，如图 1-38 所示。

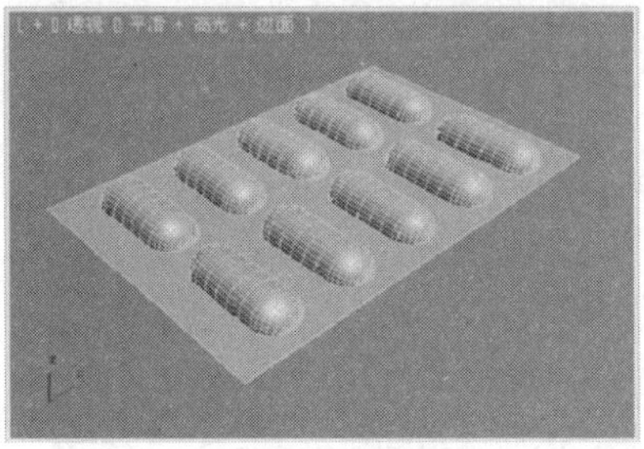

图1-37　复制胶囊 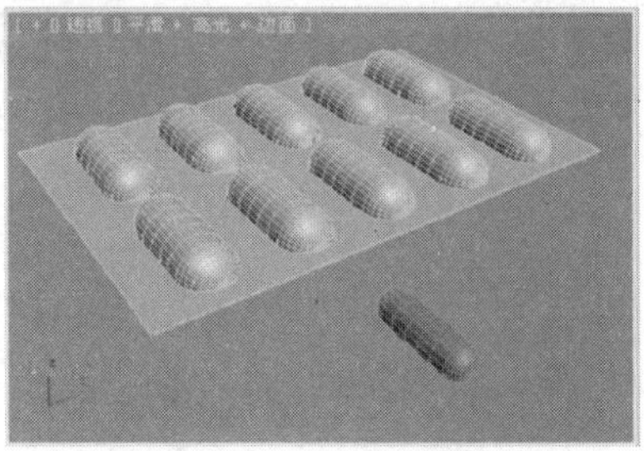　　　　　　图1-38　绘制胶囊

04 激活顶视图，使用工具条✛【移动】工具及◔【旋转】工具，将胶囊药的模型进行复制，可以随意摆放，最后的效果如图 1-39 所示。

三维制作大师

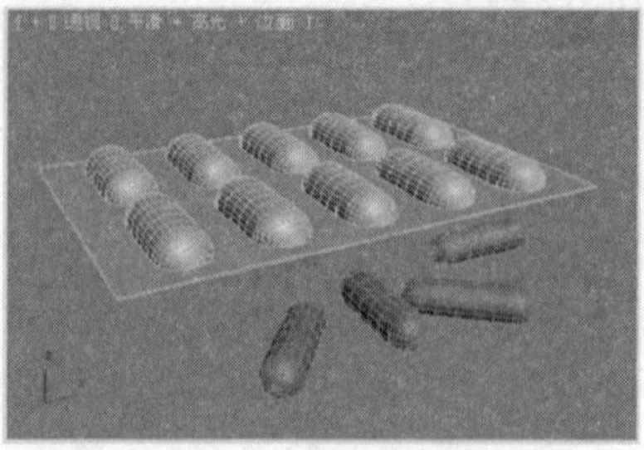

图1-39 复制胶囊

1.4 DNA链的制作

在这一节中，将学习利用 3ds Max 2010 中所提供的标准基本体，配合阵列命令，制作一个 DNA 组合模型。图 1-40 所示为制作的 DNA 链的效果图。

学习重点

（1）学习使用基本几何体搭建 DNA 链的结构。
（2）学会在所选视图中如何正确使用阵列命令。

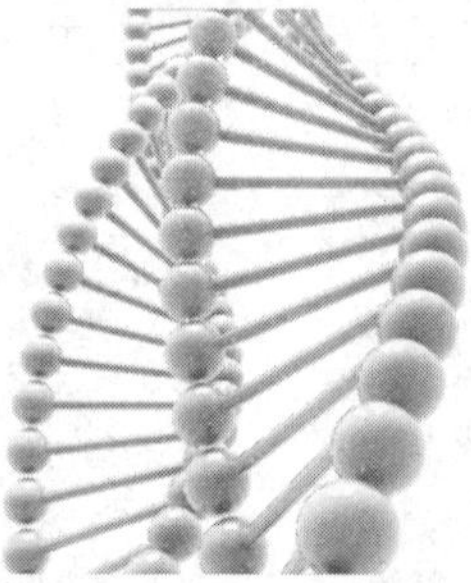

图1-40 DNA链效果图

实例场景：光盘\效果\第1章\DNA链.max

操作步骤

01 激活左视图，进入创建控制面板的 【几何体建立】区域，单击 球体 按钮，在左视图中绘制一个球体，如图 1-41 所示。按住键盘 Shift 键在前视图中将球体沿 X 轴复制一个，复制关系选择为【实例】的类型，如图 1-42 所示。

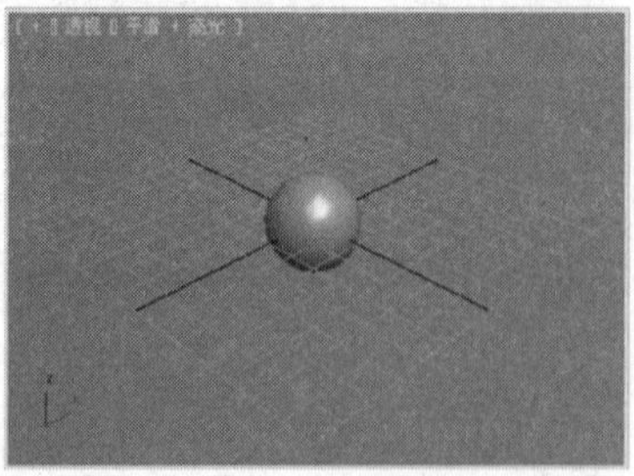

图1-41 绘制球体

图1-42 复制球体

02 单击 [圆柱体] 按钮在左视图中绘制一个圆柱体，将两个球体连接起来，如图1-43所示。将圆柱体与两个球体同时选中，执行【组】菜单中的【成组】命令，将其编为一组，使其公用一个旋转轴心，如图1-44所示。

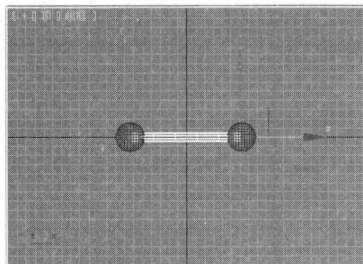

03 保持该对象组处于选择状态，激活顶视图，选择【工具】菜单中的【阵列】命令，弹出【阵列】对话框，进行阵列复制。首先

图1-43 绘制圆柱体

判断DNA链有位置上的变化，以激活的顶视图为准，应该是沿Z轴向上移动复制，所以在【增量】项目中的【移动】位置的【Z】轴输入框中输入向上移动的距离，也就是说多大的距离复制一个DNA链；然后判断DNA链除了有位置的变化外还有角度的变化，以激活的顶视图为准，应该是沿Z轴向上旋转复制的，所以在【旋转】位置的【Z】轴输入框中输入旋转的角度；也就是说多少角度复制一个DNA链。输入如图1-45所示的数值。

图1-44 编组

图1-45 【阵列】对话框

> **提示** 【阵列】命令是进行复杂复制的常用命令，在制作阵列的过程中，要始终以激活的视图为准，正确判断出变换的轴向，才能做出正确的复制。

04 设置【数量】的值，也就是要复制多少个DNA链，然后单击【确定】按钮，得到如图1-46所示的DNA链的效果。将整个链子再复制一个，然后适当的调整视图的角度，得到如图1-47所示的最后效果。

图1-46 阵列出来的DNA链

图1-47 DNA链最后效果

1.5　旋转楼梯的制作

在这一节中，将学习利用 3ds Max 2010 中所提供的标准基本体，配合阵列命令，制作一旋转楼梯。图 1-48 所示为制作的旋转楼梯的效果图。

学习重点

(1) 学习使用基本几何体搭建旋转楼梯的结构。
(2) 学会在所选视图中如何正确使用阵列命令，制作较为复杂的复制。
(3) 学会如何调整物体的重心。
(4) 学会如何渲染。

图1-48　旋转楼梯效果图

实例场景：光盘\效果\第1章\旋转楼梯.max

操作步骤

01 激活顶视图，进入创建控制面板的 ○【几何体建立】区域，单击 图柱体 按钮，创建一个圆柱体（旋转楼梯立柱）。单击 长方体 创建一个扁立方体台阶。再次单击 图柱体 在扁立方体台阶右侧绘制一个楼梯立栏杆。使用 ✛ 在前视图中将扁立方体台阶与楼梯栏杆沿 Y 轴向上移动至楼梯合适的位置，如图 1-49 所示。

02 调整楼梯的轴心位置。将扁立方体台阶与楼梯栏杆同时选中，单击【组】菜单中的【成组】命令，将二者编为一组。进入 ♨【层次】命令面板中 轴【轴】面板中，激活 仅影响轴【仅影响轴】按钮，在顶视图中将轴心移动至楼梯立柱的中间，如图 1-50 所示。

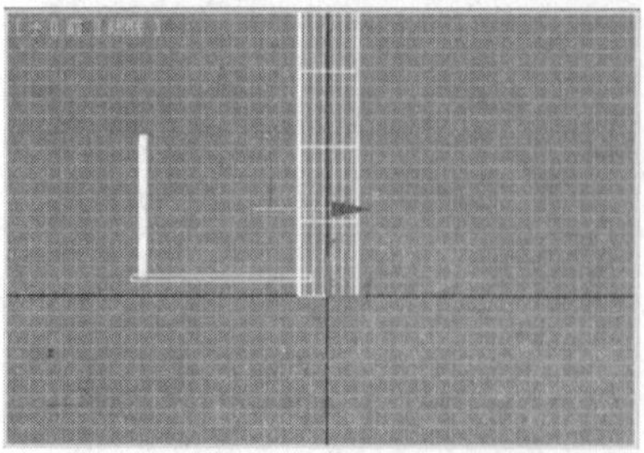

图1-49　立柱、台阶、栏杆的绘制

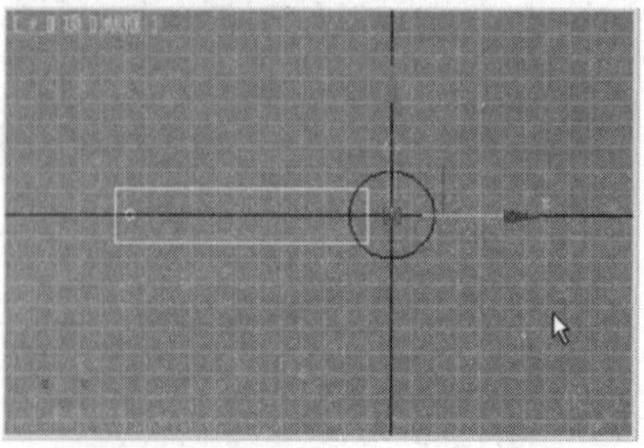

图1-50　调整台阶轴心位置

三
维
制
作
大
师

03 调整完毕后关闭 ▢仅影响轴 按钮。保持楼梯台阶组处于选择状态,激活顶视图,选择【工具】菜单中的【阵列】命令,弹出【阵列】调板,输入如图1-51所示的数值,单击【确定】键。得到了如图1-52所示的旋转楼梯。

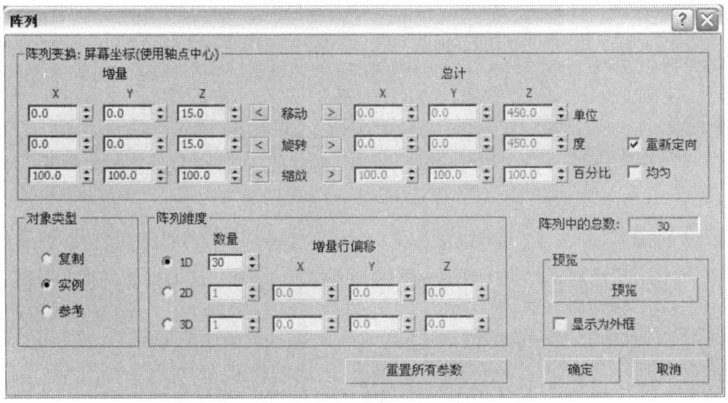

图1-51 【阵列】对话框

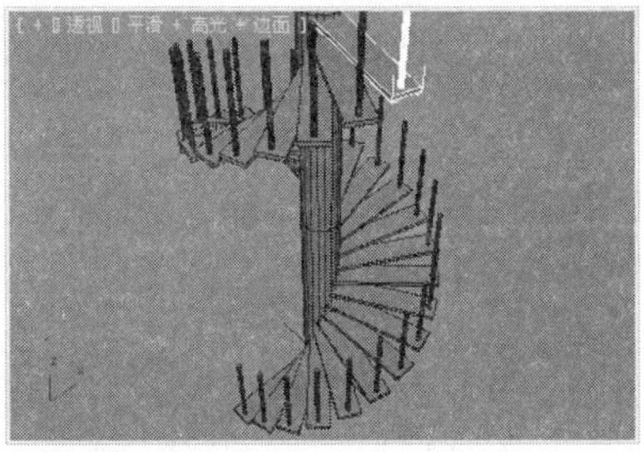

图1-52 阵列出来的楼梯

> **提 示** 使用【阵列】可以大量有序的复制对象,控制产生一维、二维、三维的阵列复制效果。在阵列调板中选择Z轴输入数值,是由于激活顶视图决定的,在顶视图中,楼梯的旋转与移动,均是沿着Z轴方向。

04 进入创建控制面板的 图形建立区域,单击 螺旋线 按钮,激活顶视图,创建一个【螺旋线】,如图1-53所示。进入 【修改】命令面板,调整【螺旋线】为逆时针旋转。在透视图中,使用 【移动并旋转】工具沿Z轴旋转【螺旋线】至第一阶台阶处。如图1-54所示。

> **提 示** 这里要保证螺旋线【半径1】与【半径2】数值一致,才符合楼梯扶手的形状。

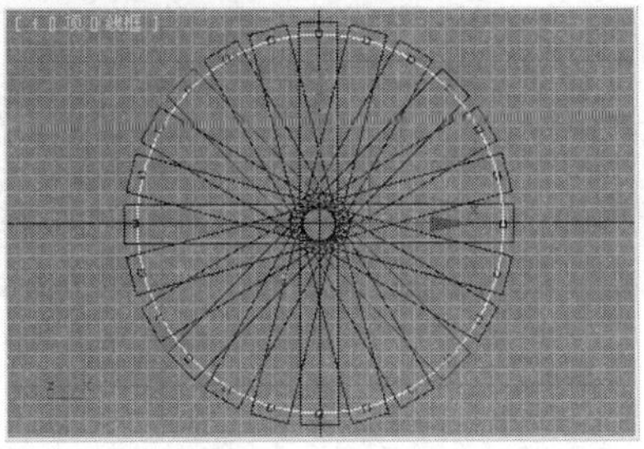

图1-53 螺旋线的建立

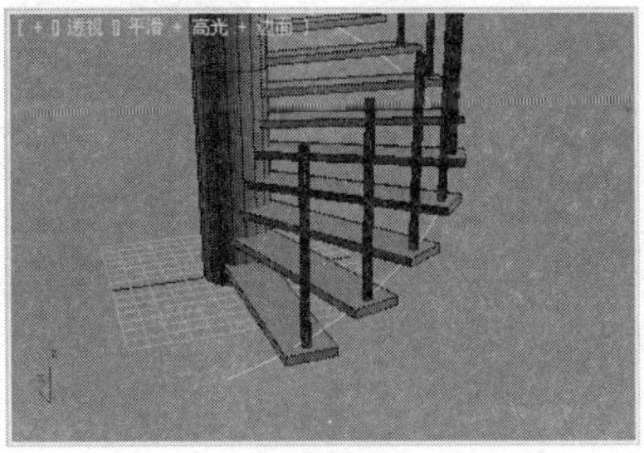

图1-54 旋转螺旋线位置

05 调整螺旋线位置,使用 【选择并移动】工具在左视图中将【螺旋线】起点沿Y轴向上移动至第一楼梯栏杆的最高处,如图1-55所示。进入 【修改】命令面板,调整螺旋线【高度】数值,在前视图中观察,将【高度】调至最高的栏杆顶端,如图1-56所示。将螺旋线【圈数】数值加大,在透视图中观察,将【圈数】同台阶的旋转曲度调为一致,如图1-57所示。

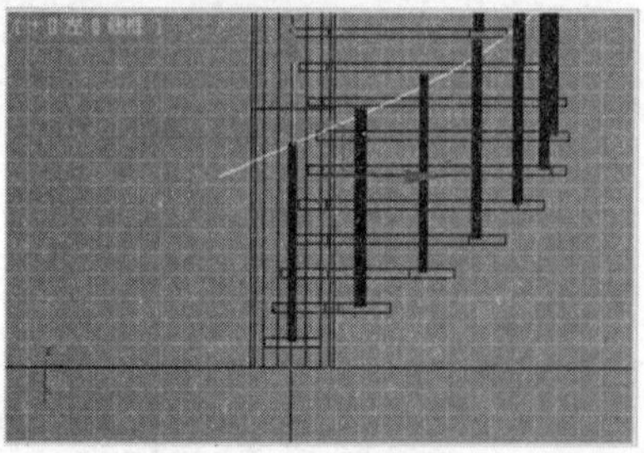

图1-55 向上移动螺旋线位置

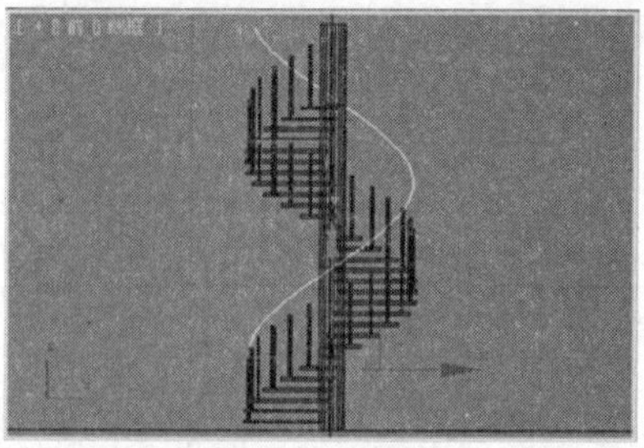

图1-56 调整螺旋线高度

06 将【螺旋线】调为可渲染，选择【螺旋线】，进入 【修改】命令面板，打开【渲染卷展栏】，勾选【在渲染中启用】选项，勾选【在视图中启用】选项，加大【厚度值】参数，如图1-58所示。

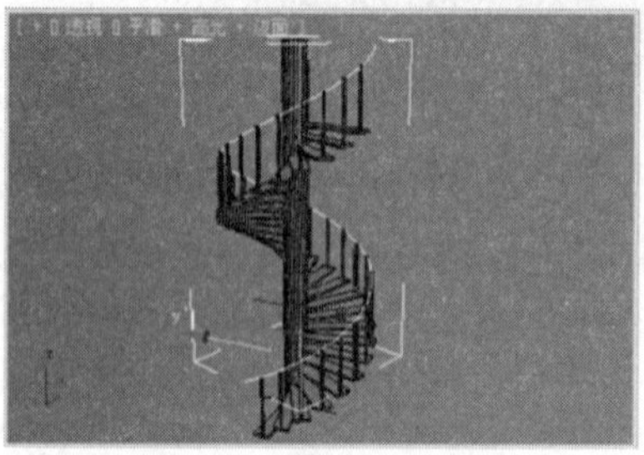

图1-57 调整螺旋线圈数

图1-58 可渲染之后的螺旋线

07 制作金属栏杆，选择【螺旋线】，使用 【选择并移动】工具在透视图中按住键盘 Shift 键沿 Z 轴向下复制一个栏杆，在【克隆选项】调板中选择【复制】的对象关系，【副本数】为1，如图 1-59 所示。选择新复制的栏杆，继续向下复制，在【克隆选项】调板中选择【实例】的对象关系，【副本数】为 2，如图 1-60 所示。

08 选择一个复制出来的【螺旋线】，进入 【修改】命令面板，将螺旋线【厚度】值变小，则得到稍细的金属栏杆，最后效果如图 1-61 所示。

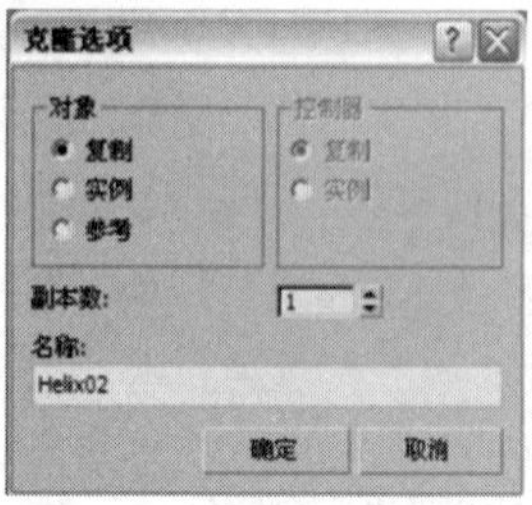

三 维 制 作 大 师

图1-59 【克隆选项】调板

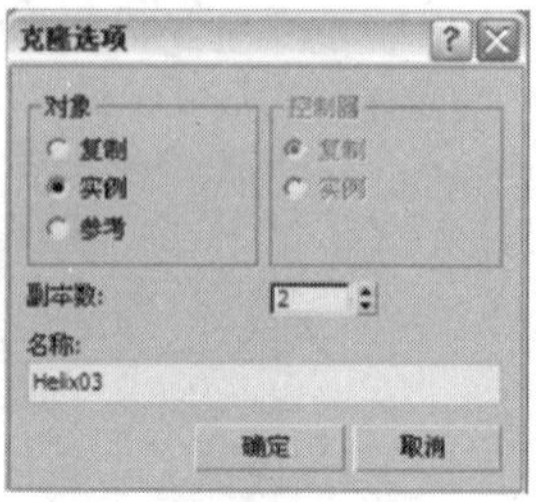

图1-60 【克隆选项】调板

图1-61 旋转楼梯最终效果

1.6 本章小结

本章主要通过几个基本几何体搭建模型的实例，使我们了解了基本几何体的绘制方法、视图的使用、复制的方法及阵列命令的使用技巧等。对以后进入更高级的建模制作起到了一个桥梁引导的作用。

▶ 1.7 习题

运用基本几何体命令搭建沙发模型，如图 1-62 所示。

图1-62 沙发模型

第2章　二维图形到三维模型的转换

> 本章通过介绍二维图形的绘制编辑方法，以及各种常用的二维图形转换三维模型的命令，使初学者掌握二维图形建模的重要意义。

　　二维图形是由一条或多条样条线构成的平面图形，或由两个及两个以上节点构成的线所组成的组合，如同 Photoshop 等平面软件中的路径一样。二维图形建模是三维造型的基础，生活中很多的物体都可用二维建模创建出来。使用二维图形建模的方法是一般先绘制一个基本的二维图形，然后使用【编辑样条曲线】命令进行编辑，最后添加转换成三维模型的命令即可生成三维模型。

▶ 2.1　联想标志的制作

　　在这一节中，将学习利用编辑样条线命令绘制一条需要的样条线以及利用倒角修改器命令，制作联想标志的模型，图 2-1 所示为最终效果图。

学习重点

（1）学习编辑样条线命令的使用。

（2）学会倒角命令的使用。

图2-1　联想标志效果图

实例场景：光盘\效果\第2章\联想标志.max

操作步骤

01 进入【创建】控制面板的 ☑【图形】建立区域，单击 矩形 按钮，按住键盘 Ctrl 键在顶视图中绘制一个矩形，如图 2-2 所示。选择矩形进入 ☑【修改】命令面板，在 修改器列表 中选择【编辑样条线】命令，使矩形具有编辑功能，单击 ☒【样条线】子集按钮进入【样条线】子集中，选中矩形为红色，单击 轮廓 按钮，在顶视图中为矩形做轮廓处理，向内加入一条轮廓，如图 2-3 所示。

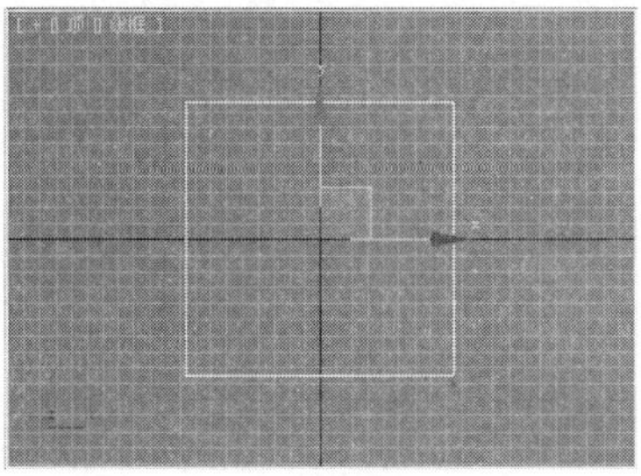

图2-2　绘制矩形

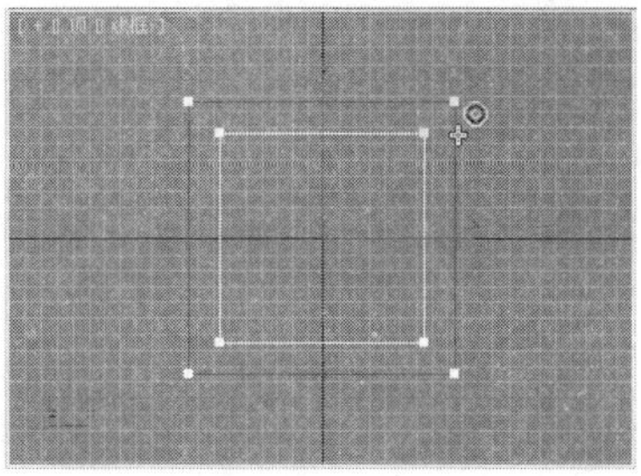

图2-3　加入轮廓效果

02 进入【创建】控制面板的 【图形】建立区域，单击 圆 按钮，在顶视图中绘制一个圆形，如图 2-4 所示。单击工具条中的 【对齐】按钮，在顶视图中拾取矩形，在弹出的对话框中作出如图 2-5 所示的调整，将圆形与矩形对齐，单击【确定】按钮。

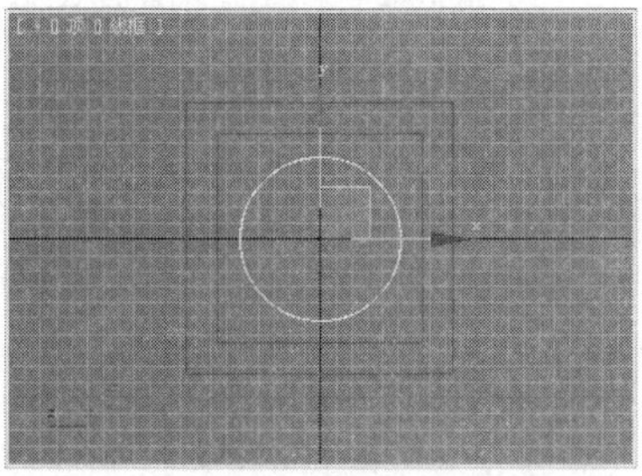

图2-4　绘制圆形

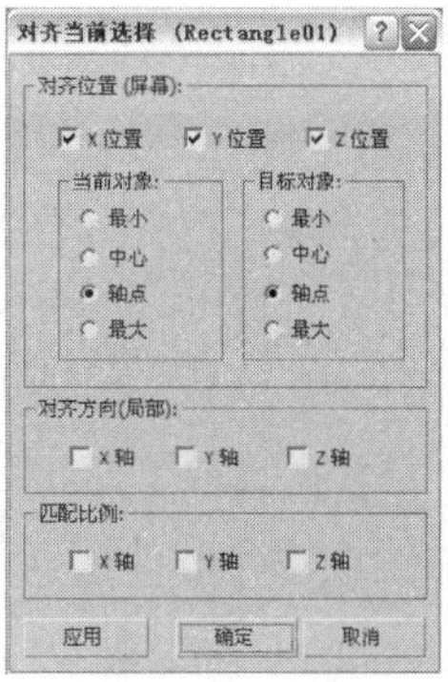

图2-5　【对齐当前选择】对话框

03 选择矩形，进入 【修改】命令面板，单击 附加 按钮，在顶视图中拾取圆形，使它们结合为一个整体，如图 2-6 所示。单击 【样条线】子集按钮进入【样条线】子集中，选中圆形为红色，单击 轮廓 按钮，在顶视图中为圆形做轮廓处理，向内加入一条轮廓，如图 2-7 所示。

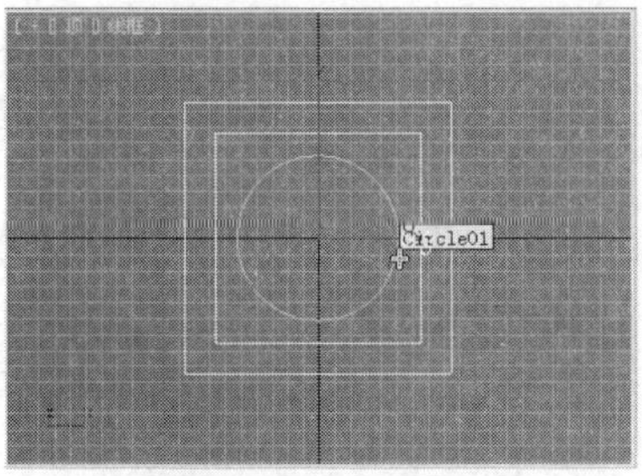

图2-6　附加圆形

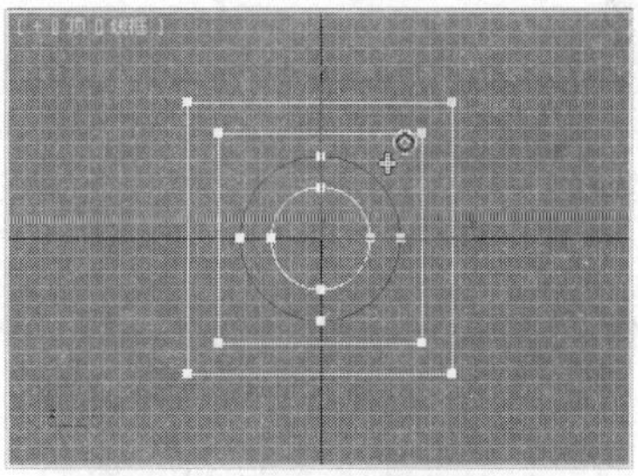

图2-7　加入轮廓效果

04 进入【创建】控制面板的 【图形】建立区域，单击 矩形 按钮，在顶视图中绘制一个矩形，如图 2-8 所示。按住键盘 Shift 键将矩形复制到另外一个，复制对象类型为【复制】的关系，如图 2-9 所示。

> **提示** 这里要做【附加】处理，如复制对象类型为【实例】的关系，则不让做【附加】处理。

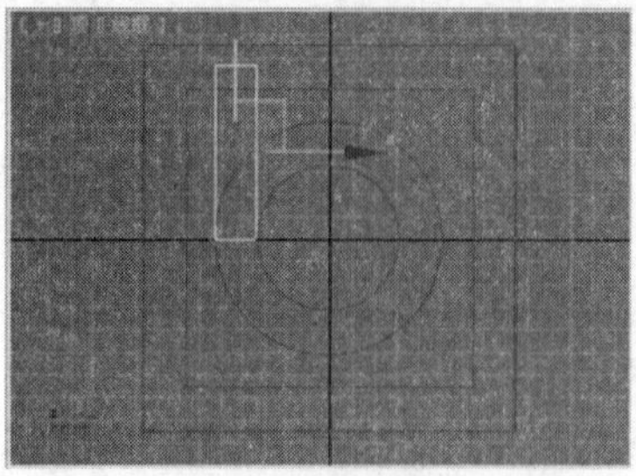

图2-8　绘制矩形 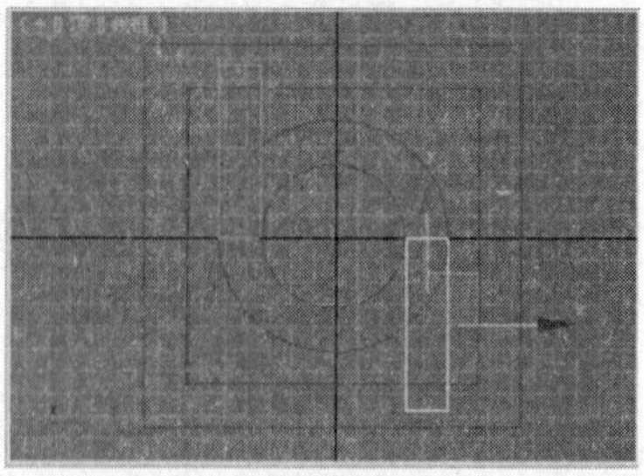　　　　　　　　　图2-9　复制矩形

05 选择大的矩形，进入 ☑【修改】命令面板，单击 附加 按钮，在顶视图中分别拾取两个
小矩形，使它们结合为一个整体，如图 2-10 所示。单击 ⌒【样条线】子集按钮进入【样条线】
子集中，单击 修剪 按钮，在顶视图中要删掉部分的线段处单击鼠标，将不要的线段删除，
如图 2-11 所示。

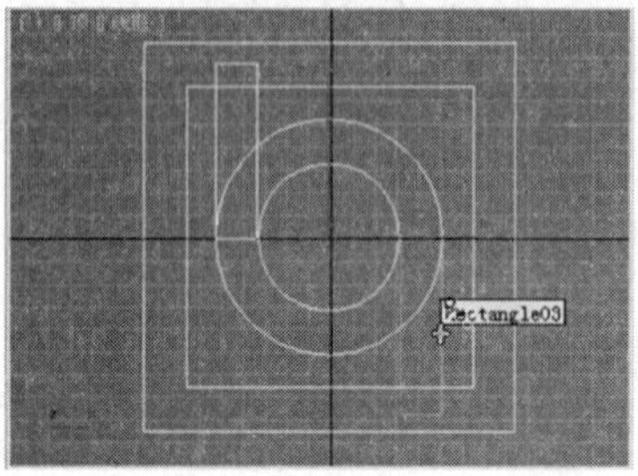

图2-10　附加矩形 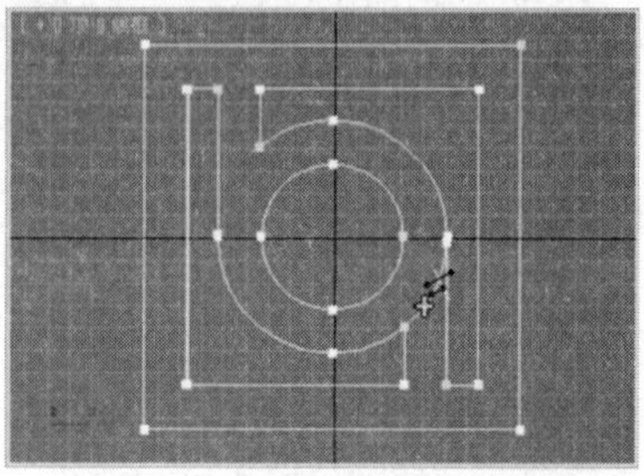　　　　　　　　图2-11　修剪掉不必要的线段

06 修剪完毕后得到如图 2-12 所示的完整图形。单击 ⋯【顶点】子集按钮进入【顶点】子集中，
分别选中删除线段之后的交汇的顶点，做焊接处理。修剪之后交汇的顶点均为断开的点，必须
要焊接到一起，选择如图 2-13 所示的两个顶点，在 焊接 22.1 命令后面的输入框中输入一
定的数值，然后单击【焊接】按钮，将断点焊接到一起。

> **提示**　利用【修剪】命令修剪掉的线的顶点均为断点，必须使用【焊接】命令将断点封闭，
> 这样才能保证以后三维建模的需要，由于断点比较多，在焊点时要注意不要有
> 遗漏的地方。

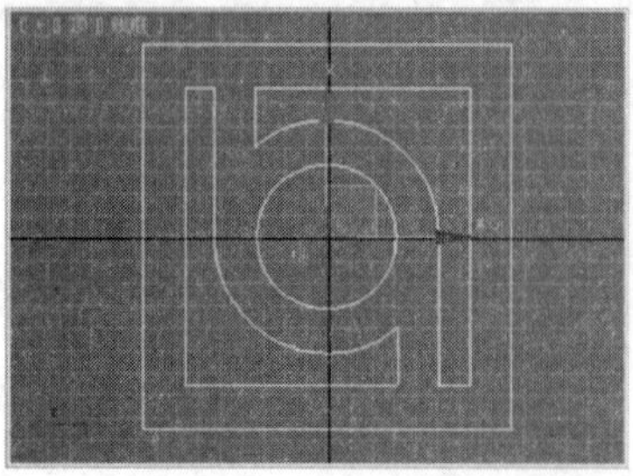

图2-12　完整的图形 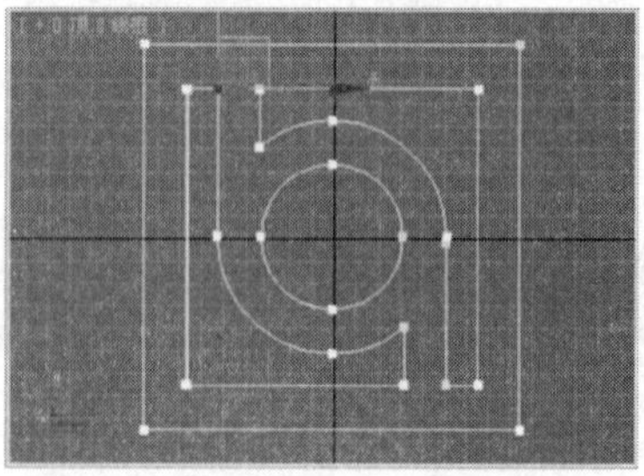　　　　　　　图2-13　焊接断点

07 单击 ⋯【顶点】子集按钮退出【顶点】子集，再在 ☑【修改】命令面板中的 修改器列表
中选择【倒角】命令，将其生成三维体，如图 2-14 所示。勾选【级别2】、【级别3】选项，为

其加入三次挤出效果，适当调整【轮廓】与【高度】的值，最后得到如图 2-15 所示的最终效果。

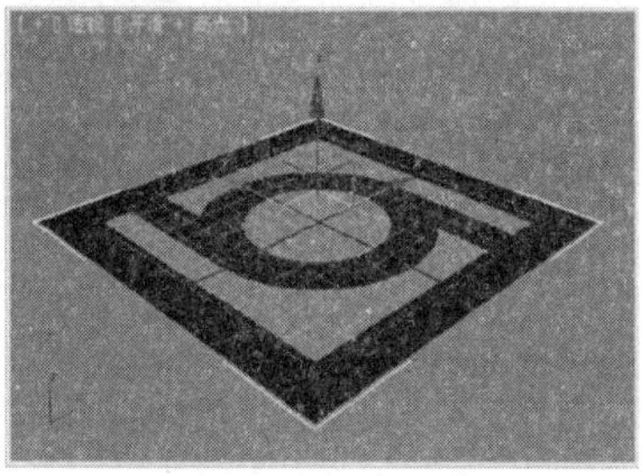

图2-14　加入倒角命令

图2-15　最终效果

2.2　利用挤出命令制作站台

在这一节中，将学习利用挤出修改器命令，制作一个简单站台模型，图 2-16 所示为站台效果图。

学习重点

（1）学习线工具的使用。
（2）学习编辑样条线命令的使用。
（3）学会挤出命令的使用方法。

图2-16　最后渲染效果

实例场景：光盘＼效果＼第2章＼站台.max

操作步骤

01 进入【创建】控制面板的　【图形】建立区域，单击　矩形　按钮，在左视图中绘制一个矩形，再单击　　按钮，绘制一个圆形，如图 2-17 所示。选择矩形进入　【修改】命令面板，在　修改器列表　　中选择【编辑样条线】命令，使矩形具有编辑功能，单击　附加　按钮，拾取圆形，使它们结合为一个整体。单击　【样条线】子集按钮进入【样条线】子集中，选中矩形为红色，单击　布尔　　布尔右侧的【差集】按钮，然后单击【布尔】按钮，在左视图中拾取圆形，得到如图 2-18 所示效果。

三维制作大师

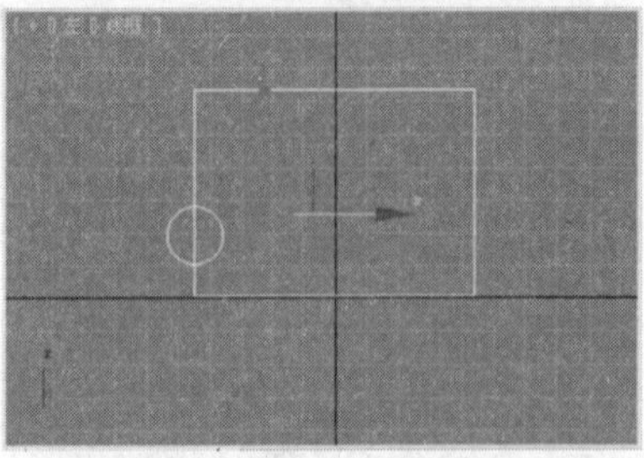

图2-17 矩形和圆形的绘制

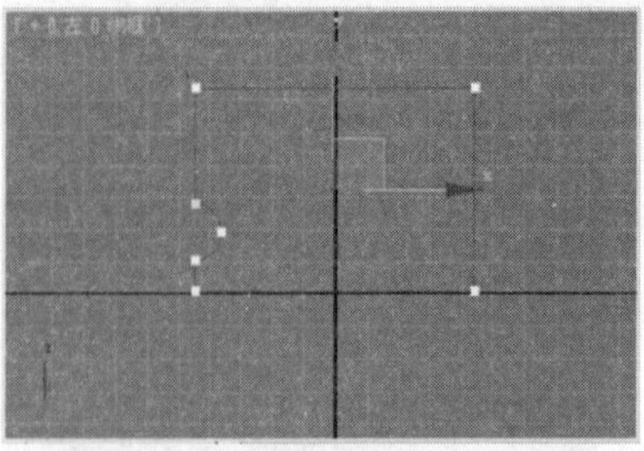

图2-18 做差集布尔后的效果

02 在 ☑【修改】命令面板中的 [修改器列表 ▼] 中选择【挤出】命令，适当调整【数量】值，将其生成三维体，如图 2-19 所示。进入【创建】控制面板的 ☑【图形】建立区域，单击 [线] 按钮，在左视图中绘制椅子的侧面曲线，如图 2-20 所示。

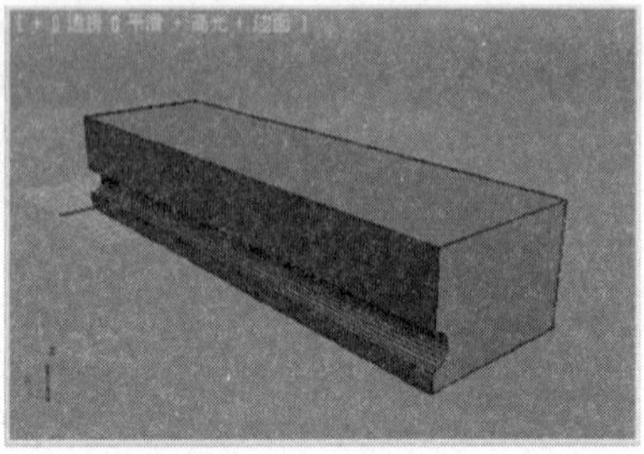

图2-19 挤出厚度

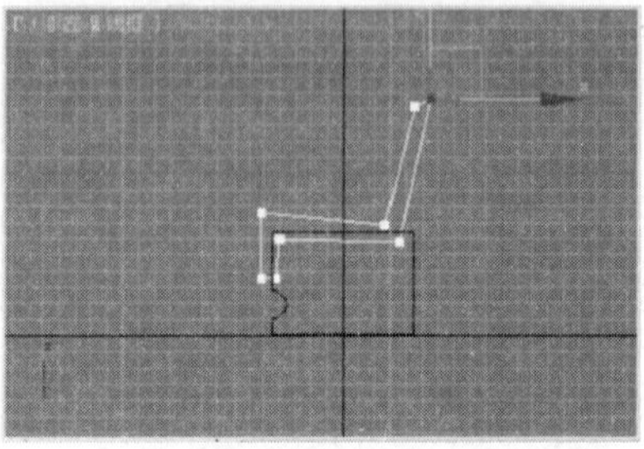

图2-20 椅子曲线的绘制

03 进入 ☑【修改】命令面板，单击 ☑【顶点】子集按钮进入【顶点】子集中，选中椅子侧面曲线中转角处的顶点，使用 [圆角] 命令将其圆角化处理，如图 2-21 所示。同样在 ☑【修改】命令面板中的 [修改器列表 ▼] 中选择【挤出】命令，适当调整【数量】值，将其生成三维体。并按住键盘【Shift】键，使用 ✛【移动】工具在前视图中将其复制三个，如图 2-22 所示，椅子完成。

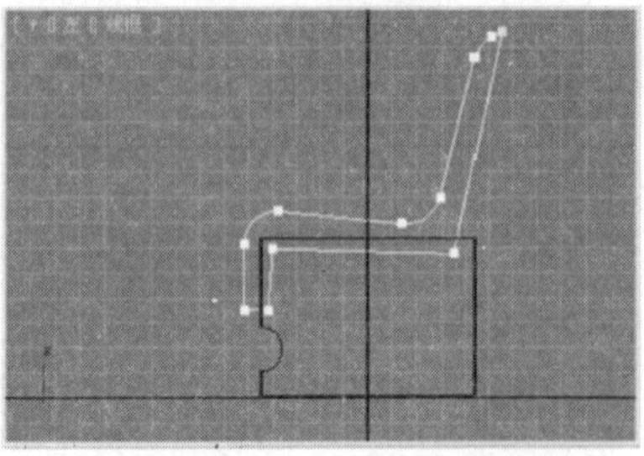

图2-21 将尖角做圆角化处理

图2-22 挤压出厚度并复制

04 进入【创建】控制面板的 ☑【图形】建立区域，单击 [弧] 按钮，在左视图中绘制一条弧线，如图 2-23 所示。进入 ☑【修改】命令面板，在 [修改器列表 ▼] 选择【编辑样条线】命令，使矩形具有编辑功能，选择 ☑【样条线】子集，再次点选弧线呈红色，单击 [轮廓] 按钮，在左视图中将线条拖动出厚度来，如图 2-24 所示。

05 单击 ☑【顶点】子集按钮进入【顶点】子集中，使用 ✛【移动】工具在左视图中将圆弧最下方的节点对齐，如图 2-25 所示。再在 ☑【修改】命令面板中的 [修改器列表 ▼] 中选择【挤出】

命令，适当调整【数量】值，将其生成三维体。按住键盘 Shift 键，使用 ⊹【移动】工具在前视图中复制两个三维体出来，如图 2-26 所示。

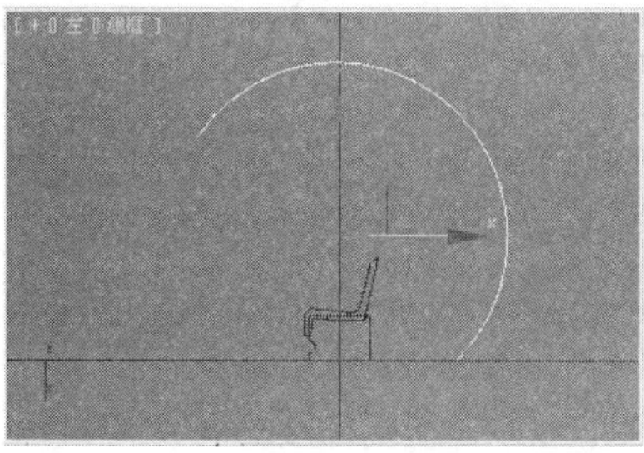

图2-23　弧线的绘制

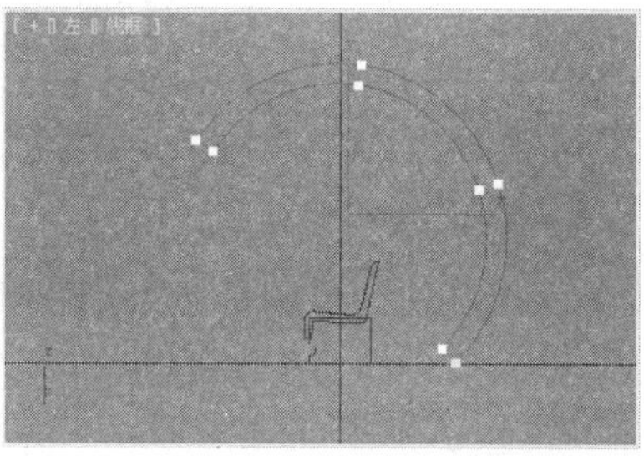

图2-24　为弧线做轮廓处理

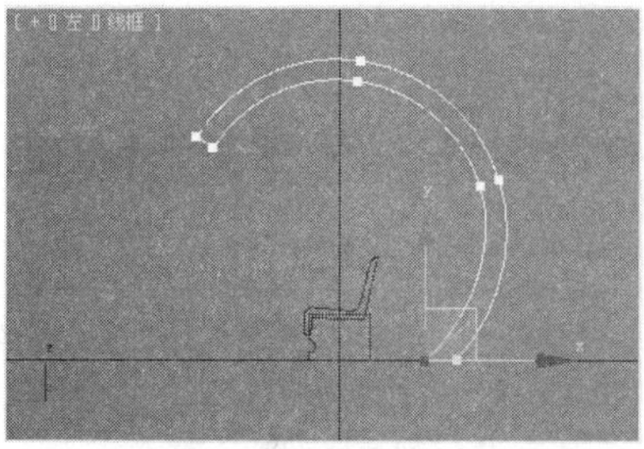

图2-25　调整节点位置

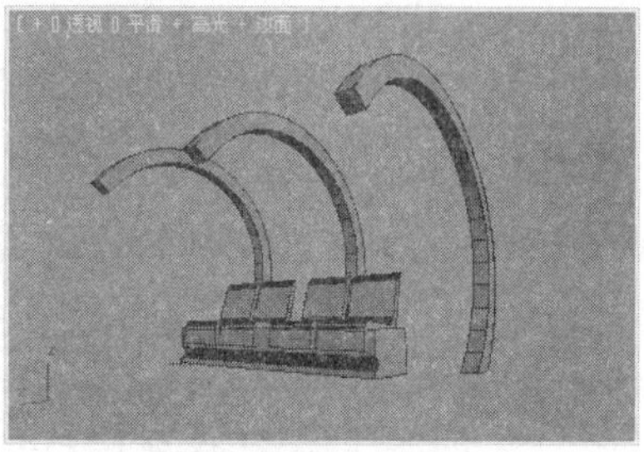

图2-26　挤出厚度并复制

06 进入【创建】控制面板的 ⊡【图形】建立区域，单击 ▭弧▭ 按钮，在左视图中原来的圆弧中间再绘制一条弧线，如图 2-27 所示。进入 ⊿【修改】命令面板，在 修改器列表 ▾ 中选择【挤出】命令，适当调整【数量】值，拉伸长度至两端立柱中间，如图 2-28 所示。

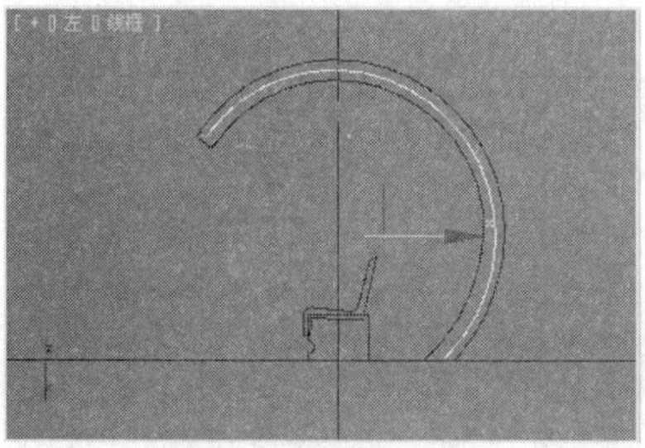

图2-27　弧线的绘制

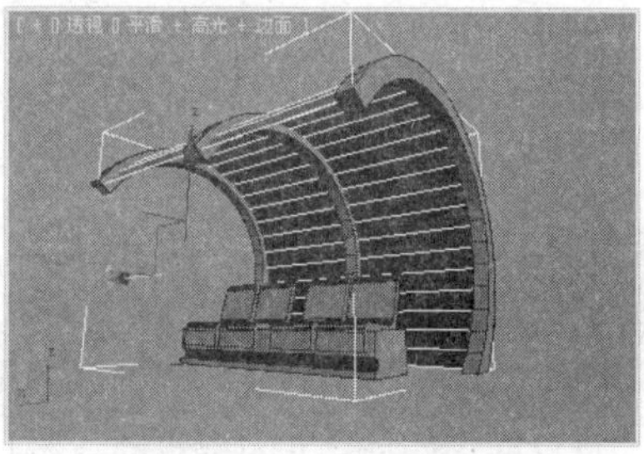

图2-28　为弧线加入挤出效果

07 进入 ⊿修改命令面板，在 修改器列表 ▾ 中选择【壳】命令，为阳光棚加入厚度，如图 2-29 所示。最后完成的效果如图 2-30 所示。

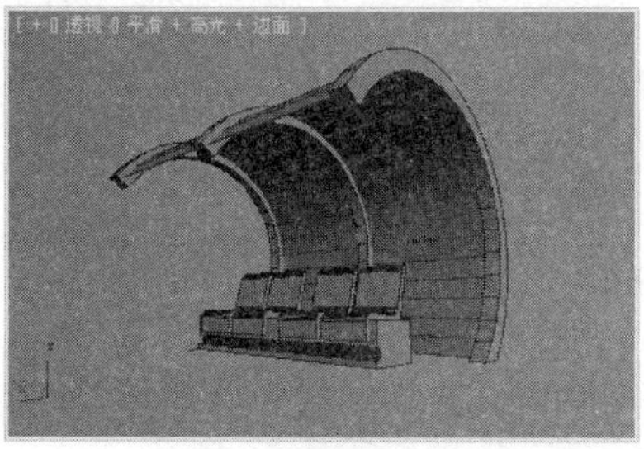

图2-29　加壳做出厚度

图2-30　做复制镜像

三维制作大师

2.3 利用车削命令制作果酱瓶子

在这一节中，将学习利用车削修改器命令，制作果酱瓶子模型，图 2-31 所示为果酱瓶子的效果图。

学习重点

(1) 学习利用编辑样条线命令编辑线条。

(2) 学会车削命令的使用方法。

图2-31 最后渲染效果

实例场景：光盘\效果\第2章\果酱瓶子.max

操作步骤

01 进入【创建】控制面板的 【图形】建立区域，单击 线 按钮，在前视图中绘制瓶身的半个剖面图，如图 2-32 所示。进入 【修改】命令面板，选择 【样条线】子集，再次点选所绘线条呈红色，单击 轮廓 按钮，在前视图中，将线条拖动出厚度来。选择 【顶点】子集，点选 圆角 按钮，将瓶底、瓶口处的点做圆角化处理，如图 2-33 所示。

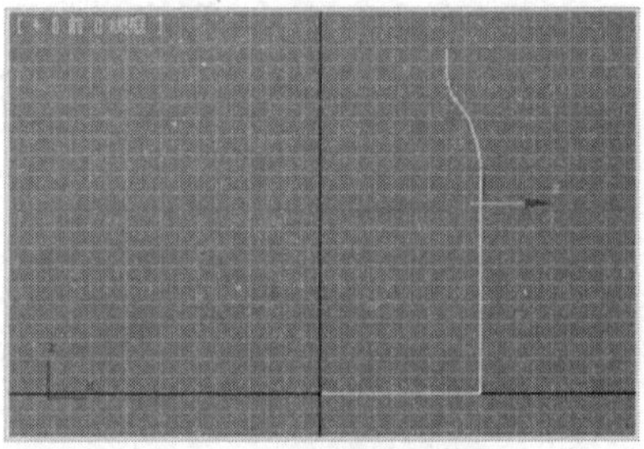

图2-32 绘制瓶身样条线

02 点选 【顶点】子集按钮，退出子集。在 修改器列表 中选择【车削】命令，单击 最小 按钮，勾选【焊接内核】命令，得到如图 2-34 所示瓶身。

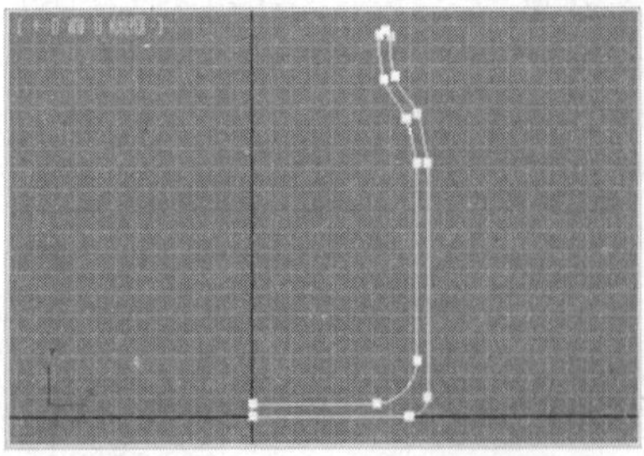

图2-33 为线做轮廓处理

图2-34 车削出来的瓶身

提 示 【焊接内核】的意思就是去掉错误面，使用【车削】制作的模型大部分情况下是有错误面的，需要勾选此命令来消除。

---

03 进入【创建】控制面板的 ⊙ 【图形】建立区域，单击 线 按钮，在前视图中瓶口处绘制瓶盖的剖面图，如图 2-35 所示。进入 ☑ 【修改】命令面板，选择 ⌒ 【样条线】子集，再次点选所绘线条呈红色，单击 轮廓 按钮，在前视图中，将线条拖动出厚度来，选择 ⣿ 【顶点】子集，将点做位置调整，不必要的点进行删除，点选 圆角 按钮，对转角处的点做圆角化处理，如图 2-36 所示

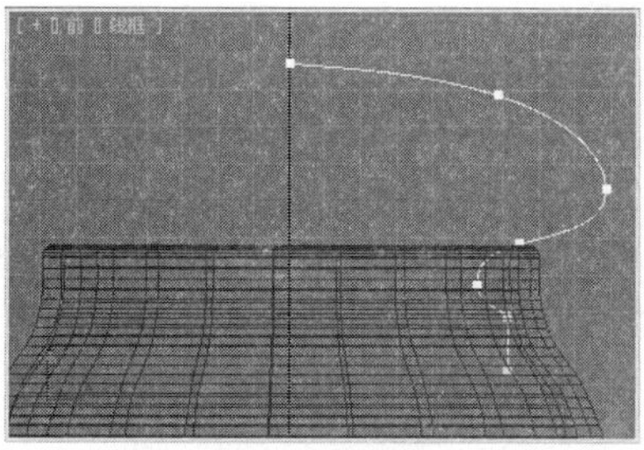

图2-35　瓶盖样条线

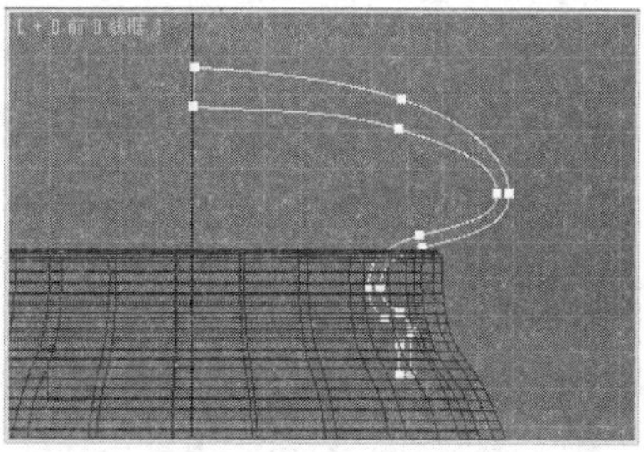

图2-36　为瓶盖样条线做轮廓化处理

04 点选 ⣿ 【顶点】子集按钮，退出子集。在 修改器列表 ▾ 选择【车削】命令，单击 最小 按钮，勾选【焊接内核】命令，得到如图 2-37 所示果酱瓶盖。

05 制作瓶盖外侧橡胶圈。选择瓶身，单击鼠标右键，选择【隐藏当前选择】选项，将瓶身隐藏。进入【创建】控制面板的 ⊙ 【图形】建立区域，单击 线 按钮，在前视图中瓶盖外侧绘制瓶盖的橡胶圈。进入 ☑ 【修改】命令面板，选择 ⌒ 【样条线】子集，再次点选所绘线条呈红色，单击 轮廓 按钮，在前视图中，将线条拖动出厚度来，选择 ⣿ 【顶点】子集，将点做位置调整，不必要的点进行删除，点选 圆角 按钮，对转角处的点做圆角化处理。如图 2-38 所示。

图2-37　车削出来的瓶盖

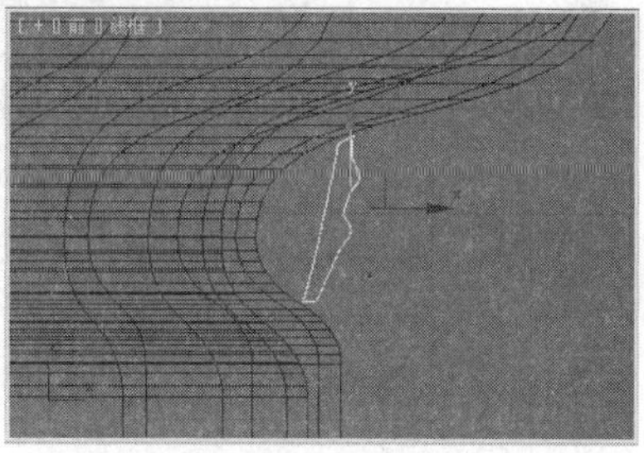

图2-38　胶圈轮廓的绘制

06 点选 ⣿ 【顶点】子集按钮，退出子集。在 修改器列表 ▾ 中选择【车削】命令，在命令堆栈中单击【车削】命令前面的加号，选择【轴】选项，单击 ✛ 【移动】按钮，将车削的轴心沿 X 轴向瓶盖中心移动，得到如图 2-39 所示瓶盖外侧橡胶圈。

07 单击鼠标右键，选择【全部取消隐藏】命令，将瓶身显示出来，最后得到如图 2-40 所示的完整的果酱瓶子。

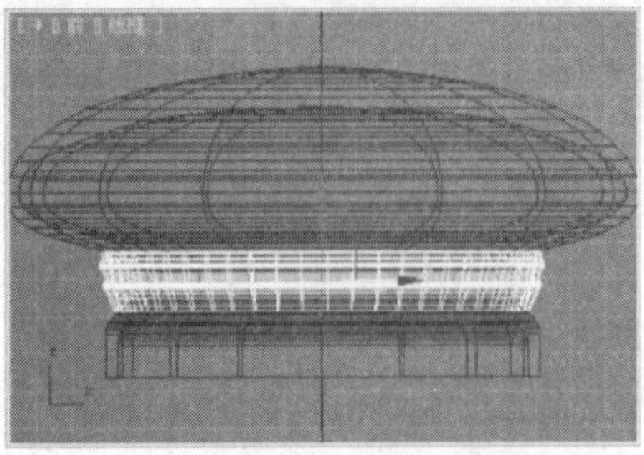

图2-39 车削之后调整轴心位置

图2-40 果酱瓶子最终效果

▶ 2.4 利用车削命令制作喷漆罐

在这一节中，将学习利用车削修改器命令，制作喷漆罐模型，图 2-41 所示为喷漆罐的效果图。

学习重点

(1) 学习线工具的使用方法。

(2) 学习编辑样条线命令的使用方法。

(3) 学会车削命令的使用方法。

图2-41 最后渲染效果

◁ 实例场景：光盘\效果\第 2 章\喷漆罐 .max

操作步骤

01 进入【创建】控制面板的 ◎【图形】建立区域，单击 ____ 按钮，在前视图中绘制罐身的半个剖面图。如图 2-42 所示。进入 ◢【修改】命令面板，选择 ～【样条线】子集，再次点选所绘线条呈红色，单击 __轮廓__ 按钮，在前视图中，将线条拖动出厚度来，如图 2-43 所示。

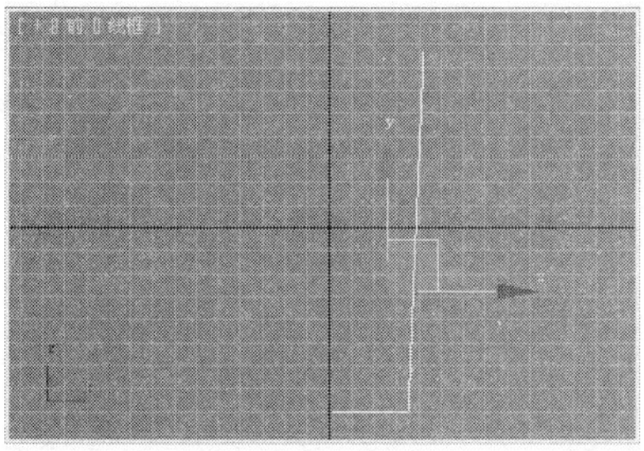

图2-42 绘制曲线

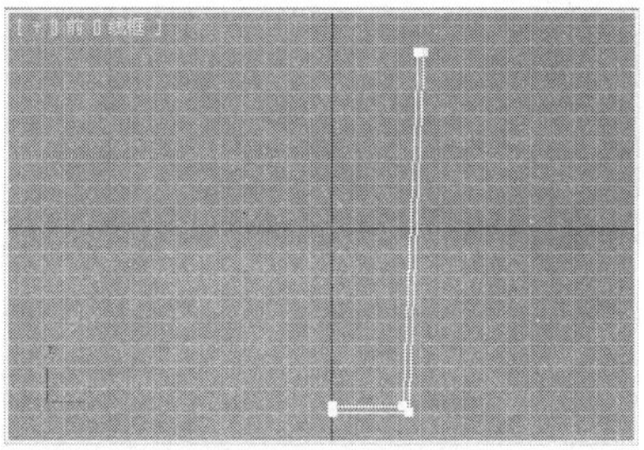

图2-43 制作轮廓

02 点选☑【样条线】子集按钮，退出子集。在 修改器列表 中选择【车削】命令，得到如图 2-44 所示图形。单击 最小 按钮，得到如图 2-45 所示正确罐体。

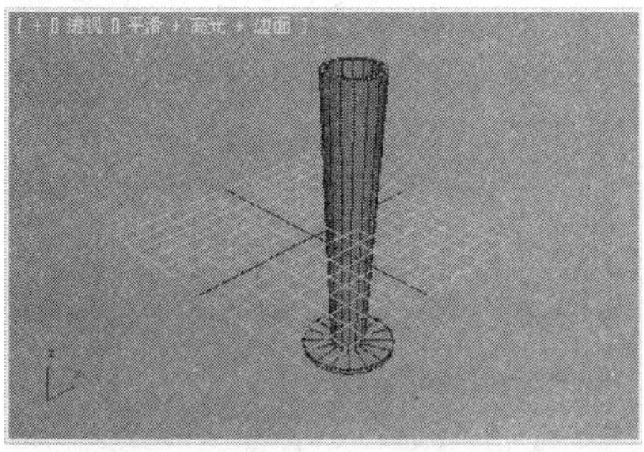

图2-44 加入车削命令

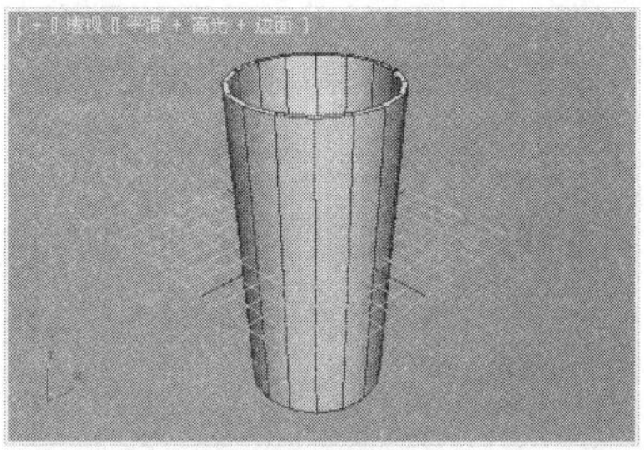

图2-45 罐体完成

03 进入【创建】控制面板的☑【图形】建立区域，单击 线 按钮，在前视图中绘制罐身底座的剖面图，如图 2-46 所示。进入☑【修改】命令面板，选择☑【样条线】子集，再次点选所绘线条呈红色，单击 轮廓 按钮，在前视图中将线条拖动出厚度来，选择☑【顶点】子集，将右上角的点选中，点选 圆角 按钮，将点做圆角化处理，如图 2-47 所示。

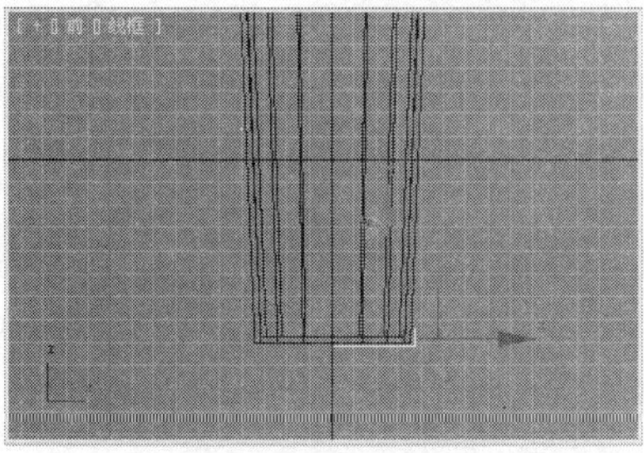

图2-46 绘制曲线

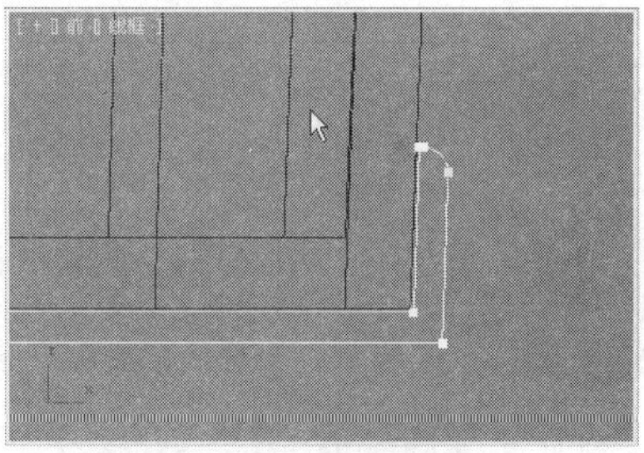

图2-47 圆角化处理

04 点选☑【顶点】子集按钮，退出子集。在 修改器列表 中选择【车削】命令，得到如图 2-48 所示图形。单击 最小 按钮，得到如图 2-49 所示正确罐体底座。

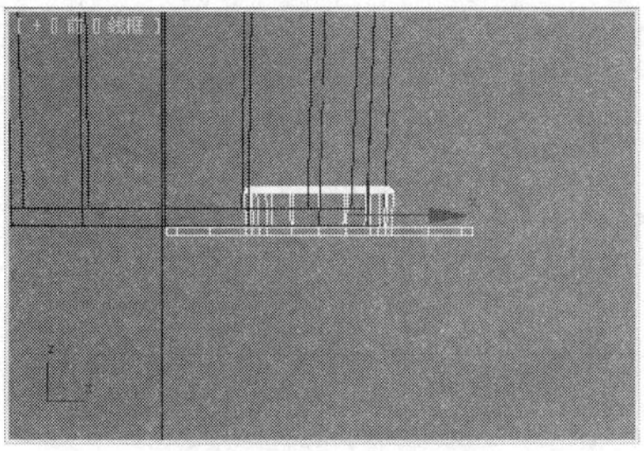

图2-48 加入车削

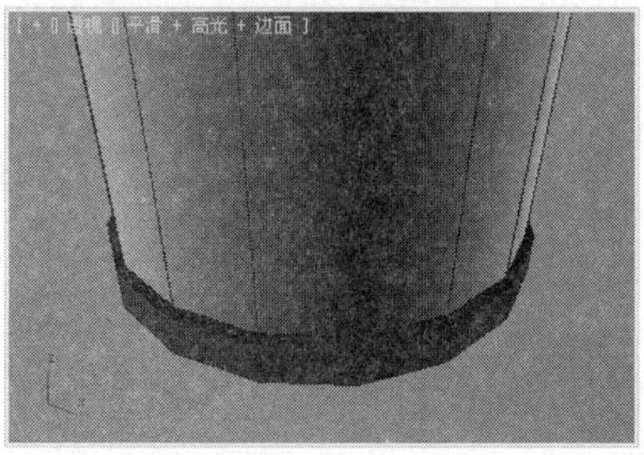

图2-49 底座效果

三
维
制
作
大
师

05 进入【创建】控制面板的 ⊙【图形】建立区域，单击 ▊线▊ 按钮，在前视图中绘制罐头的剖面图，如图 2-50 所示。进入 ☑【修改】命令面板，选择 ～【样条线】子集，再次点选所绘线条呈红色，单击 ▊轮廓▊ 按钮，在前视图中将线条拖动出厚度来，选择 ⋯【顶点】子集，将不必要的点进行删除，点选 ▊圆角▊ 按钮，对转角处的点做圆角化处理，如图 2-51 所示。

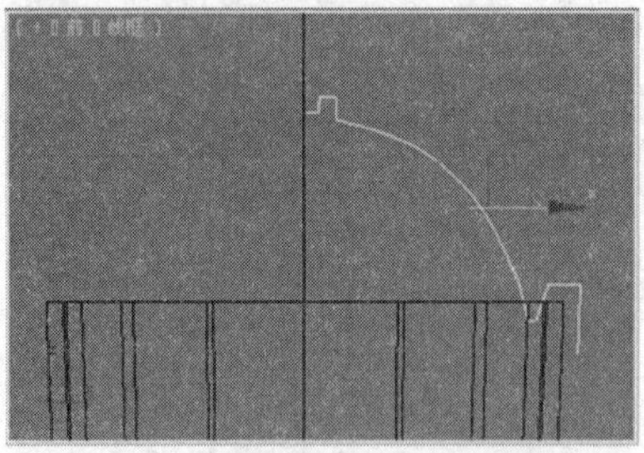

图2-50　绘制曲线

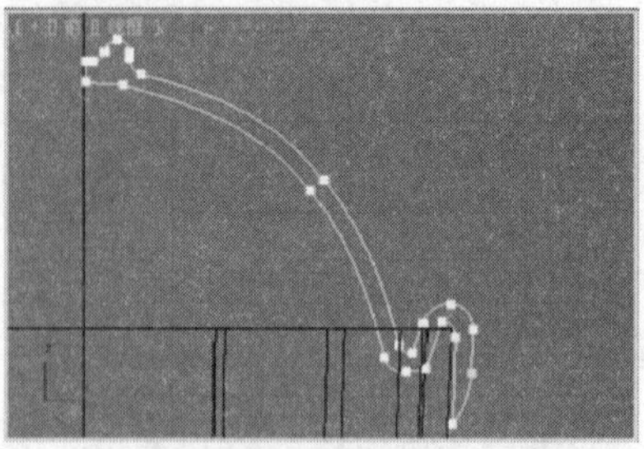

图2-51　轮廓效果

06 点选 ⋯【顶点】子集按钮，退出子集。在 ▊修改器列表▊ 中选择【车削】命令，单击 ▊最小▊ 按钮，得到如图 2-52 所示正确罐头，最后效果如图 2-53 所示。

图2-52　罐头效果

图2-53　完整喷漆罐

▶ 2.5　笔筒的制作

在这一节中，将学习利用挤出修改器命令，制作笔筒模型，图 2-54 所示为笔筒的效果图。

学习重点

(1) 学习线工具的使用。

(2) 学习编辑样条线命令的使用。

(3) 学会挤出命令的使用方法。

图2-54　最后渲染效果

实例场景：光盘\效果\第2章\笔筒.max

操作步骤

01 进入【创建】控制面板的 ⬡【图形】建立区域，单击 ▣ 按钮，在顶视图中绘制一个圆形。进入 ⬚【修改】命令面板，在修改器列表中选择【编辑样条线】命令。选择 ⌐【分段】子集，选中圆的线段为红色，单击键盘 Delete 键，将圆删减成如图 2-55 所示效果。选择 ⌐【样条线】子集，选中圆弧为红色，单击 轮廓 按钮，在顶视图中拖动出如图 2-56 所示封闭的半弧形。

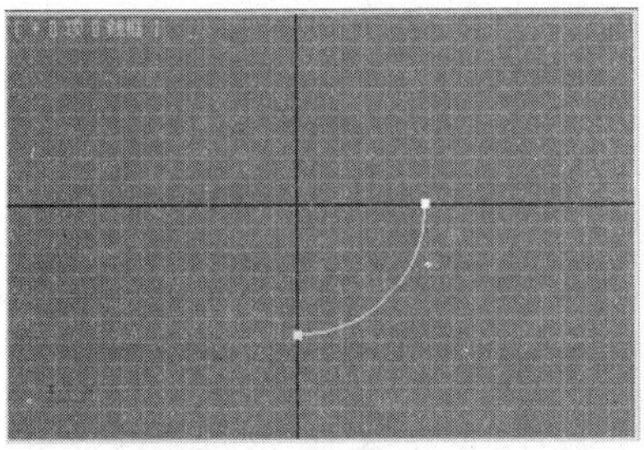

图2-55　绘制曲线 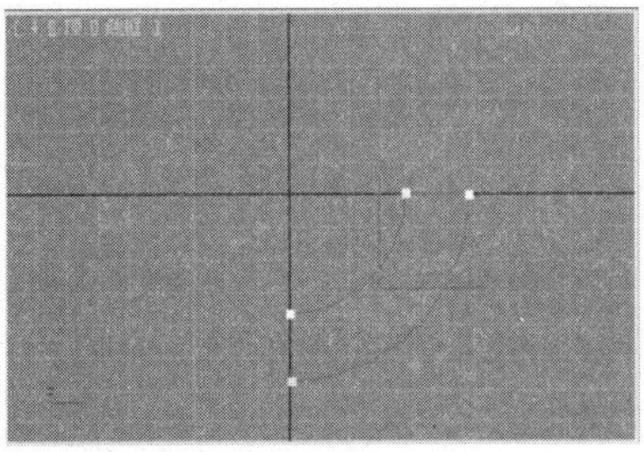　　　　　　　　　　　　　　图2-56　建立轮廓

02 进入【创建】控制面板的 ⬡【图形】建立区域，单击 ▣ 按钮，在顶视图中绘制如图 2-57 所示另一个圆形。进入 ⬚【修改】命令面板，在修改器列表中选择【编辑样条线】命令，选择 ⌐【顶点】子集，单击 优化 按钮，在所绘圆形上添加如图 2-58 所示节点。

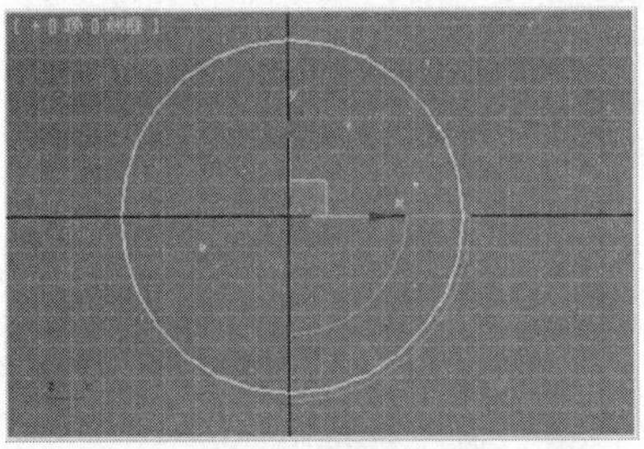

图2-57　绘制圆形 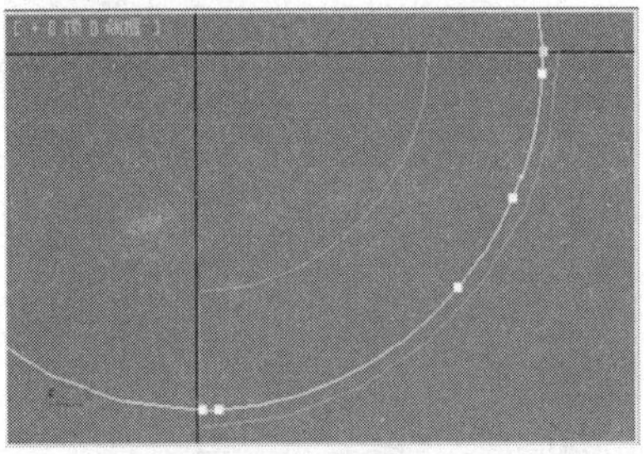　　　　　　　　　　　　　　图2-58　添加节点

03 选择 ⌐【分段】子集，选中圆的多余线段为红色，单击键盘 Delete 键，将圆删减成如图 2-59 所示。选择 ⌐【样条线】子集，将两条圆弧都选中为红色，单击 轮廓 按钮，在顶视图中拖动出如图 2-60 所示封闭的半弧形。

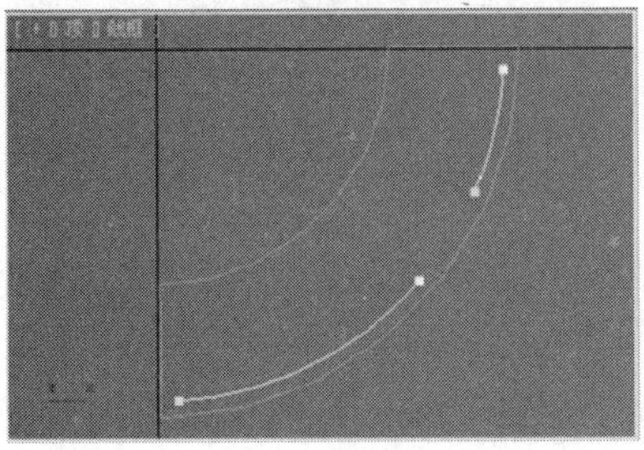

图2-59　编辑曲线 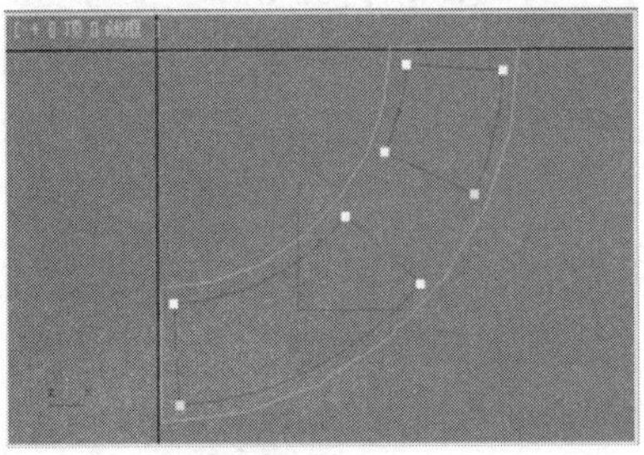　　　　　　　　　　　　　　图2-60　建立轮廓

04 单击 附加 按钮，单击绿色的弧线，将二者结合到一起，如图 2-61 所示。再次单击 〜【样条线】子集按钮退出子集。在修改器列表中选择【挤出】命令，设置【数量】值为 50，如图 2-62 所示。

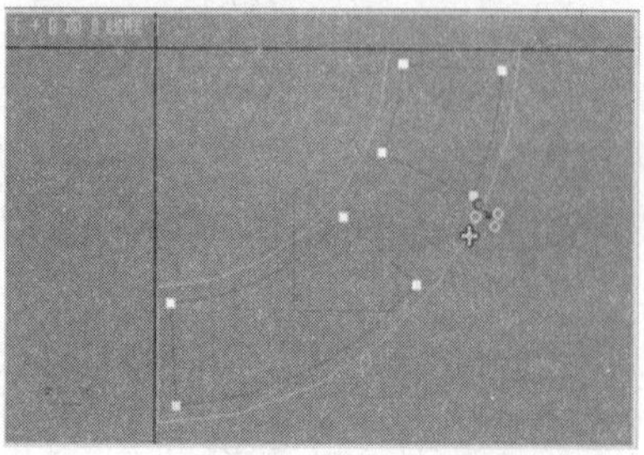

图 2-61 结合曲线

图 2-62 挤出高度

05 制作笔筒的底座。进入【创建】控制面板的 【图形】建立区域，单击 图 按钮，在顶视图中绘制如图 2-63 所示另一个圆形。进入 【修改】命令面板，在修改器列表中选择【编辑样条线】命令，选择 【分段】子集，选中圆的线段为红色，单击键盘 Delete 按钮，将圆删减成如图 2-64 所示。

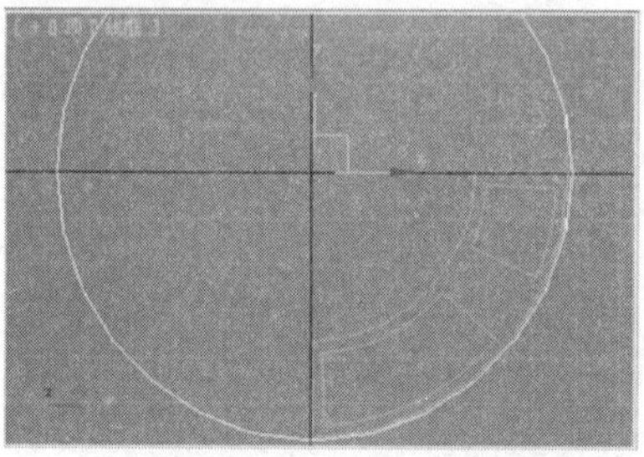

图 2-63 绘制圆形

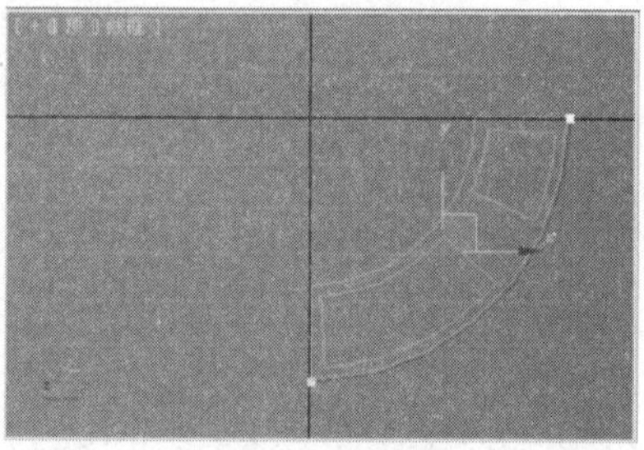

图 2-64 编辑曲线

06 选择 〜【样条线】子集，选中圆弧为红色，单击 轮廓 按钮，在顶视图中拖动出如图 2-65 所示封闭的半弧形。再次单击 〜【样条线】子集按钮，退出子集，在修改器列表中选择【挤出】命令，挤出高度为 2，得到如图 2-66 所示笔筒底座。

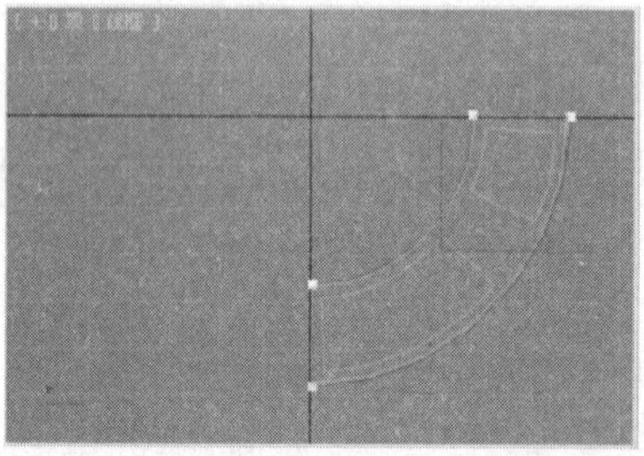

图 2-65 建立轮廓

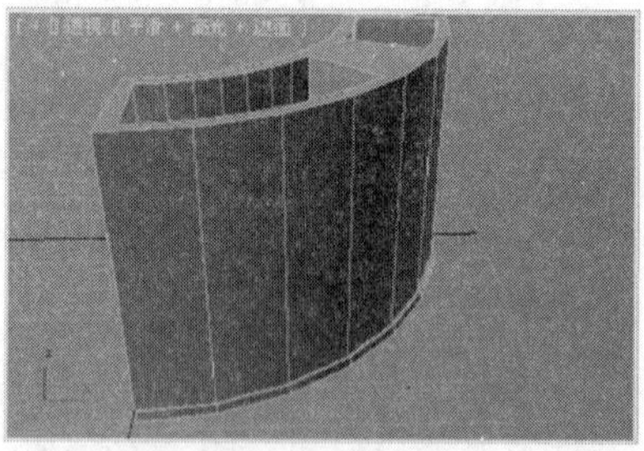

图 2-66 挤出高度

07 制作笔筒前面的小盖。进入【创建】控制面板的 【图形】建立区域，单击 图 按钮，在顶视图中绘制如图 2-67 所示另一个圆形。进入 【修改】命令面板，在修改器列表中选择【编辑样条线】命令，选择 【顶点】子集，单击 优化 按钮，在所绘圆形上添加如图 2-68 所示节点。

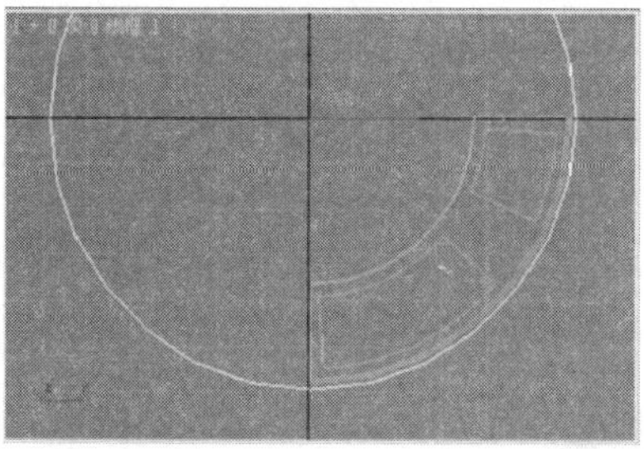

图2-67 绘制圆形

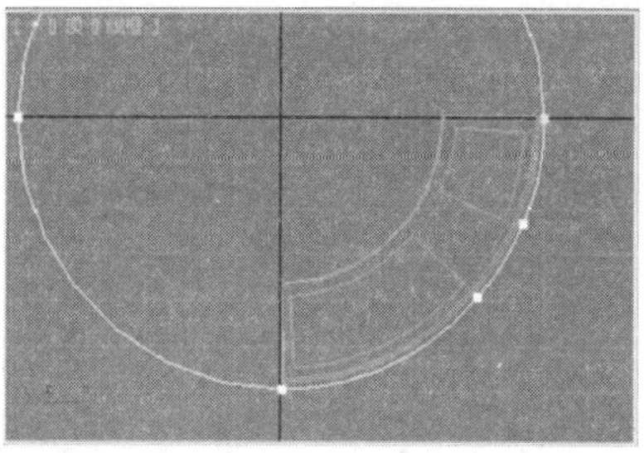

图2-68 添加节点

08 选择 ⟋ 【分段】子集，选中圆的多余线段为红色，单击键盘 Delete 键，将圆删减成如图 2-69 所示。选择 ⌒ 样条线子集，将圆弧选中为红色，单击 [轮廓] 按钮，在顶视图中拖动出如图 2-70 所示封闭的半弧形。

图2-69 编辑曲线

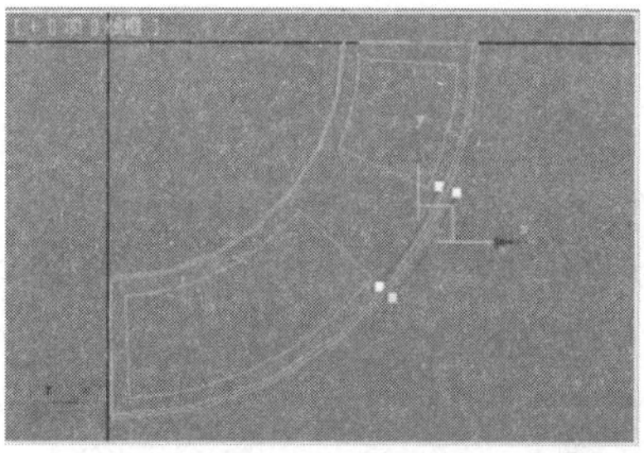

图2-70 建立轮廓

09 单击 ⌒ 【样条线】子集按钮，退出子集，在修改器列表中选择【挤出】命令，挤出高度为 38。单击 ✛ 【移动】按钮，在透视图中沿 Z 轴向上移动至合适位置，最后得到如图 2-71 所示完整笔筒。

图2-71 完整笔筒模型

▷ 2.6 钟表摆件的制作

在这一节中，将学习利用挤出修改器命令，制作一个钟表摆件模型，图 2-72 所示为钟表的效果图。

📖 学习重点

(1) 学习线工具的使用方法。

(2) 学习编辑样条线命令中的元素之间的布尔运算。

(3) 学会挤出命令的使用方法。

图2-72 最后渲染效果

实例场景：光盘\效果\第2章\钟表摆件.max

操作步骤

01 进入【创建】控制面板的 【图形】建立区域，单击 矩形 按钮，按住键盘 Ctrl 键，在顶视图中绘制一个正方形。再单击 圆 按钮，在顶视图中绘制一个圆形，按住键盘 Shift 键，再复制出两个圆形，如图 2-73 所示。选择正方形，进入 【修改】命令面板，在修改器列表中选择【编辑样条线】命令。单击 附加 按钮，依次单击三个小圆，将它们结合起来。选择 【样条线】子集，选中正方形为红色，单击【布尔】中的 【并集】按钮，再单击 布尔 按钮，依次单击三个小圆，得到如图 2-74 所示的图形。

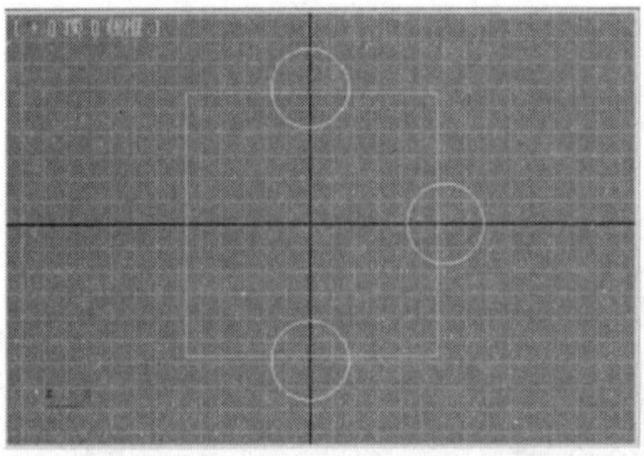

图2-73 绘制图形

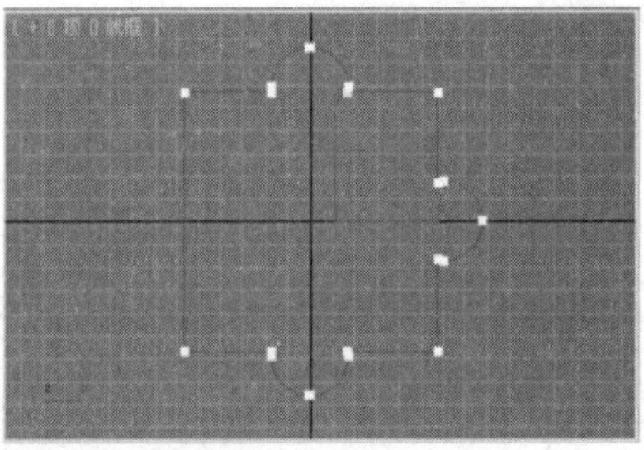

图2-74 制作布尔

02 选择 【顶点】子集，单击 圆角 按钮，单击小圆与正方形相交处的节点，拖动鼠标，将交汇处的尖角变为圆角，如图 2-75 所示。再次单击 【顶点】子集按钮，退出子集。在修改器列表中选择【挤出】命令，挤出高度为 20，如图 2-76 所示。

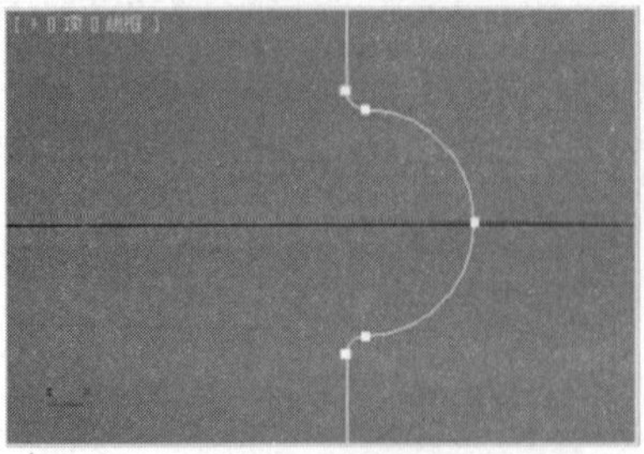

图2-75 圆角处理

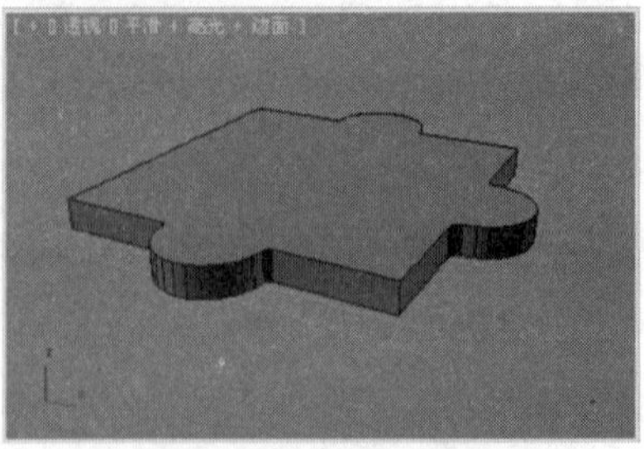

图2-76 挤出高度

03 进入【创建】控制面板的 【图形】建立区域，单击 矩形 按钮，按住键盘 Ctrl 键，在顶视图中再绘制一个正方形。再单击 圆 按钮，在顶视图中绘制一个圆形,按住键盘 Shift 键，再复制出两个圆形，如图 2-77 所示。选择正方形，进入 ☑【修改】命令面板，在修改器列表中选择【编辑样条线】命令。单击 附加 按钮，依次单击三个小圆，将它们结合起来。选择 ⌒【样条线】子集，选中正方形为红色，单击【布尔】中的 ◉【差集】按钮，再单击 布尔 按钮，依次单击三个小圆，得到如图 2-78 所示的图形。

> **提示**　如出现布尔不好用的情况，单击 修剪 按钮，修建掉没用的线段，但需要注意，修剪之后的线段相交处的节点为断点，要使用 焊接 命令将断点焊接。

图2-77　绘制图形

图2-78　布尔运算

04 选择 ⠿【顶点】子集，单击 圆角 按钮，单击小圆与正方形相交处的节点，拖动鼠标，将交汇处的尖角变为圆角。再次单击 ⠿【顶点】子集按钮，退出子集。在修改器列表中选择【挤出】命令，挤出高度为 20，如图 2-79 所示。继续重复上面的步骤，绘制出第三个图形，最后得到如图 2-80 所示钟表底座。

图2-79　挤出高度

图2-80　钟表底座

05 进入【创建】控制面板的 ◯【几何体】建立区域，单击 球体 按钮，在顶视图中创建一个球体，如图 2-81 所示。单击 圆柱体 按钮，在顶视图中创建一个圆柱体，使用 ✛【移动】工具在前视图中沿 Y 轴向上移动至合适的位置，如图 2-82 所示。

图2-81　绘制球体

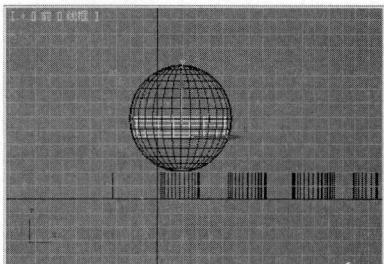

图2-82　建立圆柱体

三维制作大师

06 选择球体，单击进入 ✏️【修改】命令面板，调整【半球】值为 0.44。将球体和圆柱体同时选中，使用 ⭕【旋转】工具，在前视图中将其旋转角度，调整至如图 2-83 所示。进入【创建】控制面板的 ⭕【几何体】建立区域，单击 ▇▇球体▇▇ 按钮，在顶视图中创建另一个球体，如图 2-84 所示。

图2-83 半球设置

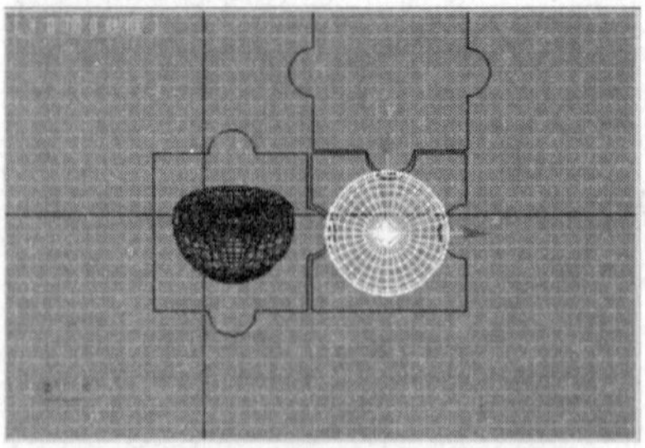

图2-84 建立球体

07 单击进入 ✏️【修改】命令面板，调整【半球】值为 0.44。使用 ⭕【旋转】工具，在前视图中将其旋转角度，调整至如图 2-85 所示。按键盘 Shift 键，使用 ✥【移动】工具在前视图中沿 Y 轴向上复制另一个球体，单击进入 ✏️【修改】命令面板，调整【半球】值为 0.6，使用 ⭕【旋转】工具，在前视图中将其旋转角度，调整至如图 2-86 所示。

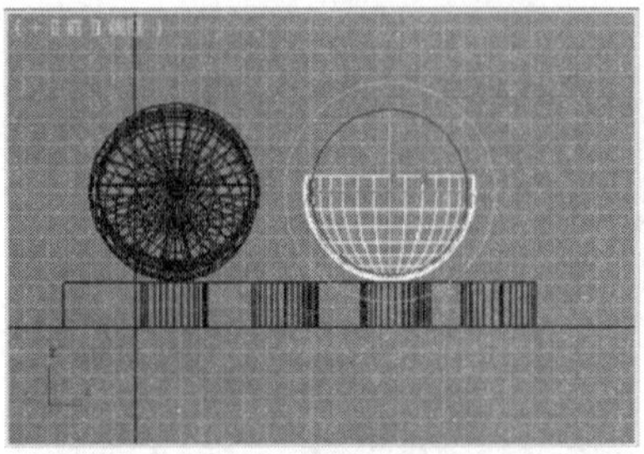

图2-85 建立半球

图2-86 复制旋转半球

08 进入【创建】控制面板的 ⭕【几何体】建立区域，单击 ▇▇球体▇▇ 按钮，在顶视图中创建第三个球体，利用【车削】命令制作出钟表的天线，最后得到如图 2-87 所示钟表摆件。

图2-87 钟表制作完成

▶ 2.7 本章小结

本章主要例举了由二维图形转换三维模型的若干实例，使我们了解了二维图形建模的重要意义、二维图形绘制以及修改方法、编辑样条线命令的具体操作技巧，以及几种常用的由二维图形转换成三维模型的修改命令。二维图形到三维模型的转换建模是 3ds Max 中非常重要建模方法，掌握这种建模方法对实际工作非常有帮助。

▶ 2.8 习题

（1）利用车削命令制作瓶子，如图 2-88 所示。

图2-88 瓶子效果图

（2）利用挤出命令绘制桌子，如图 2-89 所示。

图2-89 桌子效果图

第3章　复合对象建模

➡➡ 通过复合对象建模命令将两个或两个以上的物体组合而成一个新物体的方法被称为复合对象建模，它是一种常用的建模方法。本章主要通过实例讲解复合对象建模的原理以及几种常用的复合对象建模命令。

▷ 3.1　利用放样命令制作弯头

在这一节中，将学习利用放样命令，制作弯头模型，图3-1所示为弯头的效果图。

📖 学习重点

(1) 学习编辑样条线命令的使用。

(2) 学会放样命令的使用方法。

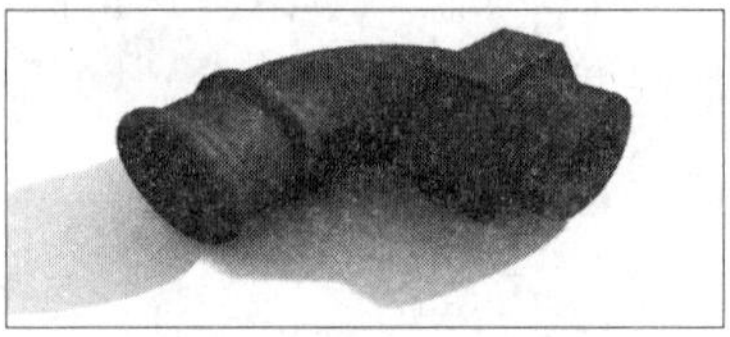

图3-1　最后渲染效果

🕐 实例场景: 光盘\效果\第3章\弯头.max

✍ 操作步骤

01 进入【创建】控制面板的 ⬡【图形】建立区域，单击 ▬▬ 线 按钮，按住键盘 Shift 键，在顶视图中绘制放样所需路径，如图3-2所示。进入 ✎【修改】命令面板，单击 ⬚【顶点】子集按钮进入【顶点】子集中，选择路径中间的节点，单击 圆角 ▕0.0 ▕ 命令，在顶视图中拖动鼠标，将尖角做圆角化处理，如图3-3所示。

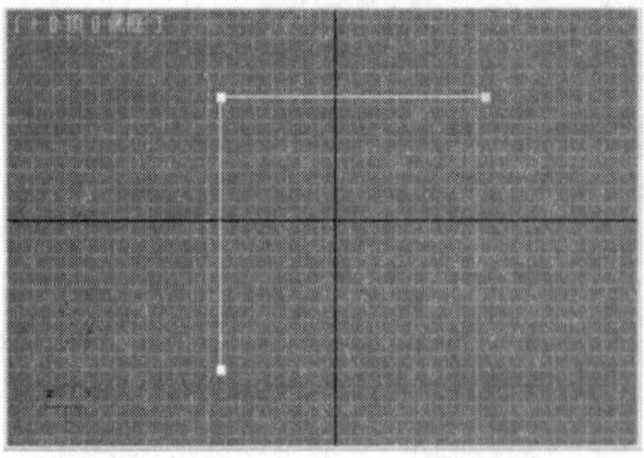

图3-2　绘制放样路径

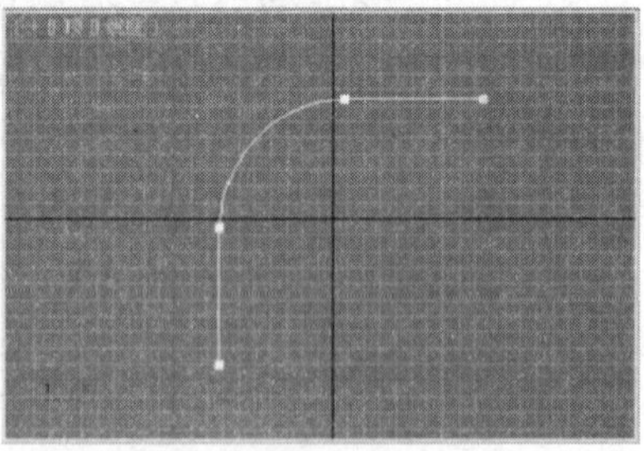

图3-3　将尖角圆角化

📁 **提示**　绘制【线】时，按住键盘 Shift 键会强制绘制出水平线和垂直线。

02 绘制放样所需截面图形。进入【创建】控制面板的 【图形】建立区域，单击 圆环 按钮，在顶视图中绘制一个圆环。再单击 多边形 按钮，在顶视图中绘制一个多边形。最后单击 圆 按钮，在多边形中间绘制一个圆，其大小保持和圆环的中间小圆一致，如图3-4所示。选择多边形，进入 【修改】命令面板，在 修改器列表 中选择【编辑样条线】命令，单击 附加 按钮，拾取最后绘制的小圆，使多边形与圆结合为一个整体，如图3-5所示。

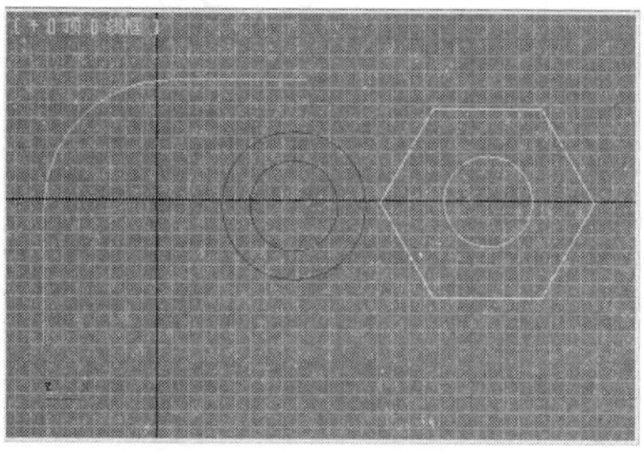

图3-4　绘制截面图形

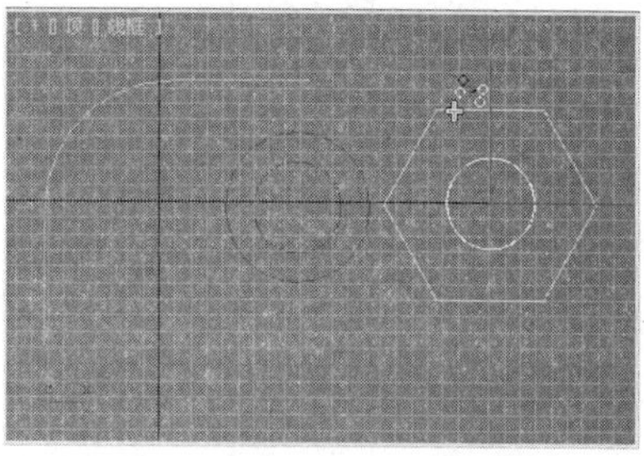

图3-5　将圆与多边形结合

03 选择作为路径的曲线，进入【创建】控制面板的 【几何体】建立区域，单击下方几何体类型下拉菜单，选择【复合对象】命令。单击 放样 命令，单击 获取图形 按钮，在顶视图中拾取圆环，得到如图3-6所示管状物体。进入 【修改】命令面板，在【路径参数】卷展栏中调整【路径】值为15，也就是路径的15%处。再次单击 获取图形 按钮，在顶视图中拾取多边形，得到如图3-7所示效果。

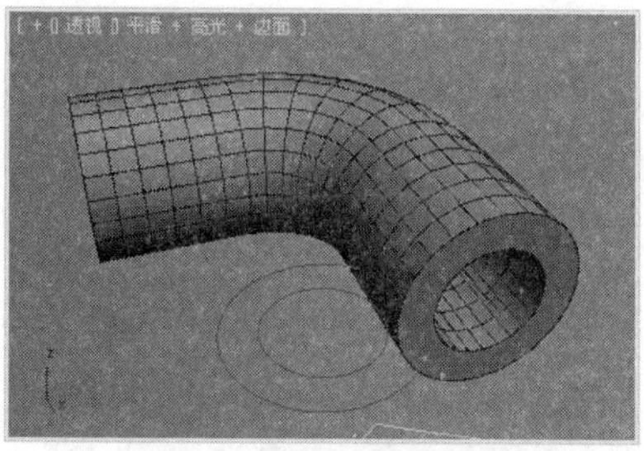

图3-6　建立放样物体

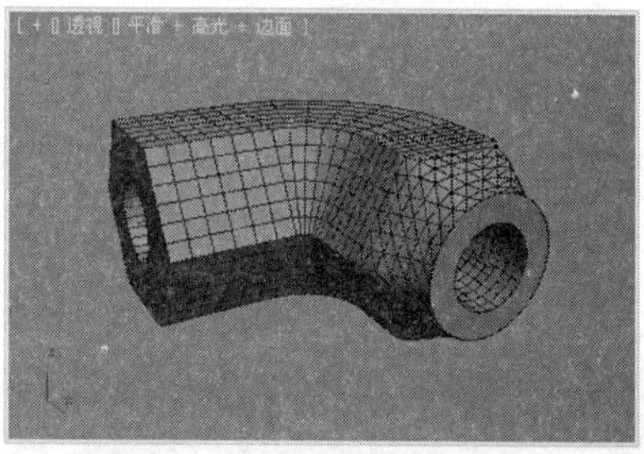

图3-7　15%处拾取多边形

04 打开【命令堆栈】中【loft】前面的加号，进入到【图形】子集中，如图3-8所示。在透视图中选中弯头端点处的圆环截面（进入到图形子集中，可以单独选择放样物体的截面图形进行编辑），如图3-9所示。

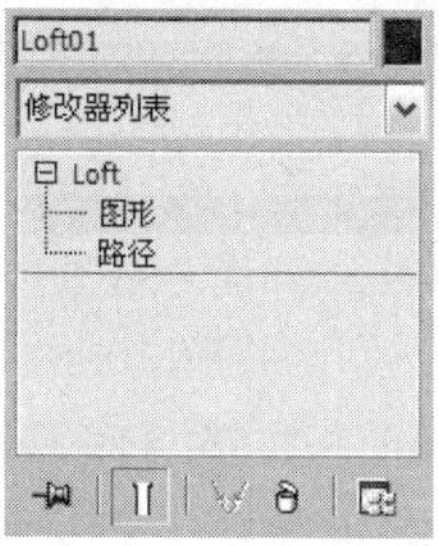

图3-8　选中图形子集

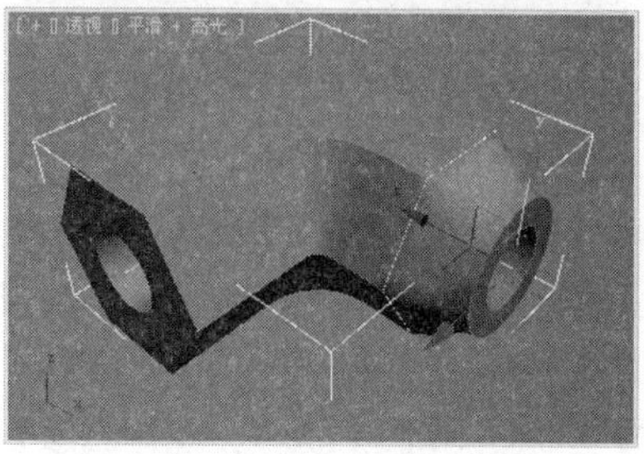

图3-9　选择截面图形

05 按住键盘Shift键，使用 【移动】工具在透视图中将圆环沿Z轴向上移动复制，复制类型选为【实例】，移动至如图 3-10 所示位置处。再选择多边形为红色，如图 3-11 所示。

图3-10　复制截面图形 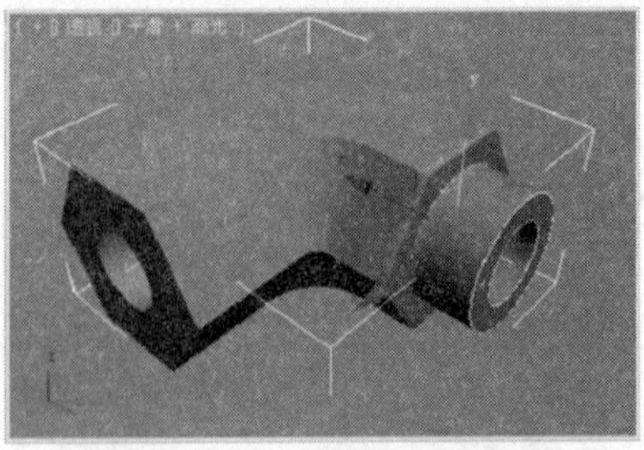　　　　　　　　图3-11　选择多边形截面图形

06 按住键盘 Shift 键，使用 ⊕【移动】工具在透视图中将多边形沿 Z 轴向上移动复制至如图 3-12 所示位置处，复制类型选为【实例】。再选择圆环为红色，如图 3-13 所示。

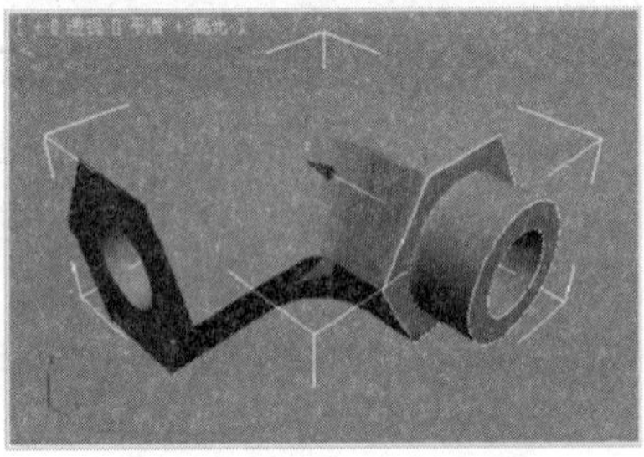

图3-12　复制多边形截面 　　　　　　　图3-13　选择圆环截面

07 按住键盘 Shift 键，使用 ⊕【移动】工具在透视图中将圆环截面沿 Z 轴向上移动复制到步骤 6 中最后复制的多边形的后面，复制类型选为【实例】，得到了弯头的螺丝造型，如图 3-14 所示。观察发现此放样物体的各个横截面处有发黑现象，解决的办法是再将各个横截面图形都各自复制一份，距离要近，可解决黑边问题，最后效果如图 3-15 所示。

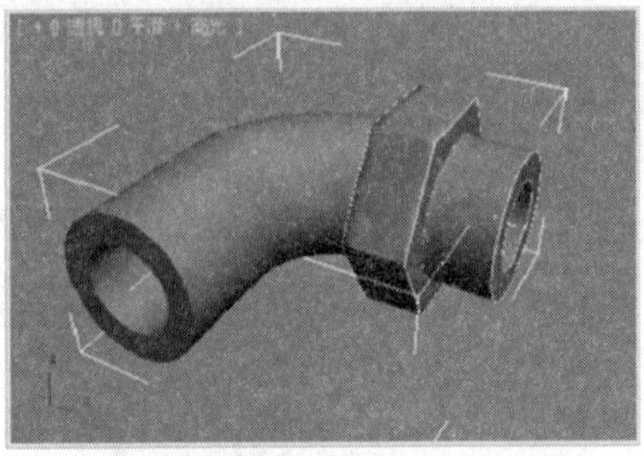

图3-14　复制圆环至多边形后面 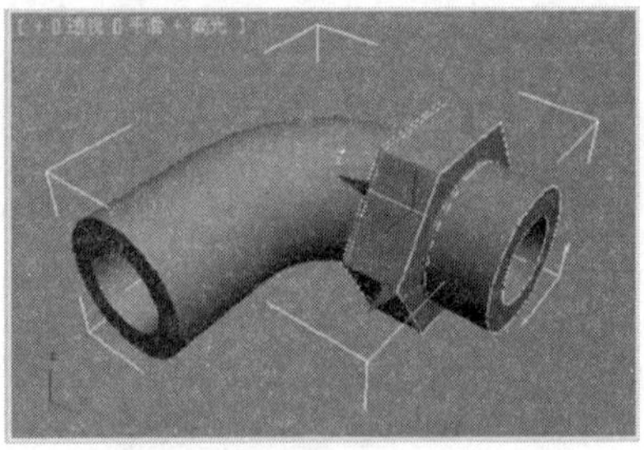　　　　图3-15　复制各个截面图形

08 退出【图形】子集，打开【变形】卷展栏中的 ⬛缩放 ⬛ 变形，在【缩放变形】调节窗口中使用 ⬛【插入角点】命令在路径上添加节点，并调整至如图 3-16 所示效果。最后得到如图 3-17 所示的弯头。

09 利用【放样】命令制作螺丝扣，进入【创建】控制面板的 ⬛【图形】建立区域，单击 ⬛螺旋线⬛ 按钮，在左视图中绘制一条螺旋线。适当调整螺旋线的参数，摆放至如图 3-18 所示位置，作为放样路径使用。再单击 ⬛矩形⬛ 按钮，在左视图中绘制一个小的矩形作为放样所需截面图形，如图 3-19 所示。

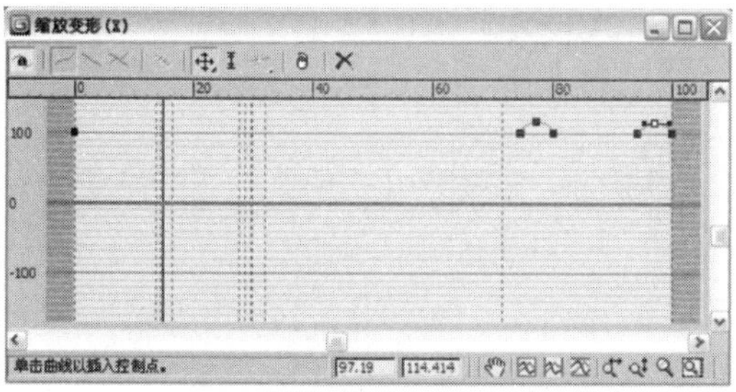

图3-16 【缩放变形】调整框

图3-17 加入缩放效果的弯头

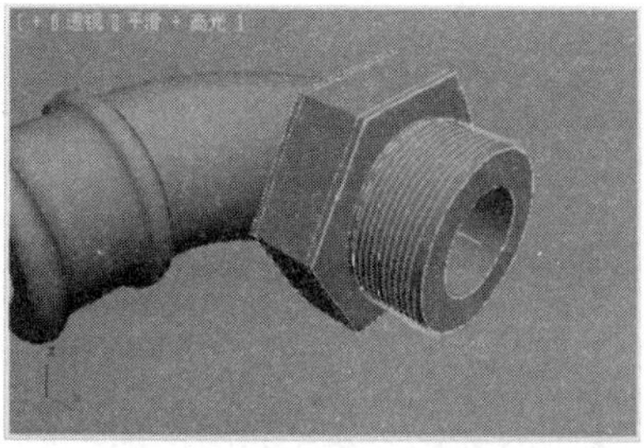

图3-18 绘制放样路径

图3-19 绘制截面图形

10 选择作为路径的螺旋线，进入【创建】控制面板的 ⊙ 【几何体】建立区域，单击下方几何体类型下拉菜单，选择【复合对象】命令。单击 放样 命令，单击 获取图形 按钮，在顶视图中，拾取矩形，得到如图3-20所示螺丝扣效果。最后的效果如图3-21所示。

图3-20 完成放样操作

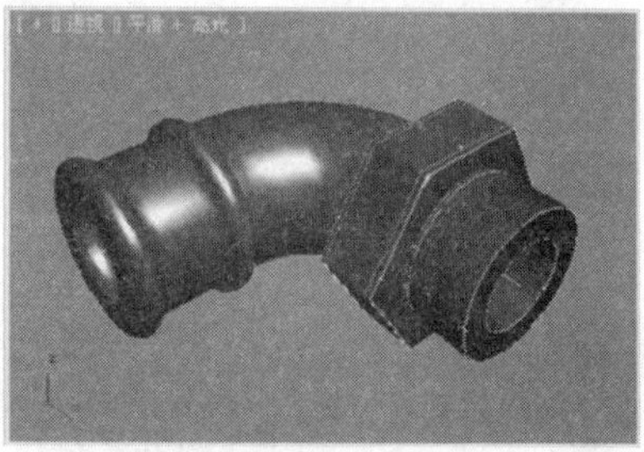

图3-21 最后完成效果

三维制作大师

▶ 3.2 椅子的制作

在这一节中，将学习利用放样命令结合FFD自由变形盒命令制作椅子模型，图3-22所示为椅子的效果图。

学习重点

(1) 学习编辑样条线命令的使用。

(2) 学会放样命令的使用方法。

(3) 学会FFD自由变形盒命令的使用方法。

图3-22 最后渲染效果

实例场景：光盘\效果\第3章\椅子.max

操作步骤

01 进入【创建】控制面板的 【图形】建立区域，单击 线 按钮，在前视图中绘制椅子侧面形状（线要稍微带些曲度），如图 3-23 所示。进入 【修改】命令面板，选择 【顶点】子集，单击 圆角 按钮，将转角处尖角变为圆角，选择 【样条线】子集，将所绘制的线选为红色，单击 轮廓 按钮，将线变为双线，做出椅子的厚度，如图 3-24 所示。

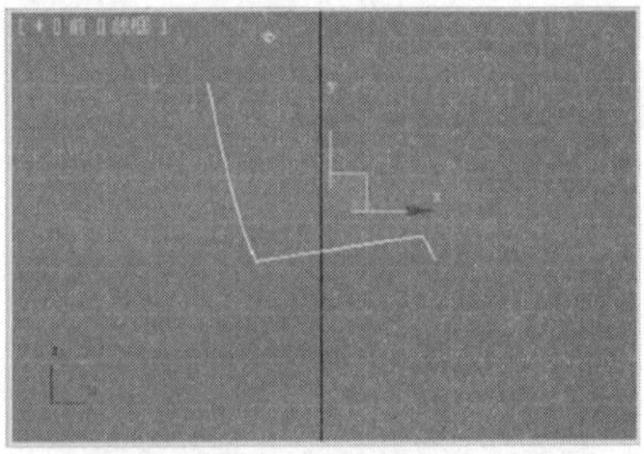

图3-23 椅子侧面曲线

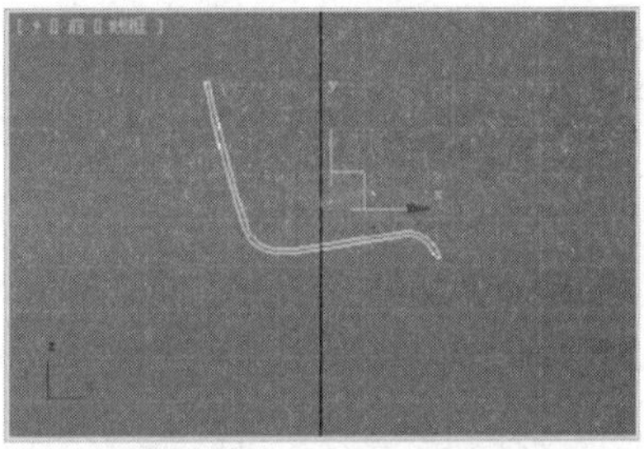

图3-24 为曲线加轮廓效果

02 单击 【顶点】子集按钮，退出子集。在 修改器列表 中选择【挤出】命令，调整【数量】值，绘制出椅子的宽度，【分段】值为 10。如图 3-25 所示。在 修改器列表 中选择【FFD4×4×4】自由变形盒命令，如图 3-26 所示。

提示 【FFD】自由变形盒命令是一个操作便捷的变形命令，通过更改控制点的位置，达到物体变形的目的，【FFD】命令后面的数字代表控制点的数量。

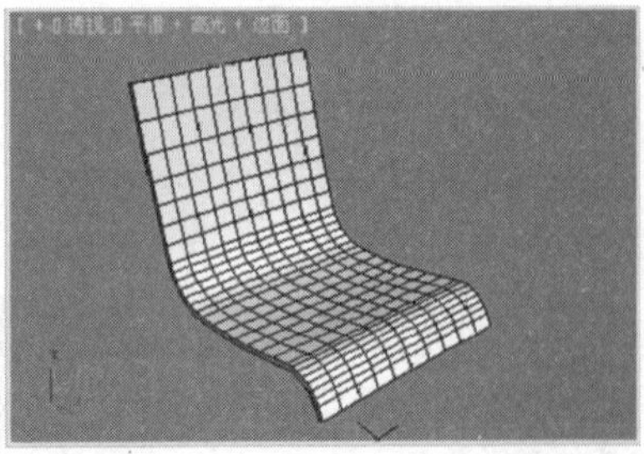

图3-25 挤出厚的并加入分段

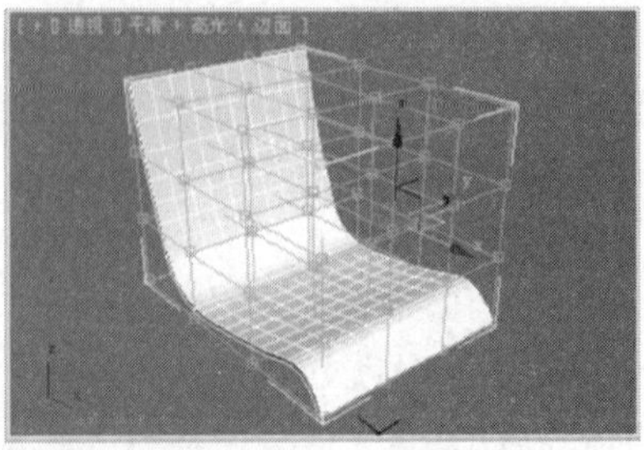

图3-26 添加FFD命令

03 在【命令堆栈】中打开【FFD4×4×4】前面的加号，进入【控制点】子集中，如图3-27 所示。在顶视图中选择纵向第一排控制点的中间两组，使用 ✛【移动】工具沿 Z 轴向左侧移动，使椅子靠背具有一定的曲度，如图 3-28 所示。

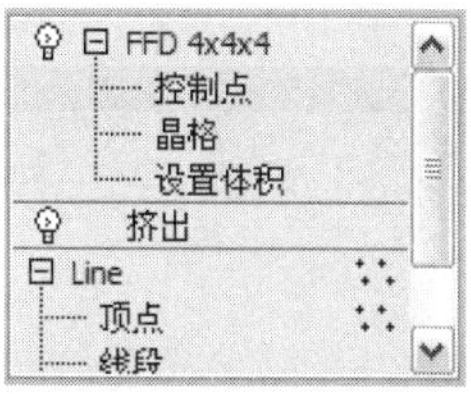

图3-27　选择控制点子集

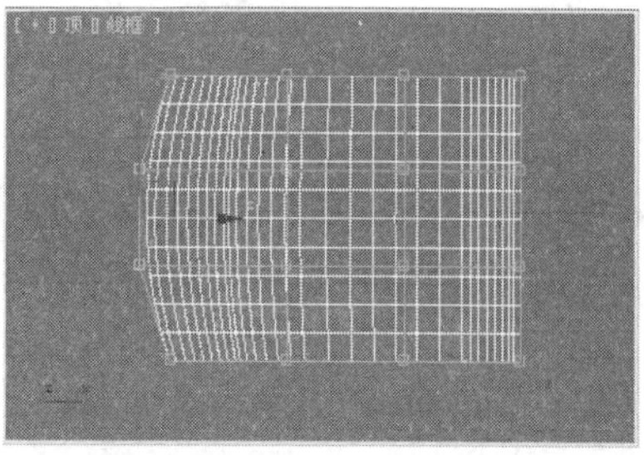

图3-28　调整控制点位置

04 在顶视图中选择纵向第一排控制点的最上和最下的两组控制点，如图3-29所示。激活前视图，按住键盘【Alt】键减选掉横向第一排的控制点，使用 ✛【移动】工具将剩余控制点沿 X 轴向右侧稍微移动，使椅子靠背曲度更圆顺。继续按住键盘 Alt 键减选掉横向第二排的控制点，使用 ✛【移动】工具将剩余控制点沿 X 轴向右侧稍微移动，最后只选择前视图中纵向第二排最下方的一排控制点，使用 ✛【移动】工具将控制点沿 X 轴向左侧移动，制作出椅子靠背转角处造型，如图 3-30 所示。

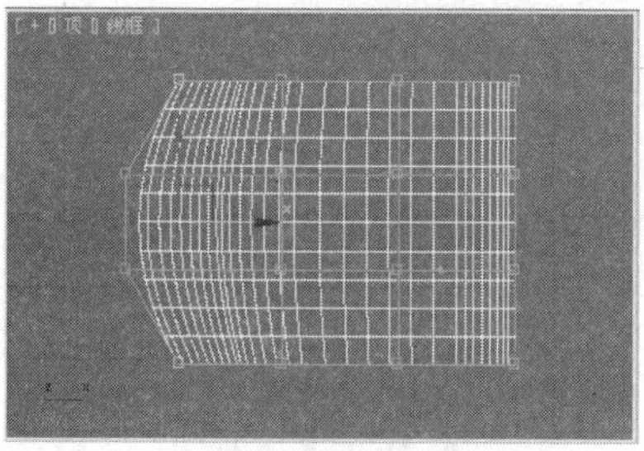

图3-29　选择控制点

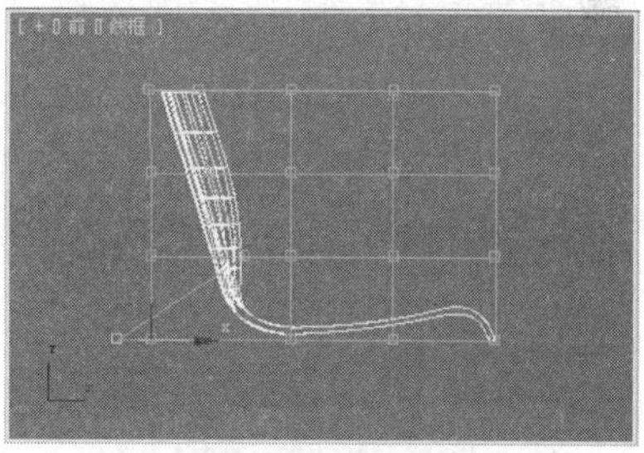

图3-30　调整控制点

05 激活左视图，选择横向第一排控制点，使用 ▱缩放工具将控制点沿 X 轴向两侧放大，使椅子靠背顶部更宽。继续选择横向第二排、第三排控制点，继续使用 ▱缩放工具将控制点沿 X 轴向两侧稍微放大，使椅子靠背两侧更平直，如图 3-31 所示。最后得到如图 3-32 所示椅子。

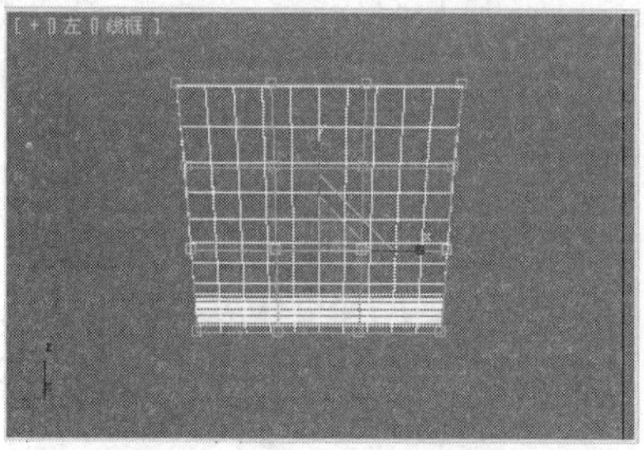

图3-31　继续调整控制点

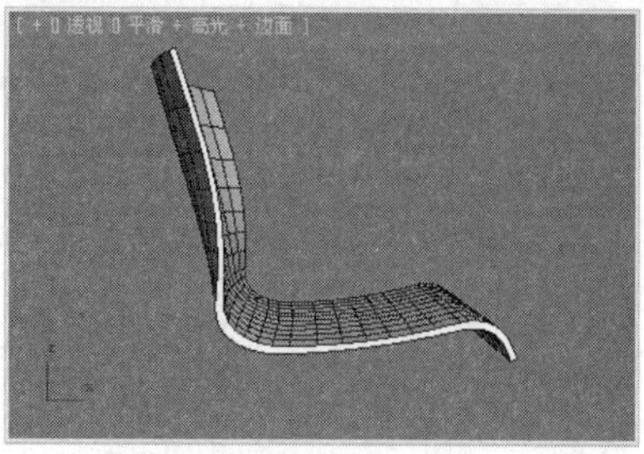

图3-32　椅子效果

06 如想做更加细致的调整，可在命令堆栈中，右键单击【FFD】自由变形盒命令，在弹出的菜单中选择【塌陷全部】，这样可以把椅子塌陷成为一个网格物体，继续在 修改器列表 ⌄ 中重新加入新的【FFD】自由变形盒命令,再进一步调整。可以使用【FFD(长方体)】命令,该命令可以自由的设置控制点的数量,更能做出细致的变化,最后得到如图3-33所示椅子部分。

07 利用放样命令制作椅子腿。进入【创建】控制面板的 【图形】建立区域,单击 线 按钮,在前视图中绘制出椅子腿放样所需路径,单击 按钮,在前视图中绘制出椅子腿放样所需横截面圆形,如图3-34所示。选择放样路径,进入【创建】控制面板的 【几何体】建立区域,单击下方几何体类型下拉菜单,选择【复合对象】命令。单击 放样 命令,单击 获取图形 命令,在前视图中,拾取圆形,最后得到如图3-35所示椅子腿。激活顶视图,选择放样出来的椅子腿,按住键盘【Shift】键,使用 【移动】工具沿Y轴向上复制出另一侧的椅子腿,【克隆选项】选择【实例】方式,如图3-36所示最终效果。

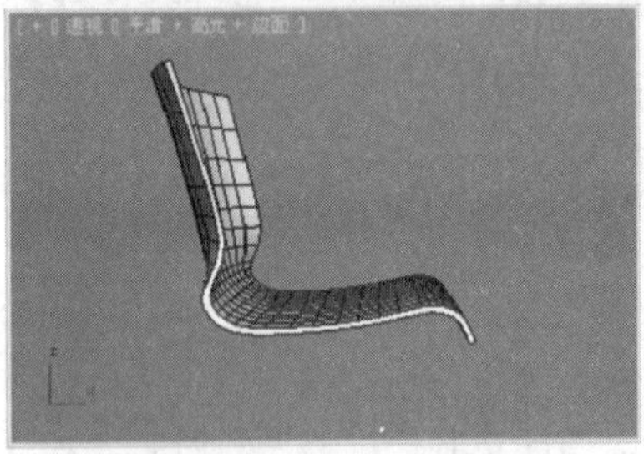

图3-33 椅子最终效果

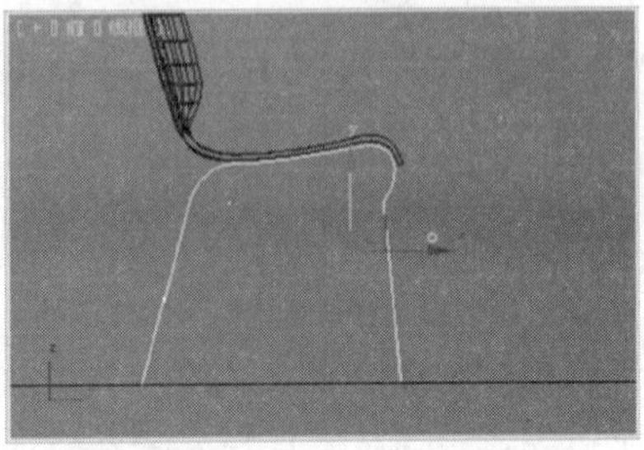

图3-34 路径与界面图形的绘制

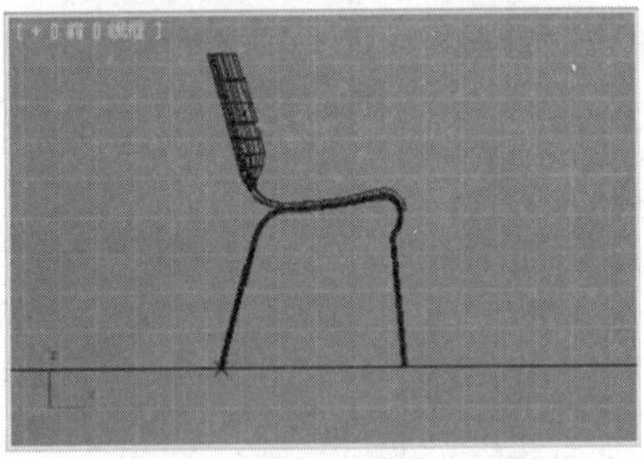

图3-35 放样出来的椅子腿

图3-36 最终效果

08 进入【创建】控制面板的 【图形】建立区域,单击 矩形 按钮,在顶视图中绘制出椅子腿横梁放样所需矩形路径,如图3-37所示。进入 【修改】命令面板,在 修改器列表 中选择【编辑样条线】命令,选择 【分段】子集按钮,进入到【分段】子集,将所绘矩形四个边全部选中为红色,单击 拆分 1 按钮在每个线段中都添加一个平均节点,如图3-38所示。

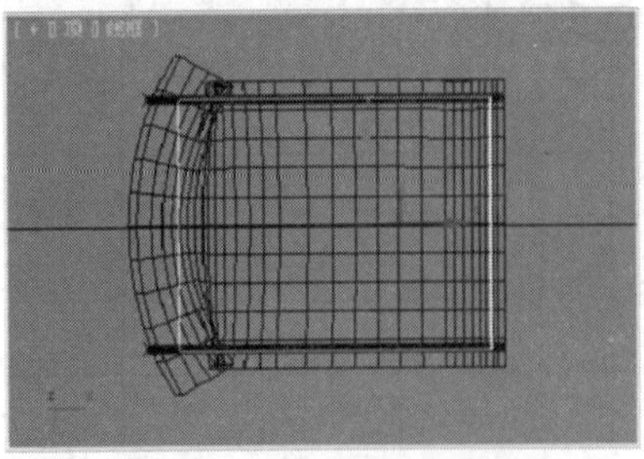

图3-37 绘制矩形

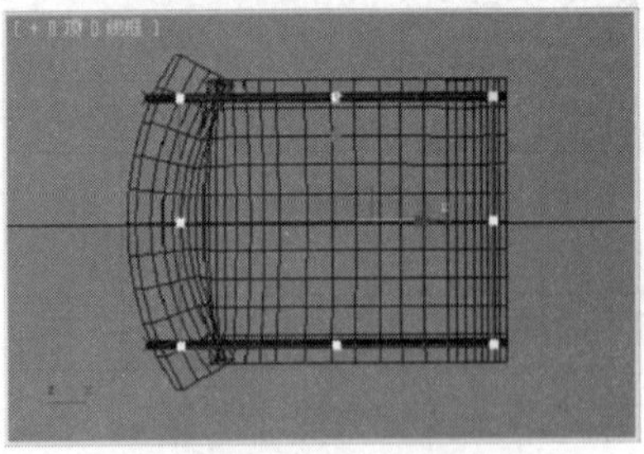

图3-38 添加平均点

09 选择 【顶点】子集,将添加的四个平均点选中,按住工具条中 【使用轴点中心】按钮,在弹出的子命令中选择🔲【使用选择中心】按钮，则四个节点公用一个轴心，使用🔲【缩放】工具在顶视图中将四个节点等比例缩小，使它们向中心聚拢。如图 3-39 所示，椅子腿横梁放样所需路径制作完毕。进入【创建】控制面板的🔲【图形】建立区域，单击▭▭▭▭按钮，在顶视图中绘制出椅子腿横梁放样所需横截面圆形。

选择放样路径，进入【创建】控制面板的🔲【几何体】建立区域，单击下方几何体类型下拉菜单，选择【复合对象】命令。单击▭ 放样 ▭命令，单击▭获取图形▭命令，在顶视图中，拾取圆形，最后得到如图 3-40 所示椅子腿横梁。

10 使用✥【移动】工具，将椅子腿横梁调整至合适位置，最后得到如图 3-41 所示的完整椅子。

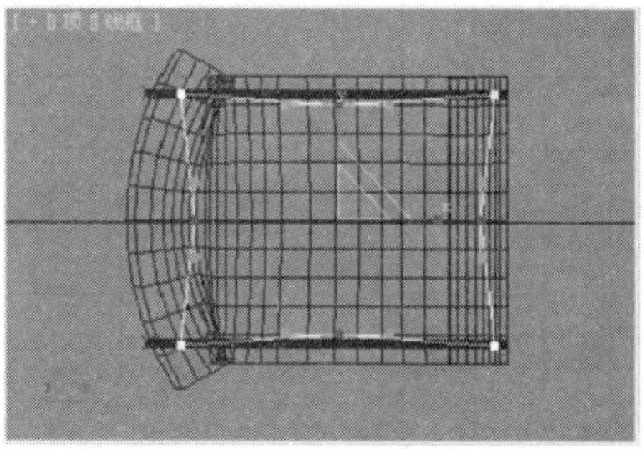

图3-39　缩放平均点

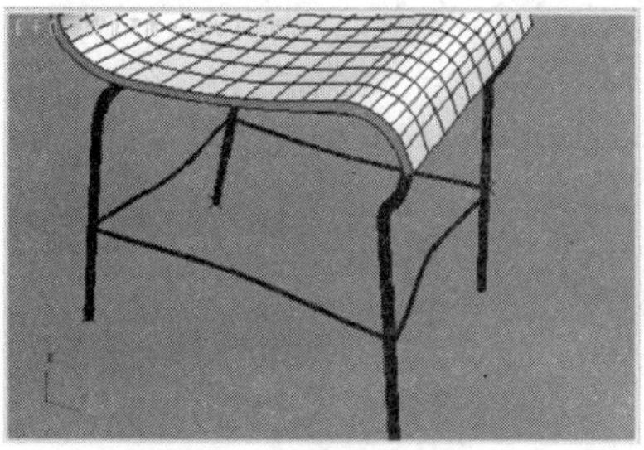

图3-40　横梁制作完毕

图3-41　最终椅子效果

▶ **3.3　水壶的制作**

在这一节中，将学习利用车削修改器命令结合放样命令制作水壶，图 3-42 所示为水壶的效果图。

📖 **学习重点**

（1）学习编辑样条线命令的使用。

（2）学会车削命令的使用方法。

（3）学会放样命令的使用方法。

图3-42　最后渲染效果

实例场景: 光盘\效果\第3章\水壶.max

✎ **操作步骤**

01 进入【创建】控制面板的 【图形】建立区域,单击 **线** 按钮,在前视图中绘制壶身的半个剖面图,如图3-43所示。进入 【修改】命令面板,选择 【顶点】子集,单击 **优化** 命令在线段的最下一段添加节点,使用 【移动】工具将节点调整至如图3-44所示效果。

> 💡 **提示** 选中节点后,在节点处单击鼠标右键,可以选择节点类型,在这里将后添加的节点都选为【角点】类型。

图3-43 绘制曲线

图3-44 添加节点并调整形状

02 单击 **圆角** 按钮,单击调整好位置的几个节点,拖动鼠标,将尖角变为圆角,如图3-45所示。再次单击 【顶点】子集按钮,退出子集。在修改器列表中选择【车削】命令,单击 **最小** 按钮,勾选【翻转法线】命令,得到壶身,如图3-46所示。

> 💡 **提示** 【翻转法线】可以使模型以正确的方式显示。

图3-45 调整节点类型

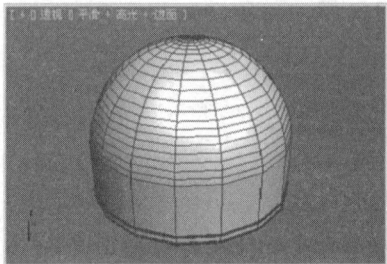

图3-46 加入车削命令

03 制作壶底。进入【创建】控制面板的 【图形】建立区域,单击 **线** 按钮,在前视图中壶身的底部绘制壶底的半个剖面图,如图3-47所示。进入 【修改】命令面板,在修改器列表中选择【车削】命令,单击 **最小** 按钮,勾选【焊接内核】命令,得到壶身,如图3-48所示。

> 💡 **提示** 【焊接内核】命令可以去除错误面。

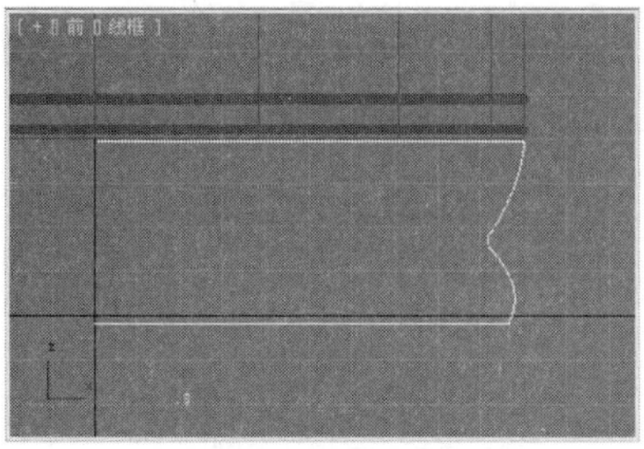

图3-47　绘制曲线

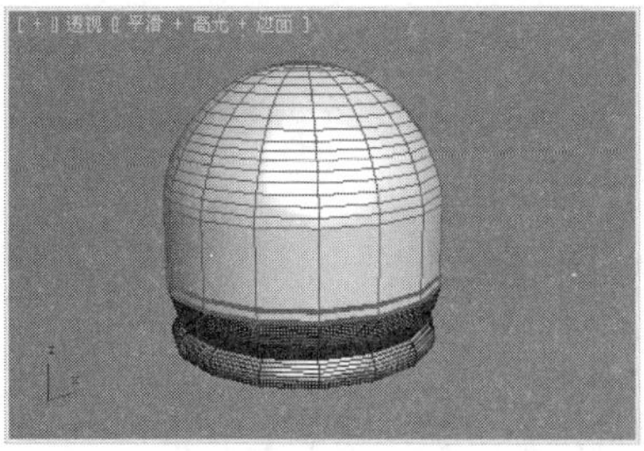

图3-48　壶身效果

04 制作壶嘴。进入【创建】控制面板的 🔲【图形】建立区域，单击 ▢▢▢ 按钮，在前视图中绘制壶嘴的半个剖面图，如图 3-49 所示。进入 ✐【修改】命令面板，选择 ⋯【顶点】子集，单击 圆角 按钮，将尖角变为圆角。再次单击 ⋯【顶点】子集按钮，退出子集。在修改器列表中选择【车削】命令，单击命令堆栈中【车削】命令前面的加号，进入子集【轴】中，如图 3-50 所示。

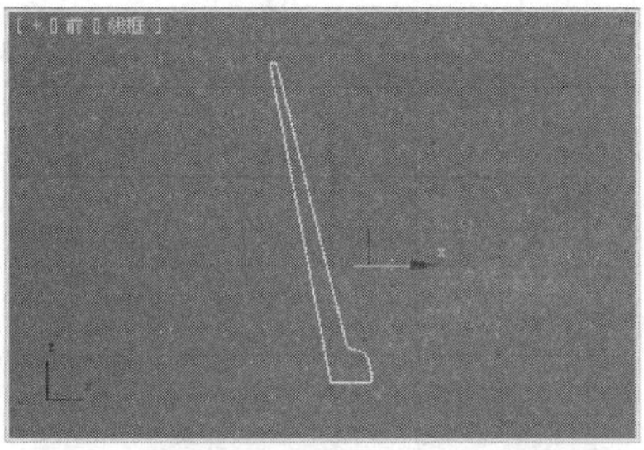

图3-49　绘制曲线

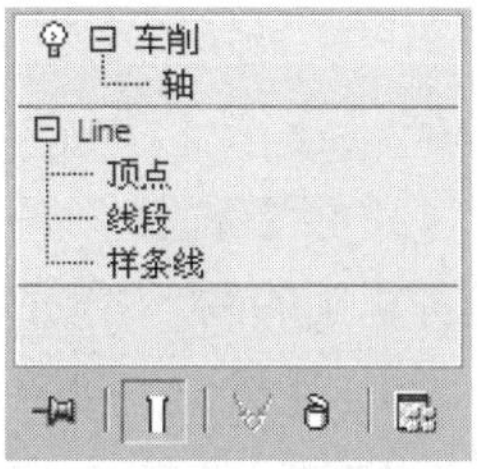

图3-50　选择轴子集

05 在前视图中使用 ✛【移动】工具将轴沿 X 轴向左侧移动，得到如图 3-51 所示效果。退出【轴】子集，使用 〇【旋转】工具在前视图中沿 Z 轴旋转角度，再使用 ✛【移动】工具将壶嘴调整至合适位置，如图 3-52 所示。

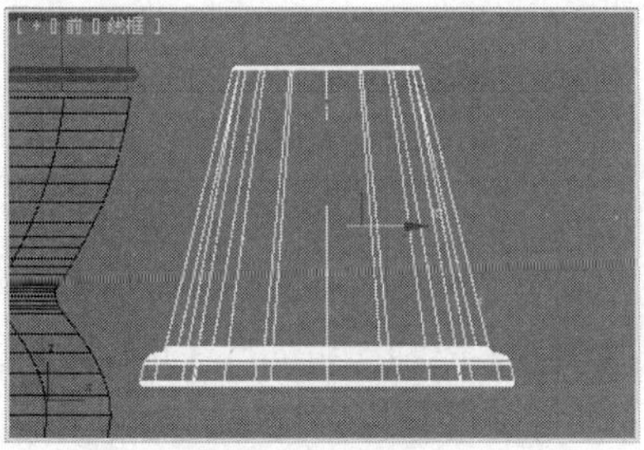

图3-51　壶嘴效果

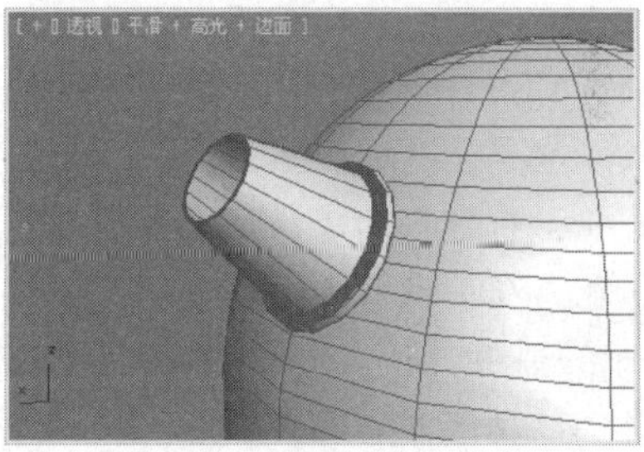

图3-52　摆放壶嘴位置

06 制作壶盖。进入【创建】控制面板的 🔲【图形】建立区域，单击 ▢▢▢ 按钮，在前视图中绘制壶盖的半个剖面图，如图 3-53 所示。进入 ✐【修改】命令面板，选择 〰【样条线】子集，选中线段为红色，单击 轮廓 按钮，在顶视图中拖动出壶盖的厚度。选择 ⋯【顶点】子集，使用 ✛【移动】工具调节节点位置，正确做出的壶盖厚度，如图 3-54 所示。

07 单击 ⋯【顶点】子集按钮，退出子集。在修改器列表中选择【车削】命令，单击 最小 按钮，得到壶盖，如图 3-55 所示。再利用同样的方法制作壶盖塑料把手，最后得到如图 3-56 所示的完整壶身。

图3-53 绘制曲线

图3-54 加入轮廓后调整形状

图3-55 壶盖的制作

图3-56 完整的壶身

08 进入【创建】控制面板的 [图形]建立区域,单击 椭圆 按钮,在前视图中绘制壶把的路径,如图 3-57 所示。进入 【修改】命令面板,在修改器列表中选择【编辑样条线】命令。选择 【分段】子集,选择椭圆的右下方的四分之一线段,单击键盘 Delete 键,将其删除,得到的剩下的路径将作为壶把的放样路径,如图 3-58 所示。

图3-57 绘制圆形

图3-58 编辑路径

09 制作壶把放样建模所需横截面图形。进入【创建】控制面板的 【图形】建立区域,单击 长方体 按钮,在顶视图中绘制壶把的横截面图形,注意【角半径】给出一定数值,绘制出如图 3-59 所示的圆角矩形。选择步骤 1 所绘路径,进入【创建】控制面板的 【几何体】建立区域,单击下方几何体类型下拉菜单,选择【复合对象】命令。单击 放样 命令,单击 获取图形 命令,在顶视图中拾取圆角矩形,得到如图 3-60 所示的壶把。

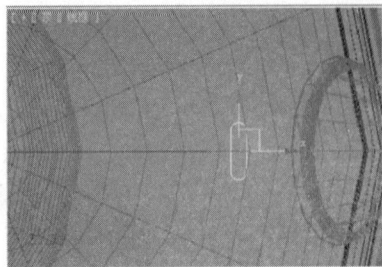

图3-59 绘制放样截面图形

图3-60 壶把效果

10 进入【创建】控制面板的 ⬚【图形】建立区域，单击 椭圆 按钮，在前视图中再次绘制步骤 1 所绘等大椭圆，进入 ⬚【修改】命令面板，在修改器列表中选择【编辑样条线】命令。选择 ⬚【顶点】子集，单击 优化 命令，在椭圆路径上添加两个节点，选择 ⬚【分段】子集，选择椭圆的右下方线段，单击键盘 Delete 键，将其删除，得到的新的路径将作为壶把把手放样的路径，如图 3-61 所示。

11 制作壶把把手放样建模所需的横截面图形。进入【创建】控制面板的 ⬚【图形】建立区域，单击 长方体 按钮，在顶视图中绘制壶把的横截面图形，注意【角半径】给出一定数值，绘制出壶把把手的圆角矩形截面。选择步骤 3 所绘路径，进入【创建】控制面板的 ⬚【几何体】建立区域，单击下方几何体类型下拉菜单，选择【复合对象】命令。单击 放样 命令，单击 获取图形 命令，在顶视图中拾取圆角矩形，得到如图 3-62 所示壶把。

图3-61　绘制放样路径

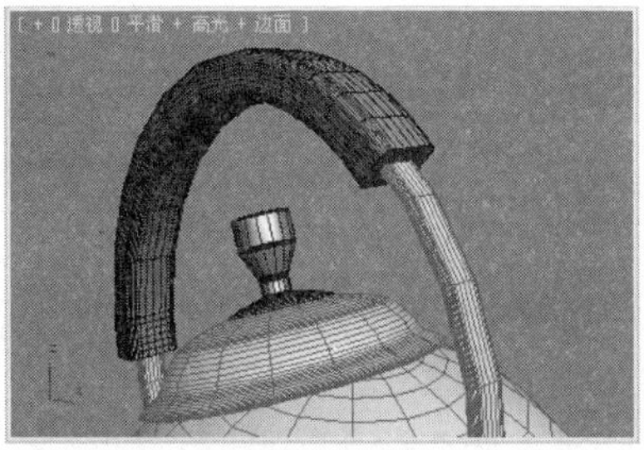

图3-62　壶把制作

12 通过放样中的【变形】命令调整放样物体的形状。选择步骤 4 制作的壶把把手，进入 ⬚【修改】命令面板，单击下方的【变形】卷展栏，单击 缩放 命令，在弹出的缩放变形窗口中，使用 ⬚【插入角点】及 ⬚【移动控制点】命令，将曲线调整至如图 3-63 所示。

> 📁 **提示**　　红线即为放样物体中横截面图形在路径上的大小变化。通过改变红线的形状，可以自由调整整个放样物体的形状变化。⬚【插入角点】命令可以在红线上添加节点，单击鼠标右键可以改变节点的类型，同编辑样条曲线中节点的类型。

13 将所绘壶的各个部分组合一起，最后得到如图 3-64 所示效果。

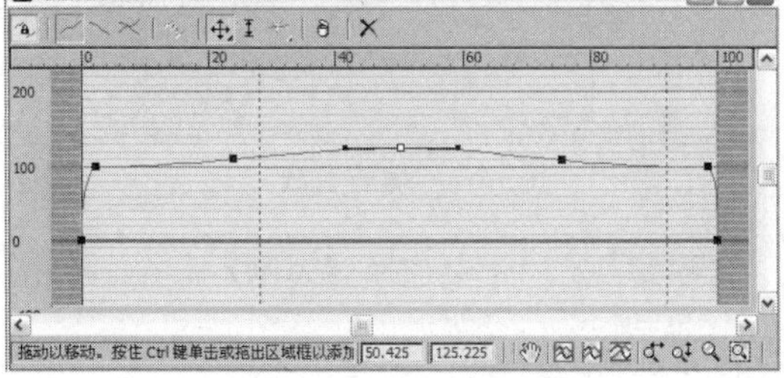

图3-63　【缩放变形】对话框

图3-64　完整水壶效果

▶ **3.4　搪瓷小罐的制作**

在这一节中，将学习利用车削修改器命令结合放样命令，制作搪瓷小罐子模型，图 3-65 所示为搪瓷罐的效果图。

学习重点

(1) 学习编辑样条线命令的使用。
(2) 学会车削命令的使用方法。
(3) 学会放样命令的使用方法。

图3-65　最后渲染效果

实例场景：光盘＼效果＼第3章＼搪瓷罐.max

操作步骤

01 搪瓷罐体的制作。进入【创建】控制面板的 【图形】建立区域，单击 线 按钮，在前视图中绘制搪瓷罐体的半个剖面图，如图 3-66 所示。进入 【修改】命令面板，选择 【样条线】子集，选择所绘线段为红色，在前视图中拖动出搪瓷罐体剖面的厚度。选择 【顶点】子集，将多余的节点删除并移动点的位置，得到如图 3-67 所示的正确搪瓷罐体剖面。

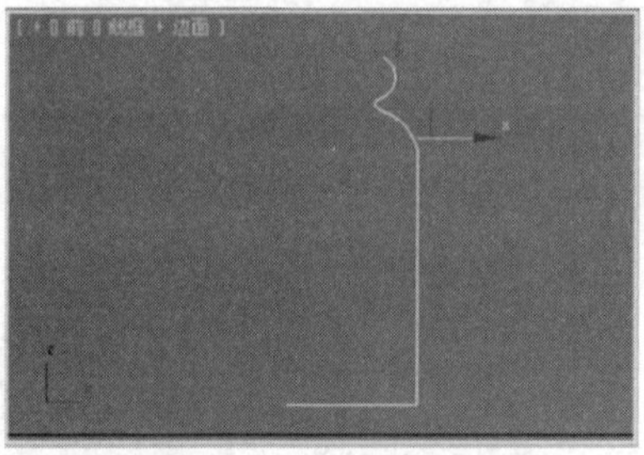

图3-66　绘制瓶身曲线 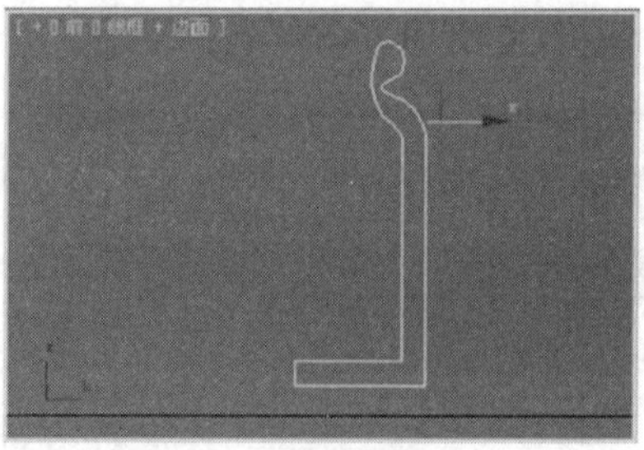　　　　　　　图3-67　编辑曲线

02 再次点选 【顶点】子集按钮，退出子集。在 修改器列表 中选择【车削】命令，单击 最小 按钮，勾选【焊接内核】命令，得到如图 3-68 所示瓶身。

03 搪瓷罐盖的制作。进入【创建】控制面板的 【图形】建立区域，单击 线 按钮，在前视图中绘制搪瓷罐盖的半个剖面图，如图 3-69 所示。进入 【修改】命令面板，选择 【样条线】子集，选择所绘曲线为红色，在前视图中拖动出搪瓷罐盖剖面的厚度。选择 【顶点】子集，将多余的节点删除并移动点的位置，得到如图 3-70 所示的正确搪瓷罐体剖面。再次点选 【顶点】子集按钮，退出子集。在 修改器列表 中选择【车削】命令，单击 最小 按钮，得到如图 3-71 所示完整搪瓷罐。

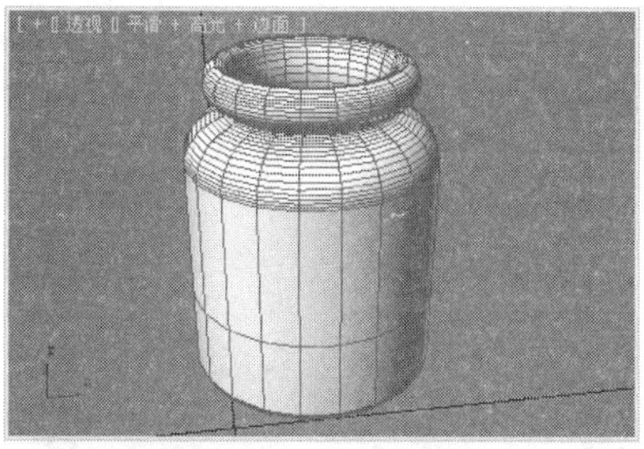

图3-68　制作瓶身

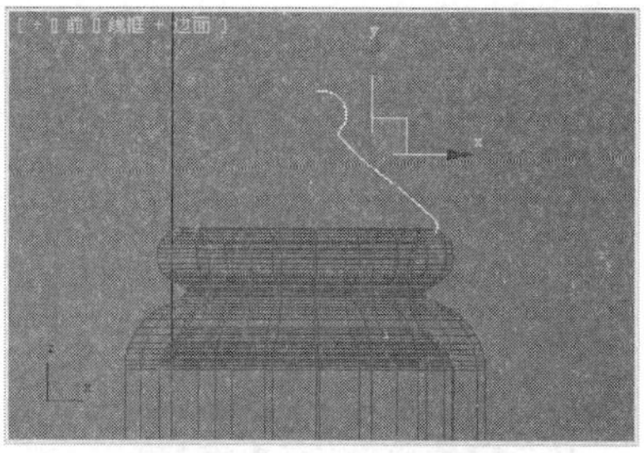

图3-69　绘制瓶盖曲线

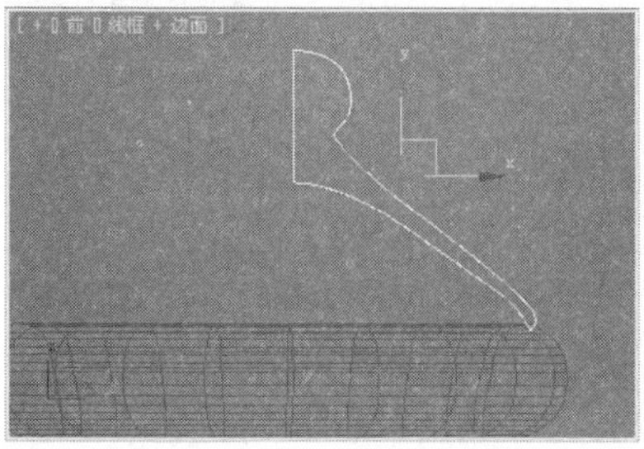

图3-70　编辑曲线

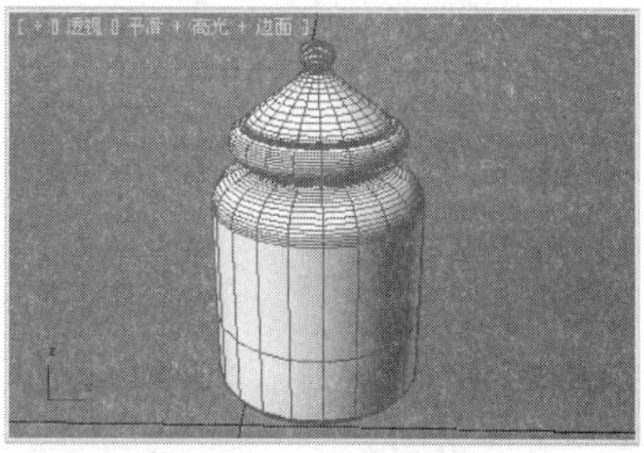

图3-71　完整搪瓷罐

04 利用放样命令制作搪瓷罐护栏。进入【创建】控制面板的 [图形] 建立区域，单击 ████ 线 按钮，在前视图中绘制一条曲线作为放样的路径。再绘制放样所需横截面图形圆形，如图 3-72 所示。选择路径，进入【创建】控制面板的 [几何体] 建立区域，单击下方几何体类型下拉菜单，选择【复合对象】命令。单击 放样 命令，单击 获取图形 命令，在前视图中，拾取圆形，得到如图 3-73 所示的一根护栏。

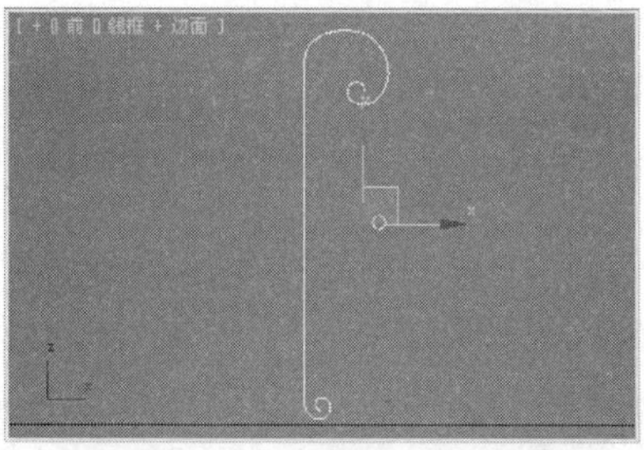

图3-72　绘制放样所需路径图形

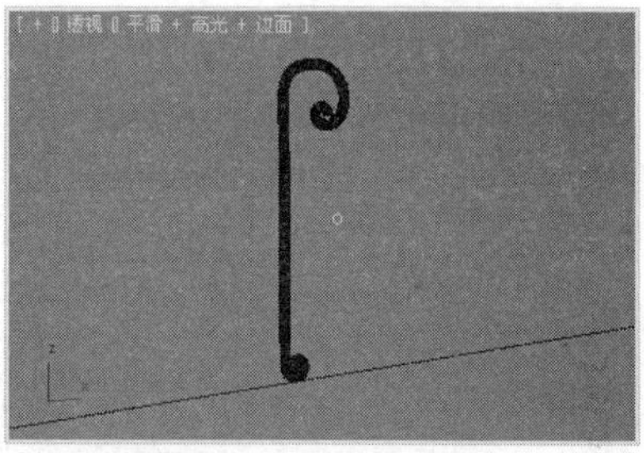

图3-73　放样得到护栏

05 进入【创建】控制面板的 [几何体] 建立区域，单击 圆环 按钮，在顶视图中创建一个圆环。使用 [移动] 工具在前视图中将其沿 Y 轴向上移动至合适的位置。大小以套住搪瓷罐为准，如图 3-74 所示。激活顶视图，选择步骤 1 制作的护栏立柱，按住键盘 Shift 键，使用 [移动] 工具沿 Y 轴向上复制出另一个护栏立柱，复制关系选择【实例】的关系。在前视图中再次绘制一个圆柱体，架于两个护栏立柱之间，如图 3-75 所示。

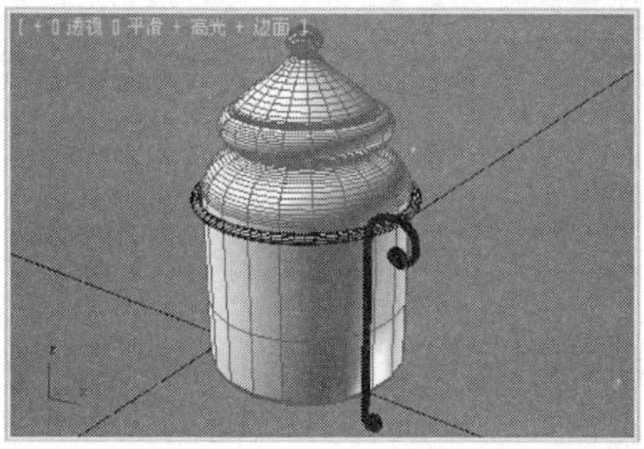

图3-74　绘制圆环

图3-75　复制护栏

三维制作大师

06 激活前视图，将所绘所有图形全部选中，单击工具条中的 🔣【镜像】工具。在弹出的参数对话框中将【镜像轴】选为 X 轴，【克隆当前选择】选为【复制】的关系，改变【偏移值】数值，镜像复制出搪瓷罐的另一半，如图 3-76 所示。再用步骤 1 中所示放样方法，制作出搪瓷罐护栏底座来，最后得到如图 3-77 所示完整搪瓷罐。

图3-76　镜像另一半　　　　　　　图3-77　完整搪瓷罐

▷ 3.5　红酒酒架的制作

在这一节中，将学习利用放样命令结合车削命令，制作一个红酒酒架模型，图 3-78 所示为红酒酒架的效果图。

📖 学习重点

（1）学习编辑样条线命令的使用。

（2）学会放样命令的使用方法。

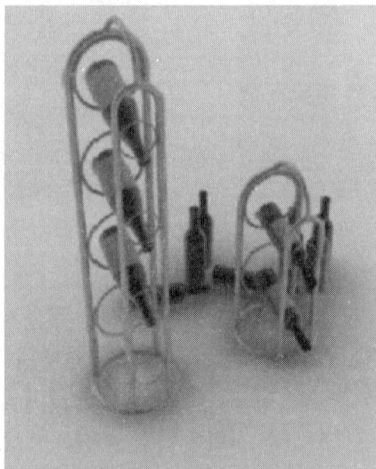

图3-78　最后渲染效果

◁ 实例场景：光盘\效果\第3章\红酒酒架.max

✍ 操作步骤

01 利用放样命令制作支架。进入【创建】控制面板的 🔳【图形】建立区域，单击 ▭▭▭ 按钮，在顶视图中绘制酒架底座路径，如图 3-79 所示。在前视图中绘制另一个较小圆形，如图 3-80 所示。

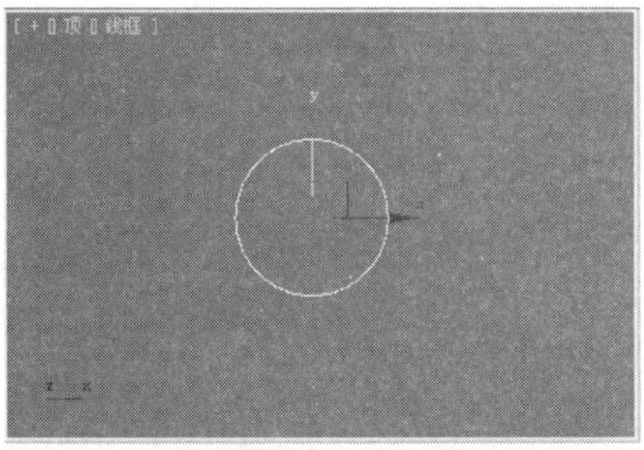

图3-79　在顶视图中绘制圆形 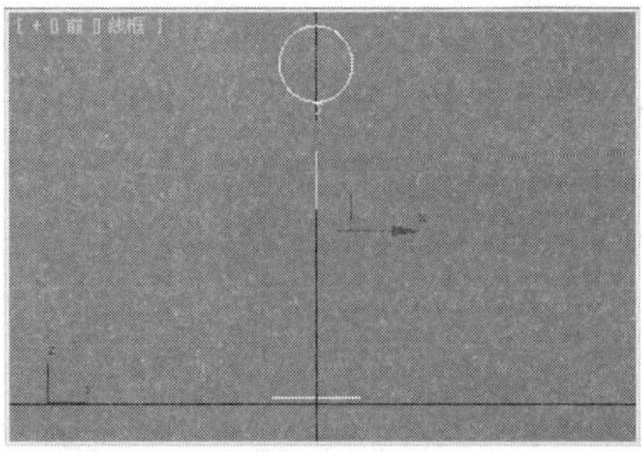　　　　图3-80　在前视图中绘制圆形

02 选择小圆,进入☑【修改】命令面板,在 修改器列表 ▼ 中选择【编辑样条线】命令,选择✐【分段】子集,选中圆下半部分的两段线段,按键盘 Delete 键将其删除,得到一个半圆。进入【创建】控制面板的❏【图形】建立区域,单击 线 按钮,在前视图中的半圆两端端点处绘制两条垂直线,(注意线要与半圆两端端点处对齐,按住键盘 Shift 键可绘制直线)如图 3-81 所示。选择半圆,进入☑【修改】命令面板,单击 附加 按钮,然后依次单击两条垂直线,将三者结合起来。选择⋯【顶点】子集,单击 连接 按钮,将半圆端点与垂直线端点连接起来,如图 3-82 所示。

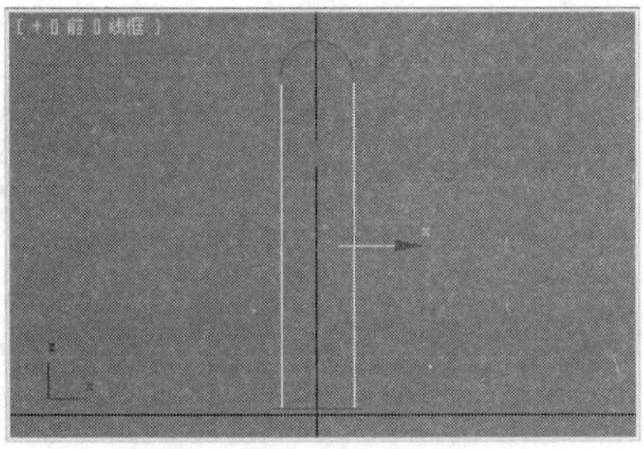

图3-81　绘制垂直线 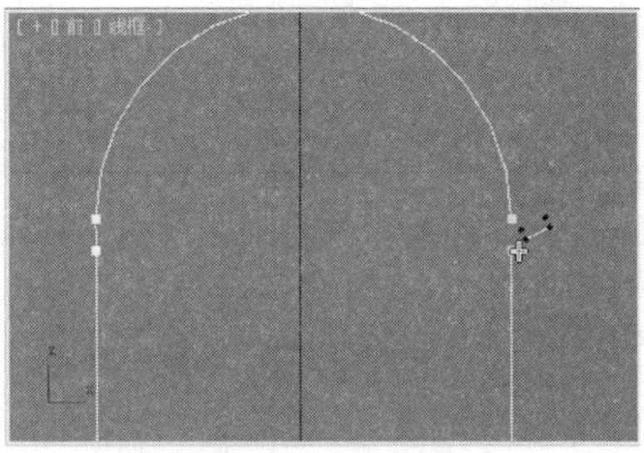　　　　　　　图3-82　结合后连接端点

03 选择连接好的拱形曲线,激活顶视图,使用✛【移动】工具将其移动至如图 3-83 所示的合适位置(注意两边端点要对齐到大圆的两边),按住键盘 Shift 键,使用✛【移动】工具沿 Y 轴向下复制出另一个拱形曲线,复制类型选择【复制】的关系。使用⬜【缩放】工具等比例将其缩小(注意小拱形的两边端点也要与大圆对齐),进入☑【修改】命令面板,选择⋯【顶点】子集,使用✛【移动】工具在前视图中将小拱形下方两个端点向下移动至大圆处,如图 3-84 所示。

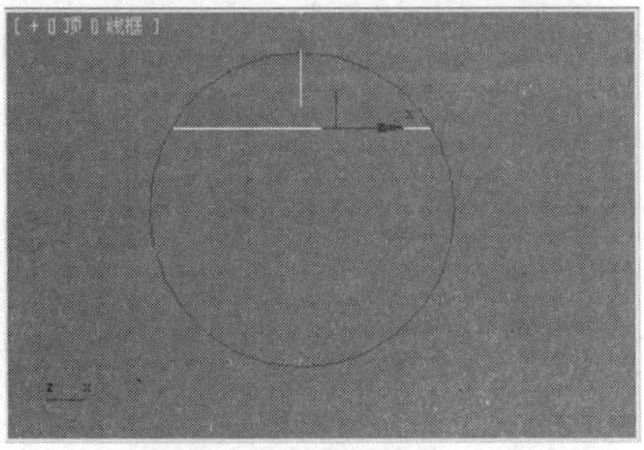

图3-83　移动曲线位置 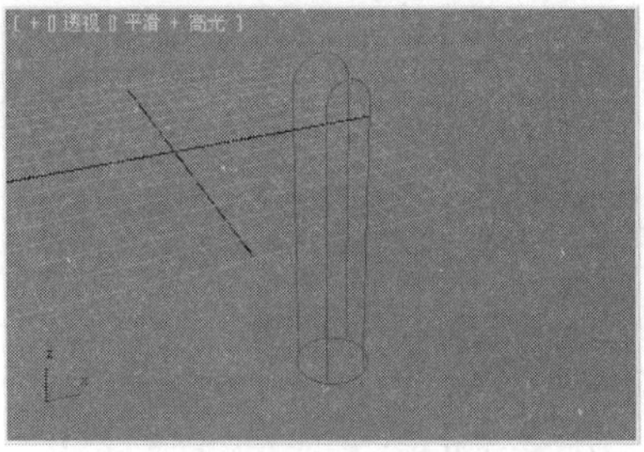　　　　　　图3-84　复制曲线并缩小

04 进入【创建】控制面板的❏【图形】建立区域,单击 圆 按钮,在左视图中绘制连接两个酒架的圆弧路径,如图 3-85 所示。进入☑【修改】命令面板,在修改器列表中选择【编辑

样条线】命令，选择 【顶点】子集，单击 优化 按钮，在所绘圆形与两边路径端点交汇处
添加节点，选择 【分段】子集，将所加节点下半部分的线段按键盘 Delete 键删除，得到如图
3-86 所示的半弧形。这样，酒架放样所需的路径绘制完毕。

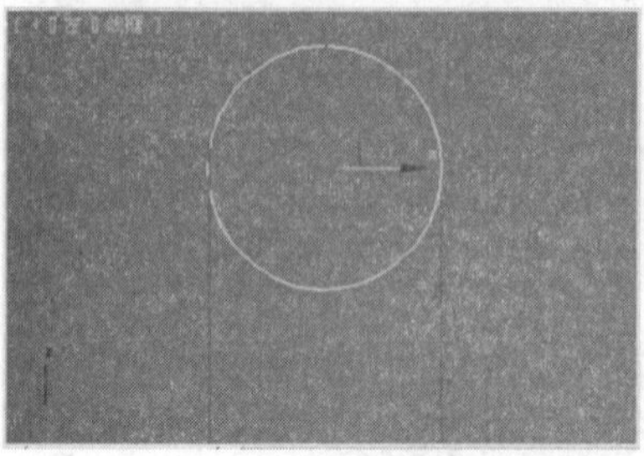

图3-85　绘制圆形

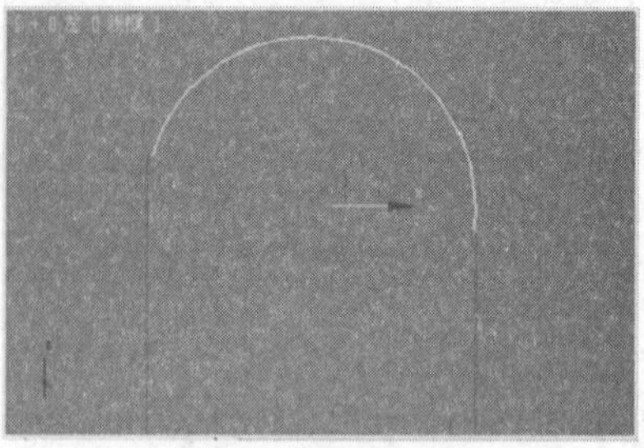

图3-86　编辑圆形

05 绘制酒架放样所需截面图形。进入【创建】控制面板的 【图形】建立区域，单击 图
按钮，在前视图中绘制一个小圆，如图 3-87 所示。依次选择各个路径，进入【创建】控制面板的
【几何体】建立区域，单击下方几何体类型下拉菜单，选择【复合对象】命令。单击 放样
命令，单击 获取图形 命令，在前视图中，拾取圆形，得到如图 3-88 所示酒架外框。

图3-87　绘制放样所需截面图形

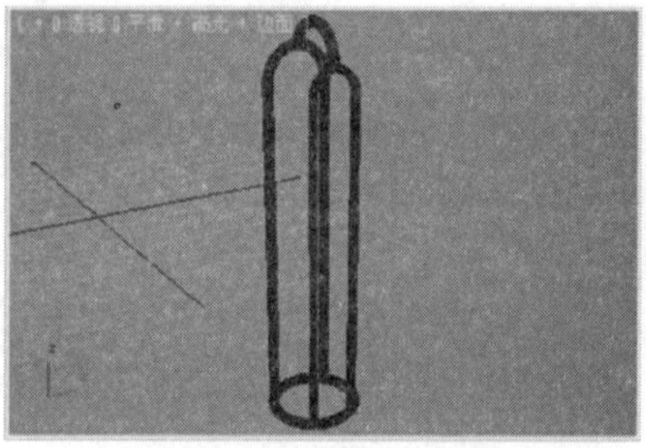

图3-88　放样得到支架

06 绘制酒架中间的圆环横栏，进入【创建】
控制面板的 【几何体】建立区域，单击
圆环 按钮，在前视图中创建一个圆环，
如图 3-89 所示。使用同样的方法，将圆环复制，
得到如图 3-90 所示完整的红酒酒架。

07 使用同样的方法再绘制一个小酒架，加
上酒瓶，得到如图 3-91 所示的完整红酒酒架
模型。

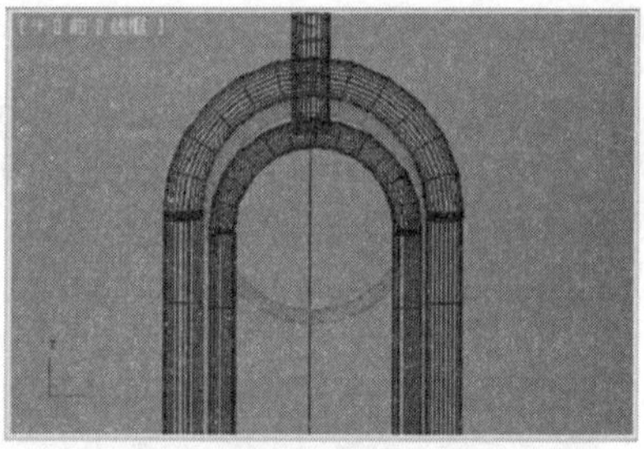

图3-89　创建圆环

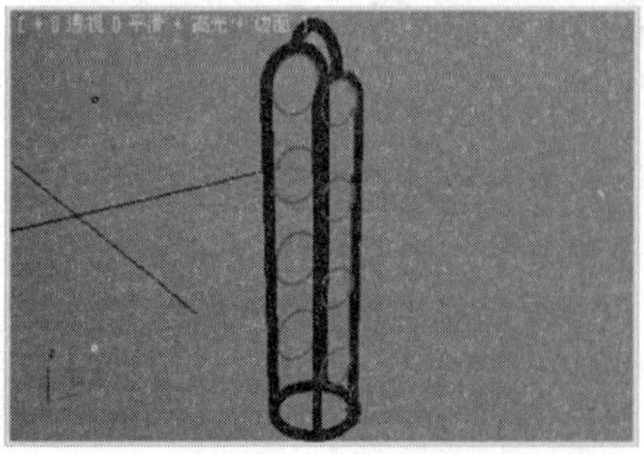

图3-90　复制圆环

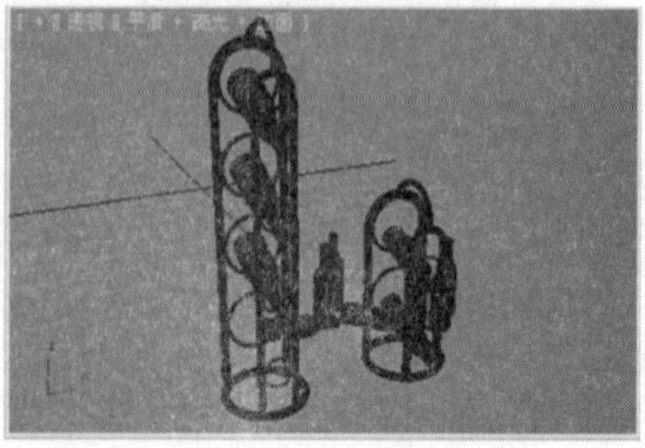

图3-91　完整红酒酒架

3.6 茶几的制作

在这一节中，将学习利用放样命令、倒角命令制作茶几。图3-92所示为茶几效果图。

学习重点

(1) 学习倒角命令的使用。

(2) 学会放样命令的使用方法。

图3-92 最后渲染效果

实例场景: 光盘\效果\第3章\茶几.max

操作步骤

01 进入【创建】控制面板的 【几何体】建立区域，单击下方几何体类型下拉菜单，选择【扩展基本体】命令，单击 切角长方体 命令，在前视图中绘制一个切角长方体。注意参数中要给出一定的圆角值，如图3-93所示。使用 【缩放】工具将其缩小复制另一个小桌面，激活前视图，使用 【移动】工具沿 Y 轴向下移动至合适位置，如图3-94所示。

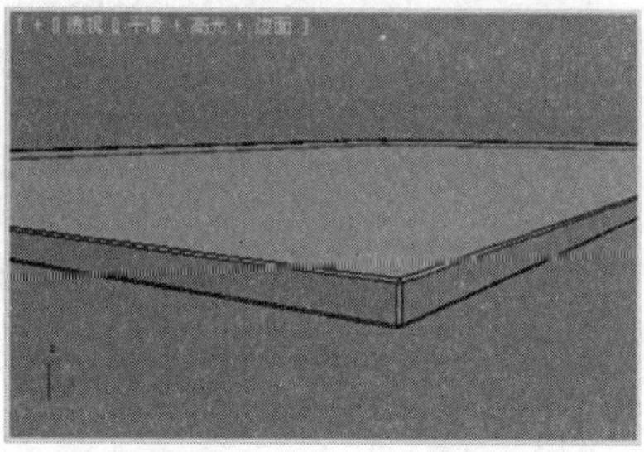

图3-93 绘制切角长方体 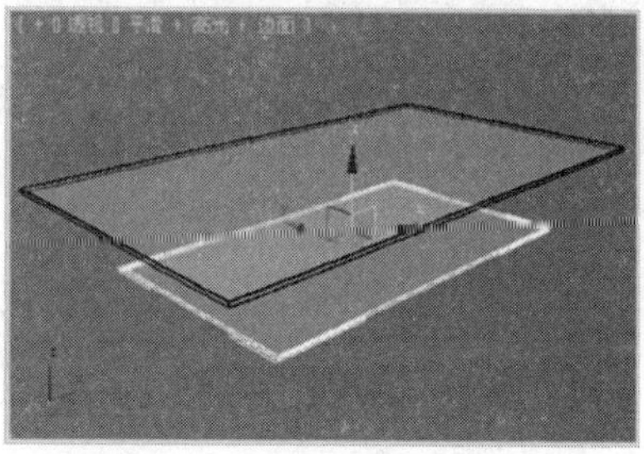　　　　图3-94 缩小复制切角长方体

02 利用【倒角】命令制作茶几腿与茶几面之间的小垫。进入【创建】控制面板的 图形建立区域，单击 图 按钮，在顶视图中绘制出一个圆形，如图3-95所示。进入 【修改】命令面板，在 修改器列表 中选择【倒角】命令，分别调整级别1、2、3的高度与轮廓值，得到如图3-96所示效果。

03 激活顶视图，使用 【移动】工具分别沿 X、Y 轴向右、向下移动复制出另外三个小垫。克隆选项选择【实例】的复制方法，如图3-97所示。激活前视图，进入【创建】控制面板的 【几何体】

建立区域，单击 图柱体 命令，创建一个圆柱体，并复制出另外一个，摆放至如图 3-98 所示位置。

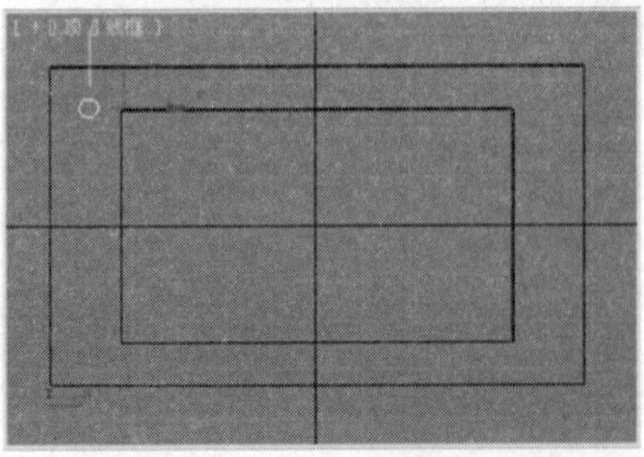

图3-95 绘制圆形

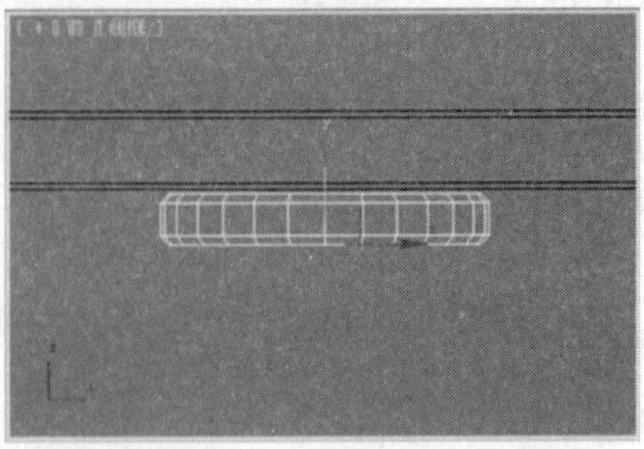

图3-96 为圆形制作倒角效果

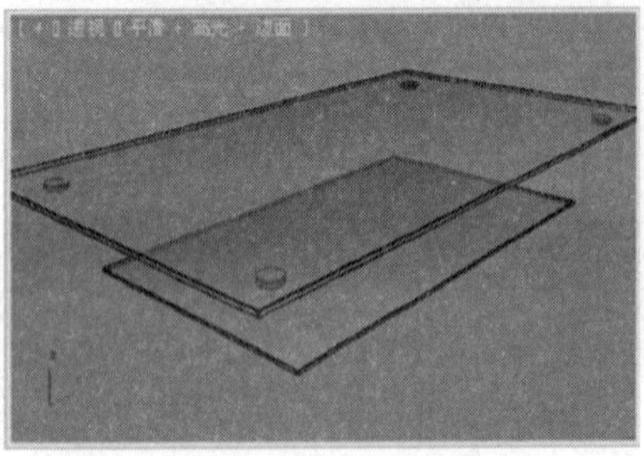

图3-97 复制小垫

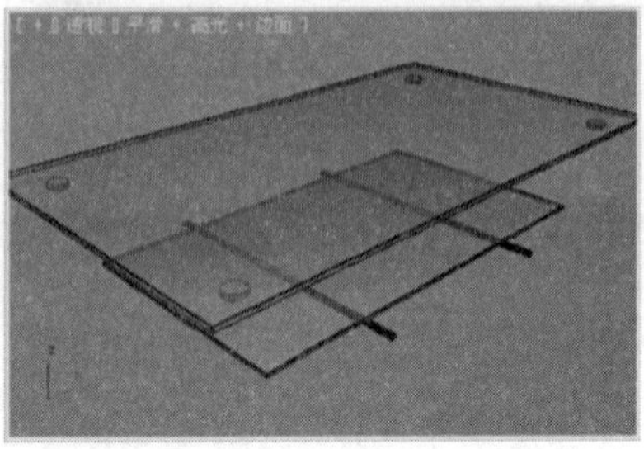

图3-98 绘制圆柱体

04 利用【放样】命令制作茶几腿。进入【创建】控制面板的 【图形】建立区域，单击 弧 按钮，在前视图中绘制出一个弧形，做为茶几腿放样路径。单击 椭圆 按钮，绘制出放样所需横截面图形，如图 3-99 所示。选择放样路径，进入【创建】控制面板的 【几何体】建立区域，单击下方几何体类型下拉菜单，选择【复合对象】命令。单击 放样 命令，单击 获取图形 命令，在顶视图中，拾取椭圆，得到茶几腿。在左视图中使用 移动工具将其沿 X 轴向左侧移动至如图 3-100 所示位置。

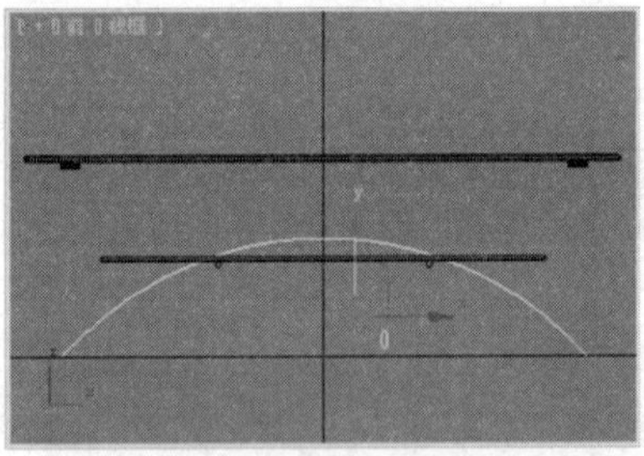

图3-99 绘制弧线

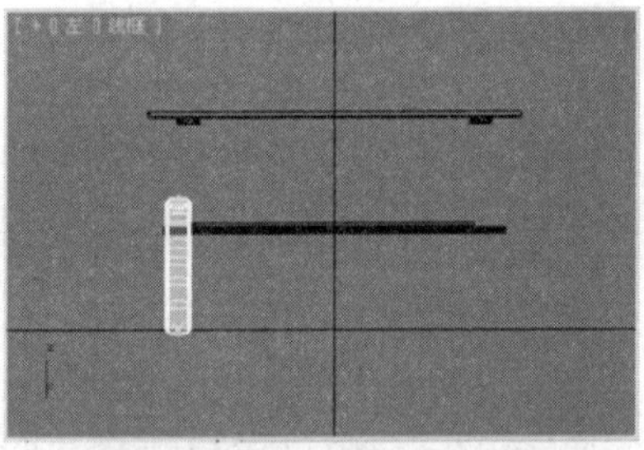

图3-100 利用放样制作茶几腿

05 按住键盘 Shift 键，使用 【移动】工具在左视图中沿 X 轴向右侧移动复制出另一个茶几腿，克隆选项中选择【实例】的复制方法，如图 3-101 所示。选择一个茶几腿，单击工具条 镜像工具，在弹出的对话框中，选择镜像轴为 Z 轴，克隆当前选择为【复制】的方法。适当调整【偏移】值。使用 【移动】工具在左视图中将其沿 X 轴向右侧稍微移动一些，如图 3-102 所示。

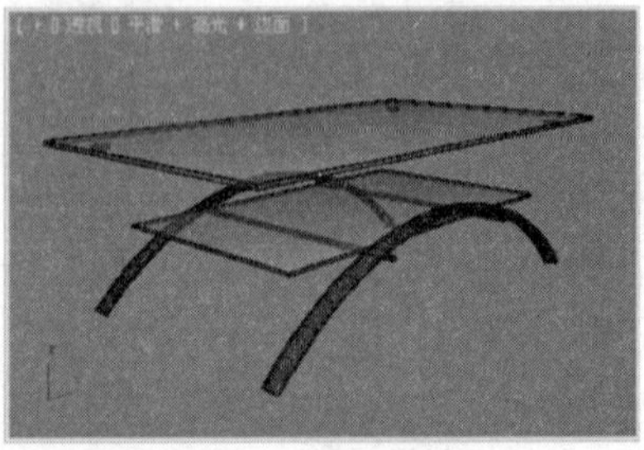

图3-101 复制茶几腿

06 按住键盘 Shift 键，使用 ✛【移动】工具在左视图中沿 X 轴向左侧移动复制出另一个茶几腿，克隆选项中选择【实例】的复制方法。最后完成茶几的制作，如图 3-103 所示。

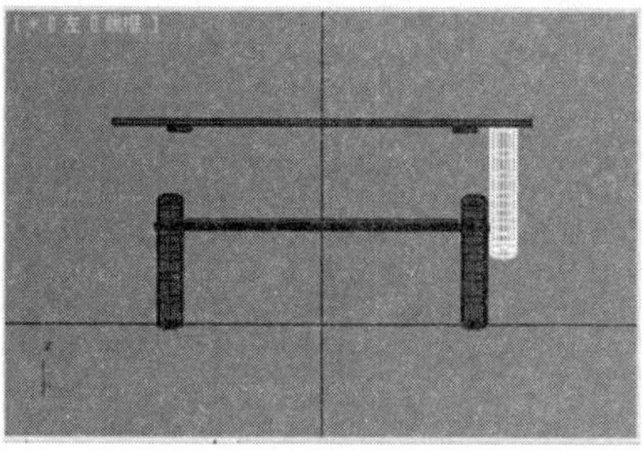

图3-102　镜像茶几腿

图3-103　完整茶几模型

▶ 3.7　吊灯的制作

在这一节中，将学习利用车削修改器命令结合放样命令，制作一个吊灯模型，图 3-104 所示为吊灯的效果图。

学习重点

（1）学习放样命令的使用。

（2）学会车削命令的使用方法。

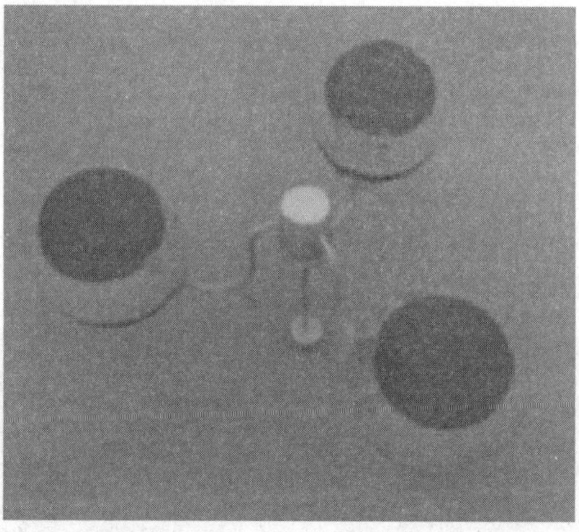

图3-104　最后渲染效果

实例场景：光盘 \ 效果 \ 第3章 \ 吊灯.max

操作步骤

01 利用【车削】命令制作灯柱。进入【创建】控制面板的 ⬚【图形】建立区域，单击 ⬚线⬚ 按钮，在前视图中绘制出灯柱的半个剖面图形，注意拐角处的尖角要利用【圆角】命令变圆顺，如图 3-105 所示。进入 ✎【修改】命令面板，在 ⬚移改器列表⬚ 中选择【车削】命令，单击 ⬚最小⬚ 按钮，勾选【焊接内核】、【翻转法线】命令，得到如图 3-106 所示灯柱。

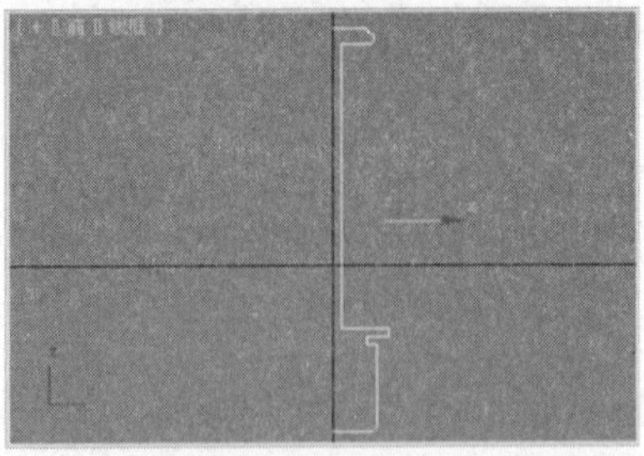

图3-105 绘制灯柱剖面图形

图3-106 加入车削命令

02 利用【车削】命令制作灯头座。进入【创建】控制面板的 ⊙【图形】建立区域，单击 线 按钮，在前视图中绘制出灯头的半个剖面图形，注意可先绘制剖面图形的一半，然后利用 ◠【样条线】子集中的【轮廓】命令做出厚度来，如图 3-107 所示。进入 ◪【修改】命令面板，在 修改器列表 ▾ 中选择【车削】命令，单击 最小 按钮，得到如图 3-108 所示灯头。

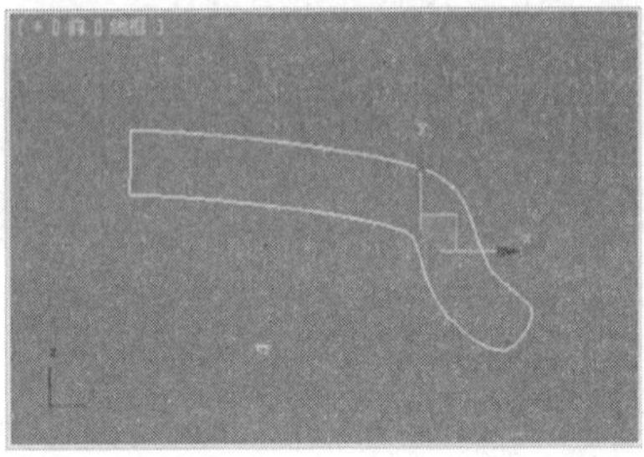

图3-107 绘制灯头剖面图形

图3-108 加入车削命令

03 利用【放样】命令制作灯头连杆，进入【创建】控制面板的 ⊙【图形】建立区域，单击 线 按钮，在前视图中绘制出灯头连杆的路径，单击 圆 按钮，在前视图中绘制出灯头连杆的横截面图形，如图 3-109 所示。选择放样路径，进入【创建】控制面板的 ⊙【几何体】建立区域，单击下方几何体类型下拉菜单，选择【复合对象】命令。单击 放样 命令，单击 获取图形 命令，在前视图中，拾取圆形，得到灯头连杆。在顶视图中使用 ✛ 移动工具将灯头、灯头连杆调整至如图 3-110 所示位置。

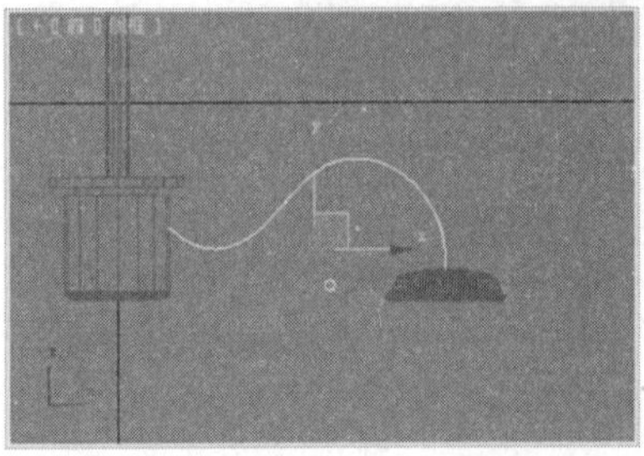

图3-109 绘制放样路径与截面图形

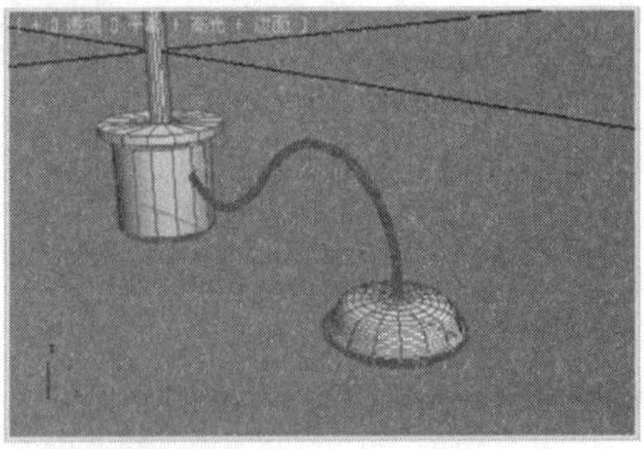

图3-110 利用放样建模

04 灯的制作。进入【创建】控制面板的 ⊙【几何体】建立区域，单击 球体 按钮，在顶视图灯头处绘制一个球体，如图 3-111 所示。使用 ✛【移动】工具在前视图中沿 Y 轴将灯调整至灯头下方。将灯、灯头、灯头连杆全部选中，单击菜单栏中的【组】菜单中的【成组】命令将它们编为一组。进入 ▦【层次】命令面板的 轴 调整区域，激活 仅影响轴 按钮为紫色，此时轴心处于选择状态。单击工具条中 ▦【对齐】按钮，在前视图中拾取灯柱，在弹出的对话框中做如图 3-112 所示设置，调整轴心至灯柱中心处。

> **提示** 在这里将灯、灯头、灯头连杆全部选中并编组的目的就是为了使它们能共用一个轴心。

05 在 ⊞【层次】命令面板的 ▭【轴】调整区域，关闭 ▭ 按钮退出轴调整。单击工具条 ▱【角度捕捉切换】按钮，鼠标右键单击 ▱【角度捕捉切换】按钮进行参数设置，在弹出的对话框中，将【角度值】改为 120 度，关闭对话框，单击 ⟳【旋转】工具，在顶视图中按键盘 Shift 键沿 Z 轴旋转复制，克隆选项中选择【实例】的复制方法，【副本数】为 2。最后得到如图 3-113 所示完整吊灯。

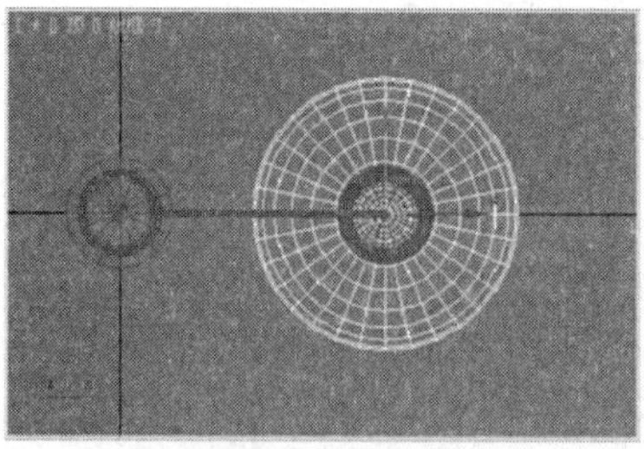

图3-111　建立球体 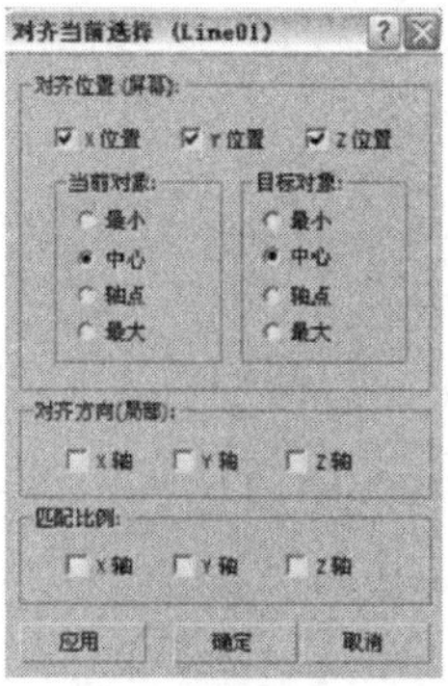　　　图3-112　【对齐当前选择】对话框 　　　图3-113　完整的吊灯模型

▶ **3.8** 电脑椅的制作

在这一节中，将学习利用 FFD 自由变形盒、放样命令制作电脑椅，图 3-114 所示为电脑椅效果图。

📖 学习重点

(1) 学习放样命令的使用。

(2) 学会 FFD 自由变形盒的使用方法。

图3-114　最后渲染效果

操作步骤

01 椅垫靠背部分的制作。进入【创建】控制面板的 【几何体】建立区域,单击下方几何体类型下拉菜单,选择【扩展基本体】命令,单击 切角长方体 命令,在前视图中绘制一个切角长方体。注意参数中要给出一定的圆角值,让边角变圆滑,【长度分段】、【高度分段】要给出一定的段数(为了下一步做变形用),如图 3-115 所示。进入 【修改】命令面板,在 修改器列表 中选择【FFD4×4×4】命令,为切角长方体添加自由变形框命令,如图 3-116 所示。

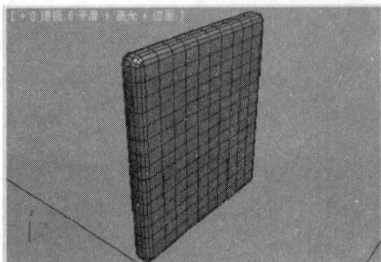

图3-115　绘制切角长方体　　　　　　　图3-116　加入FFD命令

02 在命令堆栈中打开【FD4×4×4】面的加号,进入【控制点】子集,使用 【移动】工具、 【旋转】工具在左视图中调整控制点位置,如图 3-117 所示效果,使得靠背具有一定的曲度。在顶视图中选择中间两排控制点,使用 【移动】工具沿 Y 轴向上移动,使椅子靠背具有一定的弧度,如图 3-118 所示。

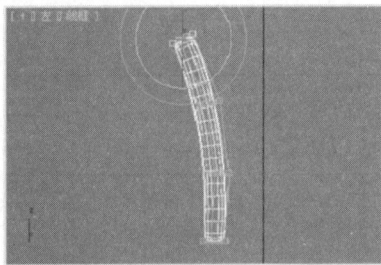

图3-117　调整控制点位置　　　　　　　图3-118　调整控制点位置

03 在命令堆栈中,右键单击【FFD】自由变形盒命令,在弹出的菜单中选择【塌陷全部】,这样可以把电脑椅靠背塌陷成为一个网格物体,得到如图 3-119 所示带有一定弧度的椅子靠背。利用【放样】命令制作椅子靠背两侧的鼓起装饰线。进入【创建】控制面板的 【图形】建立区域,单击 线 按钮,在左视图中绘制出鼓起装饰线的路径,进入 【修改】命令面板,选择 【顶点】子集,仔细修改所绘路径上的节点,务必要求路径的走向要与椅子靠背一致、圆顺。单击 圆 按钮,在左视图中绘制出放样所需横截面圆形,如图 3-120 所示。

04 选择放样路径,进入【创建】控制面板的 【几何体】建立区域,单击下方几何体类型下拉菜单,选择【复合对象】命令。单击 放样 命令,单击 获取图形 命令,在左视图中拾取圆形,得到鼓起装饰线。在左视图、顶视图中使用 【移动】工具将装饰线调整至椅子靠背一侧,如图 3-121 所示。选择放样得到的装饰线,进入 【修改】命令面板,在命令堆栈中打开【loft】放样前面的加号,选择【路径】子集,再在下方选择【顶点】子集,如图 3-122 所示。

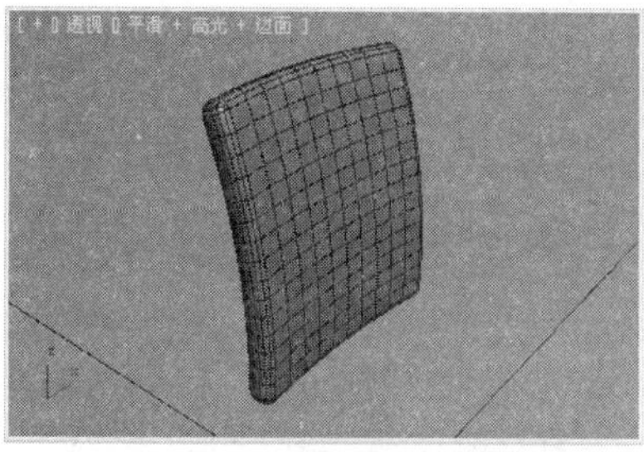

图3-119 将FFD命令塌陷

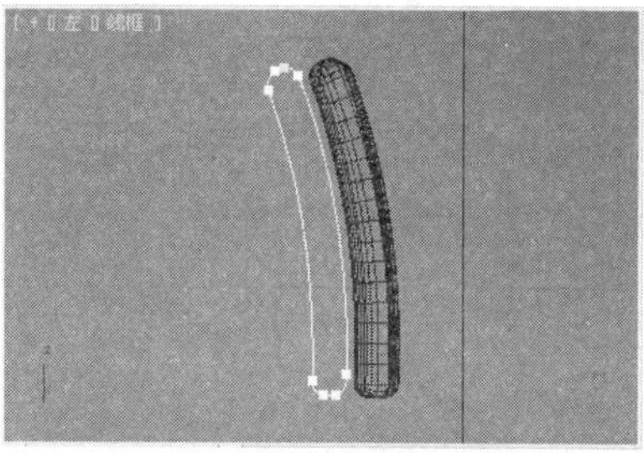

图3-120 绘制放样路径

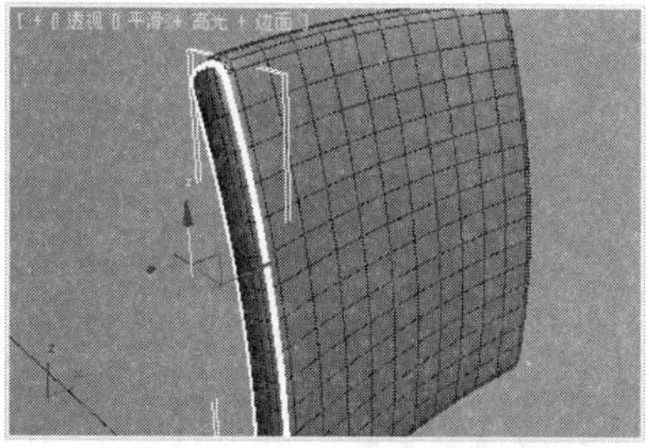

图3-121 放样制作出装饰线

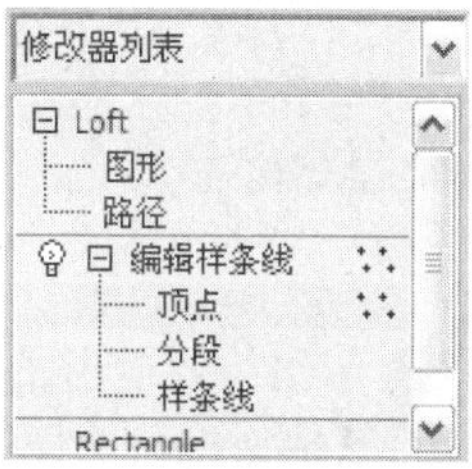

图3-122 选择顶点子集

05 逐一调整放样物体上节点的位置及曲线的弧度，让装饰线与椅子靠背走势更吻合，如图 3-123 所示，调整完毕后退出命令堆栈中的子集。使用 **【移动】**工具在前视图中按键盘 Shift 键沿 X 轴复制出另一侧的鼓起装饰线，克隆选项中选择**【实例】**的复制方法，**【副本数】**为 1。最后得到如图 3-124 所示完整椅子靠背。

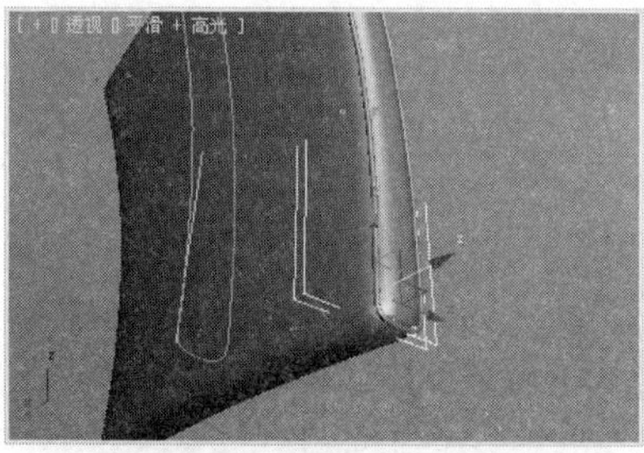

图3-123 调整放样物体形状

图3-124 完整椅子靠背

06 使用同样的方法制作出椅垫部分，如图 3-125 所示。利用**【放样】**命令制作椅子腿，进入**【创建】**控制面板的 **【图形】**建立区域，单击 线 按钮，在左视图中绘制出椅子腿的路径，如图 3-126 所示。

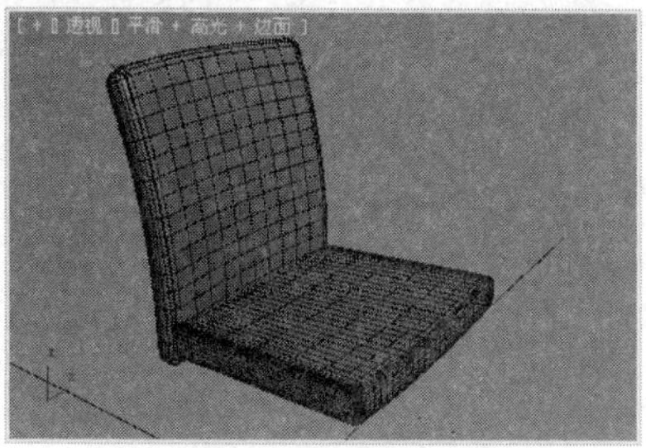

图3-125 制作椅垫

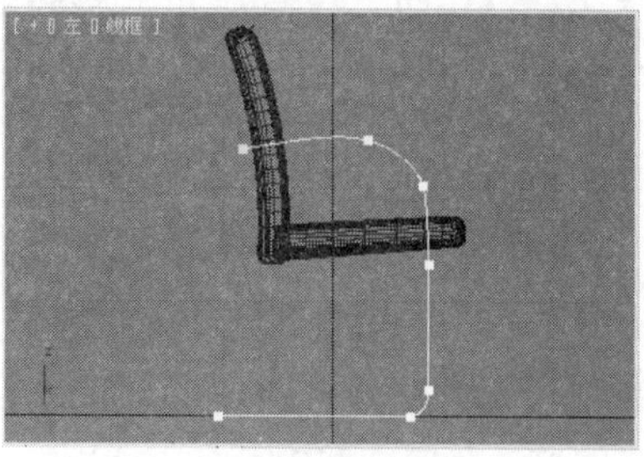

图3-126 绘制放样路径

07 进入 ☑【修改】命令面板，选择 ⊞【顶点】子集，选择椅子扶手部分的两个节点，在顶视图中使用 ✛【移动】工具将节点的位置向座椅方向靠拢，保持路径圆顺的前提下，让路径的走势随着椅子的造型向里收缩，如图 3-127 所示。单击 ┃优化┃ 按钮，在如图 3-126 所示黄色节点的下方添加一节点，使用 ✛【移动】工具将黄色节点沿 X 轴向右侧稍微移动一点，做出扶手靠背部分的回弯造型，如图 3-128 所示。

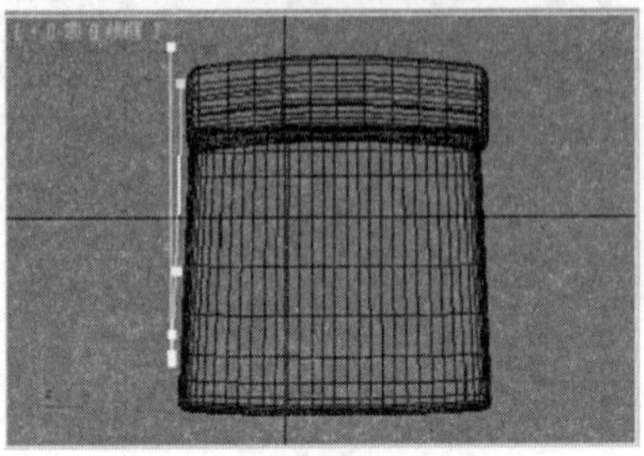

图3-127　调整放样路径

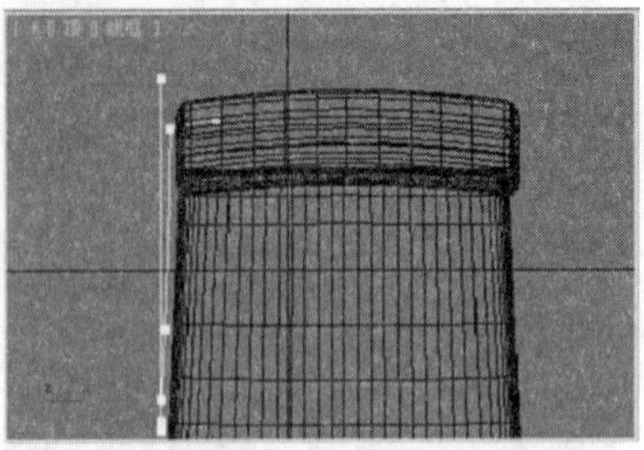

图3-128　调整放样路径

08 单击 ⊞【顶点】子集按钮退出子集，选择整段路径，激活顶视图，单击工具条 ⚏【镜像】命令，在弹出的对话框中，【镜像轴】选择 Z 轴，克隆当前选择为【复制】的类型（选择复制的类型是因为以后要将两条路径结合在一起，如选择的为【实例】的类型，则不让结合），给出【偏移】数值，在椅子相应的右侧镜像出另外一条路径，如图 3-129 所示。进入 ☑【修改】命令面板，单击 ┃附加┃ 按钮，拾取另一侧的路径，将二者结合起来。单击 ⊞【顶点】子集按钮，单击 ┃连接┃ 命令，在顶视图中将路径最上方的两个节点连接起来，使两个路径变为一个路径，如图 3-130 所示。

> **提示** 在镜像复制放样路径时，克隆方式选择为【复制】的类型，是因为以后要将两条路径结合在一起，如选择【实例】的类型，则不能结合。

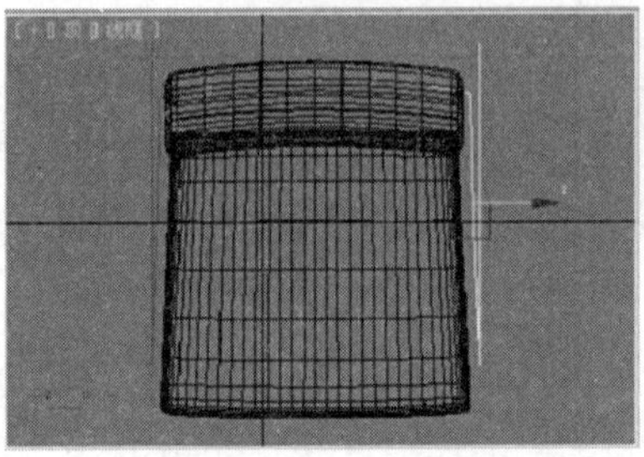

图3-129　镜像放样路径

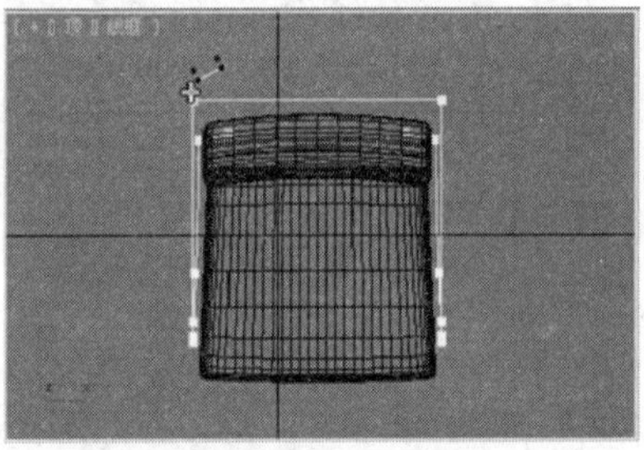

图3-130　连接端点

09 单击 ┃圆角┃ 按钮，将两个节点变为圆角，如图 3-131 所示。进入【创建】控制面板的 ◎【图形】建立区域，单击┃　线　┃按钮，在前视图中绘制出椅子腿横梁的路径，路径要有一定的弧度，符合座椅向下弯曲的曲度。单击┃　圆　┃按钮，在前视图中绘制出放样所需横截面圆形，如图 3-132 所示。

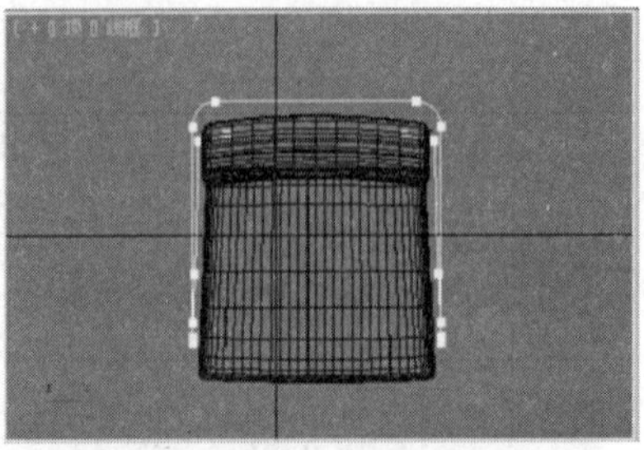

图3-131　将尖角做圆角化处理

10 选择放样路径，进入【创建】控制面板的 ◎【几何体】建立区域，单击下方几何体类型下拉菜单，选择【复合对象】命令。单击 放样 命令，单击 获取图形 命令，在前视图中拾取圆形，得到完整的椅子腿。最后完成电脑椅的制作，如图 3-133 所示。

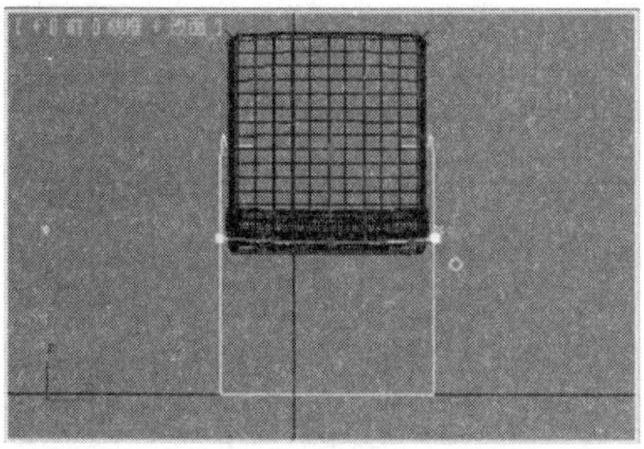

图3-132 绘制放样截面图形圆形

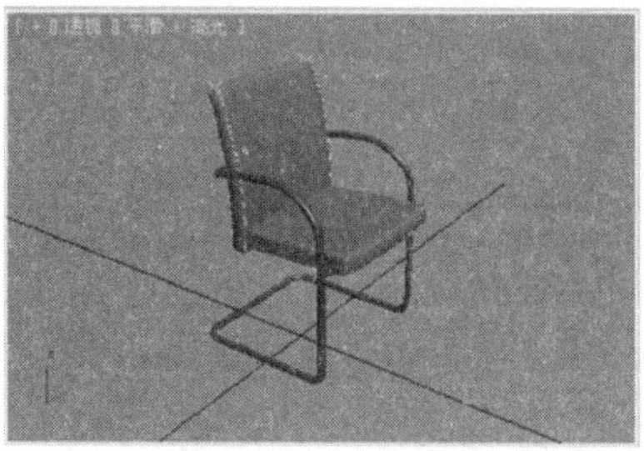

图3-133 完整椅子模型

3.9 红酒静物的制作

在这一节中，将学习利用车削修改器命令结合放样命令，制作一组红酒静物，图 3-134 所示为红酒静物的效果图。

学习重点

（1）学习放样命令的使用。
（2）学习车削命令的使用方法。

图3-134 最后渲染效果

实例场景：光盘\效果\第3章\红酒静物.max

操作步骤

01 红酒瓶的制作。进入【创建】控制面板的 ◎【图形】建立区域，单击 线 按钮，在前视图中绘制出红酒瓶侧线，如图 3-135 所示。进入 【修改】命令面板，选择【顶点】子集，仔细修改所绘路径上的节点位置，使用 圆角 命令将尖角点变为圆角。选择【样条线】子集，选中红酒瓶侧线为红色，单击 轮廓 命令做出酒瓶的厚度来，如图 3-136 所示。

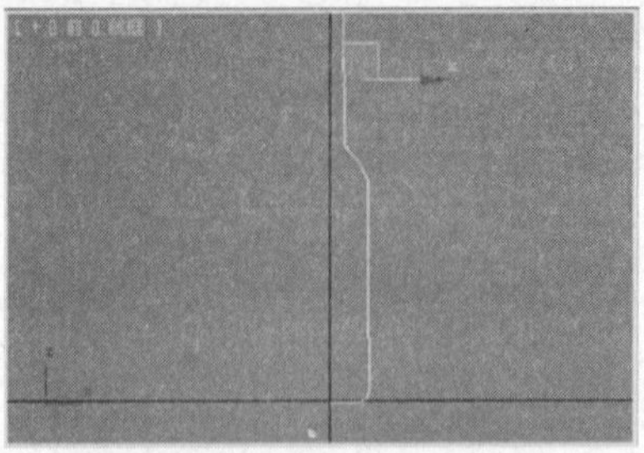

图3-135　绘制酒瓶剖面图形

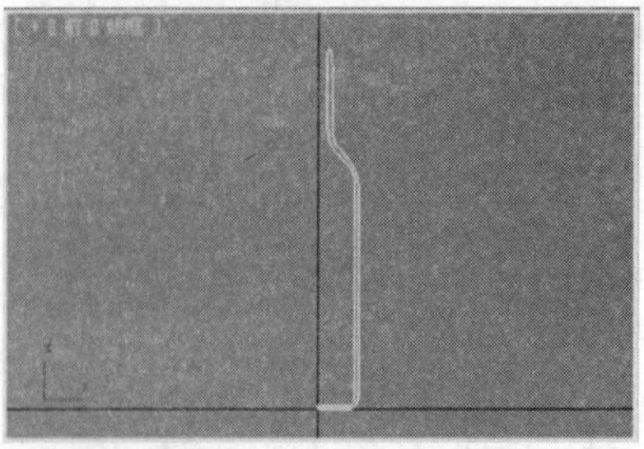

图3-136　加入轮廓效果

02 单击 〔样条线〕子集按钮退出子集，在 修改器列表 中选择【车削】命令，单击 最小 按钮，得到如图 3-137 所示红酒瓶。利用【车削】命令制作出酒瓶盖，进入【创建】控制面板的 【图形】建立区域，单击 线 按钮，在前视图中绘制出盖的侧线。进入 〔修改〕命令面板，选择 〔顶点〕子集，仔细修改所绘路径上的节点位置，使用 圆角 命令将尖角点变为圆角。选择 〔样条线〕子集，选中酒瓶盖侧线为红色，单击 轮廓 命令做出酒瓶盖的厚度来，如图 3-138 所示。

图3-137　加入车削命令

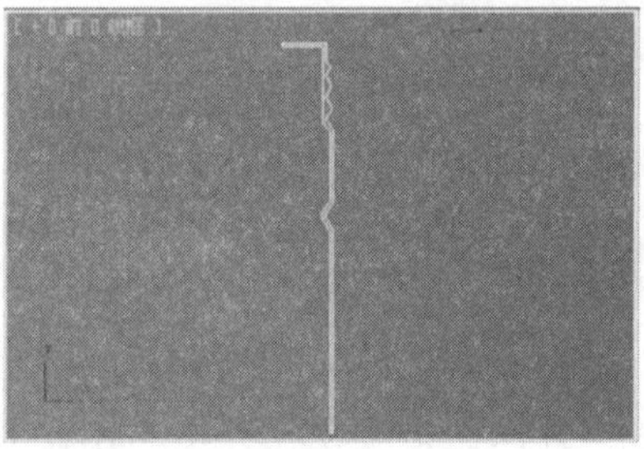

图3-138　绘制瓶盖剖面图形

03 单击 〔样条线〕子集按钮退出子集，在 修改器列表 中选择【车削】命令，单击 最小 按钮，得到如图 3-139 所示红酒瓶。利用【车削】命令制作瓶贴，进入【创建】控制面板的 【图形】建立区域，单击 线 按钮，在前视图中酒瓶外侧绘制一条垂直线，如图 3-140 所示。

图3-139　利用车削制作瓶盖

图3-140　绘制垂直线

04 进入 〔修改〕命令面板，在 修改器列表 中选择【车削】命令，在命令堆栈中打开【车削】命令前面的加号，选择【轴】子集，使用 〔移动〕工具在前视图中沿 X 轴将车削的轴心移动至酒瓶的中心，勾选【翻转法线】，【度数】调整为 180 度，得到如图 3-141 所示瓶贴，红酒瓶制作完毕。利用【车削】命令制作酒杯。进入【创建】控制面板的 【图形】建立区域，单击 线 按钮，在前视图中绘制酒杯外侧曲线，如图 3-142 所示。

图3-141　红酒瓶模型

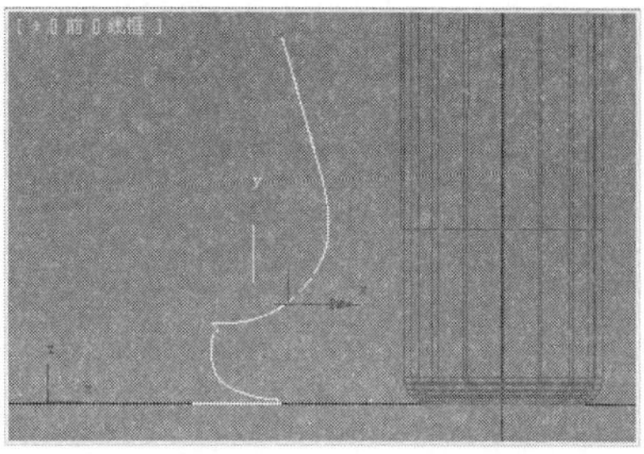

图3-142　绘制酒杯剖面图形

05 进入 【修改】命令面板，选择 【顶点】子集，修改所绘路径上的节点位置，使用 圆角 命令将尖角点变为圆角。选择 【样条线】子集，选中酒杯外侧曲线为红色，单击 轮廓 命令做出酒杯剖面的厚度来，如图 3-143 所示。在 修改器列表 中选择【车削】命令，单击 最小 按钮，勾选【焊接内核】，得到如图 3-144 所示酒杯。

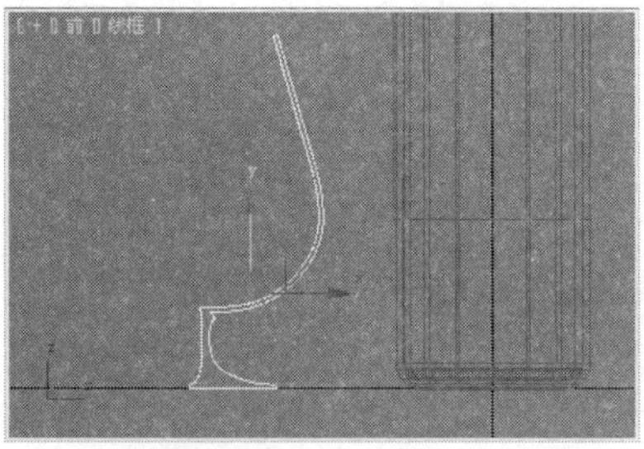

图3-143　建立轮廓

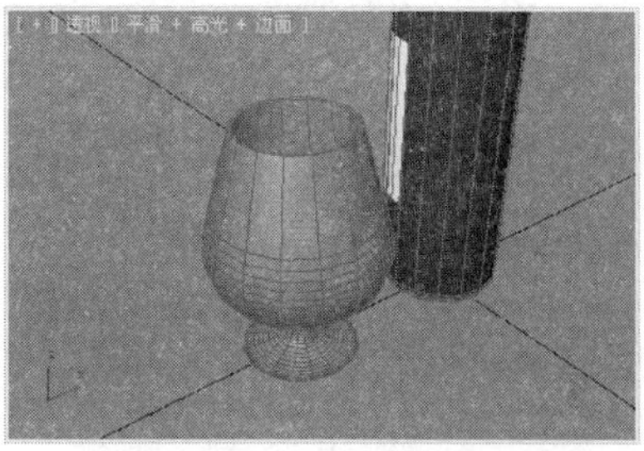

图3-144　车削制作的酒杯效果

06 蜡烛的制作。方法同酒杯的制作，进入【创建】控制面板的 【图形】建立区域，单击 线 按钮，在前视图中绘制蜡烛外侧曲线，进入 【修改】命令面板，在 修改器列表 中选择【车削】命令，单击 最小 按钮，勾选【翻转法线】，得到如图 3-145 所示蜡烛。烛芯的制作，进入【创建】控制面板的 【几何体】建立区域，单击 圆柱体 按钮，在顶视图蜡烛的中间创建一个圆柱体，【高度分段】为 20，如图 3-146 所示。

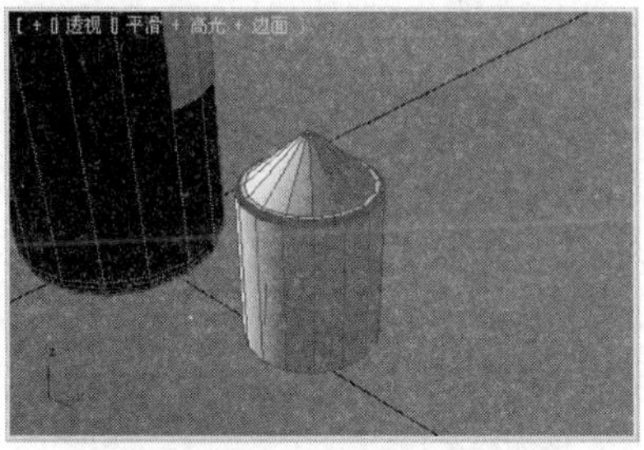

图3-145　利用车削制作蜡烛

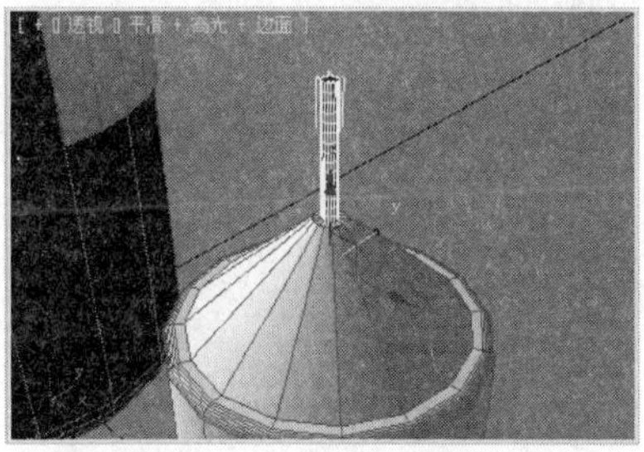

图3-146　建立圆柱体

07 选择烛芯，进入 【修改】命令面板，在 修改器列表 中选择【FFD4×4×4】命令，在命令堆栈中打开【FFD4×4×4】命令前面的加号进入【控制点】子集，使用 【移动】工具在前视图中将控制点沿 X 轴移动,最后如图 3-147 所示。在命令堆栈中用鼠标右键单击【FFD4×4×4】命令，在弹出的菜单中选择【塌陷全部】命令，将烛芯变为网格物体。利用【车削】命令制作蜡烛托盘，进入【创建】控制面板的 【图形】建立区域，单击 线 按钮，在前视图中蜡烛的下方绘制托盘半个剖面图，如图 3-148 所示。

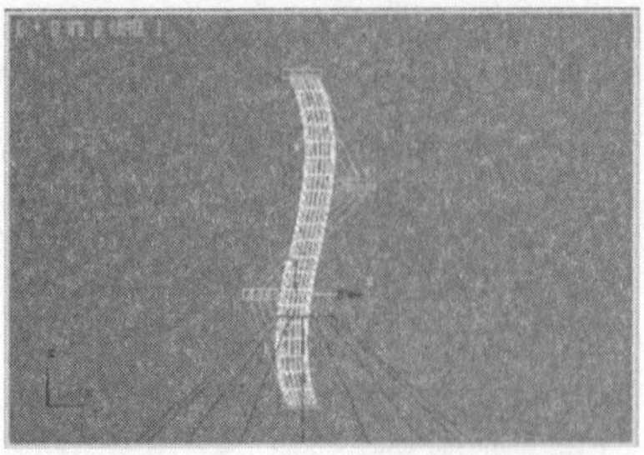

图3-147　调整圆柱体形状

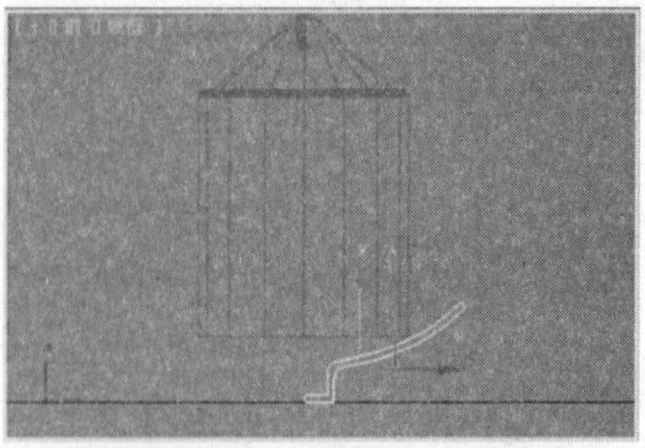

图3-148　绘制蜡烛托盘剖面图形

08 选择托盘剖面图形，进入 ✎【修改】命令面板，在 修改器列表 中选择【车削】命令，单击 最小 按钮，得到如图 3-149 所示的蜡烛托盘。烛台底座的制作，方法同蜡烛托盘，如图 3-150 所示。

图3-149　利用车削制作托盘

图3-150　烛台底座的制作

09 利用【放样】命令制作烛台。首先绘制放样所需路径。进入【创建】控制面板的 ◎【图形】建立区域，单击 圆 按钮，在前视图中绘制一个圆形，如图 3-151 所示。进入 ✎【修改】命令面板，在 修改器列表 中选择【编辑样条线】命令，单击 ∕【分段】子集按钮进入【分段】子集。将圆下方的两根线段选为红色，单击 分离 按钮，在弹出的对话框中选择【确定】，将选中的线段从圆中分离出来成为独立的线条。选择其中的一根线条，按住键盘 Shift 键，使用 ✛【移动】工具在前视图中将线条沿 X 轴移动复制，在克隆选项中选择【复制】的克隆方法，最后得到如图 3-152 所示效果。

三 维 制 作 大 师

图3-151　绘制圆形

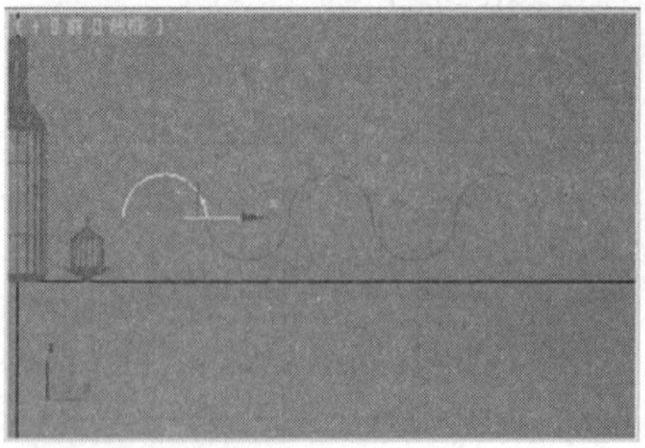

图3-152　复制半圆

10 现在得到的这些半圆线都是各自分开的，接下来要将它们连接为一条完整的路径。选择其中的一个半圆，进入 ✎【修改】命令面板，单击 附加 按钮后，分别单击其他的半圆，将它们结合起来，如图 3-153 所示。现在半圆与半圆之间的点还是断开的，要将断点【焊接】在一起才能形成一条完整的路径，单击 ∴【顶点】子集按钮进入到【顶点】子集中，框选半圆与半圆衔接处的两个节点，如图 3-154 所示。将 焊接 40.894cm 按钮后面的数值给出一定的大小。然

后单击 焊接 按钮。两个点此时变为一个点，可使用【移动】工具单独选择节点检查两个节点是否变为一个节点。全部完成后得到烛台放样所需路径。

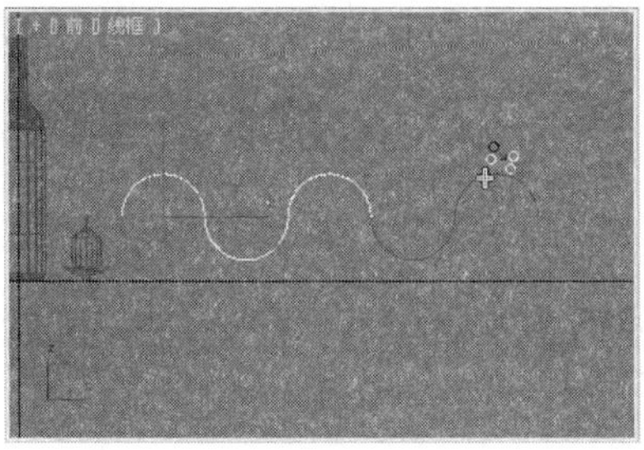

图3-153　结合半圆

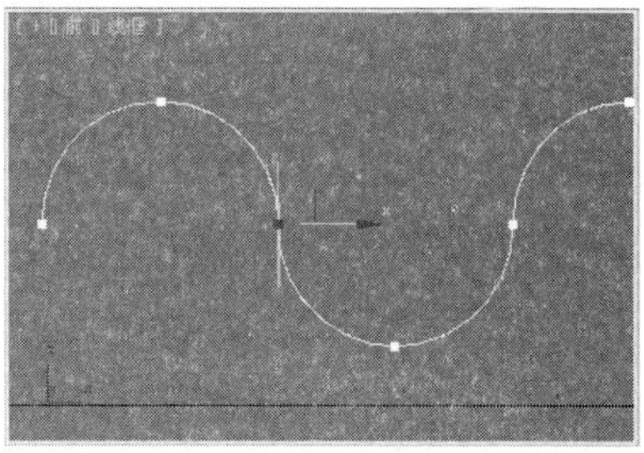

图3-154　焊接节点

> **提示**　【焊接】按钮后面的数值指的是焊接点之间的距离的大小，在进行焊接的时候，输入的距离值必须大于焊接点的实际距离，则点可焊接。

11 使用同样的方法绘制出另外一条烛台放样路径，进入【创建】控制面板的 【图形】建立区域，单击 圆 按钮，在前视图中绘制一个圆形，作为烛台放样的横截面图形，如图 3-155 所示。分别选择两条放样路径，进入【创建】控制面板的 【几何体】建立区域，单击下方几何体类型下拉菜单，选择【复合对象】命令。单击 放样 命令，单击 获取图形 命令，在前视图中，分别拾取圆形得到烛台，如图 3-156 所示。

图3-155　绘制放样所需截面图形圆形

12 最后将所做物体做摆放组合、复制，得到如图 3-157 所示红酒静物。

图3-156　加入放样命令

图3-157　完整的场景模型

061

三维制作大师

▶▶ 3.10　火车路标的制作

在这一节中，将学习利用车削修改器、挤出修改器命令结合放样命令等，制作一个火车路标模型，图 3-158 所示为火车路标的效果图。

学习重点

(1) 学习放样命令的使用。

(2) 学习车削命令的使用方法。

图3-158 最后渲染效果

实例场景：光盘\效果\第3章\火车路标 .max

操作步骤

01 进入【创建】控制面板的 【图形】建立区域，单击 线 按钮，在前视图中绘制一条曲线，如图 3-159 所示。进入 修改命令面板，在 修改器列表 中选择【车削】命令，单击 最小 按钮，得到如图 3-160 所示红绿灯灯框。

图3-159 绘制灯框剖面图形

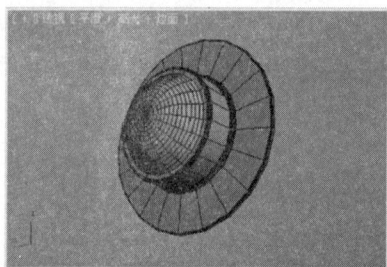

图3-160 加入车削命令

02 进入【创建】控制面板的 【图形】建立区域，单击 图 按钮，在前视图红绿灯灯框中心处绘制一个圆形，进入 【修改】命令面板，在 修改器列表 中选择【编辑样条线】命令，单击 【分段】子集按钮进入【分段】子集。将圆下半部分选为红色，单击键盘 Delete 键删除，如图 3-161 所示。选择进入 【样条线】子集中，单击 轮廓 按钮将线做出轮廓。再单击 【顶点】子集按钮进入到【顶点】子集中，利用 圆角 命令将尖角点变为圆角点，如图 3-162 所示。

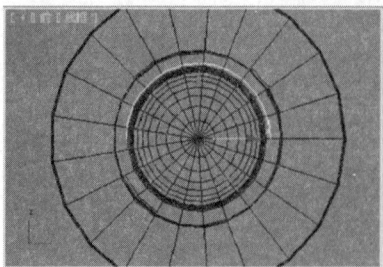

图3-161 将圆修改为半圆

图3-162 建立轮廓

03 退出 【顶点】子集，在 修改器列表 中选择【挤出】命令，适当调整【数量】值，得到如图 3-163 所示效果。继续在 修改器列表 中选择【FFD3×3×3】命令，在命令堆栈中打开【FFD】命令前面的加号，进入【控制点】子集中，使用 【移动】工具在左视图中将控制点移动位置，将灯罩调整成如图 3-164 所示效果。最后在命令堆栈中【FFD】处单击鼠标右键，选择【塌陷全部】，将其变为网格物体。

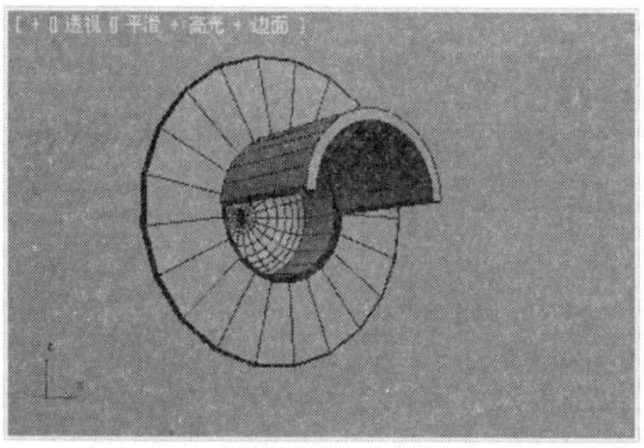

图3-163　挤出厚度

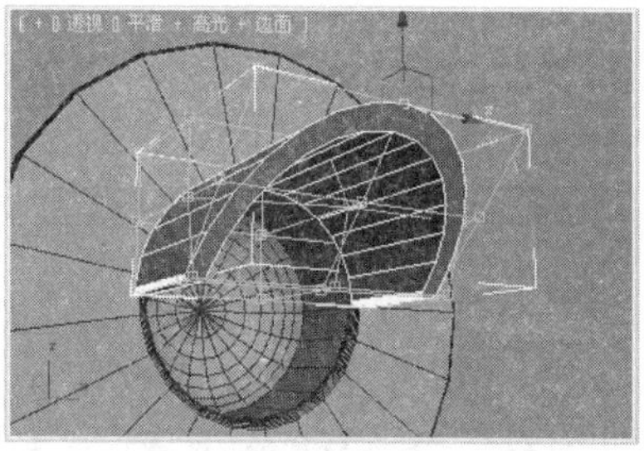

图3-164　调整控制点位置

04 进入【创建】控制面板的 【几何体】建立区域，单击 球体 按钮，在前视图中的灯框的中心处建立一个球体，调整【半球】值，使其变为半个球体，得到如图 3-165 所示效果。将所建物体全部选中，单击工具条中的 【镜像】命令，在弹出的对话框中，【镜像轴】为 X 轴，克隆选择为【实例】，适当调整【偏移】值，最后得到如图 3-166 所示红绿灯。

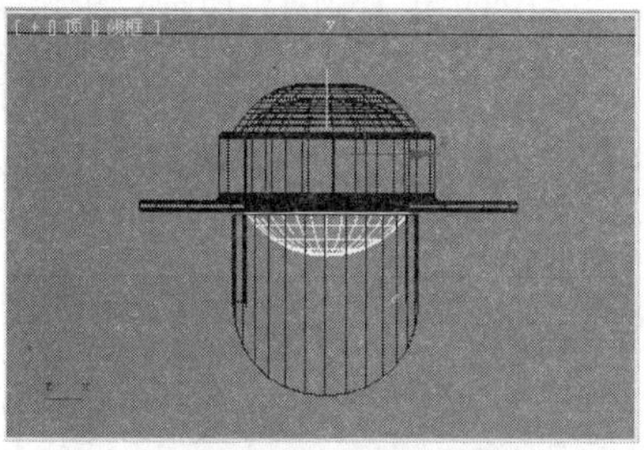

图3-165　绘制半球

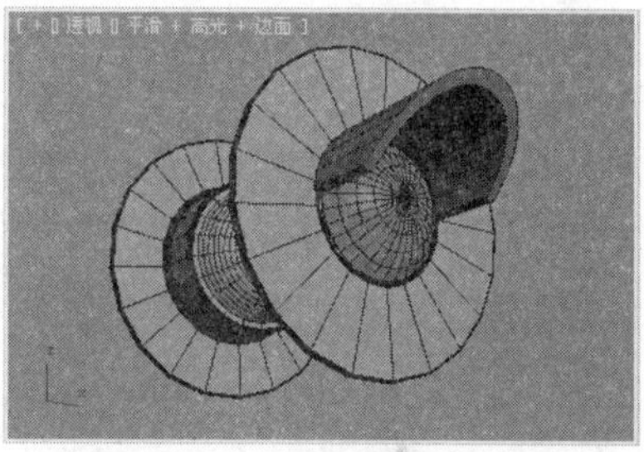

图3-166　将半球镜像复制

05 进入【创建】控制面板的 【几何体】建立区域，分别单击 圆柱体 、 球体 按钮，建立出连接灯体的结构，如图 3-167 所示，制作连接灯体的箱体，进入【创建】控制面板的 【几何体】建立区域，单击下方几何体类型下拉菜单，选择【扩展基本体】命令，单击 切角长方体 命令，在前视图中绘制一个切角长方体。注意参数中要给出一定的圆角值，让边角变圆滑，【长度分段】、【高度分段】要给出一定的段数，再按住键盘 Shift 键移动复制出一个箱体，并使用缩放工具缩小，如图 3-168 所示。

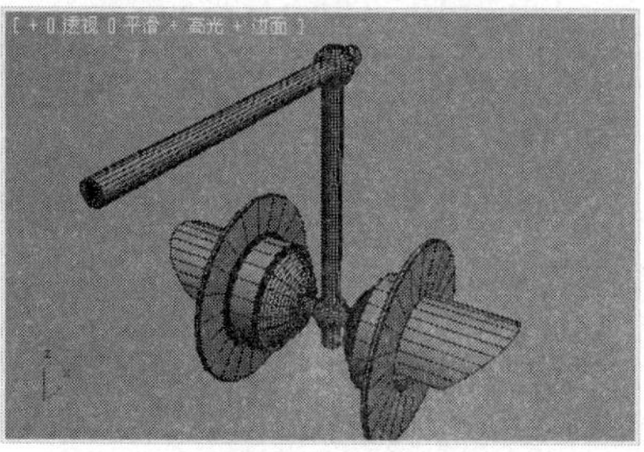

图3-167　绘制栏杆

图3-168　绘制切角长方体

06 进入【创建】控制面板的 ○【几何体】建立区域，单击 圆柱体 按钮，在顶视图的切角长方体中间建立一个圆柱体为立柱，如图 3-169 所示。单击 长方体 按钮，在前视图灯立柱的顶端建立一个长方体，并使用 ○【旋转】工具将其旋转 45 度角，得到如图 3-170 所示效果。

> **提示** 精确旋转45度角的方法：鼠标左键激活 ▲【角度捕捉】键为黄色，鼠标右键继续单击该按钮，弹出【栅格和捕捉设置】对话框，在【角度】值中设置捕捉角度为 45，关闭该对话框。现在再旋转物体的时候就是 45 度角旋转。

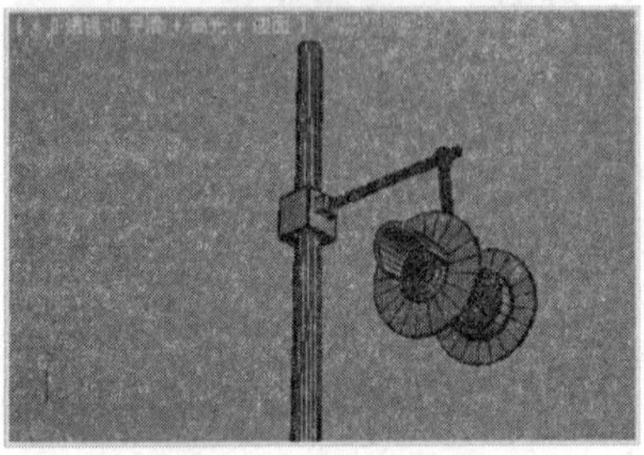

图3-169 建立圆柱体

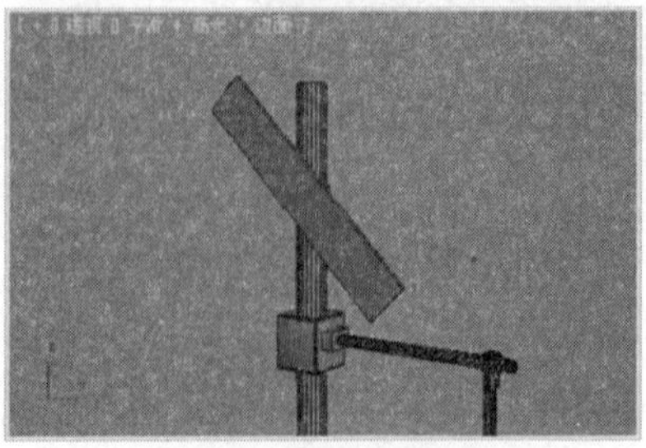

图3-170 建立并旋转长方体

07 选择所绘的 45 度角的长方体，使用【镜像】的方法复制出另外一个，单击工具条中的 ※【镜像】按钮，在弹出的镜像参数设置【镜像轴】为 XY 轴，克隆当前选择为【实例】的复制方法，得到另一个长方体，如图 3-171 所示。进入【创建】控制面板的 ○【几何体】建立区域，单击下方几何体类型下拉菜单，选择【扩展基本体】命令，单击 切角长方体 命令，在前视图中灯柱的下方绘制出切角长方体。注意参数中要给出一定的圆角值，让边角变圆滑，再按住键盘 Shift 键移动复制出其他的箱体，如图 3-172 所示。

图3-171 镜像切角长方体

图3-172 建立切角长方体

08 利用【车削】命令制作出立柱底座和立柱顶端的结构形状。进入【创建】控制面板的 ○【图形】建立区域，单击 线 按钮，在前视图中分别绘制出立柱底座的侧线和立柱顶端形状的侧线。注意尖角点要用 ⋯【顶点】子集中的 圆角 命令做圆角化处理，如图 3-173 所示。分别选择这两个线，进入 ☑【修改】命令面板，在 修改器列表 中选择【车削】命令，单击 最小 按钮，勾选【翻转法线】命令，得到如图 3-174 所示图形。

09 利用【挤出】命令制作出立柱上的铁箍形状。进入【创建】控制面板的 ○【图形】建立区域，单击 圆 按钮，在顶视图中绘制出等同于立柱直径大小的圆形。进入 ☑【修改】命令面板，在 修改器列表 中选择【编辑样条线】命令，单击 ⋯【顶点】子集按钮进入【顶点】子集中，使用 优化 命令在圆形的下方添加两个节点，如图 3-175 所示。进入 ╱【分段】子集中，将添加两个节点之间的线段选中为红色，按键盘 Delete 键删除，得到如图 3-176 所示的图形。

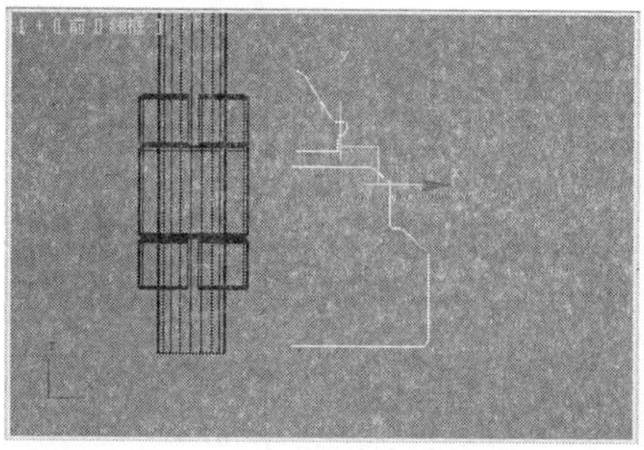

图3-173　绘制底座剖面图形

图3-174　加入车削命令

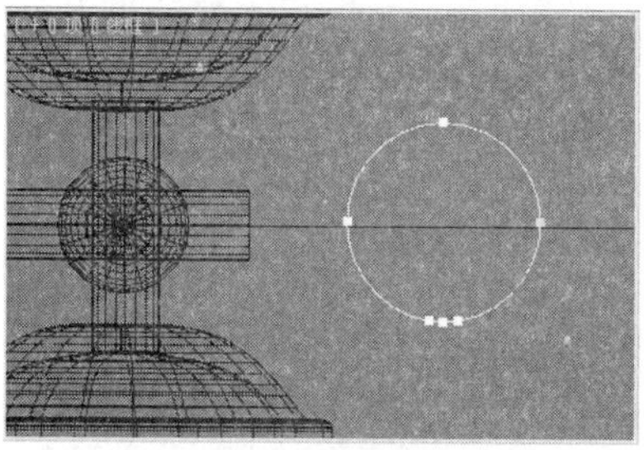

图3-175　为圆形添加节点

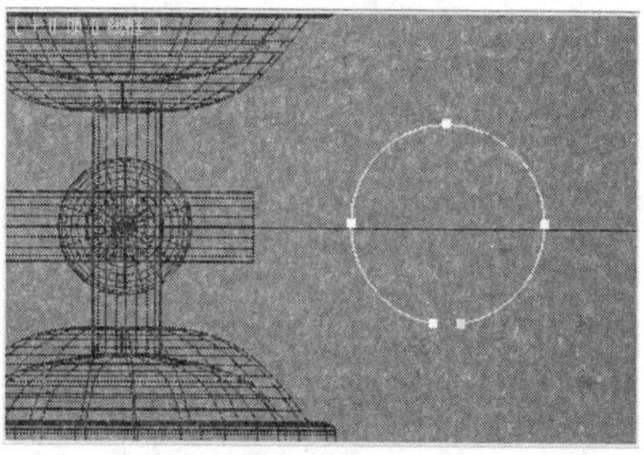

图3-176　删除线段

10 进入【创建】控制面板的 【图形】建立区域，单击 线 按钮，在顶视图中圆的下方绘制出两条等大的线，如图 3-177 所示。再次选择圆形，进入 【修改】命令面板，单击 附加 按钮，拾取后绘制的两条线，将它们结合为一个整体，如图 3-178 所示。

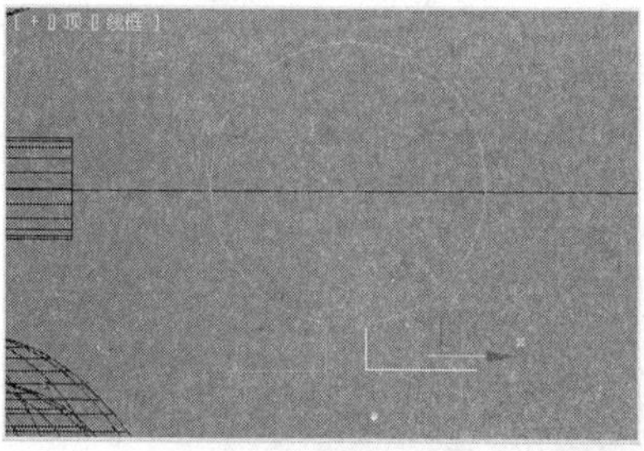

图3-177　绘制曲线

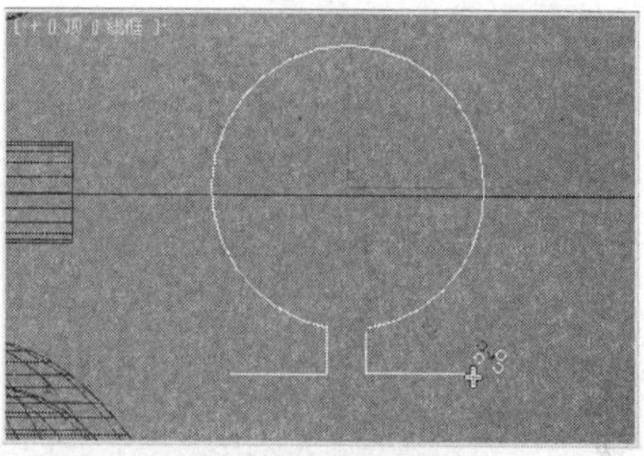

图3-178　将线结合

11 单击 【顶点】子集按钮进入【顶点】子集中，将两边的断点使用 连接 命令建立连线，如图 3-179 所示。进入 【样条线】子集中，将整个线选为红色，单击 轮廓 命令，在顶视图中将线拖动出厚度来，如图 3-180 所示。拖动出来的线上的节点如有扭曲的现象，可进入【顶点】子集中，将多余的节点删除。

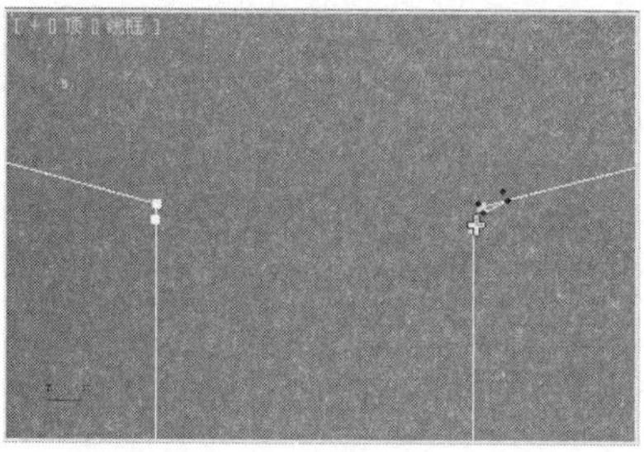

图3-179　连接端点

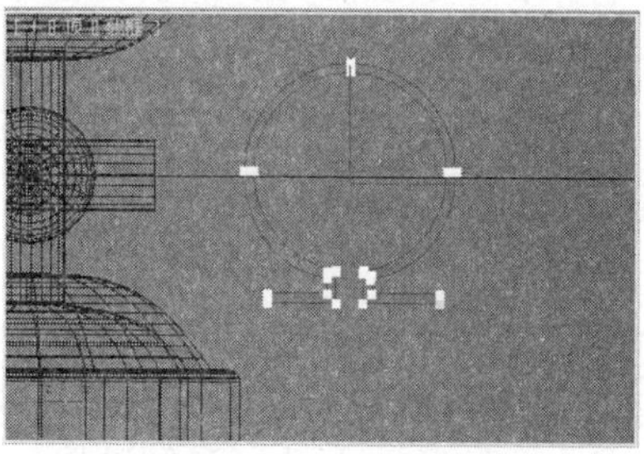

图3-180　建立轮廓

三
维
制
作
大
师

12 将所绘图形选中，进入 🖎 【修改】命令面板，在 修改器列表 ▾ 中选择【挤出】命令，适当调整挤出数量，得到如图 3-181 所示效果。最后经过复制调整，得到如图 3-182 所示的火车路标。

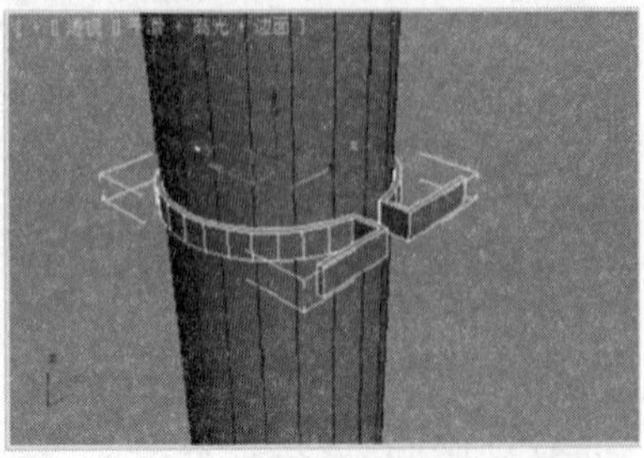

图3-181　挤出厚度

图3-182　火车路标模型

📌 **3.11　木质婴儿床的制作**

在这一节中，将学习利用挤出修改器命令结合放样命令，制作木质婴儿床模型，图 3-183 所示为木质婴儿床的效果图。

📝 **学习重点**

（1）学习放样命令的使用。
（2）学习车削命令的使用方法。

图3-183　最后渲染效果

🔽 实例场景：光盘＼效果＼第 3 章＼木质婴儿床 .max

✏️ **操作步骤**

01 进入【创建】控制面板的 ⊙ 【几何体】建立区域，单击下方几何体类型下拉菜单，选择【扩展基本体】命令，单击 切角长方体 命令，在前视图中绘制一个切角长方体。注意参数中要给出一定的【圆角值】，让边角有倒角效果，去掉【平滑】选项，如图 3-184 所示。将此切角长方体复制出四个，作出四个立柱，如图 3-185 所示。

图3-184　制作切角长方体

图3-185　复制切角长方体

02 单击 切角长方体 命令，分别在顶视图中绘制出一长、一短两个切角长方体。同样注意参数中要给出一定的【圆角值】，让边角有倒角效果，去掉【平滑】选项。按键盘 Shift 键分别移动复制出另外两个，如图 3-186 所示。将所绘制的所有切角长方体选中，在前视图中按住键盘 Shift 键沿 Y 轴向下复制出另外一层，并在下面一层中间绘制一个立方体，床的大框就搭建完成如图 3-187 所示。

图3-186　制作床的边框

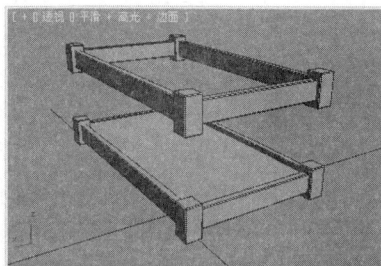

图3-187　复制并建立长方体

03 利用【车削】命令制作床的立柱。进入【创建】控制面板的 【图形】建立区域，单击 线 按钮，在前视图中绘制出立柱的侧线，如图 3-188 所示。选择侧线，进入 【修改】命令面板，在 修改器列表 中选择【车削】命令，单击 最小 按钮，勾选【翻转法线】命令，得到立柱。按住键盘 Shift 键复制出另外三个，复制关系选择【实例】，如图 3-189 所示。

图3-188　绘制剖面图形

图3-189　加入车削命令并复制立柱

04 利用【放样】命令制作床间的小立柱。首先绘制放样所需路径，进入【创建】控制面板的 【图形】建立区域，单击 线 按钮，在前视图床的上下两层栏杆中间绘制出一条垂直线。再单击 圆 按钮，在前视图中绘制出放样所需的横截面图形，如图 3-190 所示。选择垂直线，进入【创建】控制面板的 【几何体】建立区域，单击下方几何体类型下拉菜单，选择【复合对象】命令。单击 放样 命令，单击 获取图形 命令，在前视图中拾取圆形，得到小立柱，如图 3-191 所示。

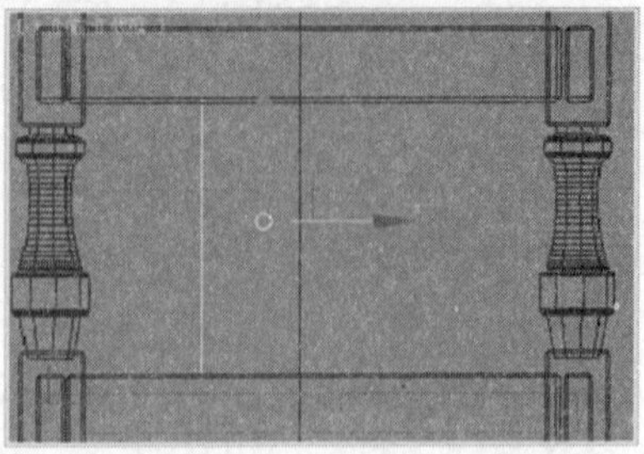

图3-190　绘制放样所需路径与截面图形

图3-191　制作放样图形

05 保持放样的小立柱处于选择状态,进入 ☑【修改】命令面板,在【路径参数】卷展栏中的【路径】参数中输入 25,然后单击 获取图形 按钮拾取圆形。在【路径】参数中输入 50,然后单击 获取图形 按钮再次拾取圆形。同样,继续在【路径】参数中输入 75,然后单击 获取图形 按钮拾取圆形。打开命令堆栈中【loft】前面的加号,进入到【图形】子集中,选择放样物体 25% 高度处的圆形为红色,按住键盘 Ctrl 键加选 75% 处的圆形,使用 ☐【缩放】工具将两个横截面图形等比例放大一点,得到如图 3-192 所示的有粗细变化的小立柱。退出子集,使用 ✛【移动】工具将小立柱移动至床头合适位置。按住键盘 Shift 键移动复制出其他立柱,最后得到如图 3-193 所示效果。

> **提示** 在【路径参数】卷展栏中的【路径】参数中输入不同的数值并分别拾取图形,其操作的目的是让此放样物体在不同的高度均有横截面图形。

图3-192　调整截面图形大小

图3-193　复制立柱

06 利用【车削】命令制作床腿立柱。进入【创建】控制面板的 ☑【图形】建立区域,单击 线 按钮,在前视图中绘制出立柱的侧线,图 3-194 所示。选择这条线,进入 ☑【修改】命令面板,在 修改器列表 中选择【车削】命令,单击 最小 按钮,勾选【翻转法线】命令,得到立柱,按住键盘 Shift 键复制出另外三个,复制关系选择【实例】,如图 3-195 所示。

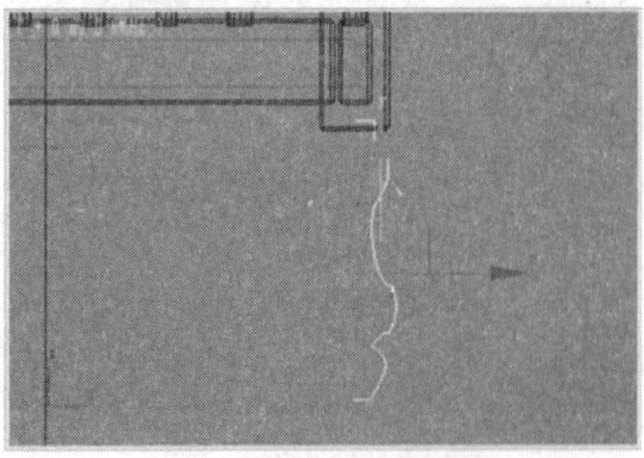

图3-194　绘制剖面图形

图3-195　加入车削命令并复制

07 利用【放样】命令制作床脚。首先绘制放样所需路径，进入【创建】控制面板的 【图形】建立区域，单击 弧 按钮，在前视图床腿的下方绘制出一条弧线作为放样路径。再单击 矩形 按钮，在前视图中绘制出放样所需的横截面图形，如图 3-196 所示。选择弧线，进入【创建】控制面板的 【几何体】建立区域，单击下方几何体类型下拉菜单，选择【复合对象】命令。单击 放样 命令，单击 获取图形 命令，在前视图中拾取矩形，得到床脚形状，图 3-197 所示。

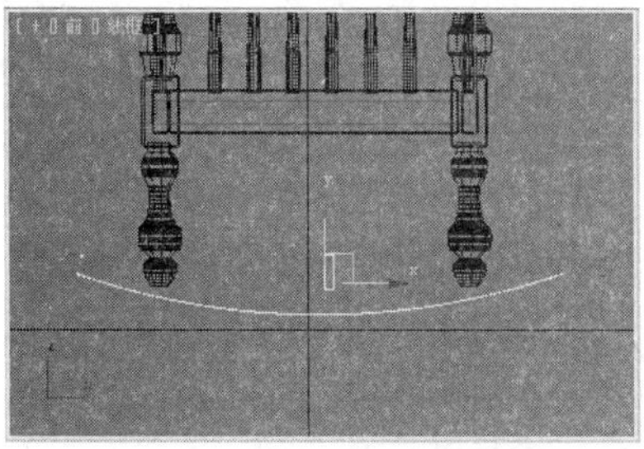

图3-196 绘制放样所需路径与截面图形

图3-197 制作放样物体

08 保持床脚处于选择状态，进入 【修改】命令面板，单击【变形】卷展栏下的【缩放】命令，在【缩放变形】对话框中使用 【插入角点】命令添加角点，并调整至如图 3-198 所示的效果后得到如图 3-199 所示的床脚。

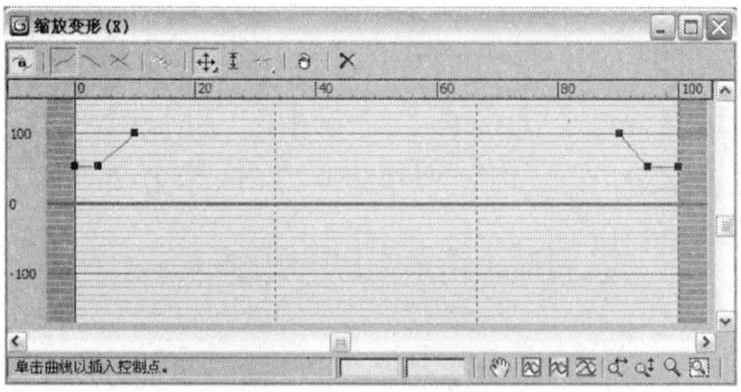

图3-198 【缩放变形】对话框

图3-199 应用变形之后的放样物体

09 选中床脚，激活前视图，按住键盘 Shift 键向下移动复制出另外一个，复制关系选择【复制】，使用 【缩放】工具在顶视图中沿 Y 轴将复制的床脚缩小，如图 3-200 所示。将床脚全部选中，复制到床的另一侧，最后结果如图 3-201 所示。

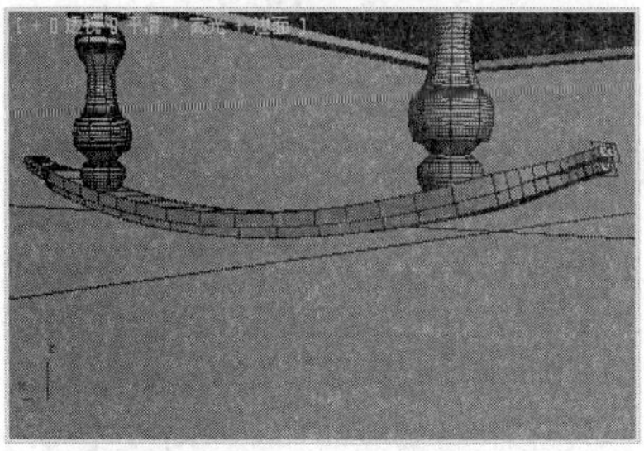

图3-200 复制并缩小床脚

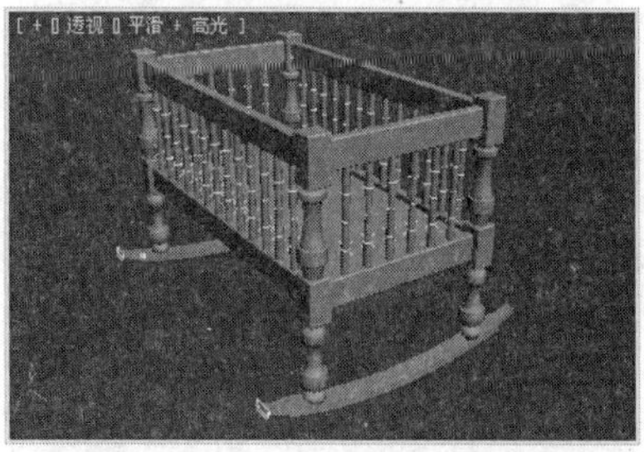

图3-201 完整的婴儿床模型

3.12 窗帘的制作

在这一节中，将学习利用放样命令，制作一个窗帘模型，如图 3-202 所示为窗帘的效果图。

学习重点

（1）学会编辑样条线的使用方法。

（2）学习放样命令的使用方法。

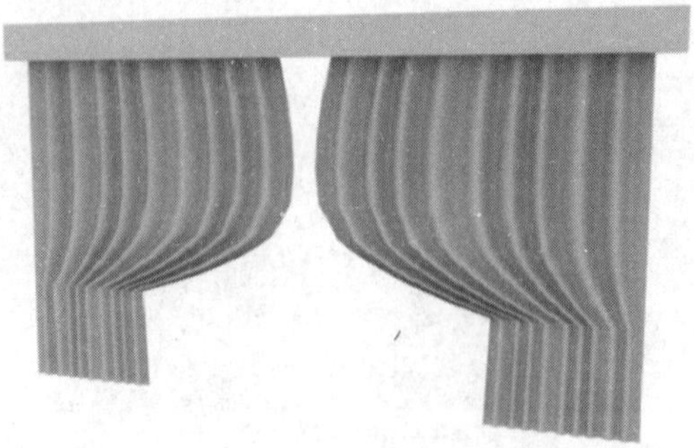

图3-202 最后渲染效果

实例场景：光盘\效果\第3章\窗帘.max

操作步骤

01 进入【创建】控制面板的 【图形】建立区域，单击 线 按钮，在顶视图中绘制一样条线，作为放样的截面图形，如图 3-203 所示。进入 【修改】命令面板，单击 【顶点】子集按钮进入到子集中，单击 优化 按钮，在线段上任意添加节点，得到如图 3-204 所示效果。

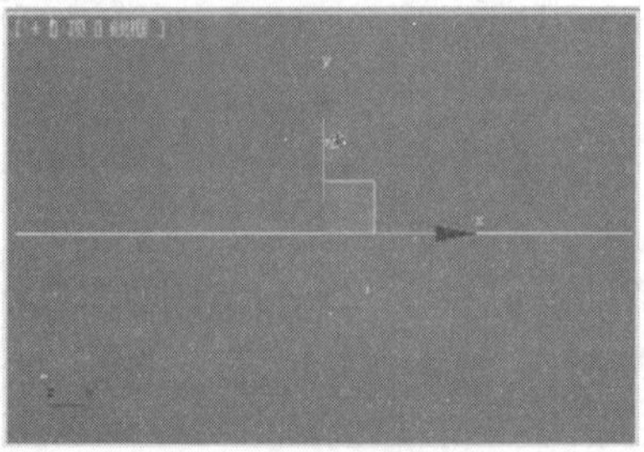

图3-203 绘制样条线

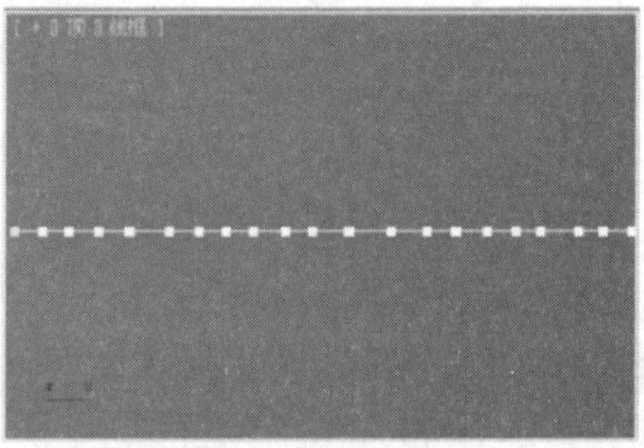

图3-204 添加节点

02 将相隔的节点选中，并使用 【移动】工具在顶视图中延 Y 轴向下移动到适当位置，效果如图 3-205 所示。选中所有顶点，单击鼠标右键将所选中顶点都变成【Bezier】点，如图 3-206 所示。

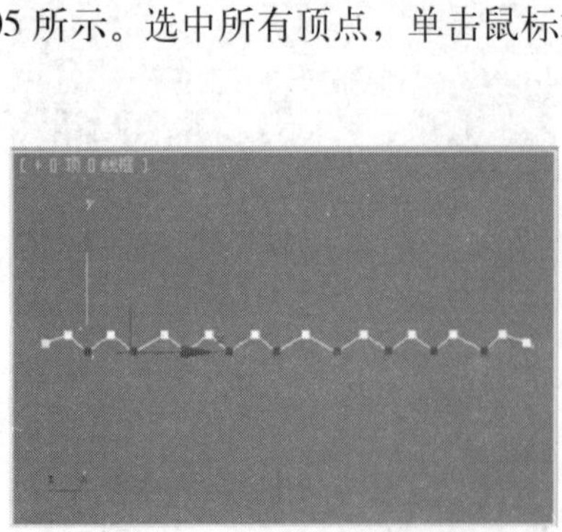

图3-205 调整节点位置

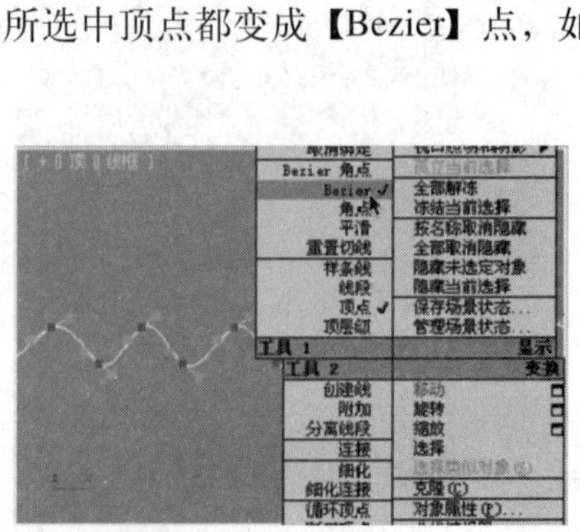

图3-206 改变节点类型

03 单击【样条线】子集按钮进入到子集中，选择 轮廓 命令，为线做出如图 3-207 所示轮廓效果。绘制放样所需路径，进入【创建】控制面板的 【图形】建立区域，单击 线 按钮，在顶视图中绘制一条直线，如图 3-208 所示。

图3-207　建立轮廓效果

图3-208　绘制放样路径直线

04 进入【创建】控制面板，在标准基本体下拉菜单中选择【复合对象】命令，选择放样路径直线，单击 放样 命令。单击 获取图形 命令，在视图中拾取作为横截面图形的曲线，得到如图 3-209 所示的放样图形。进入 【修改】命令面板，单击【变形】卷展栏中的 缩放 按钮，打开【缩放控制】面板，选择控制面板当中的 【插入角点】按钮，在面板中增加两个节点，并调整节点位置形状，如图 3-210 所示。变形之后的放样图形如图 3-211 所示。

图3-209　制作放样物体

图3-210　应用变形命令之后的放样物体

图3-211　【缩放变形】对话框

05 进入 【修改】命令面板，在命令堆栈中选择【图形】子集。选择窗帘顶部截面图形，单击下方的 左 对齐按钮，得到如图 3-212 所示效果。激活前视图，单击 【镜像】按钮，勾选上【复制】按钮，镜像复制窗帘的另一半，得到最后如图 3-213 所示效果。

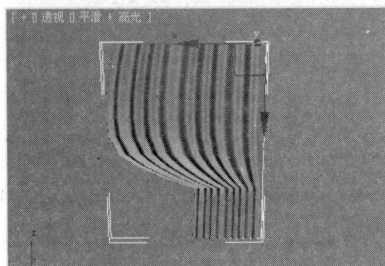

图3-212　调整截面图形位置

图3-213　完整窗帘效果

3.13 奔驰车标的制作

在这一节中，将学习利用放样命令，制作奔驰标志模型，图 3-214 所示为标志效果图。

学习重点

(1) 学习放样命令的使用方法。
(2) 学习为放样物体添加变形命令的方法。

图3-214 最后渲染效果

实例场景：光盘\效果\第3章\奔驰车标.max

操作步骤

01 进入【创建】控制面板的 【图形】建立区域，单击 星形 按钮，在顶视图中绘制一个星形，调整【点】数为 3，如图 3-215 所示。激活前视图，进入【创建】控制面板的 【图形】建立区域，单击 线 按钮，在前视图中绘制一条垂直线，如图 3-216 所示。

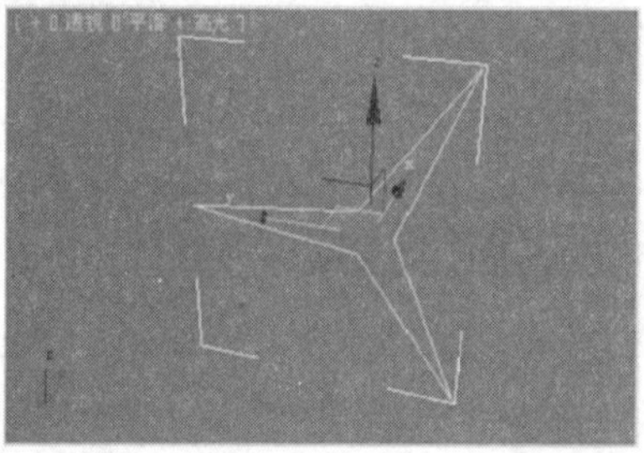

图3-215 绘制放样所需截面图形星形

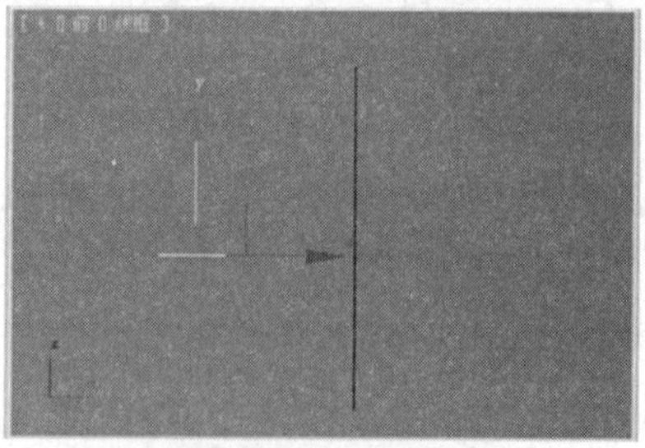

图3-216 绘制放样所需路径垂直线

02 进入【创建】控制面板，在标准基本体下拉菜单中选择【复合对象】命令，选择星形，单击 放样 按钮。单击【获取路径】按钮，然后单击垂直线，得到如图 3-217 所示的放样图形。

03 进入 【修改】命令面板，打开【变形】卷展栏，单击 缩放 按钮，打开【缩放变形】控制面板。单击 【插入角点】按钮，在路径中添加一个节点，并将左右两个端点向下移动到如图 3-218 所示位置。

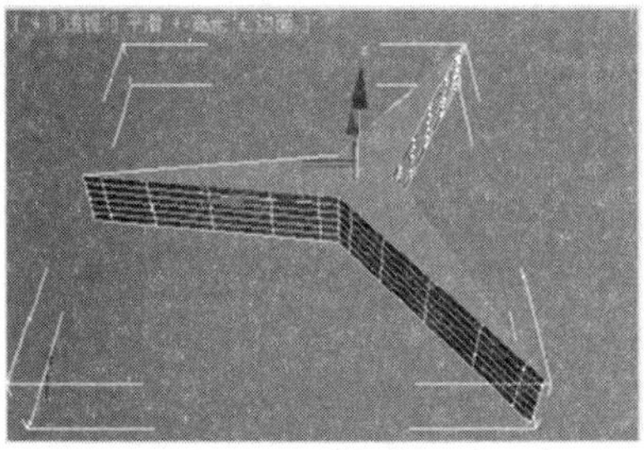

图3-217 制作放样物体

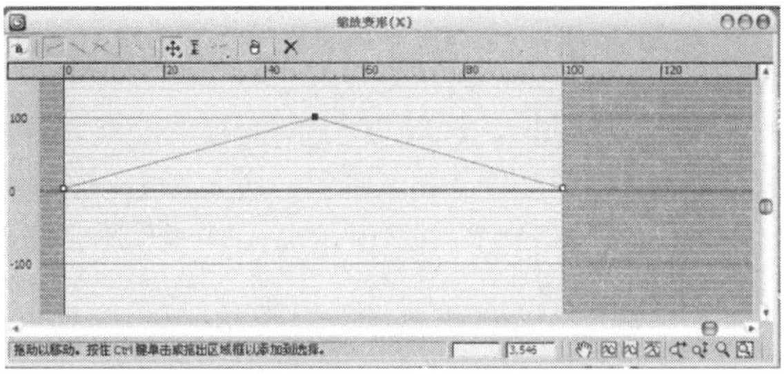

图3-218 【缩放变形】对话框

04 打开【曲面参数】卷展栏,将【平滑长度】、【平滑宽度】两个选项的对号去掉,去掉光滑效果,如图 3-219 所示。激活顶视图,进入【创建】控制面板的 ○【几何体】建立区域,单击 圆环 按钮,在顶视图中绘制一个圆环,调整好位置,完成车标的制作,效果如图 3-220 所示。

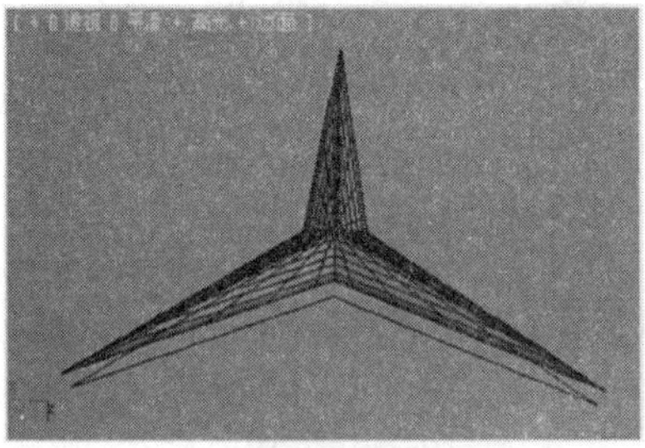

图3-219 去掉光滑效果的放样图形

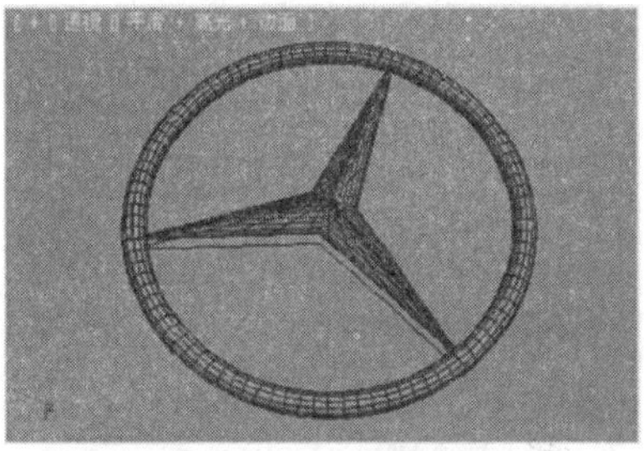

图3-220 车标制作完成

▶ 3.14 荷花的制作

在这一节中,将学习利用挤出命令结合放样命令,制作荷花模型,图 3-221 所示为荷花的效果图。

📖 **学习重点**

(1) 学会挤出命令的使用方法。
(2) 学习编辑样条线的使用方法。
(3) 学习放样命令的使用方法。

图3-221 最后渲染效果

🌐 实例场景:光盘\效果\第3章\荷花.max

✏️ **操作步骤**

01 制作荷花。进入【创建】控制面板的 🔲【图形】建立区域，单击 ▨ 按钮，在前视图中绘制一个圆形，如图3-222所示。进入 ☑【修改】命令面板，在修改器列表中选择【编辑样条线】命令，单击 ⌐【线段】子集按钮进入到子集中，将圆的任意三条线段删除掉，只保留一个线段作为放样所需路径，如图3-223所示。

图3-222 绘制圆形

图3-223 修改圆形成一弧线

02 进入【创建】控制面板的 🔲【图形】建立区域，单击 ▨ 线 按钮，在顶视图中绘制一个小弧形，做为放样所需截面图形，如图3-224所示。进入【创建】控制面板，在标准基本体下拉菜单中选择【复合对象】命令，选择小弧形，然后单击 ▨ 放样 按钮，单击 获取路径 按钮，在视图中拾取放样路径，得到如图3-225所示的放样图形。

图3-224 绘制放样所需截面图形

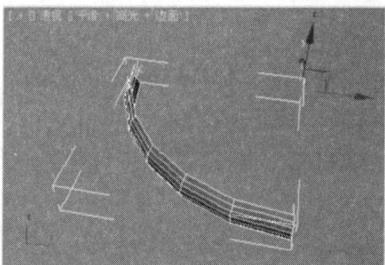

图3-225 建立放样物体

03 进入 ☑【修改】命令面板，单击【变形】卷展栏中的 缩放 按钮，打开【缩放控制】面板，选择控制面板当中的 ⌐【插入角点】按钮，在面板中添加三个节点，调整节点形状如图3-226所示，完成一朵花瓣的制作，如图3-227所示。

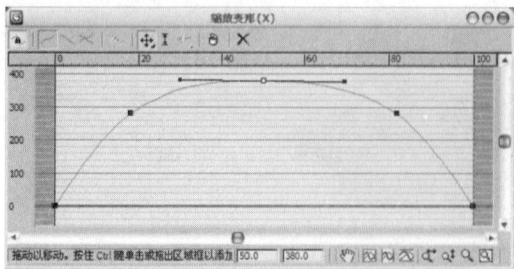

图3-226 【缩放变形】对话框

图3-227 放样得到的花瓣

三
维
制
作
大
师

04 使用 ⊕【移动】工具并按住键盘 Shift 键，将花瓣复制一份，并使用 ⊞【镜像】工具，将复制的花瓣翻转方向，如图 3-228 所示。将两个花瓣同时选中，继续使用 ⊕【移动】工具复制并旋转位置，如图 3-229 所示。

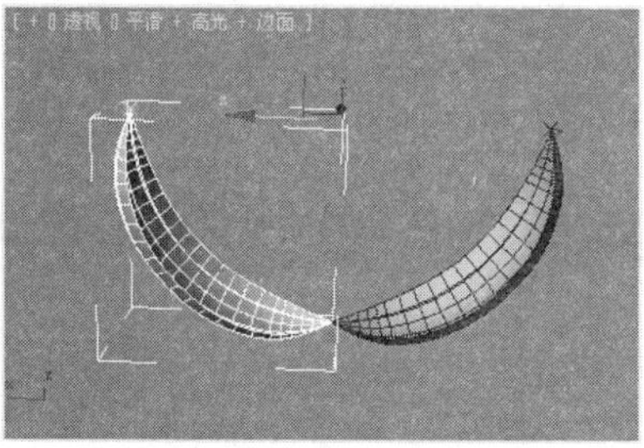

图3-228　复制并镜像花瓣

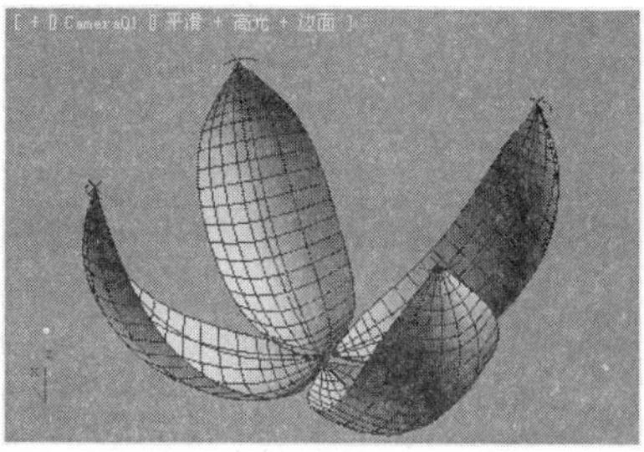

图3-229　复制并旋转花瓣

05 选择所有花瓣，使用 ⊕【移动】工具并按住键盘 Shift 键在前视图中延 Y 轴向上复制一份，使用 ▣【缩放】工具将复制的花瓣等比例缩小，如图 3-230 所示。适当旋转新复制的花瓣使其与原始花瓣错开排列，得到如图 3-231 所示效果。

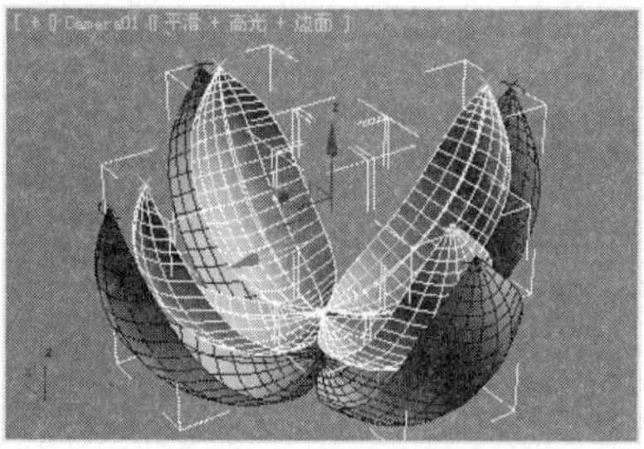

图3-230　复制花瓣

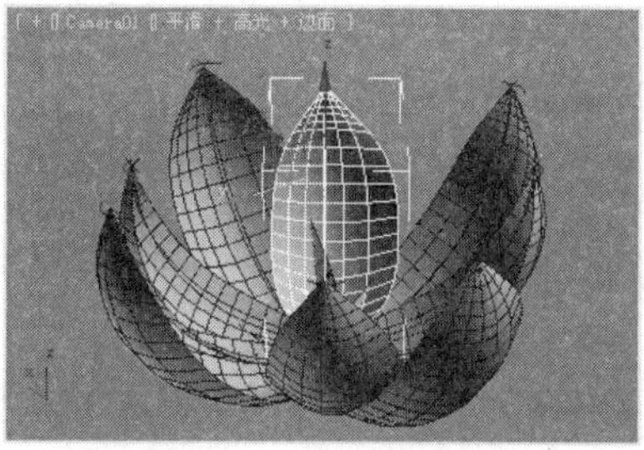

图3-231　调整花瓣角度

06 继续复制并调整花瓣，制做出荷花效果，如图 3-232 所示。进入【创建】控制面板的 ⚟【图形】建立区域，单击 [线] 按钮，在顶视图中绘制一条荷叶形状的封闭的曲线，进入 ☑【修改】命令面板，在 [修改器列表] 中选择【挤出】命令，适当挤出一定高度，做出荷叶的厚度，最后效果如图 3-233 所示。

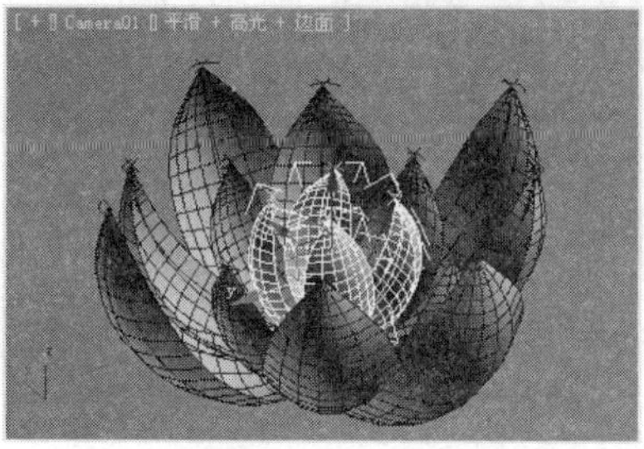

图3-232　荷花效果

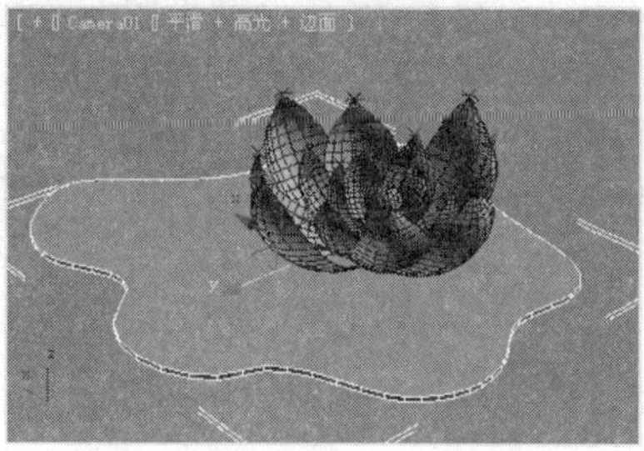

图3-233　完整的荷花模型

▷ 3.15　本章小结

　　本章例举了通过复合对象建模方法创建模型的若干实例，复合对象建模的方法是将多个内置模型组合在一起，从而产生出千变万化的模型，特别是布尔运算工具和放样工具，在创建一些相对复杂的物体时非常的简便易用。

3.16 习题

（1）使用放样命令制作电脑桌，如图 3-234 所示。

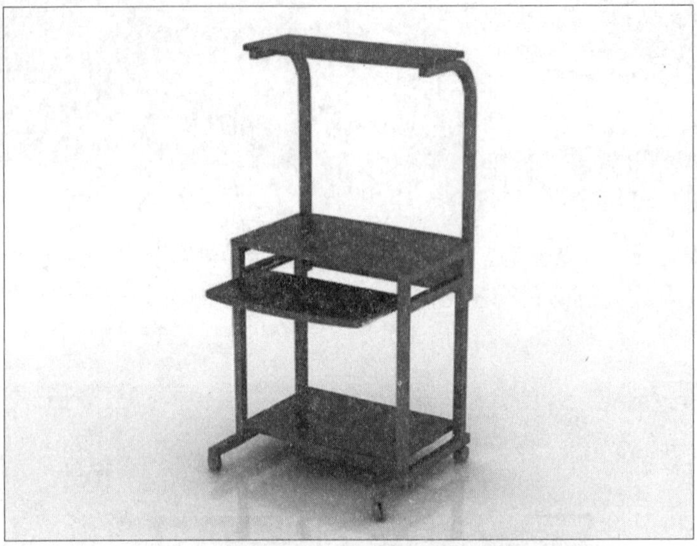

图3-234　电脑桌模型

（2）使用放样、布尔运算、挤出等命令制作床，如图 3-235 所示。

图3-235　床模型

第4章 多边形建模

>> 多边形建模是最为传统和经典的一种建模方式，是3ds Max建模中最重要的建模方法，非常适合初学者的学习。使用多边形建模的过程中，会有更多的想象发挥空间，也有很大的修改余地。熟练的使用多边形建模命令可以建造出任何需要的三维模型。

▷ 4.1 高尔夫球的制作

在这一节中，将学习编辑多边形命令中关于顶点子集的编辑，制作一个高尔夫球的模型，图 4-1 所示为高尔夫球的效果图。

学习重点

(1) 学习编辑多边形命令的使用。
(2) 学习顶点子集的编辑方法。

图4-1 高尔夫球模型

实例场景：光盘\效果\第4章\高尔夫球.max

操作步骤

01 制作高尔夫球。进入【创建】控制面板的 ○【几何体】建立区域，单击 几何球体 按钮，在顶视图中绘制一个几何球体，设置【分段数】为3，如图 4-2 所示。进入 ╱【修改】命令面板，在 修改器列表 中选择【编辑多边形】命令，单击 ⠿【顶点】子集按钮进入到【顶点】子集中，选择所有节点，单击 切角 □ 按钮后面的设置命令，适当调整【切角量】的值，得到如图 4-3 所示效果。

02 单击 ▣【多边形】子集按钮进入到【多边形】子集中，选中物体所有的面为红色。单击 倒角 □ 右侧的设置按钮，勾选【按多边形】的倒角方式，将【挤出】高度调整为负数，向内挤入一点，再适当的调整【轮廓量】，制作出倒角效果，如图 4-4 所示。保持当前面选择状态，进

入 ▨【修改】命令面板，在 修改器列表 ▾ 中选择【涡轮平滑】命令，设置【迭代次数】为 2，为其做光滑处理，最后得到如图 4-5 所示的高尔夫球。

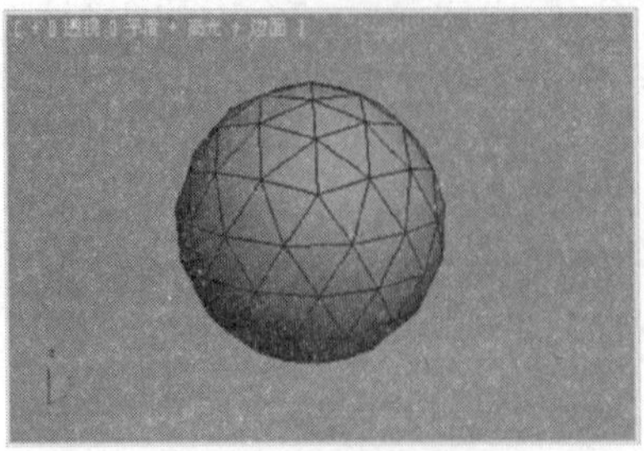

图4-2　建立几何球体

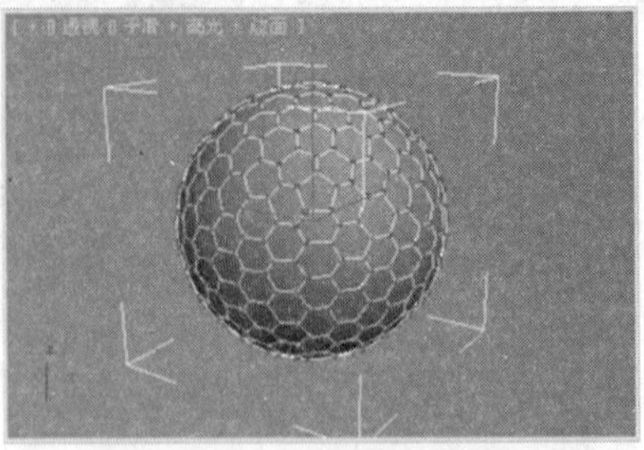

图4-3　为所有顶点做切角处理

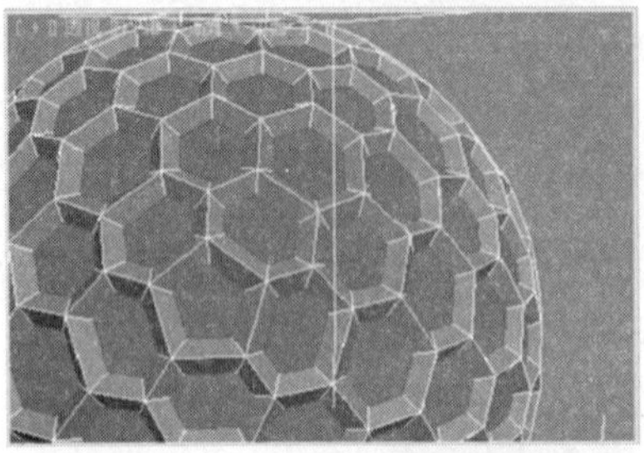

图4-4　为多边形做倒角效果

图4-5　高尔夫球制作完毕

▶ 4.2　乒乓球拍的制作

在这一节中，将学习利用编辑多边形命令，制作一个乒乓球拍模型，图 4-6 所示为乒乓球拍的效果图。

📖 学习重点

(1) 学习编辑多边形命令的使用。

(2) 面挤出及光滑方法。

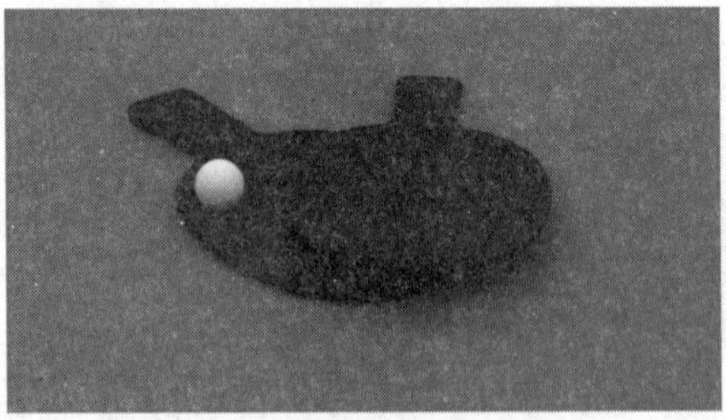

图4-6　乒乓球拍效果图

🕐 实例场景：光盘 \ 效果 \ 第 4 章 \ 乒乓球拍 .max

✍ 操作步骤

01 运用编辑多边形命令制作球拍。进入【创建】控制面板的 ⊙ 【几何体】建立区域，单击按钮，在顶视图中绘制一个长方体，设置【长度和宽度分段】为3，如图4-7所示。进入【修改】命令面板，在 修改器列表 中选择【编辑多边形】命令，单击 ■【多边形】子集按钮进入到【多边形】子集中，选中多边形后侧的一个面为红色，单击 挤出 □命令右侧的设置按钮，适当调整【挤出高度】值，将选中的面向上挤出一定的高度，如图4-8所示。

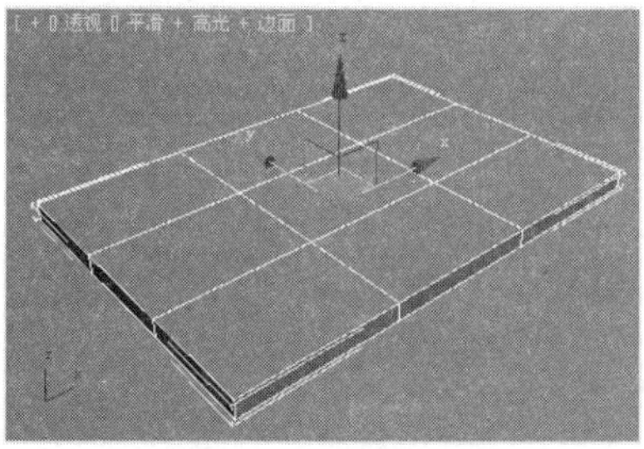

图4-7　绘制长方体 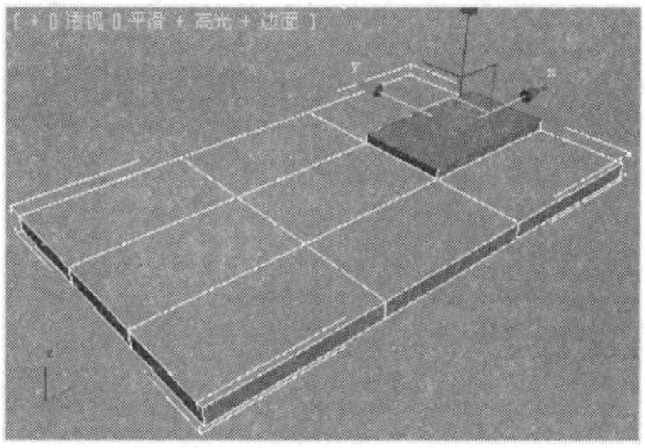　　　　　　　　图4-8　将选中多边形做挤出效果

02 选中长方体下方相应的面为红色，同样使用 挤出 □命令右侧的设置按钮，适当调整【挤出高度】值，将选中的面向下挤出一定的高度，如图4-9所示。选中挤出高度的三个小面，继续使用 挤出 □命令向外挤出，做出球拍把手的形状，如图4-10所示。

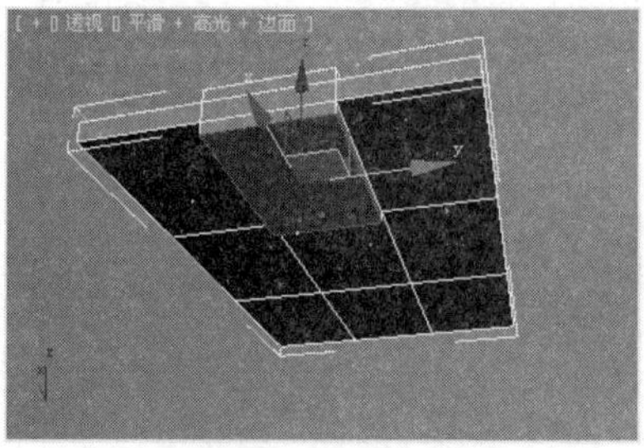

图4-9　将选中多边形做挤出效果 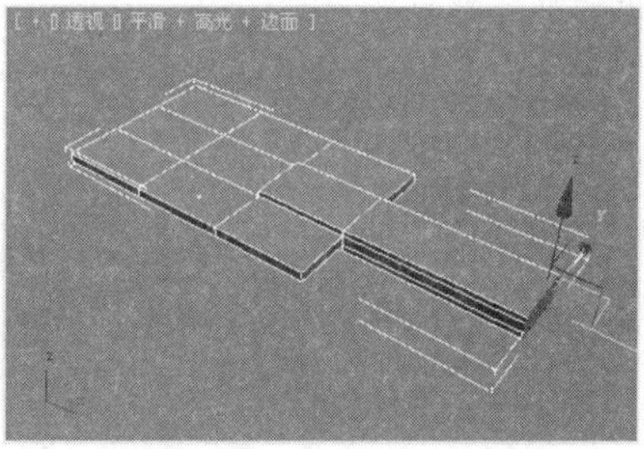　　　　图4-10　做出球拍把手的形状

03 激活顶视图，单击 ⊡【顶点】子集按钮进入到子集中，使用 ✛【移动】工具将各个顶点移动至相应位置，如图4-11所示。单击 ⬦【边】子集按钮进入到【边】子集中，选择图中所示各边，如图4-12所示。

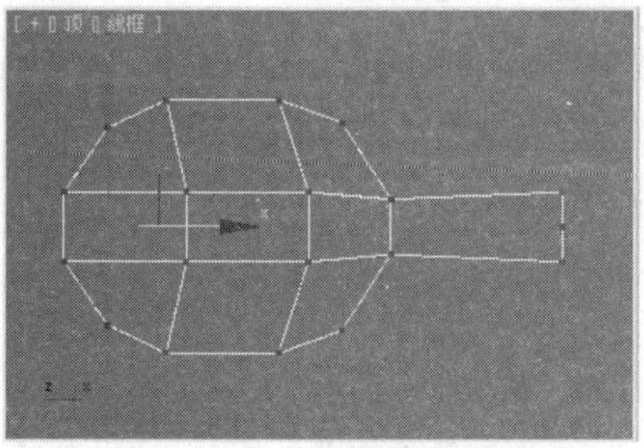

图4-11　调整顶点位置 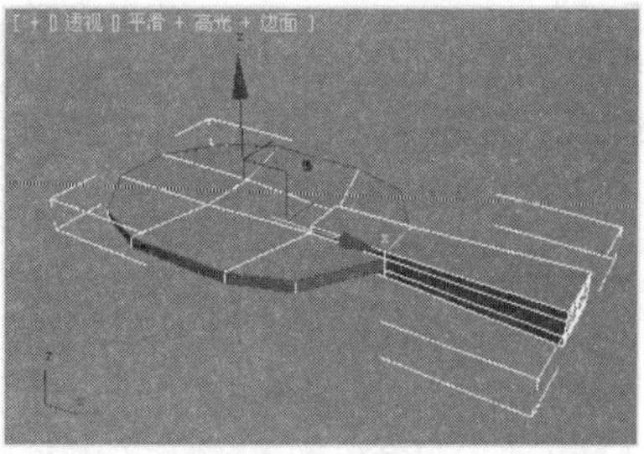　　　　　　　图4-12　选择边

04 单击 切角 □命令右侧的设置按钮，适当设置切角数值，将选中边做切角处理，如图4-13所示。退出【边】子集，进入 【修改】命令面板，在 修改器列表 中选择【网格平滑】命令，将球拍做光滑处理，得到如图4-14所示的最终效果。

图4-13　将选中边做倒边处理

图4-14　将球拍做光滑处理

4.3　仙人掌的制作

在这一节中，将学习利用车削修改器命令结合编辑多边形命令，制作一个仙人掌模型，图4-15所示为仙人掌的效果图。

学习重点

(1) 学习编辑多边形命令的使用。

(2) 学会散布命令的使用方法。

(3) 学习车削命令的使用方法。

图4-15　最后渲染效果

实例场景：光盘\效果\第4章\仙人掌.max

操作步骤

01 运用编辑多边形命令制作仙人掌。进入【创建】控制面板的 【图形】建立区域，单击 几何球体 按钮，在顶视图中绘制一个几何球体，如图4-16所示。使用 【缩放】工具将球体沿着 X 轴缩小压扁，如图4-17所示。

图4-16　绘制几何球体

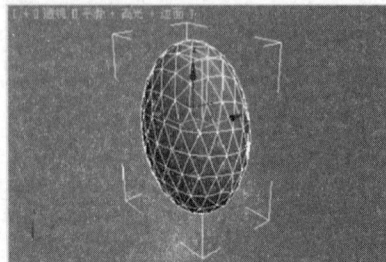

图4-17　将几何球体压扁

02 进入 ⬚【修改】命令面板，勾选【半球】选项，得到如图 4-18 所示的半球。在 `修改器列表` 中选择【编辑多边形】命令，单击 ⬚【顶点】子集按钮进入到子集中，选中所有节点，如图 4-19 所示。

图4-18　做半球效果

图4-19　选中所有顶点

03 单击 `切角` ⬚ 命令右侧的设置按钮，适当调整【切角量】数值，将顶点做切角效果，如图 4-20 所示。单击 ⬚【多边形】子集按钮进入到【多边形】子集中，选中如图 4-21 所示的面。

图4-20　将选择节点做倒角效果

图4-21　选择多边形

04 单击 `挤出` ⬚ 命令右侧的设置按钮，适当调整【挤出高度】值，勾选【局部法线】的挤出方式，将选中面挤出一定的高度，如图 4-22 所示。进入【创建】控制面板的 ⬚【图形】建立区域，单击 `圆锥体` 按钮，在前视图中绘制一个圆锥体，如图 4-23 所示。

图4-22　挤出选中多边形

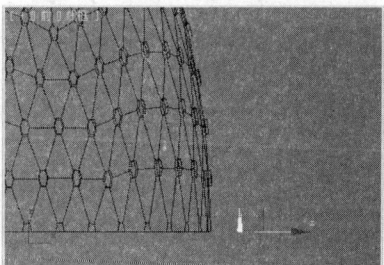

图4-23　绘制圆锥体

05 进入【创建】控制面板，在标准基本体下拉菜单中选择【复合对象】命令命令，选择圆锥体，单击 `散布` 命令。单击 `拾取分布对象` 按钮，拾取场景中的半球体。进入 ⬚【修改】命令面板，设置【重复数】为100，勾选【仅使用选定面】和【隐藏分布面】，得到如图 4-24 所示效果。进入【创建】控制面板的 ⬚【图形】建立区域，单击 `圆锥体` 按钮，在顶视图中再绘制一圆锥体，比之前的圆锥体略小，如图 4-25 所示。

06 进入【创建】控制面板，在标准基本体下拉菜单中选择【复合对象】命令，选择圆锥体，单击 `散布` 命令，单击 `拾取分布对象` 按钮，再次拾取场景中的半球体。进入 ⬚【修改】命令面板，设置【重复数】为100，勾选【仅使用选定面】和【隐藏分布面】，打开【变换】卷展栏，设置【旋转】参数，将X、Y、Z轴调整到相应整数，得到如图4-26所示效果。再次进入【创建】控制面板的 [图形] 建立区域，单击 圆锥体 按钮，在顶视图中再绘制第三个圆锥体，如图4-27所示。

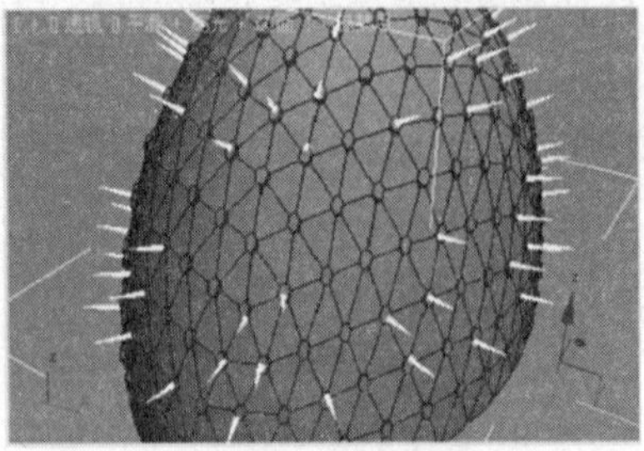

图4-24 散布命令的使用

图4-25 绘制圆锥体

图4-26 散布命令的第二次使用

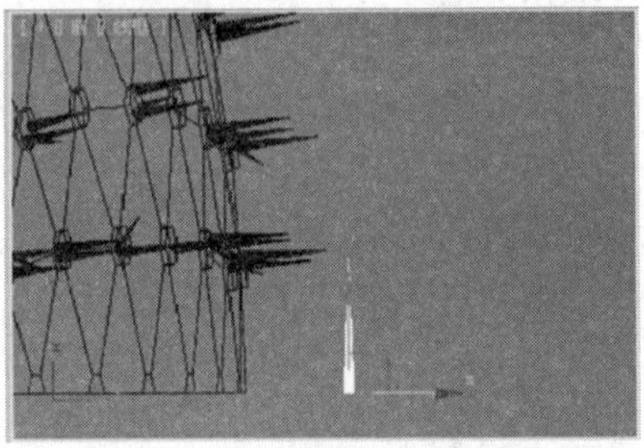

图4-27 绘制圆锥体

07 为第三个圆锥体做同样的【散布】操作，如图4-28所示效果。使用【车削】命令制作花盆。激活前视图，进入【创建】控制面板的 [几何体] 建立区域，单击 线 按钮，绘制一个多边形，如图4-29所示。

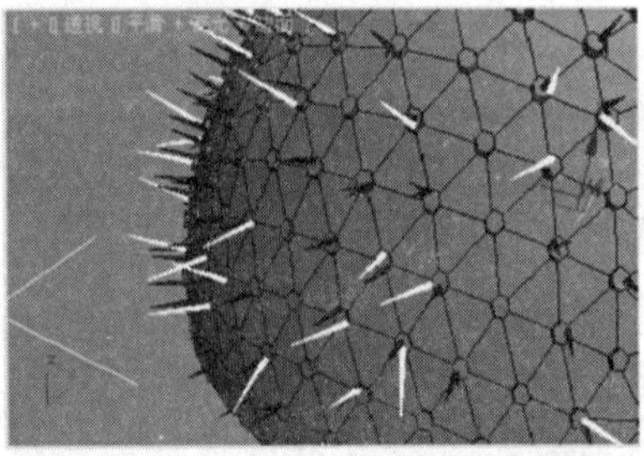

图4-28 散布命令的第三次使用

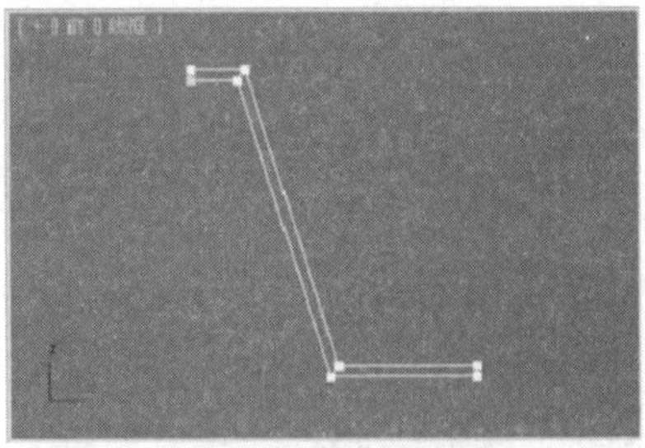

图4-29 绘制花盆剖面图形

08 单击 [顶点] 子集按钮进入到子集中，选中如图4-30所示节点。点选 圆角 按钮，将点做圆角化处理，如图4-31所示。

09 进入 [修改] 命令面板，在 修改器列表 中选择【车削】命令，得到如图4-32所示效果。单击 最大 按钮，得到效果如图4-33所示的正确的花盆造型。

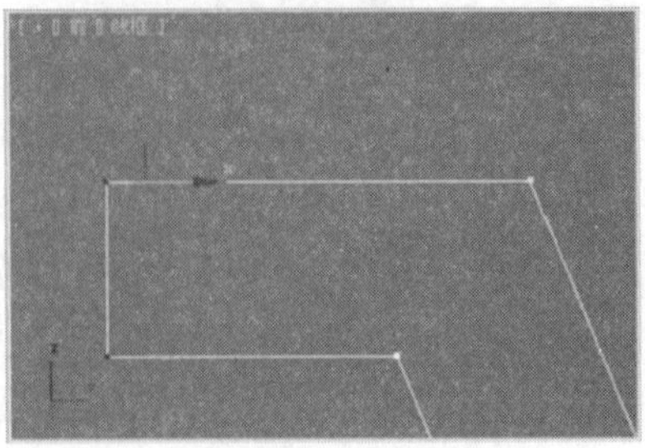

图4-30 选择节点

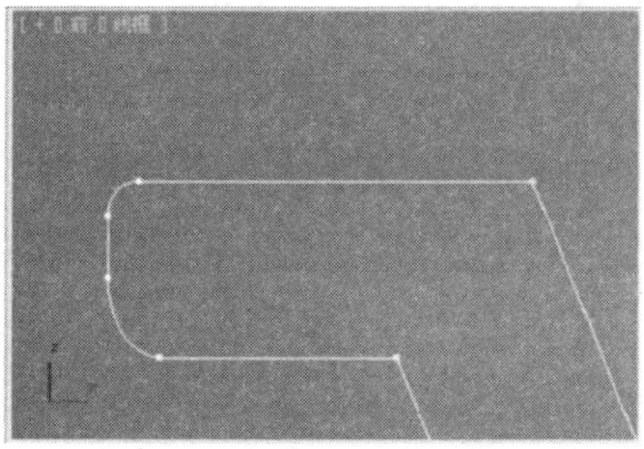

图4-31　将节点做圆角化处理

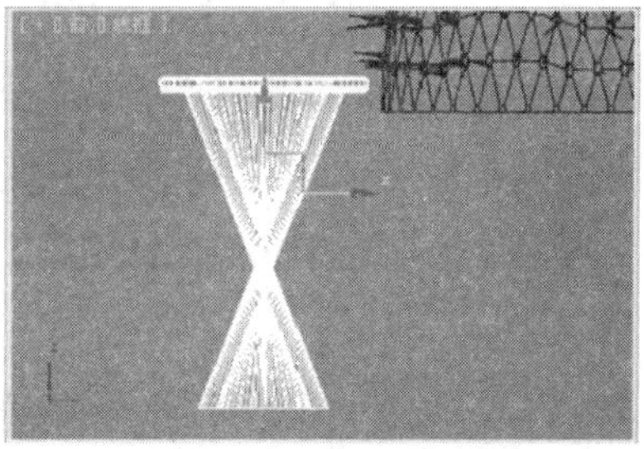

图4-32　加入车削命令

10 进入【创建】控制面板的 ⊙ 【几何体】建立区域，单击 ▇柱体 按钮，在顶视图中绘制一个圆柱体作为花盆中的泥土，大小位置如图 4-34 所示。仙人掌模型制作完成。

图4-33　调整轴心位置

图4-34　完整的仙人掌模型

▶ 4.4　草莓的制作

在这一节中，将学习利用编辑多边形命令制作草莓模型，图 4-35 所示为草莓的效果图。

学习重点

(1) 学习编辑多边形命令的使用方法。
(2) 编辑顶点的方法。

图4-35　最后渲染效果

实例场景：光盘\效果\第4章\草莓 .max

操作步骤

01 运用编辑多边形命令制作草莓。进入【创建】控制面板的 ⊙ 【图形】建立区域，单击按钮，在顶视图中绘制一个球体，调整球体参数，将【平滑】勾选掉，适当调整【分段】数值，如图4-36所示。进入 【修改】命令面板，在 修改器列表 中选择【编辑多边形】命令，单击 【顶点】子集按钮进入到子集中，使用 【移动】工具调整节点位置（由于草莓属于不规则体，具体形状可随意调整），效果如图4-37所示。为草莓做光滑处理，在 修改器列表 中选择【网格平滑】命令，设置【迭次次数】为2，得到光滑的草莓。

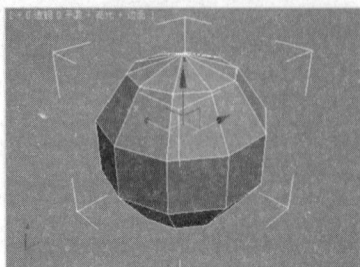

图4-36　建立球体

图4-37　调整节点位置

02 草莓叶子的制作。进入【创建】控制面板的 【几何体】建立区域，单击 长方体 按钮，在顶视图中绘制一个长方体，段数大小如图4-38所示。进入 【修改】命令面板，在 修改器列表 中选择【编辑多边形】命令，单击 【顶点】子集按钮进入到子集中，在顶视图中选中各顶点。使用 【移动】工具，将点调整成如图4-39所示效果。

图4-38　绘制长方体

图4-39　调整长方体形状

03 调整叶子的厚度，如图4-40所示。制作叶柄，单击 【多边形】子集按钮进入到【多边形】子集中，选中叶柄处的多个面为红色，单击 挤出 □ 命令右侧的设置按钮，适当调整【挤出高度】值，将选中面向外挤出一定的高度，如图4-41所示。

图4-40　调整叶子的厚度

图4-41　制作叶柄

04 使用 【缩放】工具将挤出的面等比例缩小，并使用 【移动】工具将选中的面向下移动至如图4-42所示位置。在 修改器列表 中选择【网格平滑】命令，设置【迭次次数】为2，将叶子做光滑处理，如图 4-43 所示。

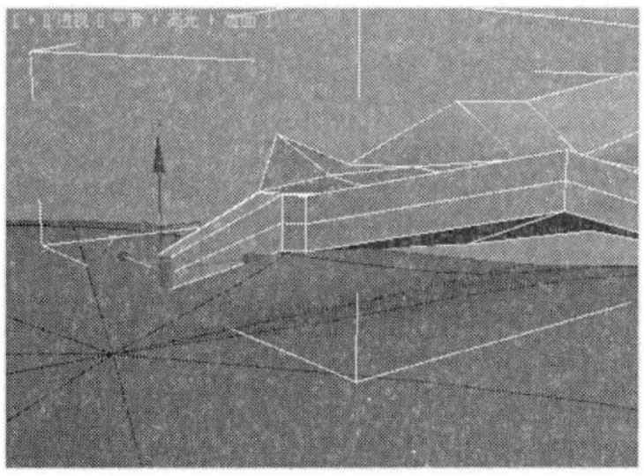

图4-42 调整叶柄形状

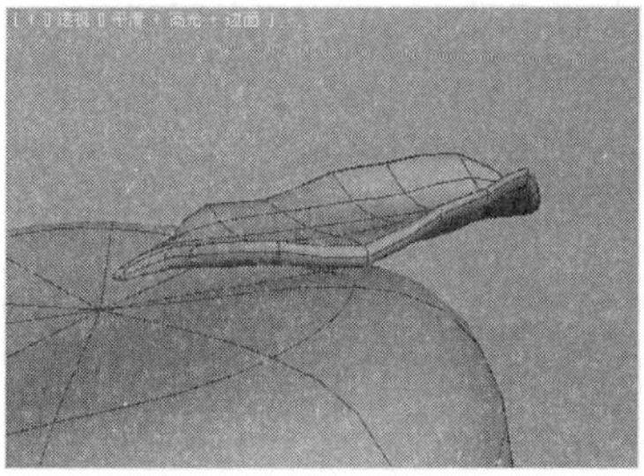

图4-43 将叶子做光滑处理

05 进入【创建】控制面板的 ○【几何体】建立区域，单击 圆柱体 按钮，在顶视图中绘制一个圆柱体，大小位置如图 4-44 所示。在 修改器列表 中选择【编辑多边形】命令，单击 【顶点】子集按钮进入到子集中，使用 【移动】工具将节点位置进行调整，得到效果如图 4-45 所示。

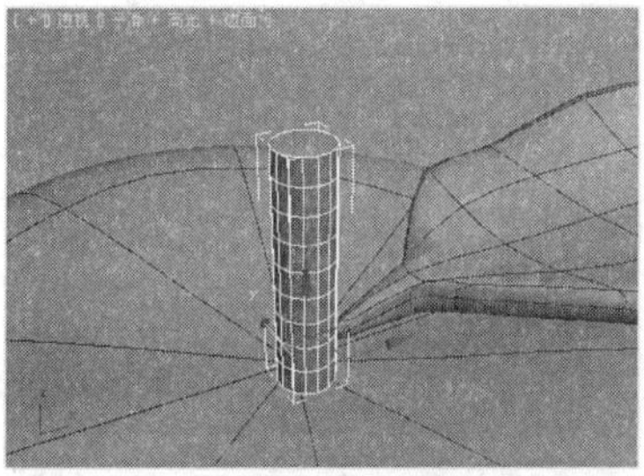

图4-44 建立圆柱体

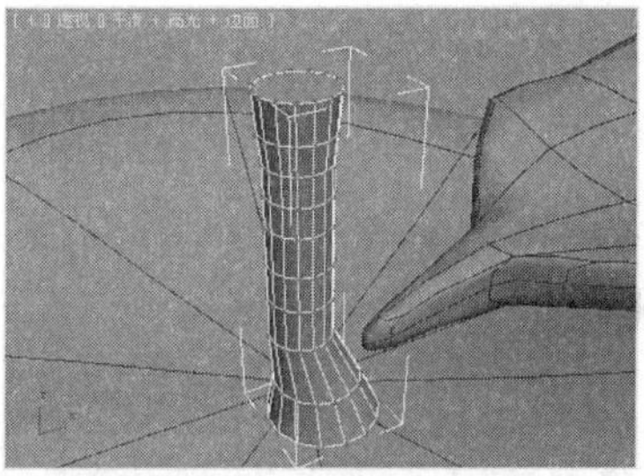

图4-45 调整节点形状

06 在 修改器列表 中选择【网格平滑】命令，设置【迭次次数】为 2，为圆柱体做光滑处理，如图 4-46 所示。将叶子复制多份，并适当修改大小形状，草莓模型制作完成，如图 4-47 所示。

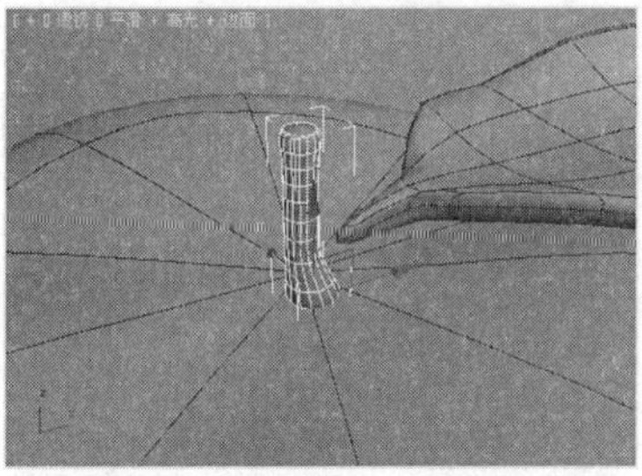

图4-46 将圆柱体做光滑处理

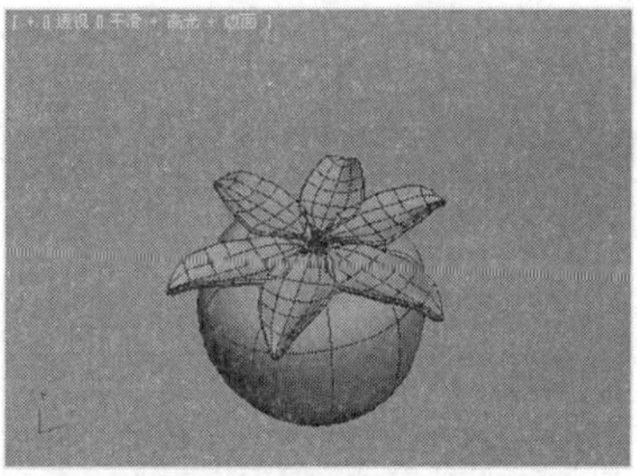

图4-47 完整的草莓模型

▶ 4.5 小号的制作

在这一节中，将学习利用编辑多边形命令结合挤出命令，制作小号模型，图 4-48 所示为小号的效果图。

085

三维制作大师

学习重点

（1）学习编辑多边形命令的使用。

（2）学会挤出、编辑样条线的使用方法。

图4-48　最后渲染效果

◇ 实例场景：光盘＼效果＼第4章＼小号.max

操作步骤

01 进入【创建】控制面板的 ○【几何体】建立区域，单击 圆柱体 按钮，在顶视图中绘制一个圆柱体，大小如图4-49所示。进入 ⊿【修改】命令面板，在 修改器列表 ▾ 中选择【编辑多边形】命令，单击 切片平面 按钮，将切片框移动到相应位置，如图4-50所示。

图4-49　绘制圆柱体

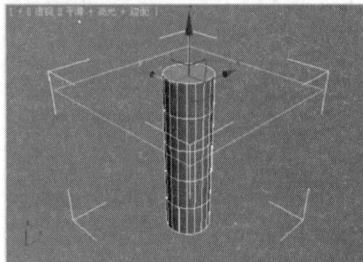

图4-50　调整切片位置

02 单击 切片 按钮，在圆柱体上添加线段，如图4-51所示。继续使用此方法在圆柱体上增加其他线段，如图4-52所示。

图4-51　添加线段

图4-52　添加线段

03 单击 ▣【多边形】子集按钮进入到【多边形】子集中，选中如图4-53所示的面。单击 挤出 □ 命令右侧的设置按钮，勾选【局部法线】参数，适当调整【挤出高度】值，将选中面向内挤入一定的深度，如图4-54所示。

图4-53 选择面

图4-54 挤入选择面

04 选中如图 4-55 所示线段。单击 切角 □ 命令右侧的设置按钮，适当调整数值，制作出倒角效果，如图 4-56 所示。

图4-55 选择线段

图4-56 将选择线段倒边

05 单击 ■【多边形】子集按钮进入到【多边形】子集中，选中圆柱体最上方的面为红色，单击 插入 □ 按钮，为其插入一个面，如图 4-57 所示。保持当前选择状态，单击 挤出 □ 命令右侧的设置按钮，适当调整【挤出高度】值，将插入的面向内挤入一定的深度，如图 4-58 所示。

图4-57 插入选择面

图4-58 挤入选择面

06 进入【创建】控制面板的 ⊕【图形】建立区域，单击 星形 按钮，在顶视图中绘制一个星形，如图 4-59 所示。单击 圆 按钮，绘制一个圆形，如图 4-60 所示。

图4-59 绘制星形

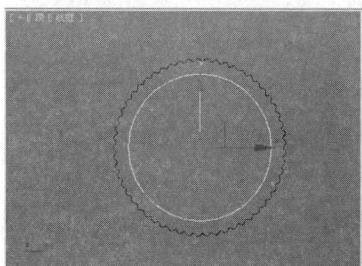

图4-60 绘制圆形

07 进入 【修改】命令面板，在 修改器列表 中选择【编辑样条线】命令，单击 附加 按钮，将星形与圆形结合在一起，效果如图 4-61 所示。在 修改器列表 中选择【挤出】命令，挤出适当大小，效果如图 4-62 所示。

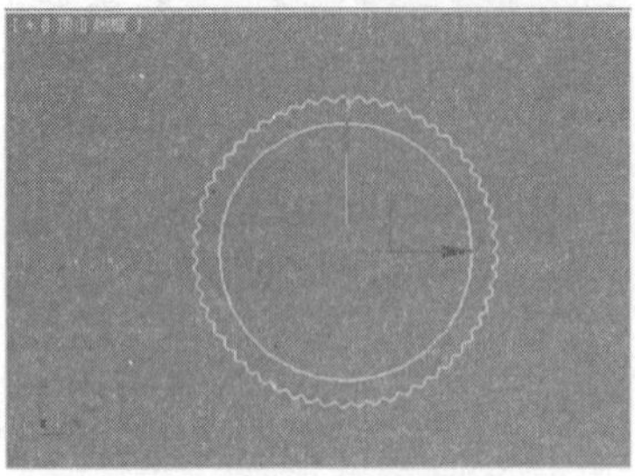

图4-61　结合星形圆形

图4-62　挤出厚度

08 激活前视图，进入【创建】控制面板的 【图形】建立区域，单击 线 按钮，绘制一条如图 4-63 所示的曲线。在 修改器列表 中选择【车削】命令，制作旋转效果，如图 4-64 所示。

图4-63　绘制剖面图形

图4-64　制作车削物体

09 选择图中所有对象，使用 【移动】工具并按住键盘 Shift 键移动复制出另外两个，如图 4-65、图 4-66 所示。

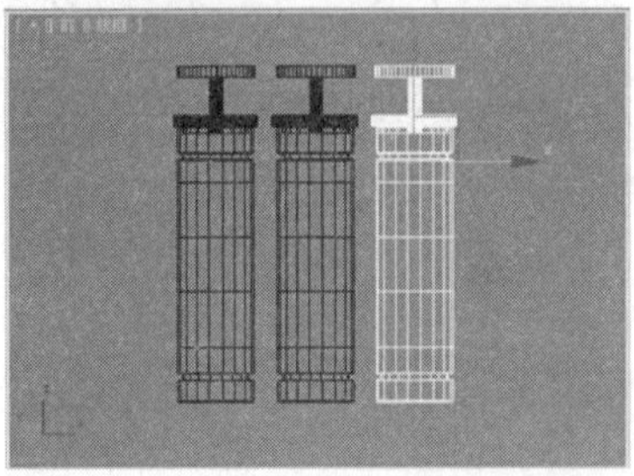

三维制作大师

图4-65　复制对象

图4-66　复制对象

10 进入【创建】控制面板的 【图形】建立区域，单击 线 按钮，绘制一条曲线，如图 4-67 所示。进入 【修改】命令面板，单击 【顶点】子集按钮进入到子集中，选中尾部顶点。适当调整 圆角 数值，得到如图 4-68 所示效果。

11 选中底端的几个顶点，如图 4-69 所示。激活顶视图，沿 Y 轴将各个点调整至如图 4-70 所示位置。

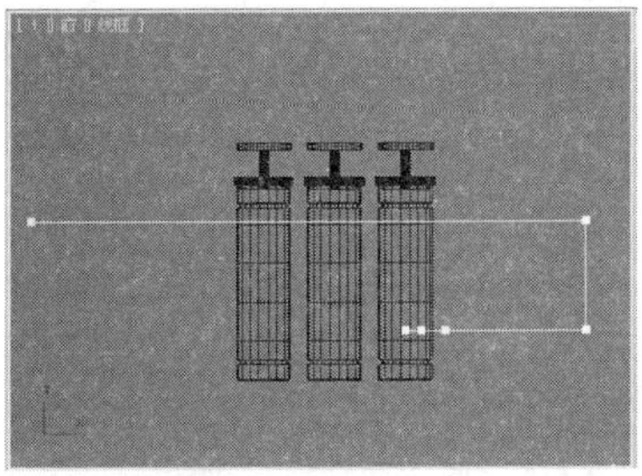

图4-67 绘制样条线

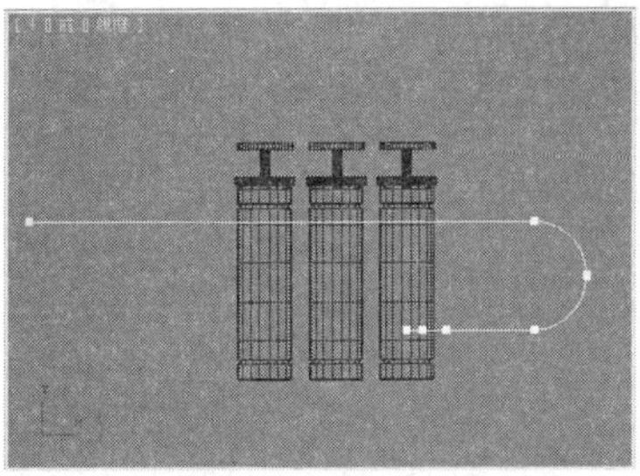

图4-68 调整节点类型

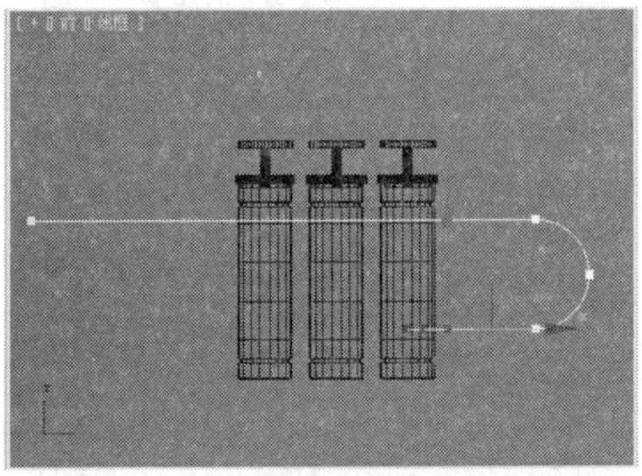

图4-69 选择顶点

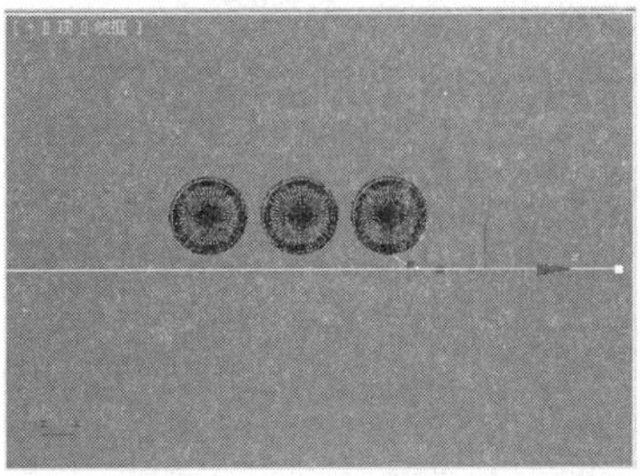

图4-70 调整顶点位置

12 进入【创建】控制面板的 【图形】建立区域,单击 圆 按钮,绘制一个圆形,如图4-71 所示。进入【创建】控制面板,在标准基本体下拉菜单中选择【复合对象】命令,选择曲线,单击 放样 按钮。单击 获取图形 按钮,在视图中拾取圆形,得到如图 4-72 所示效果。

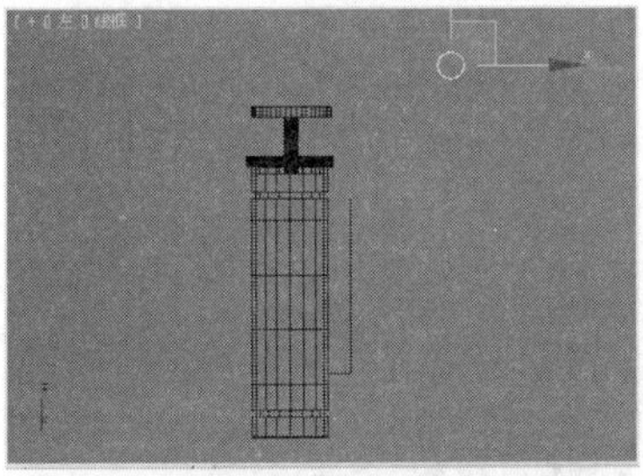

图4-71 绘制放样路径及截面图形

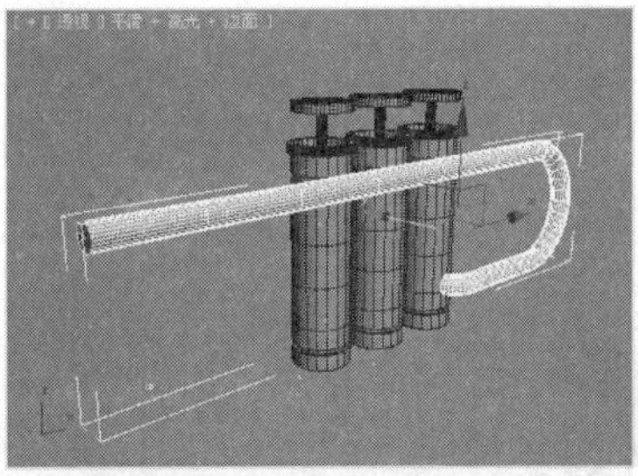

图4-72 建立放样图形

13 在透视图中,单击鼠标右键,选择将物体转换为可编辑多边形,如图 4-73 所示。进入 【修改】命令面板,单击 【多边形】子集按钮进入到【多边形】子集中,将多边形的前后两面删除掉,如图 4-74 所示。

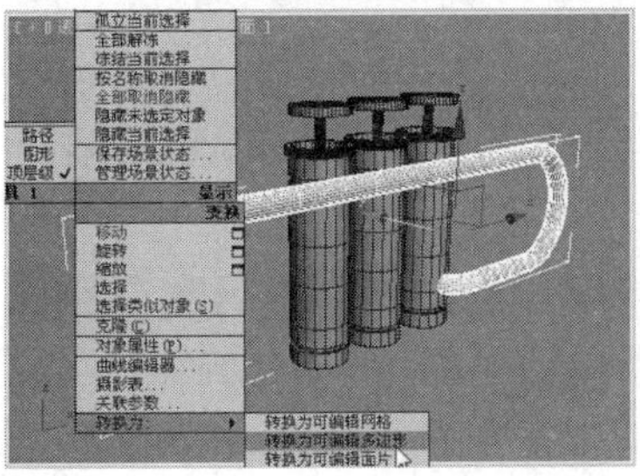

图4-73 转换为可编辑多边形物体

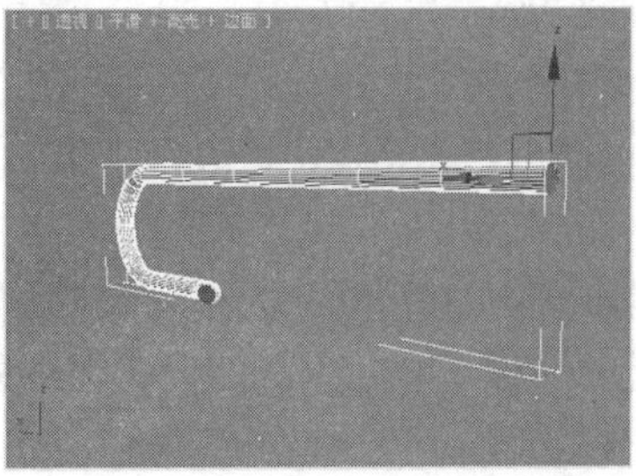

图4-74 删除选中面

14 单击 切片平面 按钮，将切片框移动到相应位置，如图 4-75 所示。单击 切片 按钮，使用此方法在圆柱体上增加多条线段，如图 4-76 所示。

图4-75　调整切片位置

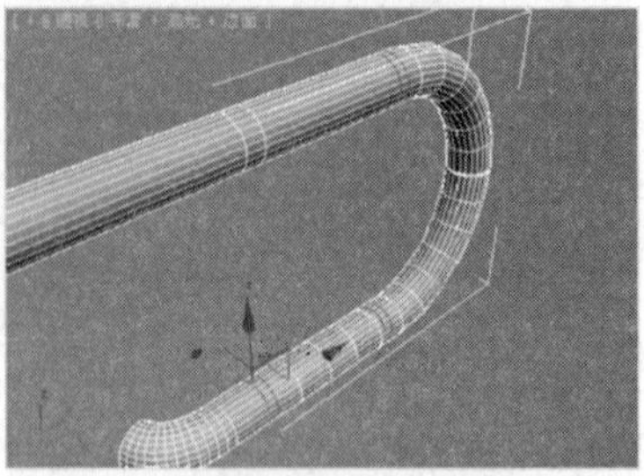

图4-76　添加线段

15 单击 ▣ 【多边形】子集按钮进入到【多边形】子集中，选中圆柱体切片后中间区域为红色，如图 4-77 所示。单击 挤出 □ 命令右侧的设置按钮，适当调整【挤出高度】值，将选中面向外挤出一定的高度，如图 4-78 所示。

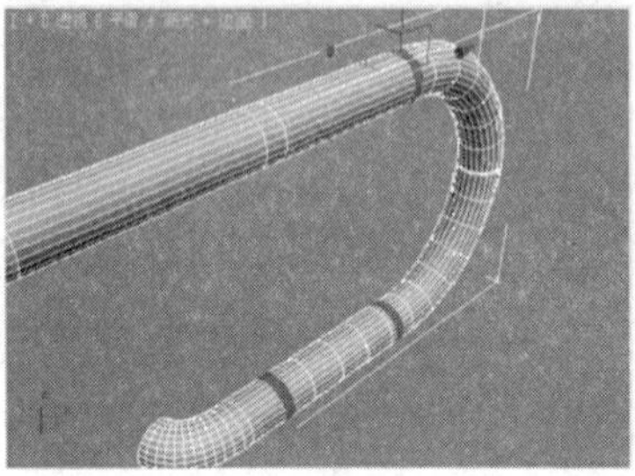

图4-77　选择面

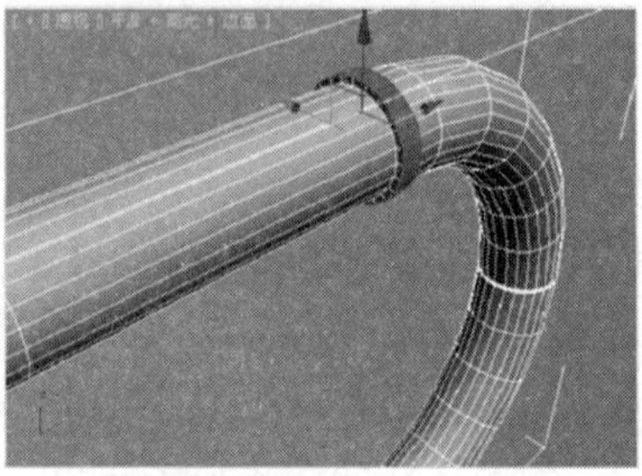

图4-78　挤出选择面

16 进入【创建】控制面板的 ⊙ 【图形】建立区域，单击 矩形 按钮，在顶视图中绘制一个矩形，适当调整角半径数值，如图 4-79 所示。进入 ✐ 【修改】命令面板，在 修改器列表 ▾ 中选择【编辑样条线】命令，单击 ⟋ 【分段】子集按钮进入到【分段】子集中，将矩形后端线段删除掉，如图 4-80 所示。

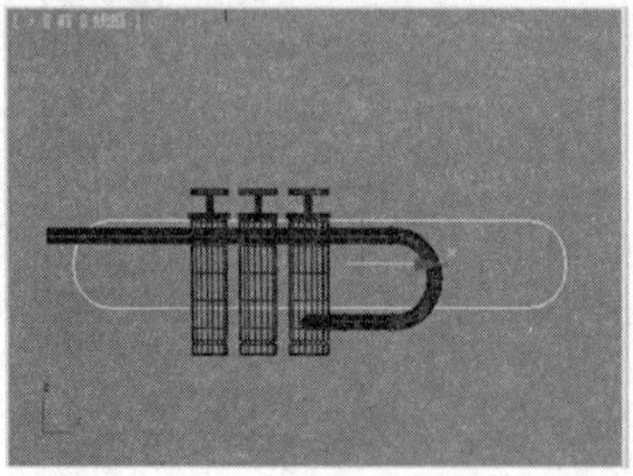

三维制作大师

图4-79　绘制矩形

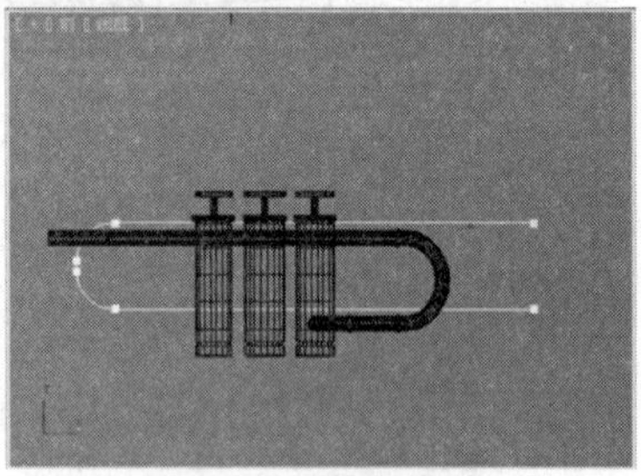

图4-80　修改矩形

17 单击 ⊡ 【顶点】子集按钮进入到子集中，移动矩形的节点，调整到如图 4-81、图 4-82 所示的形状。

18 选择曲线，进入【创建】控制面板，在标准基本体下拉菜单中选择【复合对象】命令选项，单击 放样 按钮，单击 获取图形 按钮，拾取步骤 12 绘制的圆形，得到如图 4-83 所示放样图形。进入 ✐ 【修改】命令面板，在 修改器列表 ▾ 中选择【编辑多边形】命令，单击 ▣ 【多边形】子集按钮进入到【多边形】子集中，将多边形的前后两面删除掉，如图 4-84 所示。

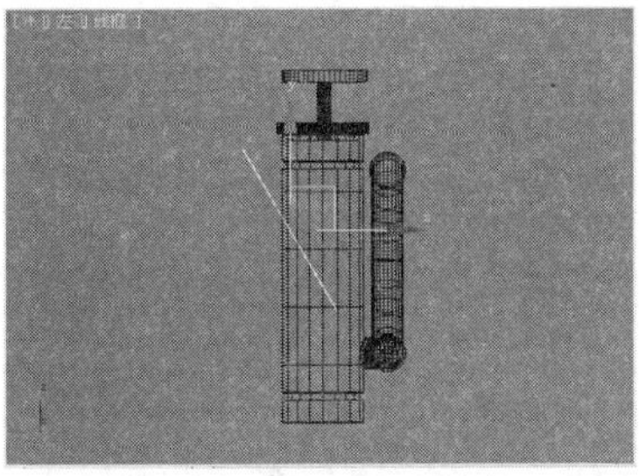

图4-81　调整节点位置

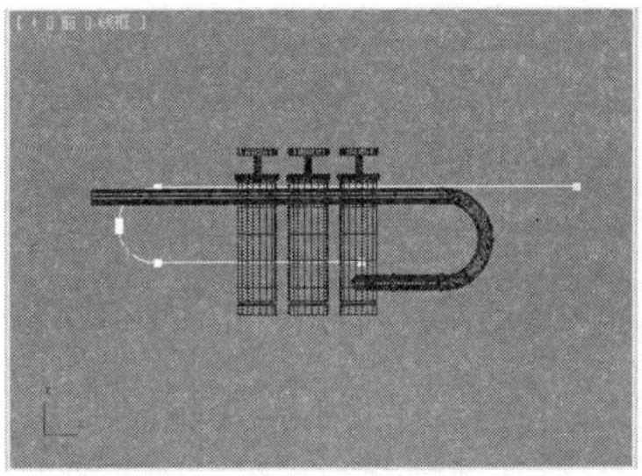

图4-82　调整节点位置

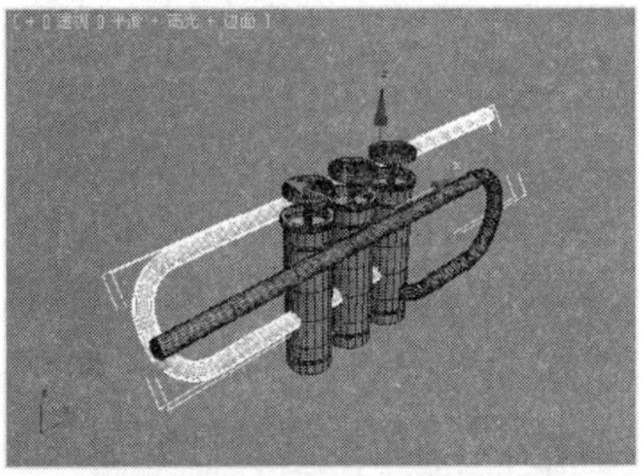

图4-83　制作放样物体

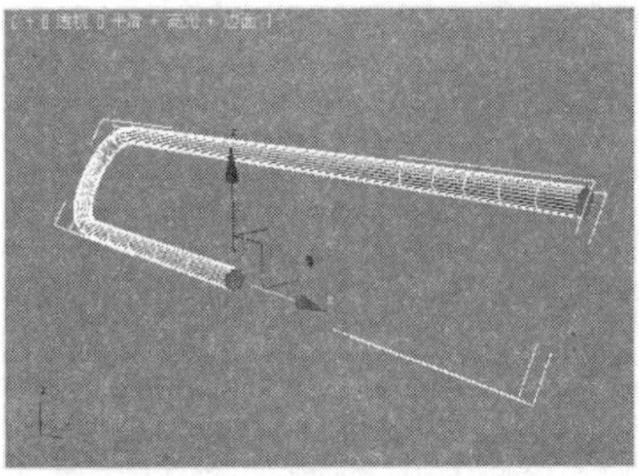

图4-84　删除选择面

19 单击 ⬚ 【顶点】子集按钮进入到子集中，激活前视图，将各点调整到相应位置，如图 4-85 所示。保持当前选择状态，激活右视图，使用 ⬚ 【缩放】工具将选择的点等比例放大至如图 4-86 所示效果。

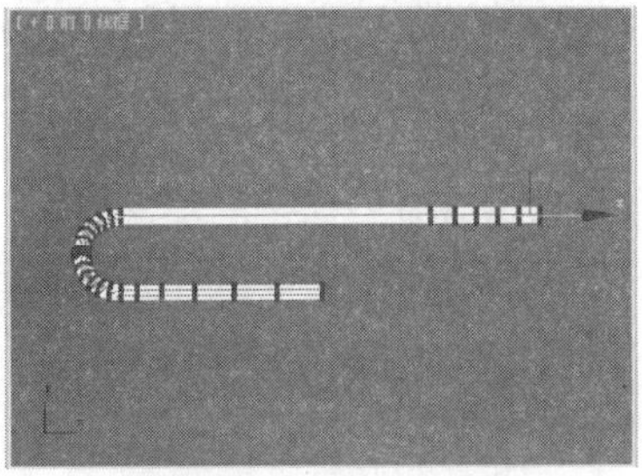

图4-85　调整节点位置

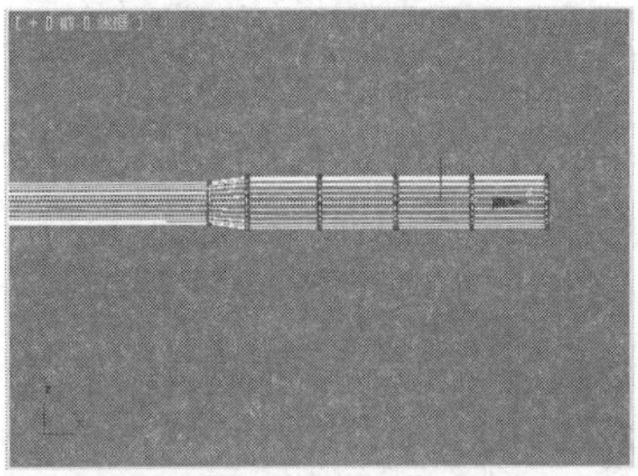

图4-86　放大选择节点

20 使用 ⬚ 【缩放】工具将选择的点等比例放大，如图 4-87 所示。重复以上步骤，将小号的喇叭制作出来，效果如图 4-88 所示。

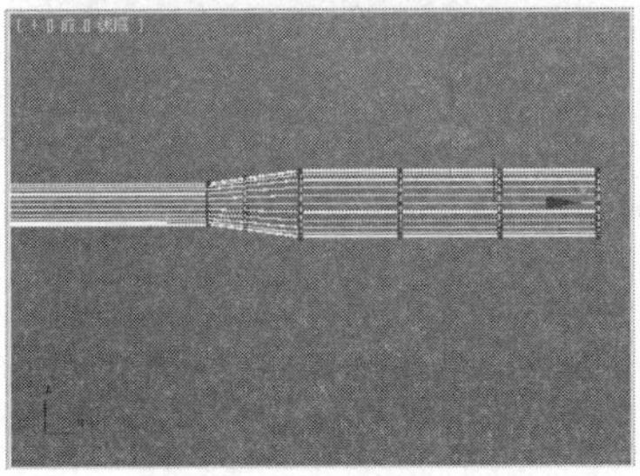

图4-87　放大选择节点

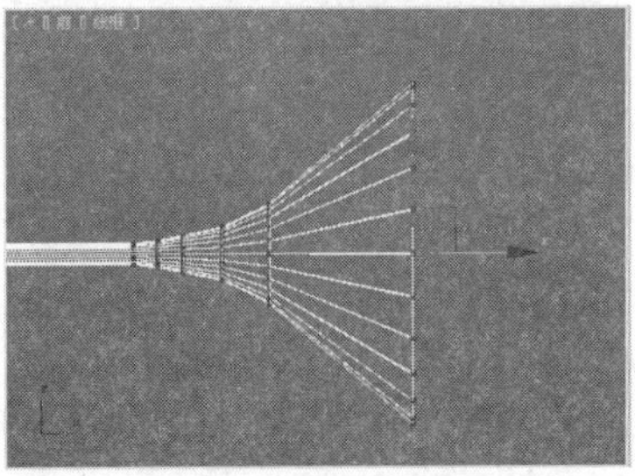

图4-88　放大选择节点

三维制作大师

21 进入 【修改】命令面板，在 [修改器列表] 中选择【壳】命令，适当调整数值，将小号制作出厚度，效果如图 4-89 所示。激活前视图，进入【创建】控制面板的 【图形】建立区域，单击 [线] 按钮，绘制一条曲线，如图 4-90 所示。

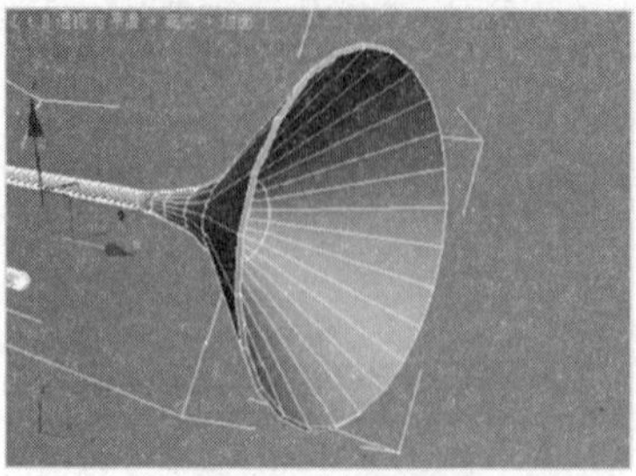

图4-89　制作厚度

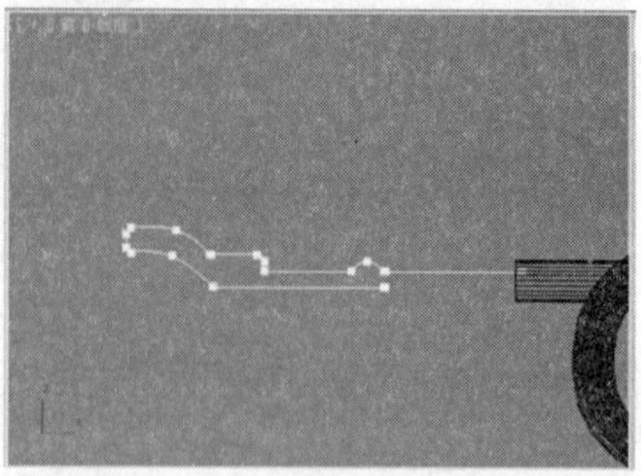

图4-90　绘制样条线

22 在 [修改器列表] 中选择【车削】命令，制作出号嘴，效果如图 4-91 所示。进入【创建】控制面板的 【图形】建立区域，单击 [线] 按钮，绘制一条曲线，如图 4-92 所示。

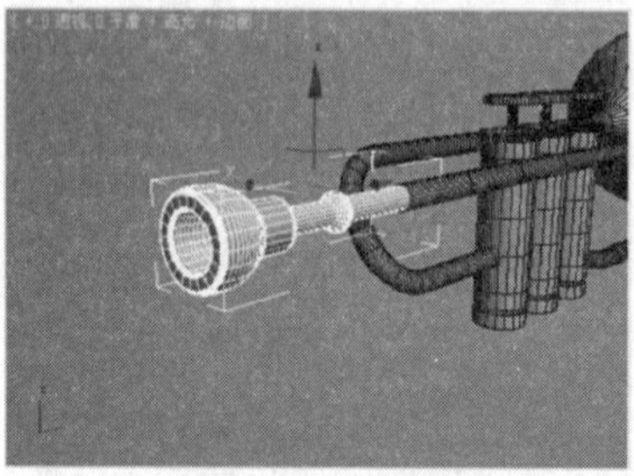

图4-91　添加车削命令

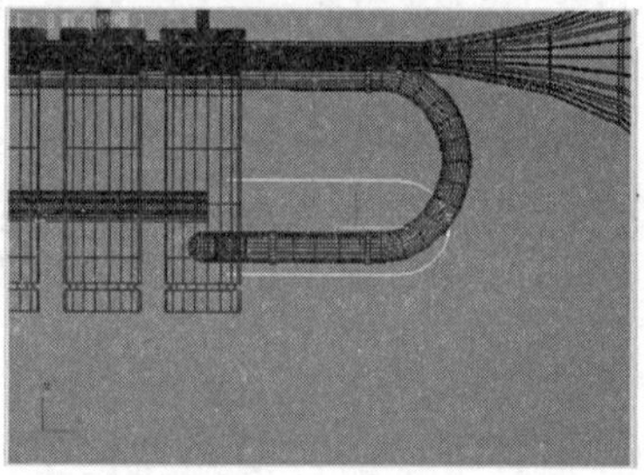

图4-92　绘制样条线

23 进入【创建】控制面板，在标准基本体下拉菜单中选择【复合对象】命令命令，选择曲线，单击 [放样] 按钮，单击 [获取图形] 按钮，拾取步骤 12 绘制的圆，得到如图 4-93 所示放样图形。进入 【修改】命令面板，在 [修改器列表] 中选择【编辑多边形】命令，单击 [多边形] 子集按钮进入到【多边形】子集中，选中多边形中间部分，如图 4-94 所示。

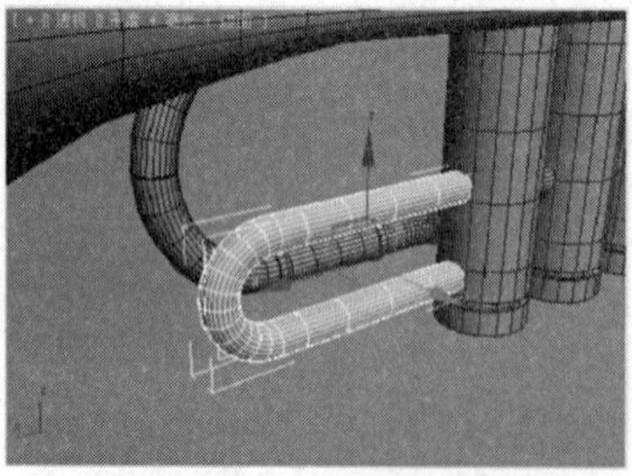

图4-93　制作放样物体

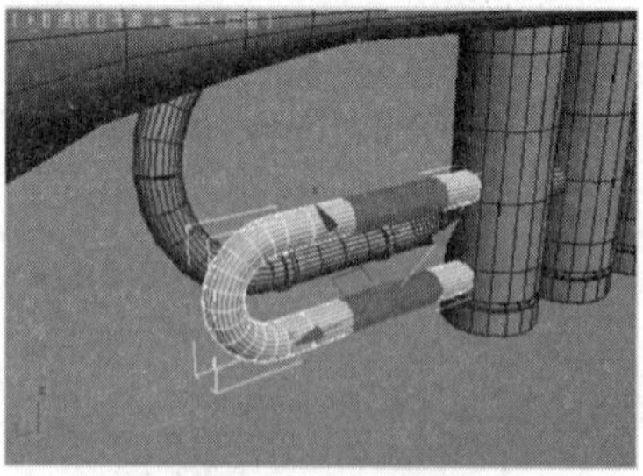

图4-94　选择面

24 单击 [挤出] 命令右侧的设置按钮，适当调整【挤出高度】值，将选中的面向外挤出一定的高度，如图 4-95 所示。选中多边形中间部分，单击 [挤出] 命令右侧的设置按钮，适当调整【挤出高度】值，挤出高度略小一些，如图 4-96 所示。

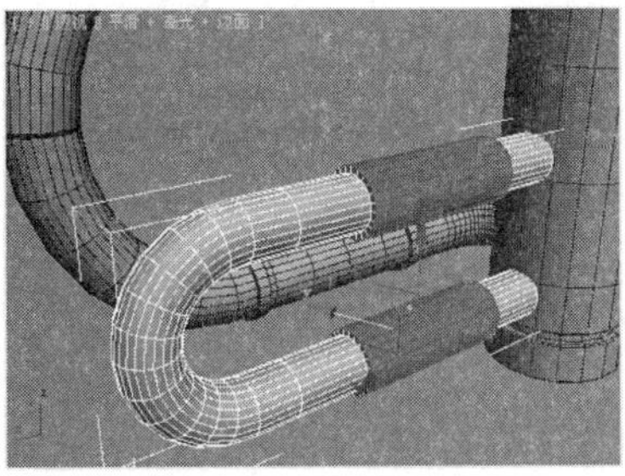

图4-95　挤出选中面 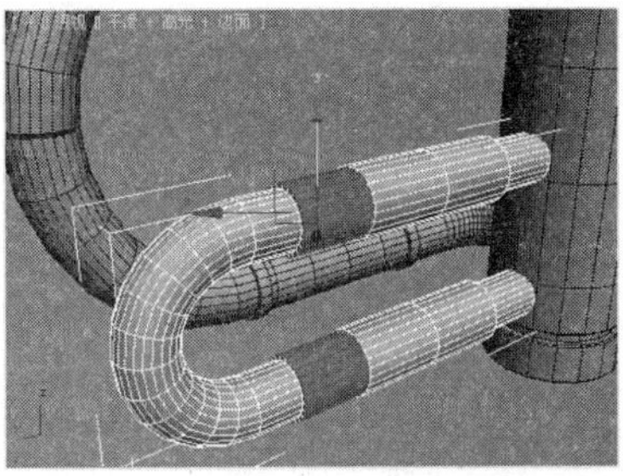　　　　　　　　图4-96　挤出选中面

25 进入【创建】控制面板的 ⬚【图形】建立区域，单击 ⬚线⬚ 按钮，绘制一条曲线，如图4-97 所示。单击 ⬚【顶点】子集按钮进入到子集中，激活顶视图，选中最左端的点，将点沿 Y 轴移动调整至如图 4-98 所示位置。

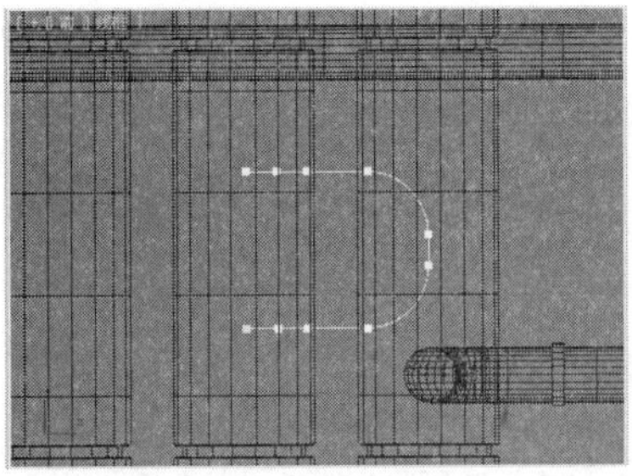

图4-97　绘制样条线 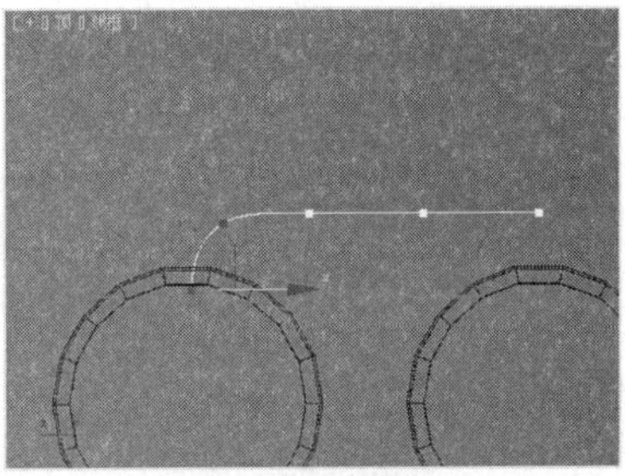　　　　　　　　图4-98　调整样条线

26 进入【创建】控制面板，在标准基本体下拉菜单中选择【复合对象】命令命令，选择曲线，单击 ⬚放样⬚ 命令。单击 ⬚获取图形⬚ 按钮，拾取截面图形圆形，得到如图 4-99 所示效果。进入 ⬚【修改】命令面板，在 ⬚修改器列表⬚ 中选择【编辑多边形】命令，单击 ⬚【多边形】子集按钮进入到【多边形】子集中，选中多边形中间部分，单击 ⬚挤出⬚ 命令右侧的设置按钮，适当调整【挤出高度】值，将选中的面向外挤出一定的高度，如图 4-100 所示效果。

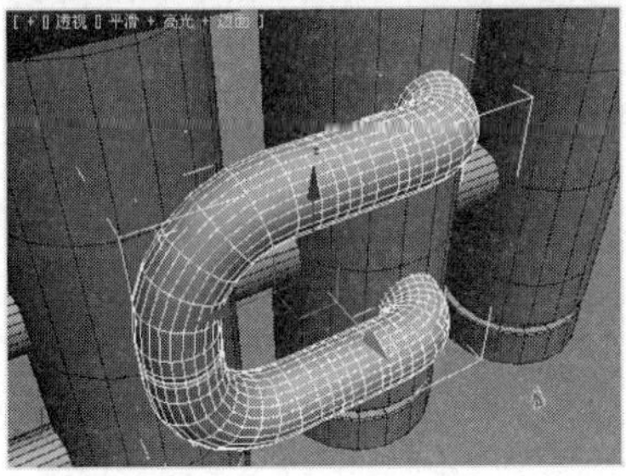

图4-99　制作放样物体 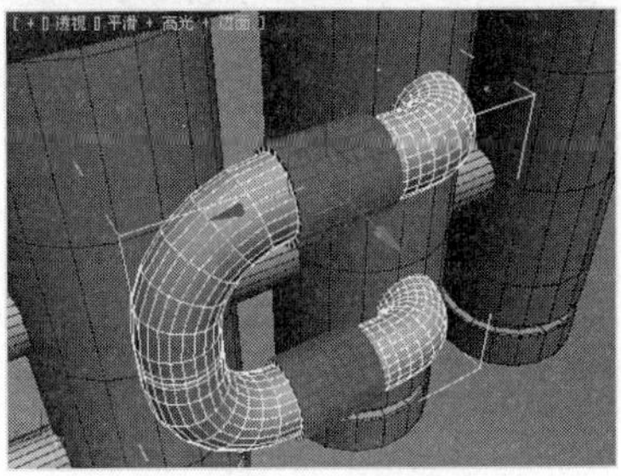　　　　　　　图4-100　挤出选择面

27 重复步骤 25、26，再次制作出相同的号管，位置如图 4-101 所示。进入 ⬚【修改】命令面板，在 ⬚修改器列表⬚ 中选择【编辑多边形】命令，单击 ⬚【多边形】子集按钮进入到【多边形】子集中，选中多边形中间部分，单击 ⬚挤出⬚ 命令右侧的设置按钮，适当调整【挤出高度】值，将选中面向外挤出一定的高度，如图 4-102 所示。

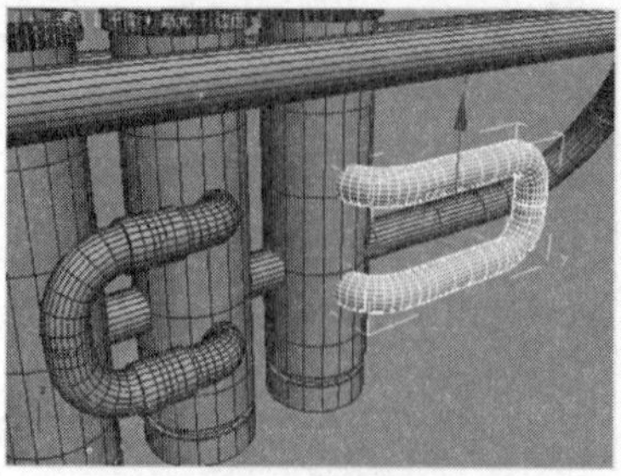

图4-101　建立放样物体

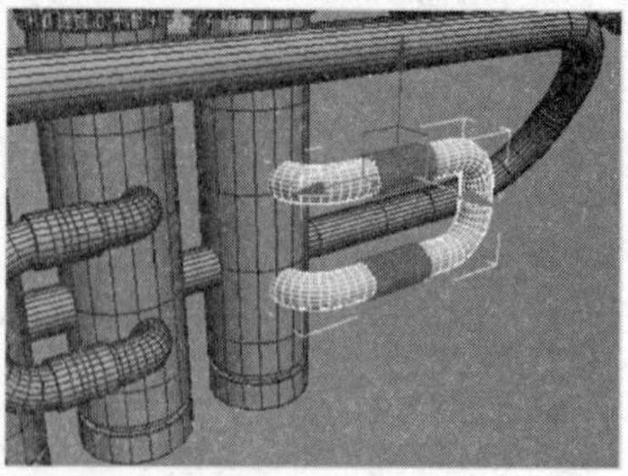

图4-102　挤出选中面

28 进入【创建】控制面板的 ◎【几何体】建立区域，单击 ▣柱体 按钮，在视图中绘制一个圆柱体，位置大小如图 4-103 所示。激活左视图使用 ◎【旋转】工具。将物体旋转至相应位置，如图 4-104 所示。

图4-103　绘制圆柱体

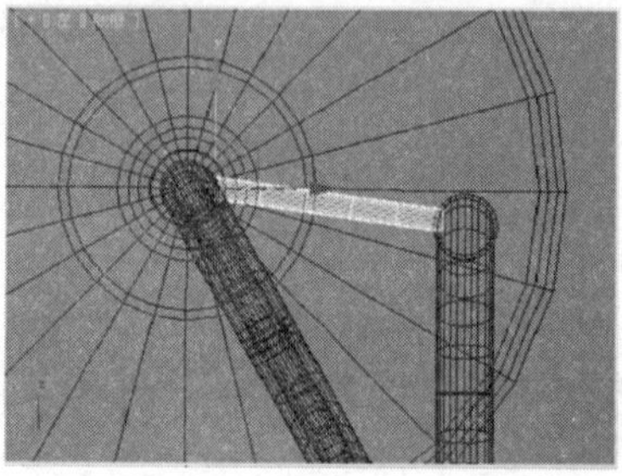

图4-104　旋转圆柱体角度

29 进入 ☑【修改】命令面板，在 修改器列表 ▾ 中选择【编辑多边形】命令，单击 ▣【多边形】子集按钮进入到【多边形】子集中，选中多边形中间部分，单击 挤出 □ 命令右侧的设置按钮，适当调整【挤出高度】值，将选中面向内挤出一定的高度，如图 4-105 所示。使用以上步骤，在小号管前方也建立一相同支架，如图 4-106 所示。

图4-105　挤出选中面

图4-106　制作支架

30 进入【创建】控制面板的 ◎【几何体】建立区域，单击 ▣柱体 按钮，在视图中绘制一个圆柱体，位置大小如图 4-107 所示。进入 ☑【修改】命令面板，在 修改器列表 ▾ 中选择【编辑多边形】命令，单击 ▣【多边形】子集按钮进入到【多边形】子集中，选中多边形中间部分，单击 挤出 □ 命令右侧的设置按钮，适当调整【挤出高度】值，将选中面向内挤出一定的高度，如图 4-108 所示。

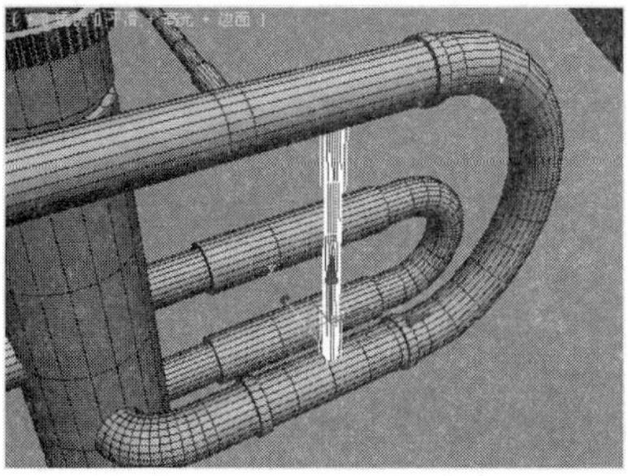

图4-107　建立圆柱体

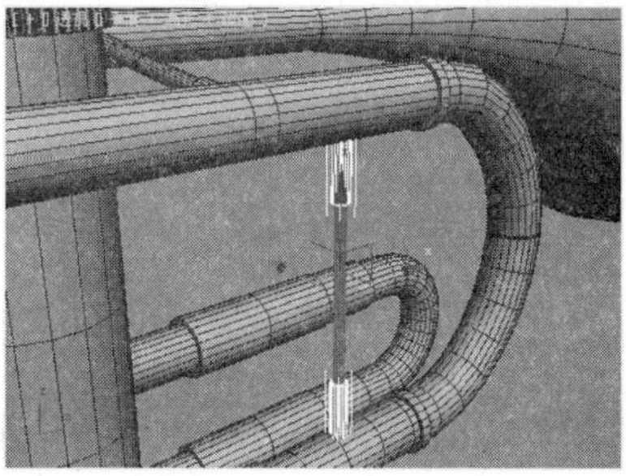

图4-108　挤入选择面

31 进入【创建】控制面板的 ⊙【图形】建立区域，单击 ┃ 线 ┃ 按钮，绘制一条样条线，如图 4-109 所示。进入 ◢【修改】命令面板，单击 ⌒【样条线】子集按钮进入到子集中，选择整个线段，使用【轮廓】命令制作出双线效果，得到如图 4-110 所示效果。

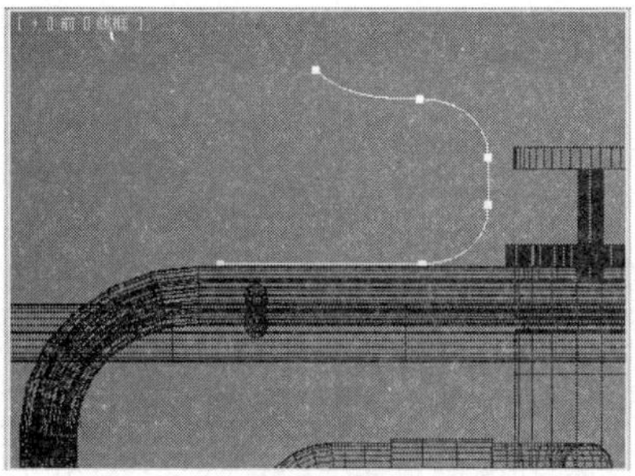

图4-109　绘制样条线

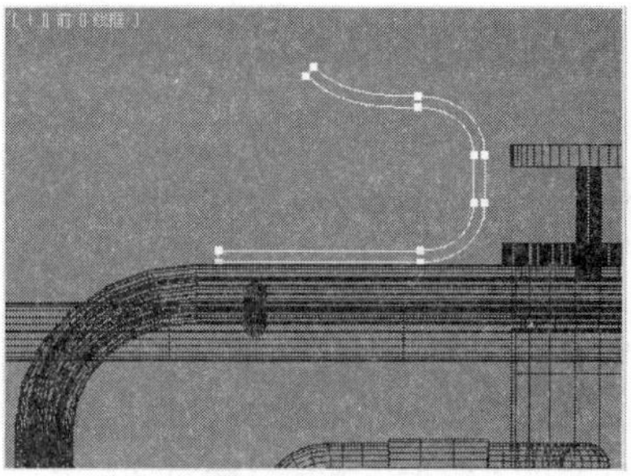

图4-110　建立轮廓

32 进入 ◢【修改】命令面板，在 修改器列表 中选择【挤出】命令，将线适当挤出一定高度。进入 ◢【修改】命令面板，在 修改器列表 中选择【编辑多边形】命令，单击 ◢【边】子集按钮进入到子集中，选择多边形外端所有边，单击 切角 □ 命令右侧的设置按钮，适当调整数值，制作出倒角效果，如图 4-111 所示。小号的最终模型效果如图 4-112 所示。

图4-111　挤出厚度并倒边

图4-112　最终小号模型

▶ 4.6　麦克风的制作

在这一节中，将学习利用编辑多边形命令结合挤出及放样命令，制作麦克风模型，图 4-113 所示为麦克风的效果图。

(1) 编辑多边形命令的使用。

(2) 挤出、放样等命令的使用。

图4-113 最后渲染效果

实例场景: 光盘\效果\第4章\麦克风 max

操作步骤

01 进入【创建】控制面板的○【几何体】建立区域，单击 几何球体 按钮，在顶视图中建立一个几何球体，【分段】值为2，勾选【半球】选项，如图4-114所示。进入 【修改】命令面板，在 修改器列表 中选择【编辑多边形】命令。单击 【多边形】子集按钮进入【多边形】子集中，勾选【忽略背面】，使用 【选择对象】工具将半球底部的所有面选中为红色，如图4-115所示，单击键盘 Delete 键将选中的面删除。

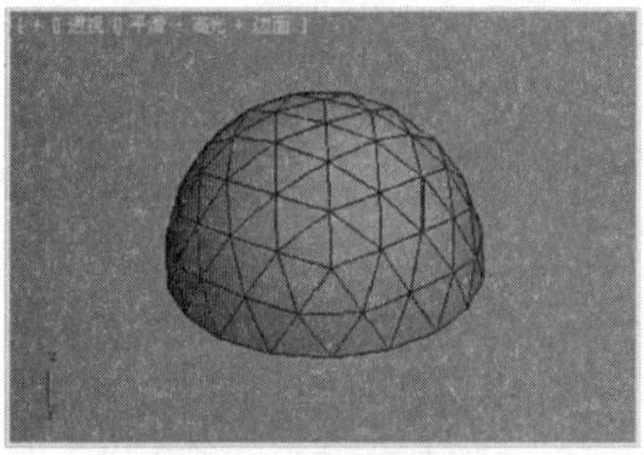

图4-114 绘制半球体

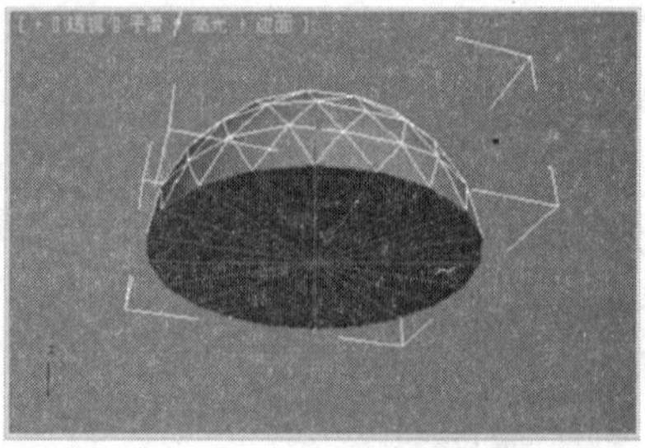

图4-115 选择面并删除

02 单击 【边】子集按钮进入【边】子集中，将半球外沿的边全部选中，如图4-116所示。激活前视图，按住键盘 Shift 键，同时使用 【移动】工具将所选中的边沿Y轴向下复制至如图4-117所示位置。

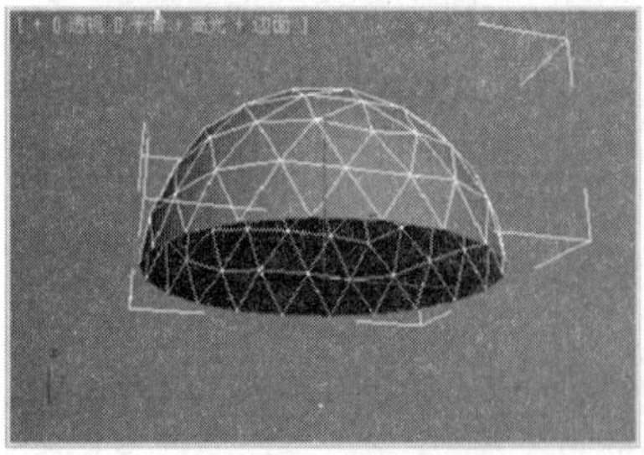

图4-116 选择边界

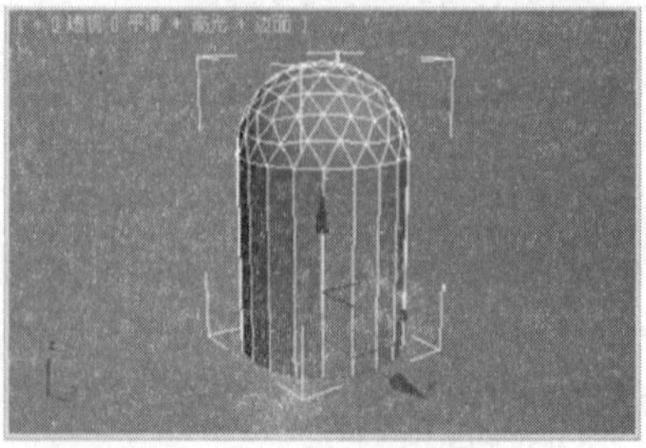

图4-117 挤出选择边界

03 将【忽略背面】前面的对号去掉，选中如图 4-118 所示的所有纵向的线，单击 连接 □ 命令后面的设置按钮，为其加入横向的线，设置【分段】数为 6，如图 4-119 所示。

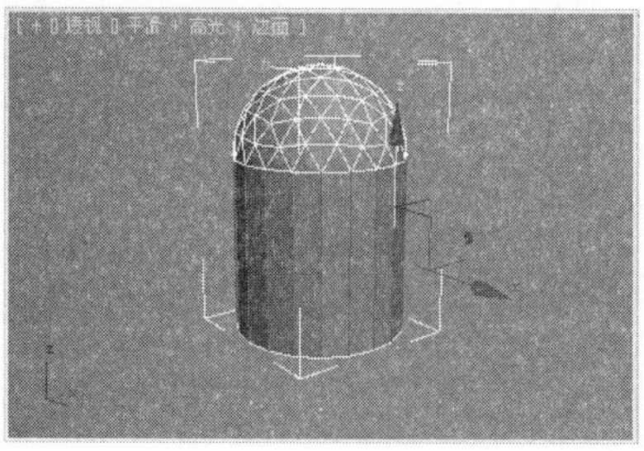

图4-118　选择线段

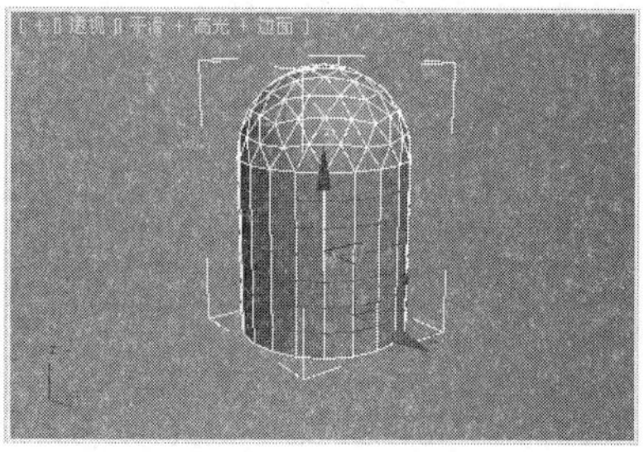

图4-119　添加线段

04 单击 ⊡ 【顶点】子集按钮进入【顶点】子集中，将除了底部以外所有的顶点选中，如图 4-120 所示。单击 切角 □ 命令后面的设置按钮，将顶点做切角处理，适当调整【切角量】，勾选【打开】，得到如图 4-121 所示效果。再次单击 ⊡ 【顶点】子集按钮退出【顶点】子集，在 修改器列表 中选择【网格平滑】命令，【迭代次数】为 2。

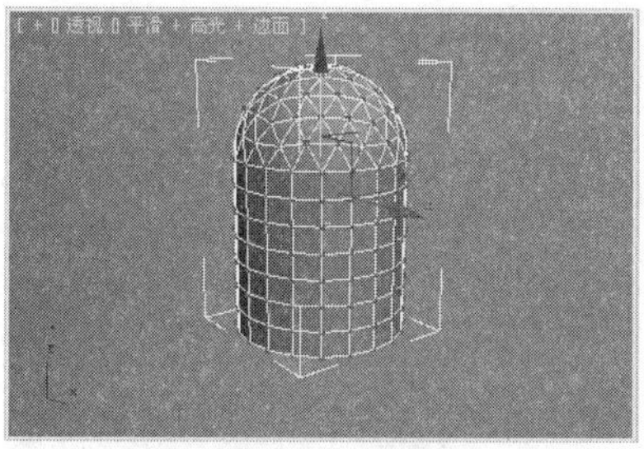

图4-120　选择顶点

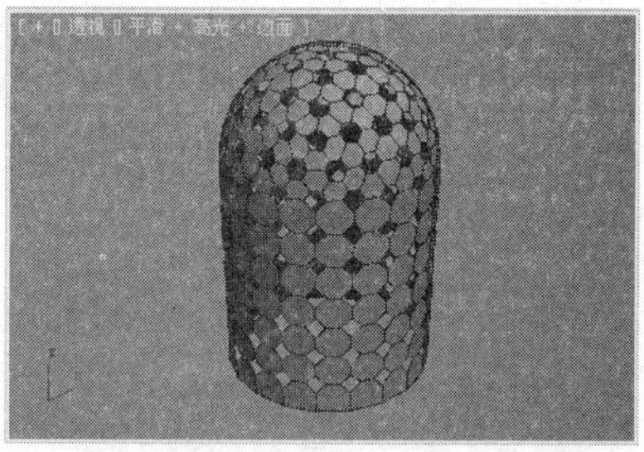

图4-121　为顶点做切角效果并光滑

05 在 修改器列表 中选择【壳】命令，做出其厚度，【内部量】值为 2，如图 4-122 所示。进入【创建】控制面板的 ⊙ 【几何体】建立区域，单击下方【几何体】类型下拉菜单，选择【扩展基本体】命令，单击 胶囊 命令，在顶视图中绘制胶囊，将其放入到之前所绘制的麦克风中，如图 4-123 所示。

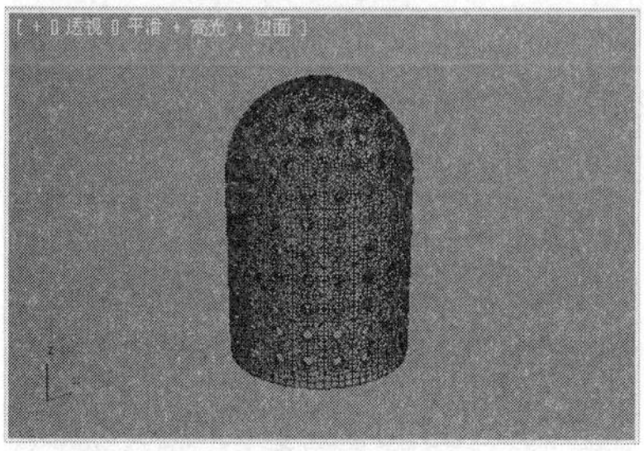

图4-122　添加厚度

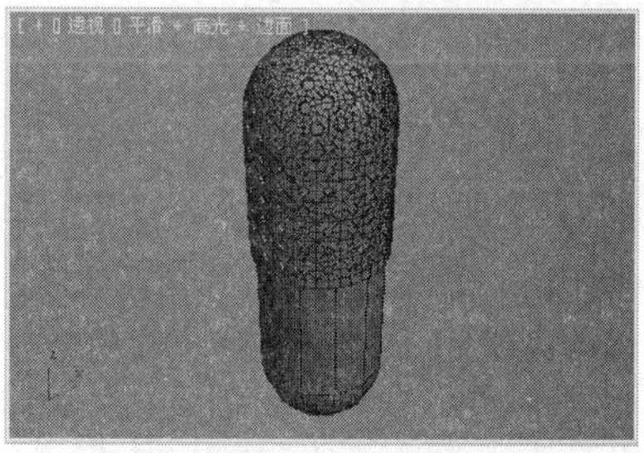

图4-123　绘制胶囊体

06 选择胶囊，进入 ◿ 【修改】命令面板，在 修改器列表 中选择【编辑多边形】命令。单击 ◹ 【边】子集按钮进入【边】子集中，将胶囊纵向的线选中，单击 连接 □ 命令后面的设置按钮，为其加入一条横向的线，设置【分段】数为 1，调整【滑块】值，在如图 4-124 所示位置加入一条线。单击 ▣ 【多边形】子集按钮进入【多边形】子集中，将胶囊下半部分所有的面选中，单

三
维
制
作
大
师

击 <u>挤出</u>□命令右侧的设置按钮，将面向外挤出一部分，挤出类型为【局部法线】，适当调整【挤出高度】的值，如图 4-125 所示。

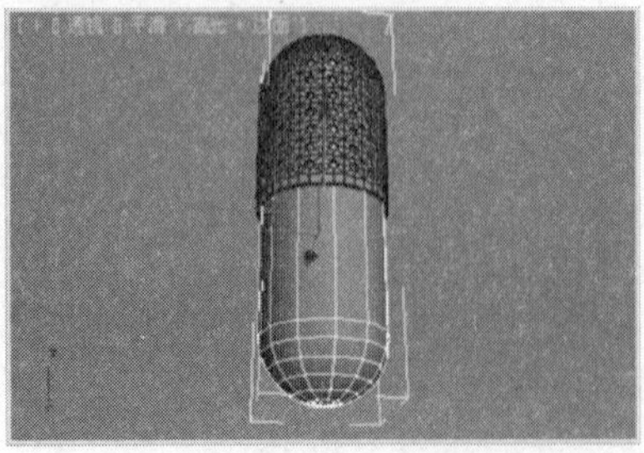

图4-124　添加线段 　　　　　　　　图4-125　挤出选择面

07 单击☑【边】子集按钮进入【边】子集中，将后挤出的面中纵向的线选中，单击 <u>连接</u>□命令后面的设置按钮，为其加入一条横向的线，设置【分段】数为1，调整【滑块】值，在如图4-126 所示位置加入一条线。单击▣【多边形】子集按钮进入【多边形】子集中，将胶囊中间的面选中，单击 <u>挤出</u>□命令右侧的设置按钮，将面向外挤出一部分，挤出类型为【局部法线】，适当调整【挤出高度】的值，如图 4-127 所示。

图4-126　添加线段 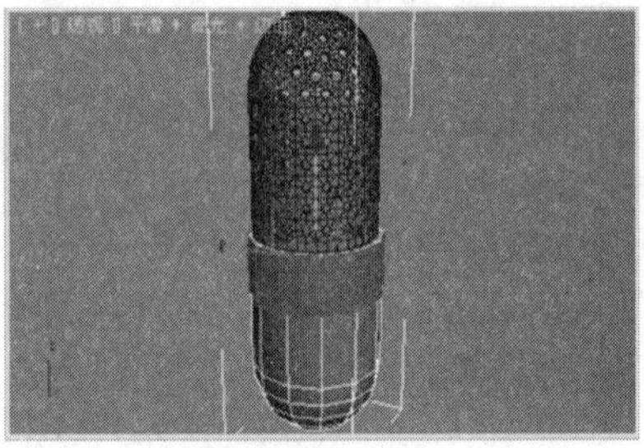　　　　　　　　图4-127　挤出选择面

08 制作麦克风金属箍。进入【创建】控制面板的◎【几何体】建立区域，单击 <u>管状体</u>按钮，在顶视图中建立一个管状体，如图 4-128 所示。再次单击 <u>管状体</u>按钮，在顶视图中建立另一个管状体，适当调整【高度】值，勾选【启用切片】，调整【切片起始位置】为 130，制作如图 4-129 所示的切角管状体。

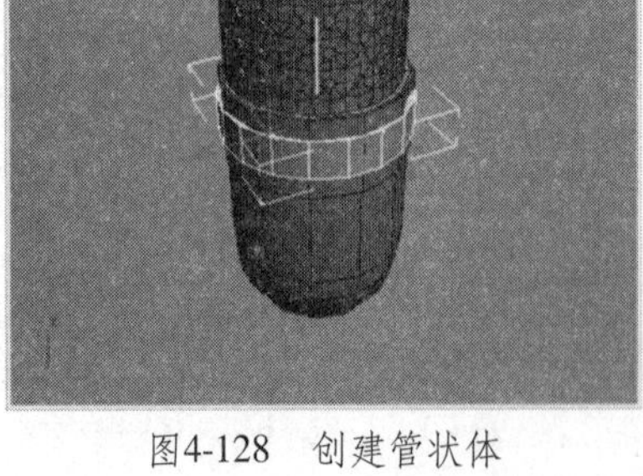

图4-128　创建管状体 　　　　　　　图4-129　建立切角管状体

09 按住键盘 Shift 键复制切角管状体，共复制 2 个，复制类型为【复制】的关系，单击工具条 ⊞【镜像】命令，在顶视图中将三个切角管状体【镜像】复制到对应的位置上，复制类型同样为【复制】的关系，如图 4-130 所示。选择其中一个切角管状体，进入☑【修改】命令面板，在 <u>修改器列表</u> ▾ 中选择【编辑多边形】命令。单击 <u>附加</u>□附加按钮，依次拾取另外五个切角圆

管体，将它们结合起来。运用布尔运算将步骤 8 制作的麦克风金属箍挖出凹进去的造型，选择
金属箍，进入【创建】命令面板中的 ◯【几何体】建立面板，在下拉菜单中选择【复合对象】
命令命令，单击 布尔 布尔按钮，单击 拾取操作对象B 按钮，在视图中单击切角圆管，做挖洞处理，
得到如图 4-131 所示效果。

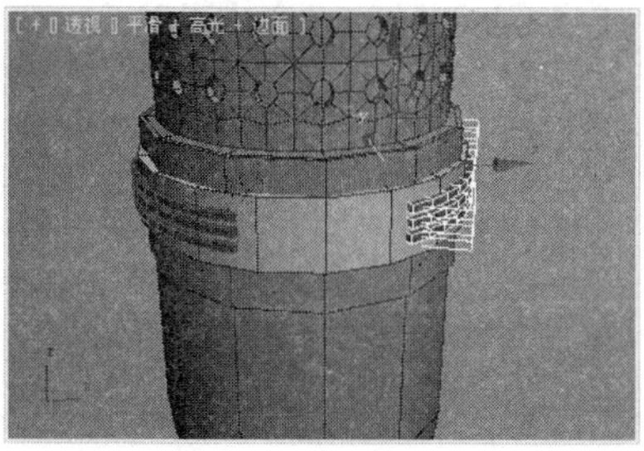

图4-130 镜像切角管状体

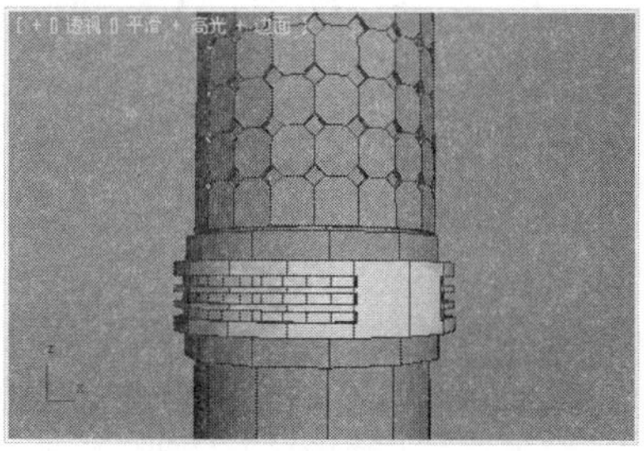

图4-131 制作布尔运算

10 进入【创建】控制面板的 ◻【图形】建立区域，单击 圆 按钮，在前视图中绘制一个
圆形。再单击 矩形 按钮，在前视图中绘制一个矩形，如图 4-132 所示。选择圆形，进入 ☑
【修改】命令面板，在 修改器列表 中选择【编辑样条线】命令。单击 附加 按钮，单击矩形，
将它们结合起来。选择 ∧【样条线】子集，选中圆为红色，单击布尔中的 ◌ 并集按钮，再单击
布尔 按钮，拾取矩形，得到如图 4-133 所示的图形。

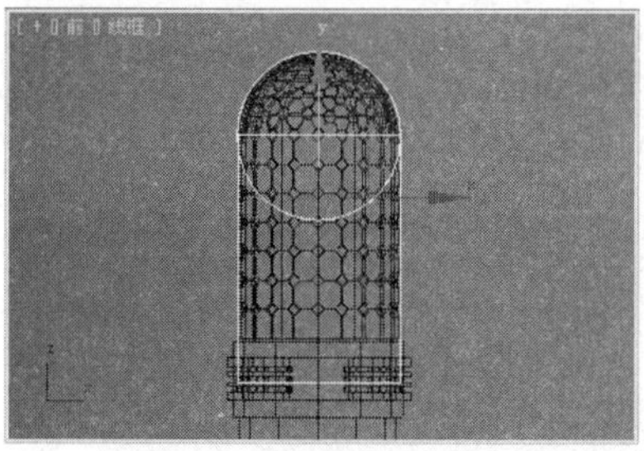

图4-132 绘制圆形矩形

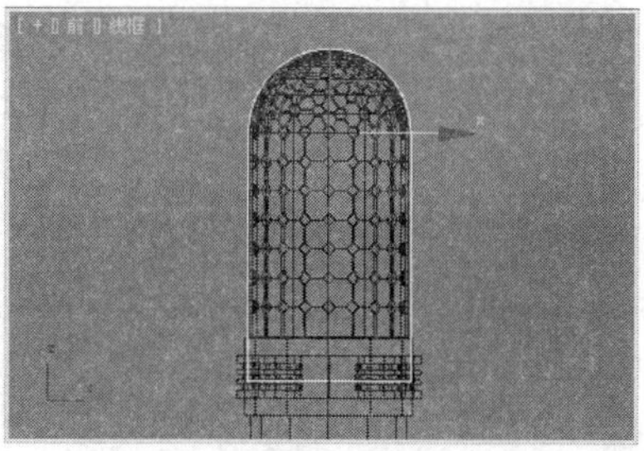

图4-133 将线做布尔运算

11 单击 ∧【线段】子集按钮进入【线段】子集中，将图形最下面的边删除，再进入 ∧【样条线】
子集中，单击 轮廓 按钮，将线做双线处理。最后进入 ☑【修改】命令面板，在 修改器列表
中选择【挤出】命令做出厚度来，如图 4-134 所示。利用【车削】命令，制作出两侧的螺丝，
如图 4-135 所示。

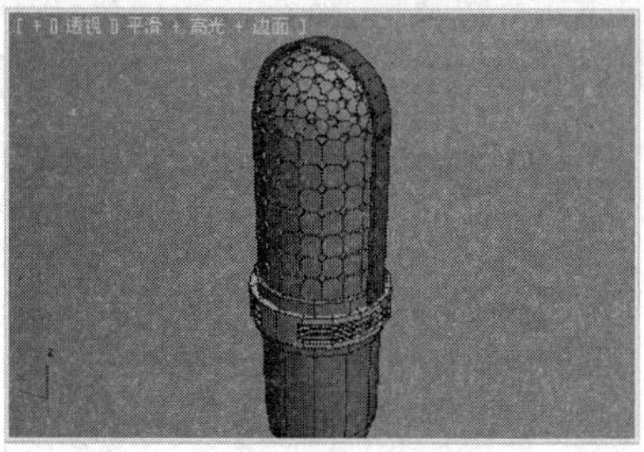

图4-134 挤出厚度

图4-135 制作螺丝

12 利用放样制作支架，再次绘制一条如图 4-136 所示的线作为放样路径。横截面图形为圆形，
利用放样命令制作出支架来，最后效果如图 4-137 所示。

三
维
制
作
大
师

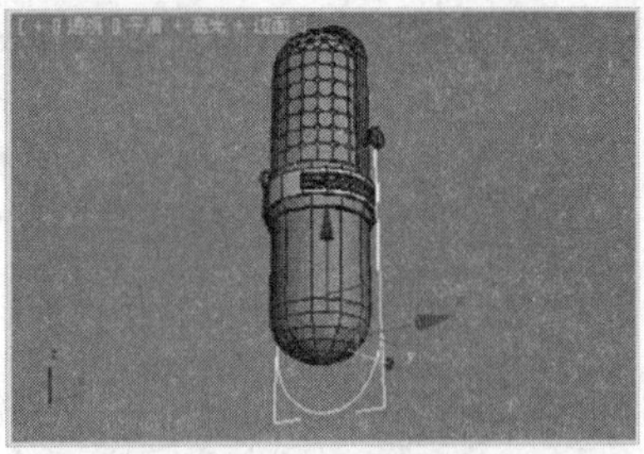

图4-136 绘制放样路径

图4-137 完整麦克风模型

4.7 秤的制作

在这一节中，将学习利用车削命令结合多边形命令，制作秤模型，图 4-138 所示为秤的效果图。

学习重点

(1) 学会车削命令的使用方法。

(2) 学会编辑多边形命令命令的使用方法。

图4-138 最后渲染效果

实例场景：光盘 \ 效果 \ 第 4 章 \ 秤 max

操作步骤

01 进入【创建】控制面板的 【图形】建立区域，单击 线 按钮，在前视图中绘制秤盘的半个剖面图，如图 4-139 所示。在 修改器列表 中选择【车削】命令，得到如图 4-140 所示效果。

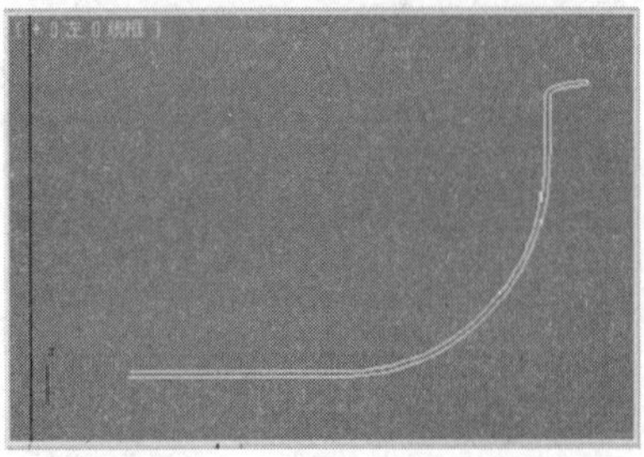

图4-139 绘制剖面图形

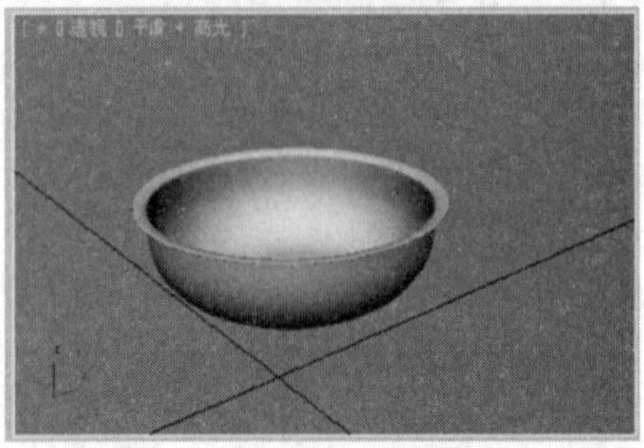

图4-140 加入车削效果

02 按键盘 Ctrl+C 键复制一份并单击鼠标右键选择【孤立当前选择】命令，进入 ☑【修改】命令面板，在 [修改器列表▼] 中选择【编辑多边形】命令，单击 ▣【多边形】子集按钮进入【多边形】子集，选择如图 4-141 所示的面。然后将其删除，如图 4-142 所示。

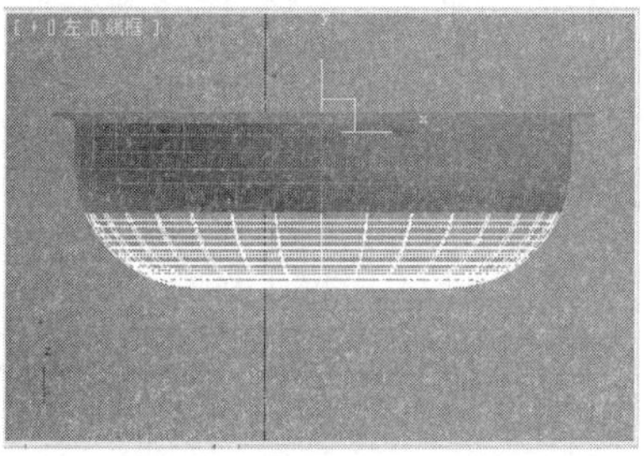

图4-141　选择面 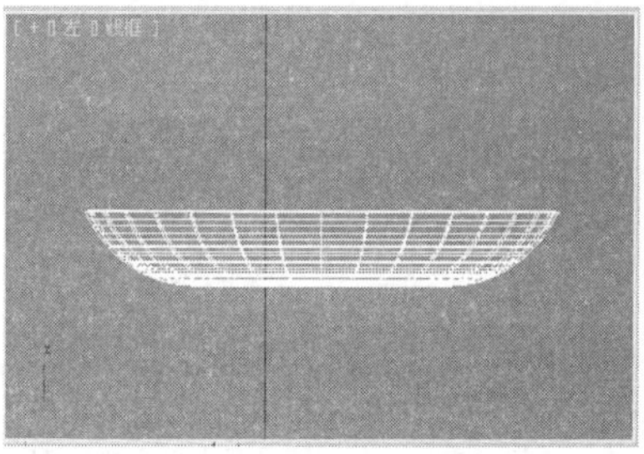　　　　　　　　　　　图4-142　删除选择面

03 在顶视图选择如图 4-143 所示的面，然后将其删除，如图 4-144 所示。

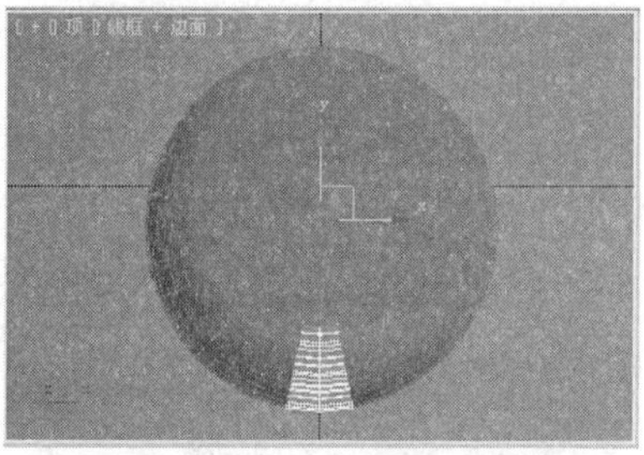

图4-143　选择面 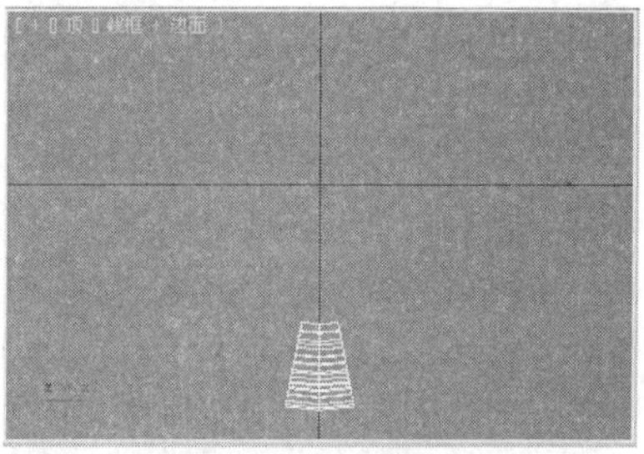　　　　　　　　　　　图4-144　删除选择面

04 单击 ▣【元素】子集按钮进入【元素】子集中，选择如图 4-145 所示的面。然后将其删除，如图 4-146 所示。

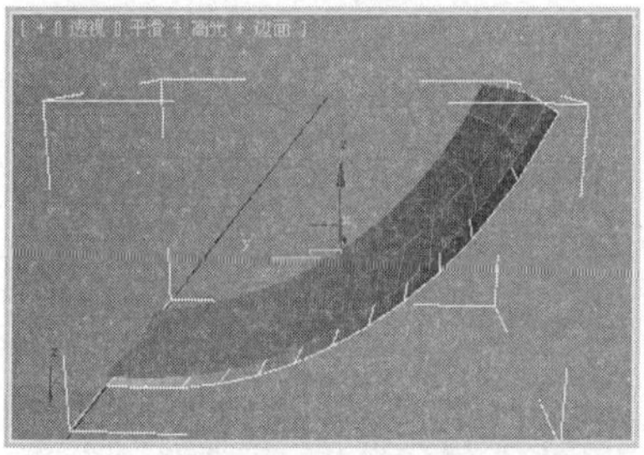

图4-145　选择面 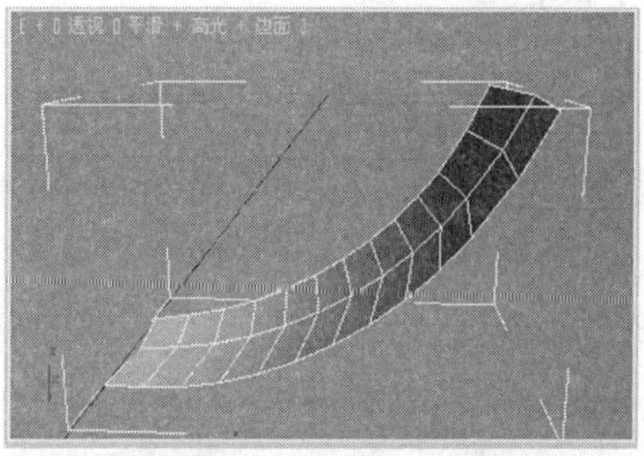　　　　　　　　　　　图4-146　删除选择面

05 单击 ▣【多边形】子集按钮进入【多边形】子集，选择如图 4-147 所示的面。进入 ☑【修改】命令面板，在 [修改器列表▼] 中选择【壳】命令，适当设置【外部量】值，制作出厚度，如图 4-148 所示。

06 在顶视图中选择物体。单击键盘快捷键 A 键，打开角度捕捉，按住键盘 Shift 键使用 ◯【旋转】工具沿 Z 轴旋转 90 度，设置【副本】数为 3，如图 4-149 所示。在 [修改器列表▼] 中选择【编辑多边形】命令，单击 附加 按钮，将 4 个物体合为一个物体后，选择如图 4-150 所示的面。

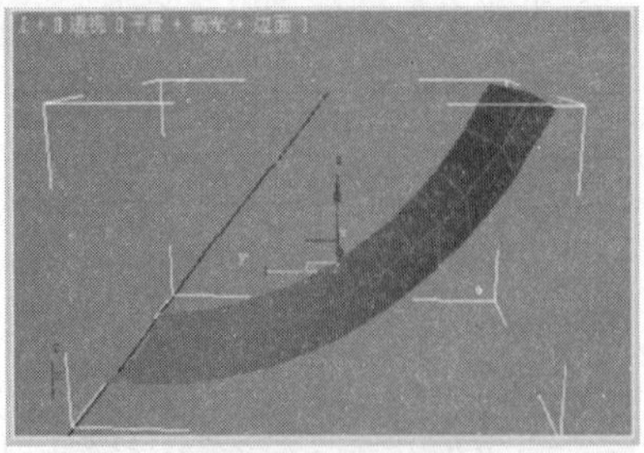

图4-147 选择面

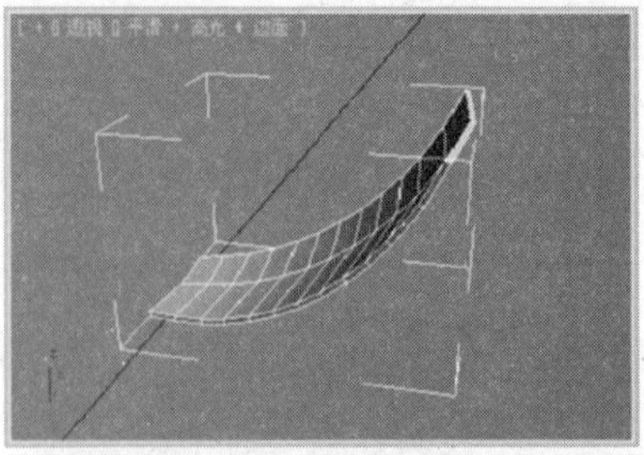

图4-148 加入厚度

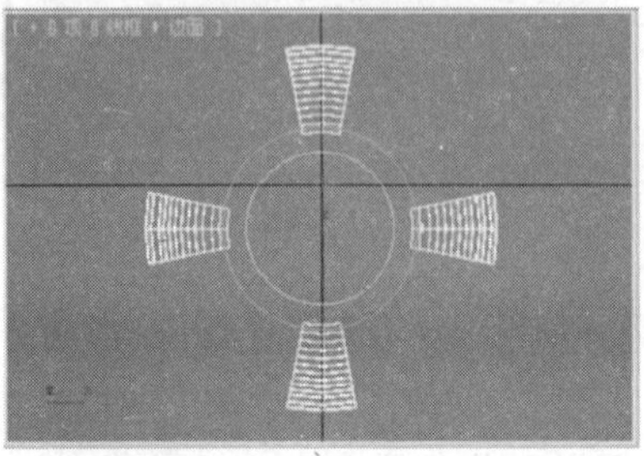

图4-149 旋转复制

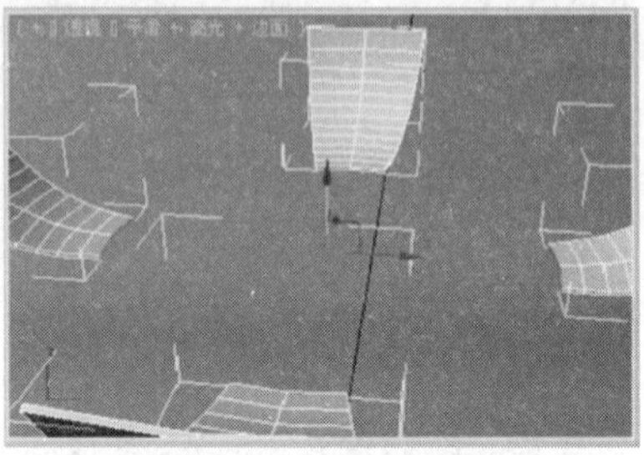

图4-150 选择面

07 单击 桥 命令，将两端连接起来，如图 4-151 所示。进入 【边】子集中，在透视图中选中如图 4-152 所示的线段为红色。

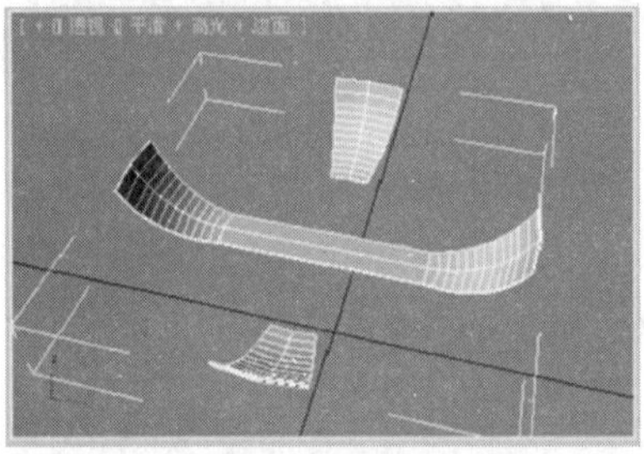

图4-151 将选中面桥接

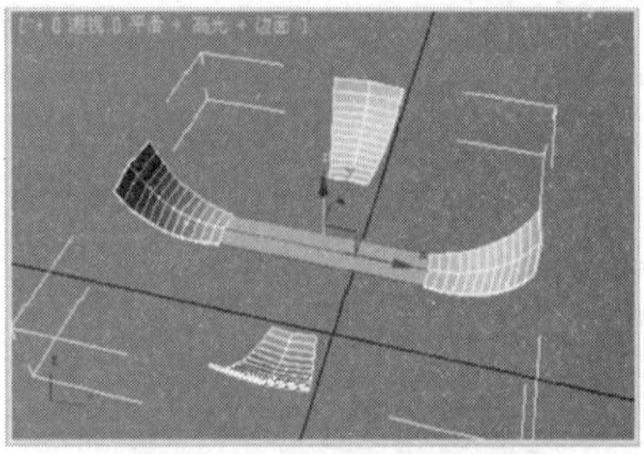

图4-152 选择线段

08 单击 连接 命令右侧的设置按钮，设置【分段】数为3，为它们中间加入3条线，如图 4-153 所示。使用【移动】工具和【缩放】工具在顶视图中沿着 X 轴将 3 条线向中心移动，如图 4-154 所示。

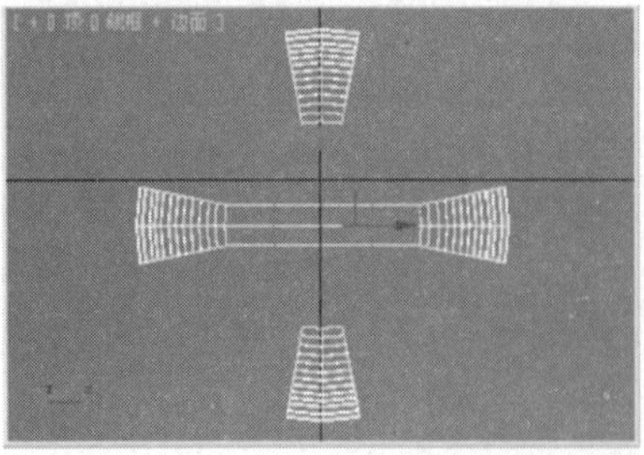

图4-153 添加线段

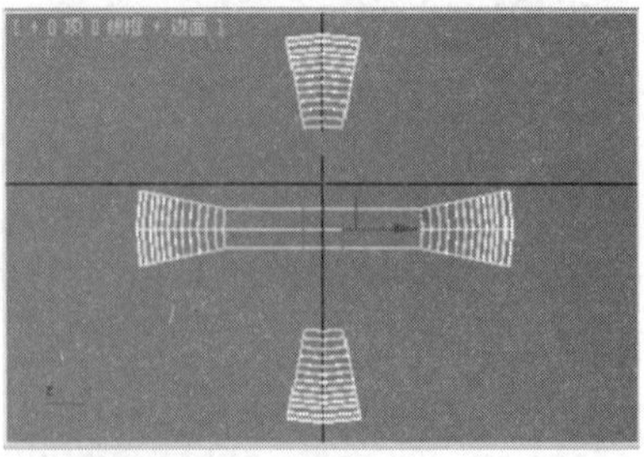

图4-154 移动线段位置

09 单击 【多边形】子集按钮进入【多边形】子集，选择如图 4-155 所示的面。单击 桥 命令，将两端连接起来，如图 4-156 所示。

图4-155　选择面

图4-156　将选择面桥接

10 同样使用 桥 □命令做出左侧的面，如图 4-157 所示。进入 ☑【边】子集中，在透视图中选中如图 4-158 所示的边为红色。

图4-157　连接面

图4-158　选择线段

11 单击 连接 □命令右侧的设置按钮，设置【分段】数为 2，为它们中间加入 2 条线，如图 4-159 所示。单击█【多边形】子集按钮进入【多边形】子集，选择如图 4-160 所示的面。

图4-159　添加线段

图4-160　选择面

12 单击 挤出 □按钮边上的参数设置，适当设置挤出高度值，如图 4-161 所示。单击命令【退出孤立模式】，如图 4-162 所示。

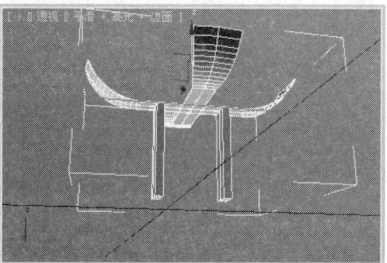

图4-161　挤出选择面

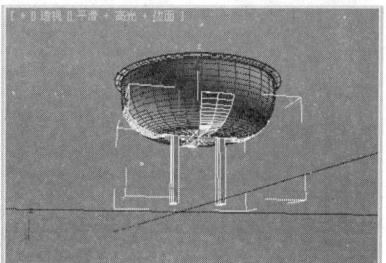

图4-162　托盘效果

13 进入【创建】控制面板的 ☑【图形】建立区域，单击 线 按钮，在前视图中绘制秤底座的剖面图，如图 4-163 所示。在 修改器列表 ▼ 中选择【挤出】命令，得到如图 4-164 所示效果。

图4-163　绘制剖面图形

图4-164　挤出厚度

14 在 [修改器列表] 中选择【编辑多边形】命令，进入 [边] 子集中，在透视图中选中如图 4-165 所示的边为红色。单击 [切角] 命令右侧的设置按钮，调整【分段】数为 3，适当调整【切角量】的值，得到如图 4-166 所示的倒边效果。

图4-165　选择边

图4-166　将选择边做倒边效果

15 进入【创建】控制面板的 [图形] 建立区域，单击 [线] 按钮，在前视图中绘制剖面图，如图 4-167 所示。在 [修改器列表] 中选择【挤出】命令，得到如图 4-168 所示效果。

图4-167　绘制样条线

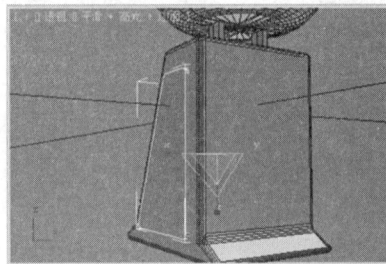

图4-168　挤出厚度

16 进入【创建】控制面板的 [图形] 建立区域，单击 [线] 按钮，在前视图中绘制刻度表的剖面图，如图 4-169 所示。在 [修改器列表] 中选择【车削】命令，得到如图 4-170 所示最终效果。

图4-169　绘制剖面图形

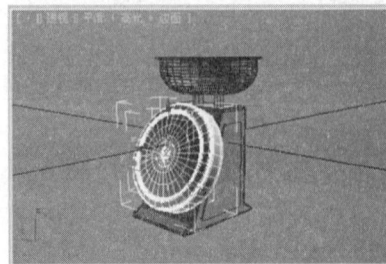

图4-170　称的完整模型

4.8 U盘的制作

在这一节中，将学习利用编辑多边形结合挤出命令，制作 U 盘模型，图 4-171 所示为 U 盘的效果图。

学习重点

(1) 学习编辑多边形命令的使用。
(2) 学会挤出、编辑样条线的使用方法。

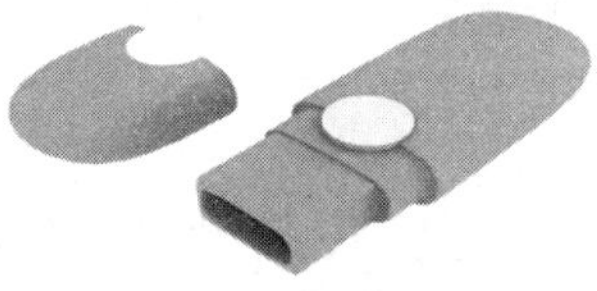

图4-171　最后渲染效果

实例场景：光盘\效果\第4章\U盘.max

操作步骤

01 进入【创建】控制面板的○【几何体】建立区域，单击 长方体 按钮，在顶视图中绘制一个长方体。设置【长度分段】为3；【宽度分段】为2；【高度分段】为2，如图 4-172 所示。进入◪【修改】命令面板，在 修改器列表 中选择【编辑多边形】命令，单击❏【顶点】子集按钮进入到子集中，在顶视图中选中多边形中间部分所有顶点，使用◪【缩放】工具将选中的点等比例放大至如图 4-173 所示效果。

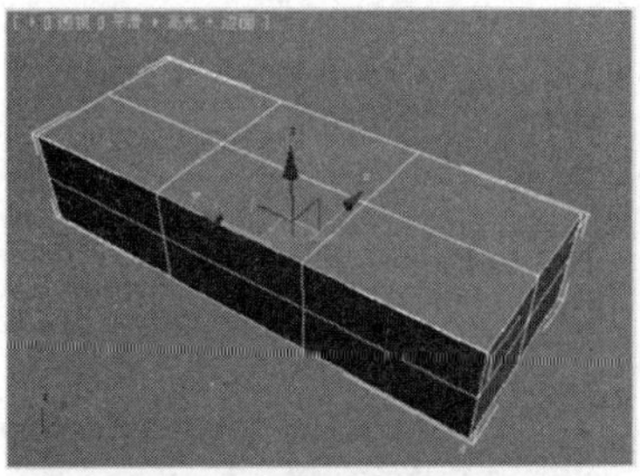

图4-172　创建长方体

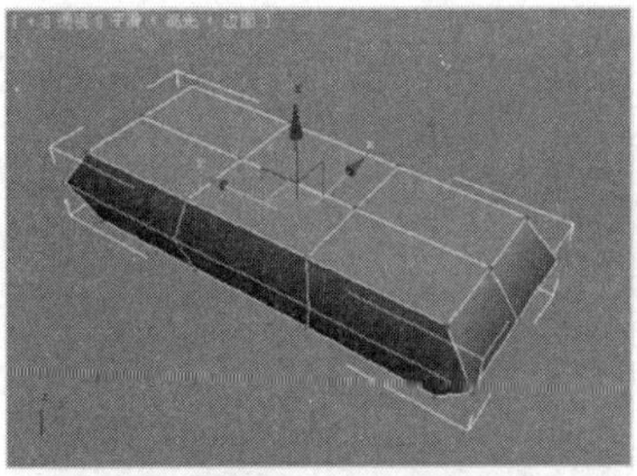

图4-173　缩放选中节点

02 选择多边形纵向中间前面所有顶点，在顶视图中继续放大顶点，如图 4-174 所示。

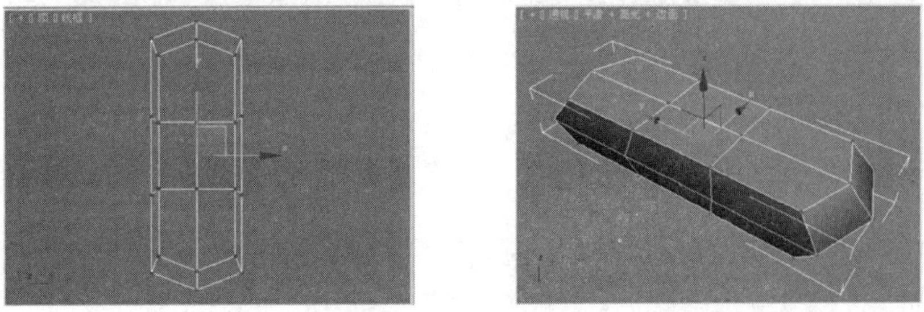

图4-174　发大选择点

03 单击☑【边】子集按钮进入到子集中，选中如图 4-175 所示线段，单击 ▣分割▣ 按钮，单击 ▣【元素】按钮进入到【元素】子集中，选中分割后前方所有的面为红色，如图 4-176 所示。单击 ▣分离▣ 按钮，将盖分离出来。

图4-175　选择边 　　　　　　　　　　　图4-176　分离面

04 单击▣【顶点】子集按钮进入到子集中，在左视图中将盖中间点使用✛工具移动到与原物体边际平行，使用此方法将盘身中间点也移动到相应位置，如图 4-177 所示。激活前视图，单击◙【边界】子集按钮进入到子集中，选中盒身前端所有边界，如图 4-178 所示。

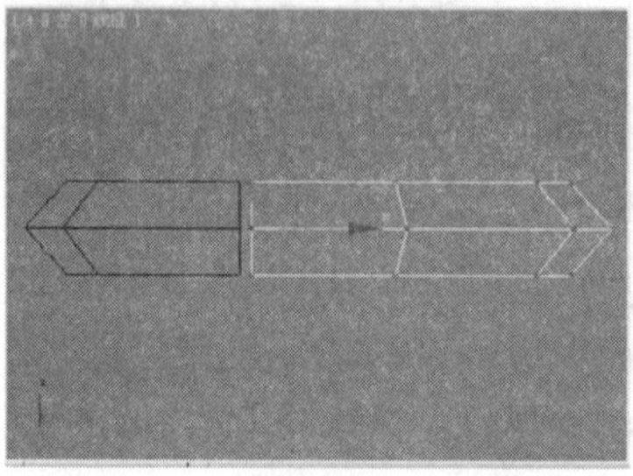

图4-177　移动节点位置 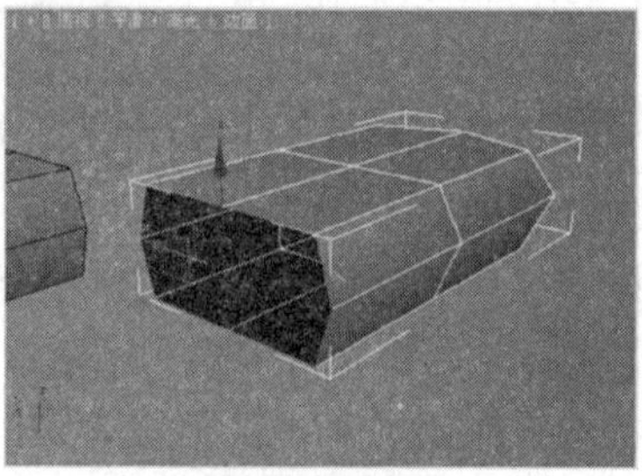　　　　　　　　图4-178　选择边界

05 使用▣【缩放】工具并按住键盘 Shift 键将选中的边等比例缩小至如图 4-179 所示效果。保持当前选择状态，激活顶视图，使用✛移动工具并按住键盘 Shift 键，将选中边界向前拉伸，如图 4-180 所示，

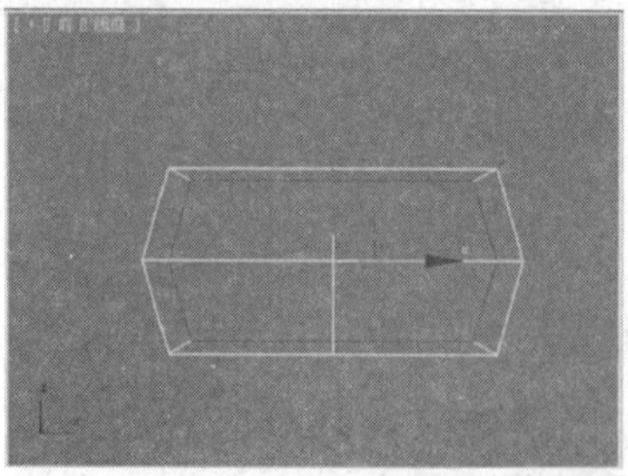

图4-179　缩放选中边界 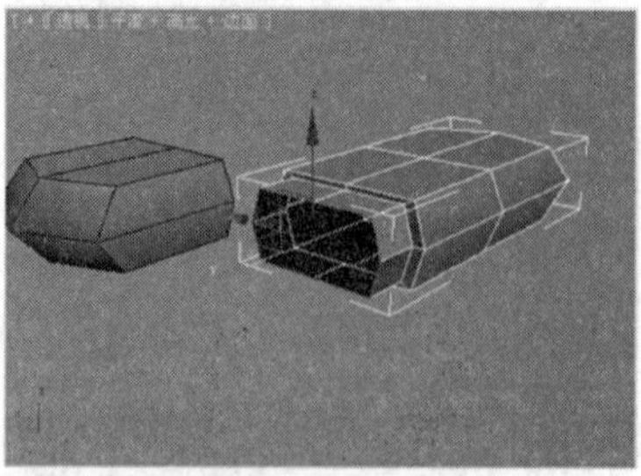　　　　　　　　图4-180　挤出选中边界

06 重复步骤 4 和步骤 5，制作出接口，如图 4-181 所示。保持当前选择状态，单击 ▣封口▣ 按钮，将当前面封口，如图 4-182 所示。

07 单击▣【顶点】子集按钮进入到子集中，激活前视图，将新挤出面的左右边中心点选择为红色，如图 4-183 所示效果。选择▣【缩放】工具将选择的点沿 X 轴缩小至如图 4-184 所示效果。

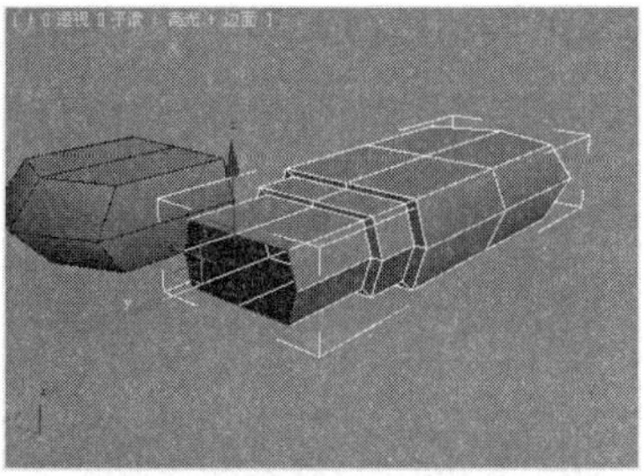

图4-181　挤出选择边界

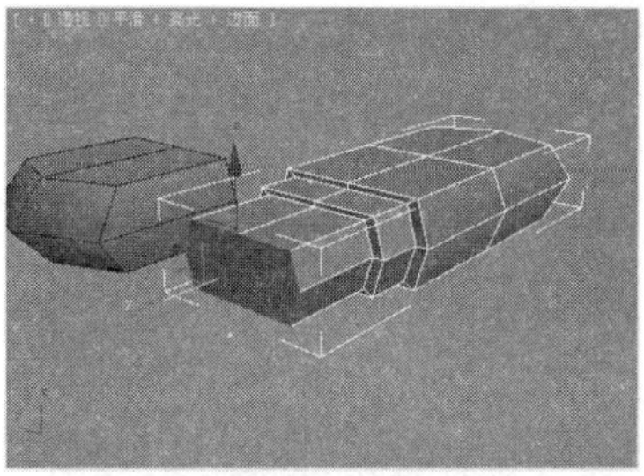

图4-182　封口边界

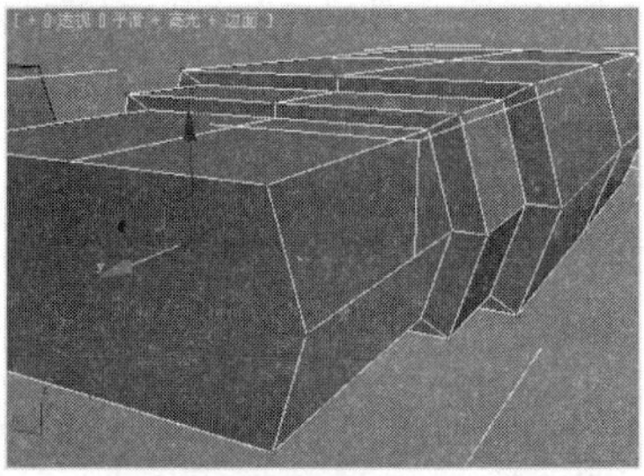

图4-183　选择节点

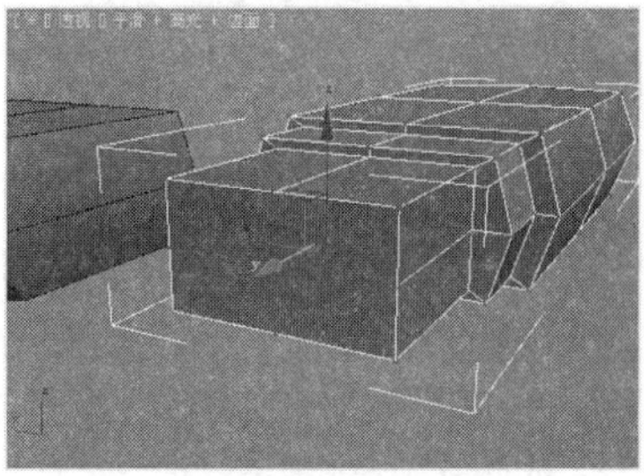

图4-184　缩放节点位置

08 单击▣【多边形】子集按钮进入到【多边形】子集中，选中长方体上方的面为红色，如图 4-185 所示，单击 插入 □ 命令右侧的设置按钮，适当调整数值，单击【确定】按钮，如图 4-186 所示。

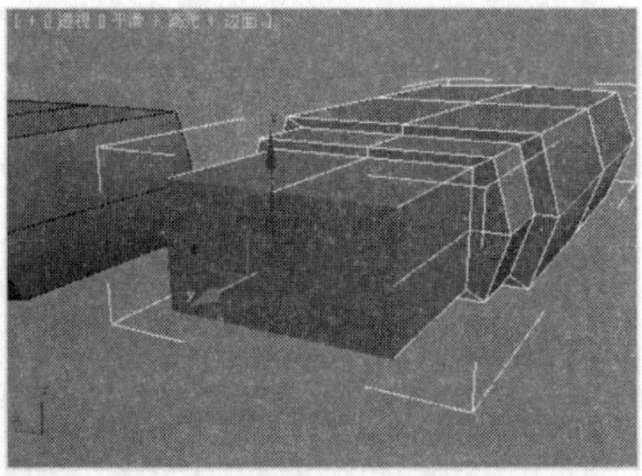

图4-185　选择面

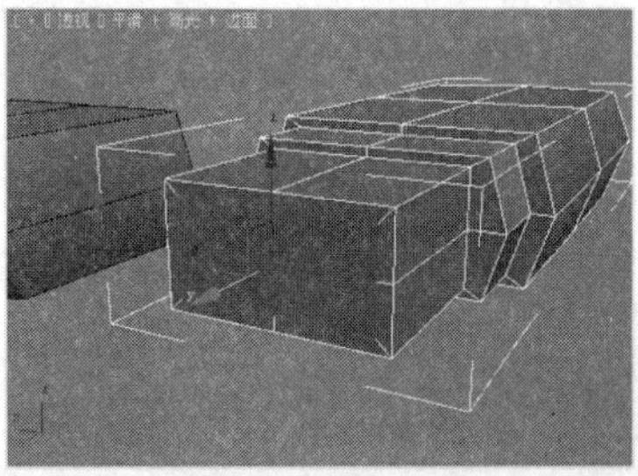

图4-186　插入面

09 单击 挤出 □ 命令右侧的设置按钮，适当调整【挤出高度】值，将选中面向内挤出一定的高度，单击【确定】按钮，如图 4-187 所示效果。单击◿【边】子集按钮进入到子集中，选中如图 4-188 所示线段。

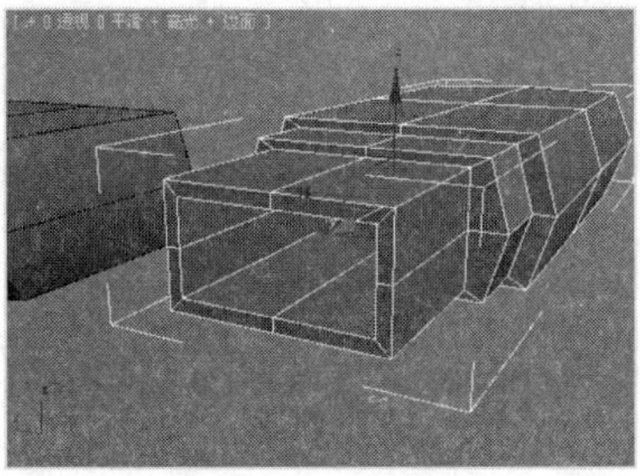

图4-187　挤入选择面

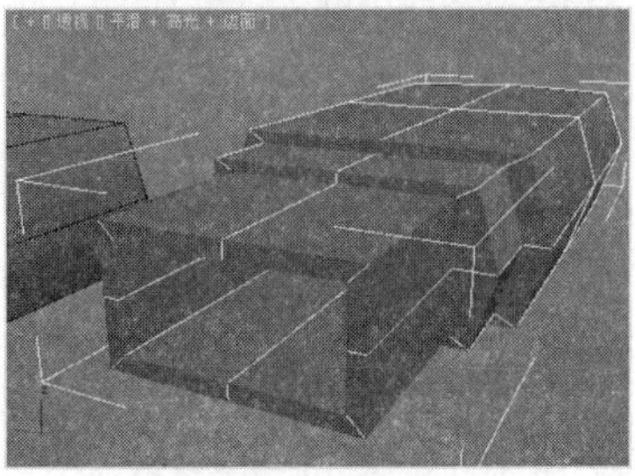

图4-188　选择线段

10 单击 切角 □ 命令右侧的设置按钮，适当调整数值，制作出切角效果。单击【确定】按钮，如图 4-189 所示。选择 修改器列表 中选择【网格平滑】命令，设置【迭次次数】为 2，得到如图 4-190 所示效果。

图4-189　将选择边做倒边效果

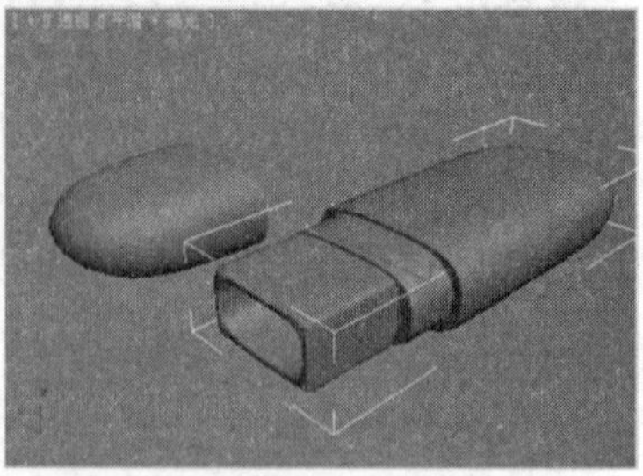

图4-190　加入光滑命令

11 激活顶视图，进入【创建】控制面板的 ○【几何体】建立区域，单击 圆柱体 按钮，在顶视图中绘制一个圆柱体，位置大小如图 4-191 所示。使用 ✛【移动】工具，按住键盘 Shift 键将新建圆柱体移动到适当位置复制圆柱体到盖位置中间处，效果如图 4-192 所示。

12 单击 ○【几何体】建立区域，在标准基本体下拉菜单中选择【复合对象】命令，在透视图中使用 ✛【移动】工具选择盒盖，单击 布尔 命令按钮，单击 拾取操作对象 B 按钮，在透视图中单击圆柱体，将物体进行布尔运算，最后得到如图 4-193 所示效果。

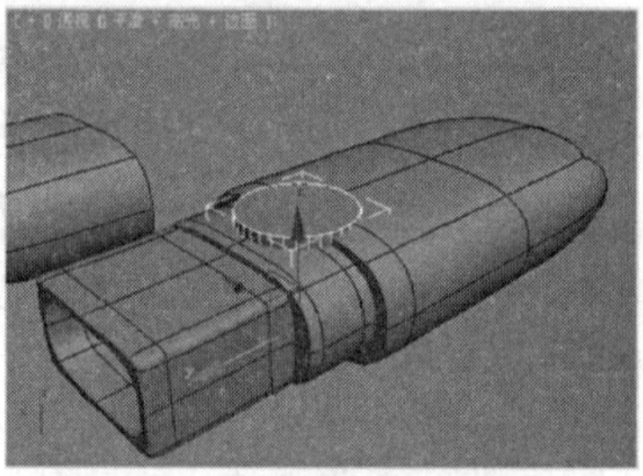

图4-191　绘制圆柱体

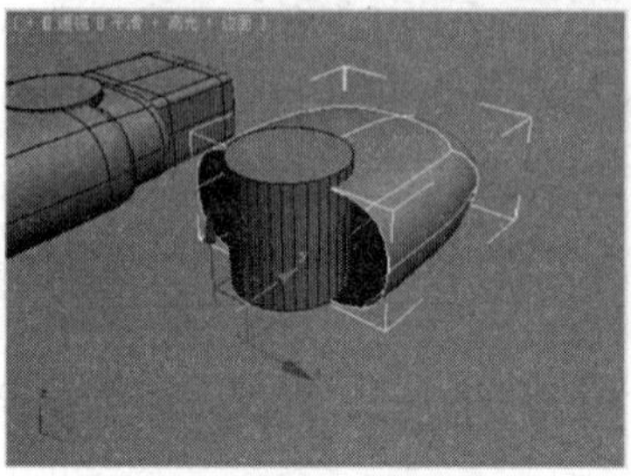

图4-192　摆放圆柱体

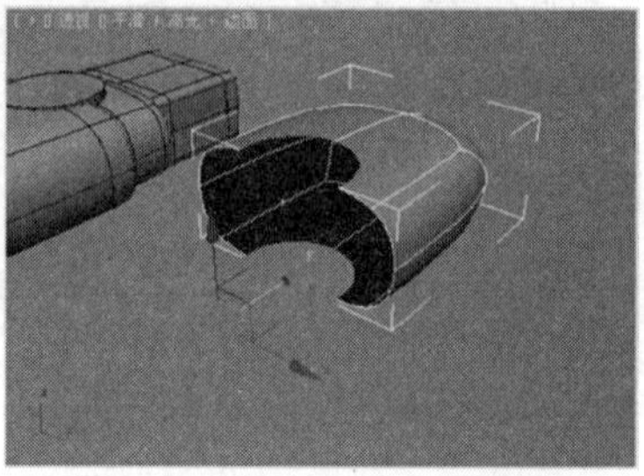

图4-193　U盘最后完成模型

▶ **4.9　帆船的制作**

在这一节中，将学习利用编辑多边形建模法结合挤出命令，制作帆船模型，图 4-194 所示为帆船的效果图。

学习重点

（1）学习编辑多边形命令的使用。

（2）学会挤出、编辑样条线的使用方法。

图4-194 最后渲染效果

实例场景：光盘\效果\第4章\帆船.max

操作步骤

01 运用【编辑多边形】命令制作船身。进入【创建】控制面板的 【几何体】建立区域，单击 **长方体** 按钮，在顶视图中绘制一个长方体。设置【长度分段】为15；【宽度分段】为30；【高度分段】为15，如图4-195所示。进入 【修改】命令面板，在 修改器列表 中选择【编辑多边形】命令，单击 【顶点】子集按钮进入到子集中，将如图4-196所示红色的节点选中。

图4-195 绘制长方体

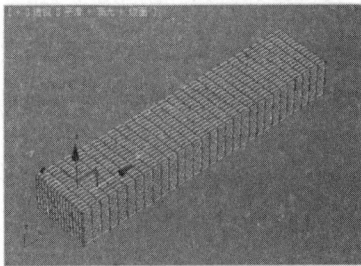

图4-196 选中节点

02 打开【软选择】卷展栏，将【使用软选择】命令勾选上，适当调整【衰减】数值，显示效果如图4-197所示。激活顶视图，选择 【缩放】工具，将选择节点沿Y轴等例缩小，如图4-198所示。

图4-197 调整衰减值

图4-198 缩放选择节点

03 按住键盘的Alt键，在顶视图中减去最内侧的两排节点。继续使用 【缩放】工具，将选择节点沿Y轴等例缩小，如图4-199所示。继续按住键盘Alt键，在顶视图中减去最内侧的两排节点，使用 【缩放】工具，将选择节点沿Y轴等例缩小，如图4-200所示。

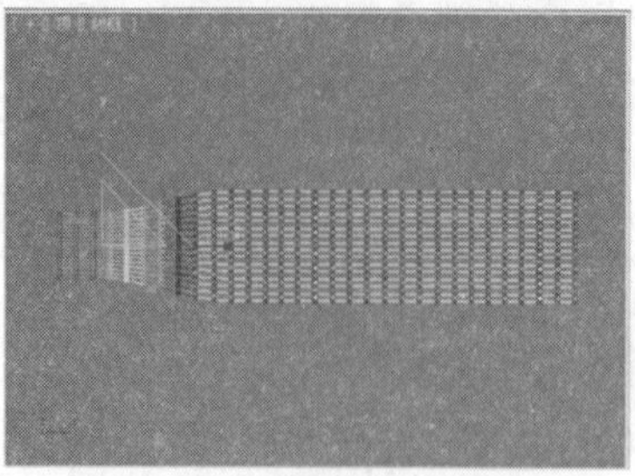

图4-199　缩放选择节点

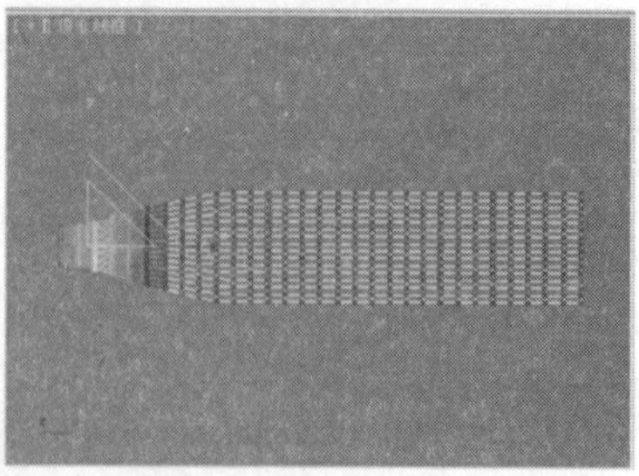

图4-200　缩放选择节点

04 减少【衰减】数值，使用 ⊡【缩放】工具，将选择节点沿 Y 轴等例缩小至最小，如图 4-201 示。激活前视图，选中如图 4-202 所示的节点。

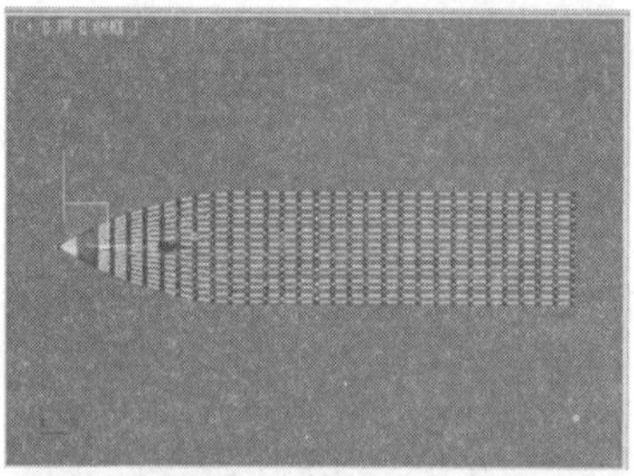

图4-201　缩放选择点

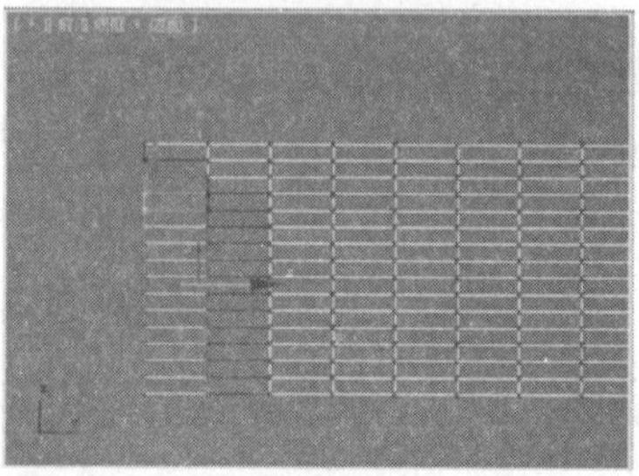

图4-202　选择节点

05 激活软选择命令，使用 ⊞【移动】工具将节点沿 X 轴移动到适当位置，效果如图 4-203 所示。配合键盘 Alt 键，在前视图中适当减去上方节点。继续使用使用 ⊞ 工具将节点沿 X 轴移动到适当位置，如图 4-204 所示。

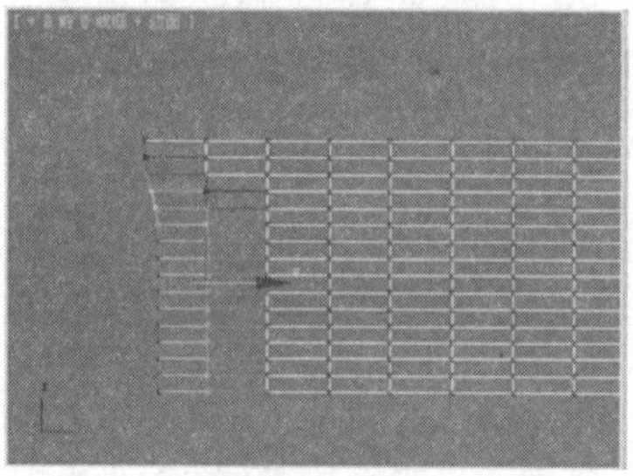

图4-203　调整节点位置

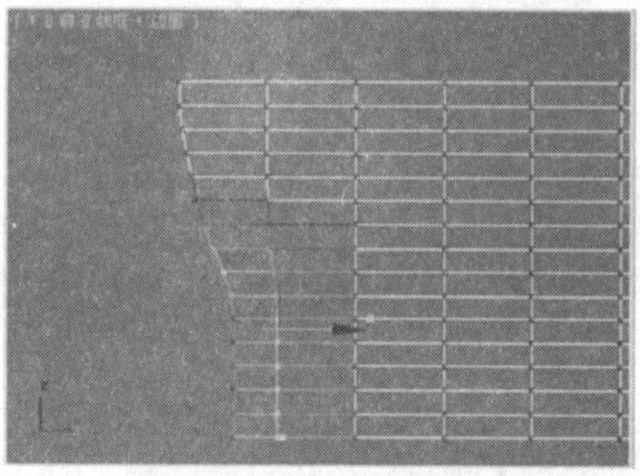

图4-204　调整节点位置

06 重复步骤 5，将图像更改成图 4-205 所示效果。在前视图中将船尾以此方法更改成如图 4-206 所示效果。

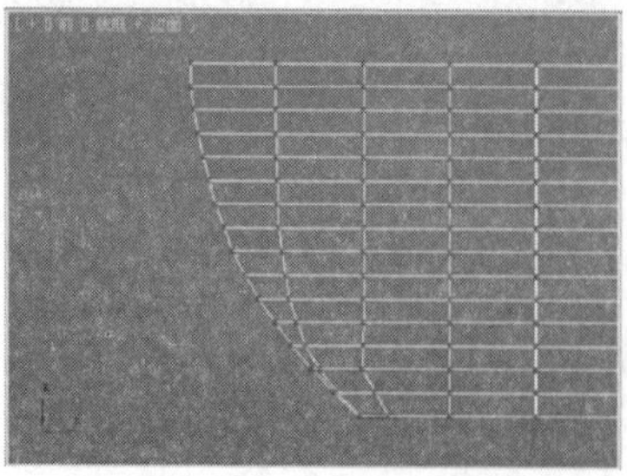

图4-205　调整节点位置

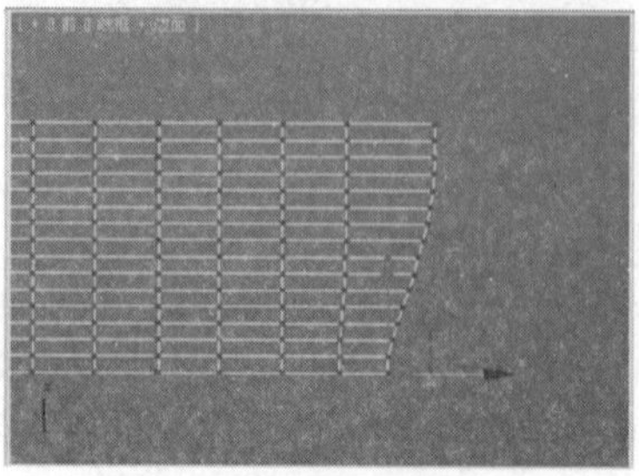

图4-206　调整节点位置

三维制作大师

07 单击▣【多边形】子集按钮进入到【多边形】子集中，通过单击方式选中船体上方的多个面为红色，如图 4-207 所示。单击 挤出 □ 命令右侧的设置按钮，适当调整【挤出高度】值，将选中面向内挤出一定的高度，如图 4-208 所示。

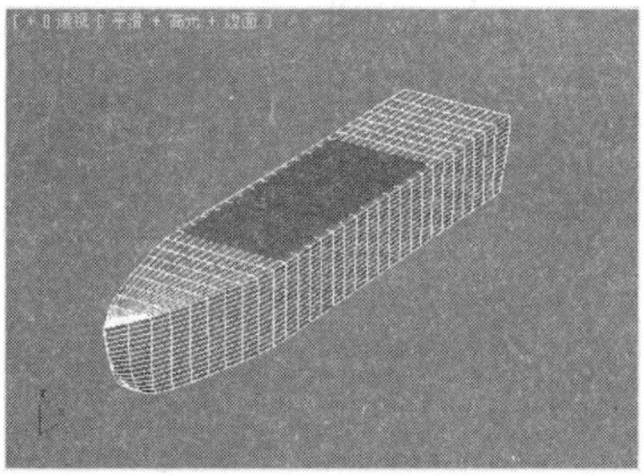

图4-207　选择面

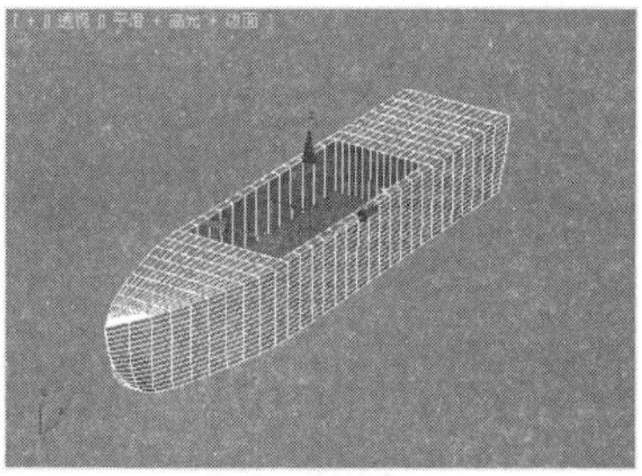

图4-208　挤入选择面

08 进入☑【修改】命令面板，在 修改器列表 ▾中选择【FFD4×4×4】命令，进入【控制点】子集中，在前视图中选择船体中间所有节点，使用✥【移动】工具将节点沿 Y 轴向下移动到适当位置，如图 4-209 所示。在前视图中重新选择船体中间上方的两排节点，保持选择状态，激活顶视图，使用▣【缩放】工具，沿 Y 轴等比例放大至如图 4-210 所示效果。在 修改器列表 ▾中选择【网格光滑】命令，加入光滑效果。

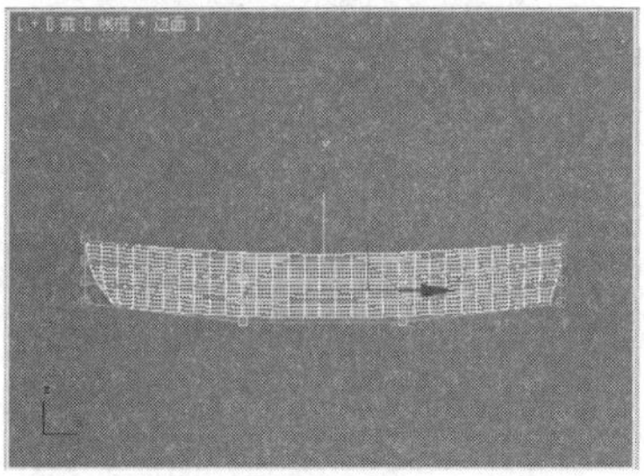

图4-209　调整控制点位置

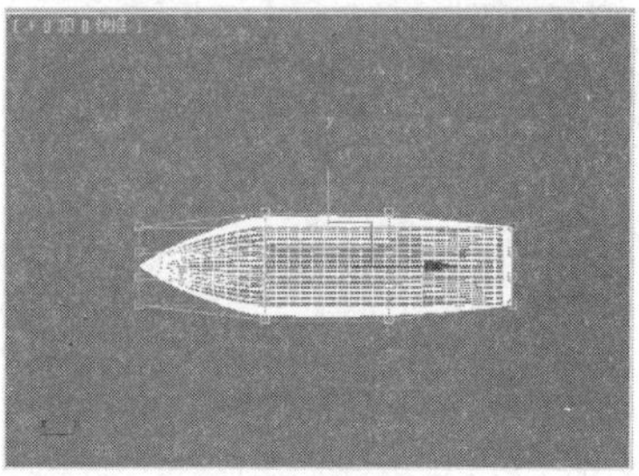

图4-210　调整控制点位置

09 运用编辑多边形命令制作船身。进入【创建】控制面板的◯【几何体】建立区域，单击 圆柱体 按钮，在顶视图中绘制一个圆柱体，如图 4-211 所示。选择前视图，运用线命令建造船帆。进入【创建】控制面板的◌【图形】建立区域，单击 线 按钮，在前视图中绘制一条样条线，如图 4-212 所示。

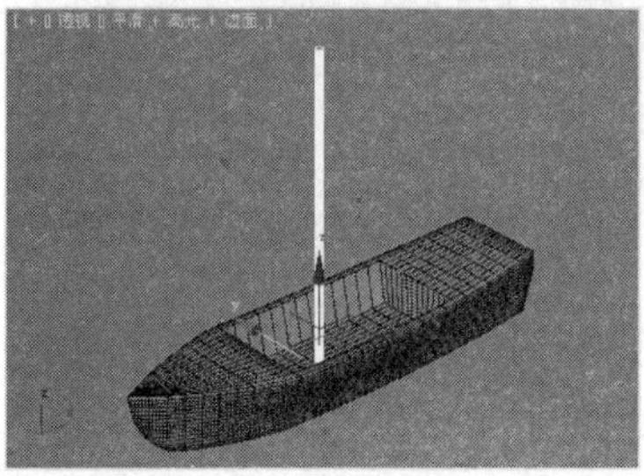

图4-211　绘制圆柱体

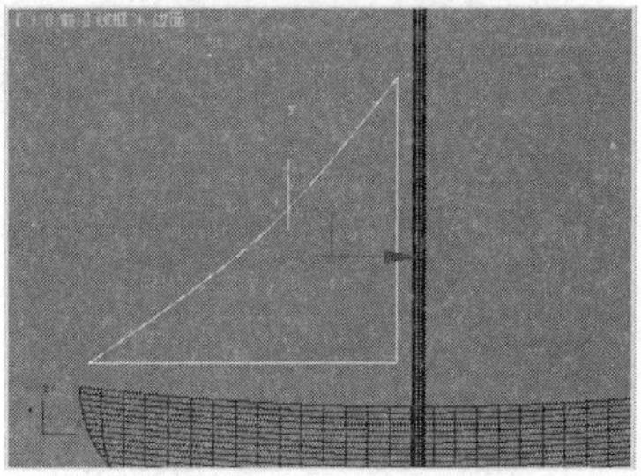

图4-212　绘制样条线

10 进入☑【修改】命令面板，在 修改器列表 ▾中选择【挤出】命令，挤出适当大小，如图 4-213 所示。重复步骤 1、2，绘制另一个船帆，如图 4-214 所示。

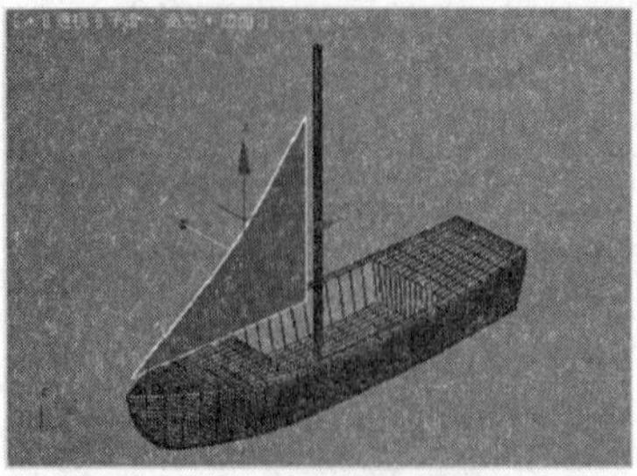

图4-213　挤出厚度

图4-214　制作船帆

11 选择新建多边形，利用 Ctrl+C 和 Ctrl+V 的复制粘贴功能，原地复制图形。进入 【修改】命令面板，单击 【样条线】子集按钮进入到子集中，设置 【轮廓 0.0 】数值为适当负值，如图 4-215 所示。重新修改【挤出】命令，适当调整挤出数值。重复使用此方法，绘制出另一侧帆边，效果如图 4-216 所示。

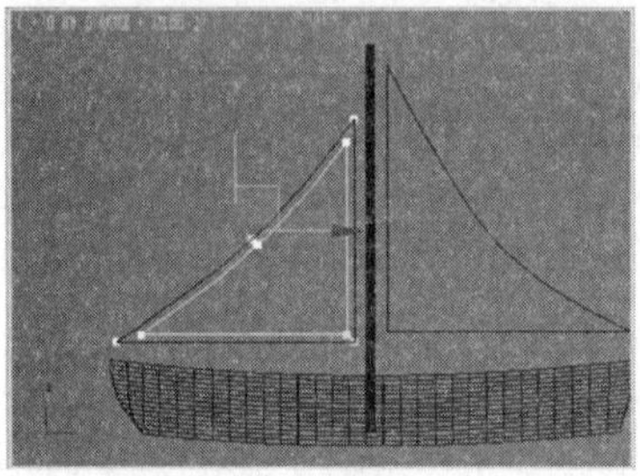

图4-215　复制样条线

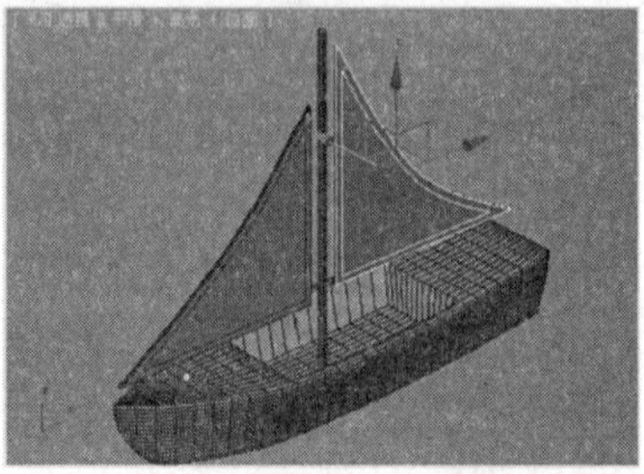

图4-216　挤出厚度

12 激活前视图，进入【创建】控制面板的 【几何体】建立区域，单击 圆环 按钮，在前视图中绘制一个圆环，位置大小如图 4-217 所示。激活顶视图，再次单击 圆环 按钮，在顶视图中绘制一个圆环。适当调整大小，使用 【缩放】工具将新建圆环在顶视图与前视中调整至如图 4-218 所示效果。重复步骤 6，将帆各角处的拉环制作出来，效果如图 4-219 所示。

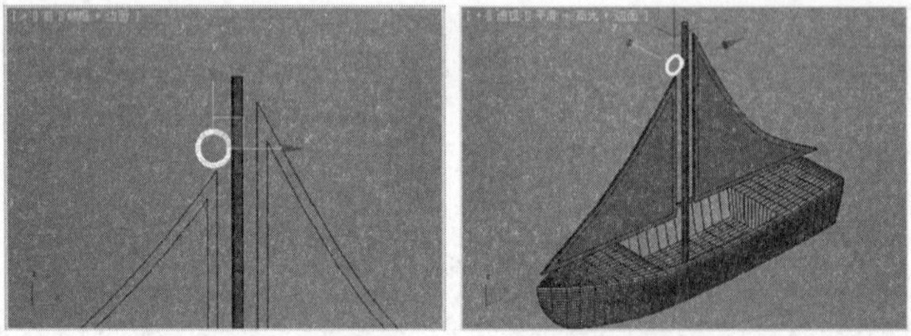

图4-217　绘制圆环

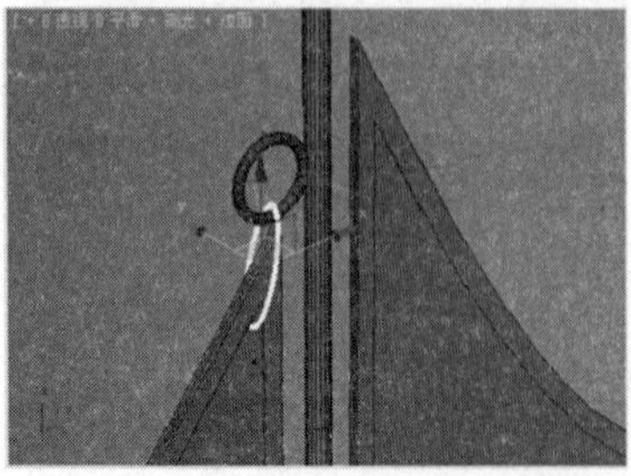

图4-218　复制圆环并缩放

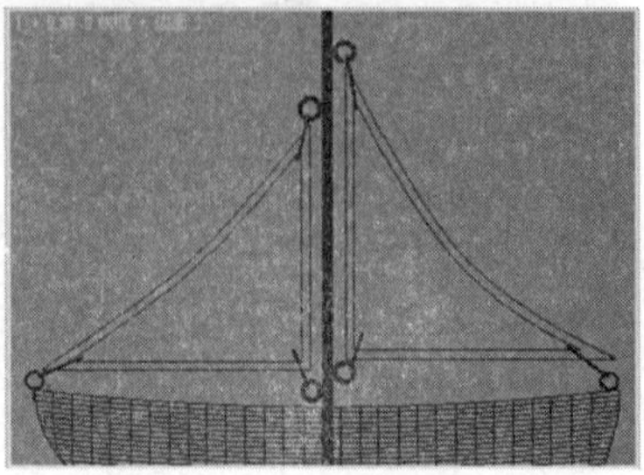

图4-219　复制圆环

13 制作旗帜。进入【创建】控制面板的 🔲【图形】建立区域，单击 ▭ 线 ▭ 按钮，在前视图中制一条样条线，如图 4-220 所示。进入 🖉【修改】命令面板，单击 ⁄【线段】子集按钮进入到子集中，选择三角形最长两边，单击 ▭ 拆分 ▭ 6 ▭ 命令，设置拆分数为 6，然后单击拆分按钮，效果如图 4-221 所示。

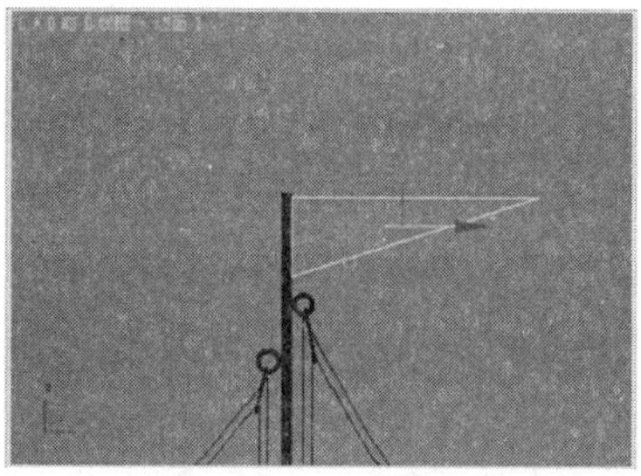

图4-220　绘制样条线

图4-221　添加平均点

14 进入 🖉【修改】命令面板，在 ▭修改器列表▭ 中选择【挤出】命令，做出旗帜厚度，如图4-222 所示。进入 🖉【修改】命令面板，在 ▭修改器列表▭ 中选择【FFD4×4×4】命令，进入【控制点】子集中，在顶视图中选择旗帜的第二排节点，使用 ✛【移动】工具将节点沿 Y 轴向下移动到适当位置。再次选择第三节点，使用 ✛【移动】工具将节点沿 Y 轴向上移动到适当位置，如图 4-223 所示。整个帆船制作完成。

图4-222　制作厚度

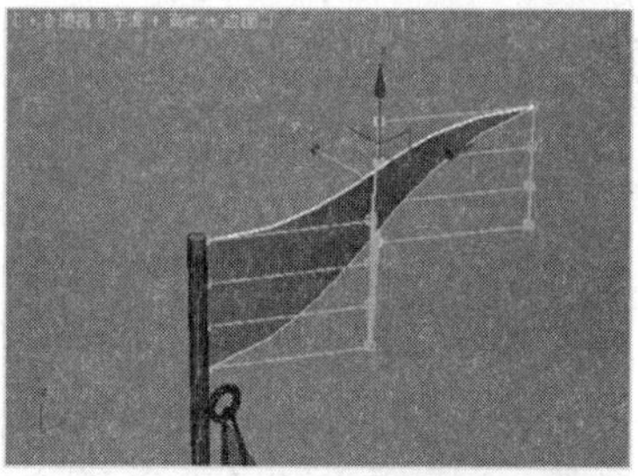

图4-223　调整控制点位置吗

🔾 4.10　高跟鞋的制作

在这一节中，将学习利用编辑多边形建模法结合挤出命令，制作高跟鞋模型，图 4-224 所示为高跟鞋的效果图。

📖学习重点

（1）学习编辑多边形命令的使用。

（2）学会挤出、编辑样条线的使用方法。

图4-224　最后渲染效果

实例场景：光盘\效果\第4章\高跟鞋.max

操作步骤

01 运用【编辑多边形】命令制作鞋身。进入【创建】控制面板的【几何体】建立区域，单击长方体按钮，在顶视图中绘制一个长方体，设置【长度分段】为4，【宽度分段】为5，如图4-225所示。进入【修改】命令面板，在修改器列表中选择【编辑多边形】命令，单击【顶点】子集按钮进入到子集中，激活顶视图，调整节点位置，如图4-226所示。

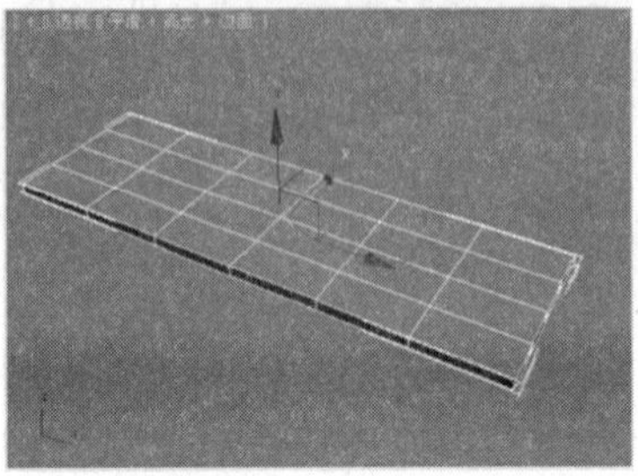

图4-225 绘制长方体

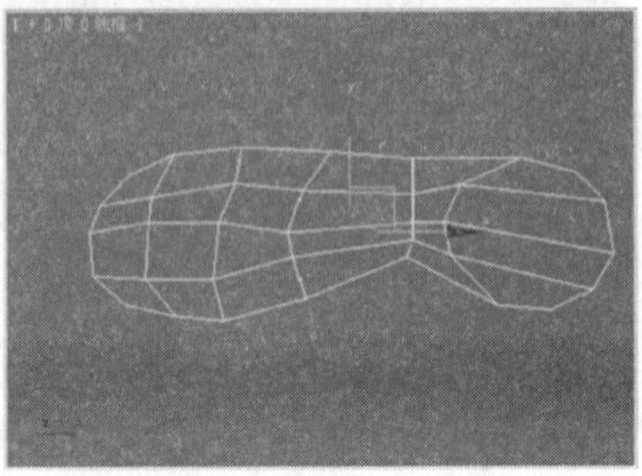

图4-226 调整节点位置

02 单击【边】子集按钮进入到子集中，选中多边形底部鞋尾处线段为红色，如图4-227所示。单击移除命令，将线段移除，如图4-228所示。

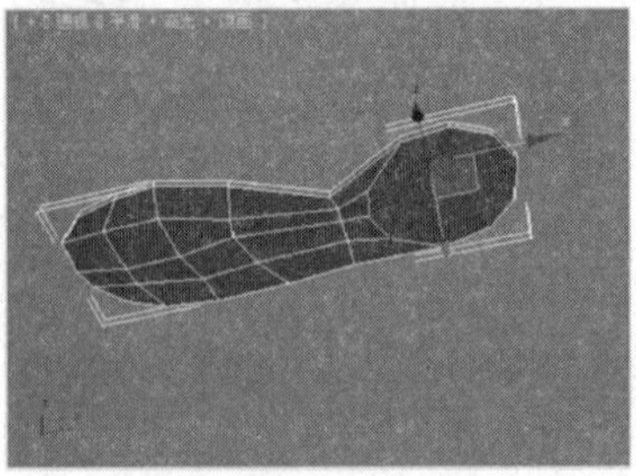

图4-227 选择线段

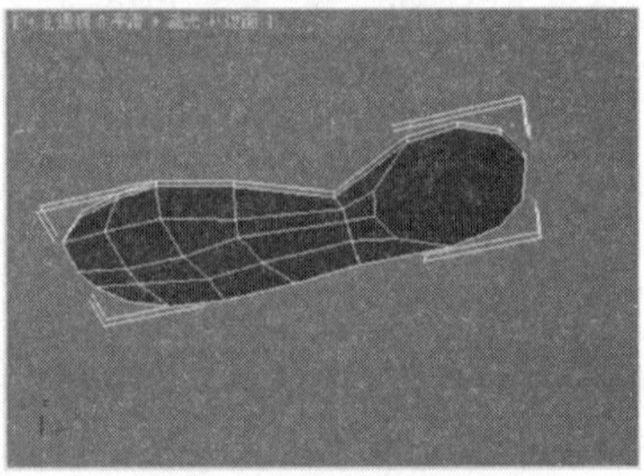

图4-228 移除线段

03 激活左视图，单击【顶点】子集按钮进入到子集中，选中鞋跟尾部各点，使用【移动】工具将节点移动到适当位置，效果如图4-229所示。

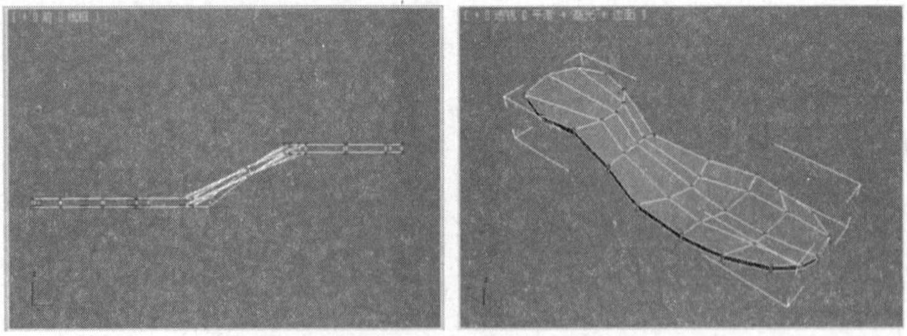

图4-229 调整节点位置

04 单击【多边形】子集按钮进入到【多边形】子集中，选中鞋跟底部的面，单击挤出命令右侧的设置按钮，适当调整【挤出高度】值，将选中的面向外挤出一定的高度，如图4-230所示。激活顶视图，选择【缩放】工具，将选择的面等比例缩小，如图4-231所示。

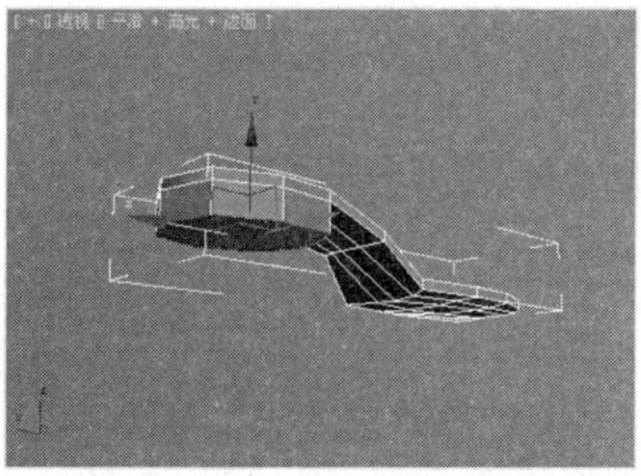

图4-230　挤出选择面

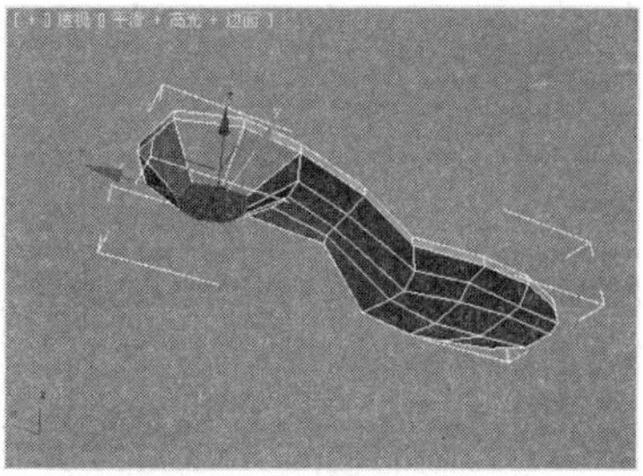

图4-231　缩小选择面

05 单击 挤出 □命令右侧的设置按钮，适当调整【挤出高度】值，将选中的面挤出一定的高度，如图 4-232 所示。激活顶视图，选择 □【缩放】工具，将选择的面等比例缩小，如图 4-233 所示。

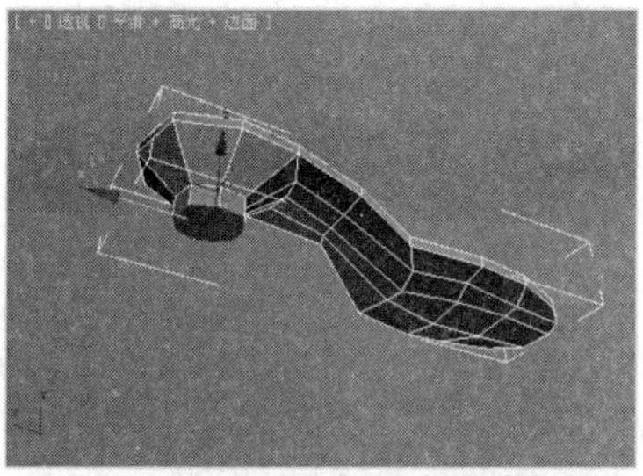

图4-232　挤出选择面

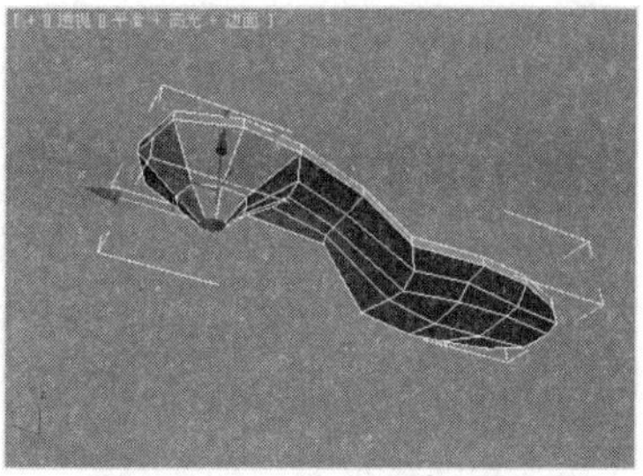

图4-233　缩小挤出面

06 单击线段中 □【边】子集按钮进入到子集中，选中鞋面外部各边，如图 4-234 所示。单击 切角 □命令右侧按钮，适当调整数值，做出切角效果，如图 4-235 所示。

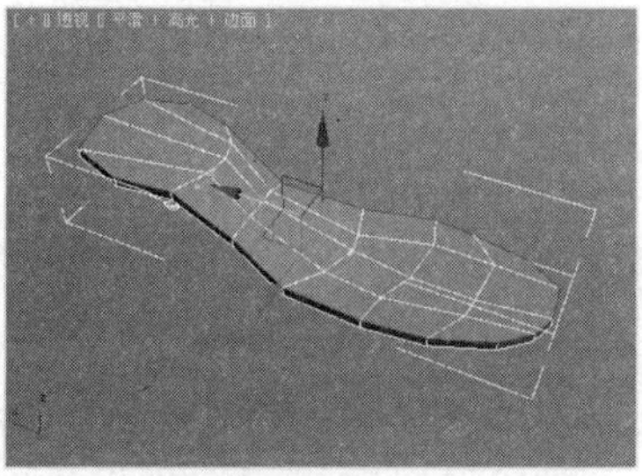

图4-234　选择边

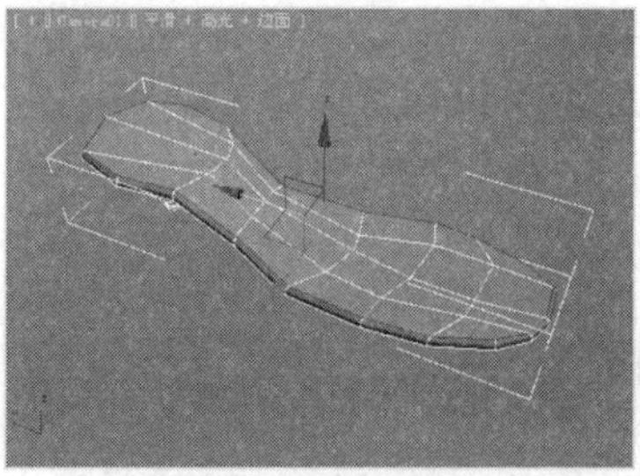

图4-235　制作倒边效果

07 进入【创建】控制面板的 □【几何体】建立区域，单击 长方体 按钮，在顶视图中绘制一个长方体，如图 4-236 所示。进入 □【修改】命令面板，在 修改器列表 ▼中选择【弯曲】命令，适当调整数值，得到如图 4-237 所示效果。

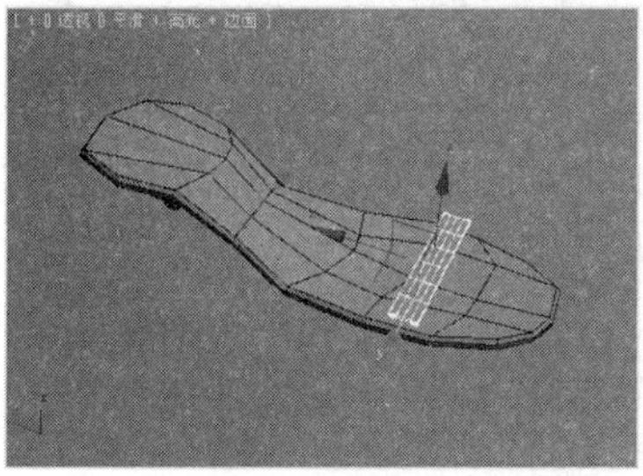

图4-236　绘制长方体

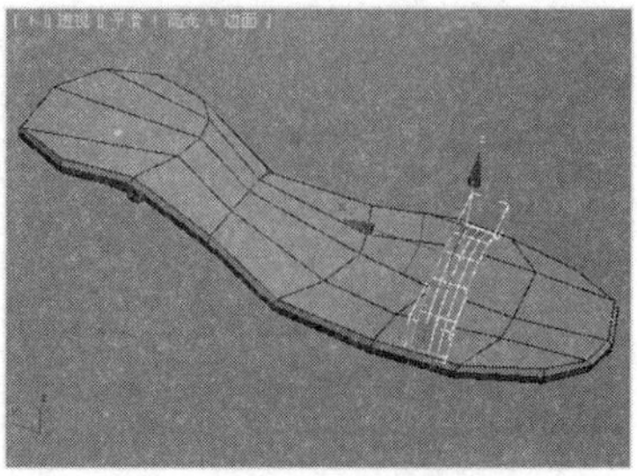

图4-237　加入弯曲效果

08 进入【创建】控制面板的 ○【几何体】建立区域，单击 长方体 按钮，在顶视图中绘制一个长方体，如图 4-238 所示。在 修改器列表 中选择【编辑多边形】命令，单击 ⊞【顶点】子集按钮进入到子集中，将各个节点移动到相应位置，如图 4-239 所示。

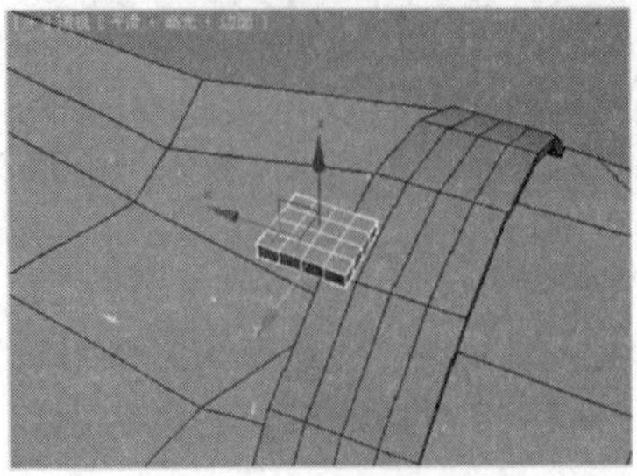

图4-238 绘制长方体

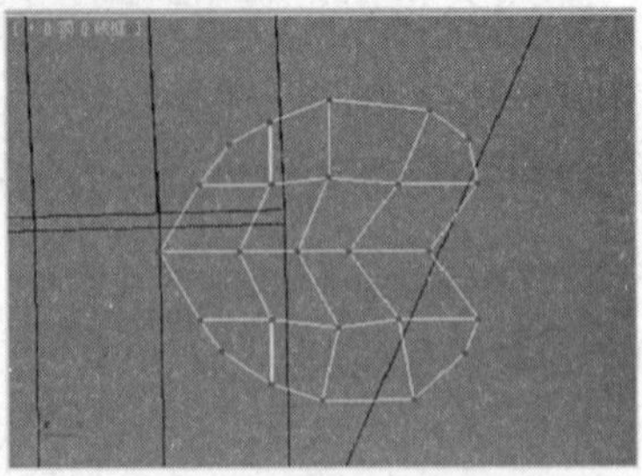

图4-239 调整节点位置

09 进入 ◢【修改】命令面板，在 修改器列表 中选择【弯曲】命令，适当调整数值，得到如图 4-240 所示的弯曲效果。另外复制三个对象做出花的效果，如图 4-241 所示。

10 进入 ◢【修改】命令面板，在 修改器列表 中选择【网格平滑】命令，最终效果如图 4-242 所示。

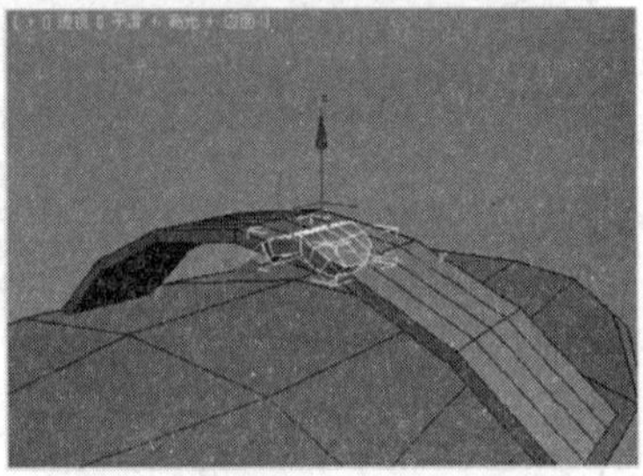

图4-240 加入弯曲命令

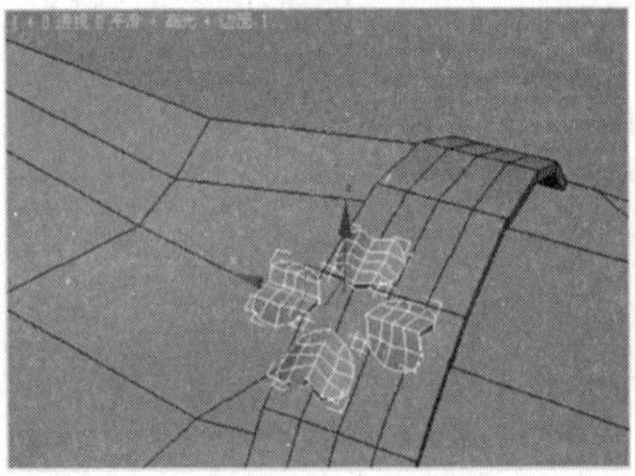

图4-241 复制对象

图4-242 高跟鞋模型

▶ 4.11 时尚音箱的制作

在这一节中，将学习利用编辑多边形命令结合放样命令，制作时尚音箱模型，图 4-243 所示为时尚音箱的效果图。

📖 **学习重点**

（1）学习编辑多边形命令的使用。

（2）学会放样的使用方法。

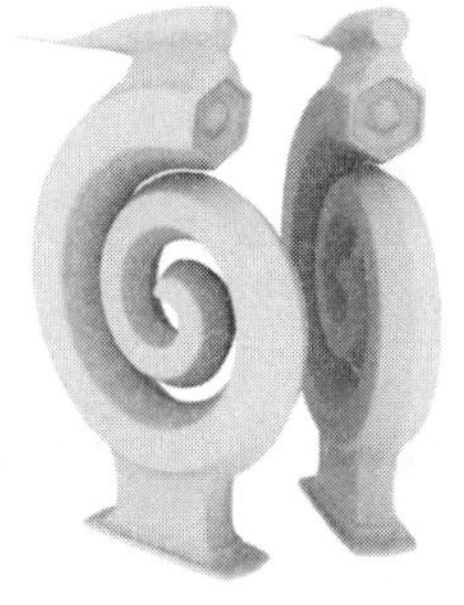

图4-243 最后渲染效果

实例场景: 光盘\效果\第4章\时尚音箱.max

操作步骤

01 进入【创建】控制面板的 【图形】建立区域,单击 螺旋线 按钮,在前视图中绘制一条螺旋线做为放样路径,如图 4-244 所示。单击 多边形 按钮,在前视图中延窗边绘制两个多边形做为放样用截面图形,如图 4-245 所示。

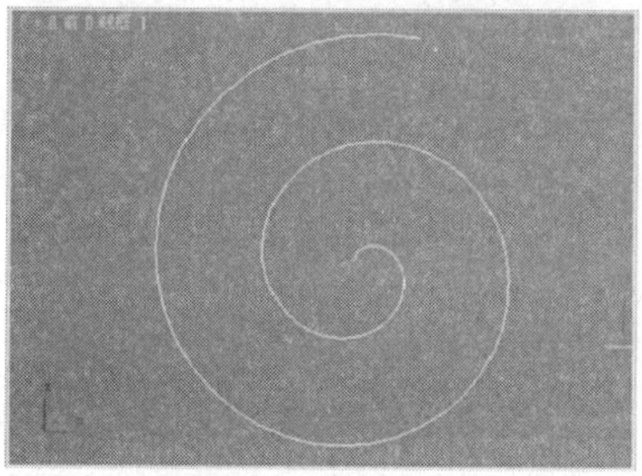

图4-244 绘制螺旋线

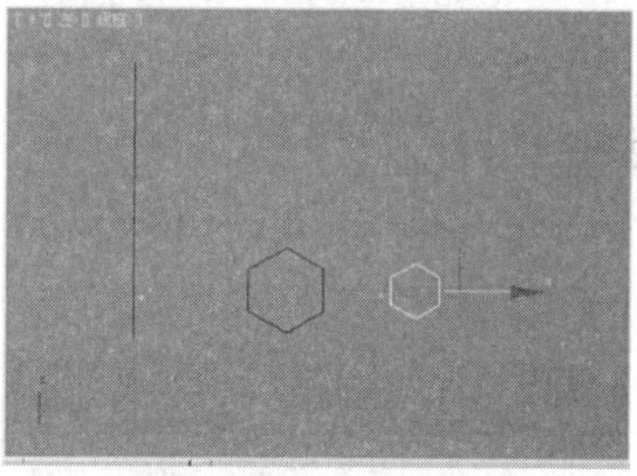

图4-245 绘制多边形

02 进入【创建】控制面板,在标准基本体下拉菜单中选择【复合对象】命令,选择螺旋线,单击 放样 命令,单击 获取图形 按钮,拾取最大的多边形,得到如图 4-246 所示效果。进入 【修改】命令面板,在【路径】命令后的数值框中输入数值100,再次单击 获取图形 按钮,在视图中拾取稍小的多边形,得到如图 4-247 所示的放样效果。

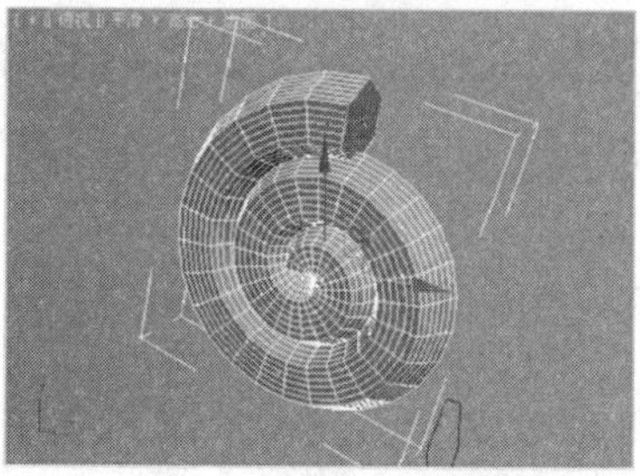

图4-246 制作放样图形

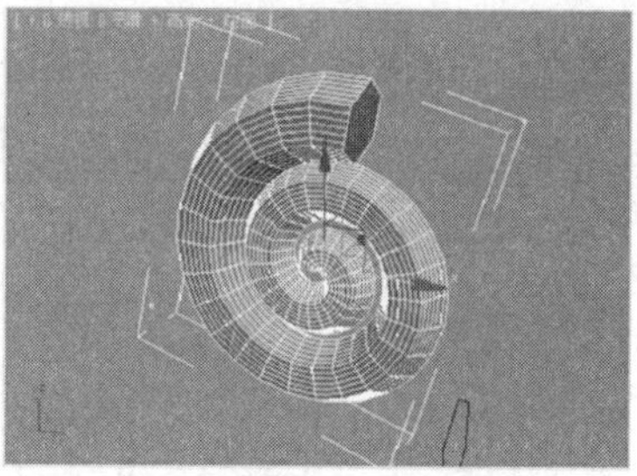

图4-247 制作放样物体

03 单击鼠标右键,在弹出的子菜单中选择【可编辑多边形】,将物体转换为可编辑多边形,如图 4-248 所示。单击 【多边形】子集按钮进入到【多边形】子集中,选中最顶端大面为红色,如图 4-249 所示。

三
维
制
作
大
师

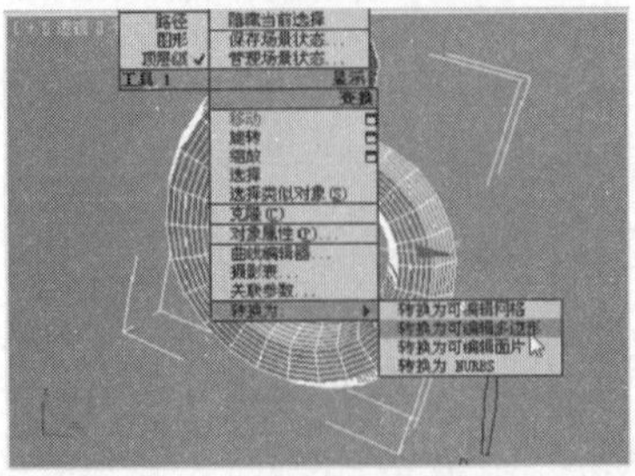

图4-248 转换为可编辑多边形

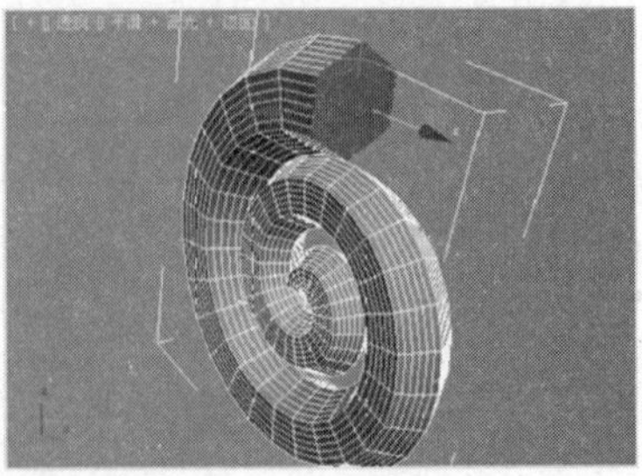

图4-249 选择面

04 单击 挤出 □命令右侧的设置按钮，适当调整【挤出高度】值，将选中的面向外挤出一定的高度，如图 4-250 所示。激活左视图，选择 □【缩放】工具将选中面等比例缩小，如图 4-251 所示。

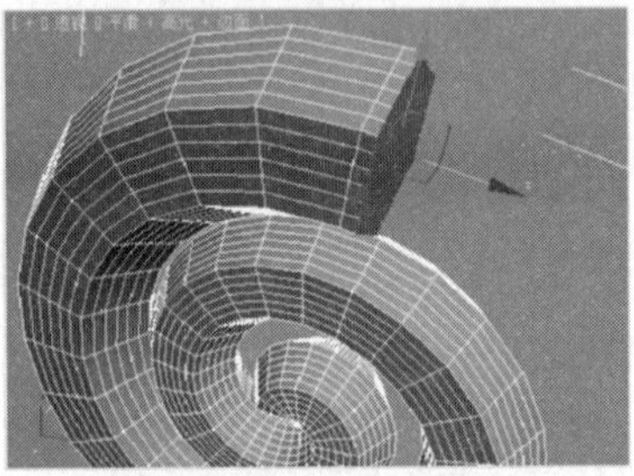

图4-250 挤出选择面

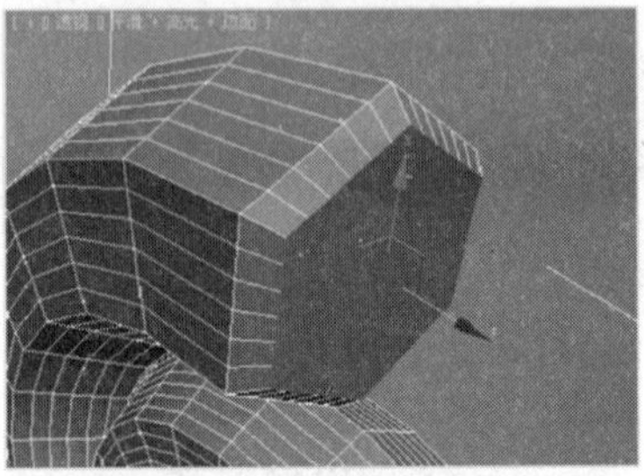

图4-251 缩放选择面

05 重复步骤 4，将顶部模型制作出如图 4-252 所示效果。单击 □【边】子集按钮进入到子集中，选中如图 4-253 所示线段，

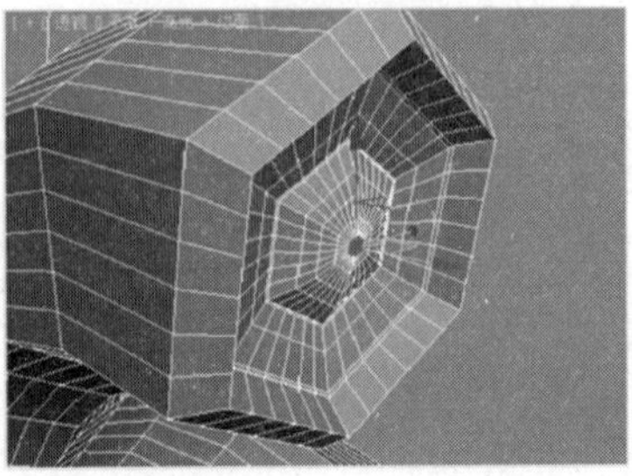

图4-252 顶部效果

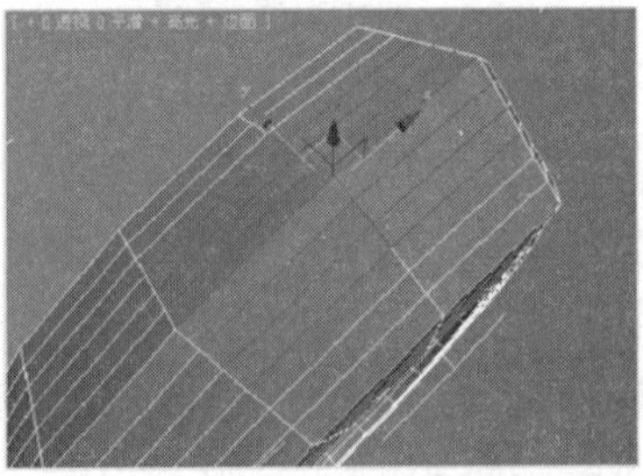

图4-253 选择线段

06 按键盘 Delete 键删除掉所选线段。单击 ○【边界】子集按钮进入到边界子集中，选中顶部边界为红色，如图 4-254 所示。使用 ✛【移动】工具并按住键盘 Shift 键，将选中边界向上拉伸 4 次，如图 4-255 所示。

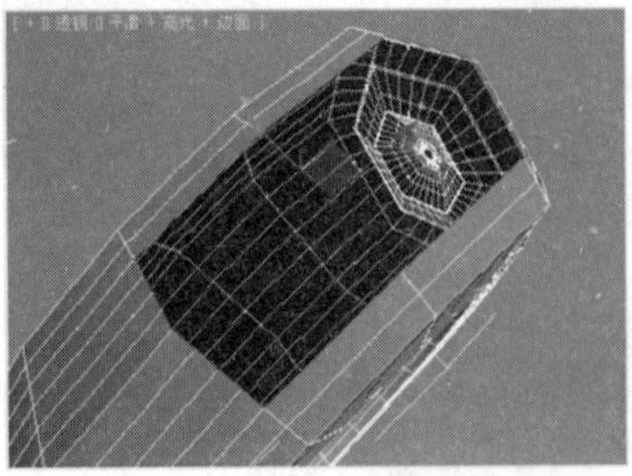

图4-254 选择边界

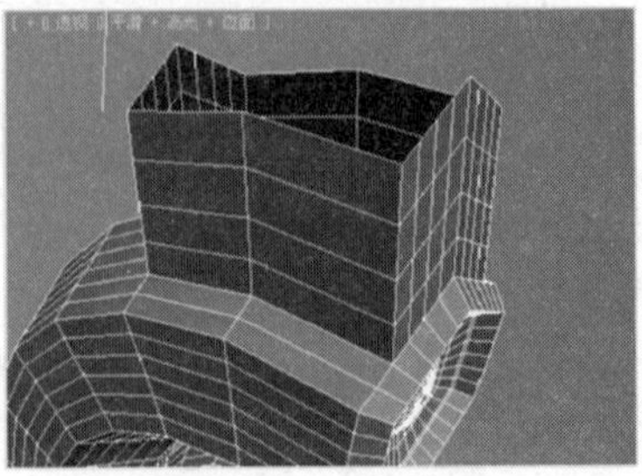

图4-255 挤出边界

07 单击☑【边】子集按钮进入到子集中，选中如图 4-256 所示的线段，按 [移除] 按钮移除掉所选线段。激活右视图，单击▣【顶点】子集按钮进入到子集中，将选中的节点移动到相应位置，如图 4-257 所示。

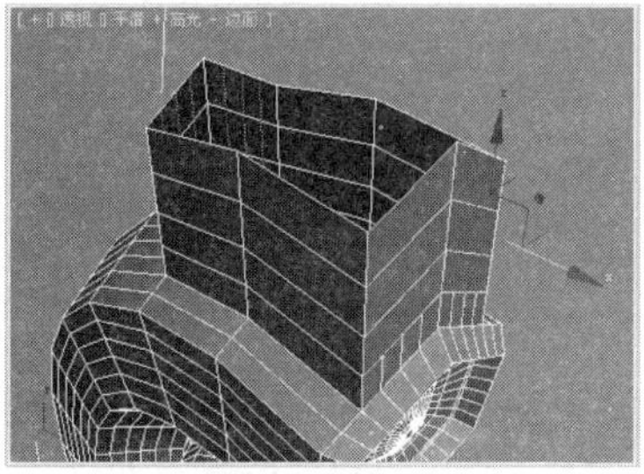

图4-256　选择线段

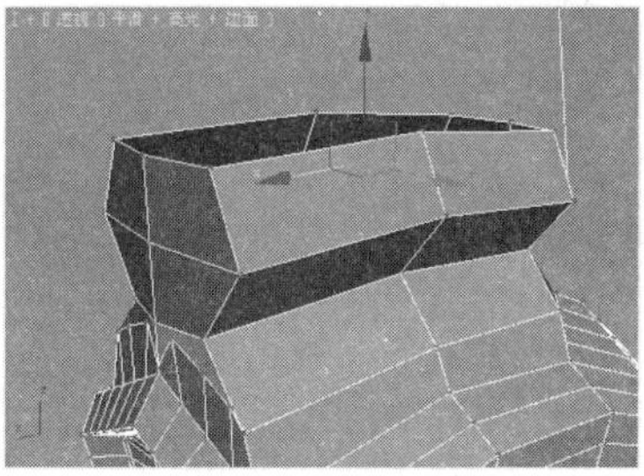

图4-257　调整节点位置

08 单击◯【边界】子集按钮进入到边界子集中，选中多边形删除掉部分边界为红色，并单击 [封口] 按钮，将物体封口，如图 4-258 所示。单击☑【边】子集按钮进入到子集中，单击 [创建] 按钮，在封口面增加一条线段，如图 4-259 所示。

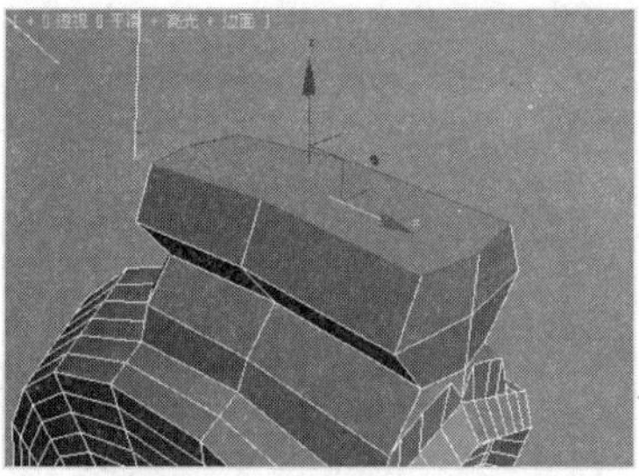

图4-258　选择边界并封口

图4-259　添加线段

09 选中增加的线段，单击 [细化 ▢] 按钮旁边的命令按钮，在打开的命令框内选择【面】选项，得到如图 4-260 所示效果。单击▣【顶点】子集按钮进入到子集中,将选中的节点移动到相应位置，如图 4-261 所示。

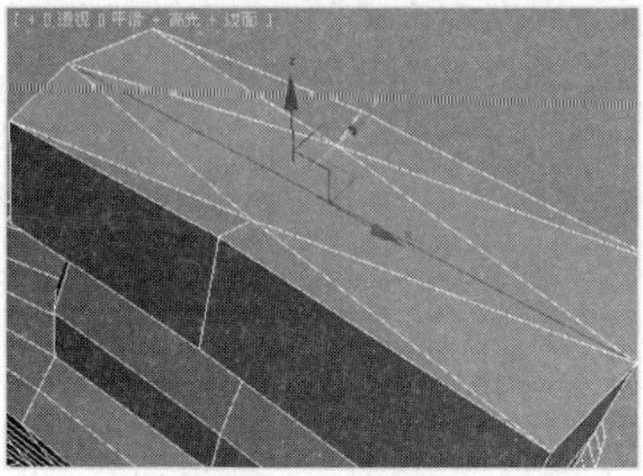

图4-260　细化处理

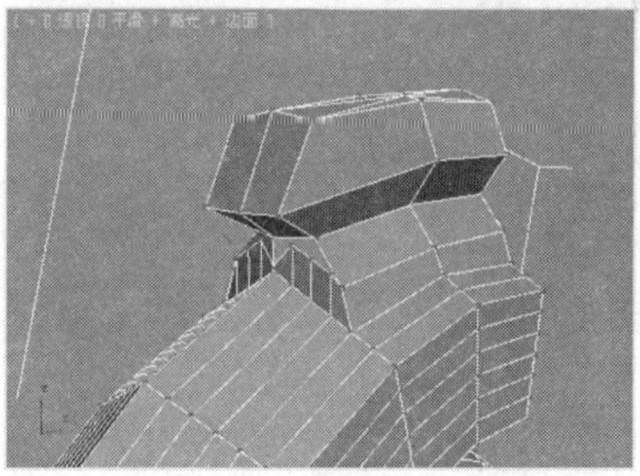

图4-261　调整节点位置

10 单击☑【边】子集按钮进入到子集中，选中如图 4-262 所示的线段，按 [移除] 按钮移除掉所选的线段。单击▣【多边形】子集按钮进入到【多边形】子集中，利用【倒角】命令制作出如图 4-263 所示的倒角效果。

11 单击▣【多边形】子集按钮进入到【多边形】子集中，选中小面为红色，如图 4-264 所示。单击 [挤出 ▢] 命令右侧的设置按钮，适当调整【挤出高度】值，将选中的面挤出一定的高度，单击

三维制作大师

【确定】按钮，得到如图 4-265 所示效果。

图4-262　选择线段并移除

图4-263　制作倒角效果

图4-264　选择面

图4-265　挤出选择面

12 激活左视图，选择 ⬚【缩放】工具将选中的面等比例缩小，并配合 ✥【移动】工具调整位置，得到如图 4-266 所示效果。继续重复之前操作，制作出如图 4-267 所示效果。

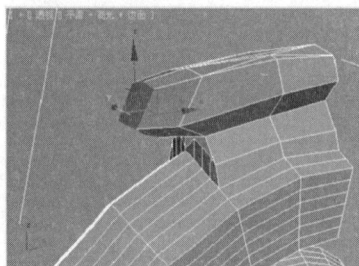

图4-266　缩放选择面

图4-267　继续调整面形状

13 单击 ▣【多边形】子集按钮进入到【多边形】子集中，选中底部部分区域为红色，如图 4-268 所示。按键盘 Delete 键，将面删除掉。单击 ◐【边界】子集按钮进入到边界子集中，选中多边形删除掉部分边界为红色，如图 4-269 所示。

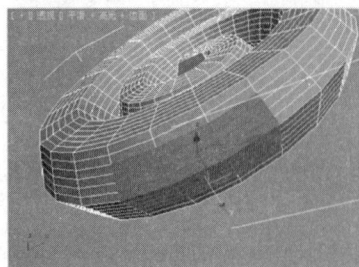

图4-268　选择面并删除

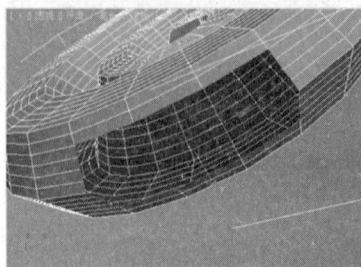

图4-269　选择边界

14 使用▣【移动】工具并按住键盘 Shift 键,将选中的边界向前拉伸,如图 4-270 所示。单击▣【顶点】子集按钮进入到子集中,使用【缩放】工具将底边各节点压缩对齐,如图 4-271 所示。

图4-270　挤出选择边界

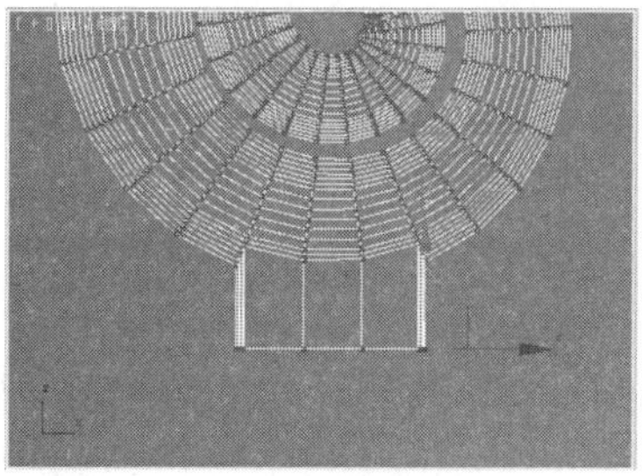

图4-271　压缩节点至水平

15 单击▣【边界】子集按钮进入到边界子集中,选中多边形删除掉部分边界为红色,使用▣【缩放】工具并按住键盘 Shift 键将选中的边等比例放大至如图 4-272 所示效果。使用▣移动工具并按住键盘 Shift 键,继续将选中的边界向下挤出,如图 4-273 所示。

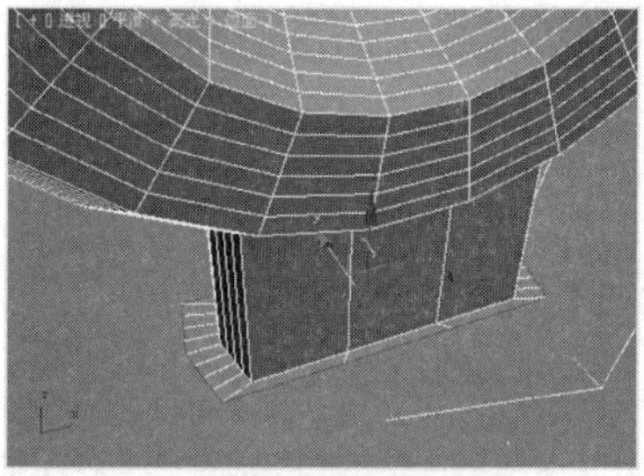

图4-272　缩放边界

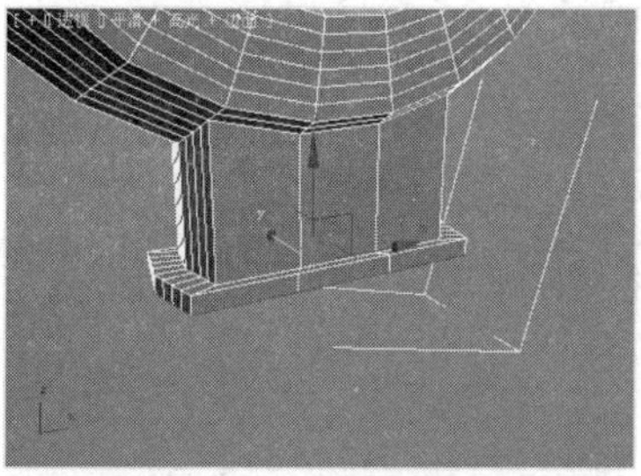

图4-273　挤出边界

16 重复以上步骤,绘制出底座,如图 4-274 所示。保持当前选择状态,并单击 ▭封口▭ 按钮,将物体封口,如图 4-275 所示。最后在 修改器列表▾ 中选择【网格平滑】命令,设置【迭代次数】为 2,将整个音箱做光滑处理。

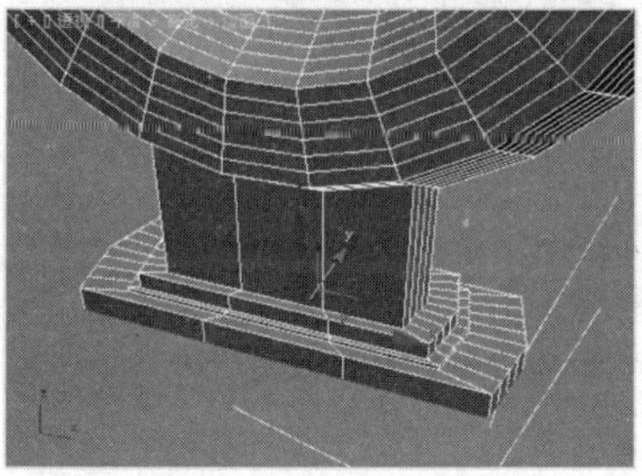

图4-274　挤出并缩放边界

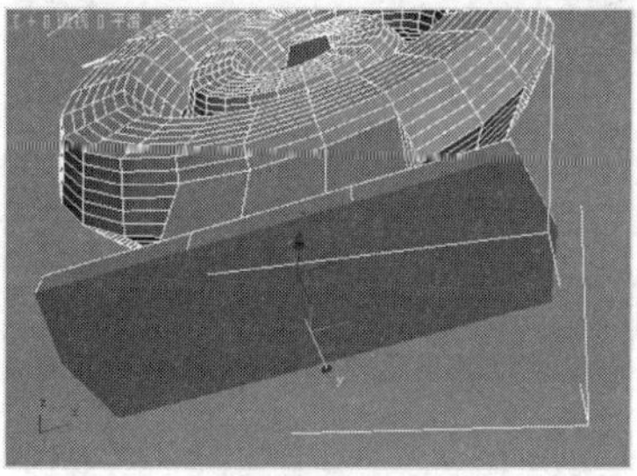

图4-275　将边界封口

▶ 4.12　精彩的旋转文字的制作

在这一节中,将学习利用编辑多边形命令结合沿路径变形命令,制作精彩的旋转文字模型,图 4-276 所示为精彩的旋转文字的效果图。

学习重点

(1) 学习路径变形命令的使用。

(2) 学习编辑多边形命令的使用。

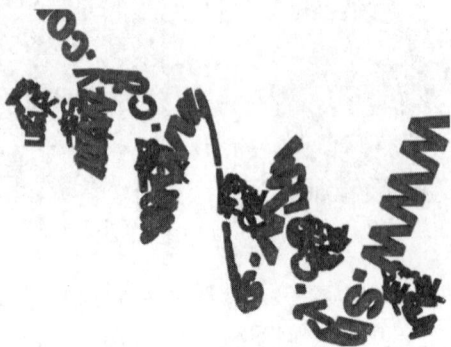

图4-276　最后渲染效果

实例场景：光盘\效果\第4章\旋转文字.max

操作步骤

01 进入【创建】控制面板的 【图形】建立区域，单击 螺旋线 按钮，在前视图中绘制一条螺旋线，调整参数，效果如图 4-277 所示。进入 【修改】命令面板，在 修改器列表 中选择【偏斜】命令，勾选 X 轴方向，适当调整数值，得到如图 4-278 所示效果。

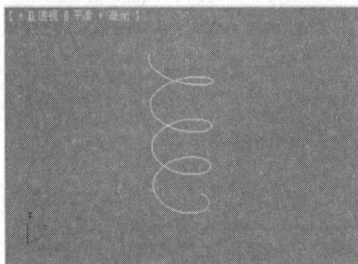

图4-277　绘制螺旋线

图4-278　加入偏斜效果

02 进入【创建】控制面板的 【图形】建立区域，单击 文本 按钮，在左视图中绘制一段文字，调整至如图 4-279 所示效果。在 修改器列表 中选择【倒角】命令，为文字加入倒角效果，如图 4-280 所示。

图4-279　创建文本

图4-280　加入倒角命令

03 在 [修改器列表▼] 中选择【路径变形】命令，单击 [拾取路径] 按钮，单击螺旋线，再单击 [转到路径] 按钮，勾选 X 轴向，文字沿着螺旋线产生变形效果，如图 4-281 所示。调整【旋转】度数为 180 度，勾选【翻转】选项，（这里会发现文字较短，可适当增加文字长度，不要使用拉伸参数）产生文字沿路径变形的效果，如图 4-282 所示。

图4-281　加入路径变形命令

图4-282　调整路径变形

04 进入【创建】控制面板的 【图形】建立区域，单击 [文本] 按钮，在前视图中绘制一段文字，调整至如图 4-283 所示效果。在 [修改器列表▼] 中选择【倒角】命令，制作文字倒角效果，如图 4-284 所示。

图4-283　创建文字

图4-284　加入倒角效果

05 进入 【工具】命令面板中，单击 [塌陷] 命令，选择 [塌陷选定对象] 按钮，将文字塌陷。进入 【修改】命令面板，单击 子集元素按钮进入到子集中，选中单个文字为红色，在各视图中使用【移动】工具和【旋转】工具，将各个文字进行无序排列，如图 4-285 所示。将新文字放至路径文字内部，如图 4-286 所示。

06 将文字复制多个，并按序排放在路径文字中间，得到如图 4-287 所示效果。

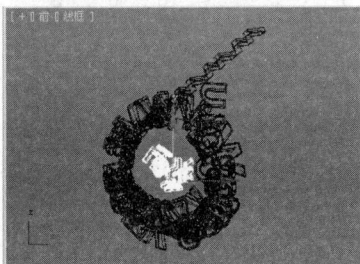

图4-285　调整各个文字位置角度

图4-286　将文字摆放至路径文字中间

图4-287　旋转文字最终效果

🔾 4.13   麻将桌的制作

在这一节中，将学习利用编辑多边形命令结合挤出命令，制作麻将桌模型，图 4-288 所示为麻将桌的效果图。

📖 学习重点

(1) 学习编辑多边形命令的使用。

(2) 学会挤出、放样、编辑样条线的使用方法。

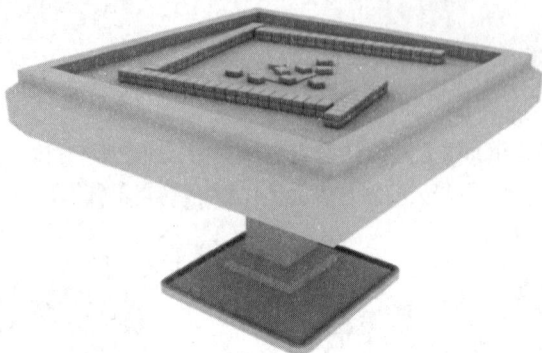

图4-288   最后渲染效果

🔾 实例场景：光盘\效果\第4章\麻将桌 max

📝 操作步骤

01 进入【创建】控制面板的 ⚙ 【几何体】建立区域，单击 矩形 按钮，在顶视图中绘制一个矩形，设置【角半径】为一定数值，如图 4-289 所示。选择矩形，进入 ⍉ 【修改】命令面板，在 修改器列表 中选择【挤出】，适当挤出物体，如图 4-290 所示。

图4-289   建立圆角矩形

图4-290   挤出厚度

02 在 修改器列表 中选择【编辑多边形】命令，单击 ▣ 【多边形】子集按钮进入到【多边形】子集中，选中矩形顶面为红色，单击 倒角 ▫ 命令右侧的设置按钮，调整【高度】、【轮廓量】的值，效果如图 4-291 所示。继续使用【倒角】命令做倒角效果，如图 4-292 所示。

03 使用【挤压】命令将选择面向内挤入，如图 4-293 所示。再在顶视图中使用【缩放】工具，将面等比例缩小，效果如图 4-294 所示。

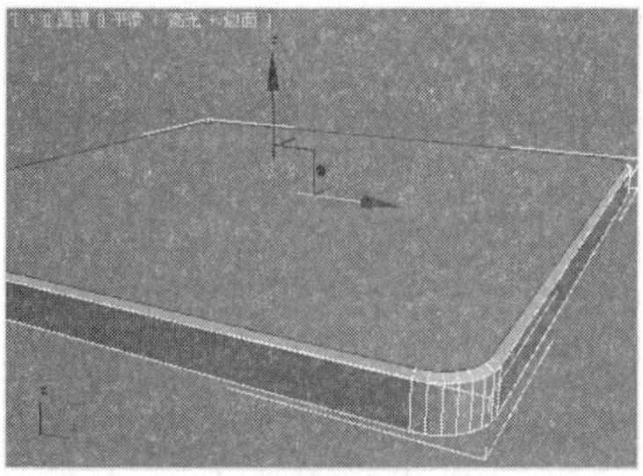

图4-291　制作倒角效果

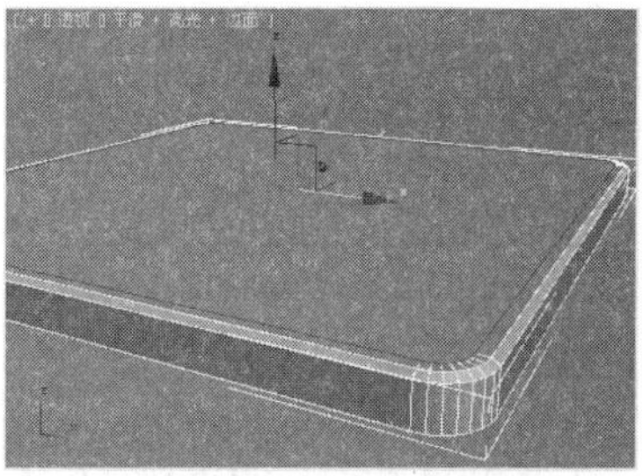

图4-292　制作倒角效果

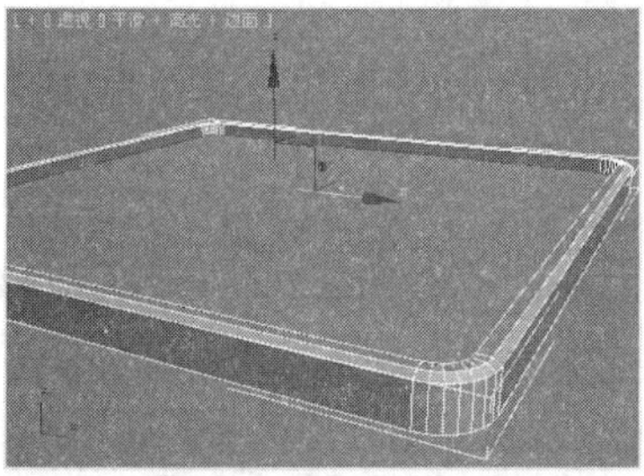

图4-293　挤入选择面

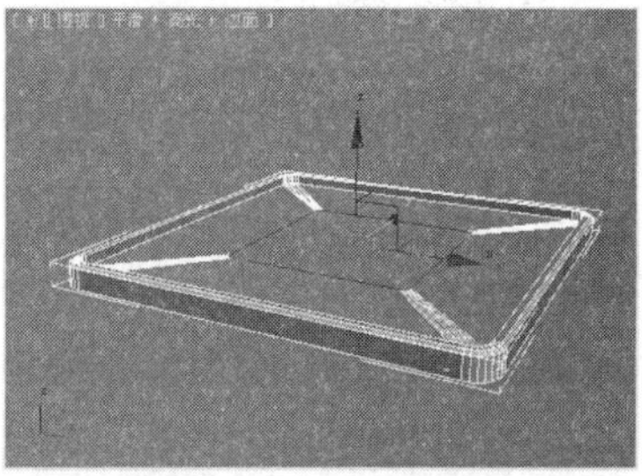

图4-294　缩放选择面

04 使用 ✛ 【移动】工具在前视图中将边沿着 Y 轴向上移动至相应位置，如图 4-295 所示效果。单击 倒角 □ 命令右侧的设置按钮，适当调整【高度】、【轮廓量】的值，效果如图 4-296 所示。

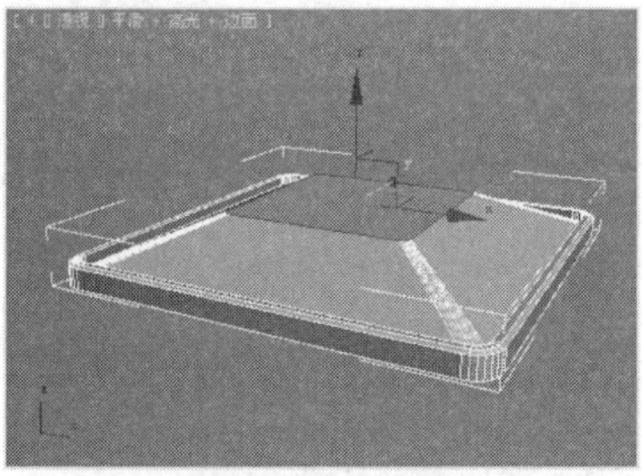

图4-295　调整边位置

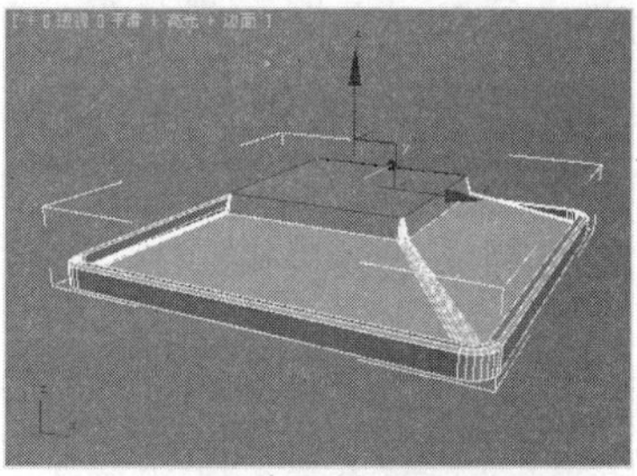

图4-296　制作倒角效果

05 再次单击 挤出 命令右侧的设置按纽，适量调整【挤出高度】值，将面向上挤出，使用【缩放】工具，将选择的面等比例适当缩小，效果如图 4-297 所示。再次利用【挤出】命令继续将面向上挤出，进入【创建】控制面板的 ○ 【几何体】建立区域，单击 长方体 按钮，在顶视图中绘制一个长方体，位置大小如图 4-298 所示。

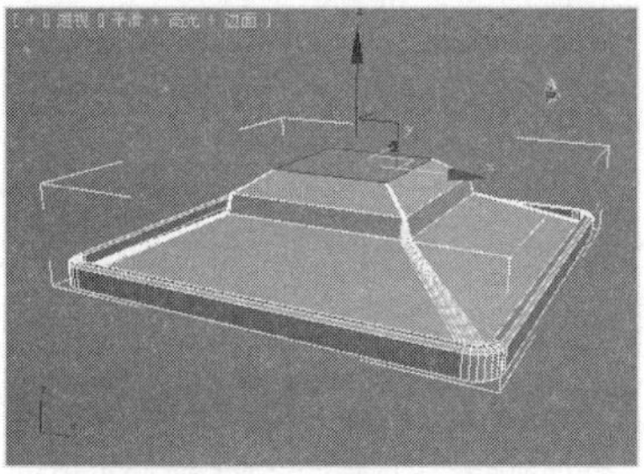

图4-297　挤出并收缩选择面

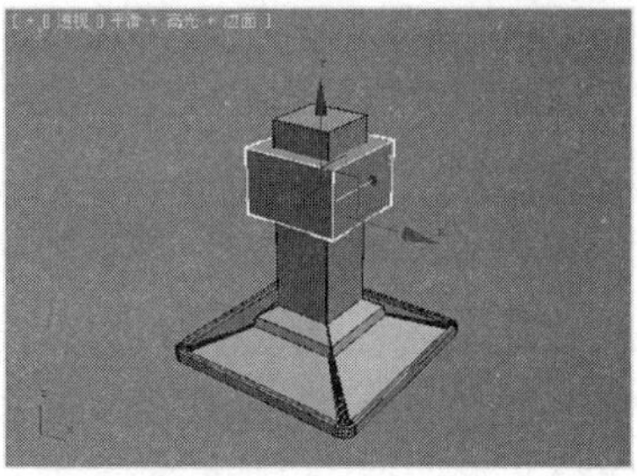

图4-298　绘制长方体

06 单击 长方体 按钮，在顶视图中绘制一个长方体，位置大小如图 4-299 所示。进入 ✎ 【修改】

命令面板，在 修改器列表 中选择【编辑多边形】命令，单击 ■【多边形】子集按钮进入到【多边形】子集中，选中长方体上方的面为红色，激活顶视图，选择 ■【缩放】工具将选择的面等比例放大至如图 4-300 所示效果。

图4-299　绘制长方体桌面

图4-300　缩放选择面

07 单击【挤出】命令，将选择的面向上挤出，高度如图如图 4-301 所示。单击 倒角 □ 命令，将选择的面做倒角效果，如图 4-302 所示。

图4-301　挤出选择面

图4-302　将选择面做倒角效果

08 为面做倒角效果，如图 4-303、图 4-304 所示。

图4-303　制作倒角效果

图4-304　制作倒角效果

09 制作倒角效果，如图 4-305、图 4-306 所示。

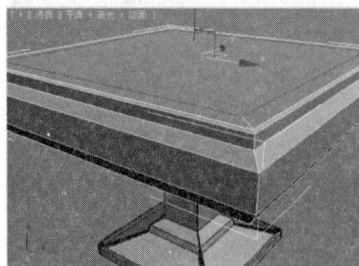

图4-305　制作倒角效果

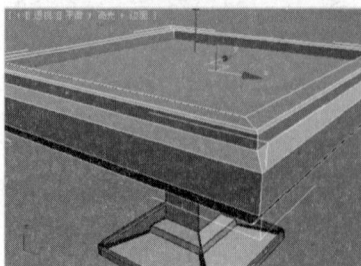

图4-306　制作倒角效果

三维制作大师

10 进入【创建】控制面板的 ⊙【几何体】建立区域，单击 [　矩形　] 按钮，在顶视图中绘制一个矩形，设置【角半径】为一定数值，如图 4-307 所示。进入 ☑【修改】命令面板，在 [修改器列表 ▽] 中选择【挤出】，适当挤出高度，高度如图 4-308 所示。

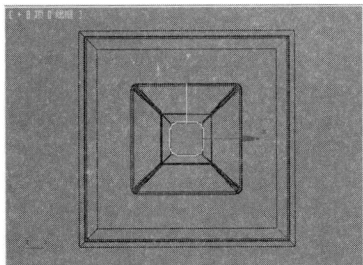

图4-307　绘制圆角矩形

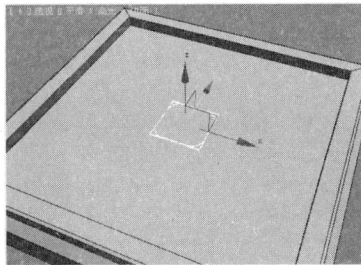

图4-308　挤出厚度

11 进入【创建】控制面板的 ⊙【几何体】建立区域，单击 [　圆柱体　] 按钮，在顶视图中绘制一个圆柱体，位置大小如图 4-309 所示。激活顶视图，使用 ✛【移动】工具，按住键盘 Shift 键再复制三个圆柱体，效果如图 4-310 所示。

图4-309　绘制圆柱体

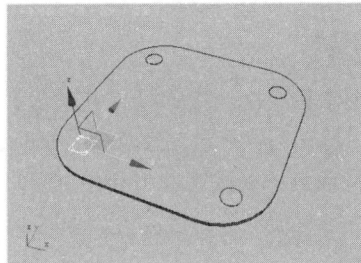

图4-310　复制圆柱体

12 进入【创建】控制面板的 ⊙【几何体】建立区域，选择标准基本体下拉菜单中的【扩展基本体】选项，单击 [切角长方体] 命令，在顶视图中创建一个切角长方体，适当调整【圆角】值，得到如图 4-311 所示麻将牌效果。在顶视图中使用 ✛【移动】工具复制多个切角长方体，最后效果如图 4-312 所示。

图4-311　创建切角长方体

图4-312　复制切角长方体

↩ 4.14　欧式茶几的制作

在这一节中，将学习利用编辑多边形命令结合挤出命令，制作欧式茶几模型，图 4-313 所示为欧式茶几的效果图。

（1）学习编辑多边形命令的使用。

（2）学会挤出、编辑样条线的使用方法。

图4-313 最后渲染效果

实例场景：光盘\效果\第4章\欧式茶几.max

操作步骤

01 进入【创建】控制面板的 【几何体】建立区域，单击 长方体 按钮，在顶视图中绘制一个长方体，如图 4-314 所示。进入 【修改】命令面板，在 修改器列表 中选择【编辑多边形】命令，单击 顶点子集按钮进入到顶点子集中，选择长方体上方所有顶点，选择【缩放】工具在顶视图中将所有顶点等比例放大，如图 4-315 所示。

图4-314 绘制长方体

图4-315 放大选择节点

02 单击 【多边形】子集按钮进入到【多边形】子集中，选中长方体上方的面为红色，单击 挤出 命令右侧的设置按钮，调整【挤出高度】值，将选中的面向上微微挤出一点，如图 4-316 所示。再使用【缩放】工具，将选中的面等比例适当放大，效果如图 4-317 所示。

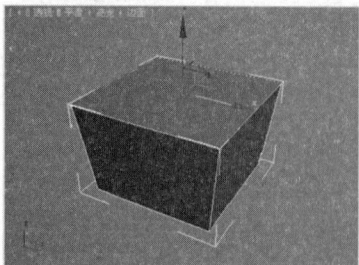

图4-316 挤出选择面

图4-317 放大选择面

03 保持当前选择的面，单击 [挤出 □] 命令右侧的设置按钮，适当调整【挤出高度】值，将选中面再向上挤出一定高度，如图 4-318 所示。再次使用 [挤出 □] 命令将选中的面向上挤出一点高度，使用【缩放】工具在顶视图中将所选中的面等比例适当缩小。

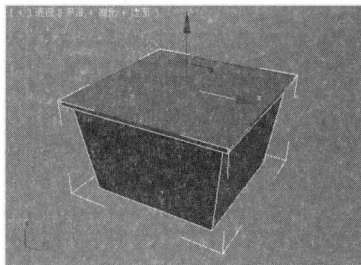

04 单击 [挤出 □] 命令右侧的设置按钮，适当调整【挤出高度】值，将选中的面向上挤出茶几腿的高度，如图 4-319 所示。单击 ⦂ 顶点子集按钮进入到顶点子集中，选中长方体上方所有的顶点，选择【缩放】工具在顶视图中将所有顶点等比例放大，效果如图 4-320 所示。

图4-318　挤出选择面

图4-319　挤出选择面

图4-320　缩放节点

05 使用之前的方法，制作出如图 4-321、图 4-322 所示的茶几腿结构。

图4-321　制作倒角效果

图4-322　制作倒角效果

06 单击 ☑【边】子集按钮进入到【边】子集中，单击 [连接 □] 命令添加两条横线，如图 4-323 所示。再次单击 [连接 □] 命令，继续添加两条纵线，如图 4-324 所示。

图4-323　添加边

图4-324　添加边

07 单击 ▣【多边形】子集按钮进入到【多边形】子集中,选中长方体上方的正中间的面为红色,单击 挤出 ▫ 命令右侧的设置按钮,稍微调整【挤出高度】值,将选中面向内挤入一点,效果如图4-325所示。茶几腿制作完成,如图4-326所示。

图4-325　挤入选择面　　　　　　　图4-326　茶几腿效果

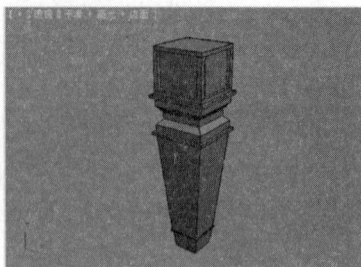

08 进入【创建】控制面板的 ◯【几何体】建立区域,单击 圆柱体 按钮,在顶视图中绘制一个圆柱体,设置【高度分段】和【端面分段】值为2,【边】数值为20,如图4-327所示。进入 ◩【修改】命令面板,在 修改器列表 ▾ 中选择【编辑多边形】命令,单击 ▣【多边形】子集按钮进入到【多边形】子集中,激活顶视图,选中圆柱体正前方的面为红色,如图4-328所示。

图4-327　绘制圆柱体　　　　　　　图4-328　选择面

09 单击 轮廓 ▫ 命令右侧的设置按纽,适当调整【轮廓量】数值,将选择面缩小,如图4-329所示。单击 倒角 ▫ 命令右侧的设置按纽,选择倒角类型为【按多边形】的方式,适当调整【高度】数值为正值,调整【轮廓量】数值为负值,为选中面做倒角效果,如图4-330所示。

图4-329　缩小选择面　　　　　　　图4-330　为选择面做倒角效果

10 复制该装饰花纹到茶几腿的另外三个方向。如图4-331所示。选中视图中的所有物体,执行【组】菜单中的【成组】命令,将其编成一组。再复制出另外三根茶几腿,效果如图4-332所示。

图4-331 复制装饰花纹

图4-332 复制茶几腿

11 进入【创建】控制面板的 ○【几何体】建立区域，单击 长方体 按钮，在顶视图中绘制一个长方体，如图 4-333 所示。进入 ◁【修改】命令面板，在 修改器列表 中选择【编辑多边形】命令，单击 ◁【边】子集按钮进入到【边】子集中，将长方体的长的一侧上下两边选中，单击 连接 □ 命令右侧的设置按钮，设置【分段】数值为 2，适当调整【收缩】和【滑块】数值，添加两条纵线，如图 4-334 所示。

图4-333 绘制长方体

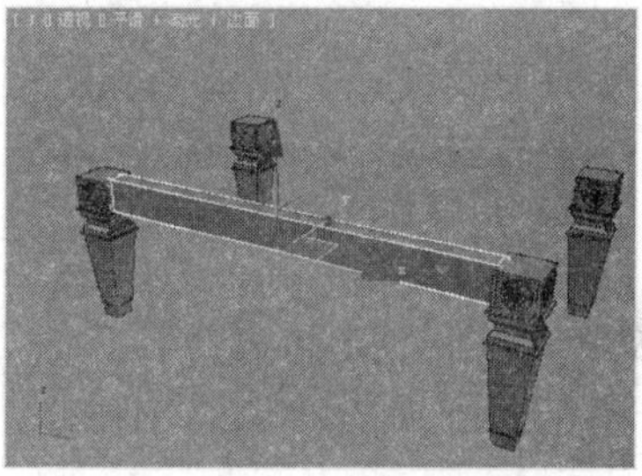

图4-334 添加线段

12 再次利用 连接 □ 命令为长方体添加两条横向的线段，如图 4-335 所示。单击 ■【多边形】子集按钮进入到【多边形】子集中，选中长方体正中间的面，单击 挤出 □ 命令右侧的设置按钮，稍微调整【挤出高度】值，将选中面向内挤入，如图 4-336 所示。

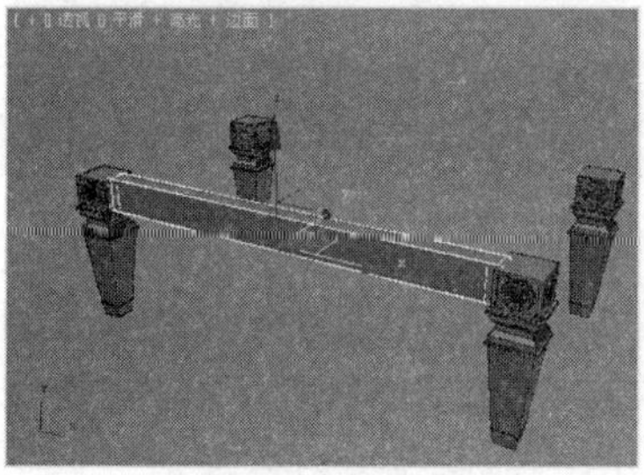

图4-335 添加线段

图4-336 挤入选择面

13 进入【创建】控制面板的 ○【几何体】建立区域，单击 圆环 按钮，在前视图中绘制一个圆环，位置大小如图 4-337 所示。进入 ◁【修改】命令面板，在 修改器列表 中选择【编辑多边形】命令，单击 ░【顶点】子集按钮进入到顶点子集中，在顶视图中将圆环嵌入到桌梁内的所有点选中，如图 4-338 所示，单击键盘 Delete 键删除掉所选择的节点。

14 进入【创建】控制面板的 ○【几何体】建立区域，单击 球体 按钮，在前视图中绘制一个球体，位置大小如图 4-339 所示。进入 ◁【修改】命令面板，在 修改器列表 中选择【编辑多边形】命令，单击 ░【顶点】子集按钮进入到顶点子集中，在顶视图中将球体嵌入到桌梁内的所有点选中，如图 4-340 所示，单击键盘 Delete 键删除掉所选择的节点。

图4-337　绘制圆环

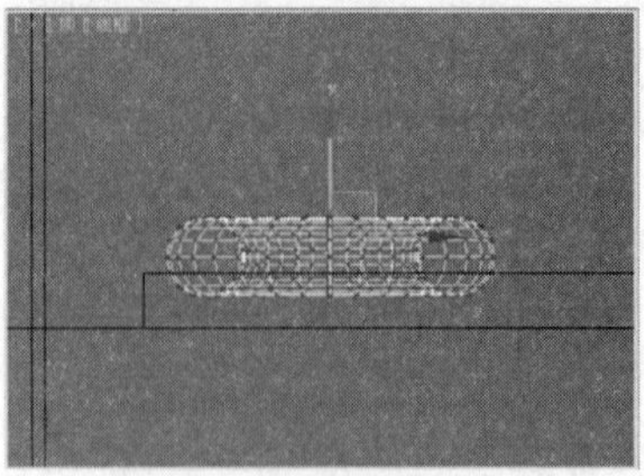

图4-338　选择节点并删除

图4-339　绘制球体

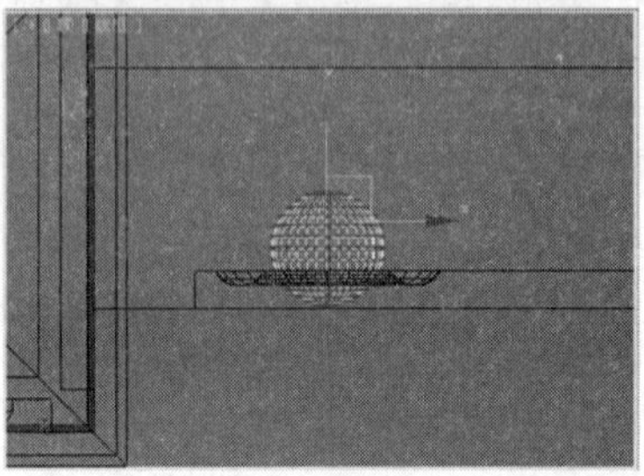

图4-340　选择节点并删除

15 选择圆环及球体，执行【组】菜单中的【成组】命令，将其编为一组。使用 【移动】工具，在前视图中按住键盘 Shift 键沿 X 轴横向移动复制，做成横梁花纹，如图 4-341 所示。应用此方法，将剩下三根桌梁制作完毕，最终效果如图 4-342 所示。

图4-341　复制花纹

图4-342　复制横梁

16 进入【创建】控制面板的 【几何体】建立区域，单击 矩形 按钮，在顶视图中绘制一个矩形，设置【角半径】的数值，做出圆角效果，位置大小如图 4-343 所示。进入 【修改】命令面板，在 修改器列表 中选择【挤出】，适当调整挤出高度，如图 4-344 所示。

图4-343　绘制圆角矩形

图4-344　挤出厚度

17 在 修改器列表 中选择【编辑多边形】命令，单击 ▣【多边形】子集按钮进入到【多边形】子集中，选中长方体上方的面，单击 倒角 □命令右侧的设置按钮，调整【高度】、【轮廓量】的值，为其做倒角效果，如图 4-345 所示。继续单击 倒角 □命令，再将桌面向上倒角，如图 4-346 所示。

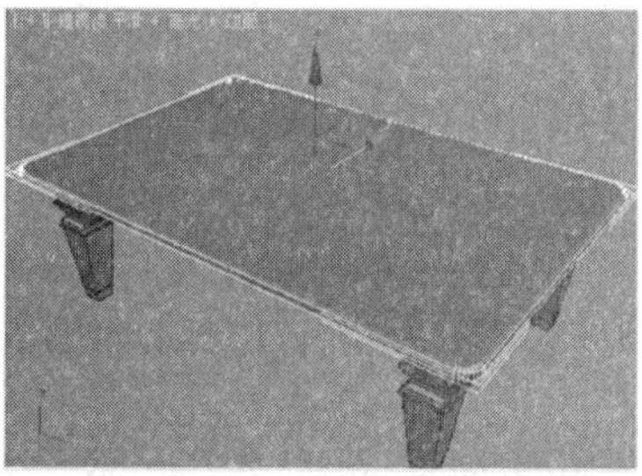

图4-345 加入倒角效果

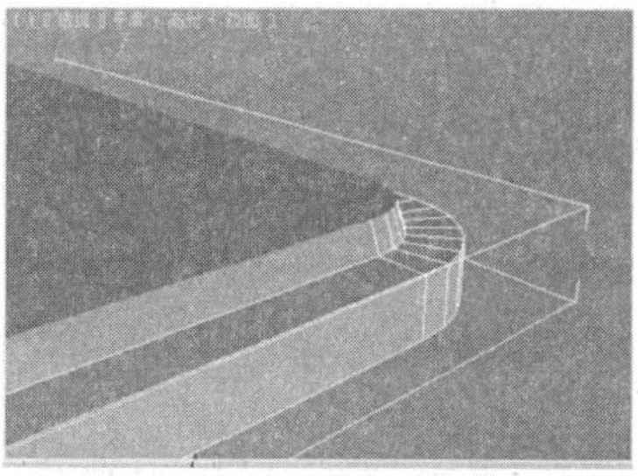

图4-346 加入倒角效果

18 继续重复之前的操作，将桌面制作成如图 4-347 所示的倒角效果，欧式茶几制作完毕。最后效果如图 4-348 所示。

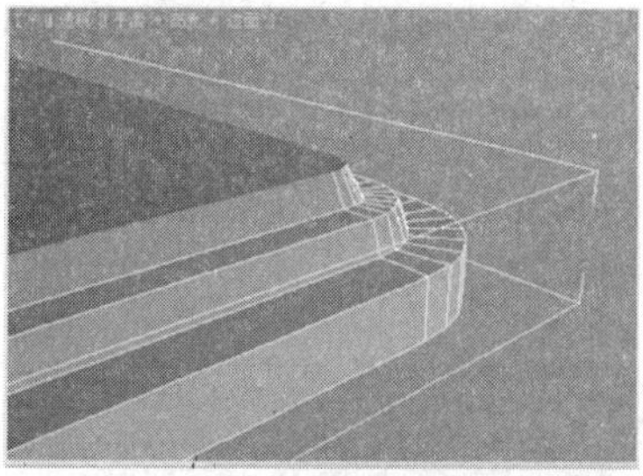

图4-347 加入倒角效果

图4-348 欧式茶几最后模型

↪ 4.15 台灯的制作

在这一节中，将学习利用编辑多边形命令结合挤出及布尔运算命令，制作台灯模型，图 4-349 所示为台灯的效果图。

📖 学习重点

(1) 学习编辑多边形命令的使用。

(2) 学会挤出、编辑样条线的使用方法。

(3) 学习布尔运算命令的使用方法。

图4-349 最后渲染效果

实例场景：光盘 \ 效果 \ 第 4 章 \ 台灯 max

操作步骤

01 进入【创建】控制面板的 【几何体】建立区域，单击 矩形 按钮，在顶视图中绘制一个矩形，设置【角半径】，做出圆角矩形效果，如图 4-350 所示。进入 【修改】命令面板，在 修改器列表 中选择【编辑样条线】命令，单击 【分段】子集按钮进入到【分段】子集中，选择矩形左半部分的圆弧，单击键盘 Delete 键删除，如图 4-351 所示。

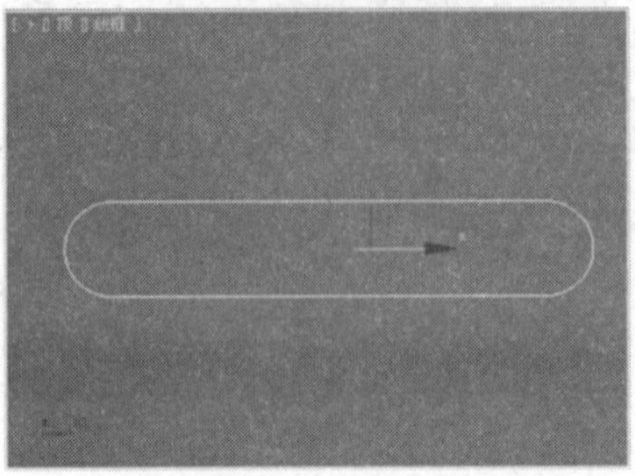

图4-350　绘制圆角矩形

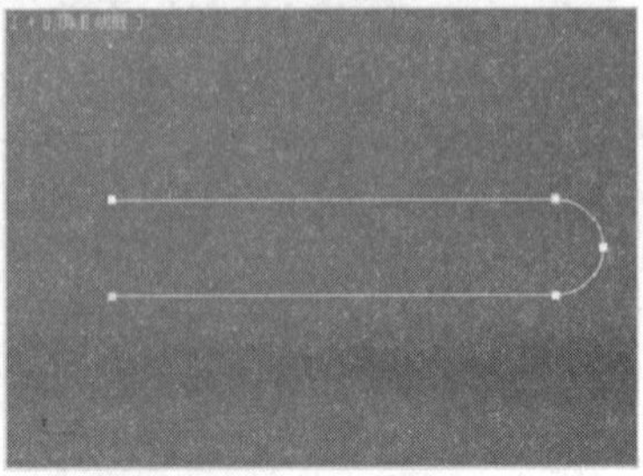

图4-351　删除线段

02 激活顶视图，单击 【顶点】子集按钮进入到【顶点】子集中，选择左侧上方顶点，使用 【移动】工具将节点向左侧移动，如图 4-352 所示。单击 【样条线】子集按钮进入到【样条线】子集中，单击 轮廓 按钮，将线变为双线，效果如图 4-353 所示。

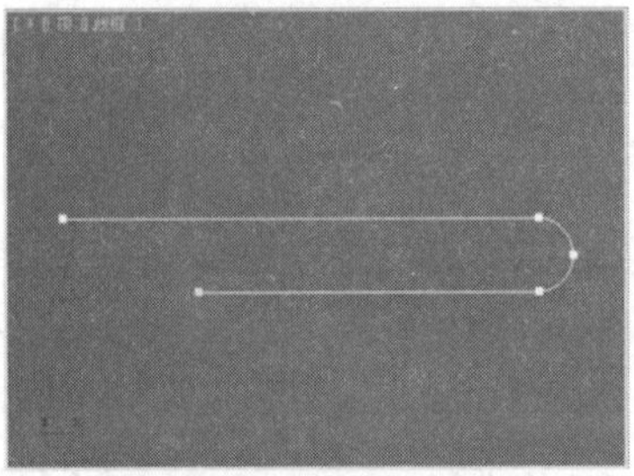

图4-352　调整节点位置

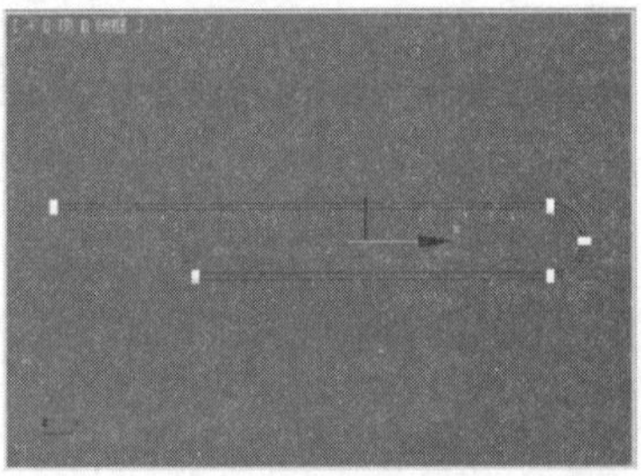

图4-353　建立轮廓

03 在 修改器列表 中选择【挤出】命令，适当挤出高度，如图 4-354 所示。在 修改器列表 中选择【编辑多边形】命令，单击 【分段】子集按钮进入到【分段】子集中，将图中所示线段选择为红色，如图 4-355 所示。

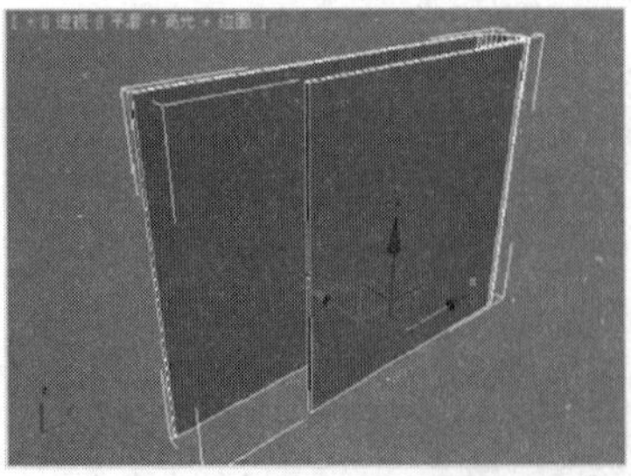

图4-354　挤出高度

图4-355　选择线段

04 单击 连接 □命令右侧的设置按纽，设制【分段】数值为 16，加入 16 个横向的线段，如图 4-356 所示。进入【创建】控制面板的 ⊕【几何体】建立区域，单击 线 按钮，在顶视图中绘制一条台灯曲线，高度与建立的多边形高度相同，位置如图 4-357 所示。

图4-356　添加线段　　　　　　　　　图4-357　绘制样条线

05 使用 ✛【移动】工具，按住键盘 Shift 键将该图形沿 X 轴复制移动到适当位置，如图 4-358 所示。单击 【镜像】按钮，选择【镜像轴】为 X 轴，将新复制的物体水平翻转，如图 4-359 所示。

图4-358　复制样条线　　　　　　　　图4-359　翻转样条线

06 使用 ✛【移动】工具，调整复制样条线的位置，将两个样条线的端点靠近，效果如图 4-360 所示。进入【修改】命令面板，单击 附加 按钮，拾取另一个样条线，将两个样条线结合到一起，如图 4-361 所示。

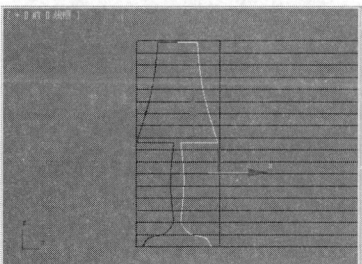

图4-360　调整样条线位置　　　　　　图4-361　结合样条线

07 单击 【顶点】子集按钮进入到【顶点】子集中，选择两条样条线的端点，如图 4-362 所示。适当调整 焊接 76.2mm 后面的数值，再单击【焊接】按钮。将相邻的点焊接成一个节点，效果如图 4-363 所示。

08 在 修改器列表 中选择【挤出】命令，挤出高度与多边形厚度相同。使用 ✛【移动】工具，将挤出图形调整到如图 4-364 所示位置。

三
维
制
作
大
师

图4-362　选择端点

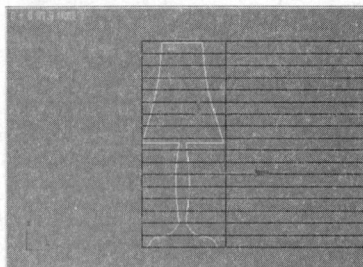

图4-363　焊接端点

图4-364　调整图形位置

09 选择多边形，单击 ⊡【顶点】子集按钮进入到【顶点】子集中，在前视图中选择最左侧所有节点为红色，如图 4-365 所示，使用 ✛【移动】工具，将节点移动至台灯模形中间位置，效果如图 4-366 所示。

图4-365　选择节点

图4-366　调整节点位置

10 在前视图中选择前方所有多边形节点为红色，如图 4-367 所示，使用 ✛【移动】工具，将节点移动至台灯模型偏右的位置，效果如图 4-368 所示。

图4-367　选择节点

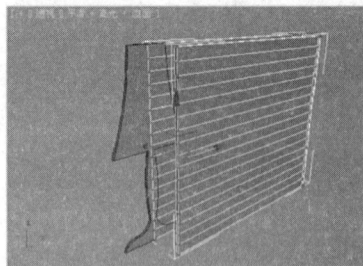

图4-368　调整节点位置

11 选择台灯模型，使用 ✛【移动】工具，按住键盘 Shift 键在顶视图中沿 Y 轴移动复制至前方短边适当位置，进入 ◢【修改】命令面板中，将【挤出】数量适当增大，如图 4-369 所示。选择多边形，单击 【几何体】建立区域，在标准基本体下拉菜单中选择【复合对象】命令，单击 布尔 命令按钮，单击 拾取操作对象B 按钮，在透视图中单击复制的台灯模型，进行布尔运算，最后得到如图 4-370 所示效果。

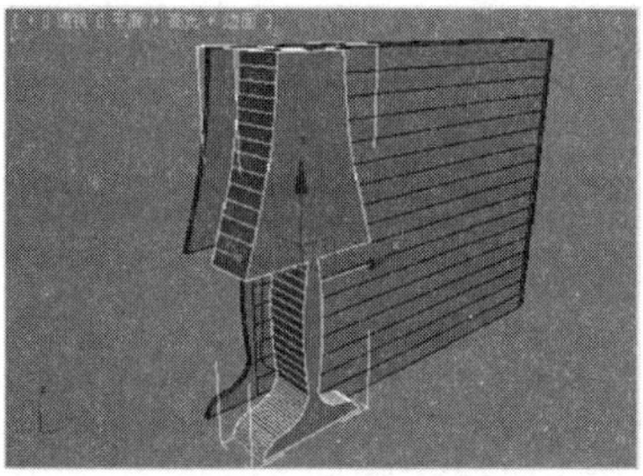

图4-369 复制对象并改参数 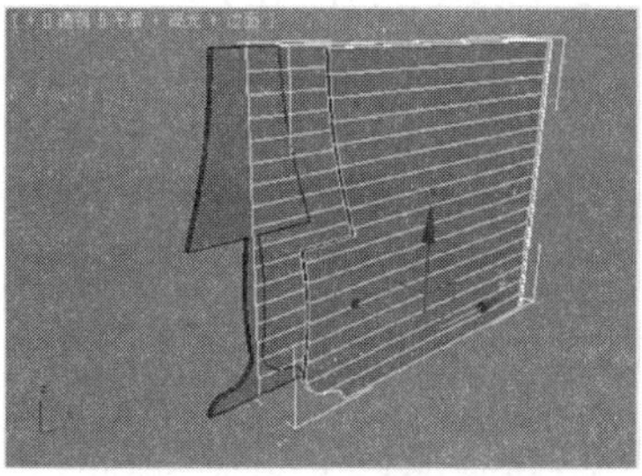   图4-370 台灯最终模型

4.16 时尚音响的制作

在这一节中，将学习利用编辑多边形命令结合挤出命令，制作时尚音响模型，图 4-371 所示为时尚音响的效果图。

学习重点

（1）学习编辑多边形命令的使用。
（2）学会挤出、编辑样条线的使用方法。

图4-371 最后渲染效果

实例场景：光盘 \ 效果 \ 第 4 章 \ 音响.max

操作步骤

01 进入【创建】控制面板的 【几何体】建立区域，单击 矩形 按钮，在前视图中绘制一个矩形，设置【角半径】数值，给出圆角效果。单击 圆 按钮，在前视图中绘制一个圆形，位置大小如图 4-372 所示。选择矩形，进入 【修改】命令面板，在 修改器列表 中选择【编辑样条线】命令，单击 附加 按钮，然后单击圆形，将两个曲线结合为一个整体，如图 4-373 所示。

02 选择矩形，进入 【修改】命令面板，在 修改器列表 中选择【挤出】，调整【数量】值，挤出厚度，如图 4-374 所示。在 修改器列表 中选择【编辑多边形】命令，单击 【顶点】子集按钮进入到【顶点】子集中，在顶视图中选中矩形背面所有顶点为红色，如图 4-375 所示。

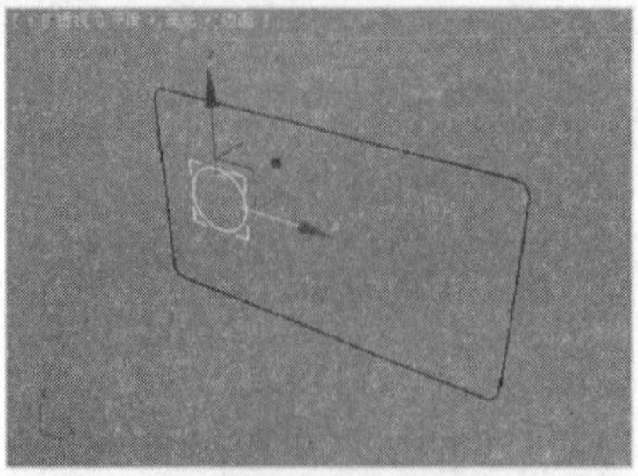

图4-372 绘制矩形圆形

图4-373 将图形结合

图4-374 挤出厚度

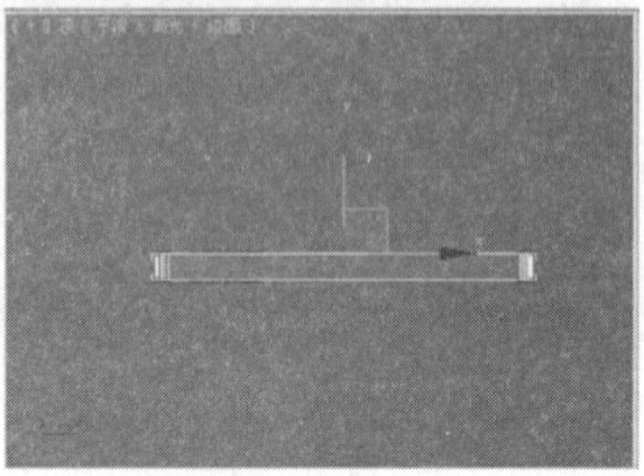

图4-375 选择节点

03 使用【缩放】工具，将选择的节点等比例适当缩小，将音箱背面做倒角效果，如图 4-376 所示。选择中间圆形所有后面的节点，选择【缩放】工具，将所选节点也等比例缩小，制作出倒角效果，如图 4-377 所示。

图4-376 制作倒角效果

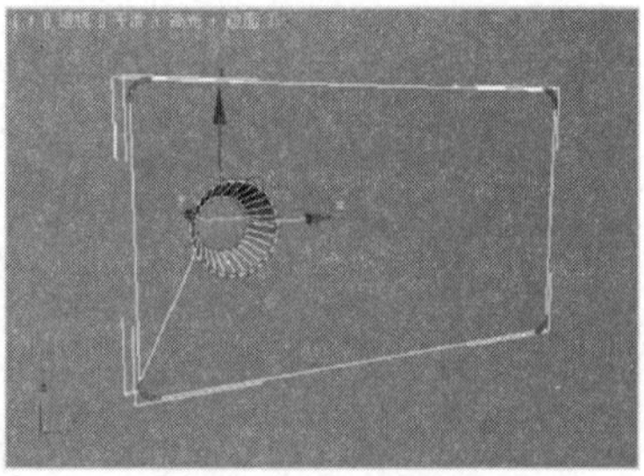

图4-377 制作倒角效果

04 制作箱身。进入【创建】控制面板的 【几何体】建立区域，单击 矩形 按钮，在顶视图中绘制一个矩形，设置【角半径】为一定数值，大小位置如图 4-378 所示。进入 【修改】命令面板，在 修改器列表 中选择【挤出】，适当调整挤出高度，如图 4-379 所示。

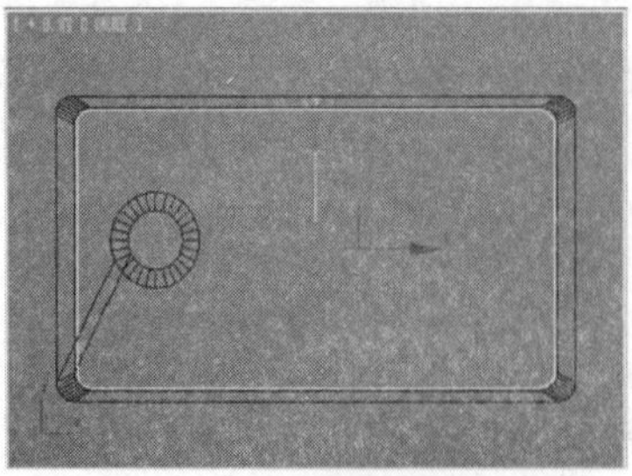

图4-378 绘制圆角矩形

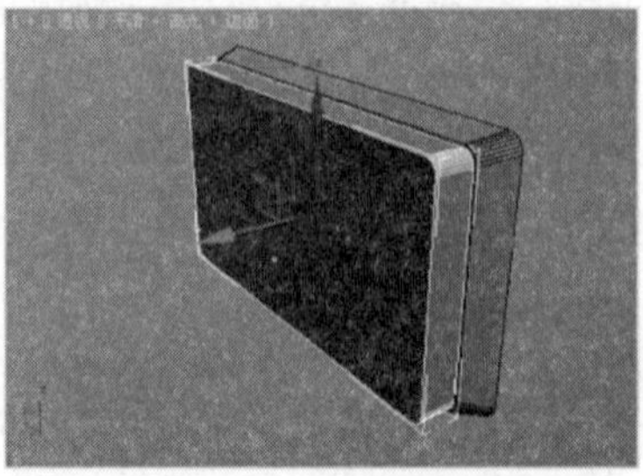

图4-379 挤出厚度

05 在 修改器列表 中选择【编辑多边形】命令，单击 ■【多边形】子集按钮进入到【多边形】子集中，选中钜形后面的面为红色，单击 倒角 □ 命令右侧的设置按钮，调整【高度】、【轮廓量】的值，制作倒角效果，如图 4-380 所示。再次将面稍微挤出，如图 4-381 所示。

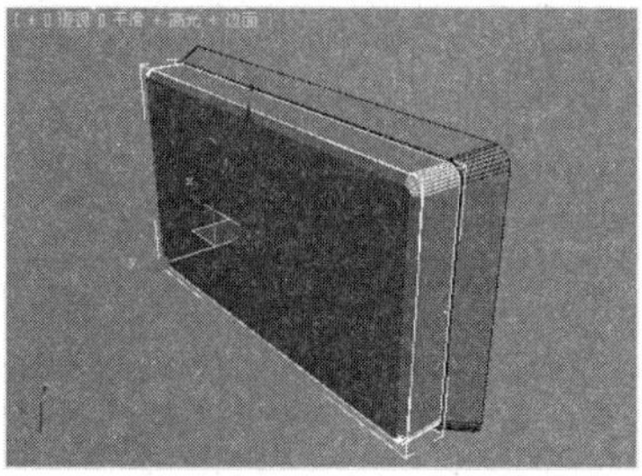

图4-380 制作倒角效果

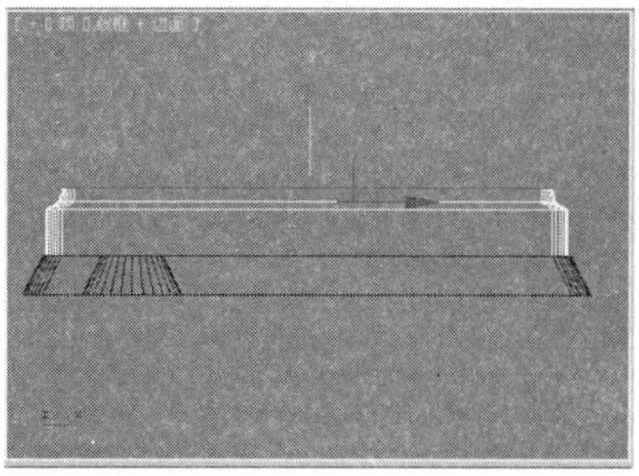

图4-381 挤出选择面

06 继续之前的操作方法，制作倒角效果，如图 4-382、图 4-383 所示。音箱箱身制作完毕。

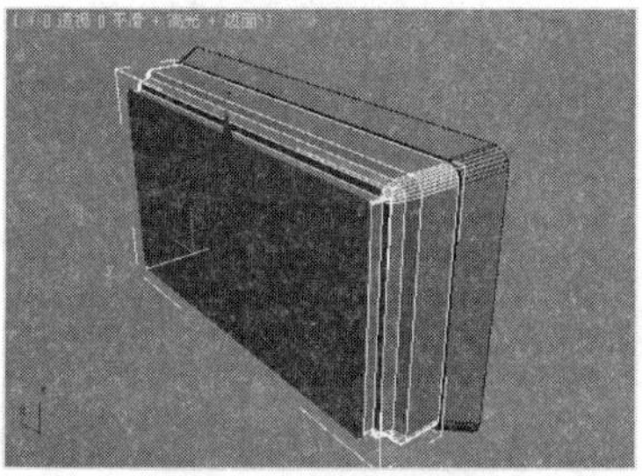

图4-382 制作倒角效果

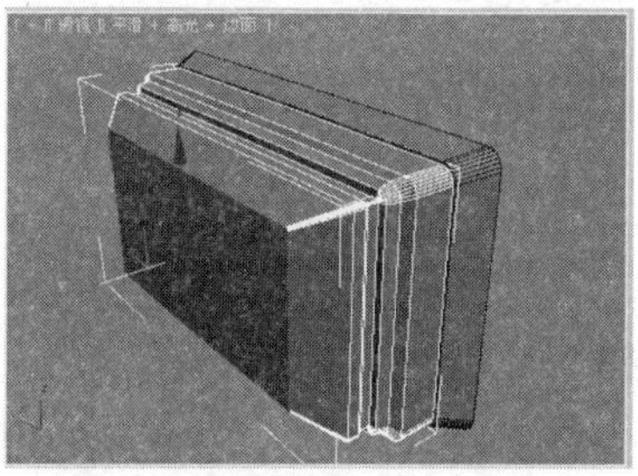

图4-383 制作倒角效果

07 进入【创建】控制面板的 ◎【几何体】建立区域，单击 矩形 按钮，在前视图中绘制一个矩形，调整设置【角半径】为一定数值，如图 4-384 所示。进入 ☑【修改】命令面板，打开【渲染】卷展栏，勾选【在渲染中启用】、【在视图中启用】选项，适当调整【厚度值】，将线调整为可渲染状态，如图 4-385 所示。

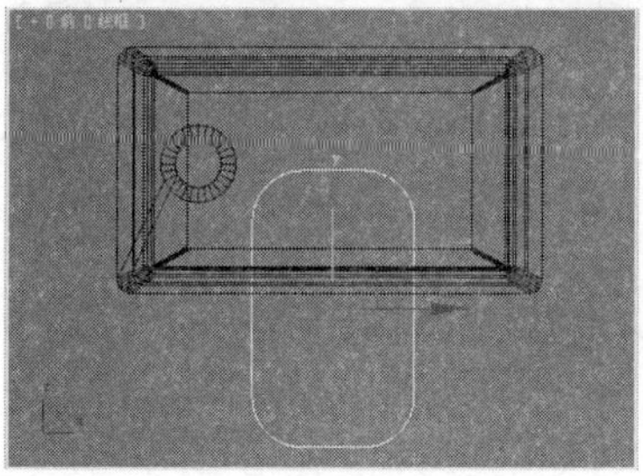

图4-384 绘制圆角矩形

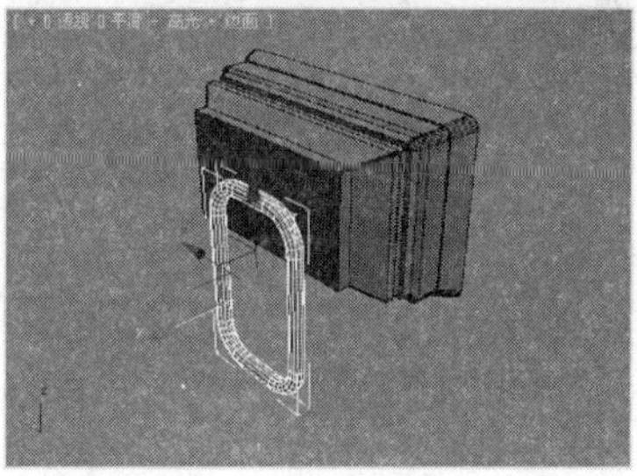

图4-385 调整线为可渲染

08 选择左视图，使用 ◎【旋转】工具将该图形沿 Z 轴旋转一定角度，如图 4-386 所示。进入【创建】控制面板的 ◎【几何体】建立区域，单击 线 按钮，在左视图中绘制一条曲线，形状、大小如图 4-387 所示。

09 进入 ☑【修改】命令面板，在 修改器列表 中选择【挤出】命令，调整挤出高度，如图 4-388 所示。进入【创建】控制面板的 ◎【几何体】建立区域，单击 管状体 按钮，在顶视图

中绘制一个管状体，勾选【启用切片】命令，将【切片起始位置】数值设置为180，做出切角
管状体，如图4-389所示。

图4-386 调整角度

图4-387 绘制样条线

图4-388 挤出宽度

图4-389 绘制切角管状体

10 进入 【修改】命令面板，在 修改器列表 中选择【编辑多边形】命令，单击 【顶点】
子集按钮进入到【顶点】子集中，选中管状体下方的所有顶点为红色，在顶视图中选择【缩放】
工具，将所有顶点等比例缩小，如图4-390所示。进入【创建】控制面板的 【几何体】建立区域，
单击 圆柱体 按钮，在顶视图中绘制一个圆柱体，勾选【启用切片】命令，将【切片起始位置】
数值设置为180，与管状体相同，摆放至如图4-391所示位置。

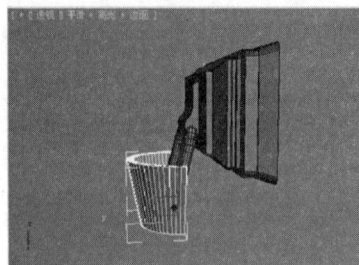

图4-390 缩放选择节点

图4-391 绘制切角圆柱体

11 进入【创建】控制面板的 【几何体】建立区域，单击 长方体 按钮，在顶视图中绘制
一个长方体，大小与管状体正前方大小相同，如图4-392所示。进入 【修改】命令面板，在
修改器列表 中选择【编辑多边形】命令，单击 【顶点】子集按钮进入到【顶点】子集中，
调整节点位置，做出如图4-393所示效果。

12 进入【创建】控制面板的 【几何体】建立区域，单击 矩形 按钮，在顶视图中绘制
一个矩形，调整设置【角半径】为一定数值，如图4-394所示。进入 【修改】命令面板，在
修改器列表 中选择【挤出】命令，适当挤出一定高度，效果如图4-395所示。

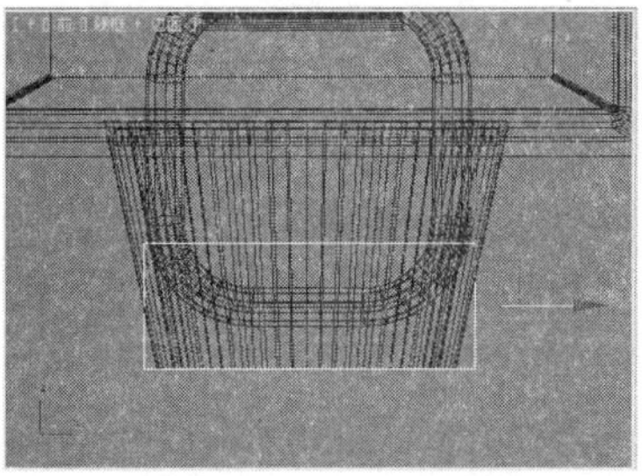

图4-392　绘制长方体

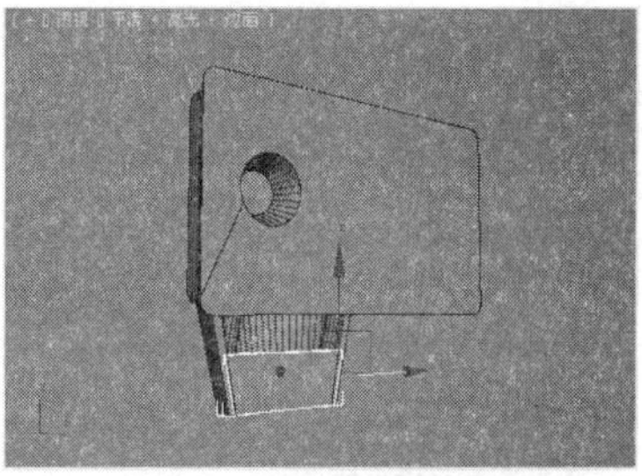

图4-393　调整长方体形状

图4-394　绘制圆角矩形

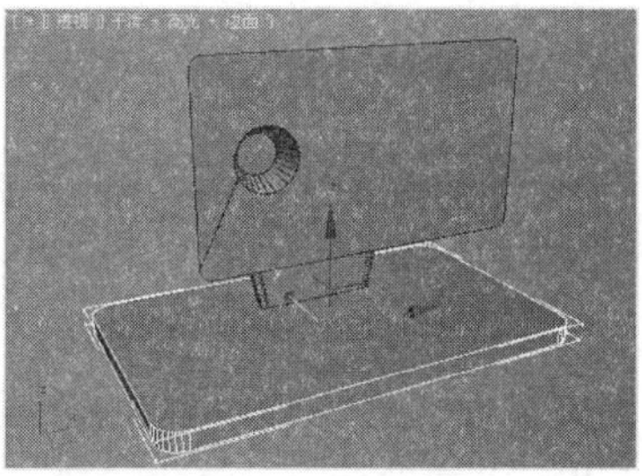

图4-395　挤出厚度

13 进入 【修改】命令面板，在 修改器列表 中选择【编辑多边形】命令，单击 【多边形】子集按钮进入到【多边形】子集中，激活顶视图，选择顶上的面，如图 4-396 所示。单击 倒角 命令右侧的设置按钮，调整【高度】、【轮廓量】的值，做出倒角效果，如图 4-397 所示。

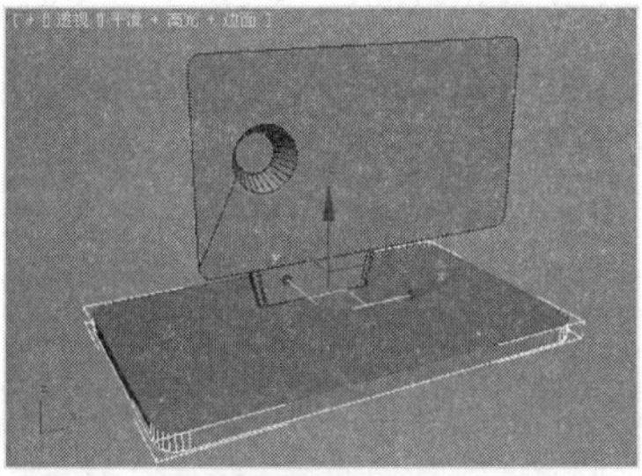

图4-396　选择面

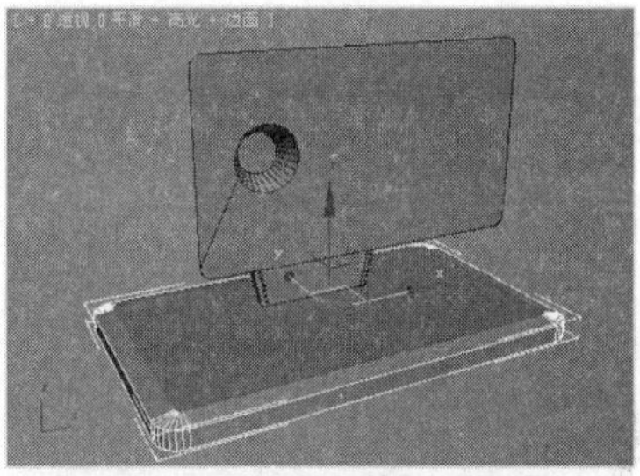

图4-397　制作倒角效果

14 进入【创建】控制面板的 【几何体】建立区域，单击 圆环 按钮，在前视图中绘制一个圆环，位置大小如图 4-398 所示。单击 球体 按钮，在前视图中绘制一个球体，位置大小如图 4-399 所示。至此，音箱制作完毕。

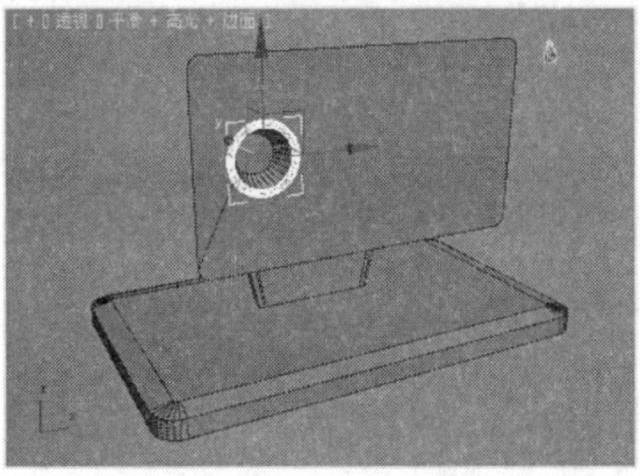

图4-398　绘制圆环

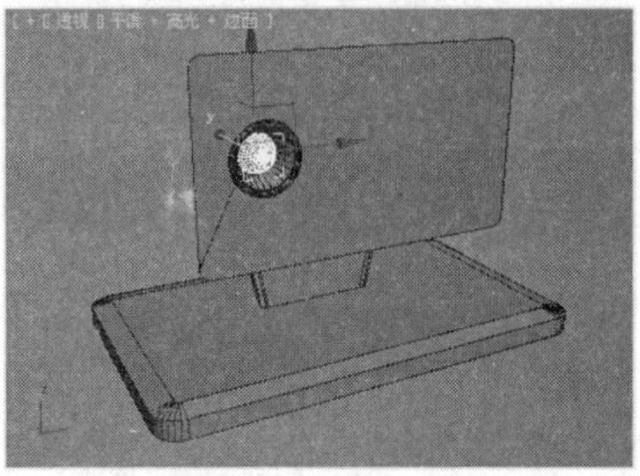

图4-399　绘制球体

▶ 4.17　蜗牛的制作

在这一节中，将学习利用编辑多边形命令结合放样命令，制作蜗牛模型，图 4-400 所示为蜗牛的效果图。

学习重点

(1) 学习编辑多边形命令的使用。
(2) 学会放样命令的使用方法。

图4-400　最后渲染效果

实例场景：光盘\效果\第 4 章\蜗牛 max

操作步骤

01 进入【创建】控制面板的 【图形】建立区域，单击 螺旋线 按钮，在顶视图中绘制一条螺旋线，如图 4-401 所示。进入 【修改】命令面板，在 修改器列表 中选择【编辑样条线】命令，单击 【顶点】子集按钮进入到子集中，删除掉单数的顶点，得到如图 4-402 所示效果。

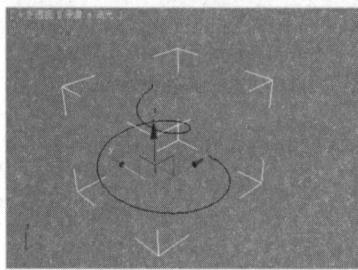

图4-401　绘制螺旋线

图4-402　删除节点

02 进入【创建】控制面板的 【图形】建立区域，单击 圆环 按钮，在前视图中绘制一个圆环，如图 4-403 所示。选择 【缩放】工具，在前视图中将圆环沿 Y 轴缩小，如图 4-404 所示效果。

03 进入【创建】控制面板，在标准基本体下拉菜单中选择【复合对象】命令选项，选择螺旋线，单击 放样 按钮。单击 获取图形 按钮，在视图中拾取圆环，得到如图 4-405 所示放样物体。单击【变形】卷展栏中的 缩放 按钮，打开【缩放】控制面板，将曲线调整至如图 4-406 所示状态，使放样物体缩放变形。

图4-403 绘制圆环

图4-404 压缩圆环形状

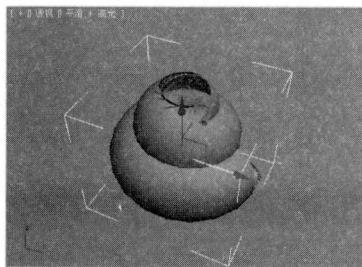

图4-405 制作放样物体

图4-406 【缩放变形】对话框

04 进入【创建】控制面板的 ⊙【几何体】建立区域,在标准基本体下拉菜单中选择【扩展基本体】命令,单击 胶囊 按钮,在如图 4-407 所示位置建立一个胶囊物体。进入 ☑【修改】命令面板,在 修改器列表 中选择【编辑多边形】命令,单击 ⬚【顶点】子集按钮进入到【顶点】子集中,将如图 4-408 中所示的节点选中。

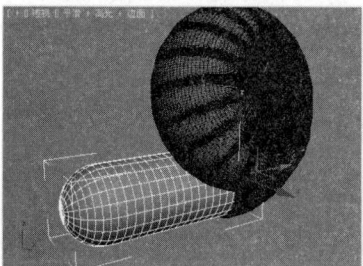

图4-407 创建胶囊体

图4-408 选择节点

05 打开【软选择】卷展栏,勾选软选择命令,适当调整【衰减】值,得到如图 4-409 示效果。调整节点位置,如图 4-410 所示。

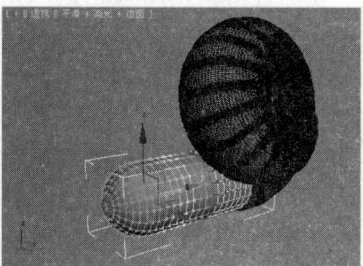

图4-409 打开软选择

图4-410 调整节点位置

06 单击 ◁【边】子集按钮进入【边】子集中,选中胶囊体顶端如图 4-411 所示的线段。单击

【移除】命令将边删除，得到如图 4-412 所示效果。

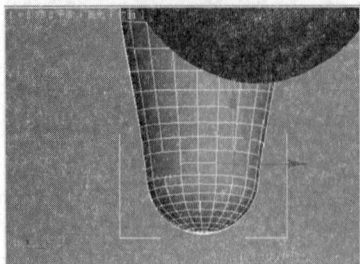

图4-411　选择线段

图4-412　删除线段

07 单击 【顶点】子集按钮进入到【顶点】子集中，将选中节点调整成如图 4-413 所示效果。单击 【多边形】子集按钮进入到【多边形】子集中，选中红色显示的面，如图 4-414 所示。

图4-413　调整节点位置

图4-414　选择面

08 单击 倒角 命令右侧的设置按钮，适当调整数值，制作倒角效果，如图 4-415 所示。再次单击 倒角 命令，制作第二次倒角，适当调整高度、大小，如图 4-416 所示。

图4-415　制作倒角效果

图4-416　制作倒角效果

09 使用同样的方法，继续制作蜗牛的另一对触角，如图 4-417 所示。最后加入光滑效果，得到如图 4-418 所示的完整蜗牛模型。

图4-417　制作第二对触角

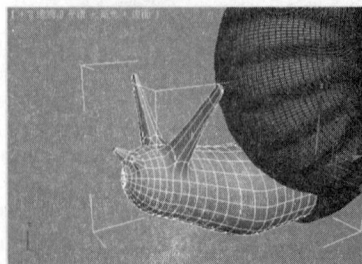

图4-418　完整蜗牛模型

▷⊃ **4.18 显示器的制作**

在这一节中，将学习利用编辑多边形命令，制作显示器模型，图 4-419 所示为显示器的效果图。

📖 学习重点

(1) 学习编辑多边形命令的使用。

(2) 挤出倒角命令的使用。

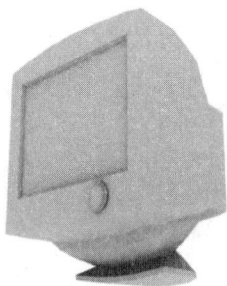

图4-419 最后渲染效果

🕐 实例场景: 光盘\效果\第4章\显示器 max

✍ 操作步骤

01 进入【创建】控制面板的 ◎【几何体】建立区域，在标准基本体下拉菜单中选择【扩展基本体】选项，单击 切角长方体 按钮，在顶视图中绘制一个切角长方体。设置【长度分段】为6;【宽度分段】为6;【高度分段】为4，如图 4-420 所示。进入 ✎【修改】命令面板，在 修改器列表 ▼ 中选择【编辑多边形】命令，单击 ⊡【顶点】子集按钮进入到【顶点】子集中，激活前视图，将上下边各点调整至如图 4-421 所示效果。

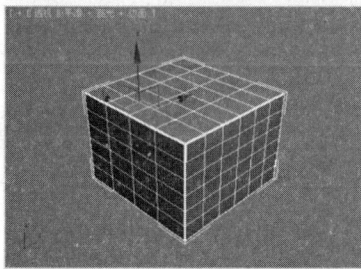

图4-420 绘制切角长方体图

图4-421 调整节点位置

02 单击 ▣【多边形】子集按钮进入到【多边形】子集中，选中长方体前方的面为红色，做出倒角效果，如图 4-422 所示。逐步将显示器后侧的节点压缩并调整位置，得到如图 4-423 所示的显示器。

03 单击 ▣【多边形】子集按钮进入到【多边形】子集中，选中长方体底部的面为红色，制作倒角效果，如图 4-424 所示。再次不断的挤出、缩放、倒角，得到如图 4-425 所示的底座形状。

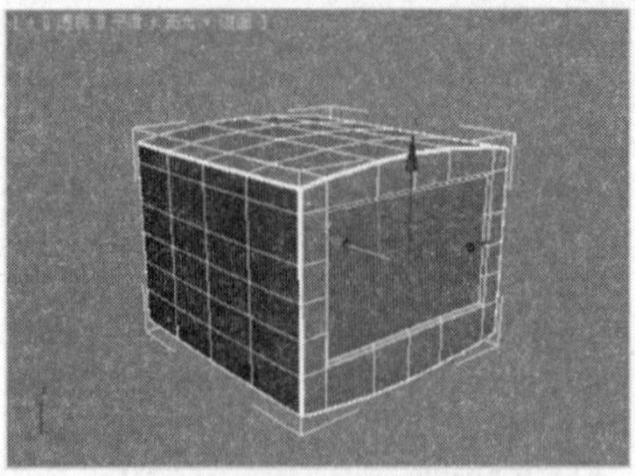

图4-422　制作倒角效果

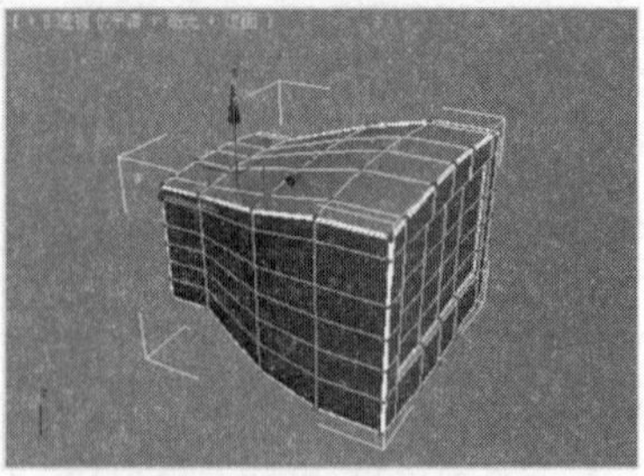

图4-423　调整节点位置

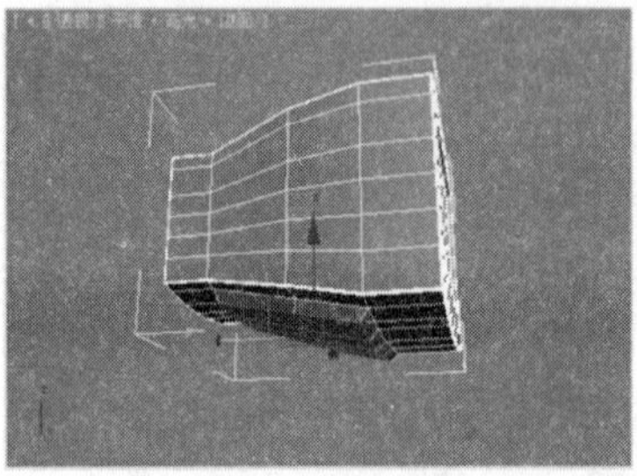

图4-424　制作倒角效果

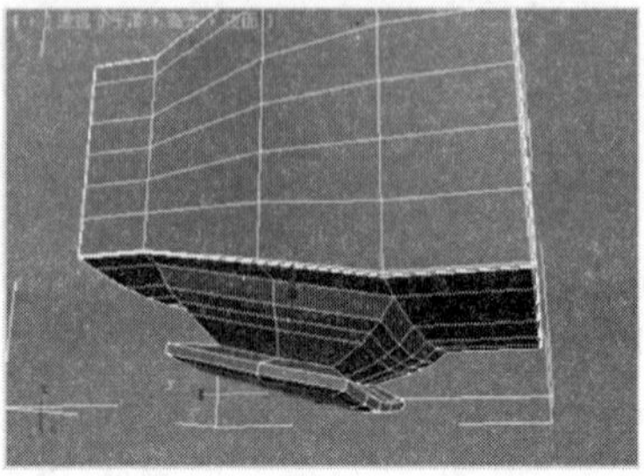

图4-425　制作底座效果

04 激活左视图，进入【创建】控制面板的 ◎【几何体】建立区域，单击 █ 球体 █ 按钮，在左视图中绘制一个球体作为显示器的按键，为球体加入【编辑多边形】命令，单击 █【顶点】子集按钮进入到【顶点】子集中，选中球体尾部各点，按键盘 Delete 键删除掉，如图 4-426 所示。调整选择节点的形状位置，如图 4-427 所示。

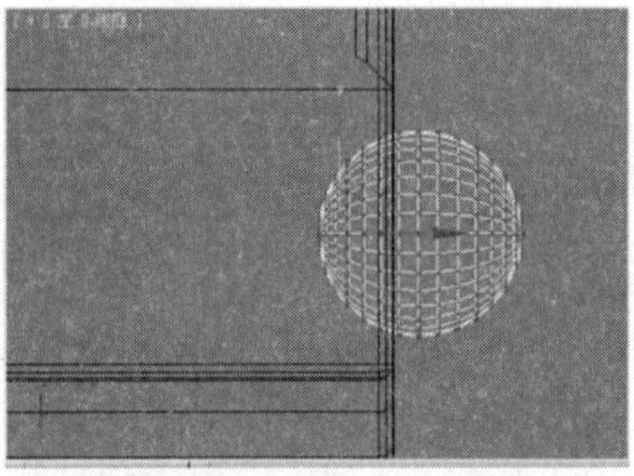

图4-426　选择节点并删除

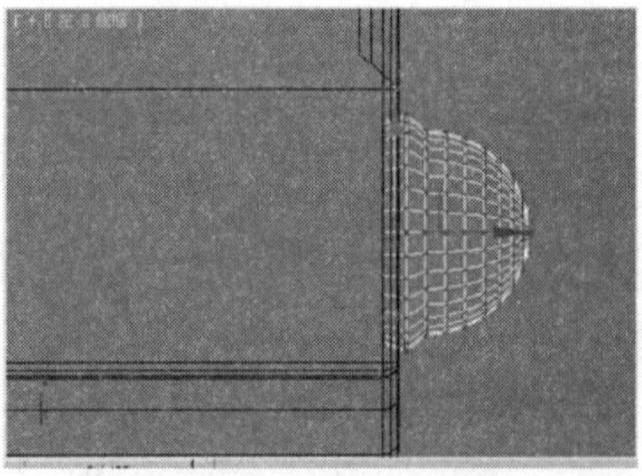

图4-427　调整节点位置

05 选中如图 4-428 所示节点，激活左视图，选择 █【缩放】工具将选择的点沿 X 轴缩小至如图 4-429 所示效果，显示器制作完毕。

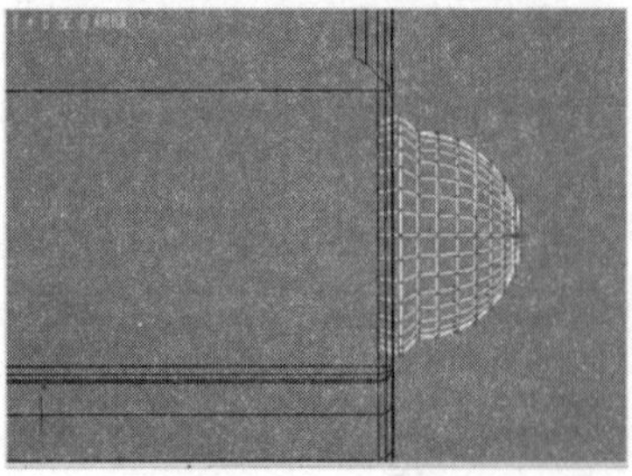

图4-428　选择节点

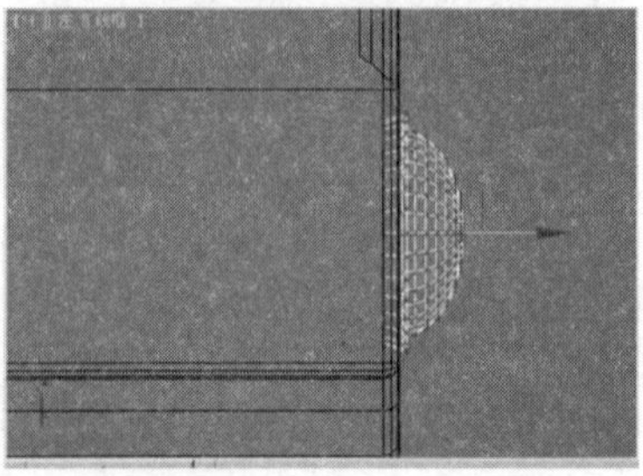

图4-429　调整节点位置

▶ 4.19　古巴雪茄盒的制作

在这一节中，将学习利用编辑多边形命令结合挤出命令，制作古巴雪茄盒模型，图4-430所示为古巴雪茄盒的效果图。

📖 学习重点

(1) 学习编辑多边形命令的使用。

(2) 学会挤出、编辑样条线的使用方法。

图4-430　最后渲染效果

⏱ 实例场景：光盘\效果\第4章\古巴雪茄盒 max

✍ 操作步骤

01 进入【创建】控制面板的 ⊙【几何体】建立区域，单击 长方体 按钮，在顶视图中绘制一个长方体。设置【高度分段】为8，如图4-431所示。进入 ✎【修改】命令面板，在 修改器列表 中选择【编辑多边形】命令，单击 ✓【边】子集按钮进入到【边】子集中，将长方体中间两条线段选择为红色，如图4-432所示。

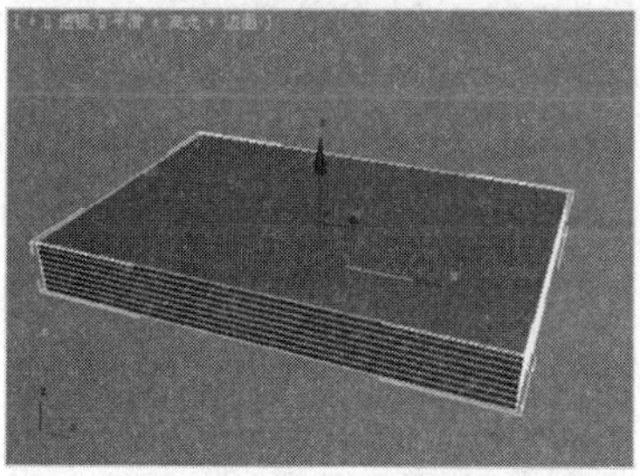

图4-431　绘制长方体

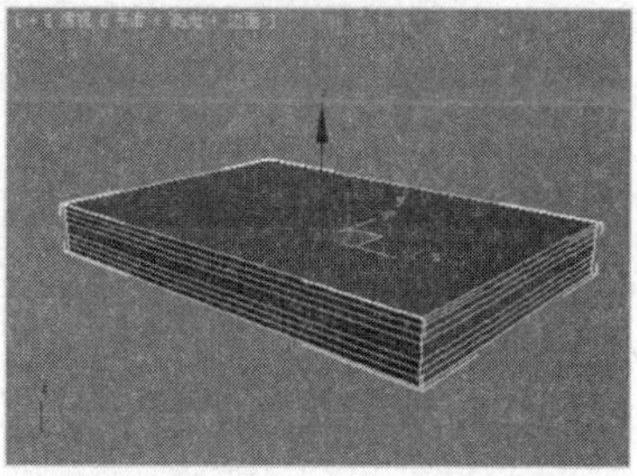

图4-432　选择线段

02 打开【软选择】卷展栏，勾选【使用软选择】命令。适当调整【衰减】值。使选中的线段影响周围的线，将选择的线段缩小，制作出弧度的效果，如图4-433所示。单击 ◼【多边形】子集按钮进入到【多边形】子集中，选中长方体上方的面为红色，如图4-434所示。

03 单击 倒角 □ 命令，将选择面做出倒角效果，如图4-435所示。为选择面插入面后做出挤入效果，如图4-436所示。

图4-433　调整线段大小

图4-434　选择面

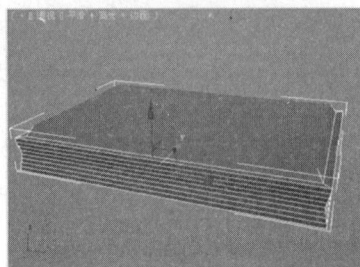

图4-435　制作倒角效果

图4-436　制作挤入效果

04 进入【创建】控制面板的 ⊙【几何体】建立区域，单击 长方体 按钮，在顶视图中绘制一个长方体，如图 4-437 所示。进入 ☑【修改】命令面板，在 修改器列表 ▾ 中选择【编辑多边形】命令，将长方体的面做倒角效果，如图 4-438 所示。

图4-437　绘制长方体

图4-438　制作倒角效果

05 进入【创建】控制面板的 ⊙【几何体】建立区域，单击 长方体 按钮，在前视图中绘制一个长方体，如图 4-439 所示，单击 球体 按钮，在前视图中绘制一个球体，位置大小如图 4-440 所示。

图4-439　绘制长方体

图4-440　绘制球体

06 在球体的上面绘制一个长方体，位置大小如图 4-441 所示。将球体与长方体制作布尔运算，制作螺丝的效果，如图 4-442 所示。将螺丝复制三个分别摆放在长方体的四角处。

图4-441　绘制长方体

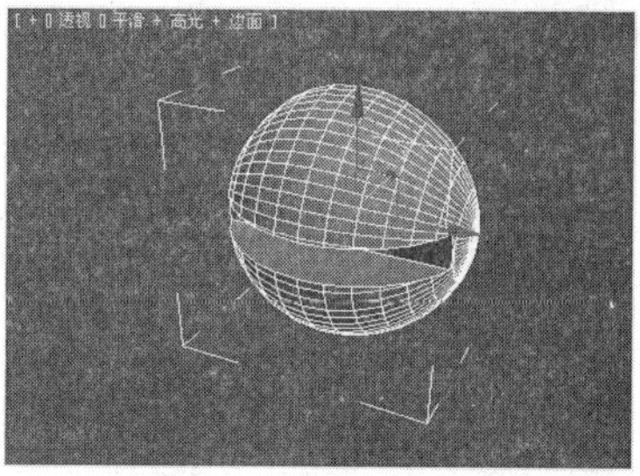

图4-442　制作布尔运算

07 进入【创建】控制面板的○【几何体】建立区域，单击 长方体 按钮，在顶视图中绘制一个长方体，分段数以及大小如图 4-443 所示。加入【编辑多边形】命令后，将选中的面做倒角挤出效果，如图 4-444 所示。

图4-443　绘制长方体

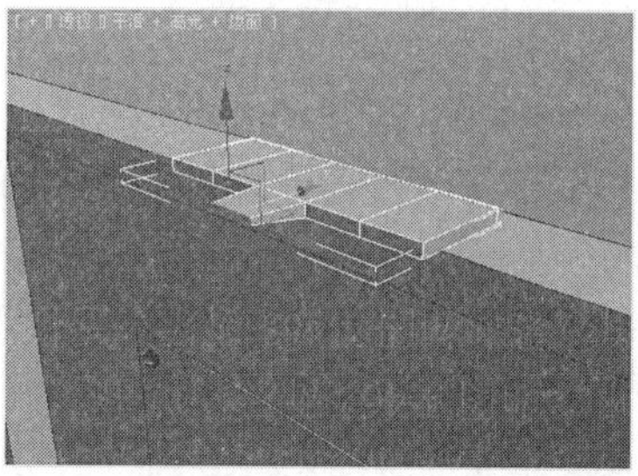

图4-444　制作倒角效果

08 将挤出面左右两边的面也做挤出效果，如图 4-445 所示。再在长方体的上方绘制一个圆柱体，将端面做出倒角效果，如图 4-446 所示。

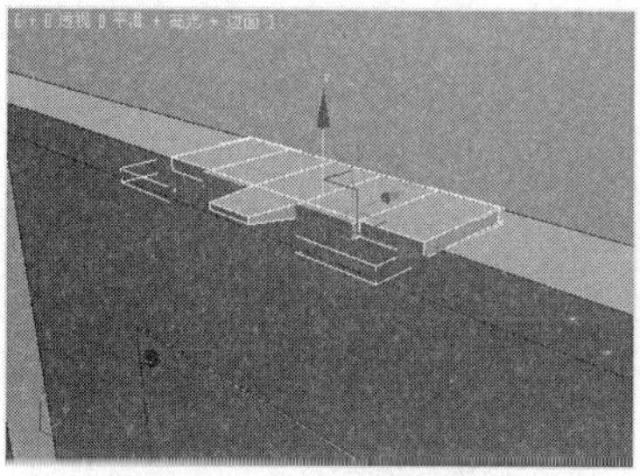

图4-445　挤出选择面

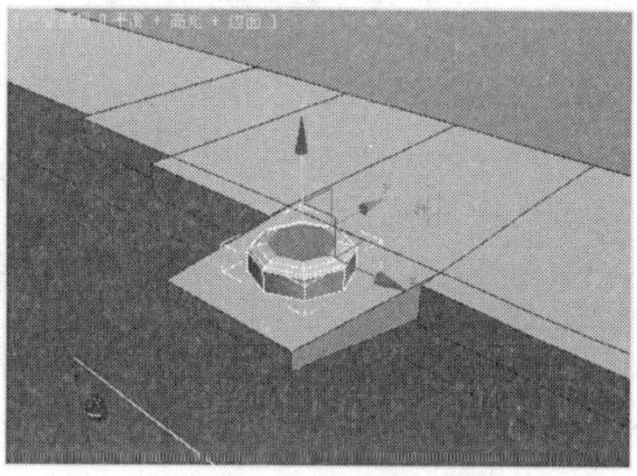

图4-446　绘制圆柱体并倒角

09 进入【创建】控制面板的○【几何体】建立区域，单击 圆柱体 按钮，在前视图中绘制一个圆柱体，高度比盒身略低，如图 4-447 所示。加入【编辑多边形】命令，选择如图 4-448 所示的面。

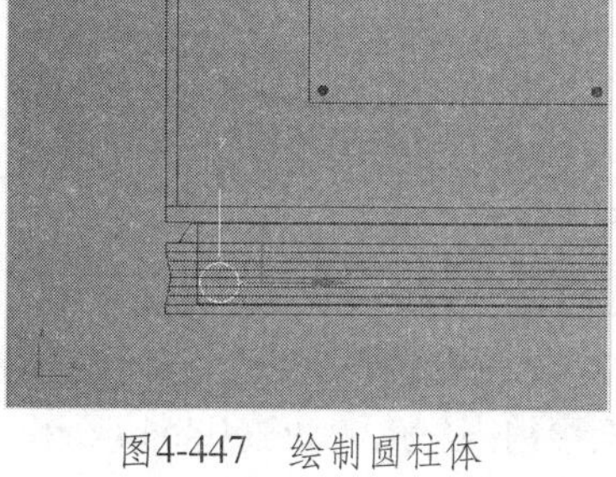

图4-447　绘制圆柱体

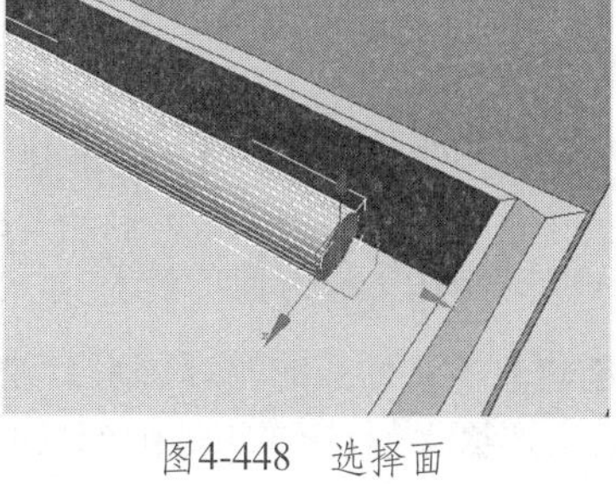

图4-448　选择面

149

三维制作大师

10 单击倒角命令，为其做倒角效果，如图 4-449 所示。将圆柱体复制多个，摆放至如图 4-450 所示位置，至此，香烟盒制作完毕。

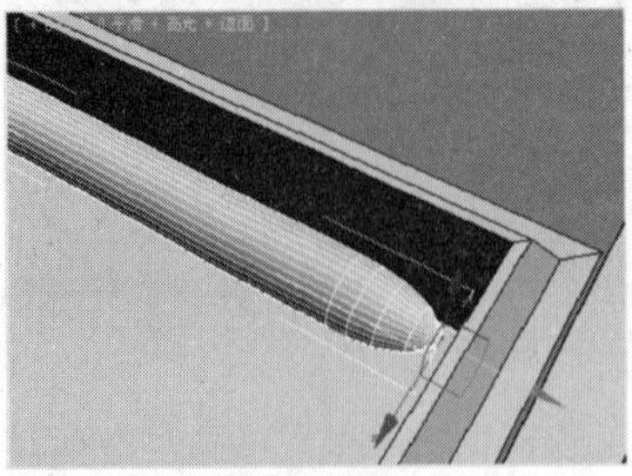
图4-449 制作倒角效果

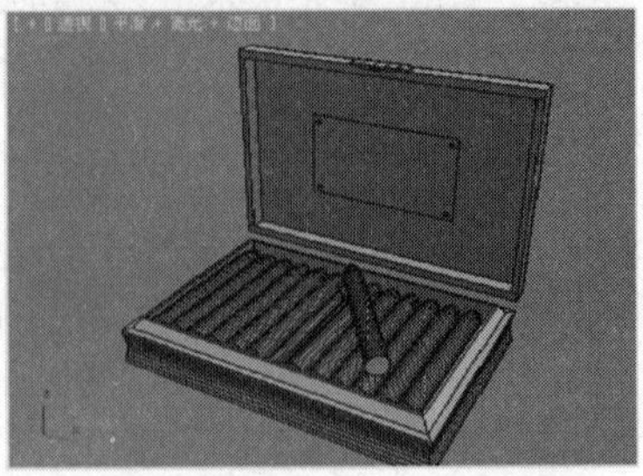
图4-450 香烟盒最后模型

4.20 遥控器的制作

在这一节中，将学习利用编辑多边形命令结合挤出命令等，制作遥控器模型，图 4-451 所示为遥控器的效果图。

学习重点

(1) 学习编辑多边形命令的使用。

(2) 学会挤出的使用方法。

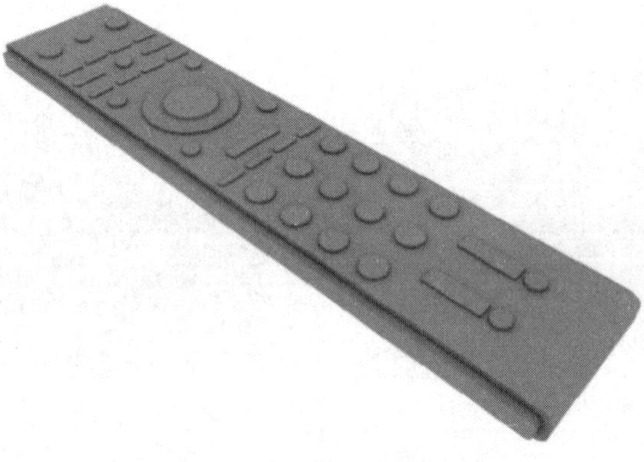
图4-451 最后渲染效果

实例场景：光盘\效果\第 4 章\遥控器 max

操作步骤

01 进入【创建】控制面板的【图形】建立区域，单击矩形按钮，在左视图中绘制一个矩形，适当调整【角半径】的值，为矩形加入圆角效果，如图 4-452 所示。进入【修改】命令面板，在修改器列表中选择【挤出】命令，挤出一定厚度，如图 4-453 所示。

02 进入【创建】控制面板的【图形】建立区域，单击矩形按钮，在左视图中再次绘制一个矩形，适当调整【角半径】，该矩形要比之前的矩形稍小一点，如图 4-454 所示。进入【修改】命令面板，在 [修改器列表 ▼] 中选择【挤出】命令，挤出一定厚度，如图 4-455 所示。

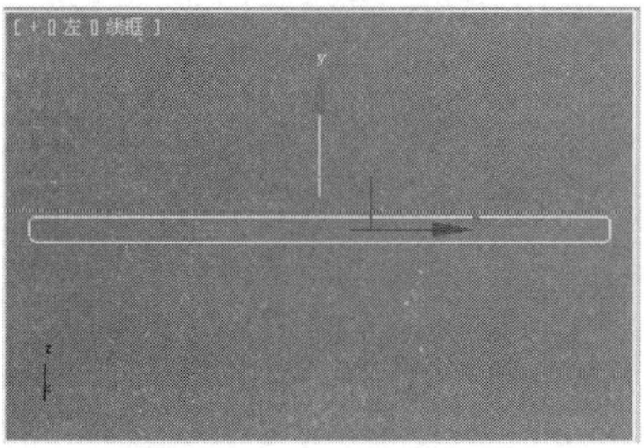

图4-452　绘制圆角矩形

图4-453　挤出厚度

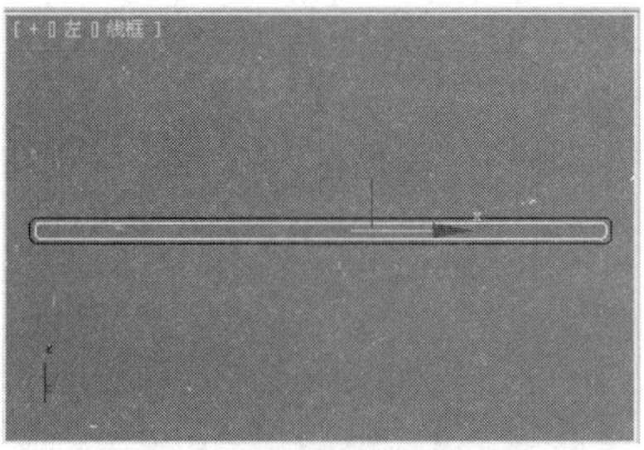

图4-454　绘制圆角矩形

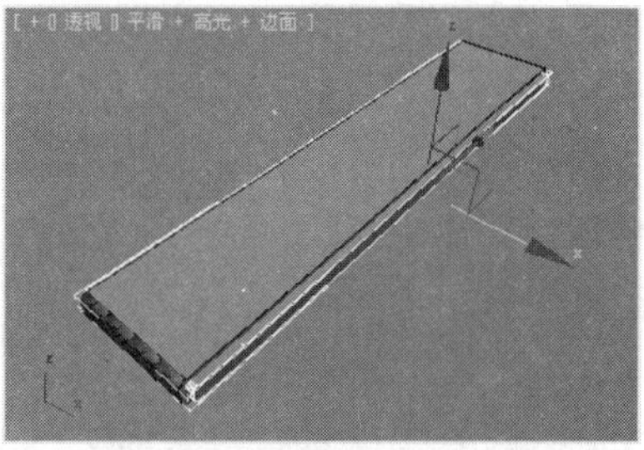

图4-455　挤出厚度

03 制作按键，激活顶视图，进入【创建】控制面板的 [⬚]【图形】建立区域，单击 [矩形] 按钮，在顶视图中再次绘制一个矩形，适当调整【角半径】，如图 4-456 所示。进入 [✎]【修改】命令面板，在 [修改器列表 ▼] 中选择【挤出】命令，挤出一定高度，如图 4-457 所示。

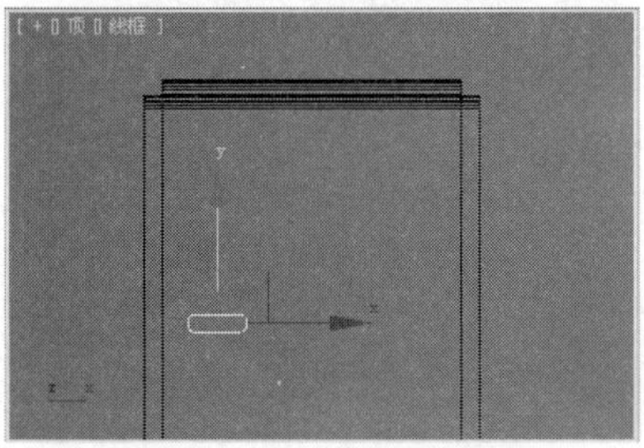

图4-456　绘制圆角矩形

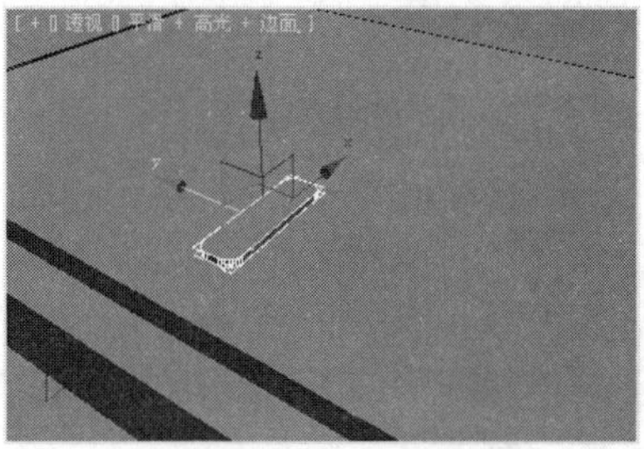

图4-457　挤出厚度

04 进入 [✎]【修改】命令面板，在 [修改器列表 ▼] 中选择【编辑多边形】命令，单击 [■]【多边形】子集按钮进入到【多边形】子集中，将顶部的面做倒角效果，如图 4-458 所示。使用同样的方法制作出其他按键，如图 4-459 所示效果。

图4-458　制作倒角效果

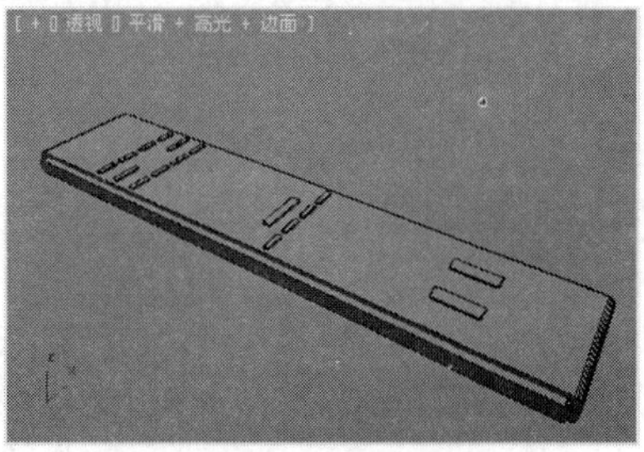

图4-459　制作其他按键

05 圆形按键的制作。进入【创建】控制面板的 ◎【几何体】建立区域，单击 ▓柱体 按钮，在顶视图中绘制一个圆柱体，将顶端面做倒角效果，如图4-460所示。使用同样的方法继续制作其他圆形按键，如图4-461所示。

图4-460 制作圆形按键

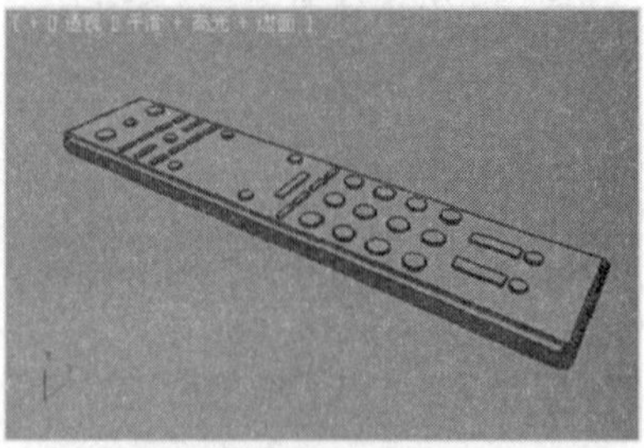

图4-461 制作圆形按键

06 进入【创建】控制面板的 ◎【几何体】建立区域，单击 ▓柱体 按钮，在顶视图中绘制一个大圆柱体，如图4-462所示。单击 ▣【多边形】子集按钮进入到【多边形】子集中，为选择面做出倒角效果，如图4-463所示，遥控器制作完毕。

图4-462 绘制圆柱体

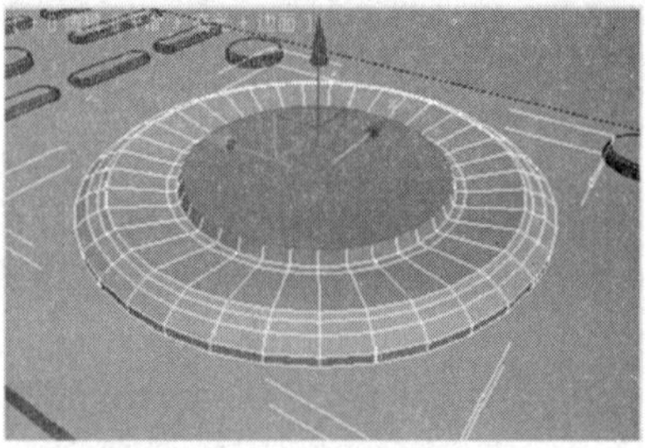

图4-463 制作倒角效果

▶ 4.21 橡皮船的制作

在这一节中，将学习利用放样命令结合多边形及挤出命令等，制作橡皮船模型，图4-464所示为橡皮船的效果图。

学习重点

(1) 学习放样命令的使用。

(2) 学习编辑多边形命令的使用。

(3) 学会挤出、编辑样条线的使用方法。

图4-464 最后渲染效果

实例场景：光盘 \ 效果 \ 第 4 章 \ 橡皮船 max

操作步骤

01 使用放样命令制作船体。激活顶视图，进入【创建】控制面板的 ⊙【图形】建立区域，单击 ▉ 线 ▉ 按钮，在顶视图中绘制一条曲线做为放样的路径，如图 4-465 所示。进入 ⊿【修改】命令面板，单击 ·:·【顶点】子集按钮进入到【顶点】子集中，选中该曲线最下端的两个顶点，使用 ✛【移动】工具在前视图中将点沿着 Y 轴向上移动，制作出上翘的船头，如图 4-466 所示。

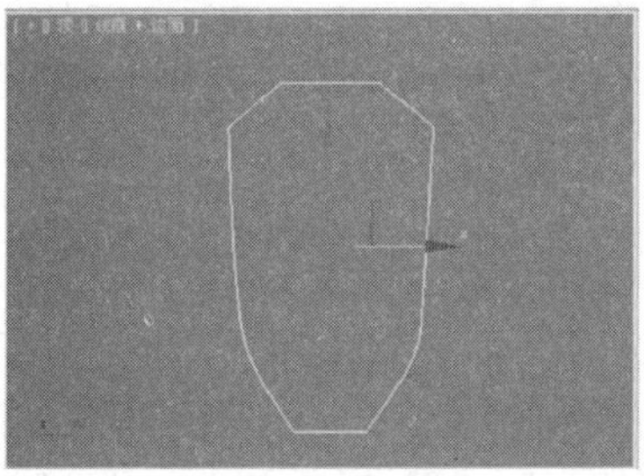

图4-465　绘制曲线 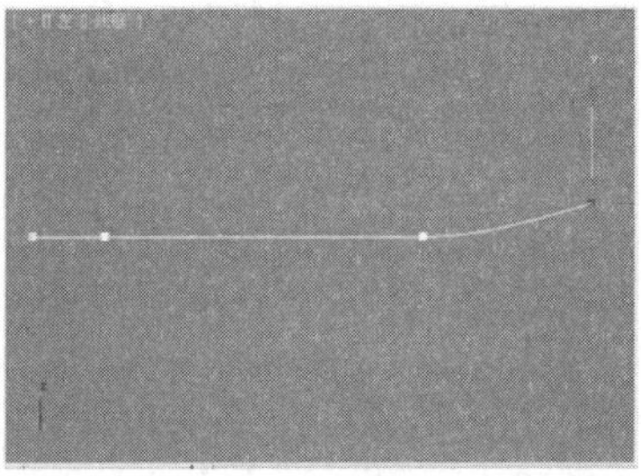　　　　　　　　　　图4-466　调整节点位置

02 进入【创建】控制面板的 ⊙【图形】建立区域，单击 ▉ 圆 ▉ 按钮，在前视图中绘制一个横截面圆形，如图 4-467 所示。进入【创建】控制面板的 ⊙【几何体】建立区域，单击下方【几何体】类型下拉菜单，选择【复合对象】命令命令。单击 ▉ 放样 ▉ 命令，单击 ▉ 获取图形 ▉ 按钮，在前视图中拾取圆形，得到如图 4-468 所示的放样物体。

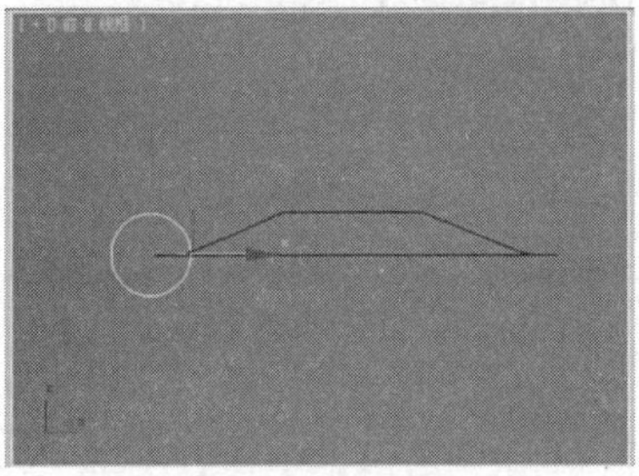

图4-467　绘制圆形 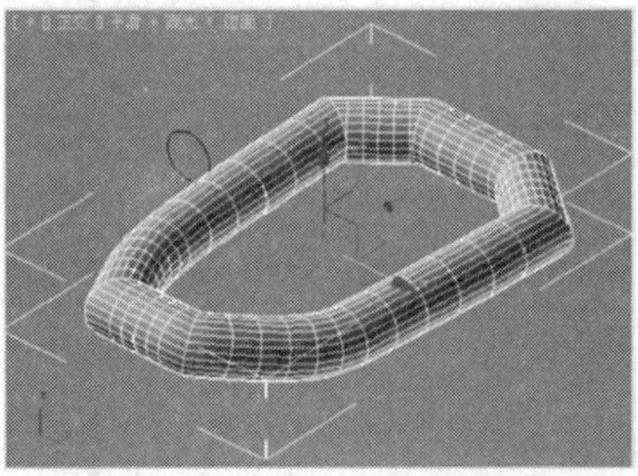　　　　　　　　　　图4-468　建立放样物体

03 激活顶视图，进入【创建】控制面板的 ⊙【图形】建立区域，单击 ▉ 线 ▉ 按钮，在顶视图中沿船边内侧绘制一条曲线，如图 4-469 所示。进入 ⊿【修改】命令面板，在 修改器列表 ▾ 中选择【挤出】命令，适当挤出一定数值，将小艇底部封上，如图 4-470 所示。

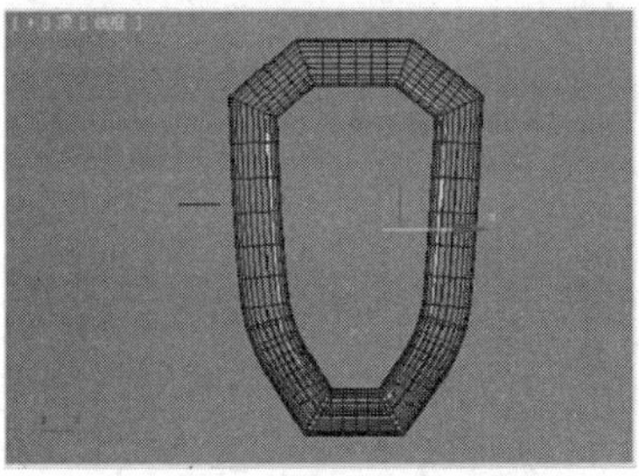

图4-469　绘制曲线 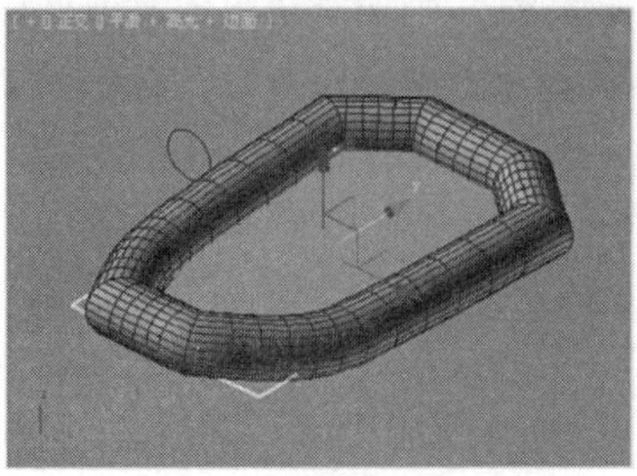　　　　　　　　　　图4-470　加入厚度

04 进入【创建】控制面板的 ⊙ 【几何体】建立区域，单击 长方体 按钮，在顶视图中绘制一个长方体作为艇内的横梁，位置大小如图 4-471 所示。将该长方体复制一份，按住键盘 Shift 键，使用 ✛ 工具沿 Y 轴向下移动复制长方体，如图 4-472 所示。

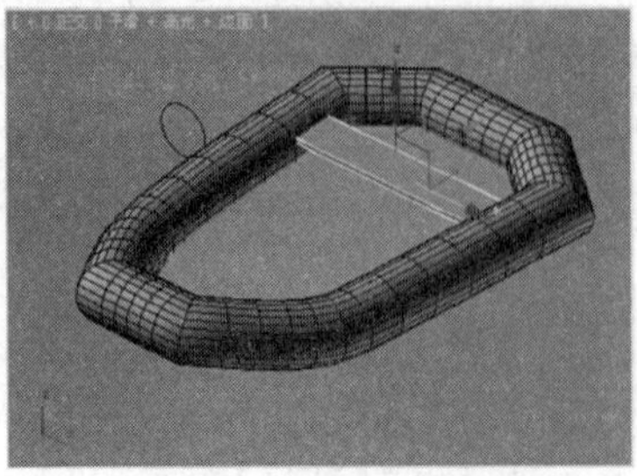

图4-471 绘制长方体

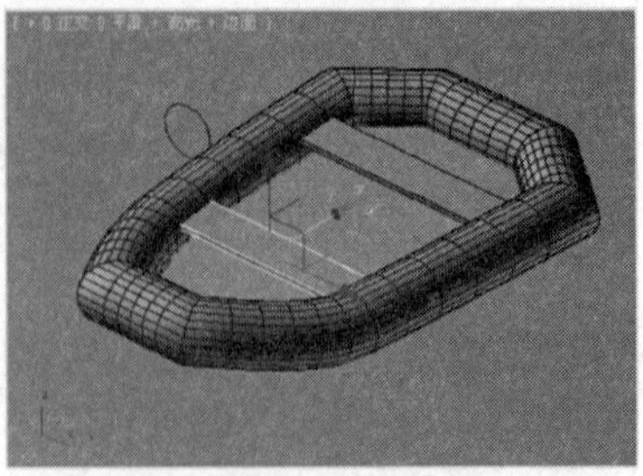

图4-472 复制长方体

05 进入【创建】控制面板的 ⊙ 【几何体】建立区域，单击 圆柱体 按钮，在左视图中绘制一个圆柱体，大小位置如图 4-473 所示。再单击 矩形 按钮，在顶视图中绘制一个矩形，适当调整【角半径】的值，做出圆角效果，进入【修改】命令面板中，打开【渲染】卷展栏，将【在渲染中启用】和【在视图中启用】勾选，适当调整【厚度】值，得到如图 4-474 所示效果。

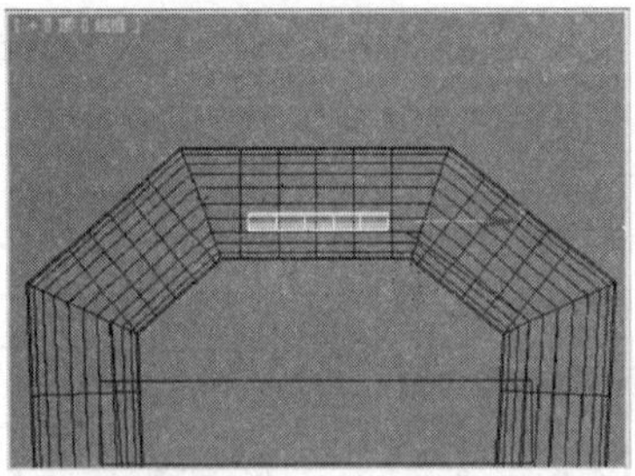

图4-473 绘制圆柱体

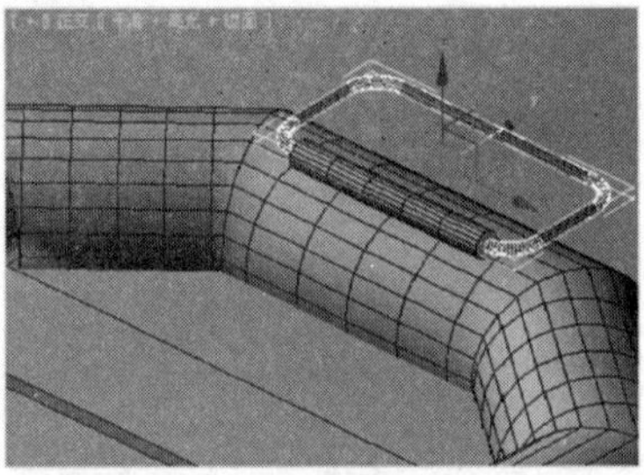

图4-474 绘制矩形并调整为可渲染

06 进入【创建】控制面板的 ⊙ 【几何体】建立区域，单击下方【几何体】类型下拉菜单，选择【扩展基本体】选项，单击 切角长方体 按钮，在左视图中绘制一个切角长方体，大小位置如图 4-475 所示。进入【创建】控制面板的 ⊙ 【图形】建立区域，单击 椭圆 按钮，在顶视图船头处绘制一个椭圆形。进入 ⌂ 【修改】命令面板，在 修改器列表 ⌄ 中选择【挤出】命令，适当调整挤出数值，做出厚度，如图 4-476 所示。

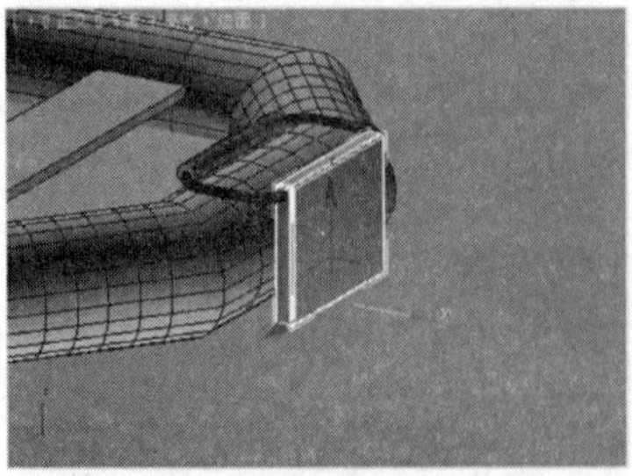

图4-475 绘制切角长方体

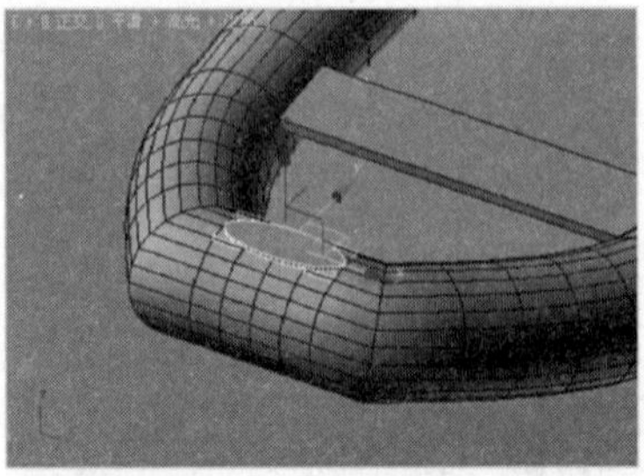

图4-476 绘制椭圆并挤出厚度

07 使用 【旋转】工具，在左视图中将此图形沿 Z 轴旋转一定角度并配合 【移动】工具将其移动到如图 4-477 所示位置。进入【创建】控制面板的 【图形】建立区域，单击 线 按钮，在前视图中绘制一条曲线，如图 4-478 所示。

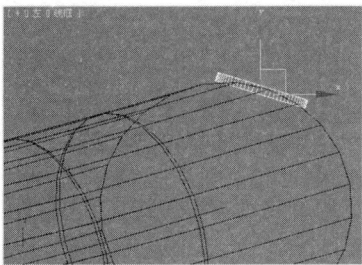

图4-477 调整对象位置角度

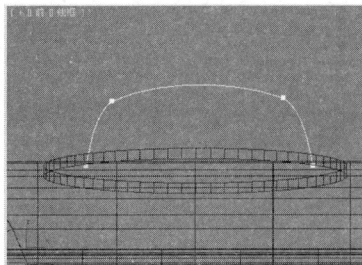

图4-478 绘制曲线

08 选择绘制曲线，进入 【修改】命令面板，单击 【样条线】子集按钮进入到【样条线】子集中，单击 轮廓 命令为曲线做出轮廓效果，如图 4-479 所示。在 修改器列表 中选择【挤出】命令，适当调整挤出量，做出厚度，如图 4-480 所示。

图4-479 建立轮廓

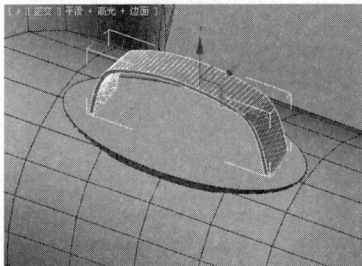

图4-480 挤出厚度

09 将此图形旋转一定角度并调整位置，如图 4-481 所示。复制该图形至如图 4-482 所示的各个位置上。

图4-481 整对象角度位置

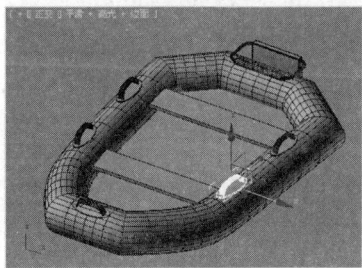

图4-482 复制对象

10 船桨的制作。进入【创建】控制面板的 【几何体】建立区域，单击 圆柱体 按钮，在前视图中绘制一个圆柱体，大小位置如图 4-483 所示。进入 【修改】命令面板，在 修改器列表 中选择【编辑多边形】命令，单击 【多边形】子集按钮进入到【多边形】子集中，选中圆柱体后侧的截面，为其做倒角效果，如图 4-484 所示。

三维制作大师

图4-483　绘制圆柱体

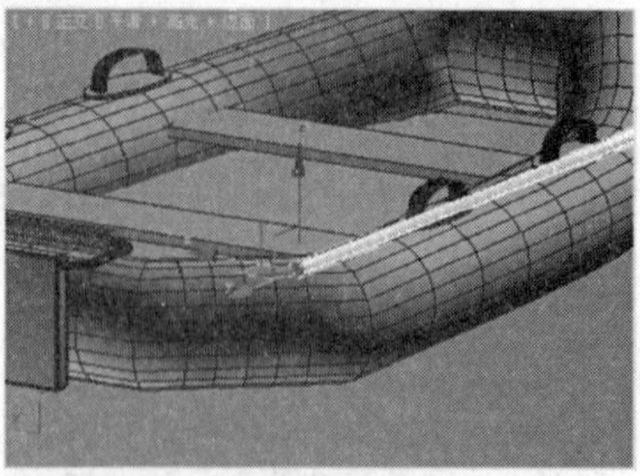

图4-484　制作倒角效果

11 激活顶视图，进入【创建】控制面板的 图形 【图形】建立区域，单击 ▊▊线▊▊ 按钮，在顶视图中绘制桨的形状曲线，如图 4-485 所示。进入 【修改】命令面板，单击 【顶点】子集按钮进入到【顶点】子集中，使用【圆角】命令将各个顶点做圆角处理，如图 4-486 所示。

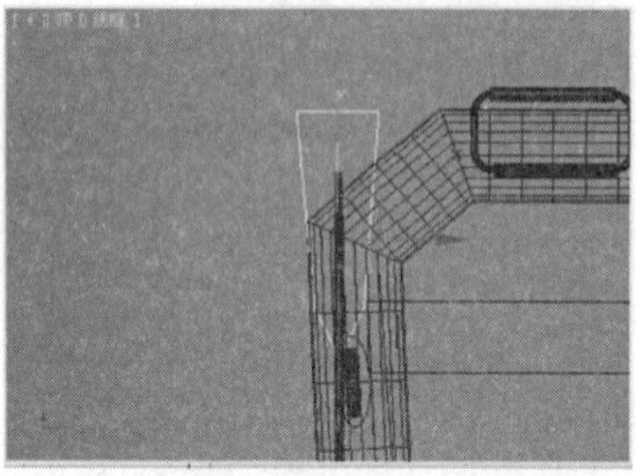

图4-485　绘制曲线

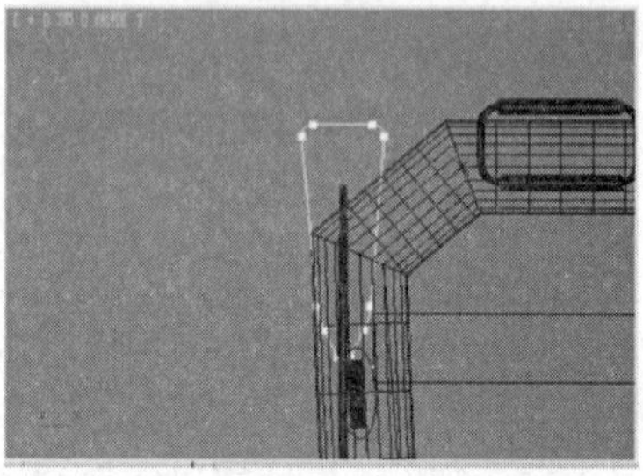

图4-486　将尖角圆角化

12 在 修改器列表 中选择【挤出】命令，适当挤出一定数值，做出桨的厚度，如图 4-487 所示。将圆柱体与船桨一起选中并编组，使用工具条中【镜像】命令，将船桨【镜像】复制到小艇的另一侧，调整角度，最终效果如图 4-488 所示。

图4-487　制作厚度

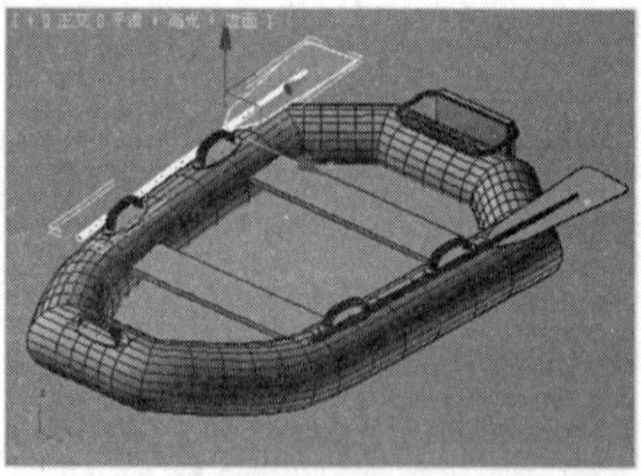

图4-488　橡皮船最终效果

▶ 4.22　钟表的制作

在这一节中，将学习利用编辑多边形命令结合放样及倒角剖面命令等，制作钟表模型，如图 4-489 所示为钟表的效果图。

📖学习重点

(1) 学习编辑多边形命令的使用。

(2) 学会放样命令的使用方法。

(3) 学会倒角剖面命令的使用。

图4-489　最后渲染效果

实例场景：光盘 \ 效果 \ 第 4 章 \ 钟表 max

操作步骤

01 进入【创建】控制面板的○【几何体】建立区域，单击 长方体 按钮，在顶视图中绘制一个长方体，如图 4-490 所示。进入【修改】命令面板，在 修改器列表 中选择【编辑多边形】命令，单击【多边形】子集按钮进入到【多边形】子集中，选中长方体上面的面为红色，单击 挤出 □命令右侧的设置按钮，将该面向上稍微挤出，使用【缩放】工具将挤出的面等比例缩小，制作出倒角效果，如图 4-491 所示。

图4-490　绘制长方体

图4-491　选择面

02 单击 挤出 □命令，将该面接着向上挤出一定高度，如图 4-492 所示。再次使用【缩放】工具将挤出的面等比例缩小，如图 4-493 所示效果，钟表底座制作完毕。

图4-492　挤出选择面

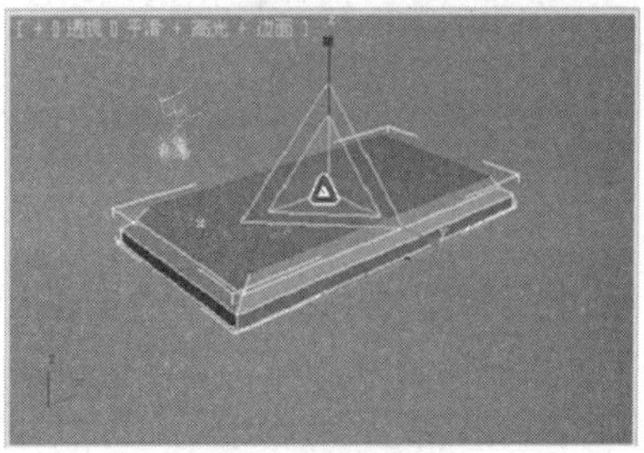

图4-493　缩放选择面

03 钟表支架的制作。进入【创建】控制面板的 ○【几何体】建立区域，单击 长方体 按钮，在前视图中绘制若干长方体，将位置大小调整至如图4-494所示效果。再在前视图中绘制一个稍大的长方体，作为钟表后面的挡板，如图4-495所示。

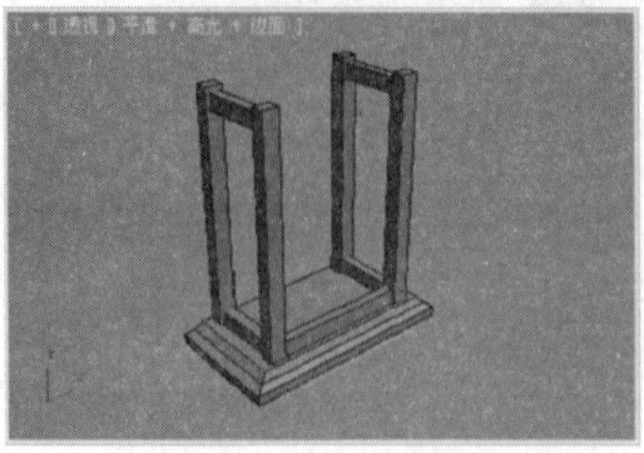

图4-494　绘制长方体

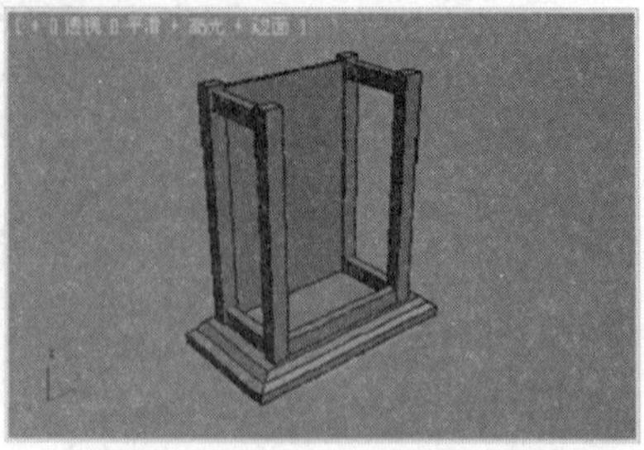

图4-495　绘制长方体

04 窗口及顶部的造型。进入【创建】控制面板的 ○【图形】建立区域，单击 线 按钮，在前视图中绘制一条如图4-496所示的曲线。进入 ◢【修改】命令面板，单击 ◠【样条线】子集按钮进入到【样条线】子集中，利用【轮廓】命令将线做轮廓效果，如图4-497所示。

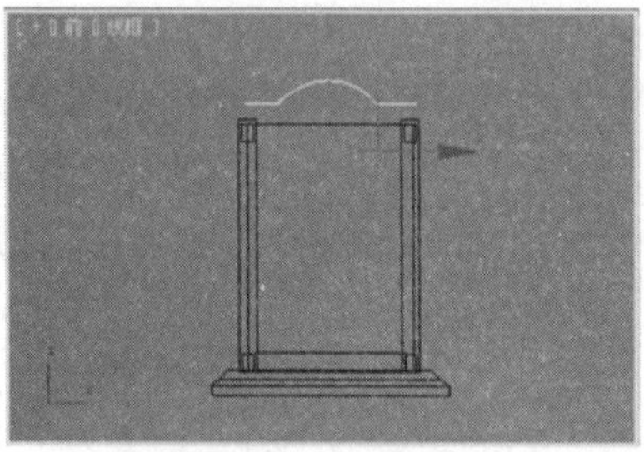

图4-496　绘制样条线

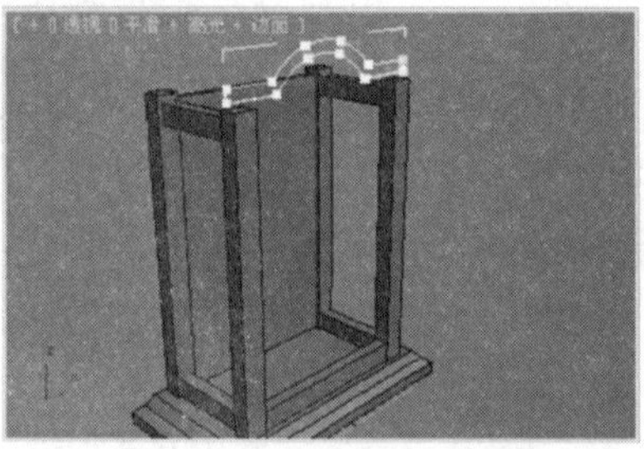

图4-497　建立轮廓

05 在 修改器列表 中选择【挤出】命令，适当挤出一定的厚度，如图4-498所示。利用放样命令制作钟表上方的结构，单击 矩形 命令，在顶视图中绘制一个与钟表底座等大的矩形做为放样路径，再单击 线 按钮，在前视图中绘制一条曲线，作为放样用的截面图形，效果如图4-499所示。

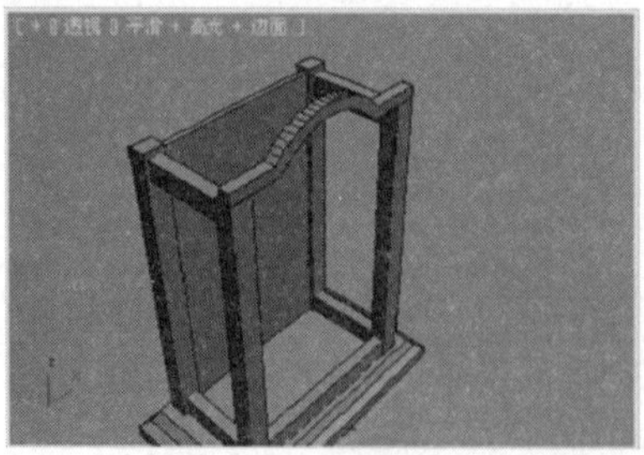

图4-498　挤出厚度

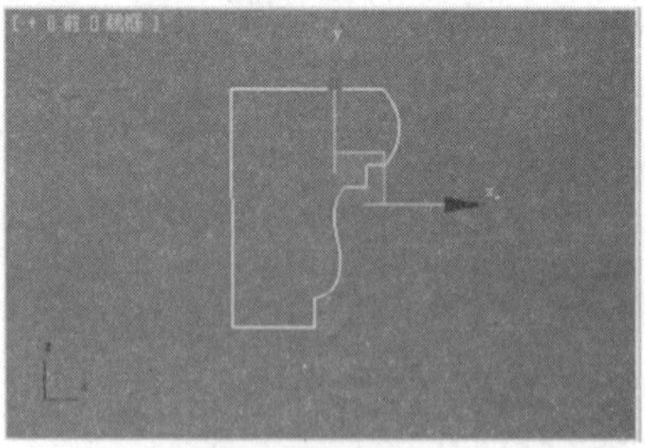

图4-499　绘制截面图形

06 进入【创建】控制面板的 ○【几何体】建立区域，单击下方【几何体】类型下拉菜单，选择【复合对象】命令。单击 放样 命令，单击 获取图形 按钮，在前视图中拾取曲线，得到如图4-500所示的放样图形。此放样图形截面的方向有错误，选择做为截面图形的曲线，进入 ◢【修

改】命令面板，单击☑【样条线】子集按钮进入到【样条线】子集中，使用◯旋转工具。打开
◢角度捕捉按钮，在前视图中将曲线沿 Y 轴旋转 180 度，放样图形调整为如图 4-501 所示效果。

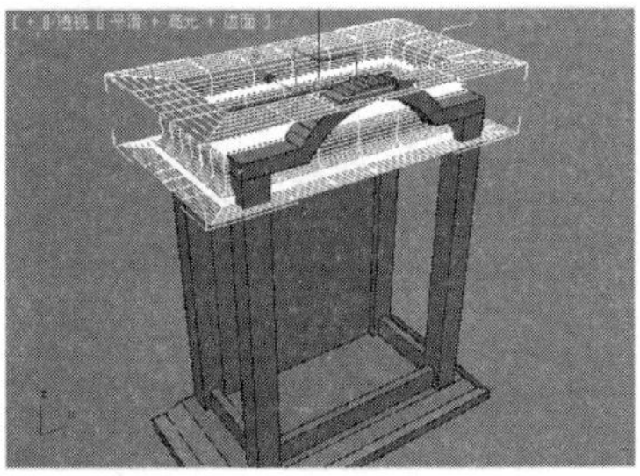

图4-500　建立放样物体 　　　　　　　图4-501　调整截面图形角度

07 选择放样物体，进入☑【修改】命令面板，在 [修改器列表▼] 中选择【编辑多边形】命令，
单击⋯【顶点】子集按钮进入到【顶点】子集中，选中如图 4-502 所示节点，使用✛【移动】
工具在顶视图中将点沿着 Y 轴向上移动至如图所示 4-503 所示位置。

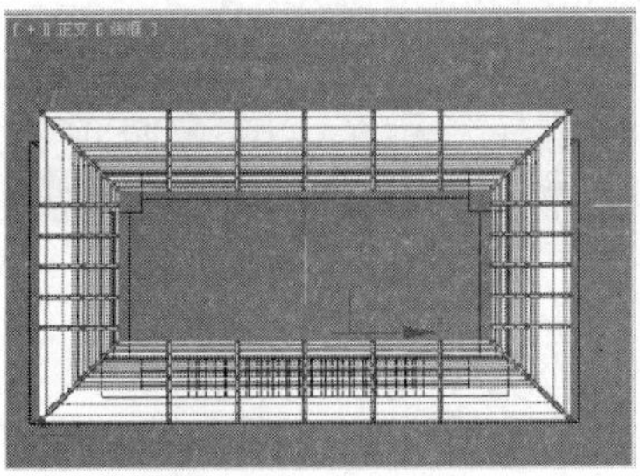

图4-502　选择节点 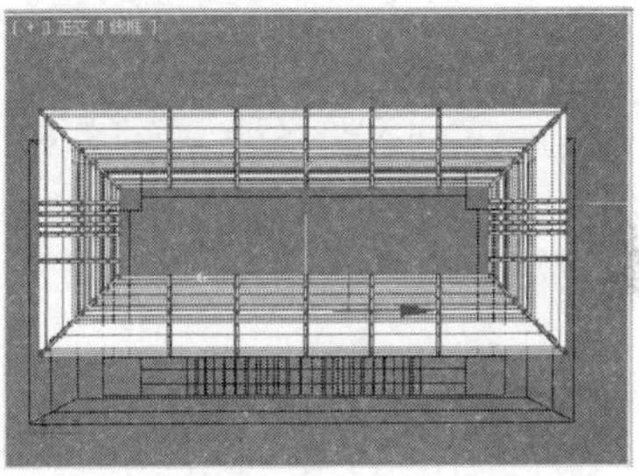　　　　　　　　　图4-503　调整节点位置

08 选中如图 4-504 所示节点，打开【软选择】卷展栏，勾选【使用软选择】，适当调整【衰减】
和【膨胀】值，便选中点的周围的点也受该点影响，如图 4-505 所示效果。

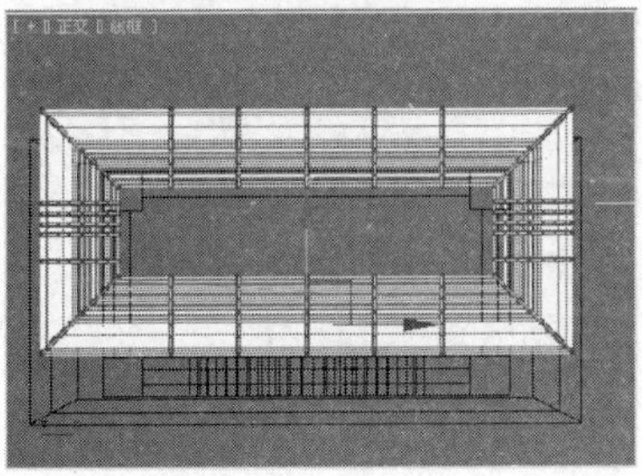

图4-504　选择节点 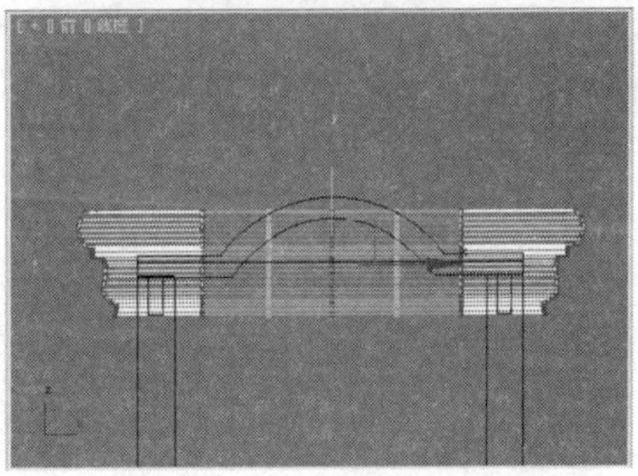　　　　　　　　　图4-505　打开软选择

09 激活前视图，使用✛【移动】工具在前视图中将选中的点沿着 Y 轴向上移动至相应位置，
得到如图 4-506 所示效果。利用倒角剖面制作钟表顶部造型。激活顶视图，进入【创建】控制
面板的◲【图形】建立区域，单击 [　矩形　] 按钮，在顶视图中绘制一个矩形做为剖面路径，再
单击 [　线　] 按钮，在前视图中绘制一条曲线，效果如图 4-507 所示。

10 选择剖面路径，进入☑【修改】命令面板，在 [修改器列表▼] 中选择【倒角剖面】命令，单
击 [　拾取剖面　] 按钮，在视图中拾取如图 4-507 所示的剖面图形，得到如图 4-508 所示图形。在

【命令堆栈】中，打开【倒角剖面】选项前面的加号，选择剖面 Gizmo 子集，在前视图中将剖面图形沿 X 轴向内移动，得到如图 4-509 所示效果。

图4-506　调整节点位置

图4-507　绘制样条线

图4-508　加入倒角剖面命令

图4-509　调整线框位置

11 进入顶视图，使用 【缩放】工具将其等比例缩小至如图 4-510 所示效果。激活前视图，使用 【移动】工具在前视图中将图形移动至相应位置，如图 4-511 所示。

图4-510　缩小倒角剖面物体

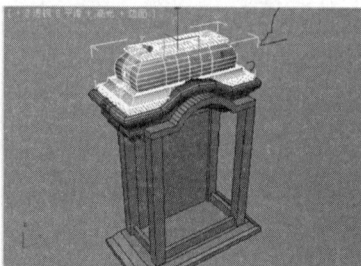

图4-511　调整倒角剖面物体位置

12 进入【创建】控制面板的 【几何体】建立区域，单击 圆柱体 按钮，在顶视图中绘制一个圆柱体，如图 4-512 所示。单击 球体 按钮，在顶视图中绘制一个球体，如图 4-513 所示。

图4-512　绘制圆柱体

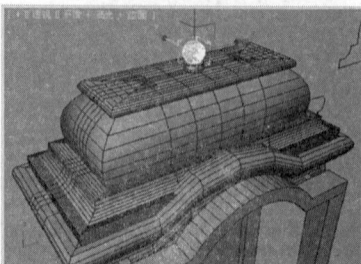

图4-513　绘制球体

13 进入【创建】控制面板的 ◎【几何体】建立区域，单击 长方体 按钮，在顶视图中绘制一个长方体，如图 4-514 所示。进入【创建】控制面板的 ◎【几何体】建立区域，单击 圆柱体 按钮，绘制一个圆柱体，设置【端面分数】为 2，如图 4-515 所示。

图4-514　绘制长方体 　　　　　　　　　　图4-515　绘制圆柱体

14 进入 ☑【修改】命令面板，在 修改器列表 ▼ 中选择【编辑多边形】命令，单击 ▣【多边形】子集按钮进入到【多边形】子集中，选中圆柱体中间的所有面为红色，如图 4-516 所示。单击 挤出 ▫ 命令右侧的设置按钮，适当调整【挤出高度】值，将选中面向内挤入一定的深度，如图 4-517 所示。

图4-516　选择面 　　　　　　　　　　　图4-517　挤出选择面

15 进入到【创建】控制面板的 ◎【几何体】建立区域，单击 圆柱体 按钮，在前视图中表盘的正中间绘制一个圆柱体，如图 4-518 所示。单击 球体 按钮，在顶视图中绘制一个球体，如图 4-519 所示。

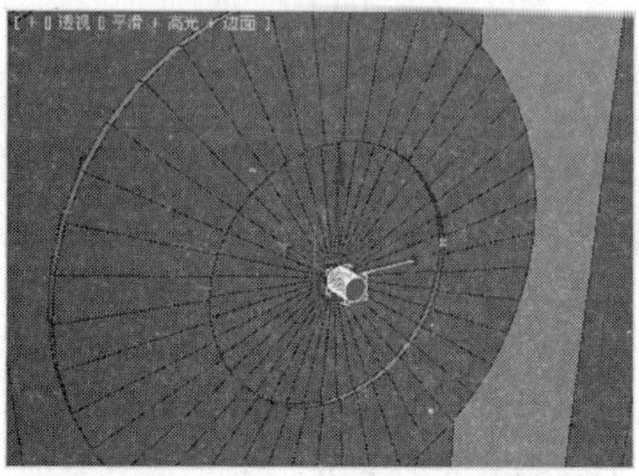

图4-518　绘制圆柱体 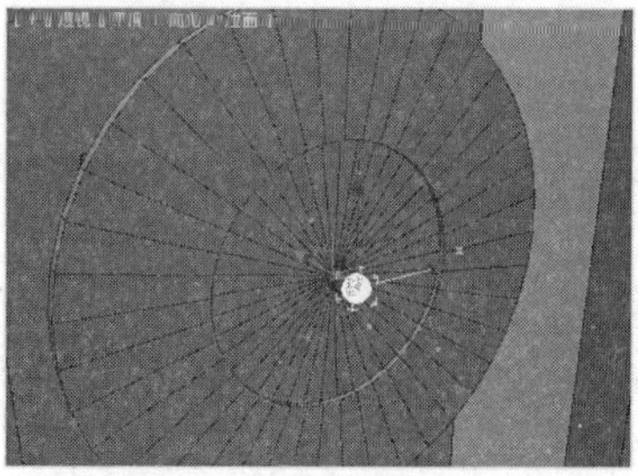　　　　　　　　　图4-519　绘制球体

16 指针的建立。进入【创建】控制面板的 ◎【图形】建立区域，单击 线 按钮，在前视图中绘制两条曲线，效果如图 4-520 所示。分别选择两条曲线，进入 ☑【修改】命令面板，在 修改器列表 ▼ 中选择【挤出】命令，适当挤出一定高度，指针制作完毕，效果如图 4-521 所示。

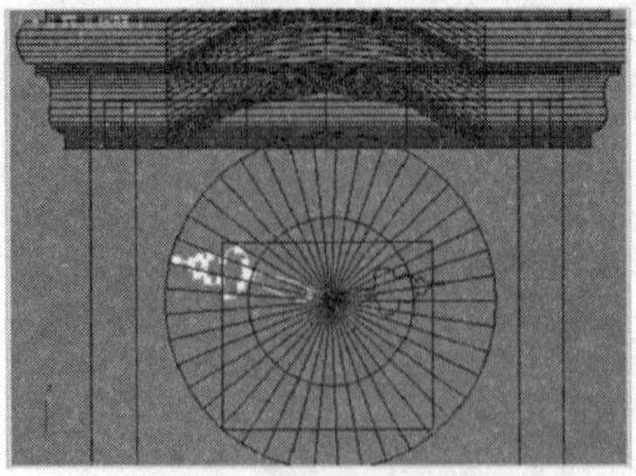

图4-520　绘制曲线

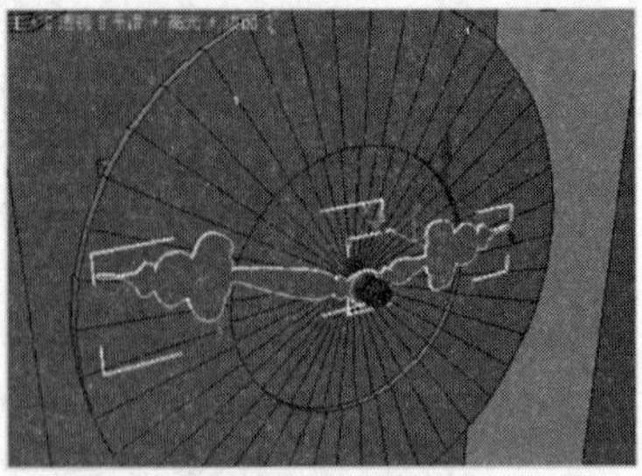

图4-521　挤出厚度

17 进入【创建】控制面板的 ○【几何体】建立区域，单击 长方体 按钮，在顶视图中绘制一个长方体做为钟摆杆，如图 4-522 所示。单击 球体 按钮，在顶视图中绘制一个球体，做为钟摆坠，如图 4-523 所示。将摆坠压扁后完成整个模型的制作。

图4-522　绘制长方体

图4-523　绘制球体

4.23　本章小结

　　本章通过多边形建模方法创建模型的若干实例的学习，详细的了解了【编辑多边形】命令下的几个常用命令。多边形建模方法是进行三维模型创作的基础，熟练掌握【编辑多边形】命令下的各种命令是使用多边形建模方式建模的重要基础。

4.24　习题

　　（1）通过多边形建模方法制作床，如图 4-524 所示。
　　（2）通过多边形建模方法制作打印机，如图 4-525 所示。

图4-524　床模型

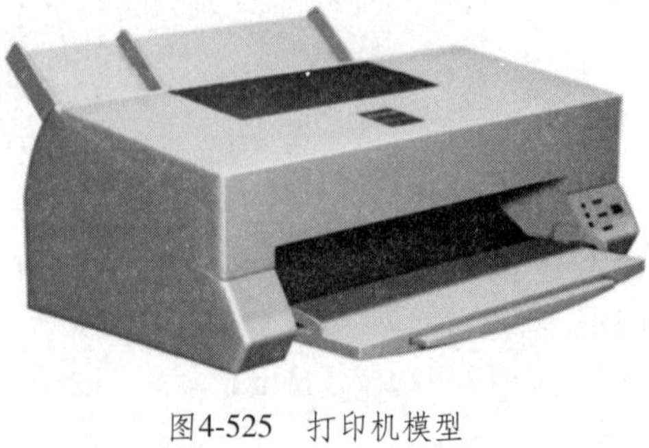

图4-525　打印机模型

第5章 生活用品建模

> ➡ 本章主要介绍使用多边形建模方法制作各种生活用品模型，通过实例讲解，掌握多边形建模的原理和流程。

▶ 5.1 哑铃的制作

在这一节中，将学习利用编辑多边形命令结合放样及车削命令，制作哑铃模型，图5-1所示为哑铃的效果图。

✎ 学习重点

(1) 编辑多边形命令的使用。

(2) 放样、车削命令的使用。

图5-1 最后渲染效果

◓ 实例场景：光盘\效果\第5章\哑铃 max

✐ 操作步骤

(1) 哑铃圆盘的制作

01 进入【创建】控制面板的 ◎【几何体】建立区域，单击 圆柱体 按钮，在左视图中建立一个圆柱体，【高度分段】为2，【边数】为10，如图5-2所示。选择圆柱体，进入 ☑【修改】命令面板，在 修改器列表 中选择【编辑多边形】命令，单击 ☑【边】子集按钮进入【边】子集中，在前视图中将圆柱体两面的边选中，利用 ☒【缩放】工具缩小调整至如图5-3所示效果。

02 单击 ▣【多边形】子集按钮进入【多边形】子集中，选择圆柱体右侧的面，单击 插入 □ 命令右侧的设置按钮，适当调整【插入量】值，得到如图5-4所示效果。单击 倒角 □ 命令右侧的设置按钮，适当调整【高度】、【轮廓量】值，将面向内倒角挤入，如图5-5所示。

图5-2 建立圆柱体

图5-3 选中两面的边

图5-4 为两侧的面插入面

图5-5 做倒角效果

03 单击 [插入] 命令右侧的设置按钮，适当调整【插入量】值，将面再次向里插入一个小面。单击 [挤出] 命令右侧的设置按钮，适当【挤出高度】值，将小面向外挤出一点，如图 5-6 所示。再不断的重复之前的【插入】、【挤出】命令，最后得到如图 5-7 所示效果。

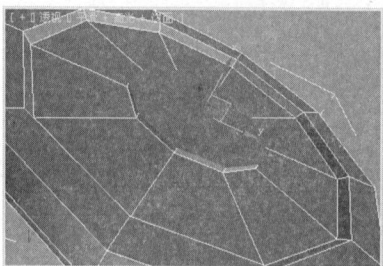

图5-6 向上挤出高度

图5-7 多次插入挤出效果

04 单击键盘 Delete 键，将此面删除，如图 5-8 所示。单击 【边】 子集按钮进入【边】子集中，选中如图 5-9 所示的边。

图5-8 删除选中多边形

图5-9 选择边

05 单击 [环形] 按钮，则与此边环形相邻的边都被选中，如图 5-10 所示。单击 [连接] 命令后侧的设置按钮，设置【分段】值为2，适当调整【收缩】值，为其加入两条倒边的线，如图 5-11 所示。

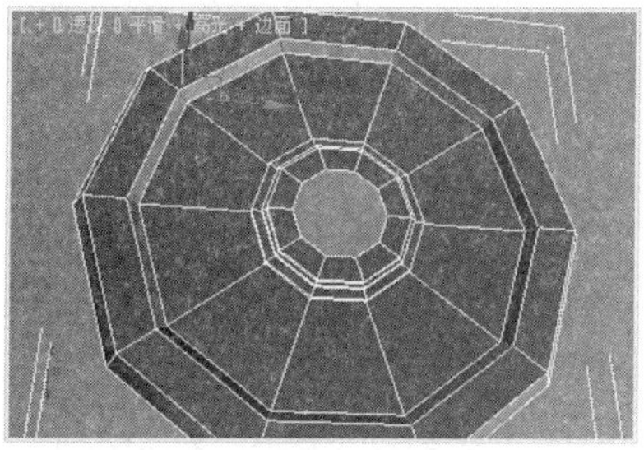

图5-10　选中环形边

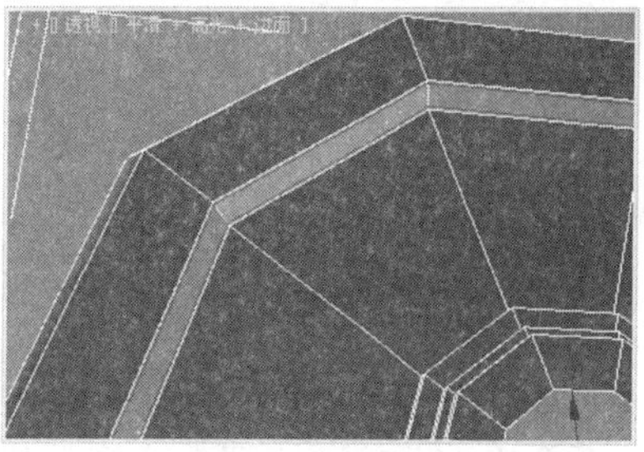

图5-11　加入两条边

06 将圆盘中心的一圈边选中,单击 连接 命令后侧的设置按钮,设置【分段】为1,适当调整【滑块】值,为其加入一条也用来倒边的线,如图 5-12 所示。此面的布线完毕。单击 ▣ 【多边形】子集按钮进入【多边形】子集中,选择圆柱体的另外一个面,单击 插入 命令右侧的设置按钮,适当调整【插入量】值,为其插入一个面,单击 倒角 命令右侧的设置按钮,适当调整【高度】、【轮廓量】值,将面向内倒角挤入,方法同步骤 2,如图 5-13 所示(在挤此面时,应在左视图、前视图中同时观察,注意与圆柱体的另一个面的结构尽量吻合)。

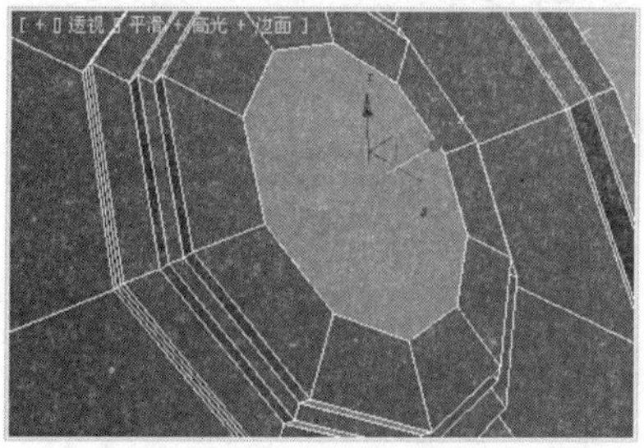

图5-12　倒边处理

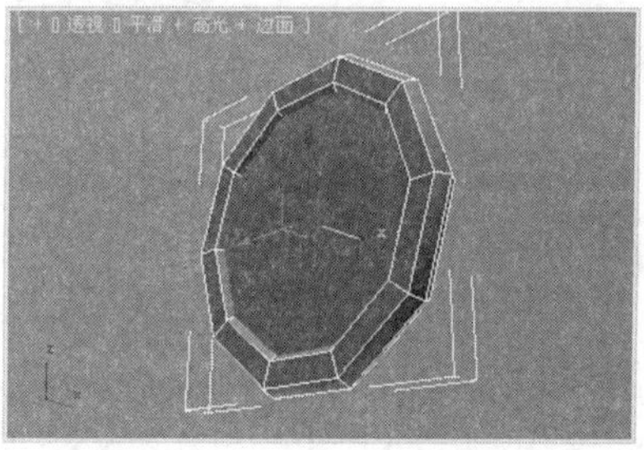

图5-13　将选中多边形做倒角处理

07 单击 插入 命令右侧的设置按钮,适当调整【插入量】值,为其插入一个面,单击 挤出 命令右侧的设置按钮,适当调整【挤出高度】值,将面向外挤出一点,如图 5-14 所示。单击 倒角 命令右侧的设置按钮,适当调整【高度】、【轮廓量】值,将面向外挤出,并增加轮廓量,将面向外放大,如图 5-15 所示。

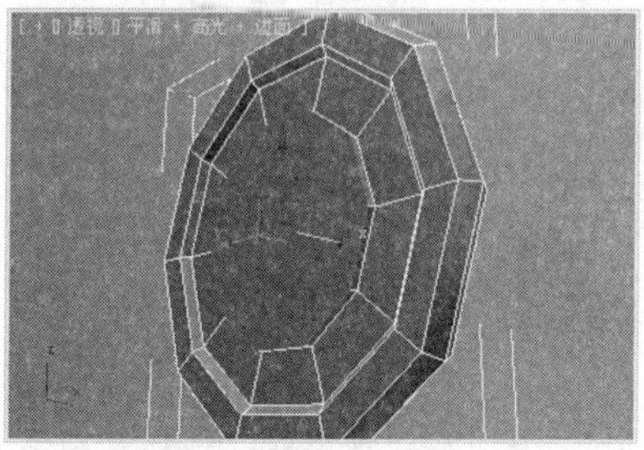

三维制作大师

图5-14　插入面并挤出

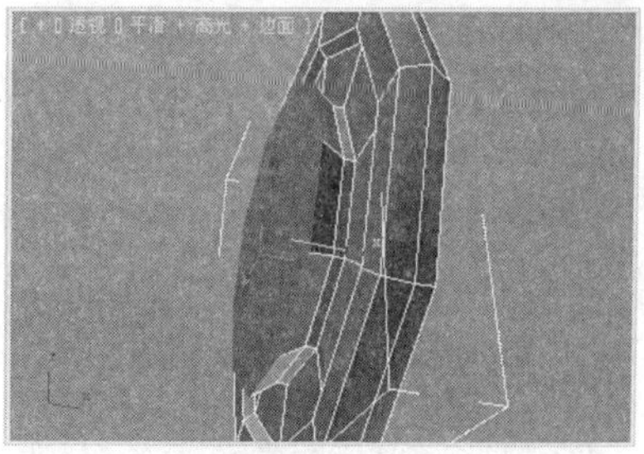

图5-15　将选择面做倒角处理

08 单击 倒角 命令右侧的设置按钮,适当调整【高度】、【轮廓量】值,将面继续向外挤出,并向内倒角,如图 5-16 所示。将此面做出另一面相同的调整,具体方法参见之前的步骤,最后得到如图 5-17 所示的布线效果。

09 单击 ▣ 【边界】子集按钮进入到【边界】子集中,将圆盘中心正反两个面的轮廓边缘选中,如图 5-18 所示,单击 挤 命令,将两个边缘连接起来。再次单击 ▣ 【边界】子集按钮退出子集，在 修改器列表 ∨ 中选择【网格光滑】命令，【迭代次数】为 2，圆盘建模完毕，如图 5-19 所示。

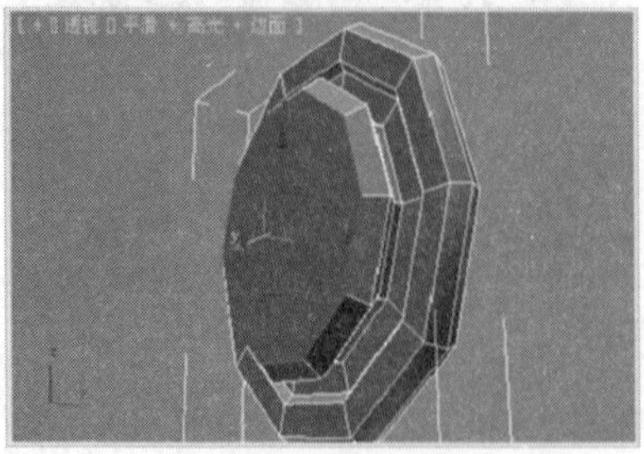

图5-16 将面做倒角效果

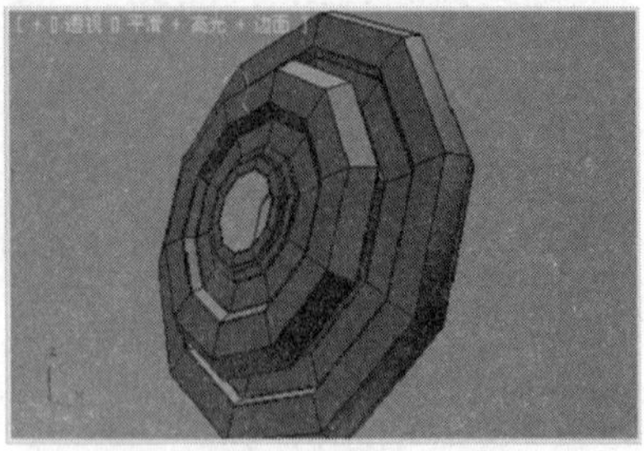

图5-17 继续挤出倒角

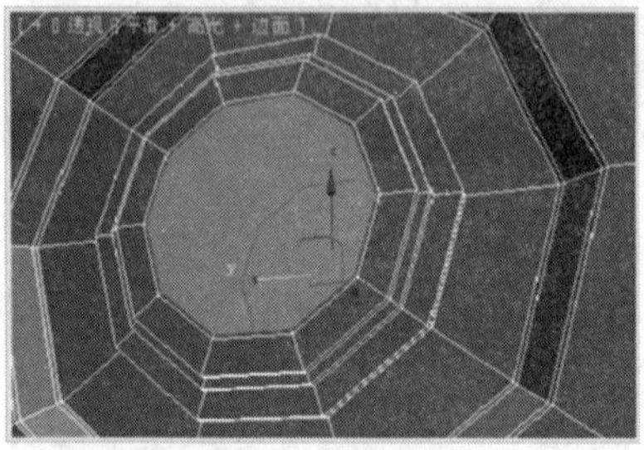

图5-18 选择边界

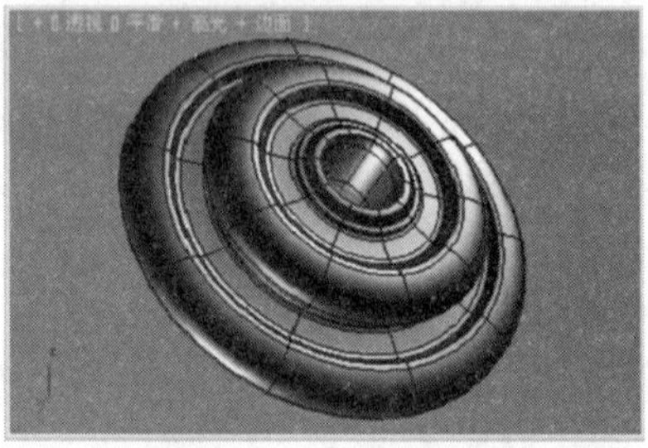

图5-19 光滑处理

（2）其他部件的制作

10 利用【倒角】命令制作圆盘外侧的螺钮。进入【创建】控制面板的 【图形】建立区域，单击 星形 按钮，在左视图中绘制一个星形，【点数】为 6，两个【圆角半径】各给一点数值让尖角成圆角状，如图 5-20 所示。在星形中间挖一个洞，进入【创建】控制面板的 【图形】建立区域，单击 按钮，在左视图中绘制一个圆形，进入 【修改】命令面板，在 修改器列表 ∨ 中选择【编辑样条线】命令，单击 附加 按钮，在左视图中拾取星形，将星形与圆形结合成为一个图形，如图 5-21 所示。

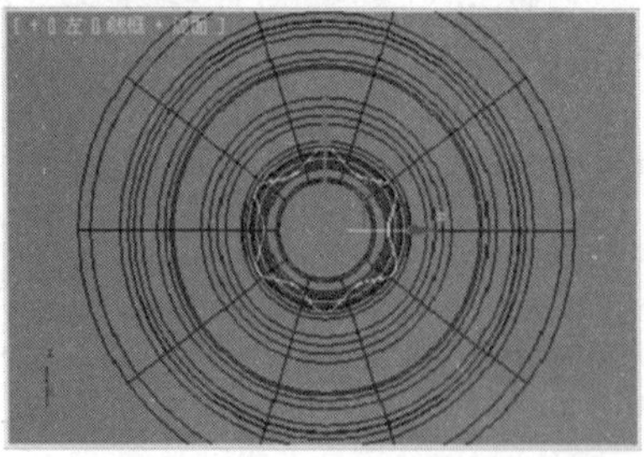

图5-20 星形的绘制

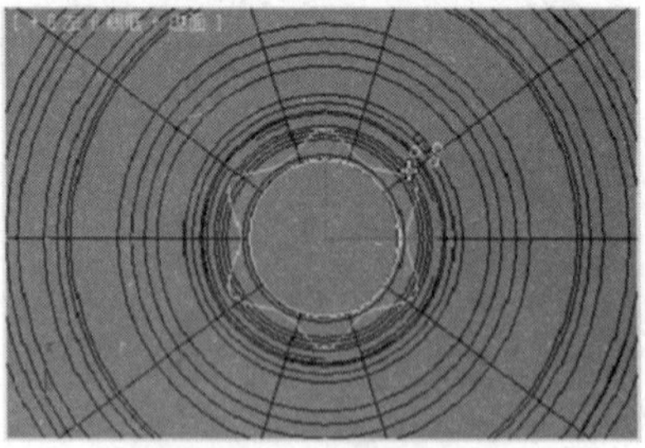

图5-21 星形与圆形的结合

11 进入 【修改】命令面板，在 修改器列表 ∨ 中选择【倒角】命令，在【级别1】、【级别2】、【级别3】中分别调整【高度】与【轮廓值】，得到如图 5-22 所示螺钮效果。利用【车削】命令制作杠铃局部，进入【创建】控制面板的 【图形】建立区域，单击 线 按钮，在前视图中绘制车削所需曲线，如图 5-23 所示。

图5-22 倒角效果的添加

图5-23 绘制样条线

12 进入 【修改】命令面板，在 修改器列表 中选择【车削】命令，方向选为X轴，在【命令堆栈】中单击车削前面的加号，进入【轴】子集中，在前视图中将轴沿Y轴向下调整，得到如图5-24所示杠铃。利用【车削】命令制作杠铃中间部分，进入【创建】控制面板的 【图形】建立区域，单击 线 按钮，在前视图中绘制【车削】所需曲线，如图5-25所示。

图5-24 车削命令的添加

图5-25 样条线的绘制

13 进入 【修改】命令面板，在 修改器列表 中选择【车削】命令，方向选为X轴，在【命令堆栈】中单击【车削】前面的加号，进入【轴】子集中，在前视图中将轴沿Y轴向下调整，得到如图5-26所示杠铃中间部分。制作杠铃上的螺旋纹理，进入【创建】控制面板的 【图形】建立区域，单击 螺旋线 按钮，在左视图中绘制一条螺旋线，如图5-27所示。

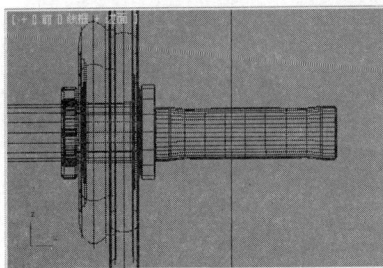

图5-26 车削命令的添加

图5-27 螺旋线的绘制

14 通过线的可渲染性将螺旋线变成有体积的线，选择螺旋线，打开【渲染】卷展栏，勾选【在渲染中启用】以及【在视图中启用】。适当调整【厚度】值，得到如图5-28所示杠铃纹理。将除了杠铃中部的其他部分全部选中，单击【组】菜单中的【成组】命令，将它们编为一组，激活前视图，单击工具条 【镜像】命令，在弹出的对话框中选择【镜像轴】为X轴，克隆选择为【复制】的类型，适当调整偏移值，得到如图5-29所示效果。

图5-28 螺旋线可渲染

图5-29 哑铃最终效果

5.2 闹钟的制作

在这一节中，将学习利用编辑多边形命令结合挤出命令等，制作闹钟模型，图 5-30 所示为闹钟的效果图。

学习重点

(1) 编辑多边形命令的使用。

(2) 挤出命令的使用。

图5-30 最后渲染效果

实例场景：光盘\效果\第5章\闹钟 max

操作步骤

(1) 闹钟外壳的制作

01 进入【创建】控制面板的 ◎【几何体】建立区域，单击 长方体 按钮，在前视图中建立一个长方体作为闹钟的外壳，【高度分段】为 4，如图 5-31 所示。选择长方体，进入 ◢【修改】命令面板，在 修改器列表 ▾ 中选择【编辑多边形】命令，单击 ⋮【顶点】子集按钮进入【顶点】子集中，在前视图中将长方体中间的点选中，利用 ▢【缩放】工具沿 Y 轴方向向两侧放大，调整至如图 5-32 所示效果。

02 单击 ▣【多边形】子集按钮进入【多边形】子集中，选择闹钟外壳正面的面为红色，如图 5-33 所示。单击 倒角 ▢ 命令右侧的设置按钮，适当调整【高度】与【轮廓量】值，得到如图 5-34 所示效果。

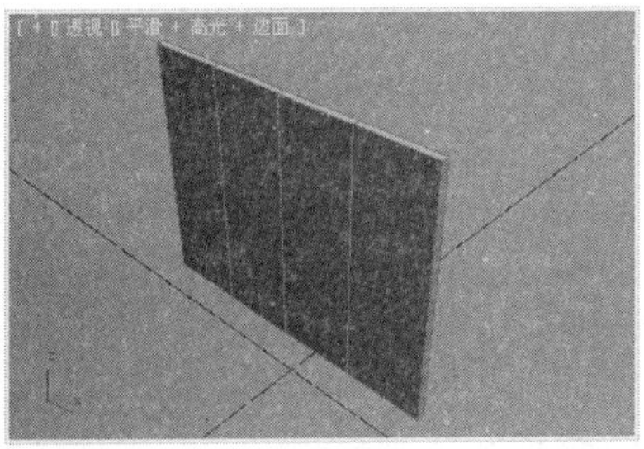

图5-31 长方体的建立

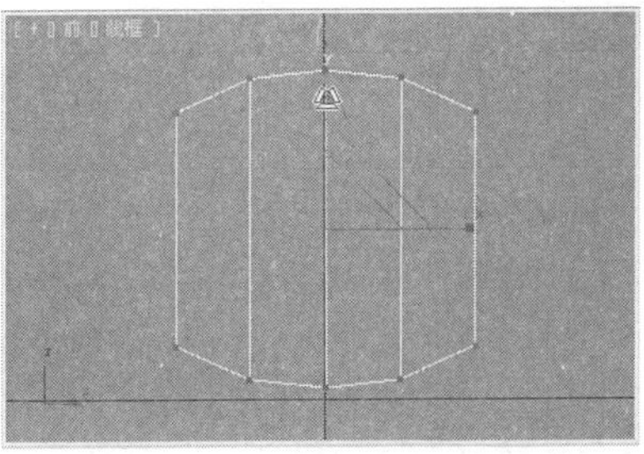

图5-32 调整顶点位置

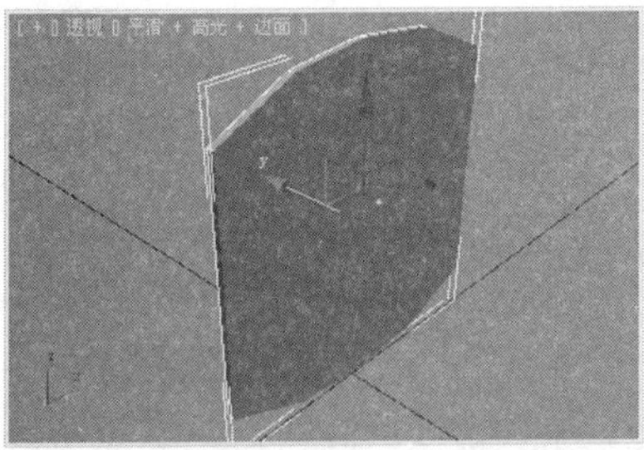

图5-33 选择正面的多边形

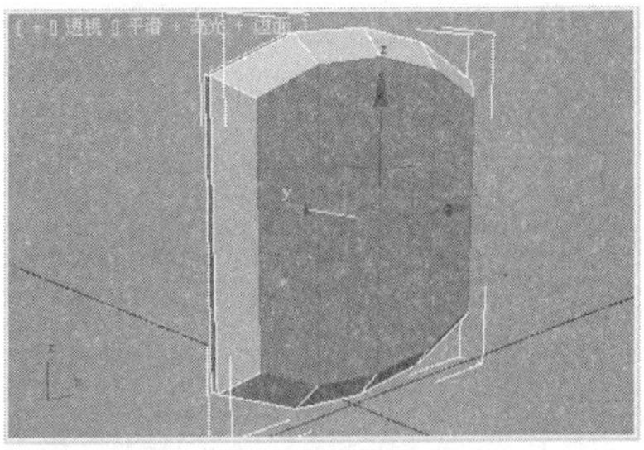

图5-34 将选择多边形做倒角处理

03 保持这几个面被选择，单击 插入 命令右侧的设置按钮，适当调整【插入量】，向里插入一个面，由于边角有倒角处理，所以插入的面不能太小，太小会导致点与点交错的现象。单击工具条 【缩放】工具，将面等比例缩小一点，如图 5-35 所示。单击 挤出 命令右侧的设置按钮，适当调整【高度】值，向内侧挤入，得到如图 5-36 所示效果。

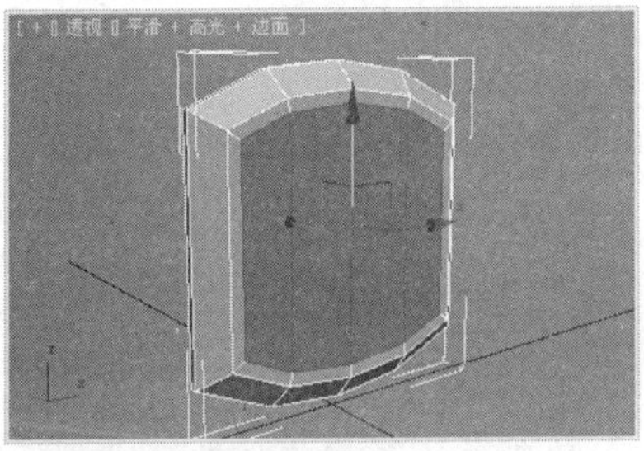

图5-35 插入多边形

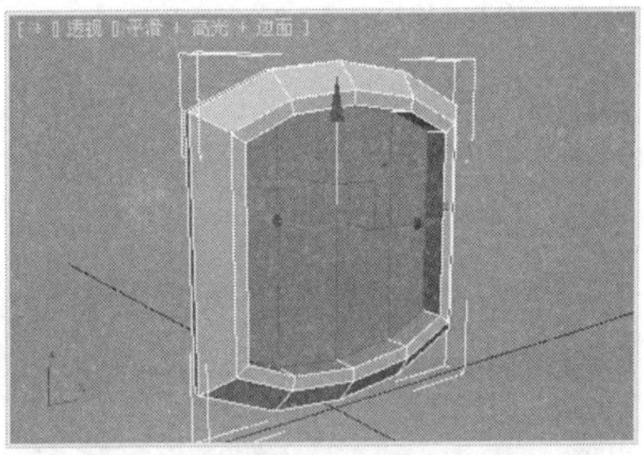

图5-36 挤出效果

04 为新挤入的面做倒边处理。仍然保持这几个面被选择，单击 插入 命令右侧的设置按钮，适当调整【插入量】，在里面再次倒入一个面，如图 5-37 所示。同理将表盘背面的所有的面选中为红色，单击 插入 命令右侧的设置按钮，适当调整【插入量】，为表盘背面也做倒角处理，如图 5-38 所示。

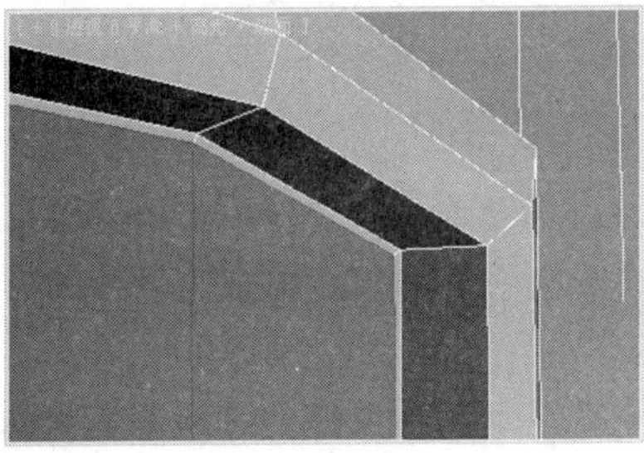

图5-37 将选中多边形做插入效果

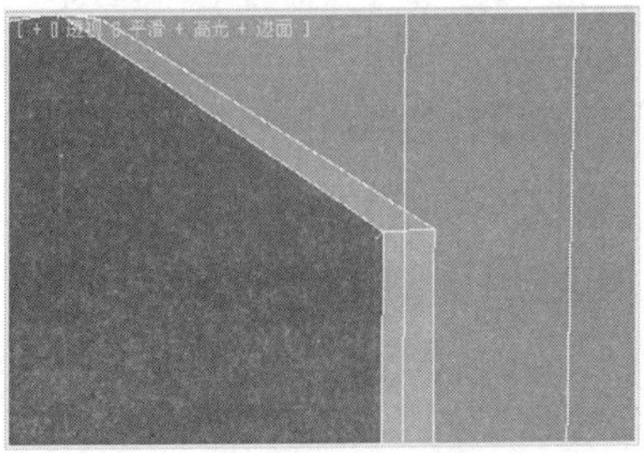

图5-38 将选中多边形做插入效果

05 倒边处理。进入 ▱【边】子集中，在前视图中选中如图 5-39 所示的边为红色，单击 🔲循环▯命令或按键盘 Alt+L 组合键，将与所选边相连接的边全部选中，如图 5-40 所示。

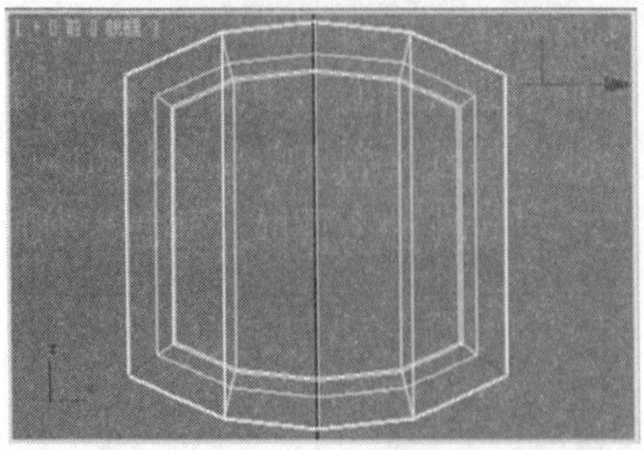

图5-39 选择边

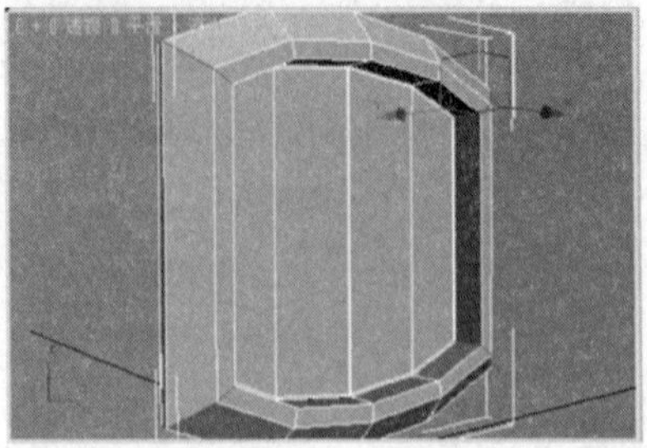

图5-40 选择边

06 单击 🔲切角▯命令右侧的设置按钮，调整【分段】数为 3，适当调整【切角量】的值，得到如图 5-41 所示的倒边效果。单击 🔲环形▯命令或按键盘 Alt+R 键，将与所选边相邻的边全部选中，如图 5-42 所示。

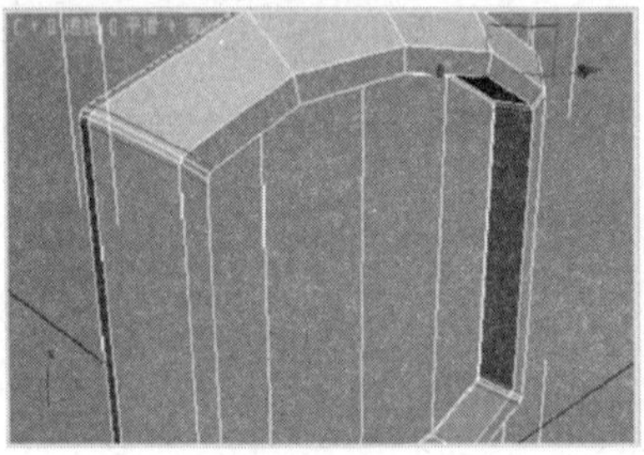

图5-41 将边做切角效果

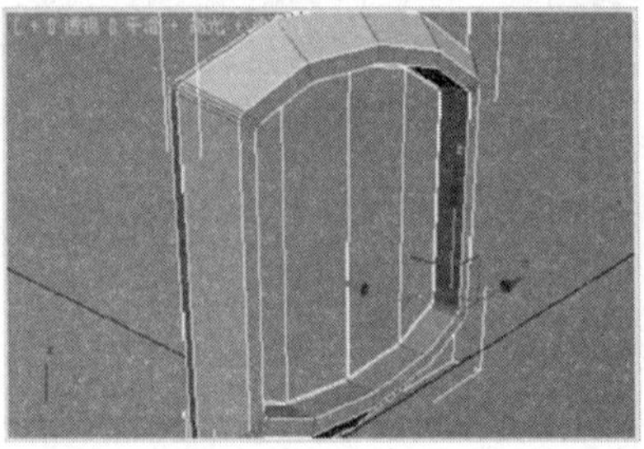

图5-42 选择边

07 单击 🔲连接▯命令右侧的设置按钮，设置【分段】数为 2，适当调整【收缩】值，为每条边都做倒边处理，得到如图 5-43 所示的倒边效果。（如此做倒边效果是为了表盘在光滑之后，在形体转折部分出现尖锐的倒角）。再次单击 ▱【边】子集按钮退出子集，在 修改器列表 ▼ 中选择【网格平滑】命令，【迭代次数】为 2。表盘制作完毕，如图 5-44 所示。

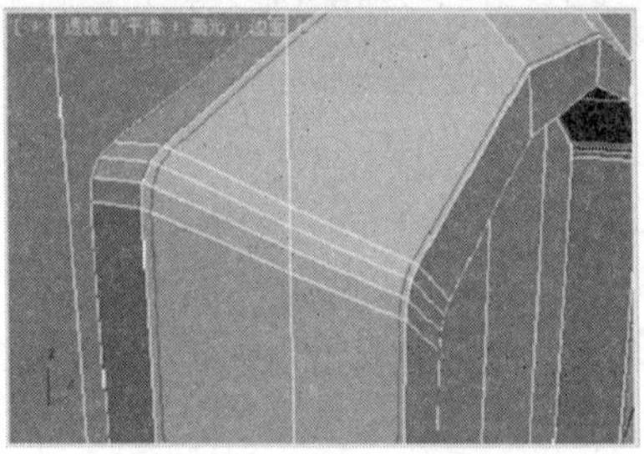

图5-43 将选择边加入连接命令

图5-44 表盘效果

（2）其他零部件的制作

08 利用表盘制作出表盘框。选择刚制作出来的表盘，在【命令堆栈】中将【网格平滑】命令选中，单击下方的 🔲【删除修改器】命令，暂时删除网格平滑命令。单击 🔲【多边形】子集按钮进入【多边形】子集中，选择表盘里面的面为红色，如图 5-45 所示。单击 分离▯按钮右侧的设置按钮，勾选【分离为克隆】选项，将红色的面克隆复制一个出来，得到一个新的图形，此图形用来制作表盘框，如图 5-46 所示。

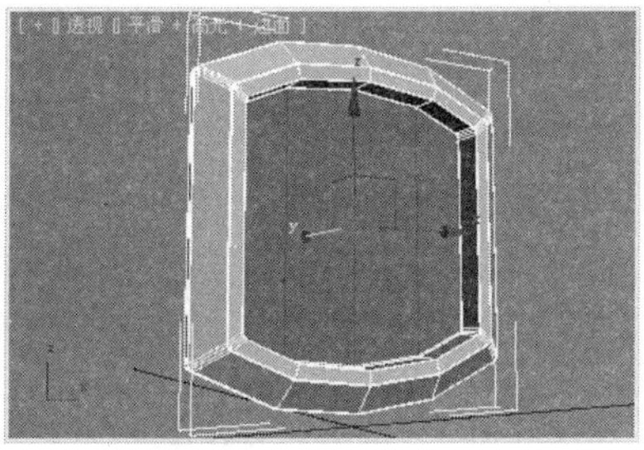

图5-45 选择多边形

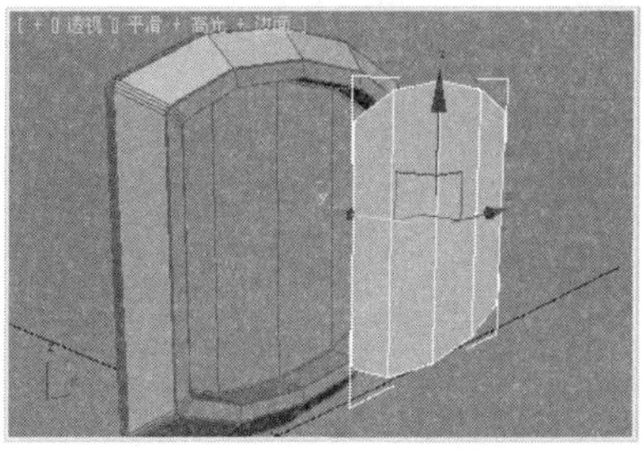

图5-46 将多边形分离出来

09 选择新分离出来的图形，单击 ▣ 【多边形】子集按钮进入【多边形】子集中，选择所有的面为红色，如图 5-47 所示。单击 挤出 □ 命令右侧的设置按钮，适当调整【高度】值，向外侧挤出，高度要高于表盘的高度，得到如图 5-48 所示效果。

图5-47 选择多边形

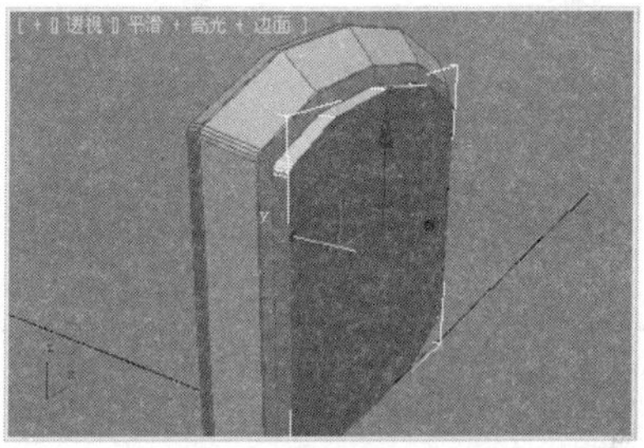

图5-48 挤出高度

10 保持这几个面被选择，单击 插入 □ 命令右侧的设置按钮，适当调整【插入量】，向里插入一个面，作出表盘框的厚度。由于边角有倒角处理，所以插入的面不能太小，太小会导致点与点交错的现象，如图 5-49 所示。单击工具条 □ 【缩放】工具，将面等比例缩小一点，如图 5-50 所示。

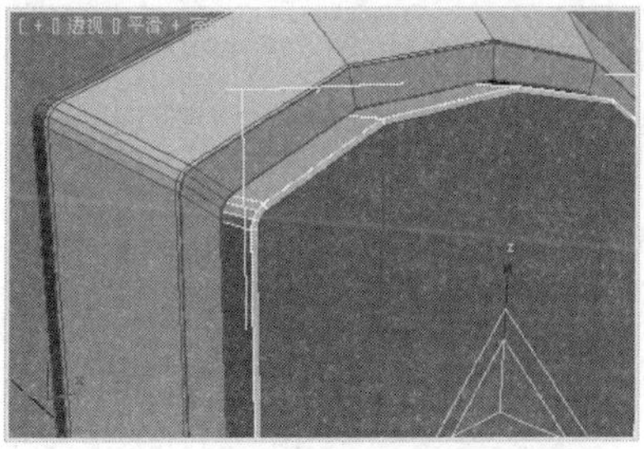

图5-49 将多边形做插入效果

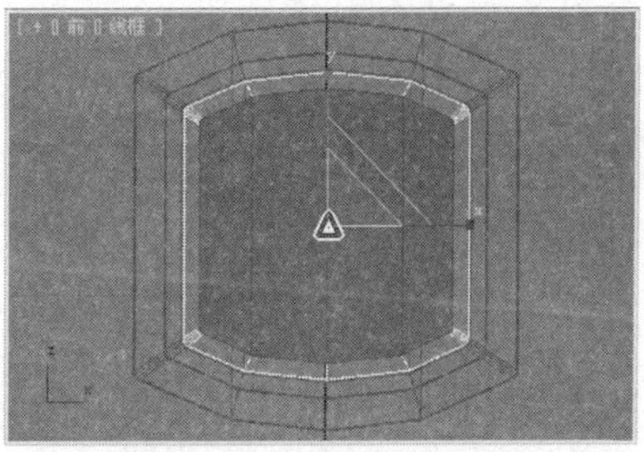

图5-50 将选中多边形缩小

11 仍然保持这几个面被选择，单击 挤出 □ 命令右侧的设置按钮，适当调整【高度】值，向内侧挤入，得到如图 5-51 所示效果。为新挤的面做倒边处理，仍然保持这几个面被选择，单击 插入 □ 命令右侧的设置按钮，适当调整【插入量】，在里面再次插入一个面，如图 5-52 所示。为了让边固定得更好，可以在此基础上，再【插入】一次。

12 将表现表盘框厚度的边都选中为红色，如图 5-53 所示。选中的方法是先选一个边，然后单击 环形 ⬍ 命令或按 Alt+R 组合键。单击 连接 □ 命令右侧的设置按钮，设置【分段】数为 2，为它们中间加入两条线，使用 ✛ 【移动】工具在顶视图中沿着 Y 轴将两条线向下移动，制作出表盘框上面的突起，如图 5-54 所示。

图5-51 将选中多边形挤入

图5-52 制作倒角效果

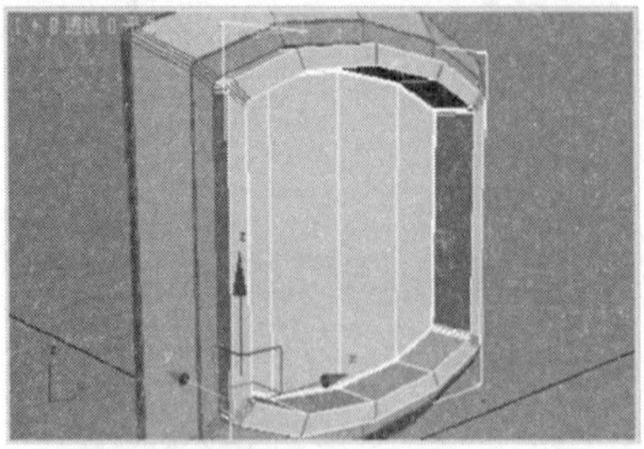

图5-53 选择边

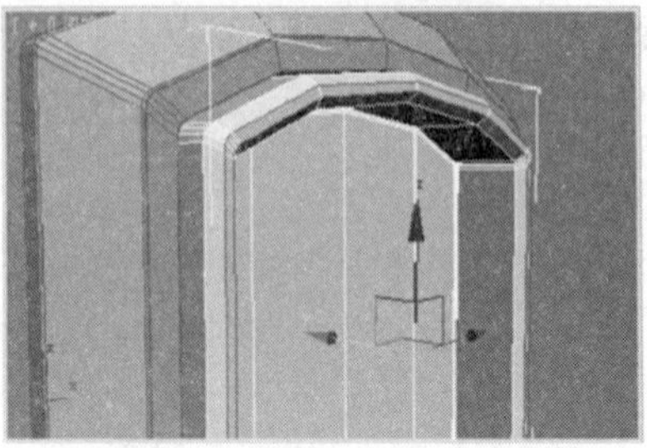

图5-54 为选择边加入连线

13 用同样分离的方法制作出表盘上面的透明玻璃面。选择如图 5-55 所示的面,单击 分离 回按钮,勾选【分离为克隆】选项,将红色的面克隆复制一个出来,得到一个新的图形,此图形用来制作表盘透明玻璃。保持面处于选择状态下,单击 挤出 回命令右侧的设置按钮,稍微调整【高度】值作出厚度,得到玻璃,使用 ✛【移动】工具将玻璃向外移动一点,使用 ☑【缩放】工具再稍微放大一点,如图 5-56 所示的玻璃效果。

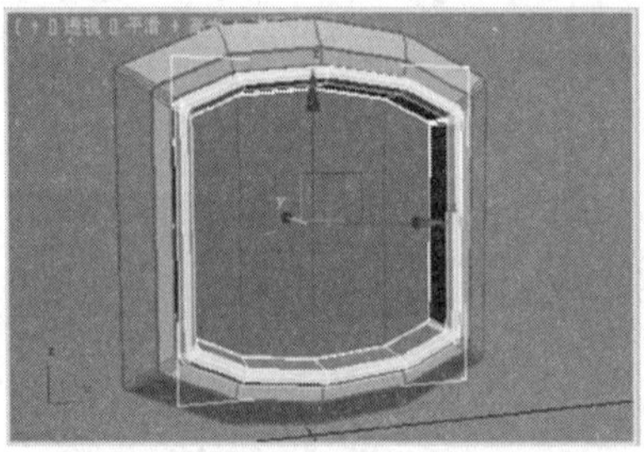

图5-55 选择多边形

图5-56 制作玻璃

14 指针的制作。利用【车削】命令制作指针轴。进入【创建】控制面板的 ◙【图形】建立区域,单击 线 按钮,在顶视图中绘制车削所需曲线,如图 5-57 所示。进入 ☑【修改】命令面板,在 修改器列表 中选择【车削】命令,单击 最小 按钮,得到如图 5-58 所示指针轴。

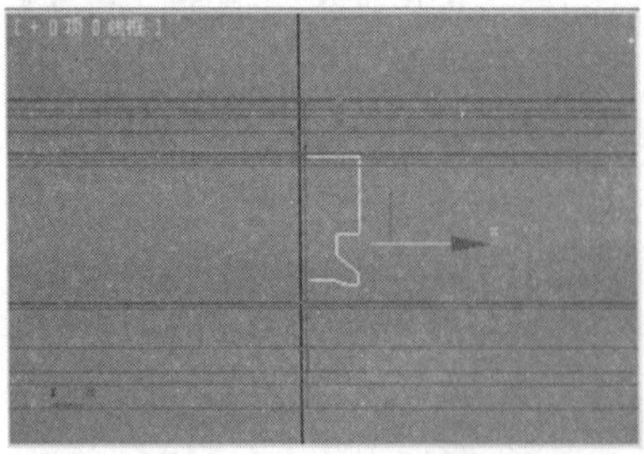

图5-57 绘制样条线

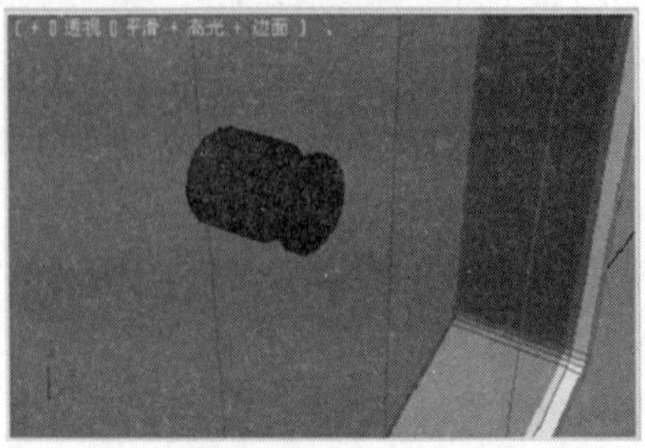

图5-58 添加车削命令

15 进入【创建】控制面板的 【图形】建立区域，单击 矩形 按钮，在前视图中绘制制作分针所需的矩形，调整好【角半径】的值，得到圆角矩形。进入 【修改】命令面板，在 修改器列表 中选择【挤出】命令，适当调整挤出的高度，得到如图 5-59 所示分针，再运用同样的方法制作出时针和秒针。注意秒针挤出之前的图形是由两个样条线布尔合并而成的，如图 5-60 所示。

图5-59 分针的制作

16 分别选择表盘和表盘框，进入 【修改】命令面板，在 修改器列表 中选择【网格平滑】命令，【迭代次数】为 2。至此，整个闹钟制作完毕，如图 5-61 所示。

图5-60 其他指针的制作

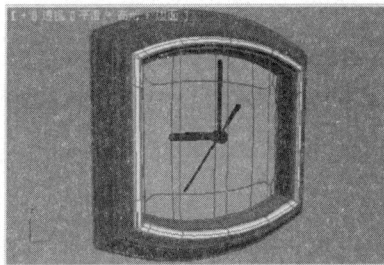

图5-61 完整的闹钟

5.3 屋顶吊灯的制作

在这一节中，将学习利用编辑多边形命令结合车削命令，制作屋顶吊灯模型，图 5-62 所示为屋顶吊灯的效果图。

学习重点

(1) 编辑多边形命令的使用方法。
(2) 车削命令的使用方法。

图5-62 最后渲染效果

实例场景：光盘\效果\第5章\屋顶吊灯 max

操作步骤

(1) 灯罩的制作

01 制作灯罩的顶部，进入【创建】控制面板的⊙【几何体】建立区域，单击 圆柱体 按钮，在顶视图中建立一个圆柱体，【高度分段】为1，【边数】为35，如图 5-63 所示。选择圆柱体，进入☑【修改】命令面板，在 修改器列表 ▼ 中选择【编辑多边形】命令，单击▣【多边形】子集按钮进入【多边形】子集中，在透视图中将圆柱体的底面选中为红色，如图 5-64 所示。

图5-63 建立圆柱体

图5-64 选择圆柱体底面

02 单击 插入 □ 按钮，在透视图中单击红色的面并拖动鼠标，插入一个新的面，如图 5-65 所示。单击 倒角 □ 按钮，在透视图中继续单击红色的面，先单击鼠标确定挤出的高度，再移动鼠标确定倒角的大小，如图 5-66 所示。

图5-65 插入面

图5-66 为选择面做倒角处理

03 保持步骤 2 中选择的面仍然处于选择状态下，单击 挤出 □ 按钮，在透视图中拖动鼠标，向灯罩内继续挤进一个深度，如图 5-67 所示。单击 插入 □ 按钮，在透视图中继续单击红色的面并拖动鼠标，插入一个新的面，然后单击 挤出 □ 按钮。在透视图中向下挤出一个小的高度，如图 5-68 所示。

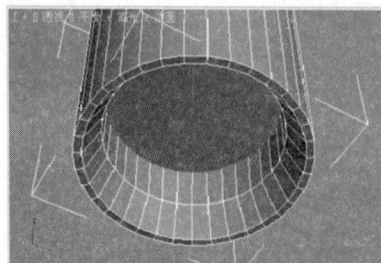

图5-67 向内挤入选择面

图5-68 插入面后向外挤出

04 单击☑【边】子集按钮进入【边】子集当中，选择如图 5-69 所示的一段边，单击 [循环┋] 按钮，将灯罩底部一圈边全部选中，单击 [切角 □] 按钮后面的设置，设置弹出的对话框中的切角量的值，做出如图 5-70 所示的倒角效果。

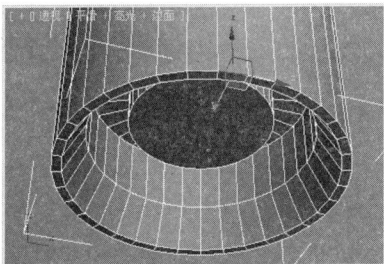

图5-69　选择边　　　　　　　　　　图5-70　将选中边做倒边处理

05 将圆柱顶端的一圈线段选中，运用同样的方法制作出倒角效果，灯罩顶部制作完毕，如图 5-71 所示。制作灯罩，进入【创建】控制面板的○【几何体】建立区域，单击 [管状体] 按钮，在顶视图灯罩底部处建立一个圆管，【高度分段】为1，【边数】为30，如图 5-72 所示。

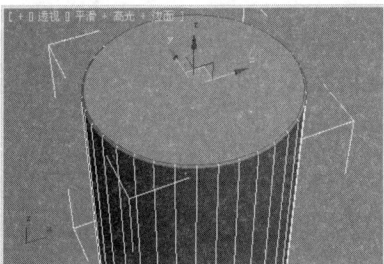

图5-71　为选中边做倒边效果　　　　图5-72　绘制圆管

06 选择管状体，进入☑【修改】命令面板，在 [修改器列表] 中选择【编辑多边形】命令，单击☑【边】子集按钮进入【边】子集当中，选择如图 5-73 所示的圆管外侧、内侧的四段短边，单击 [循环┋] 按钮，将圆管内外的转角处的边全部选中，单击 [切角 □] 按钮后面的设置，设置弹出的对话框中的【切角量】的值，值要小，做出如图 5-74 所示的倒角效果。

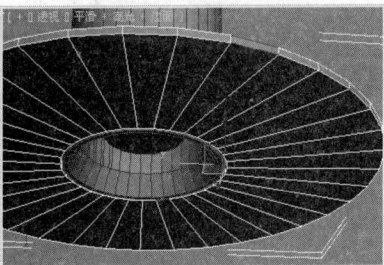

图5-73　选择边　　　　　　　　　　图5-74　将选中边做倒边处理

07 进入【创建】控制面板的○【几何体】建立区域，单击 [管状体] 按钮，在顶视图灯罩处继续建立一个圆管，此圆管要比步骤5中所建立的圆管【半径1】略小，使用❖【移动】工具在前视图中按键盘 Shift 键沿 Y 轴向下再复制出两个，复制类别为【实例】的方式，如图 5-75 所示。单击 [圆柱体] 按钮，在顶视图中绘制一个圆柱体，将圆柱体沿灯罩旋转复制出另外三个，最后得到如图 5-76 所示的完整灯罩。

> **提 示**　旋转复制圆柱体的时候注意先将轴心定位在灯罩的中心处。

图5-75　建立管状体并复制

图5-76　建立圆柱体并复制

（2）灯泡及透明灯罩的制作

08 进入【创建】控制面板的 ◎【图形】建立区域，单击 线 按钮，在前视图中绘制出灯泡侧线，如图 5-77 所示。进入 ✐【修改】命令面板，在 修改器列表 中选择【车削】命令，单击 最小 按钮，勾选【翻转法线】命令，得到如图 5-78 所示灯泡。

图5-77　绘制灯泡剖面图形

图5-78　加入车削命令

09 利用【车削】命令制作透明灯罩。进入【创建】控制面板的 ◎【图形】建立区域，单击 线 按钮，在前视图中绘制出灯罩侧线，如图 5-79 所示。进入 ✐【修改】命令面板，选择 ∧【样条线】子集，选中灯罩侧线为红色，单击 轮廓 命令做出灯罩的厚度。再次单击 ∧【样条线】子集按钮退出子集，在 修改器列表 中选择【车削】命令，单击 最小 按钮，得到透明灯罩。最后将所制作物体进行正确的摆放，得到如图 5-80 所示的完整吊灯。

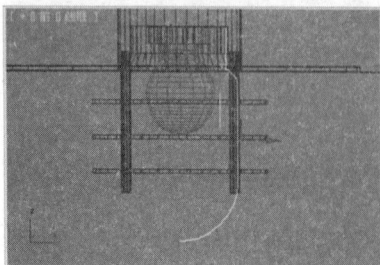

图5-79　绘制灯罩剖面图形

图5-80　完整吊灯模型

在这一节中，将学习利用编辑多边形命令结合放样命令，制作耳机模型，图 5-81 所示为耳机的效果图。

✎**学习重点**

（1）学习编辑多边形命令的使用。

（2）学会挤出、编辑样条线的使用方法。

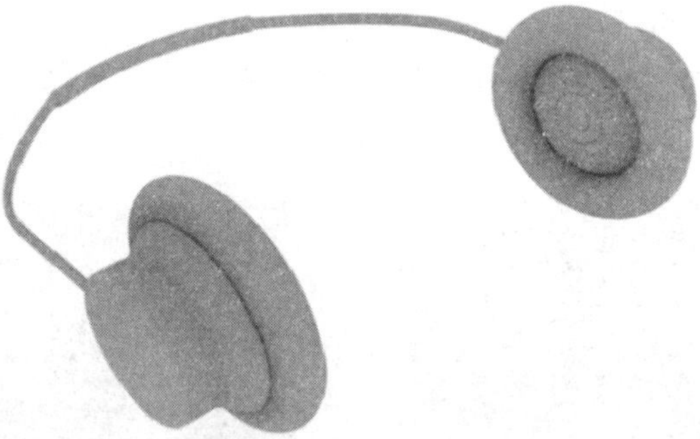

图5-81　最后渲染效果

◐ 实例场景: 光盘\效果\第5章\耳机 max

✎**操作步骤**

01 进入【创建】控制面 板的○【几何体】建立区域，单击 ▣柱体 按钮，在前视图中绘制一个圆柱体，大小位置如图 5-82 所示。进入 ✐【修改】命令面板，在 修改器列表 ▾ 中选择【编辑多边形】命令，单击▣【多边形】子集按钮进入到【多边形】子集中，选中圆柱体后侧的一个面为红色，如图 5-83 所示。

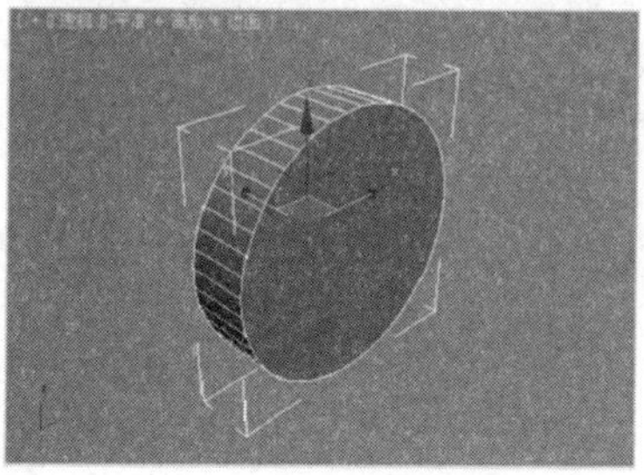

图5-82　建立圆柱体

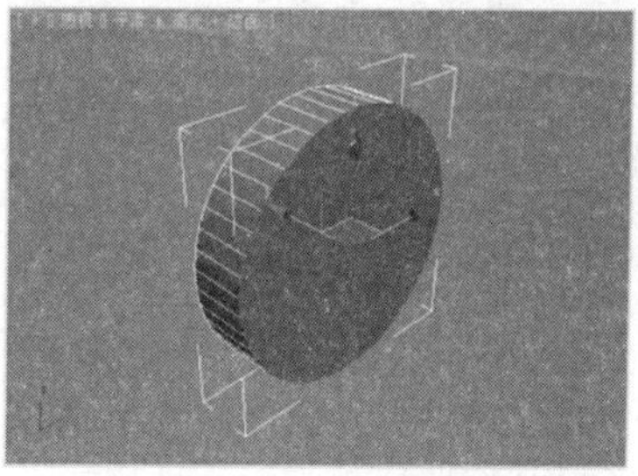

图5-83　选择多边形

02 单击 挤出 ▫命令右侧的设置按钮，适当调整【挤出高度】值，将选中面挤出一定的高度，如图 5-84 所示。再次单击 挤出 ▫命令右侧的设置按钮，适当调整【挤出高度】值，将选中的面再挤出一定的高度。激活前视图，使用▣【缩放】工具将挤出的面等比例缩小至如图 5-85 所示效果。

图5-84 挤出选择面

图5-85 挤出选择面并等比例放大

03 保持当前状态，再次单击 挤出 □ 命令右侧的设置按钮，适当调整【挤出高度】值，将选中的面挤出一定的高度，如图 5-86 所示。单击 ⬦ 【边】子集按钮进入到【边】子集中，将圆柱体另一侧的边选中，单击 切角 □ 命令右侧的设置按纽，适当调整数值，制作出切角效果，如图 5-87 所示。

图5-86 挤出选择面

图5-87 将选择边做倒边处理

04 利用【放样】命令制作海绵体。激活前视图，进入【创建】控制面板的 ⬚ 【图形】建立区域，单击 圆 按钮，在前视图中绘制一个圆形作为放样路径，如图 5-88 所示。进入【创建】控制面板的 ⬚ 【图形】建立区域，单击 椭圆 按钮，在左视图中绘制一个椭圆做为截面图形，如图 5-89 所示。

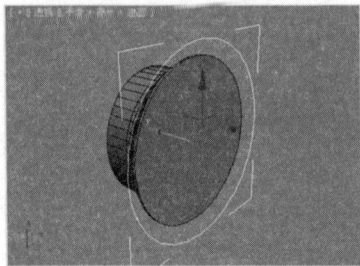

图5-88 绘制放样路径

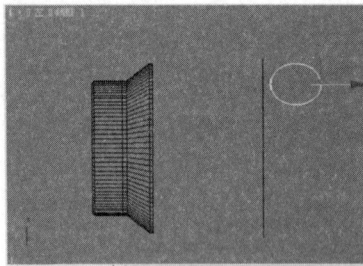

图5-89 绘制放样所需截面图形

05 进入【创建】控制面板，在标准基本体下拉菜单中选择【复合对象】命令命令，选择放样路径圆形，单击 放样 命令。单击 获取图形 按钮，在视图中拾取截面图形椭圆，得到如图 5-90 所示的放样物体。进入【创建】控制面板的 ◯ 【几何体】建立区域，单击 球体 按钮，在前视图海绵体的中心处绘制一个球体，激活左视图，使用 ▣ 【缩放】工具将球体沿 X 轴缩小至如图 5-91 所示效果。

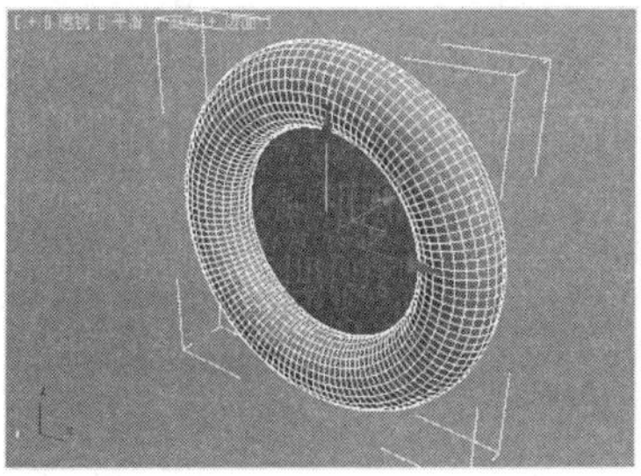

图5-90　制作放样图形

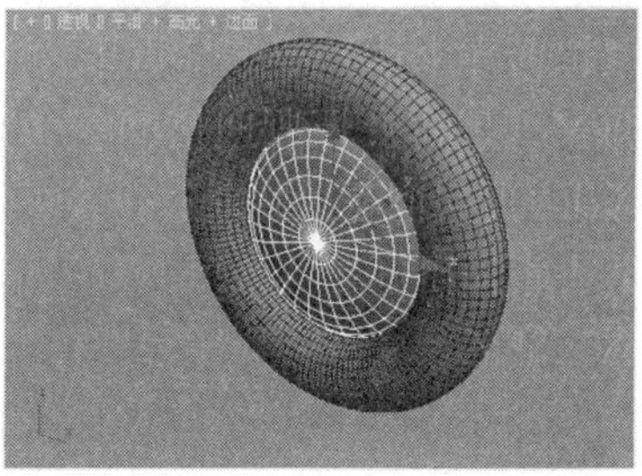

图5-91　绘制球体

06 选择球体，进入 [☑] 【修改】命令面板，在 [修改器列表] 中选择【编辑多边形】命令，单击 [∴] 【顶点】子集按钮进入到子集中，在顶视图中选中所有顶点，如图 5-92 所示。单击 [切角 □] 命令右侧的设置按钮，适当调整切角数值，并勾选上【打开】选项，将点制作出切角效果，如图 5-93 所示。

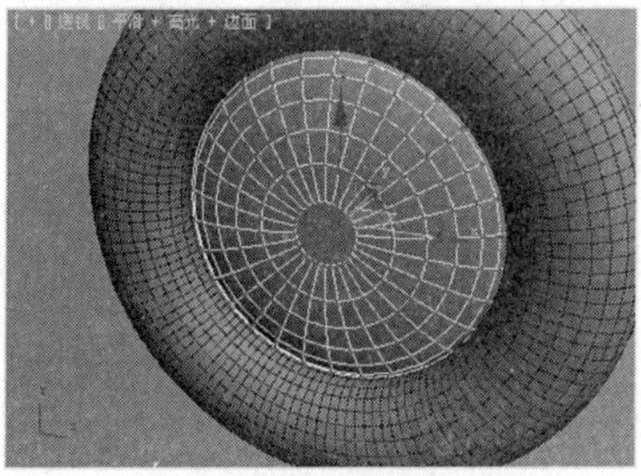

图5-92　选择顶点

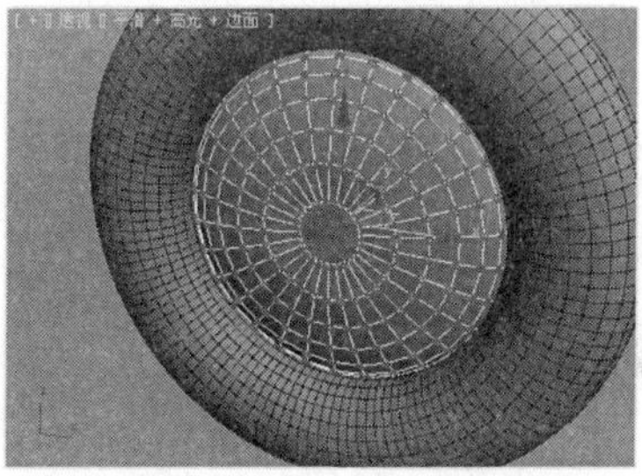

图5-93　为顶点做切角效果

07 退出顶点子集，进入 [☑] 【修改】命令面板，在 [修改器列表] 中选择【网格平滑】命令，设置【迭次数】为 2，得到如图 5-94 所示的光滑效果。选中所有对象，使用 [✛] 【移动】工具并按住键盘 Shift 键将选中对象复制一份，并使用 [⚎] 【镜像】工具，将其做翻转处理，效果如图 5-95 所示。

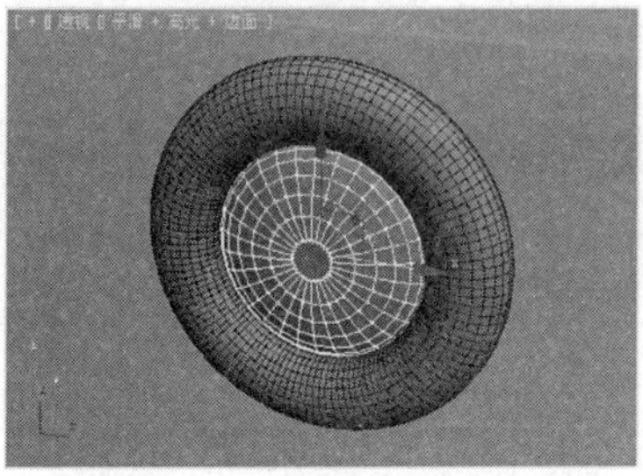

图5-94　将球体做光滑处理量

图5-95　【镜像】耳机

08 运用放样命令制作耳机连杆。激活左视图，进入【创建】控制面板的 [◖] 【图形】建立区域，单击 [线] 按钮，在左视图中绘制一条样条线做为放样路径，如图 5-96 所示。进入【创建】控制面板的 [◖] 【图形】建立区域，单击 [椭圆] 按钮，在前视图中绘制一个椭圆做为截面图形，如图 5-97 所示。

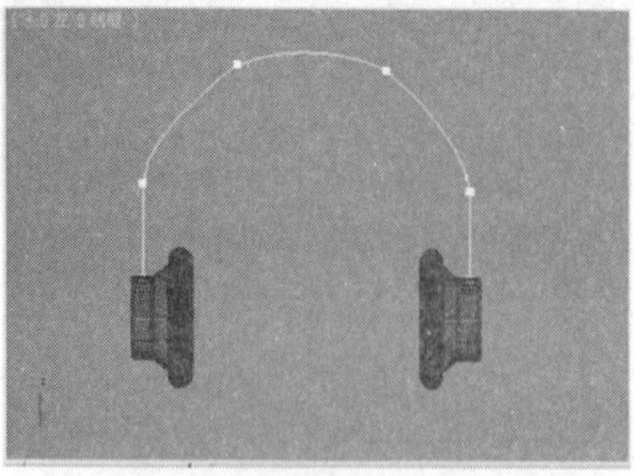

图5-96 绘制放样路径

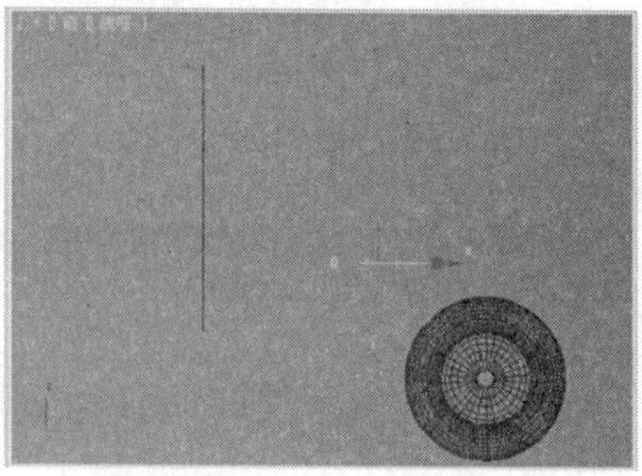

图5-97 绘制截面图形

09 进入【创建】控制面板，在标准基本体下拉菜单中选择【复合对象】命令，选择放样路径，单击 **放样** 命令，单击 **获取图形** 按钮，在视图中拾取截面图形椭圆，得到如图 5-98 所示放样效果。进入 【修改】命令面板，在 **修改器列表** 中选择【编辑多边形】命令，单击 **■**【多边形】子集按钮进入到【多边形】子集中，选中如图 5-99 所示面为红色。

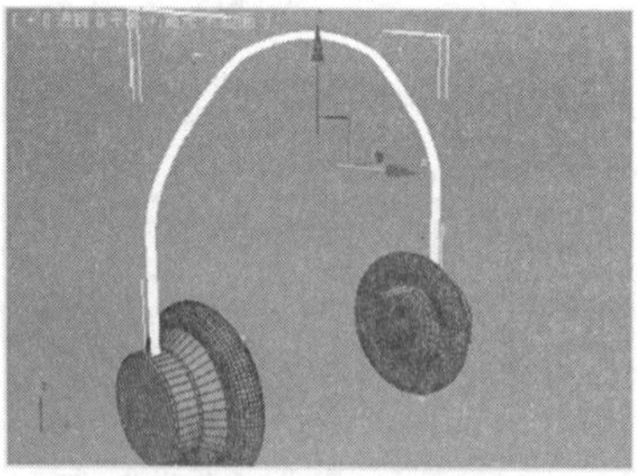

图5-98 建立放样物体

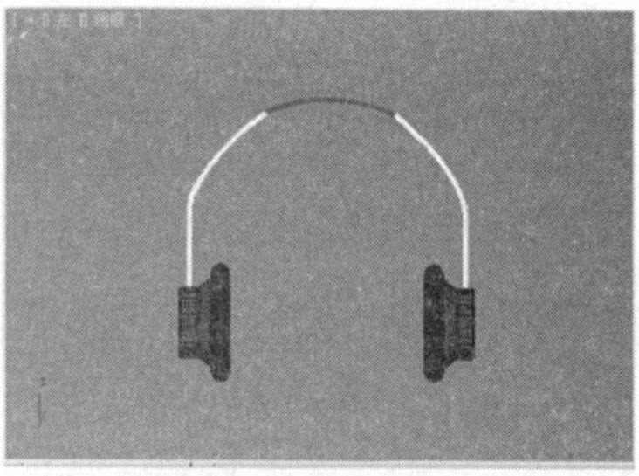

图5-99 选择多边形

10 单击 **挤出 □** 命令右侧的设置按钮，适当调整【挤出高度】值，选择【局部法线】的挤出方式，将选中的面挤出一定的高度，如图 5-100 所示。最后完成耳机的制作，效果如图 5-101 所示。

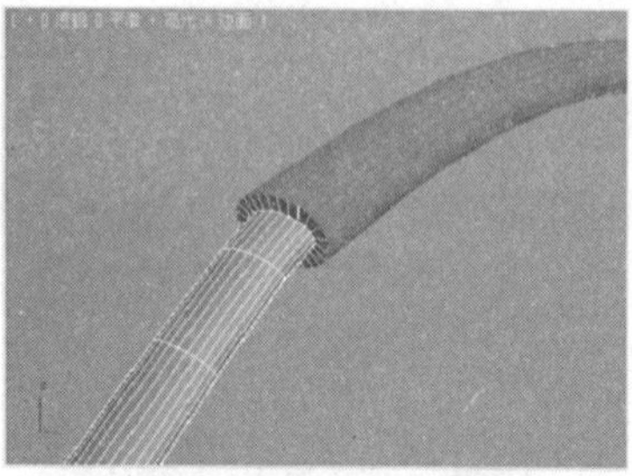

图5-100 将多边形向外挤出

图5-101 完整耳机模型

▶ 5.5 液晶显示器的制作

在这一节中，将学习利用编辑多边形命令结合挤出命令，制作液晶显示器模型，图 5-102 所示为液晶显示器的效果图。

📖 学习重点

（1）学习编辑多边形命令的使用方法。

（2）学会挤出、编辑样条线命令的使用方法。

图5-102　最后渲染效果

实例场景：光盘\效果\第5章\液晶显示器max

操作步骤

01 运用编辑多边形命令制作显示器。进入【创建】控制面板的 【几何体】建立区域，单击 长方体 按钮，在前视图中绘制一个长方体。设置【长度分段】为1、【宽度分段】为1、【高度分段】为2，如图5-103所示。进入 【修改】命令面板，在 修改器列表 中选择【编辑多边形】命令，单击 【多边形】子集按钮进入到【多边形】子集中，选中长方体前方的面为红色，单击 轮廓 按钮，适当调整数值，将选中的面缩小挤出，得到如图5-104所示效果。

图5-103　绘制长方体

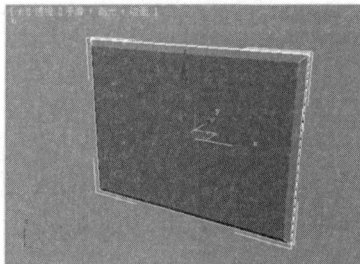

图5-104　将选中面做倒角处理

02 单击 挤出 命令右侧的设置按钮，适当调整【挤出高度】值，将选中面向内挤入一定的深度，如图5-105所示。激活前视图，选择 【缩放】工具将选择的面等比例缩小至如图5-106所示效果，制作出内倒角边。

图5-105　将选中面做挤出效果

图5-106　等比例缩小挤出面

03 单击 【边】子集按钮进入到子集中，选中长方体背面的边，如图5-107所示。单击 切角 命令右侧的设置按钮，适当调整数值，将选择边做倒边处理，如图5-108所示效果。

04 单击 【多边形】子集按钮进入到【多边形】子集中，选中长方体背面的多边形为红色，如图5-109所示效果。单击 挤出 命令右侧的设置按钮，适当调整【挤出高度】值，将选中面向后挤出一定的高度，如图 5-110 所示。

图5-107　选择长方体背面的边

图5-108　将选择边做倒边处理

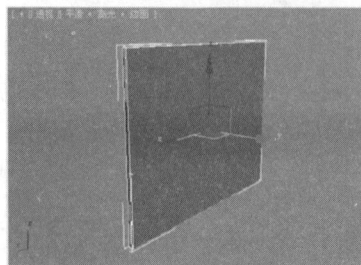

图5-109　选择多边形

图5-110　将选择多边形做挤出处理

05 激活前视图，选择 🔲【缩放】工具将选择的面等比例缩小至如图 5-111 所示效果。继续重复以上步骤多次，做出显示器背面结构，如图 5-112 所示效果。

图5-111　等比例缩小选择多边形

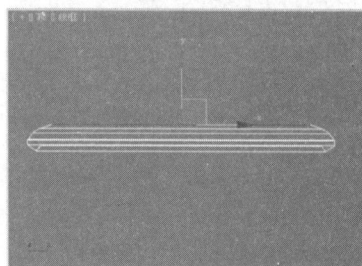

图5-112　继续为选择多边形做倒角处理

06 进入【创建】控制面板的 ⭕【几何体】建立区域，单击 长方体 按钮，在前视图中绘制一个长方体。设置【长度分段】为 1、【宽度分段】为 15、【高度分段】为 2，如图 5-113 所示。进入 ✏【修改】命令面板，在 修改器列表 ▼中选择【编辑多边形】命令，单击 ▣【多边形】子集按钮进入到【多边形】子集中，选中长方体如图 5-114 所示面为红色。

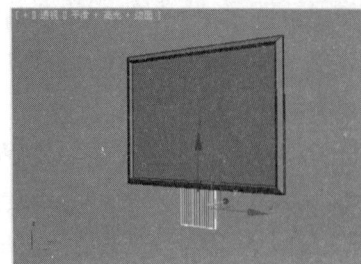

图5-113　建立长方体

图5-114　选择多边形

07 单击 [挤出 □] 命令右侧的设置按钮，适当调整【挤出高度】值，将选中面向内挤入一定的深度，如图5-115所示。退出【多边形】子集，进入 [☑]【修改】命令面板，在 [修改器列表 ▼] 中选择【弯曲】命令，调整【角度】为90，【方向】为360，轴向为X轴。将长方体做弯曲处理，如图5-116所示。

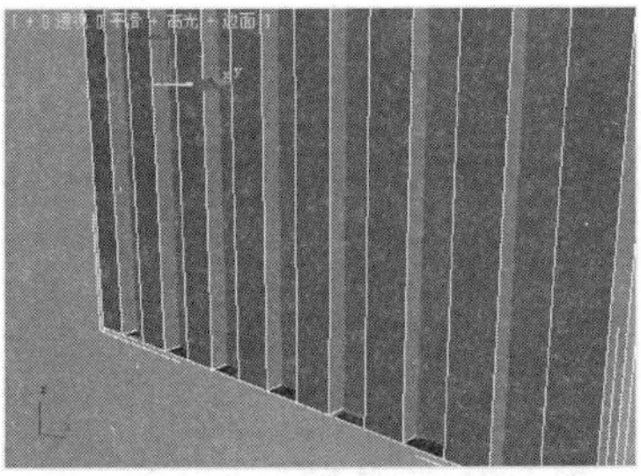

图5-115 挤出选中多边形

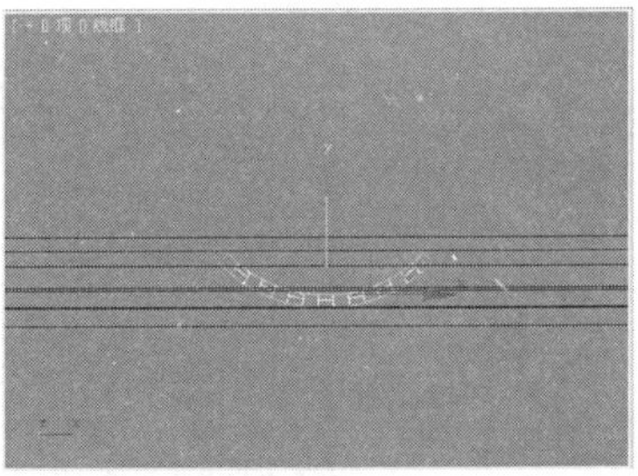

图5-116 将长方体做弯曲处理

08 使用 [✛]【移动】工具，按住键盘shift键将长方体移动复制一份，并使用 [▥]【镜像】工具，将其【镜像】，效果如图5-117所示。进入【创建】控制面板的 [◎]【几何体】建立区域，单击 [圆柱体] 按钮，在顶视图中绘制一个圆柱体，大小位置如图5-118所示。

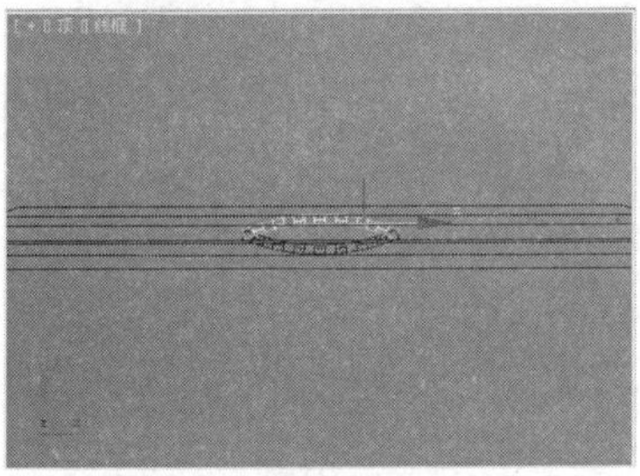

图5-117 【镜像】长方体

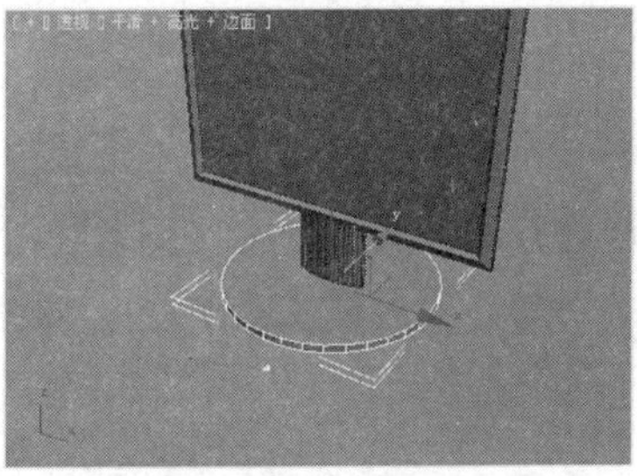

图5-118 建立圆柱体

09 进入 [☑]【修改】命令面板，在 [修改器列表 ▼] 中选择【编辑多边形】命令，单击 [▣]【多边形】子集按钮进入到【多边形】子集中，将圆柱体顶上的面选中为红色。单击 [挤出 □] 命令右侧的设置按钮，适当调整【挤出高度】值，将选中面向上挤出一定的高度。选择 [⬚]【缩放】工具将选择的面等比例缩小至如图5-119所示效果。最后得到如图5-120所示最终效果。

图5-119 将选中多边形做倒角处理

图5-120 完成的显示器模型

▶ 5.6 墙灯的制作

本在这一节中，将学习利用编辑多边形命令结合挤出及放样命令，制作墙灯模型，图5-121所示为墙灯的效果图。

184

学习重点

(1) 学习编辑多边形命令的使用方法。

(2) 学习挤出、放样等命令的使用方法。

图5-121 最后渲染效果

⊘ 实例场景：光盘\效果\第5章\墙灯max

操作步骤

01 进入【创建】控制面板的 ⊙【图形】建立区域，单击 [线] 按钮，在左视图中绘制出如图 5-122 所示的线。进入 ☑【修改】命令面板，单击 ～【样条线】子集按钮进入到【样条线】子集中，将线条选中为红色，单击 [轮廓] 命令，单击线条并拖动鼠标，做出如图 5-123 所示效果。

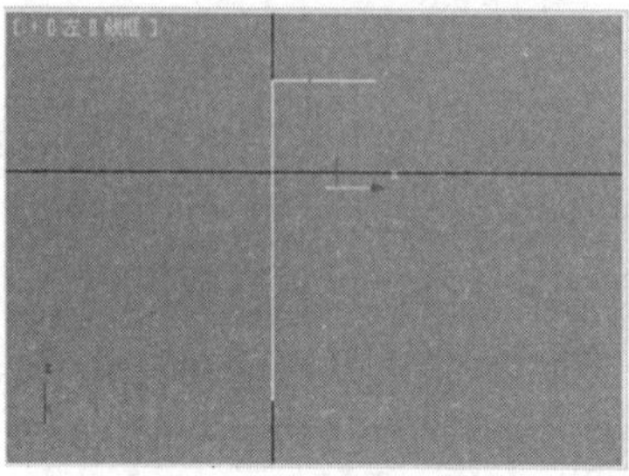

图5-122 绘制样条线

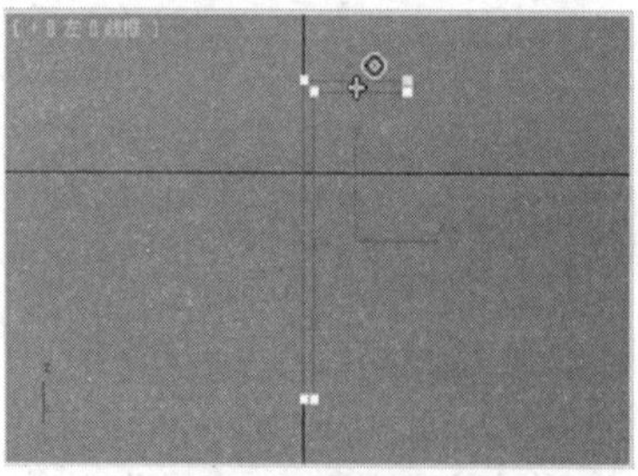

图5-123 加入轮廓效果

02 再次单击 ～【样条线】子集按钮退出子集，在 [修改器列表] 中选择【挤出】命令，适当调整【数量】值，得到如图 5-124 所示效果。再在 [修改器列表] 中选择【编辑多边形】命令，单击 ☑【边】子集按钮进入到【边】子集中，将此图形上所有的边都选中为红色，单击 [切角] □ 命令右侧的设置按钮，调整【分段】数为1，适当调整【切角量】的值，将所有的边做出倒边效果，如图 5-125 所示。

03 进入【创建】控制面板的 ⊙【几何体】建立区域，单击 [圆柱体] 按钮，在顶视图中绘制一个圆柱体，【高度分段】为5，如图 5-126 所示。进入 ☑【修改】命令面板，在 [修改器列表] 中选择【编辑多边形】命令。单击 ▣【多边形】子集按钮进入【多边形】子集中，选择圆柱最底下的面为红色，单击 [倒角] □ 命令右侧的设置按钮，适当调整【高度】与【轮廓量】的值，将此面做出倒角效果，如图 5-127 所示。

图5-124 加入挤出命令

图5-125 将所有边做倒边效果

图5-126 绘制圆柱体

图5-127 将圆柱体底部的面做倒角处理

04 将圆柱体上面的面选中为红色，单击 挤出 □ 右侧的设置按钮，适当调整【高度】值，将面向外放大挤出，如图 5-128 所示。将圆柱最顶上的面选中为红色，使用 ✛【移动】工具将面向上稍微移动一点，将顶部的面做倒角效果，如图 5-129 所示。

图5-128 将选中面做挤出效果

图5-129 将顶部面做倒角效果

05 保持当前面为选择状态，单击 插入 □命令右侧的设置按钮，适当调整【插入量】，在里面再次插入一个面，如图 5-130 所示。单击 挤出 □右侧的设置按钮，适当调整【高度】值，将面向上挤出。再将向上挤出的面选中为红色，单击 倒角 □命令右侧的设置按钮，适当调整【高度】与【轮廓量】的值，将此面也做出倒角效果，如图 5-131 所示。

图5-130 选中面做插入效果

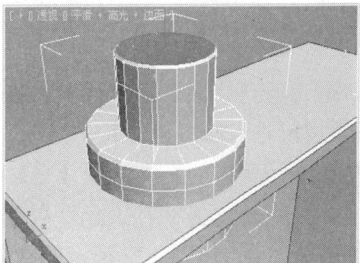

图5-131 挤出并倒角

06 继续使用刚才的方法再向上挤出一层来，如图 5-132 所示。螺丝的制作，进入【创建】控制面板的 【图形】建立区域，单击 多边形 按钮，在顶视图中绘制出一个小六边形。再单击 圆 按钮，在小六边形中间绘制一个圆形。选择圆形，进入 【修改】命令面板，在 修改器列表 中选择【编辑样条线】命令。单击 附加 按钮，拾取六边形，将两个图形结合在一起。在 修改器列表 中选择【挤出】命令，挤出螺丝的厚度来，如图 5-133 所示。

> **提示** 绘制的圆形要正处于六边形的中间，可以使用工具栏中的【对齐】命令对齐。

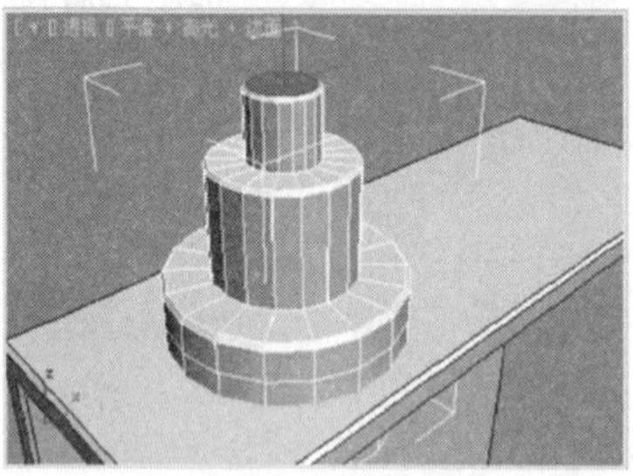

图5-132 挤出并倒角

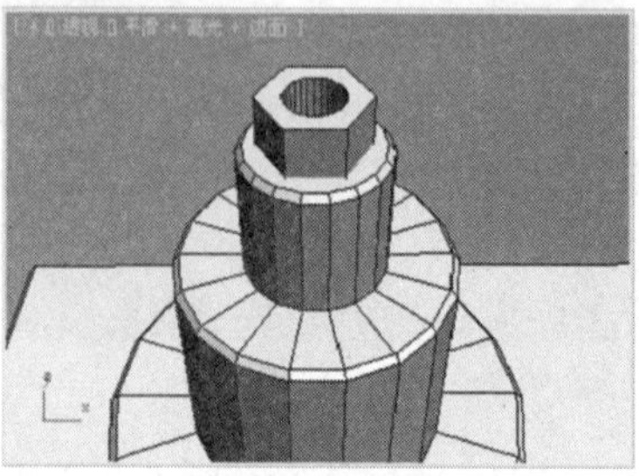

图5-133 螺丝的制作

07 选择螺丝，进入 【修改】命令面板，在 修改器列表 中选择【编辑多边形】命令。单击 【多边形】子集按钮进入【多边形】子集中，选择螺丝最上面的面为红色，单击 倒角 命令右侧的设置按钮，适当调整【高度】与【轮廓量】的值，将此面做出倒角效果，如图 5-134 所示。灯的绘制，进入【创建】控制面板的 【几何体】建立区域，单击下方【几何体】类型下拉菜单，选择【扩展基本体】命令，单击 胶囊 命令，在顶视图中绘制一个胶囊物体作为灯，【高度段数】为 2，如图 5-135 所示。

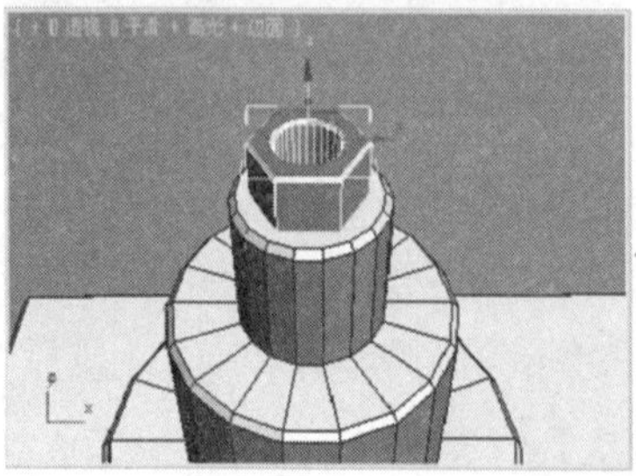

图5-134 将选中面做倒角效果

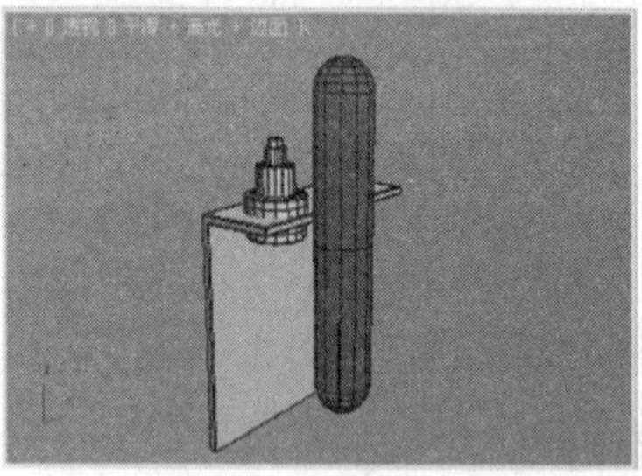

图5-135 胶囊的绘制

08 选择灯，进入 【修改】命令面板，在 修改器列表 中选择【编辑多边形】命令。单击 【多边形】子集按钮进入【多边形】子集中，选择灯上面的面为红色，单击键盘 Delete 键将选中的面删除。再在 修改器列表 中选择【壳】命令，适当调整【外部量】的值，将灯作出厚度来，如图 5-136 所示。将灯移动至合适的位置。进入【创建】控制面板的 【几何体】建立区域，单击 长方体 按钮，在如图 5-137 所示的位置建立一个长方体。

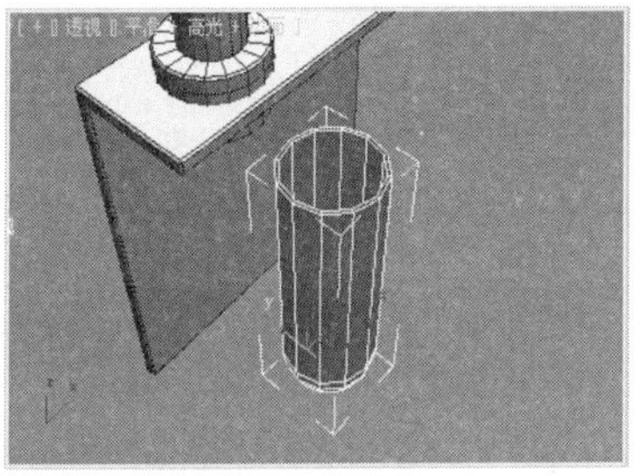

图5-136 加入壳命令

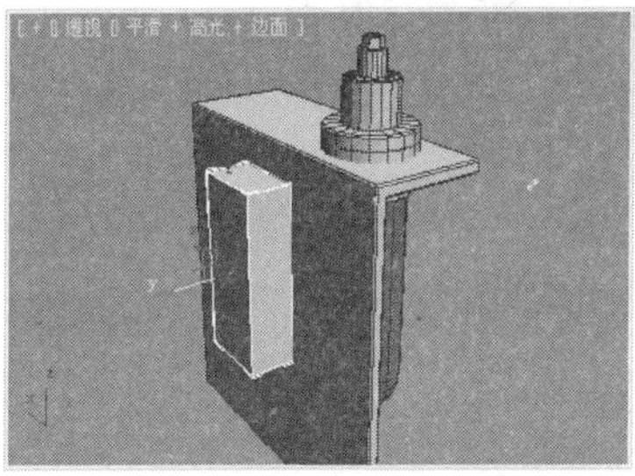

图5-137 绘制长方体

09 运用之前的方法，在长方体上绘制出螺丝，如图 5-138 所示。运用放样的方法制作出连接两个螺丝的管线。单击 圆 按钮，在左视图中绘制出一个圆形，进入 【修改】命令面板，在 修改器列表 中选择【编辑样条线】命令。选择 【分段】子集，选择圆下方的线段，单击键盘 Delete 键，将其删除，得到一个半圆形，单击 线 按钮，在圆的下方一侧靠近圆的端点处绘制一条垂直线，选择圆形，单击 附加 按钮，拾取垂直线，将两个图形结合在一起。选择 【顶点】子集，同时选中圆的端点与垂直线上面的顶点，在 焊接 0.254cm 命令后面的距离值处输入一定的数值，单击【焊接】命令，将两个点焊接为一个点。放样所需的路径绘制完毕，再单击 圆 按钮，绘制出放样所需的横截面图形圆形，如图 5-139 所示。

图5-138 螺丝的制作

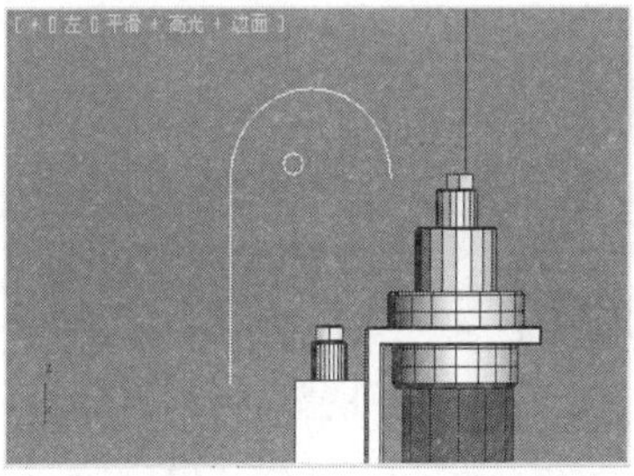

图5-139 绘制放样所需路径及截面图形

10 选择放样路径，进入【创建】控制面板的 【几何体】建立区域，单击下方【几何体】类型下拉菜单，选择【复合对象】命令。单击 放样 命令，单击 获取图形 命令，在左视图中拾取圆形，得到连接两个螺丝的管线。使用 【旋转】工具、 【移动】工具将管线调整至如图5-140 所示位置。将所做的灯、灯座、管线等全部选中，单击【组】菜单中的【编组】命令将其编为一组，单击工具条 【镜像】命令，【镜像轴】选择 X 轴，复制关系选择【实例】，适当调整【偏移值】，【镜像】复制出另一组灯。最后得到如图 5-141 所示的灯具。

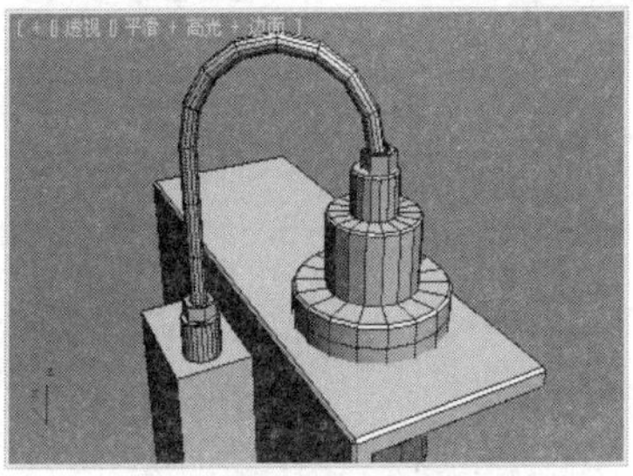

图5-140 制作放样物体

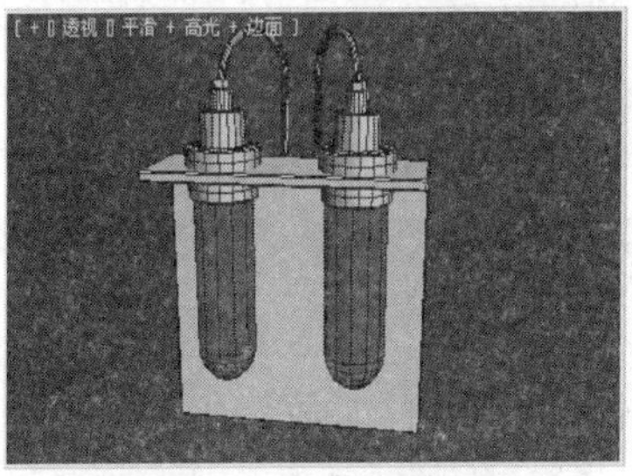

图5-141 墙灯完整模型

5.7 燃气灶的制作

在这一节中，将学习利用编辑多边形命令结合挤出及车削命令，制作燃气灶模型，图5-142所示为燃气灶的效果图。

学习重点

(1) 学习编辑多边形命令的使用方法。
(2) 学习挤出、车削等命令的使用。

图5-142 最后渲染效果

实例场景：光盘\效果\第5章\照明灯具 max

操作步骤

01 利用多边形建模方法制作灯具底座。进入【创建】控制面板的 ○【几何体】建立区域，单击 长方体 按钮，按住键盘 Ctrl 键在顶视图中建立一个长宽相等的长方体，【长度分段】与【宽度】分段均为 2，如图 5-143 所示。进入 【修改】命令面板，在 修改器列表 中选择【编辑多边形】命令。单击 □【多边形】子集按钮进入【多边形】子集中，选择长方体上面的四个面为红色。单击 挤出 □ 右侧的设置按钮，将【高度】值调为 0.01，向上稍微挤出一个面。再单击 轮廓 □ 右侧的设置按钮，适当调整【轮廓量】的值，将此面放大，得到如图 5-144 所示效果。

> **提示** 按住键盘 Ctrl 键建立长方体时可以绘制长宽一致的立方体。

图5-143 绘制长方体

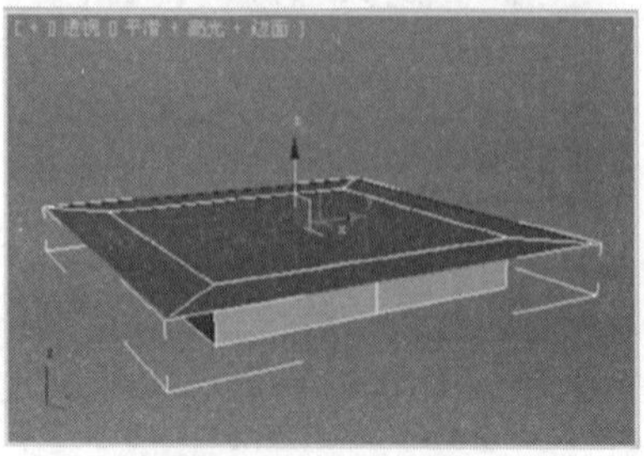

图5-144 挤出并放大

02 单击 挤出 ▢右侧的设置按钮，适当调整【高度】值，向上挤出一定的厚度，如图 5-145 所示。再单击 倒角 ▢右侧的设置按钮，倒角类型选择【按多边形】，适当调整【高度】与【轮廓量】的值，数值要小，将四个面均各自向上倒角，灯具底座制作完毕，如图 5-146 所示。

图5-145 挤出选择面

图5-146 倒角选择面

03 进入【创建】控制面板的 ⬚【图形】建立区域，单击 线 按钮，在前视图中绘制出一条折线，进入 ☑【修改】命令面板，单击⌄【样条线】子集按钮进入到【样条线】子集中，将线条选中为红色，单击 轮廓 命令，单击线条并拖动鼠标，做出轮廓效果，如图 5-147 所示。再次单击⌄【样条线】子集按钮退出子集，在 修改器列表 ∨ 中选择【挤出】命令，适当调整【数量】值，得到如图 5-148 所示效果。

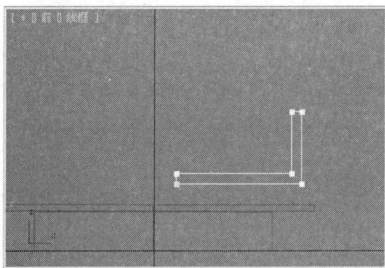

图5-147 绘制样条线

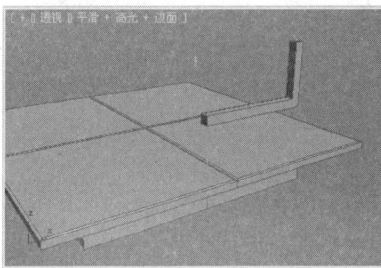

图5-148 挤出厚度

04 选中步骤 3 所制作的图形，在 修改器列表 ∨ 中选择【编辑多边形】命令，单击◿【边】子集按钮进入到【边】子集中，将此图形上所有的边都选中为红色，单击 切角 ▢命令右侧的设置按钮，调整【分段】数为 1，适当调整【切角量】的值，将所有的边做出倒边效果，如图5-149 所示。利用【车削】命令制作灶眼。进入【创建】控制面板的 ⬚【图形】建立区域，单击 线 按钮，在前视图中绘制出灶眼的半个剖面图形，注意线的转角处的节点要做切角处理，如图 5-150 所示。

图5-149 制作倒角效果

图5-150 绘制剖面图形

05 选择绘制的曲线，进入 【修改】命令面板，在 修改器列表 中选择【车削】命令，单击 最小 按钮，勾选【翻转法线】、【焊接内核】命令，得到如图 5-151 所示灶眼。利用【车削】命令制作灶芯。单击 线 按钮，在前视图中绘制出灶芯的半个剖面图形，注意线的转角处的节点要做切角处理，如图 5-152 所示。

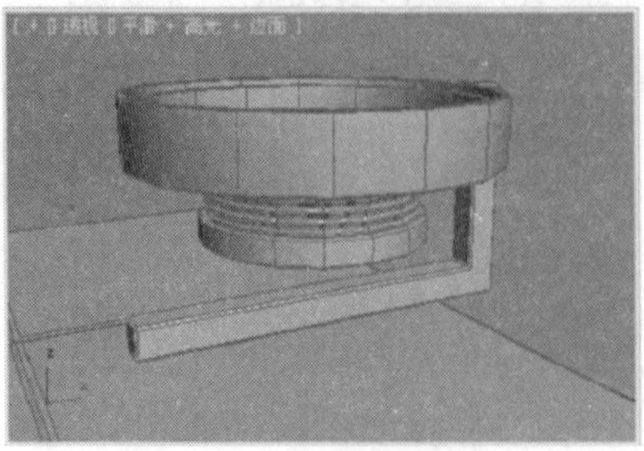

图5-151　加入车削命令

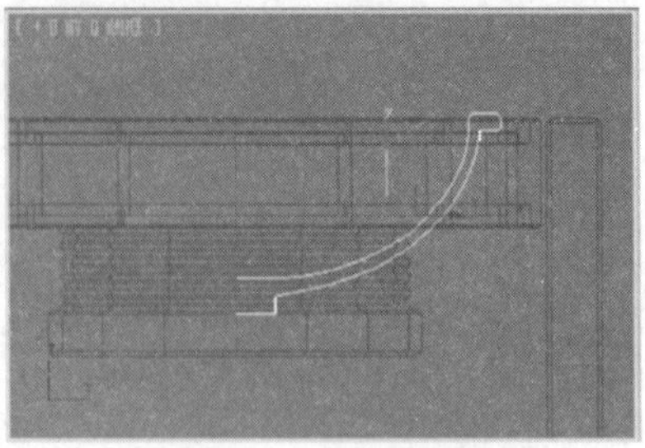

图5-152　绘制剖面图形

06 选择绘制的剖面图形，进入 【修改】命令面板，在 修改器列表 中选择【车削】命令，单击 最小 按钮，勾选【翻转法线】、【焊接内核】命令，得到如图 5-153 所示灶芯。单击 线 按钮，在前视图中绘制出如图 5-154 所示曲线，在 修改器列表 中选择【挤出】命令，适当调整【数量】值，做出厚度。

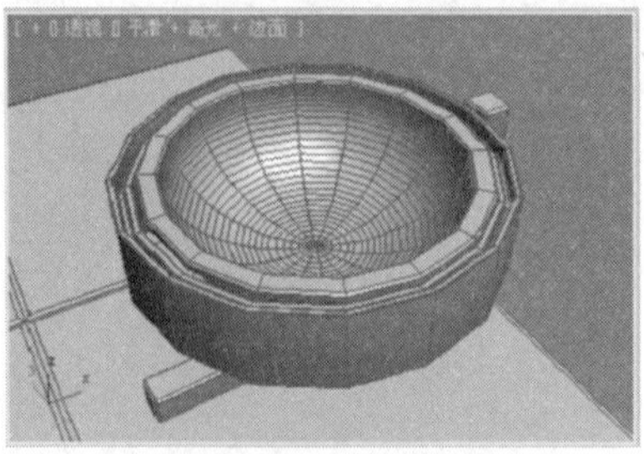

图5-153　加入车削命令

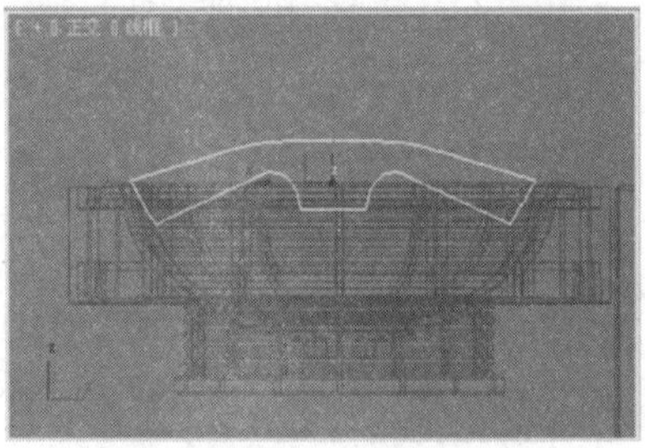

图5-154　绘制样条线并挤出厚度

三
维
制
作
大
师

07 进入【创建】控制面板的 【几何体】建立区域，单击下方【几何体】类型下拉菜单，选择【扩展基本体】命令，单击 胶囊 命令，在顶视图中绘制一个胶囊物体，将其摆放到灯芯中间位置，再绘制两个小圆柱体将灯芯、折角体、灯座连接在一起，整个灯芯制作完毕，如图 5-155 所示。将灯芯全部选中，编为一组，并旋转 45 度角。使用工具条 【镜像】命令，再【镜像】出另外三个灯芯，得到最后的灯具组合，如图 5-156 所示。

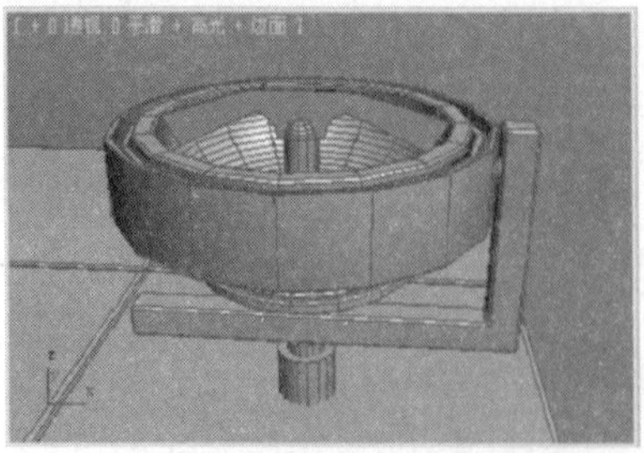

图5-155　灯芯制作完毕

图5-156　照明灯具完整模型

⟲ 5.8 应急灯的制作

在这一节中，将学习利用编辑多边形命令结合挤出、倒角及放样命令，制作应急灯模型，图 5-157 所示为应急灯的效果图。

📖 学习重点

(1) 学习编辑多边形命令的使用。

(2) 学习挤出、倒角、放样命令的使用方法。

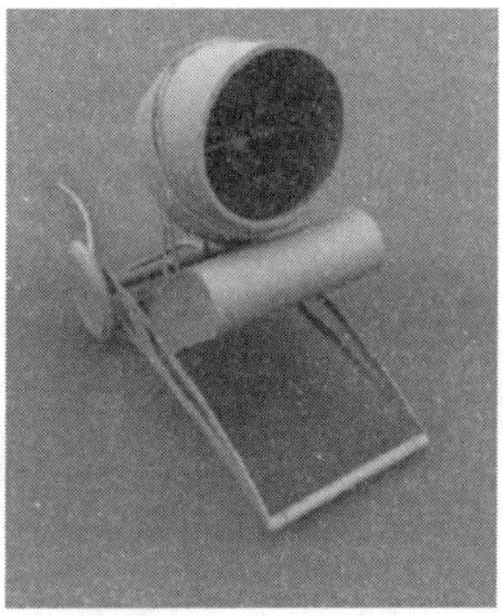

图5-157 最后渲染效果

⚟ 实例场景: 光盘\效果\第5章\应急灯.max

✍ 操作步骤

01 利用多边形建模制作灯体。进入【创建】控制面板的 ⊙【几何体】建立区域，单击 管状体 按钮，在顶视图中建立一个管状体，【端面分段】值为3，如图 5-158 所示。进入 ⦰【修改】命令面板，在 修改器列表 ▾ 中选择【编辑多边形】命令。单击 ◼【多边形】子集按钮进入【多边形】子集中，选择如图 5-159 所示的面为红色。

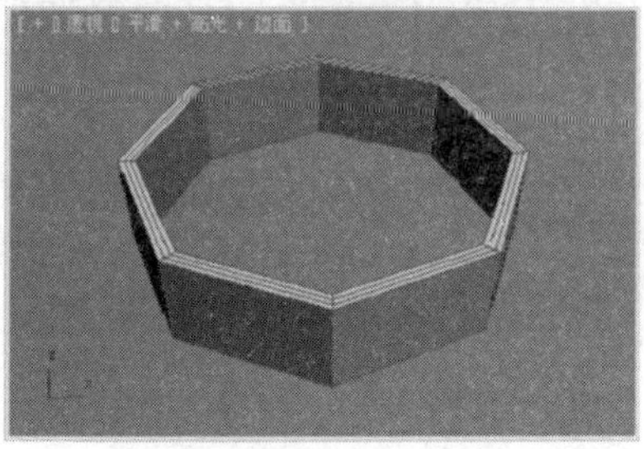

图5-158 绘制管状体

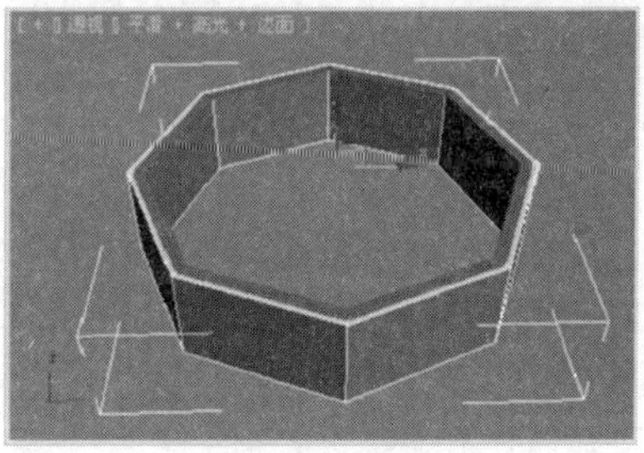

图5-159 选择面

02 单击 挤出 □ 右侧的设置按钮，适当调整【高度】值，向上挤出，得到如图 5-160 所示效果。再选择里面的面，使用 挤出 □ 命令向上挤出至如图 5-161 所示的效果，并使用 ⊞【缩放】工具等比例缩小。

03 保持面仍然处于选择状态下，单击 轮廓 □ 命令，将面稍微放大。在左视图中使用 ⟳【旋转】工具将面沿 Z 轴旋转一定的角度，并使用 ✦【移动】工具将面调整至如图 5-162 所示的效果。将线做倒角效果。单击 ◢【边】子集按钮进入【边】子集中，在前视图中选中纵向中间的所有的边，如图 5-163 所示。

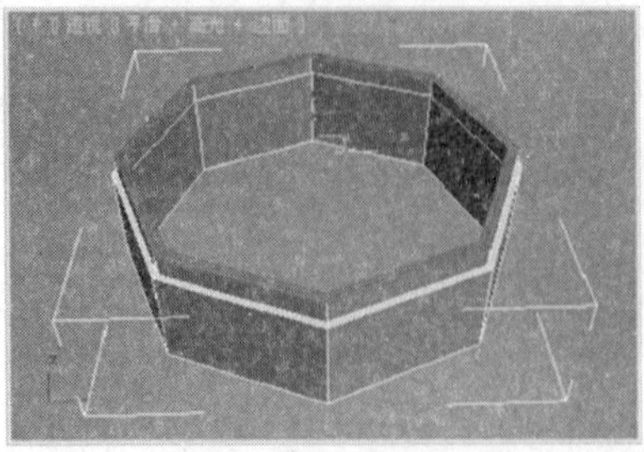

图5-160　选择面

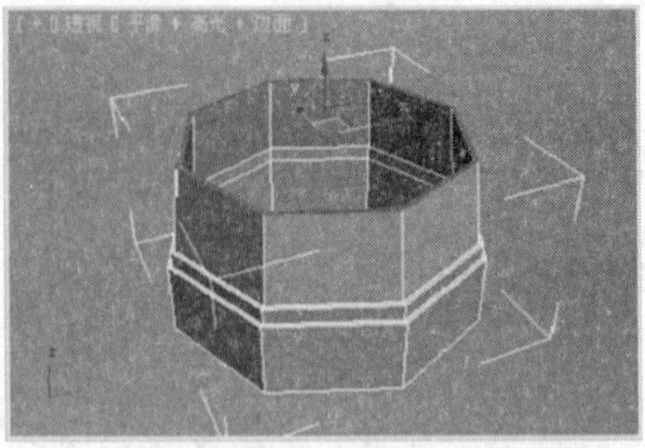

图5-161　挤出选择面

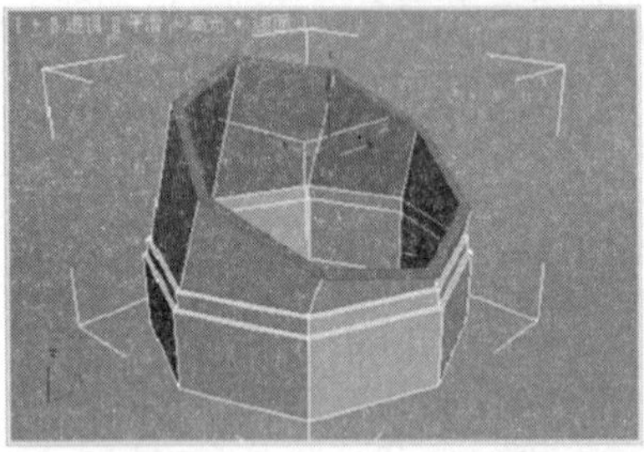

图5-162　调整选择面角度

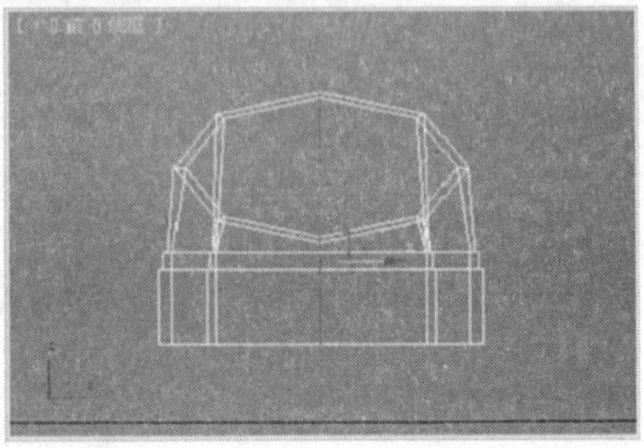

图5-163　选择边

04 单击 环形 命令，将与选择边相邻的边全部被选中，如图 5-164 所示。单击 连接 命令右侧的设置按钮，设置【分段】数为 2，为它们中间加入两条线，适当调整【收缩】值，将加入的两条线尽量往两边靠近，如图 5-165 所示。

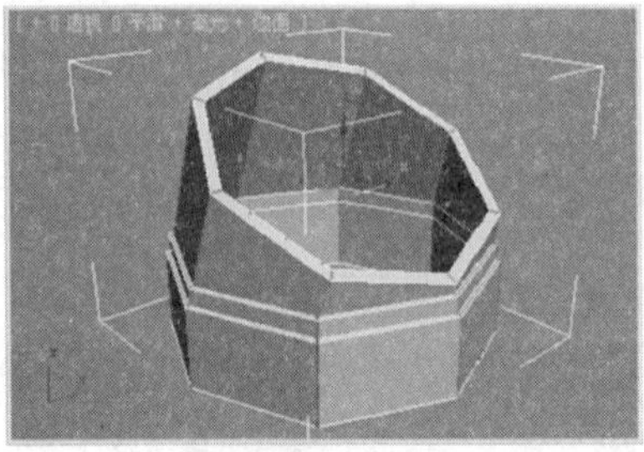

图5-164　选择边

图5-165　添加边

05 单击 【边】子集按钮退出【边】子集，在 修改器列表 中选择【网格平滑】命令，【迭代次数】为 2，如图 5-166 所示。运用【车削】命令制作灯罩。在前视图中使用 线 命令在灯体底部绘制出如图 5-167 所示的曲线。

图5-166　加入光滑命令

图5-167　绘制剖面图形

06 进入 ⊿【修改】命令面板，在 修改器列表 ▽ 中选择【车削】命令，单击 最小 按钮，得到如图 5-168 所示灯罩。运用【挤出】命令等制作出灯芯的结构，如图 5-169 示。

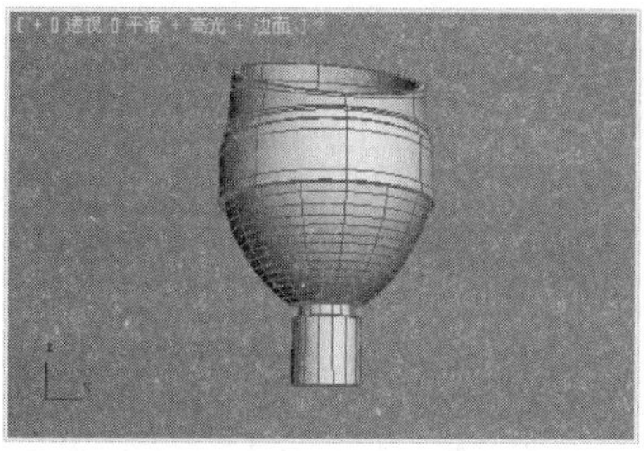

图5-168 加入车削命令

图5-169 制作灯芯

07 将整个灯全部选中，单击【组】菜单中【成组】命令，将灯编为一组，使用 ○【旋转】工具在左视图中将灯旋转一定的角度，如图 5-170 所示，整个灯部分制作完毕。运用【倒角】命令制作灯罩支架，激活左视图，使用 线 命令在灯罩底部绘制出如图 5-171 所示的三角形。

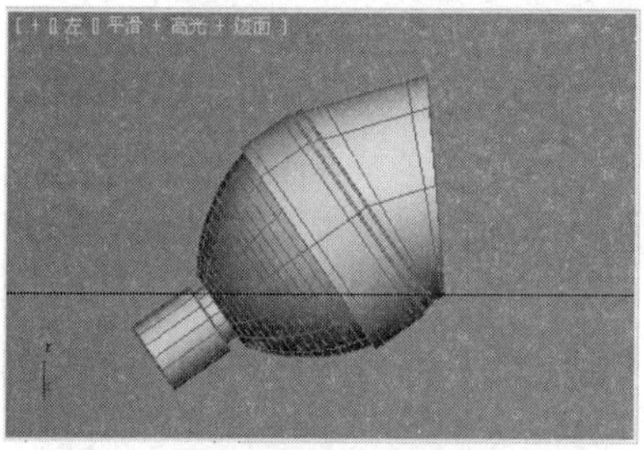

图5-170 调整角度

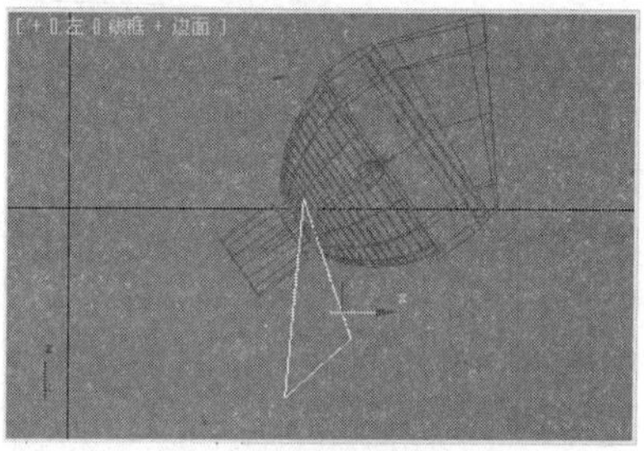

图5-171 绘制样条线

08 进入 ⊿【修改】命令面板，单击 ⋯【顶点】子集按钮进入【顶点】子集中，选择三角形最上面的节点，单击 圆角 0.0cm ⏷ 命令，并在左视图中拖动鼠标将此点做圆角处理，得到如图 5-172 所示效果。单击 ⌒【样条线】子集按钮进入到【样条线】子集中，将线条选中为红色，单击 轮廓 命令，在视图中拖动鼠标，得到如图 5-173 所示的轮廓效果。

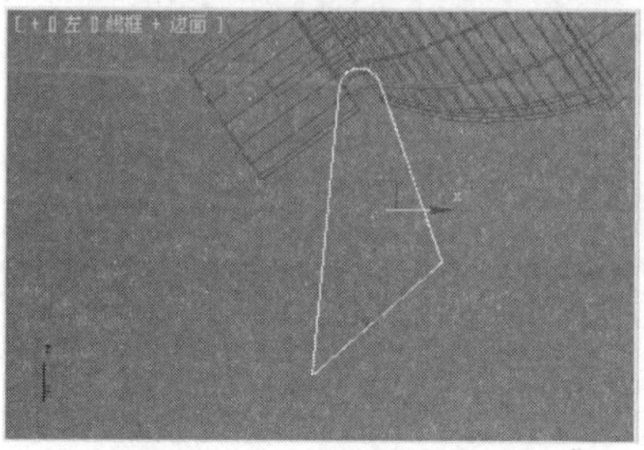

图5-172 修改顶点类型

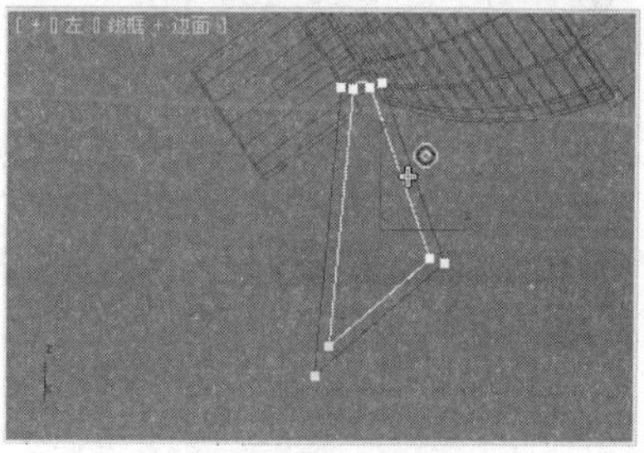

图5-173 建立轮廓

09 选中里面的小三角形，使用 ⊡【缩放】工具将小三角形等比例缩小，并使用 圆角 命令将下面的节点也变为原角点，如图 5-174 所示。在 修改器列表 ▽ 中选择【倒角】命令，适当调整参数，得到如图 5-175 所示的效果。

10 将小三角支架复制一个，运用同样的方法，制作出整个支架来，如图 5-176 所示效果。轮子的制作，在左视图中如图 5-177 所示的位置绘制一个圆柱体。

三
维
制
作
大
师

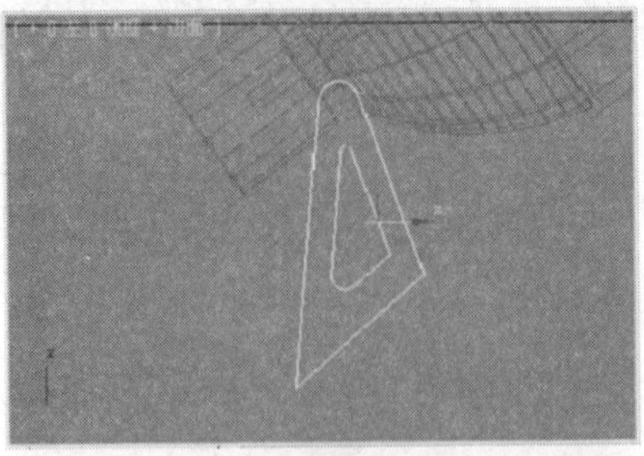

图5-174 修改节点类型

图5-175 加入倒角命令

图5-176 制作支架

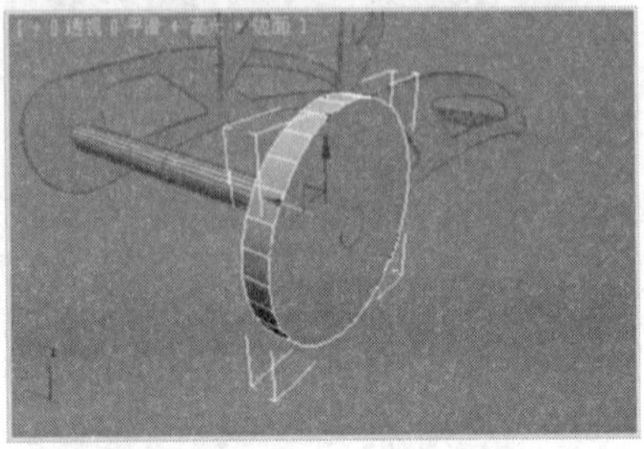

图5-177 绘制圆柱体

11 进入 【修改】命令面板，在 修改器列表 中选择【编辑多边形】命令。单击 【边】子集按钮进入【边】子集中，将轮子两侧边缘的线选为红色，使用 切角 □ 命令为轮子倒边，如图 5-178 所示。单击 【多边形】子集按钮进入【多边形】子集中，选择轮子外侧的面为红色，单击 插入 □ 命令右侧的设置按钮，适当调整【插入量】值，为其插入一个面，如图 5-179 所示。

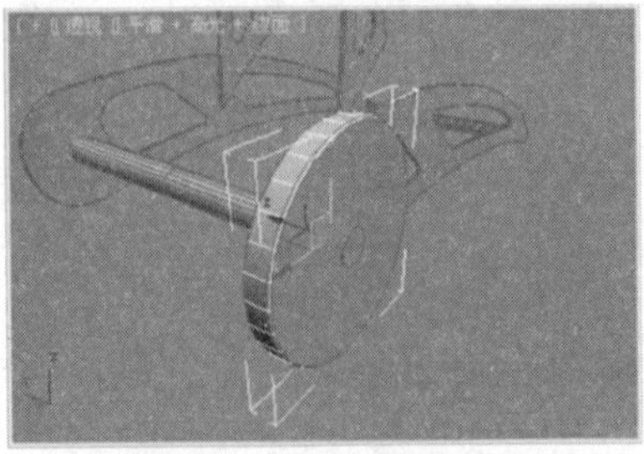

图5-178 将选中边做倒边处理

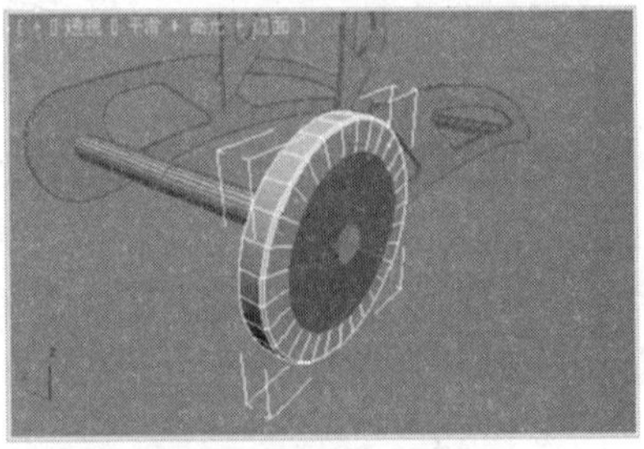

图5-179 插入选择面

12 保证插入的小面处于选择状态，单击 倒角 □ 命令右侧的设置按钮，适当调整【高度】值与【轮廓量】值，将面向里倒入，得到如图 5-180 所示效果。进入【创建】控制面板的 【几何体】建立区域，单击 圆环 按钮，在左视图中绘制一个圆环做为轮子的轮胎，将轮子【镜像】复制一份，得到如图 5-181 所示效果。

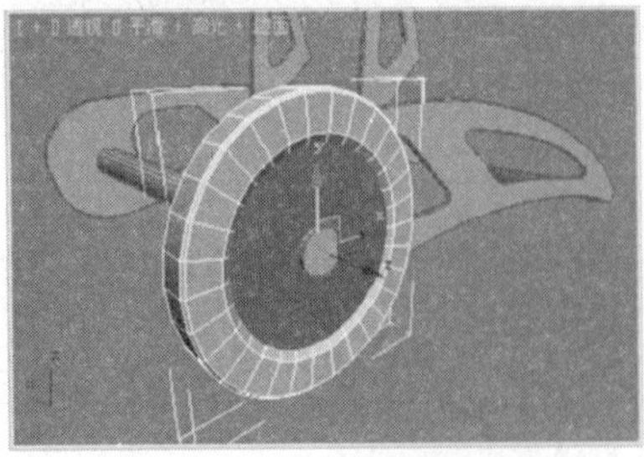

图5-180 倒角选择面

图5-181 镜像复制轮子

13 激活左视图，使用 [圆]、[矩形] 命令绘制圆形与矩形，如图 5-182 所示。选择圆形，进入 [修改] 命令面板，在 [修改器列表] 中选择【编辑样条线】命令。单击 [附加] 按钮，拾取矩形，将二者结合起来。单击 [样条线] 子集按钮进入到【样条线】子集中，将圆形选中为红色，保证 [布尔] 布尔命令后面的【并集】按钮处于激活状态，单击【布尔】按钮，在视图中拾取矩形，将二者做【合集】运算，如图 5-183 所示。

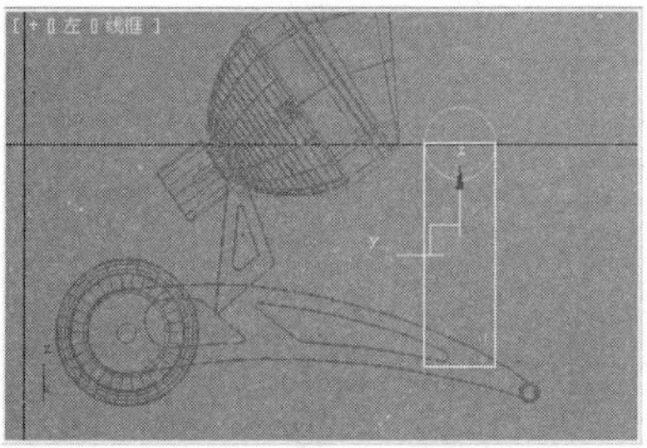

图5-182 绘制圆形矩形

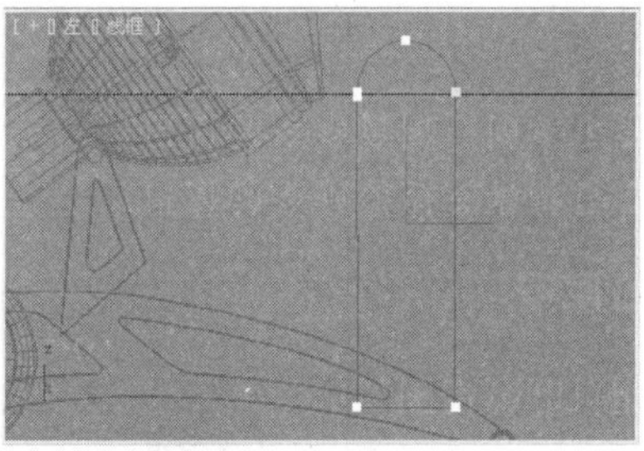

图5-183 布尔运算

14 单击 [样条线] 子集按钮退出子集，在 [修改器列表] 中选择【挤出】命令，适当调整【数量】值，得到如图 5-184 所示效果。再在 [修改器列表] 中选择【编辑多边形】命令，单击 [多边形] 子集按钮进入【多边形】子集中，选择该物体两侧的面为红色，单击 [插入] 命令右侧的设置按钮，适当调整【插入量】值，为其插入一个面，再使用 [挤出] 命令向内挤入一定的高度，如图 5-185 所示。

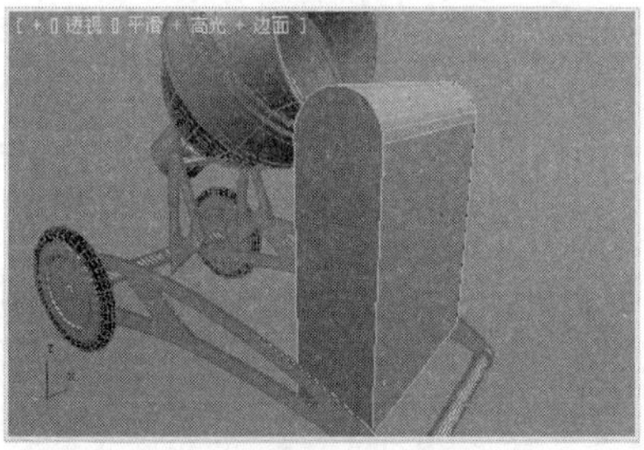

图5-184 挤出厚度

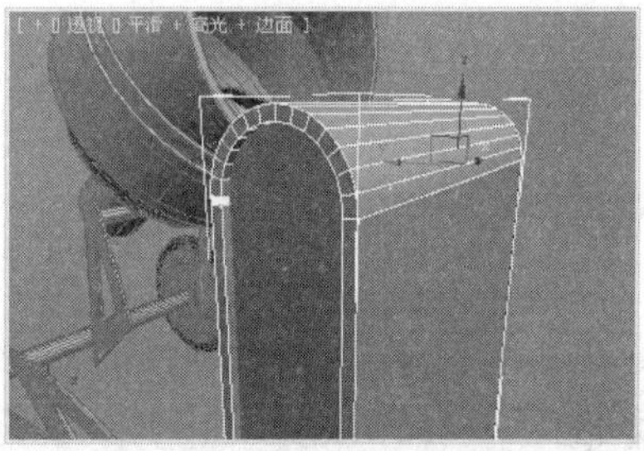

图5-185 插入面并挤入深度

15 单击 [多边形] 子集按钮退出子集，使用 [旋转] 工具在左视图中将该物体旋转一定的角度，在底部加入一个圆柱体与灯架相连，如图 5-186 所示。最后使用【放样】命令制作出电线，完成应急灯的制作，如图 5-187 所示。

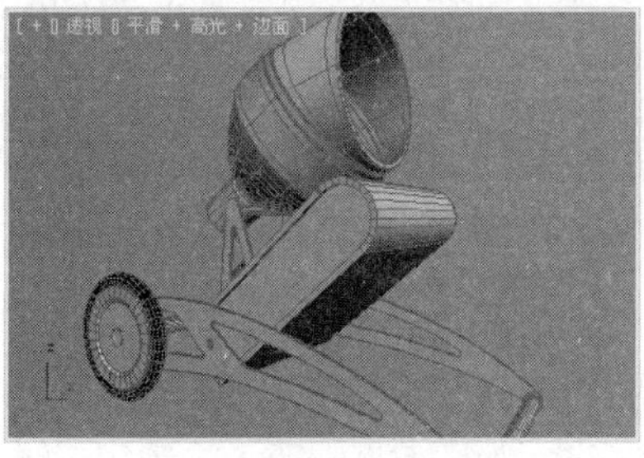

图5-186 旋转角度

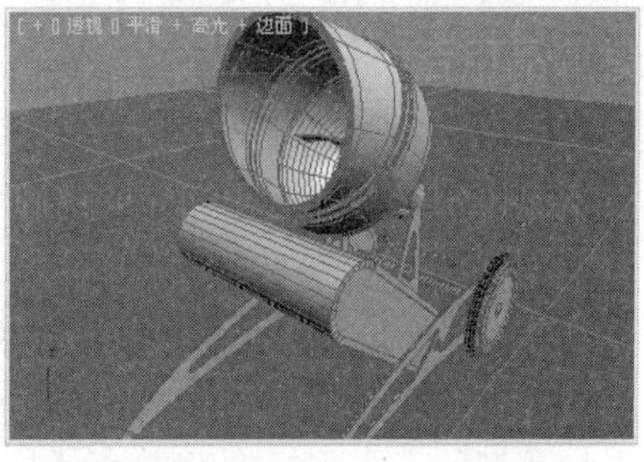

图5-187 应急灯最后完整模型

5.9 哑铃架的制作

在这一节中，将学习利用编辑多边形命令结合挤出命令，制作哑铃架模型，图 5-188 所示为哑铃架的效果图。

学习重点

(1) 学习编辑多边形命令的使用方法。

(2) 学习挤出命令等使用。

图5-188　最后渲染效果

实例场景：光盘 \ 效果 \ 第 5 章 \ 哑铃架 max

操作步骤

01 进入【创建】控制面板的 ○【几何体】建立区域，单击 长方体 按钮，在左视图中建立一个长方体，调整其形状，如图 5-189 所示。进入 ☑【修改】命令面板，在 修改器列表 中选择【编辑多边形】命令。单击 ☑【边】子集按钮进入【边】子集中，然后选择所有的边，使用 切角 □命令将边切出斜面，如图 5-190 所示。

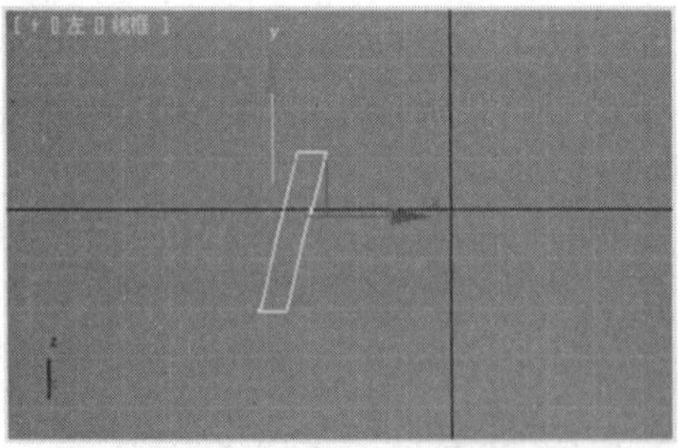

图5-189　绘制长方体并调整形状

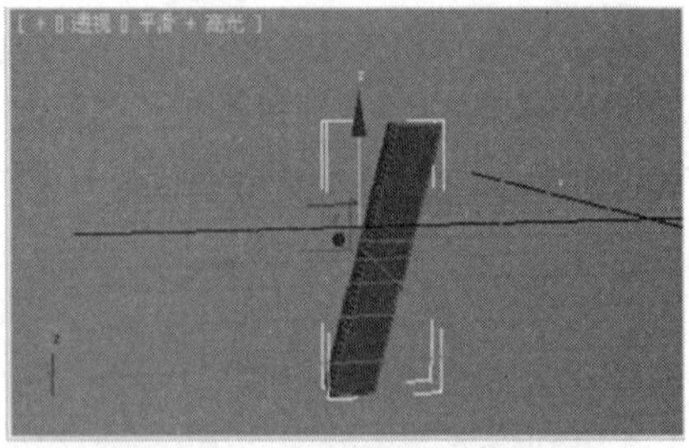

图5-190　将选择边做倒边效果

02 进入【创建】控制面板的 ○【几何体】建立区域，单击 长方体 按钮，在左视图中建立一个长方体，进入 ☑【修改】命令面板，在 修改器列表 中选择【编辑多边形】命令，单击 ☑【边】子集按钮进入【边】子集中，选择长方体所有的纵向线，如图 5-191 所示。利用 连接 □在长方体中间加 1 条线，如图 5-192 所示。

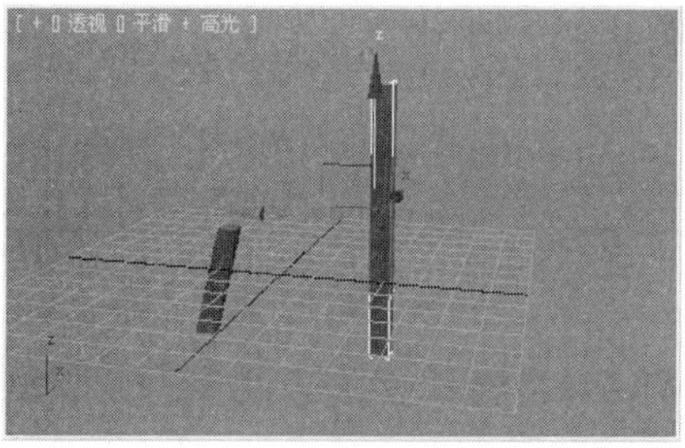

图5-191　选择边

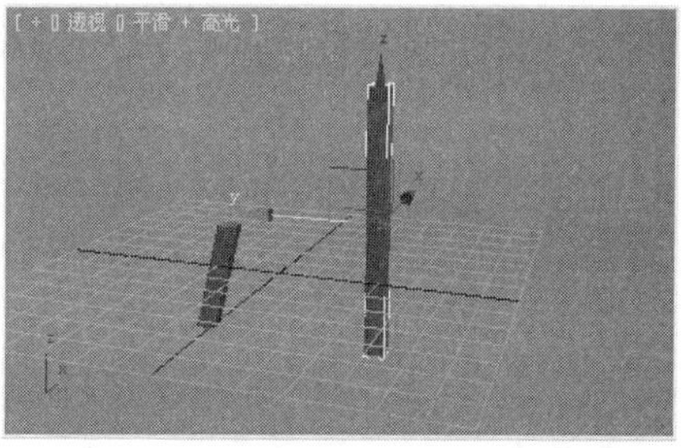

图5-192　添加边

03 调整边和点的位置，得到如图 5-193 所示形状，单击◁【边】子集按钮进入【边】子集中，然后选择所有的边，使用 切角 ▢ 命令将边切出斜面，如图 5-194 所示。

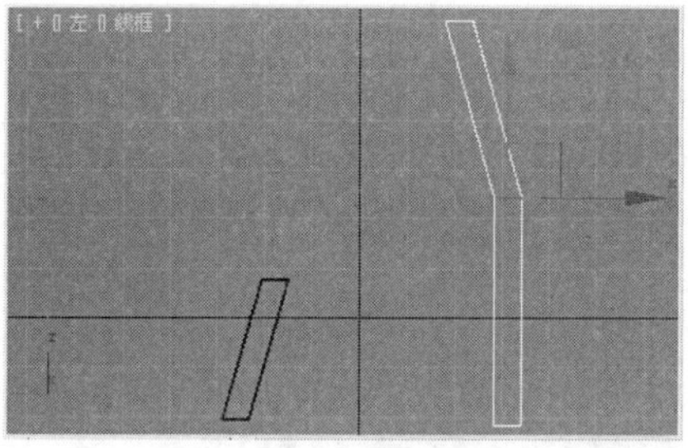

图5-193　调整形状

图5-194　将选择边做倒边效果

04 选择该图形，在左视图中按住键盘 Shift 键将其复制一个并调整大小，如图 5-195 所示。进入【创建】控制面板的○【几何体】建立区域，单击 长方体 按钮，在左视图中建立一个长方体，如图 5-196 所示。

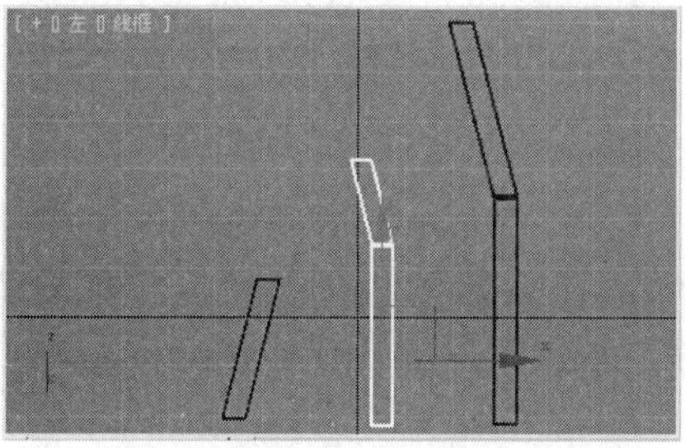

图5-195　复制并缩小

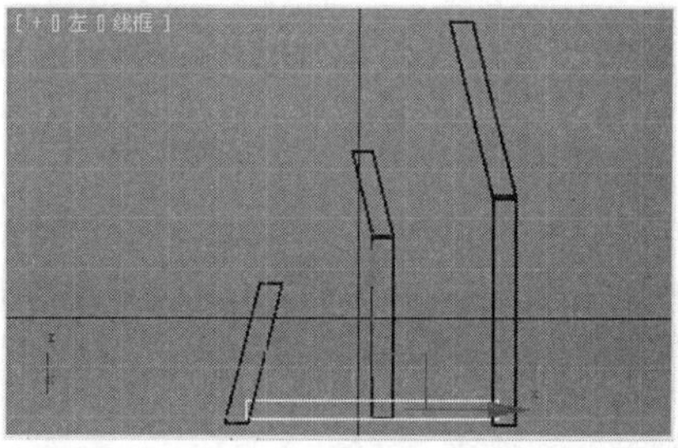

图5-196　绘制长方体

05 进入◢【修改】命令面板，在 修改器列表 ▾ 中选择【编辑多边形】命令，单击◁【边】子集按钮进入【边】子集中，选择所有的边，使用 切角 ▢ 命令将边切出斜面，如图 5-197 所示。将该支架复制并向上移动，调整大小，如图 5-198 所示。

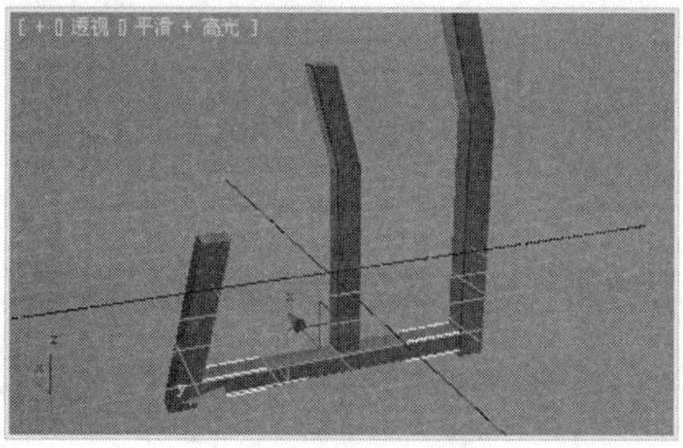

图5-197　将选择边做切角效果

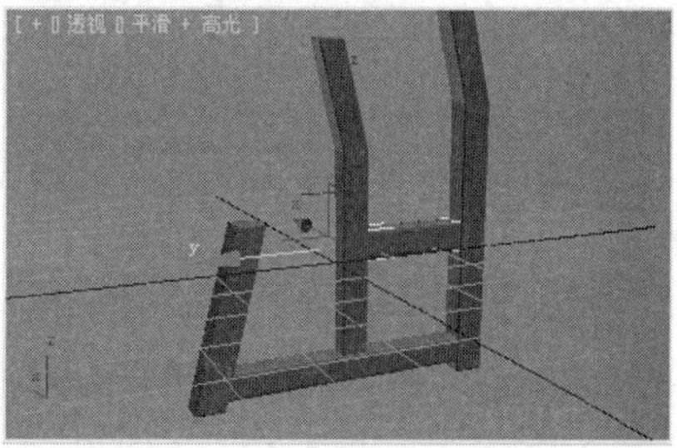

图5-198　复制长方体

三维制作大师

06 将视图中所有的支架选中并执行【组】菜单中的【成组】命令，将其编为一组，如图 5-199 所示。选中该组，在前视图中复制出另一个支架，如图 5-200 所示。

图5-199 执行编组命令

图5-200 复制支架

07 进入【创建】控制面板的 ⊙【图形】建立区域，单击 ▢线▢ 按钮，在左视图中绘制如图 5-201 所示曲线。进入 ✎【修改】命令面板，单击 ⠿【顶点】子集按钮进入【顶点】子集中，选择曲线中间五个的节点，单击 ▢圆角▢ ▢0.0cm ▢ 命令，并在左视图中拖动鼠标将点做圆角处理，得到如图 5-202 所示效果。

图5-201 绘制样条线

图5-202 调整节点类型

08 单击 ⌃【样条线】子集按钮进入到【样条线】子集中，将线条选中为红色，单击 ▢轮廓▢ 命令，在视图中拖动鼠标，制作出厚度，如图 5-203 所示。再次单击 ⌃【样条线】子集按钮退出子集，在 ▢修改器列表▢ 中选择【挤出】命令，挤出厚度，得到如图 5-204 所示效果。

图5-203 建立轮廓

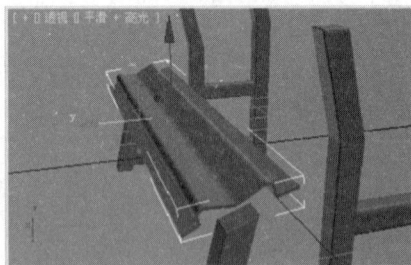

图5-204 挤出厚度

09 进入【创建】控制面板的 ⊙【几何体】建立区域，单击 ▢长方体▢ 按钮，在左视图中建立一个长方体并调整其位置，如图 5-205 所示。在【编辑多边形】命令下单击 ◁【边】子集按钮进入【边】子集中，然后选择所有的边，使用 ▢切角▢ ▢ 命令将边切出斜面，如图 5-206 所示。

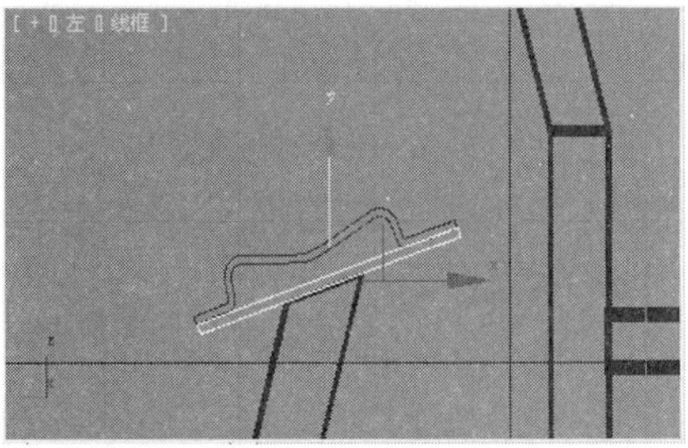

图5-205　建立长方体

图5-206　制作倒边效果

10 进入【创建】控制面板的 ◯【几何体】建立区域，单击 管状体 按钮，在左视图中建立一个管状体，将其【边数】设为 6，调整其大小如图 5-207 所示。复制管状体将其移至如图 5-208 所示位置。

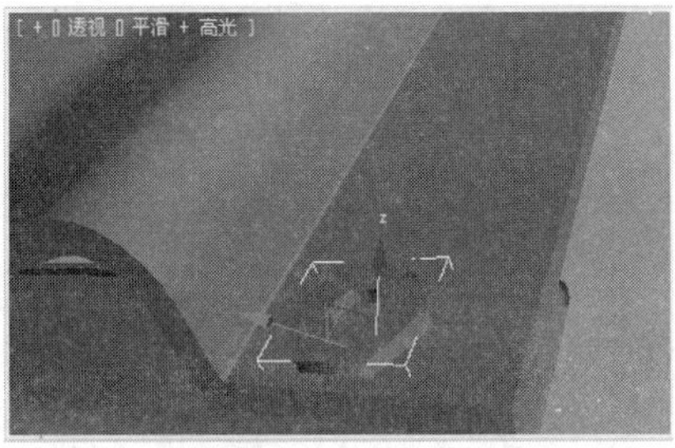

图5-207　建立管状体

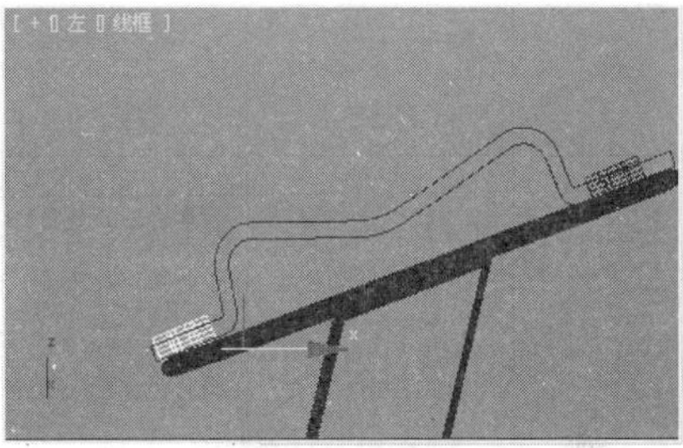

图5-208　复制管状体

11 按住键盘 Ctrl 键将两个管状体同时选中，再复制到另外一侧一份，如图 5-209 所示。在左视图中选中如图 5-210 所示物体，将其编组。

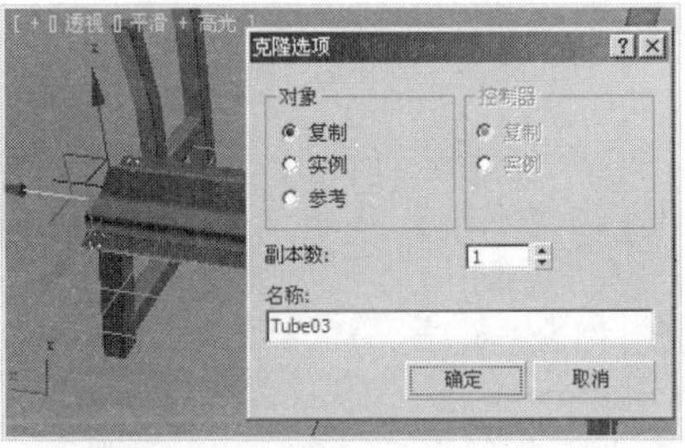

图5-209　复制管状体

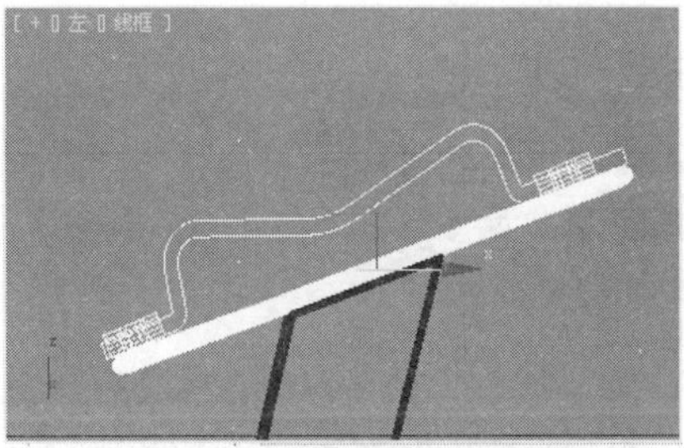

图5-210　将选择对象编组

12 将该组图形复制两份，在左视图中摆放至如图 5-211 所示位置。最后效果如图 5-212 所示。

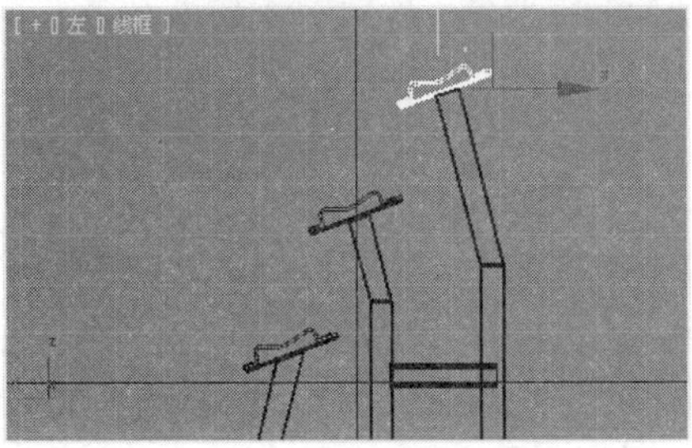

图5-211　复制图形

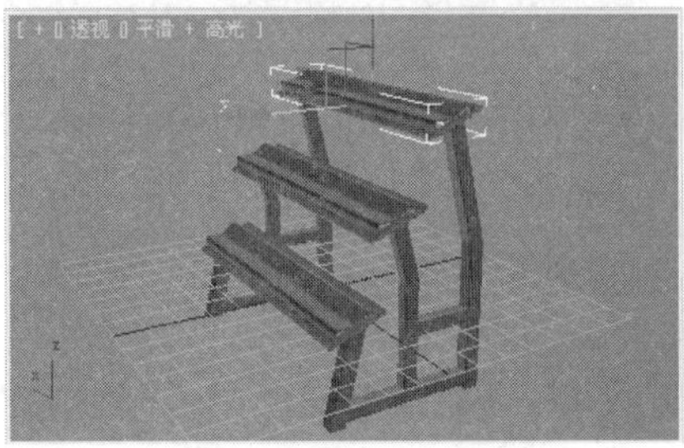

图5-212　完整哑铃架模型

5.10 风扇的制作

在这一节中,将学习利用编辑多边形命令结合车削命令,制作风扇模型,图 5-213 所示为风扇的效果图。

学习重点

(1) 学习编辑多边形命令的使用方法。
(2) 学习车削命令等使用。
(3) 线的可渲染。

图5-213　最后渲染效果

实例场景:光盘\效果\第5章\风扇.max

操作步骤

01 进入【创建】控制面板的 ⊙【图形】建立区域,单击 线 按钮,在前视图中绘制扇身的半个剖面图,如图 5-214 所示。在 修改器列表 中选择【车削】命令,单击 最小 按钮得到如图 5-215 所示扇身。

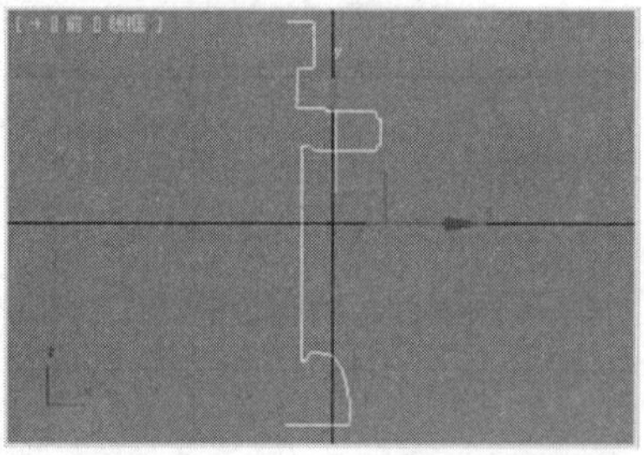

图5-214　绘制剖面图形

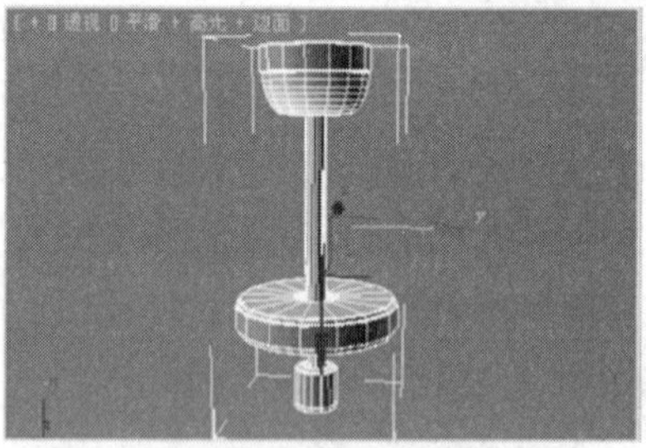

图5-215　加入车削命令

02 单击 线 按钮,在顶视图中绘制风扇叶子的半个剖面图,如图 5-216 所示。执行【镜像】命令将该段曲线镜像出另一半,如图 5-217 所示。

03 进入【修改】命令面板,使用 附加 命令将两条线结合为一体,再使用 焊接 命令并适当调整后面的数值,使两边的端点分别焊接在一起变为一个封闭的曲线,如图 5-218 所示。

在 [修改器列表] 中选择【挤出】，调整【数量】值制作出扇叶的厚度，如图 5-219 所示。

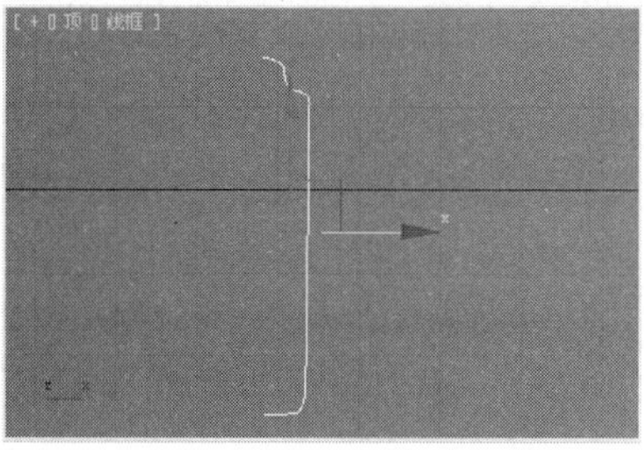

图5-216 绘制剖面图形

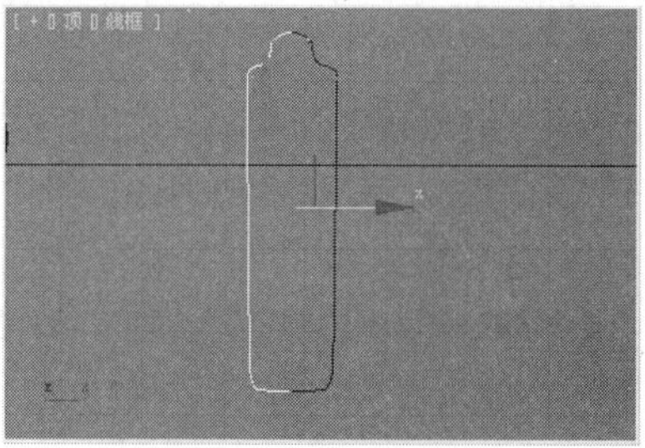

图5-217 镜像剖面图形

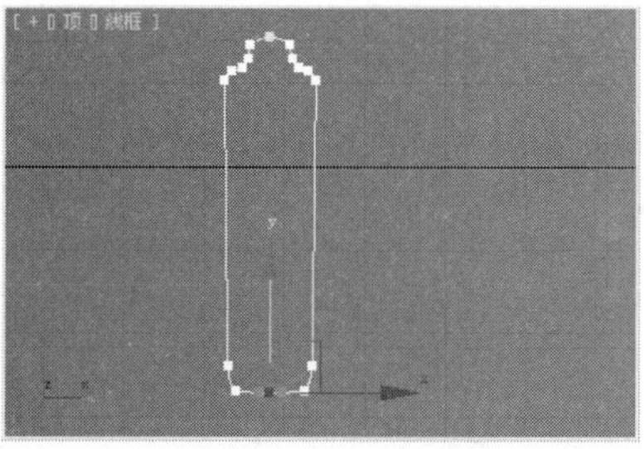

图5-218 焊接端点

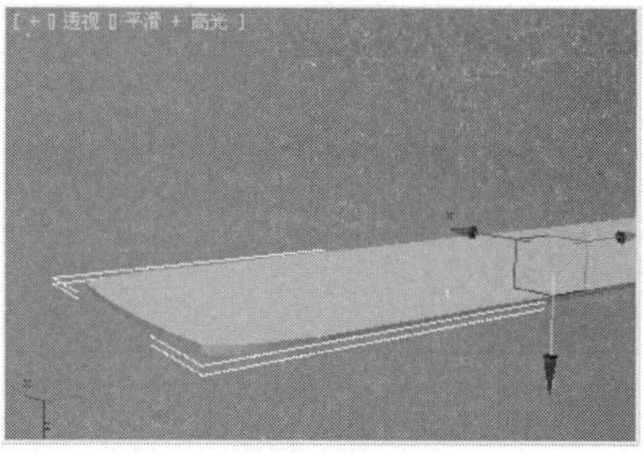

图5-219 挤出厚度

04 选中扇叶，在 [修改器列表] 中选择【编辑多边形】命令，单击进入 [顶点] 子集中，在【软选择】卷展栏下，勾选【使用软选择】命令，适当调整【衰减】值，使用【移动】工具调整扇叶边缘节点的位置，如图 5-220 所示。进入 [边] 子集中，选中如图 5-221 所示边界，使用 [切角 □] 命令将边做倒角处理，使扇叶更圆滑。

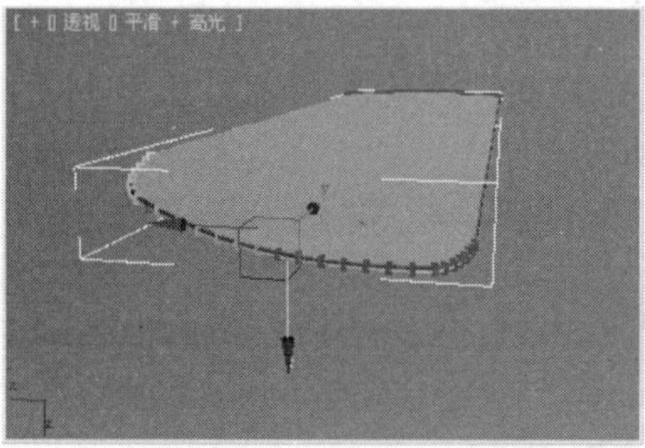

图5-220 调整节点位置

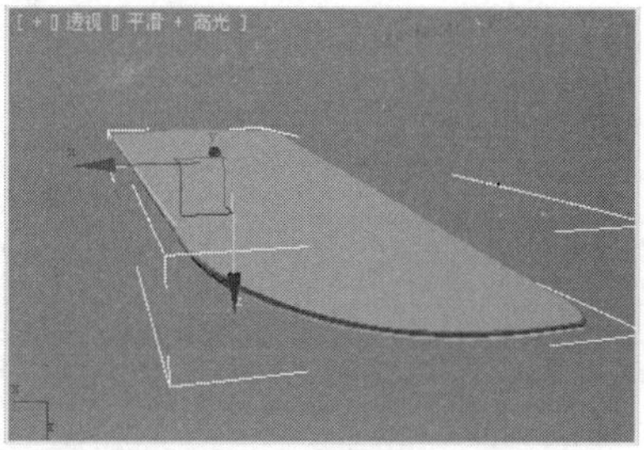

图5-221 倒边处理

05 进入【创建】控制面板的 [图形] 建立区域，单击 [线] 按钮，在左视图中绘制一条如图 5-222 所示的曲线。将线调整成可渲染状态，进入 [修改] 命令面板，打开【渲染】卷展栏，勾选【在渲染中启用】、【在视图中启用】命令，适当调整【厚度】值，则该曲线可渲染出体积来，如图 5-223 所示。

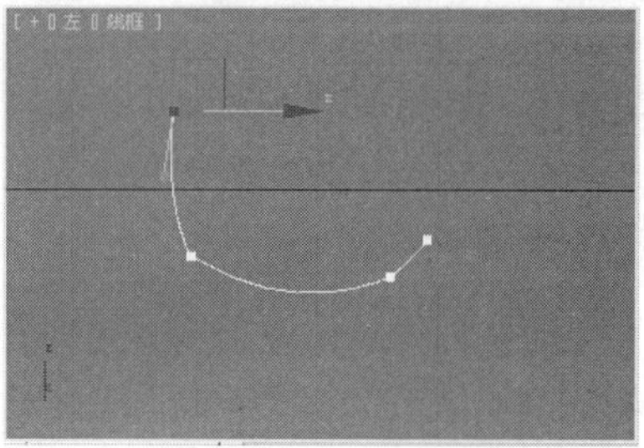

06 将该线段与扇叶通过菜单中的编组命令编为一组，并在顶视图中旋转复制出两组扇叶，风扇制作完毕，如图 5-224 所示。

图5-222 绘制样条线

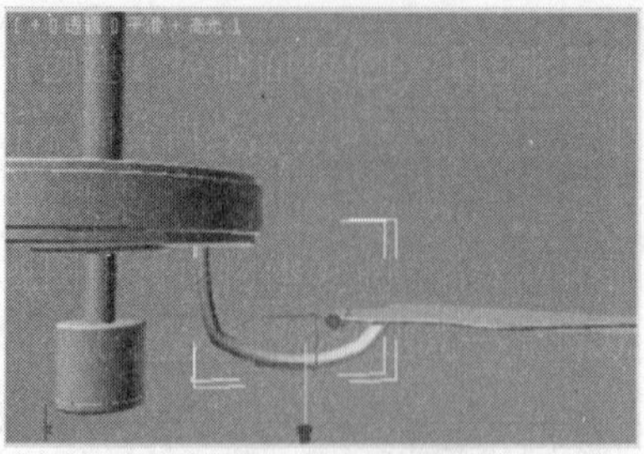

图5-223　线可渲染

图5-224　完整电扇模型

5.11　照明灯的制作

在这一节中，将学习利用编辑多边形命令结合车削及倒角命令，制作照明灯模型，图 5-225 所示为照明灯的效果图。

学习重点

(1) 学习编辑多边形命令的使用。

(2) 学习车削、倒角命令的使用。

图5-225　最后渲染效果

实例场景：光盘 \ 效果 \ 第 5 章 \ 照明灯 max

操作步骤

01 进入【创建】控制面板的 ☑【图形】建立区域，单击 线 按钮，在前视图中绘制出如图 5-226 所示闭合曲线。在 修改器列表 中选择【倒角】命令，适当调整倒角参数，得到如图 5-227 所示的效果。

02 在左视图中将该物体复制一个，如图 5-228 所示。进入【创建】控制面板的 ☑【几何体】建立区域，单击 长方体 按钮建立一个长方体，放置在如图 5-229 所示位置上。

三
维
制
作
大
师

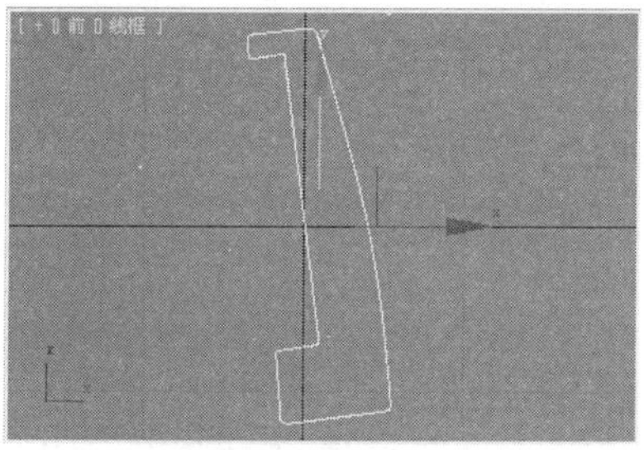

图5-226 绘制样条线

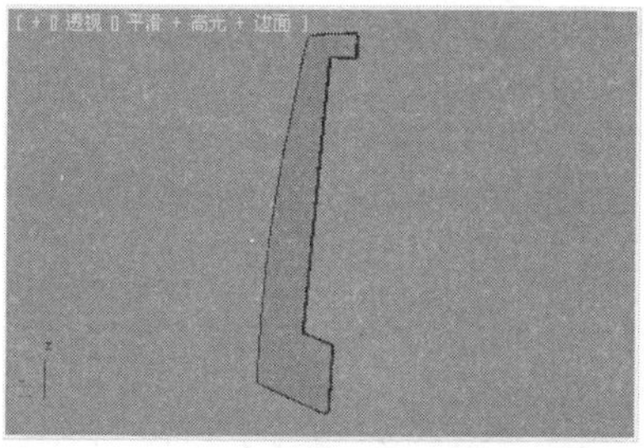

图5-227 制作倒角效果

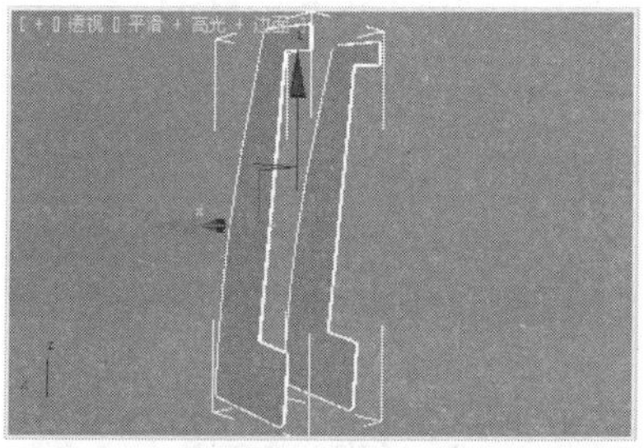

图5-228 复制对象

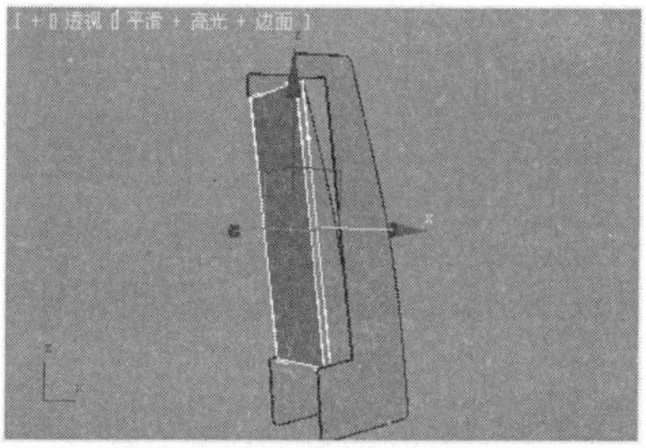

图5-229 绘制长方体

03 在 修改器列表 中选择【编辑多边形】命令，单击 ✓【边】子集按钮进入【边】子集当中，再使用 连接 □命令添加如图5-230所示线段，单击 ▦【多边形】子集按钮进入【多边形】子集中，选择如图5-231所示红色面。

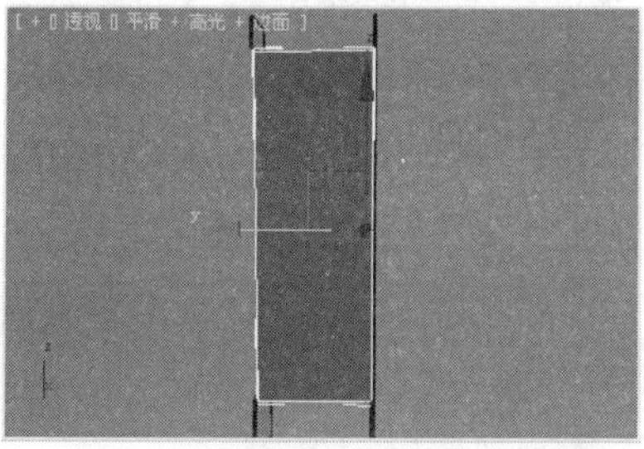

图5-230 添加线段

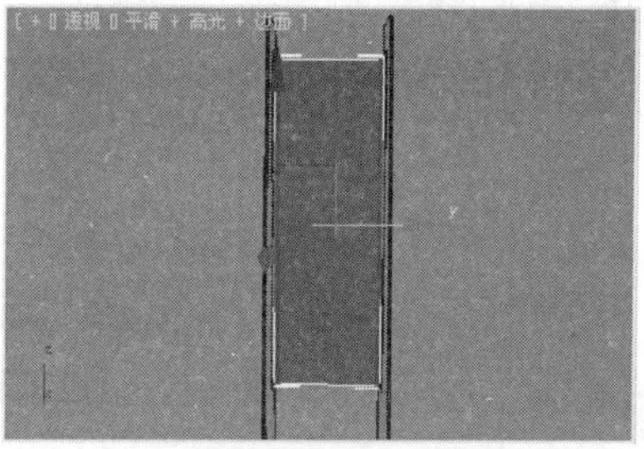

图5-231 选择面

04 单击 挤出 □命令右侧的设置按钮，适当调整【高度】值，向外侧挤出，并在前视图中使用【旋转】工具将挤出的面适当倾斜，如图5-232所示。进入【创建】控制面板的 ☑【图形】建立区域，单击 线 按钮，在前视图中绘制出如图5-233所示的闭合曲线，注意有弧度的地方就选中某个点，使用个 圆角 命令使其有一定的弧度。

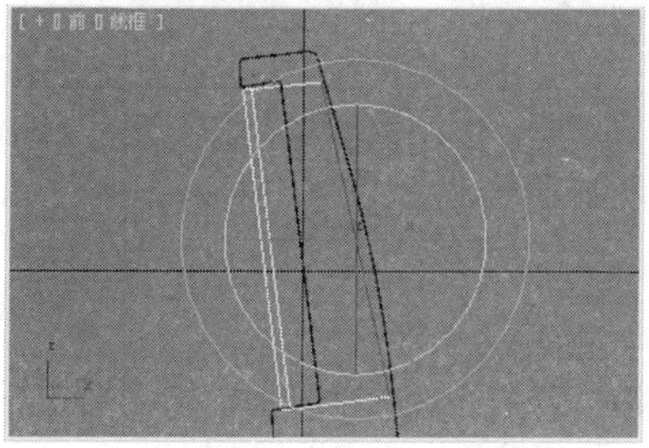

图5-232 旋转选中面

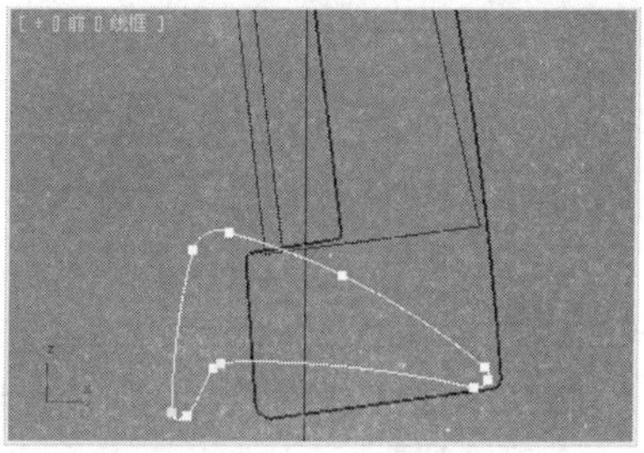

图5-233 绘制样条线

05 在 [修改器列表] 中选择【倒角】命令，适当调整参数使其有一定厚度，得到如图 5-234 所示的效果，再将该物体复制出一个放置在与其相对称的地方，如图 5-235 所示。

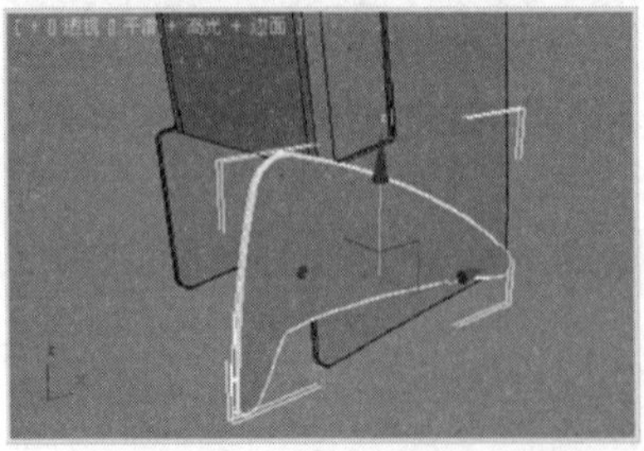

图5-234　制作倒角效果

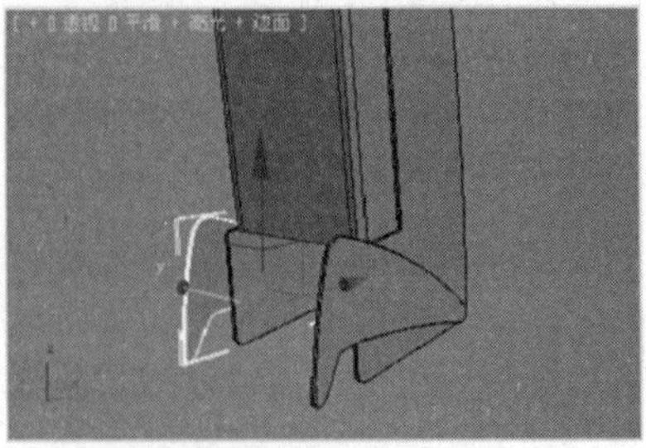

图5-235　复制对象

06 进入【创建】控制面板的 ◎ 【几何体】建立区域，单击 [圆柱体] 按钮，在前视图建立一个圆柱体，放置在如图 5-236 所示位置。在 [修改器列表] 中选择【编辑多边形】命令，单击 ◁ 【边】子集按钮进入【边】子集当中，选中圆柱体边界，使用 [切角] □ 命令将该线段倒角，使其变得圆滑，效果如图 5-237 所示。

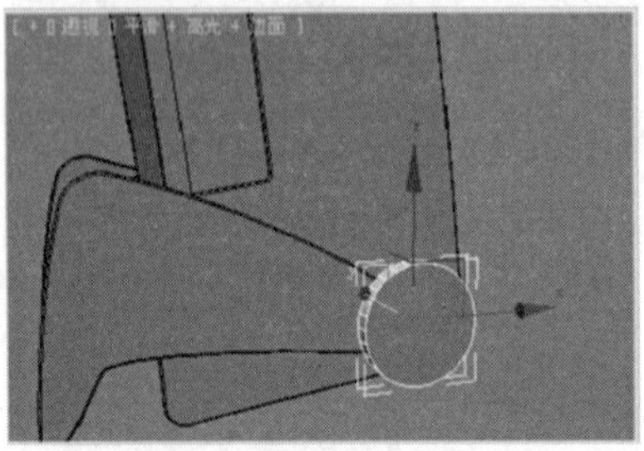

图5-236　建立圆柱体

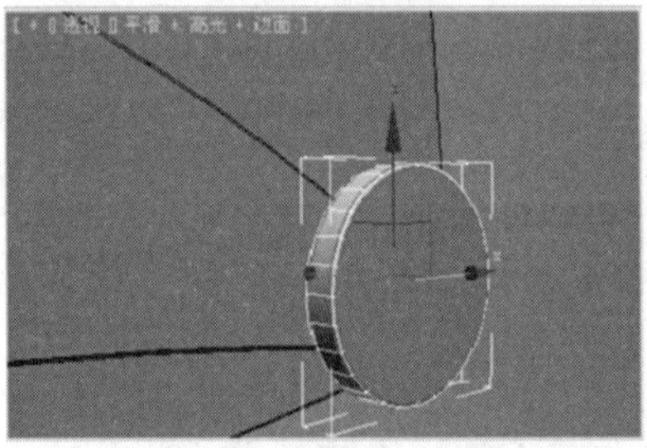

图5-237　制作倒角效果

07 单击 ▣ 【多边形】子集按钮进入【多边形】子集中，选择如图 5-238 所示的红色面，单击 [插入] □ 命令右侧的设置按钮，适当调整【插入量】，向里插入一个面，再单击 [挤出] □ 命令右侧的设置按钮，适当调整【高度】值，向内侧挤入，得到如图 5-239 所示效果。

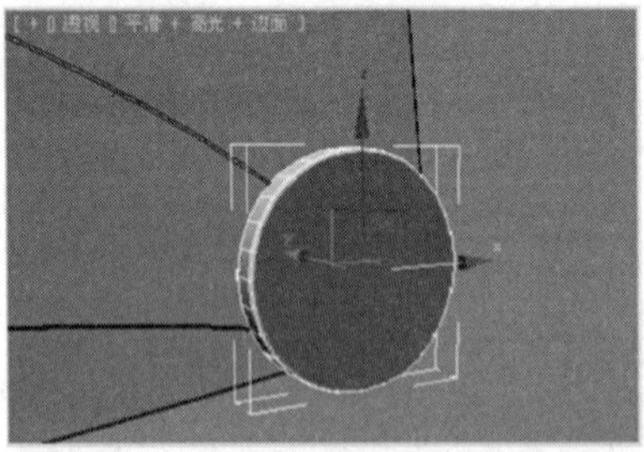

图5-238　选择面

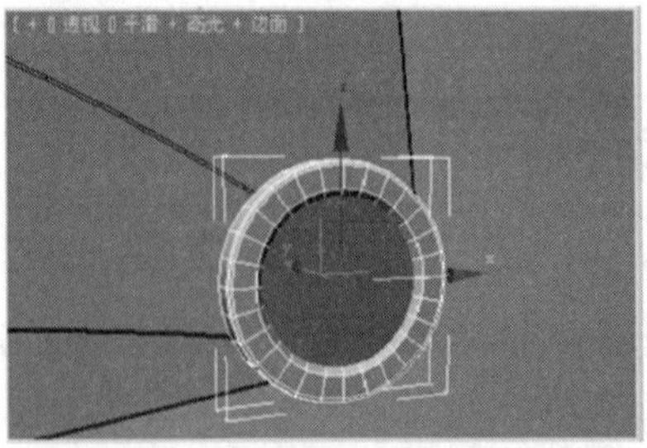

图5-239　插入面后制作倒角效果

08 进入【创建】控制面板的 ◎ 【几何体】建立区域，单击 [圆环] 按钮，在前视图建立一个圆环，放置在如图 5-240 所示位置。再将圆环与圆柱编为一组，将其对称复制到另一侧一份，如图 5-241 所示。

09 进入【创建】控制面板的 ◎ 【几何体】建立区域，单击 [长方体] 按钮，在前视图建立一个长方体，放置在如图 5-242 所示位置。再单击 [圆柱体] 建立三个圆柱体，放置在如图 5-243 所示位置。

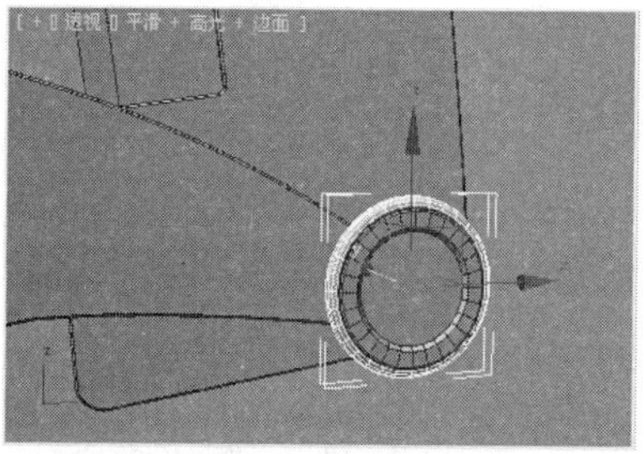

图5-240 绘制圆环

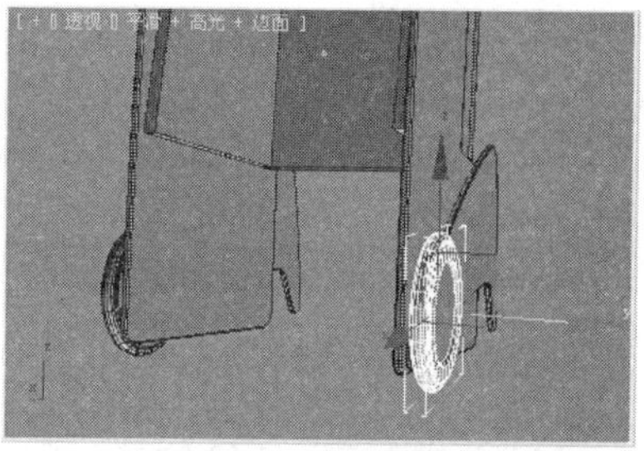

图5-241 镜像复制轮子

图5-242 绘制长方体

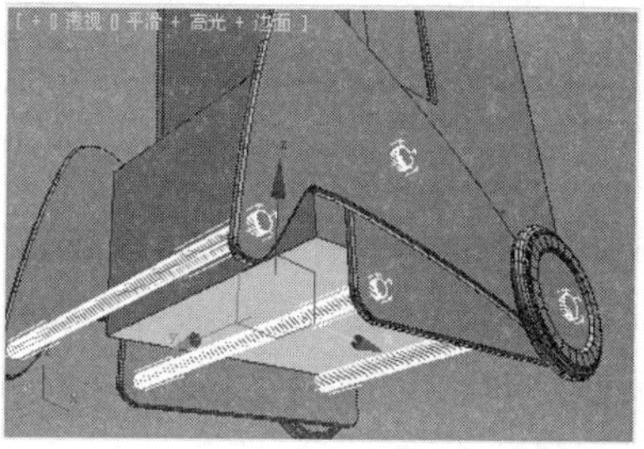

图5-243 绘制圆柱体

10 进入【创建】控制面板的 ⊙【图形】建立区域，单击 [线] 按钮，在顶视图中绘制出如图 5-244 所示曲线，将轴心移至线段端口处，在 [修改器列表 ⌄] 中选择【车削】命令，得到如图 5-245 所示形状。

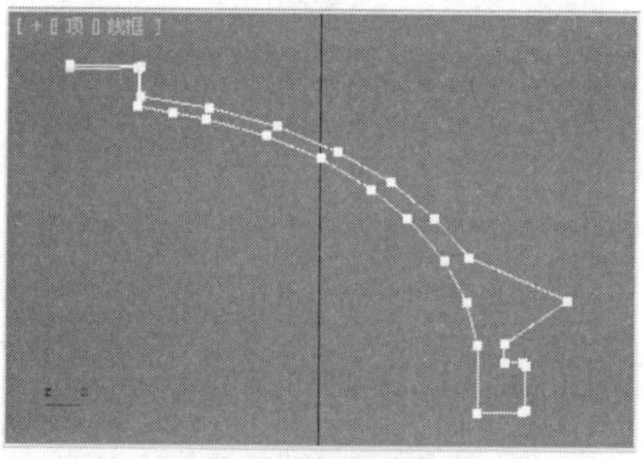

图5-244 绘制剖面图形

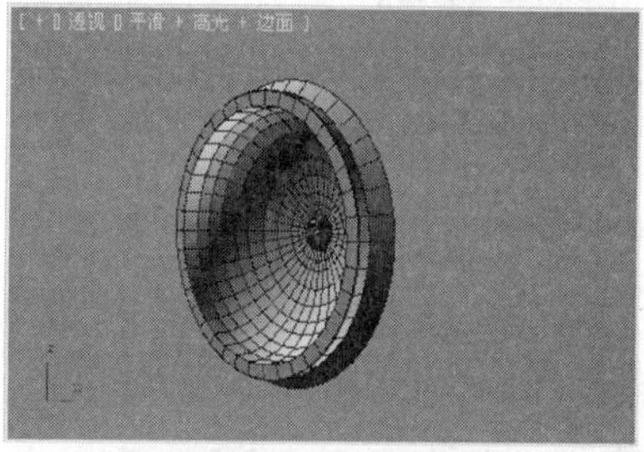

图5-245 加入车削命令

11 进入【创建】控制面板的 ⊙【几何体】建立区域，单击 [圆柱体] 按钮，在前视图建立一个圆柱体，放置在如图 5-246 所示位置。使用 [切角 □] 命令将其边界倒角，使其变得圆滑，效果如图 5-247 所示。

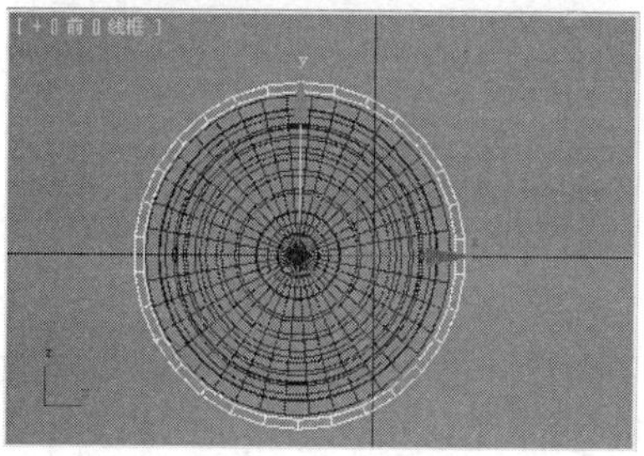

图5-246 绘制圆柱体

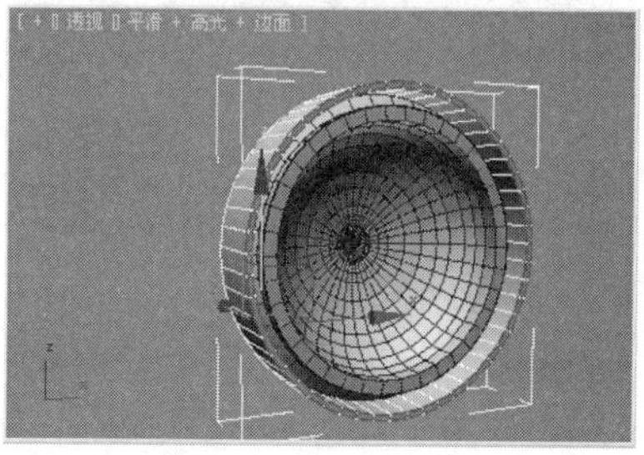

图5-247 为圆柱体倒边

三维制作大师

12 回到物体选择模式，将该管状体复制一个并用【缩放】工具适当放大，如图 5-248 所示。将该视图物体编为一组。进入【创建】控制面板的 ⊙【图形】建立区域，单击 [线] 按钮，在顶视图中绘制出如图 5-249 所示的闭合曲线。

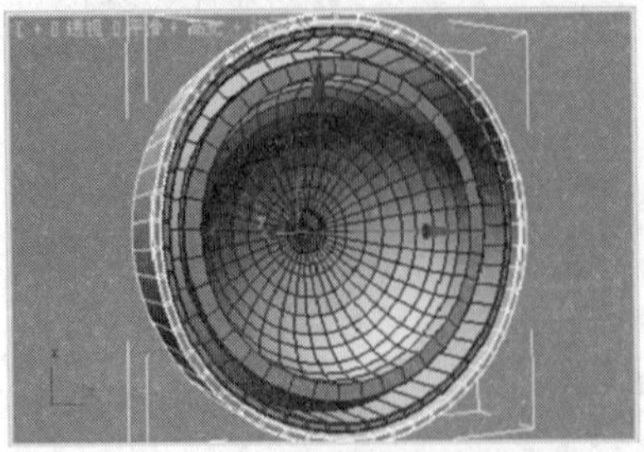

图5-248　复制并放大管状体

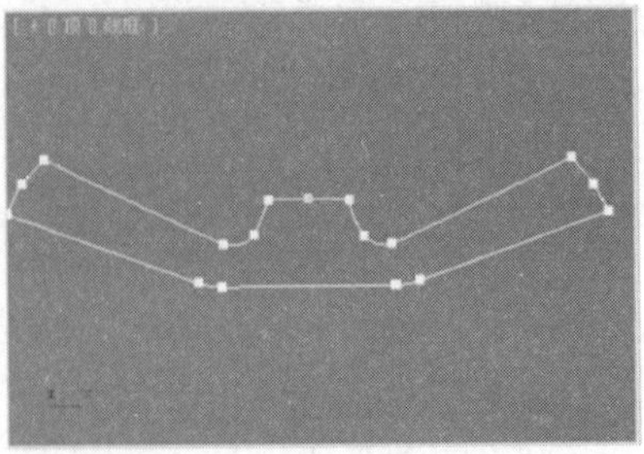

图5-249　绘制闭合曲线

13 在 [修改器列表] 中选择【倒角】命令，适当调整参数使其有一定厚度，得到如图 5-250 所示的效果。进入【创建】控制面板的 ⊙【几何体】建立区域，单击 [球体] 按钮，在前视图中建立一个球体，设置【半球】参数为 0.4，如图 5-251 所示。

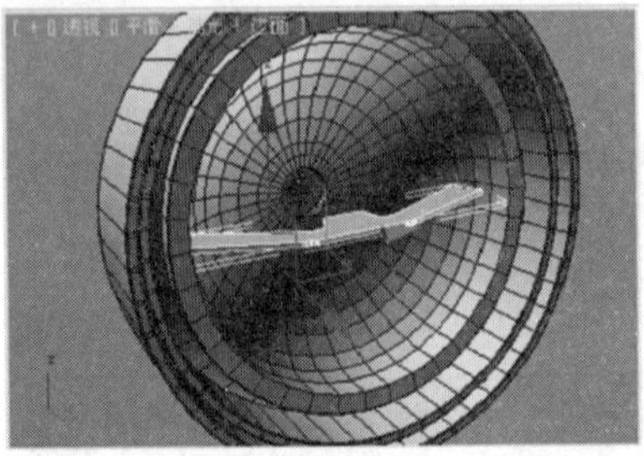

图5-250　制作倒角效果

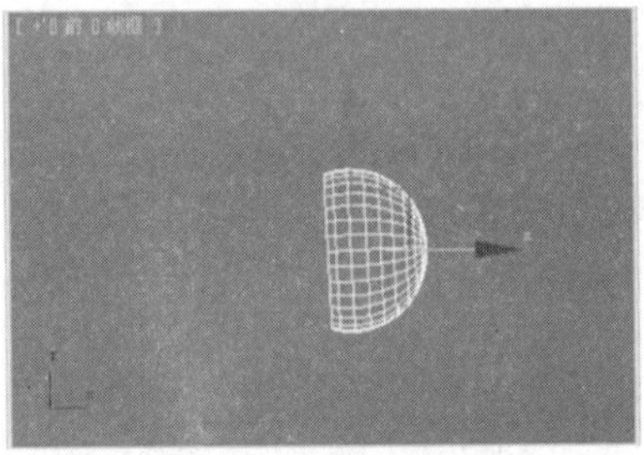

图5-251　绘制半球体

14 选择半球体，在 [修改器列表] 中选择【编辑多边形】命令，单击 ▣【多边形】子集按钮进入【多边形】子集中，选择球体切面再单击 [挤出] 命令右侧的设置按钮，适当调整【高度】值，向外侧挤出，如图 5-252 所示。再建立一个长方体放置在如图 5-253 所示位置。

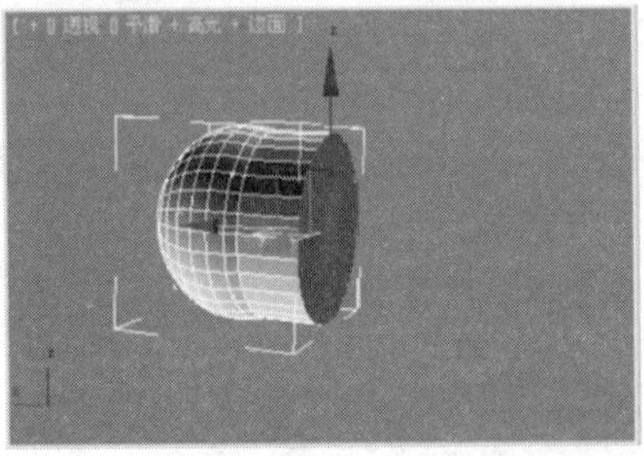

图5-252　挤出选择面

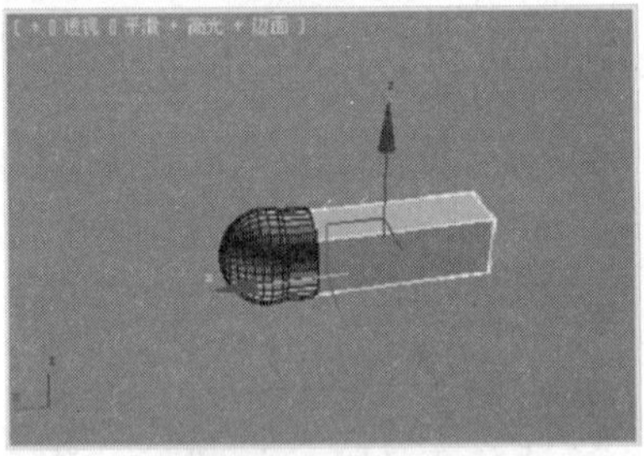

图5-253　绘制长方体

15 将该物体放置在灯罩里，如图 5-254 所示。再将该视图中对象编为一组，复制出另外两份，放置在如图 5-255 所示位置。

16 进入【创建】控制面板的 ⊙【几何体】建立区域，单击 [圆柱体] 按钮在前视图中建立六个圆柱体，分别放置每个灯罩两侧，如图 5-256 所示。至此，照明灯制作完成，最终如图 5-257 所示效果。

三
维
制
作
大
师

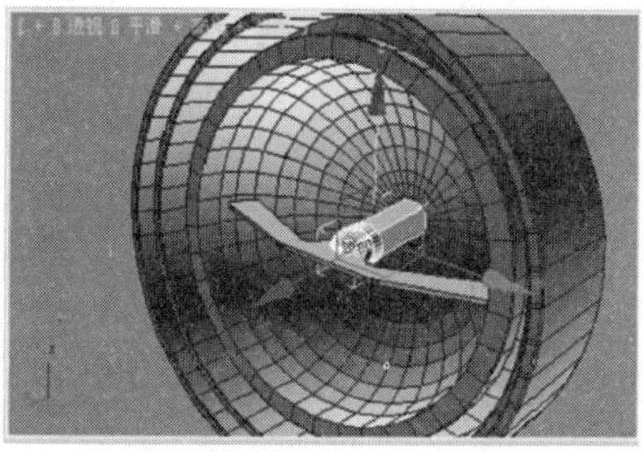

图5-254　调整灯芯位置

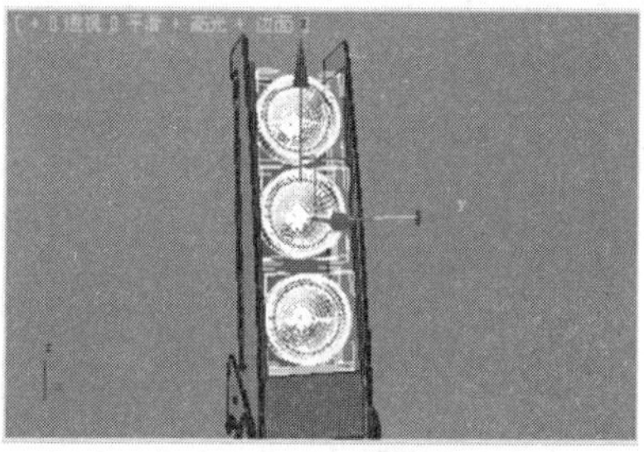

图5-255　复制并调整位置

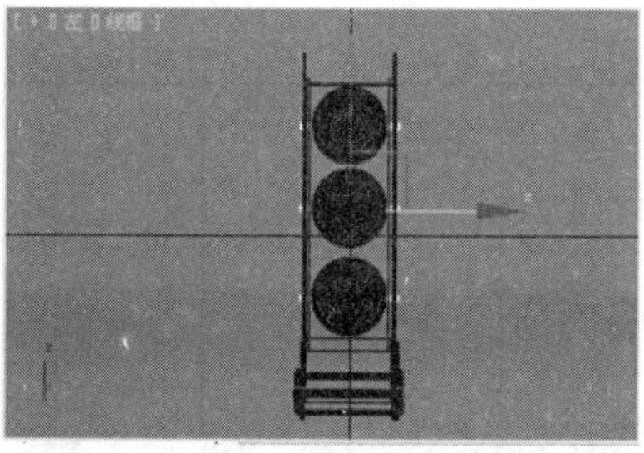

图5-256　绘制并复制圆柱体

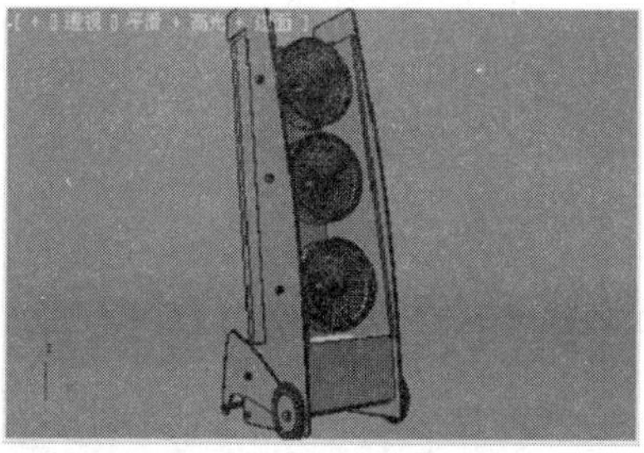

图5-257　完整照明灯模型

5.12　吧台椅子的制作

在这一节中，将学习利用编辑多边形命令结合挤出及切角命令，制作吧台椅子模型，图5-258所示为吧台椅子的效果图。

学习重点

（1）学习编辑多边形命令的使用。

（2）学习挤出，切角等命令的使用。

图5-258　最后渲染效果

实例场景：光盘\效果\第5章\吧台椅子.max

操作步骤

01 进入【创建】控制面板的 【几何体】建立区域，单击 长方体 按钮，在顶视图中建立如图5-259所示长方体，在 修改器列表 中选择【编辑多边形】命令，单击 【顶点】子集按钮进入【顶点】子集当中，在前视图中使用【移动】工具将其调整至如图5-260所示形状。

图5-259　绘制长方体

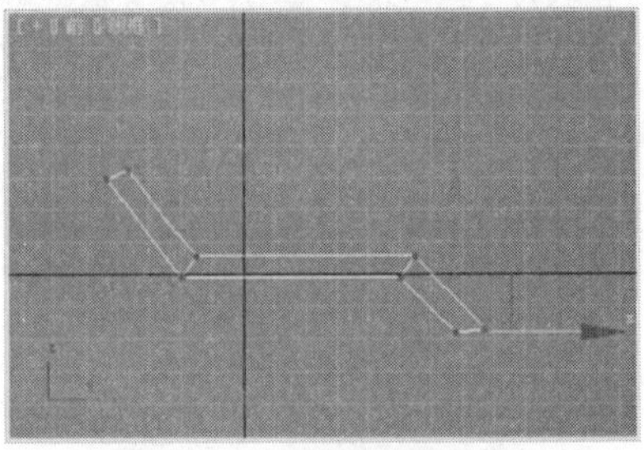

图5-260　调整长方体形状

02 使用 [快速切片] 命令在该物体上添加几条线段，再调整位置，如图 5-261 所示，单击 ◢ 【边】子集按钮进入【边】子集当中，选中顶端两条线段为红色显示，如图 5-262 所示。

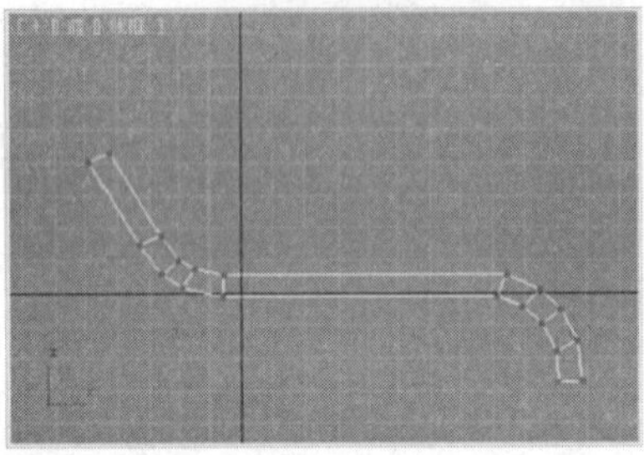

图5-261　继续调整形状

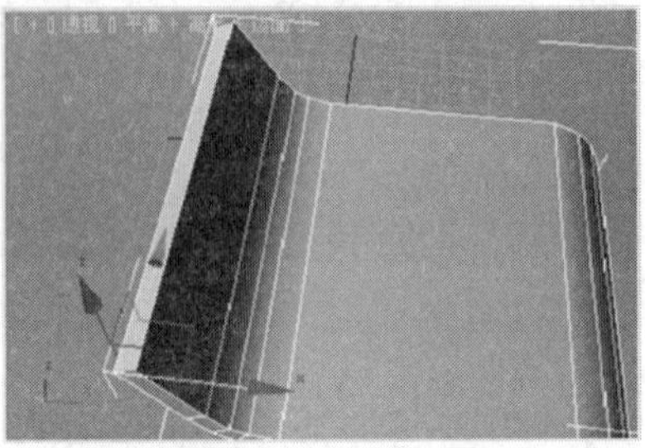

图5-262　选择线段

03 单击 [切角 □] 命令右侧的设置按钮，调整【分段】数值为 4，再次选中该物体边界线执行 [切角 □] 命令，得到如图 5-263 所示效果。单击 [切割] 命令右侧的设置按钮，添加如图 5-264 所示线段，使每个面都变为四边形。

图5-263　将选中线段切分

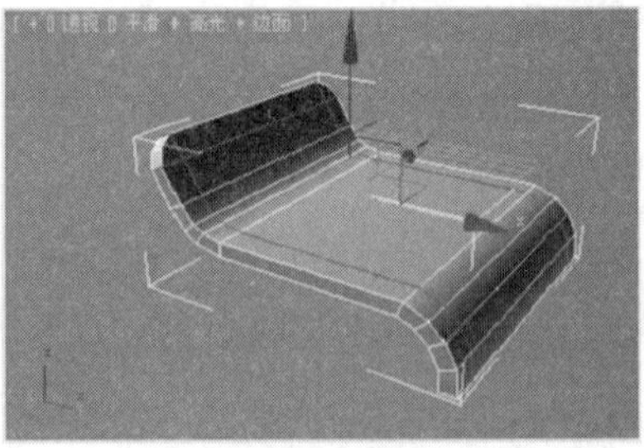

图5-264　添加线段

04 选中其边界使用 [切角 □] 命令倒边，以固定边界，如图 5-265 所示。回到物体编辑模式，在 [修改器列表 ▼] 中选择【网格平滑】命令，得到如图 5-266 所示效果。

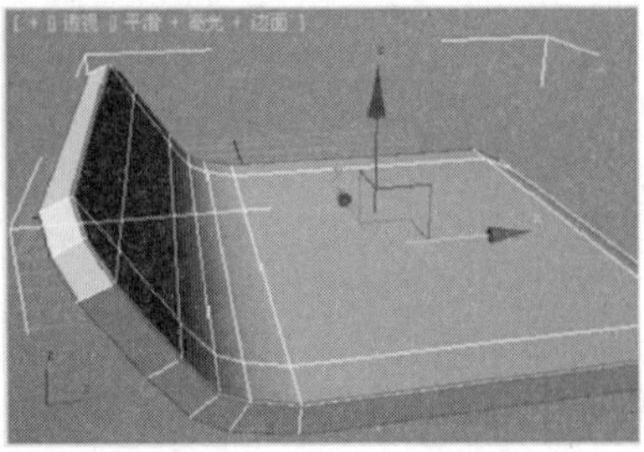

图5-265　将选择线段倒边

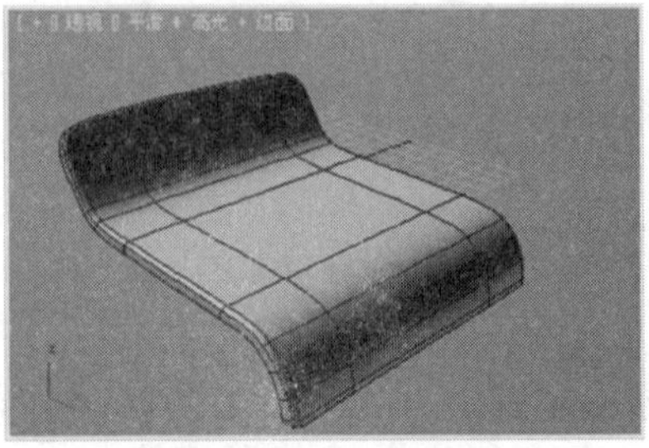

图5-266　加入光滑命令

05 单击▣【多边形】子集按钮进入【多边形】子集当中，选择表现厚度的面为红色，如图5-267所示，按住键盘Shift键移动，选择【克隆到对象】的方式将其从椅子中脱离出来，如图5-268所示。

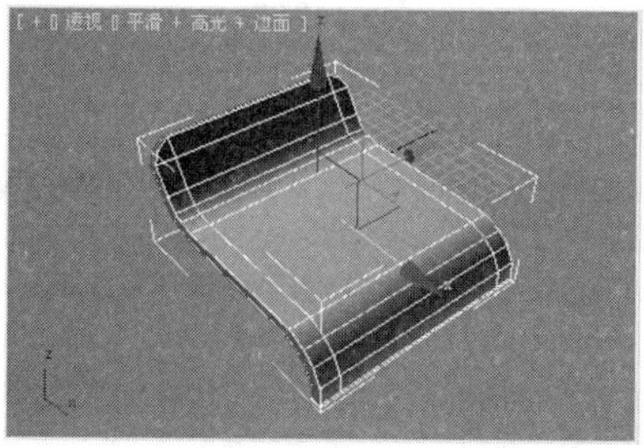

图5-267　选择椅子侧面

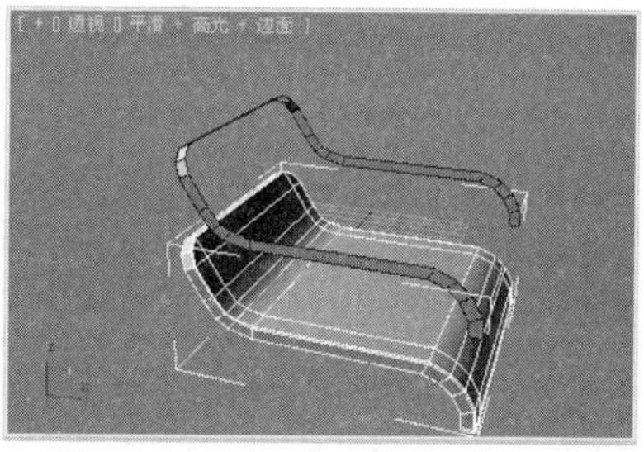

图5-268　分离选择面

06 进入☑【修改】命令面板，选择▣【多边形】子集，选中所有的面，单击 插入 □命令右侧的设置按钮使其面往外扩宽，如图5-269所示。单击 挤出 □命令右侧的设置按钮,将参数【外部量】设为6，使其有一定厚度，如图5-270所示。

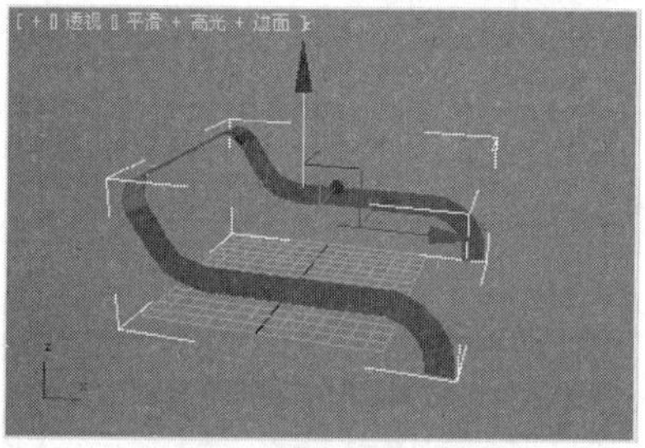

图5-269　插入选择面

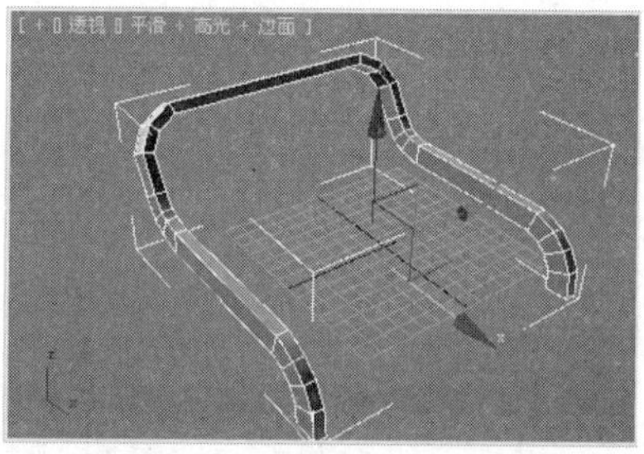

图5-270　挤出厚度

07 在 修改器列表 ▽中选择【编辑多边形】命令，单击▣【多边形】子集按钮进入【多边形】子集当中，选中两个端角面，单击 挤出 □命令右侧的设置按钮将该面往外侧挤出，如图5-271所示,单击☑【边】子集按钮进入【边】子集当中，再使用 连接 □命令添加如图5-272所示线段。

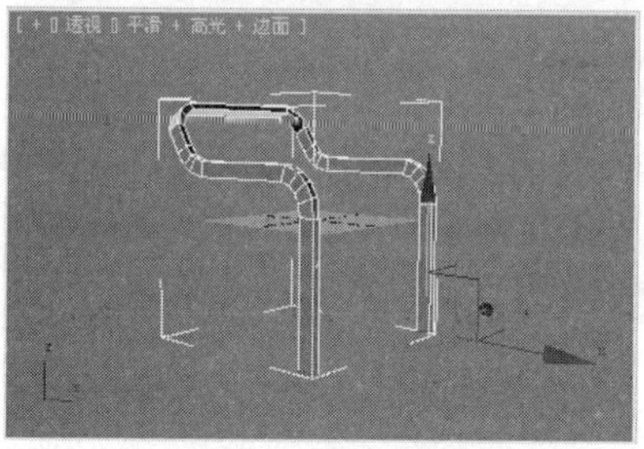

图5-271　挤出选择面

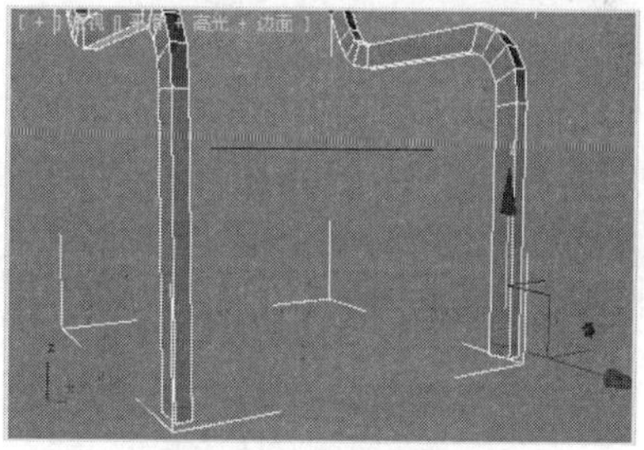

图5-272　添加线段

三维制作大师

08 单击▣【多边形】子集按钮进入子集中，选中最下边内侧的两个面，单击 桥 □命令，将选择的面桥接起来，如图5-273所示。单击 切割 □命令右侧的设置按钮，添加如图5-274所示线段并用退格键删除多余线段。

09 单击☑【边】子集按钮进入【边】子集当中，选中如图5-275所示线段，再单击 切角 □命令将该线段倒角，【分段】数设为2，得到如图5-276所示效果。

图5-273 桥接选择面

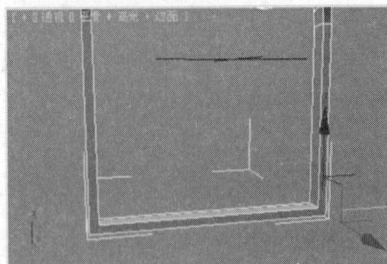

图5-274 添加并删除线段

图5-275 选择线段

图5-276 制作切角效果

10 将该物体所有的边界选中，单击 切角 □ 命令，制作出倒角效果，如图 5-277 所示。在 修改器列表 ∨ 中选择【网格平滑】命令，制作出光滑效果，如图 5-278 所示。

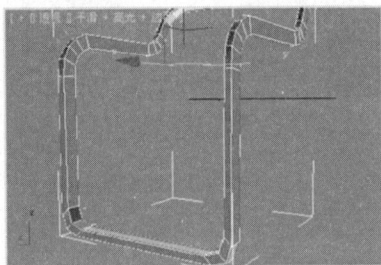

图5-277 将选中边界倒角

图5-278 加入光滑效果

11 制作底座。进入【创建】控制面板的 ○【几何体】建立区域，单击下方【几何体】类型下拉菜单，选择【扩展基本体】命令，单击 切角长方体 命令，绘制出如图 5-279 所示的切角长方体，在 修改器列表 ∨ 中选择【编辑多边形】命令，单击 ■【多边形】子集按钮进入【多边形】子集当中，选择如图 5-280 所示红色区域的面。

图5-279 绘制切角长方体

图5-280 选择面

12 单击 插入 命令右侧的设置按钮，适当调整【插入量】，向里插入一个面，如图 5-281 所示，再单击 挤出 命令右侧的设置按钮，适当调整【高度】值，向外侧挤入，得到如图 5-282 所示效果。

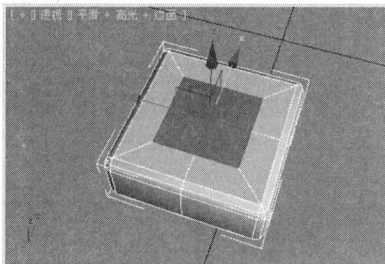

图5-281　插入选择面　　　　　　　图5-282　挤出选择面

13 单击 【顶点】子集按钮进入【顶点】子集当中，使用【移动】工具将挤出的长方体的节点调整至如图 5-283 所示形状，单击 【多边形】子集按钮进入【多边形】子集当中，选择如图 5-284 所示红色区域的面。

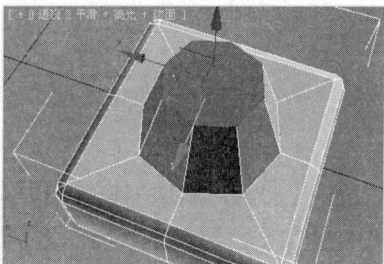

图5-283　调整节点　　　　　　　　图5-284　选择面

14 单击 插入 命令右侧的设置按钮，适当调整【插入量】，向里插入一个面，再单击 挤出 命令右侧的设置按钮，适当调整【高度】值，向里侧挤入，再将面删除，得到如图 5-285 所示效果。单击 【边】子集按钮进入【边】子集中，选择如图 5-286 所示的红色线段。

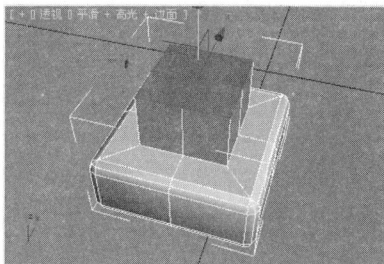

图5-285　挤入并删除面　　　　　　图5-286　选择线段

15 单击 切角 命令制作倒角效果，如图 5-287 所示，在 修改器列表 中选择【网格平滑】命令，将该物体光滑，【迭代次数】设为 2，得到如图 5-288 所示效果。

16 将该物放置在椅子下方，如图 5-289 所示。进入【创建】控制面板的 【几何体】建立区域，单击 圆柱体 按钮创建三个圆柱体，作为椅子支架，得到如图 5-290 所示的最终效果。

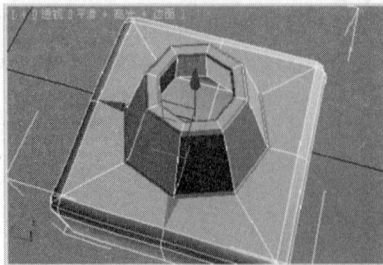

图5-287 制作倒角效果

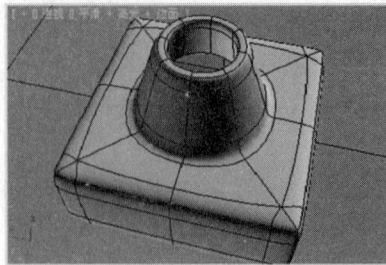

图5-288 加入光滑效果

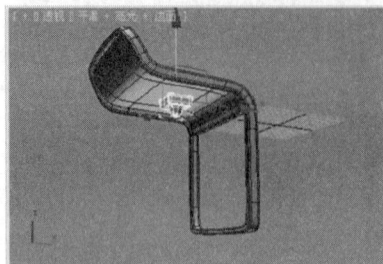

图5-289 将底座摆放正确位置

图5-290 最终吧椅效果

▶ 5.13 沙发的制作

在这一节中，将学习利用编辑多边形命令结合挤出及切角命令，制作沙发模型，图 5-291 所示为沙发的效果图。

学习重点

（1）编辑多边形命令的使用。

（2）挤出，切角等命令的使用。

三维制作大师

图5-291 最后渲染效果

实例场景: 光盘\效果\第5章\沙发.max

操作步骤

01 进入【创建】控制面板的 ◎ 【几何体】建立区域，单击 长方体 按钮，在前视图中建立一个长方体，如图 5-292 所示，在 修改器列表 ▼ 中选择【编辑多边形】命令，通过更改点的位置，将该长方体调整至如图 5-293 所示形状。

图5-292 绘制长方体

图5-293 调整长方体形状

02 单击 ▣ 【多边形】子集按钮进入【多边形】子集当中，选中两侧的面，单击 插入 □ 命令右侧的设置按钮使其面往内部插入两个面，如图 5-294 所示，再单击 挤出 □ 命令右侧的设置按钮，适当调整【高度】值，向外侧挤出如图 5-295 所示的形状。

图5-294 插入选择面

图5-295 挤出选择面

03 单击 ▣ 【多边形】子集按钮进入【多边形】子集当中，选中如图 5-296 所示的面，再单击 挤出 □ 命令右侧的设置按钮，适当调整【高度】值，向里侧挤入，做出沙发靠背的凹槽，如图 5-297 所示。

图5-296 选择面

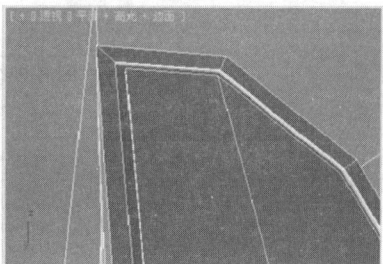

图5-297 挤入选择面

04 在 修改器列表 ▼ 中选择【网格平滑】命令，将该物体光滑，【迭代次数】设为 2，得到如图 5-298 所示效果，进入【创建】控制面板的 ◎ 【几何体】建立区域，单击 长方体 按钮，在前视图中建立一个长方体，再将如图 5-299 所示的红色区域删除。

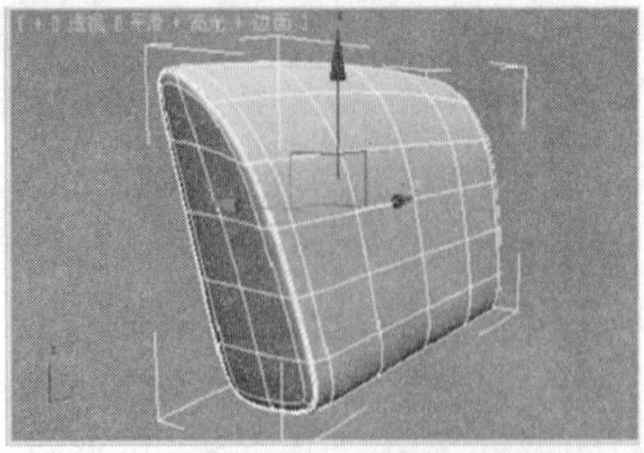

图5-298　加入光滑处理

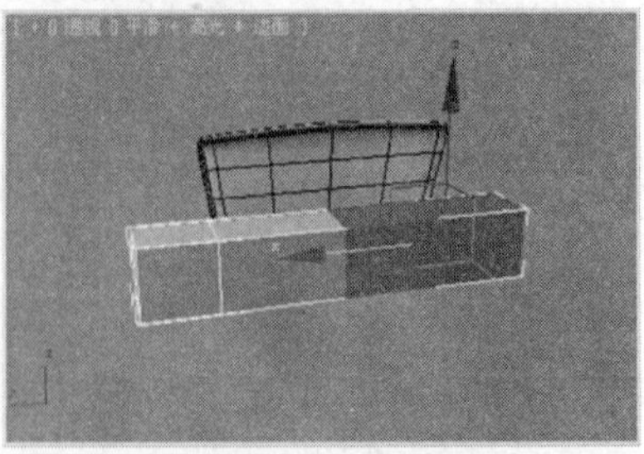

图5-299　删除选择面

05 单击▣【多边形】子集按钮进入【多边形】子集当中，选中如图 5-300 所示的红色面，再单击 挤出 □命令右侧的设置按钮，适当调整【高度】值，向外侧挤出，如图 5-301 所示。

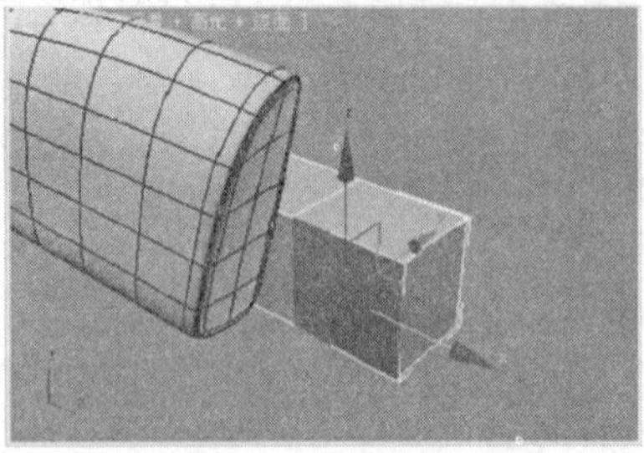

图5-300　选择面

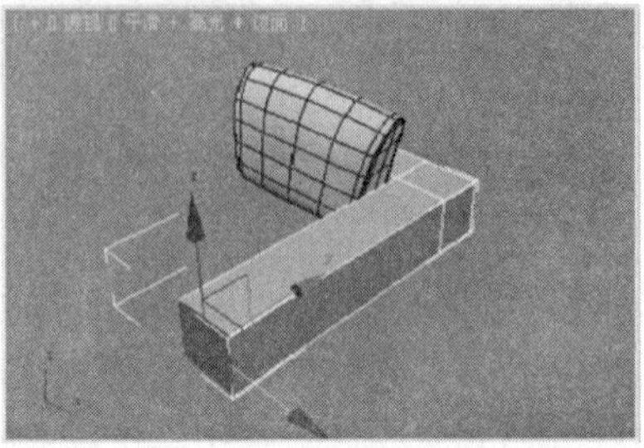

图5-301　挤出选择面

06 单击▣【多边形】子集按钮进入【多边形】子集中，选中两侧的面，单击 插入 □命令右侧的设置按钮，使选择的面向里插入两个面，如图 5-302 所示，再单击 挤出 □命令右侧的设置按钮，适当调整【高度】值，向外侧适当挤出，如图 5-303 所示。

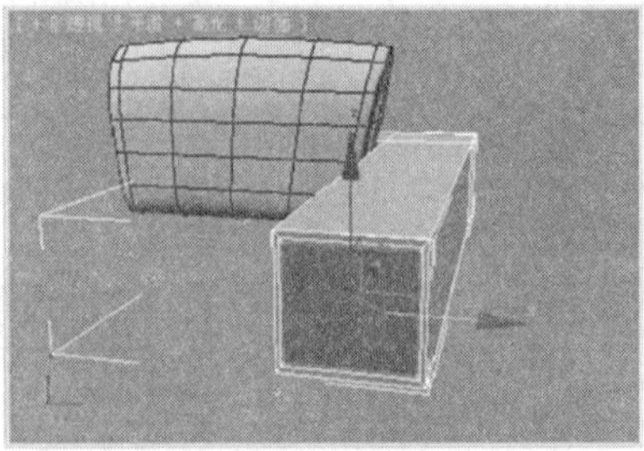

图5-302　插入选择面

图5-303　挤出选择面

07 单击▣【多边形】子集按钮进入【多边形】子集中，选中如图 5-304 所示的面，再单击 挤出 □命令右侧的设置按钮，适当调整【高度】值，向里侧挤入，如图 5-305 所示。

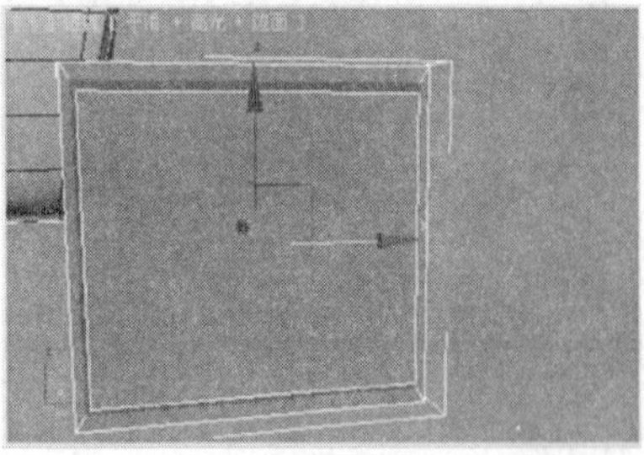

图5-304　选择面

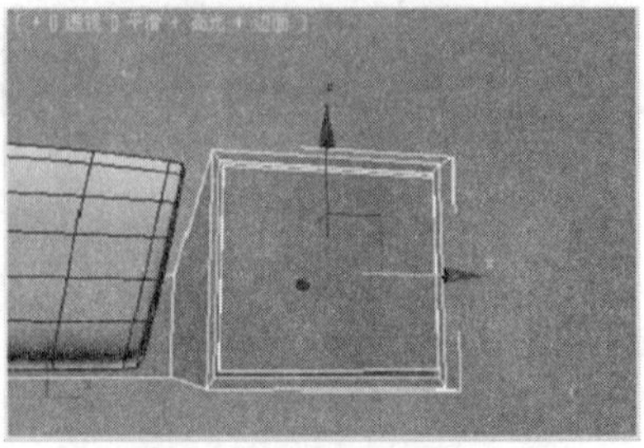

图5-305　挤入选择面

08 单击☑【边】子集按钮进入【边】子集中,选择如图 5-306 所示的红色循环线段,并将其删除。单击 切割 命令右侧的设置按钮,添加如图 5-307 所示的线段,将背面也进行同样的处理。

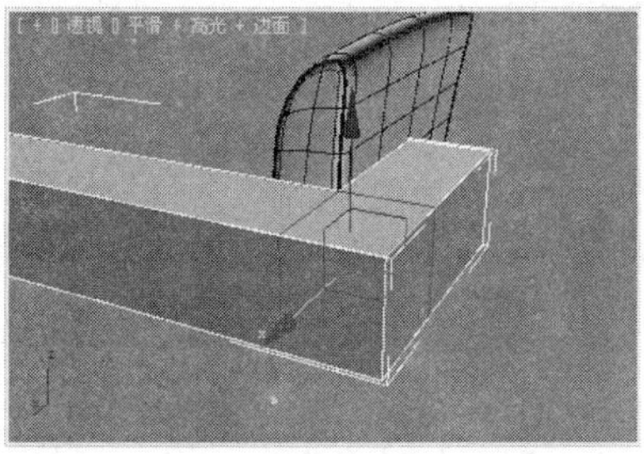

图5-306 选择线段 　　　　　图5-307 添加线段

09 单击☑【边】子集按钮进入【边】子集中,选择如图 5-308 所示的红色线段,使用 切角 ◻ 命令将选择的线段制作出倒角效果,得到如图 5-309 所示效果。

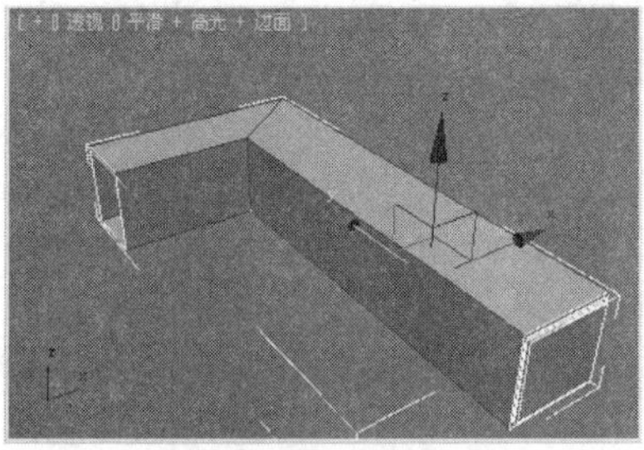

图5-308 选择线段 　　　　　图5-309 倒角选择线段

10 单击▣【多边形】子集按钮进入【多边形】子集中,选中如图 5-310 所示的面,单击 插入 ◻ 命令右侧的设置按钮使其面往内部插入一个面,如图 5-311 所示。

图5-310 选择面 　　　　　图5-311 插入选择面

11 选择刚插入的面,单击 倒角 ◻ 命令右侧的设置按钮,适当调整【高度】值,向里侧挤入,使之产生一个缝,如图 5-312 所示。再回到物体编辑模式,在 修改器列表 ▾中选择【对称】命令,将该物体对称复制出另一半,如图 5-313 所示。

12 在 修改器列表 ▾中选择【网格平滑】命令,将该物体光滑,【迭代次数】设为 3,得到如图 5-314 所示效果。进入【创建】控制面板的◯【几何体】建立区域,单击下方【几何体】类型下拉菜单,选择【扩展基本体】命令,单击 切角长方体 命令,在前视图中绘制一个切角长方体。注意参数中要给出一定的圆角值,如图 5-315 所示。

图5-312　将选择面倒角

图5-313　对称复制对象

图5-314　加入光滑效果

图5-315　绘制切角长方体

13 制作沙发支架。进入【创建】控制面板的○【几何体】建立区域，单击　长方体　按钮，在前视图中建立一个长方体，如图 5-316 所示。在　修改器列表　▽中选择【编辑多边形】命令，单击⊘【边】子集按钮进入【边】子集中，执行　连接　□命令，添加如图 5-317 所示的红色线段。

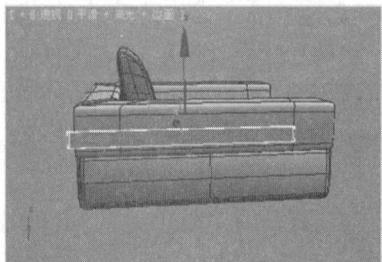

图5-316　绘制长方体

图5-317　添加线段

14 单击▣【多边形】子集按钮进入【多边形】子集中，选中相应的面，再单击　挤出　□命令右侧的设置按钮，适当调整【高度】值，将两端分别向外侧挤出，如图 5-318 所示。用相同方法依次加边、选面、挤出，得到如图 5-319 所示形状，最后将两个接口处的点焊接在一起。

图5-318　挤出选择面

图5-319　制作支架

三
维
制
作
大
师

15 单击 [切割] 命令右侧的设置按钮，添加如图 5-320 所示的线段，并用退格键删除多余线段。单击 ☑ 【边】子集按钮进入【边】子集中，选择拐角处的线段，再将这些线段进行 [切角] □ 命令，得到如图 5-321 所示效果。

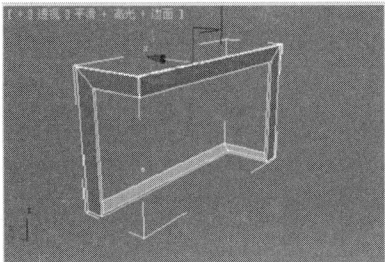

图5-320　添加并删除多余线段

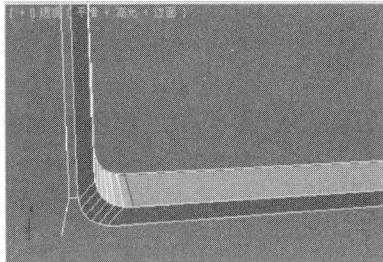

图5-321　将选择线段切分

16 再次选择除拐角处以外的所有线段，单击 [切角] □ 命令制作倒角效果，如图 5-322 所示。在 [修改器列表] 中选择【网格平滑】命令，将该物体光滑，【迭代次数】设为 3，得到如图 5-323 所示效果。

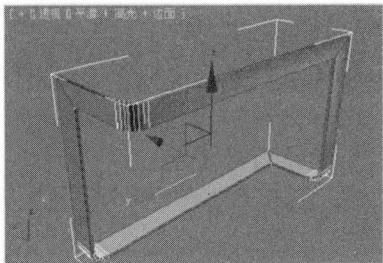

17 将该支架【镜像】复制出另一个放置在另一侧，至此，沙发的制作就完成了，最终效果如图 5-324 所示。

图5-322　做倒边处理

图5-323　加入光滑效果

图5-324　完整的沙发模型

▶ 5.14　躺椅的制作

在这一节中，将学习利用编辑多边形命令结合挤出命令，制作躺椅模型，图 5-325 所示为躺椅的效果图。

✎ **学习重点**

（1）编辑多边形命令的使用。

（2）挤出命令的使用。

图5-325 最后渲染效果

实例场景：光盘\效果\第5章\躺椅 max

操作步骤

01 进入【创建】控制面板的 【图形】建立区域，单击 矩形 按钮，在左视图中绘制一个矩形，给出一定的【角半径】，得到一个圆角矩形，如图 5-326 所示。进入 【修改】命令面板，在 修改器列表 中选择【挤出】命令，挤出数量做适当调整，做出躺椅扶手的厚度，如图 5-327 所示。

图5-326 绘制圆角矩形

图5-327 挤出厚度

02 选中扶手，在透视图中按键盘 Shift 键沿 X 轴方向移动复制，做出另一侧的扶手，如图 5-328 所示。用相同的方法做出躺椅的靠背和底座支架，如图 5-329 所示。

图5-328 复制椅子扶手

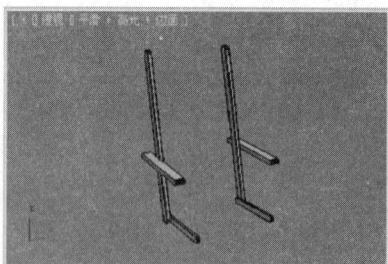

图5-329 制作拷贝和支架

03 躺椅椅子腿的制作。进入【创建】控制面板的 【图形】建立区域，单击 矩形 按钮，在左视图中绘制一个矩形，如图 5-330 所示。进入 【修改】命令面板，在 修改器列表 中选择【挤出】命令，挤出数量上做适当调整，做出椅子腿的厚度，如图 5-331 所示。

图5-330 绘制矩形

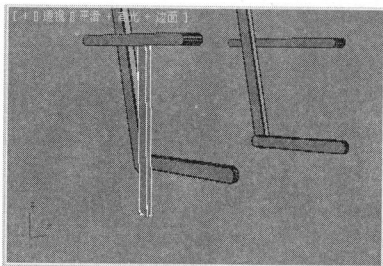

图5-331 挤出厚度

04 在 修改器列表 中选择【编辑多边形】命令，单击 【顶点】子集按钮进入【顶点】子集当中，选中下方的点调整形状，如图5-332所示。再进入【边】子集中，选中所有的边，使用 切角 命令为物体做切角效果，如图5-333所示。

图5-332 调整节点位置

图5-333 制作倒边效果

05 选中椅子腿，激活透视图，单击工具条 【镜像】命令，【镜像轴】选择Y轴，复制关系选择【实例】，适当调整【偏移值】，镜像复制出另一侧的椅子腿，得到如图5-334所示的效果。选中两个椅子腿，按键盘Shift键在透视图中沿X轴方向移动，复制出另一侧的椅子腿，如图5-335所示。

图5-334 镜像复制椅子腿

图5-335 复制椅子腿

06 进入【创建】控制面板的 【几何体】建立区域，单击 圆柱体 按钮，在左视图中绘制一个圆柱体，如图5-336所示。然后按键盘Shift键复制出另外七根圆柱到相应位置，如图5-337所示。

07 进入【创建】控制面板的 【图形】建立区域，单击 线 按钮，在左视图中绘制出如图5-338所示的线。进入 【修改】命令面板，单击 【样条线】子集按钮进入到【样条线】子集中，将线条选中为红色，单击 轮廓 命令，单击线条并拖动鼠标，将线做出如图5-339所示厚度。

图5-336 绘制圆柱体

图5-337 复制圆柱体

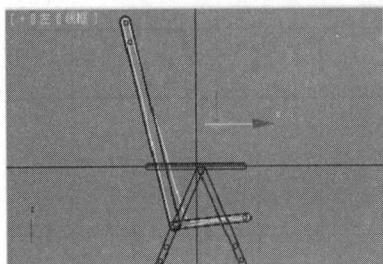

图5-338 绘制样条线

图5-339 建立轮廓效果

08 进入 ☑【修改】命令面板，在 [修改器列表] 中选择【挤出】命令，挤出数量上做适当调整，如图 5-340 所示。进入【创建】控制面板的 ☑【图形】建立区域，单击 [线] 按钮，在顶视图中绘制出如图 5-341 所示的线。

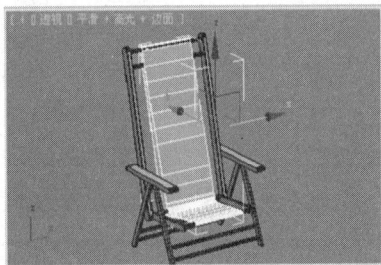

图5-340 挤出厚度

图5-341 绘制样条线

09 进入 ☑【修改】命令面板，单击 ☑【样条线】子集按钮进入到【样条线】子集中，将线条选中为红色，单击 [轮廓] 命令，单击线条并拖动鼠标，做出如图 5-342 所示效果。在 [修改器列表] 中选择【挤出】命令，挤出数量上做适当调整，然后移动到椅子背处，得到如图 5-343 所示的最终效果。

图5-342 建立轮廓

图5-343 躺椅最终效果

🔄 5.15　会议桌的制作

在这一节中，将学习利用编辑多边形命令结合挤出命令，制作会议桌模型，图 5-344 所示为会议桌的效果图。

📖 学习重点

（1）编辑多边形命令的使用。

（2）挤出命令的使用。

图5-344　最后渲染效果

🎬 实例场景：光盘 \ 效果 \ 第 5 章 \ 会议桌 max

✒️ 操作步骤

01 进入【创建】控制面板的 🔘【图形】建立区域，单击 ▢线▢ 按钮，在顶视图中绘制出会议桌四分之一的轮廓线，如图 5-345 所示。进入 ▨【修改】命令面板，在 ▢修改器列表▢ 中选择【编辑样条线】命令，进入 ▨【顶点】子集，选择所有节点，单击鼠标右键，在弹出的对话框中选择【Bezier 角点】，如图 5-346 所示。

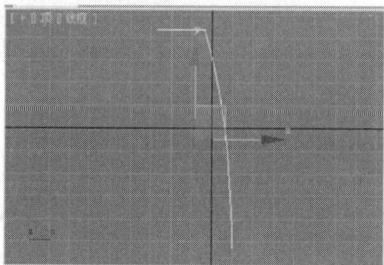

图5-345　绘制样条线

图5-346　修改节点类型

02 进入 ∿【样条线】子集中，将【自动焊接】选项与【复制】选项前面的对号都勾选上，然后单击 ▢镜像▢ 命令镜像复制出另一条样条线，如图 5-347 所示。使用同样方法复制出下半边形状，如图 5-348 所示。

03 进入 ▨【顶点】子集，选择如图 5-349 所示的节点（注意有 4 个节点没有选择）。单击 ▢断开▢ 命令，将节点打断。选择 ∿【样条线】子集，将整条线段选中，将【中心】命令前面的对号勾选后，单击 ▢轮廓▢ 按钮，在顶视图中拖动出如图 5-350 所示的效果。

图5-347 镜像复制样条线

图5-348 镜像复制样条线

图5-349 打断节点

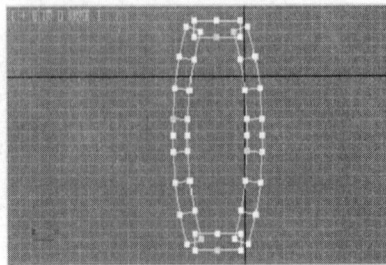

图5-350 建立轮廓

04 分别选择会议桌 4 个角上没有重合的 8 对顶点，如图 5-351 所示。使用 `熔合` 命令将相邻的点两两重合，如图 5-352 所示。

图5-351 选择节点

图5-352 熔合节点

05 使用 `熔合` 命令后的结果如图 5-353 所示。使用【移动】工具和【缩放】工具调整顶点位置，如图 5-354 所示。

图5-353 溶合节点后的效果

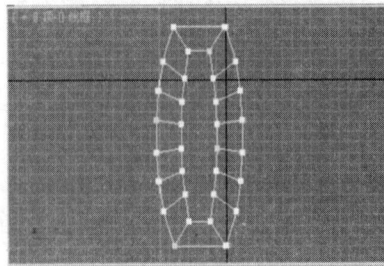

图5-354 调整节点位置

06 进入 【修改】命令面板，在 `修改器列表` 中选择【编辑多边形】命令，得到如图 5-355 所示物体。单击 【多边形】子集按钮进入【多边形子集】中，单击 `挤出` 命令右侧的设置按钮，适当挤出高度值，将面向外挤出一点厚度，如图 5-356 所示。

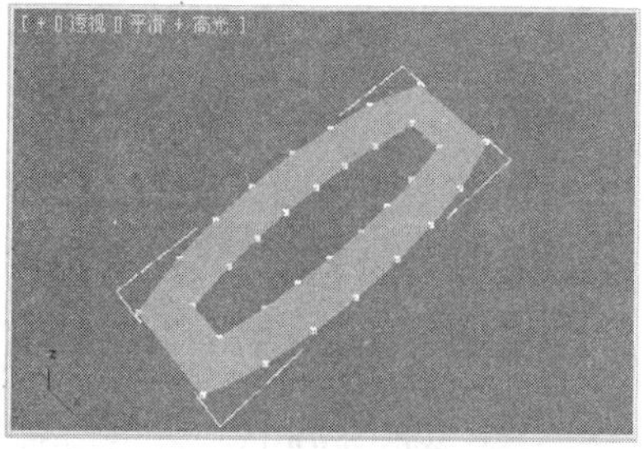

图5-355 加入编辑多边形命令

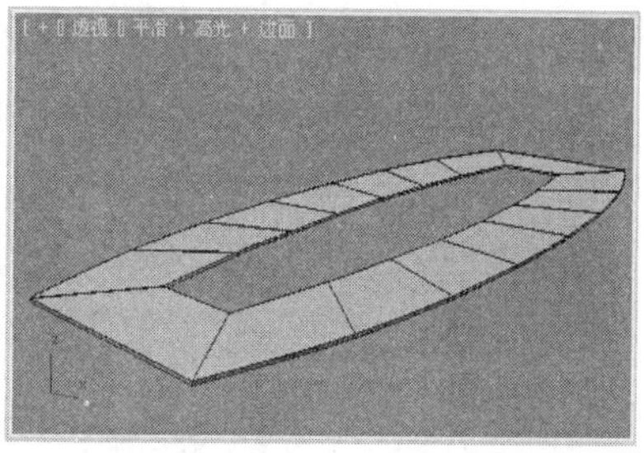

图5-356 挤出厚度

07 选中如图 5-357 所示的边，单击 切角 命令右侧的设置按钮，适当调整【切角量】、【分段】值，将边倒角，如图 5-358 所示。

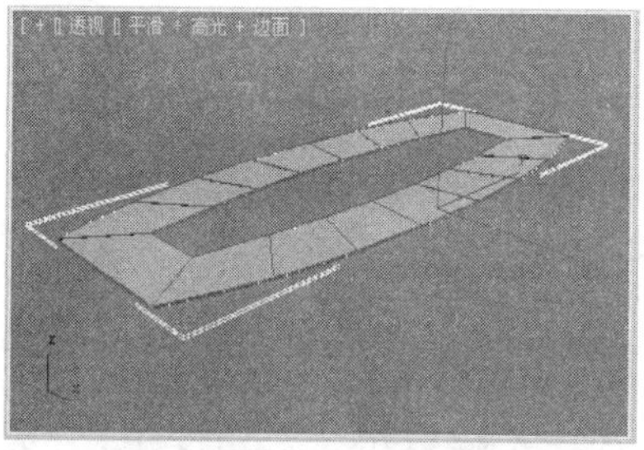

图5-357 选择线段

图5-358 制作倒角效果

08 参考步骤 1 和步骤 2，将桌面下方的木制桌面和玻璃做出，如图 5-359 所示。然后放置好位置，如图 5-360 所示。

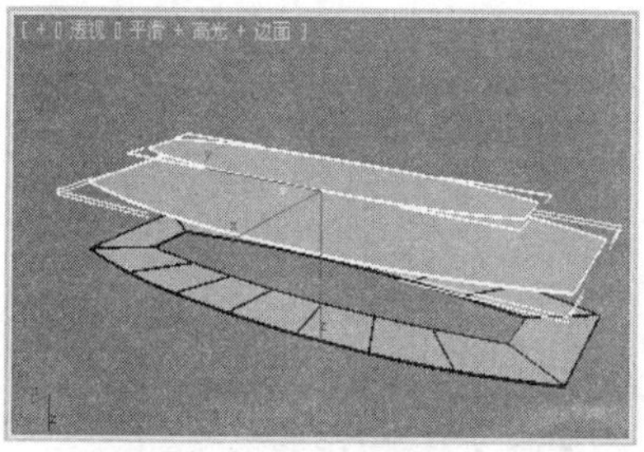

图5-359 制作桌面与玻璃

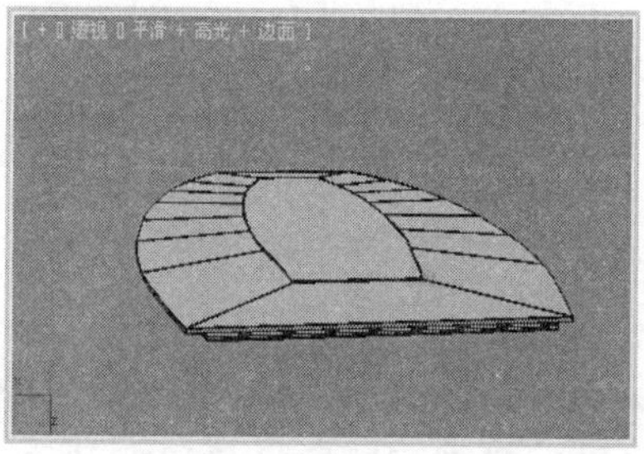

图5-360 摆放正确位置

09 进入【创建】控制面板的 【图形】建立区域，单击 线 按钮，在顶视图中绘制出桌腿的轮廓线，得到如图 5-361 所示图形。进入 【修改】命令面板，在 修改器列表 中选择【挤出】命令，为桌腿挤出厚度，如图 5-362 所示。

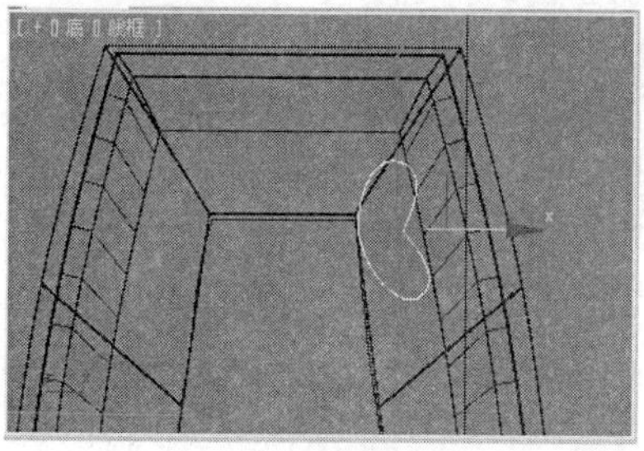

图5-361 绘制样条线

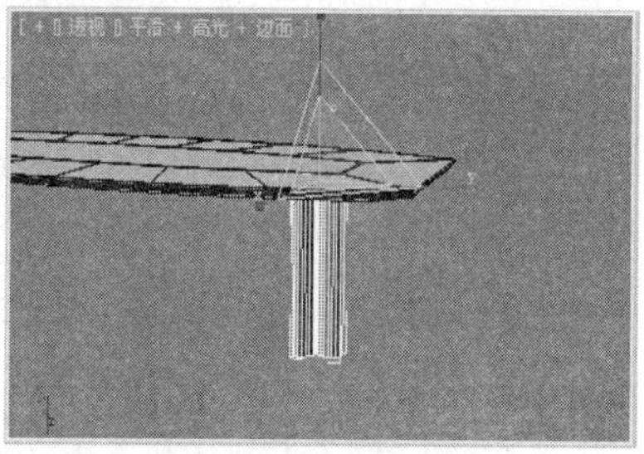

图5-362 挤出厚度

223

三维制作大师

10 在 修改器列表 中选择【编辑多边形】命令，单击 【顶点】子集按钮进入【顶点】子集当中，选择如图 5-363 所示的顶点，将其压缩成如图 5-364 的效果。

图5-363　选择定点

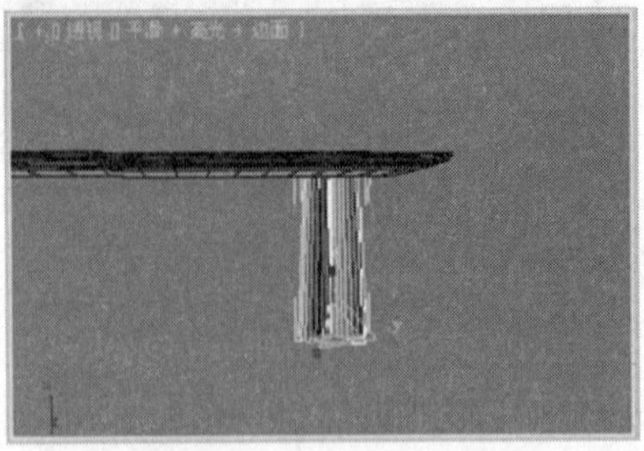

图5-364　缩放顶点位置

11 在顶视图中复制出另外 5 个会议桌的桌腿，如图 5-365 所示。最后完成会议桌的制作，效果如图 5-366 所示。

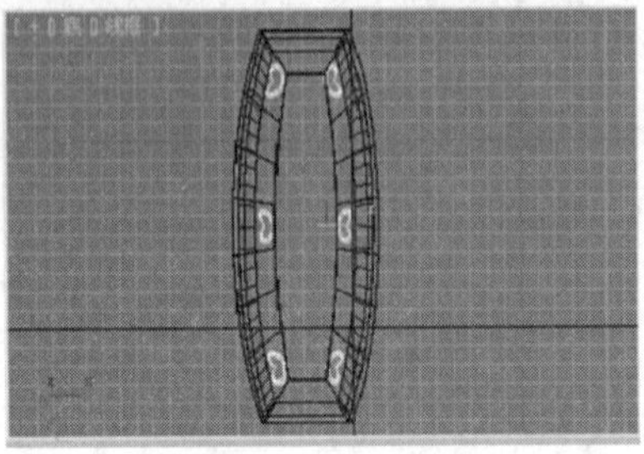

图5-365　复制桌子腿

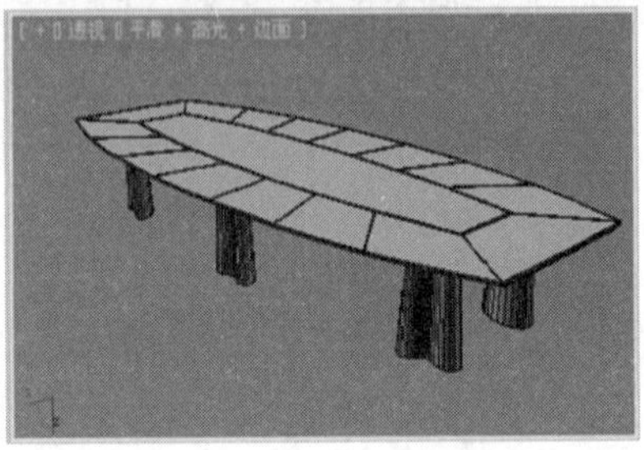

图5-366　会议桌最后效果

↻ 5.16　灯的制作

在这一节中，将学习利用编辑多边形命令结合车削命令，制作灯模型，图 5-367 所示为灯的效果图。

学习重点

（1）编辑多边形命令的使用。

（2）车削命令的使用。

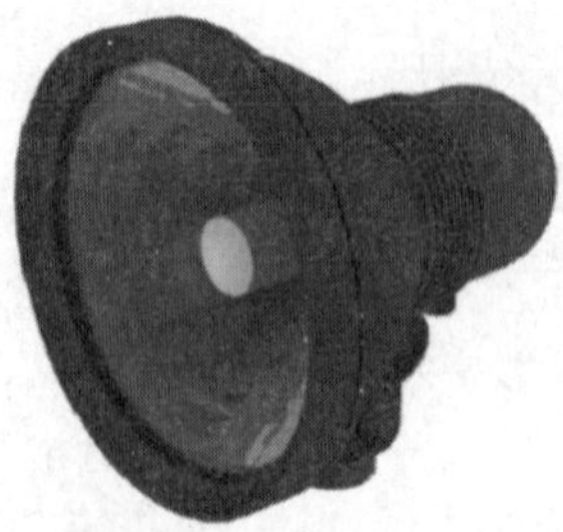

图5-367　最后渲染效果

实例场景：光盘 \ 效果 \ 第 5 章 \ 灯 max

三 维 制 作 大 师

操作步骤

01 进入【创建】控制面板的 ◉【图形】建立区域，单击 [　线　] 按钮，在前视图中绘制出灯罩侧线，如图 5-368 所示。进入 ◢【修改】命令面板，在 [修改器列表 ▼] 中选择【车削】命令，单击 ☒ 按钮，在【命令堆栈中】打开【车削】前面的加号，选择【轴】子集，使用【移动】工具将轴心沿 Y 轴移动，得到如图 5-369 所示模型。

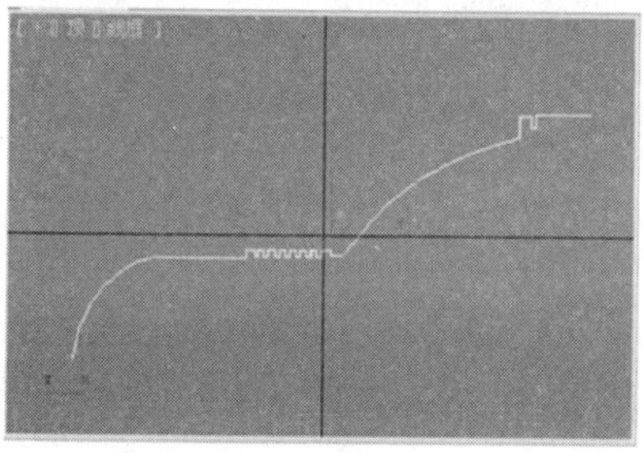

图5-368 绘制样条线

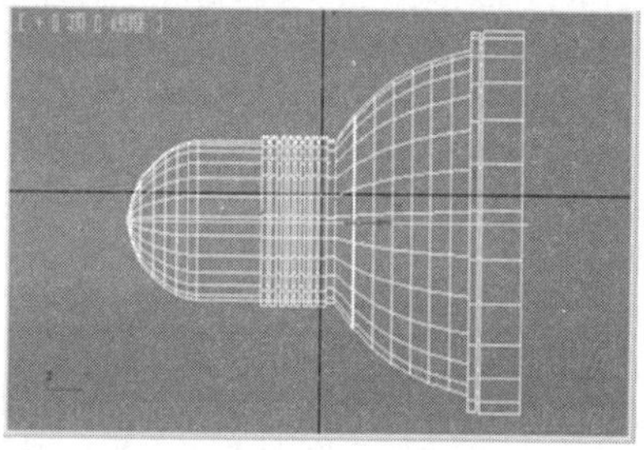

图5-369 加入车削命令

02 进入 ◢【修改】命令面板，在 [修改器列表 ▼] 中选择【编辑多边形】命令，单击 ◢【边】子集按钮进入【边】子集当中，选择如图 5-370 所示的外侧边。单击 [挤出 ▫] 按钮，在透视图中拖动鼠标，向灯罩内继挤进一个深度，如图 5-371 所示。

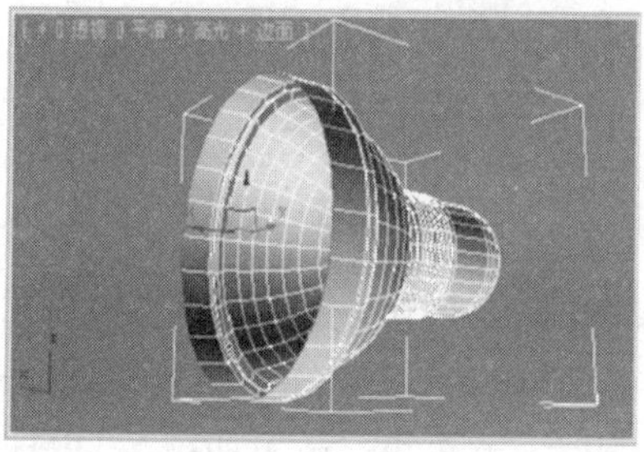

图5-370 选择边界

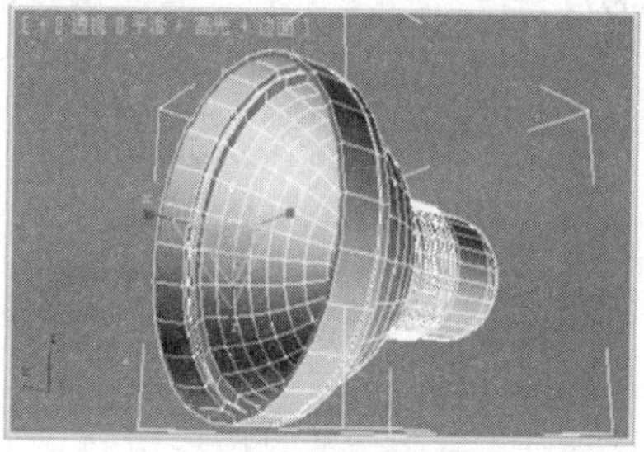

图5-371 挤出边界

03 单击 [挤出 ▫] 按钮，在透视图中拖动鼠标，向灯罩内继续挤进一个深度，如图 5-372 所示。重复挤出并调整大小，最后得到如图 5-373 所示形状。

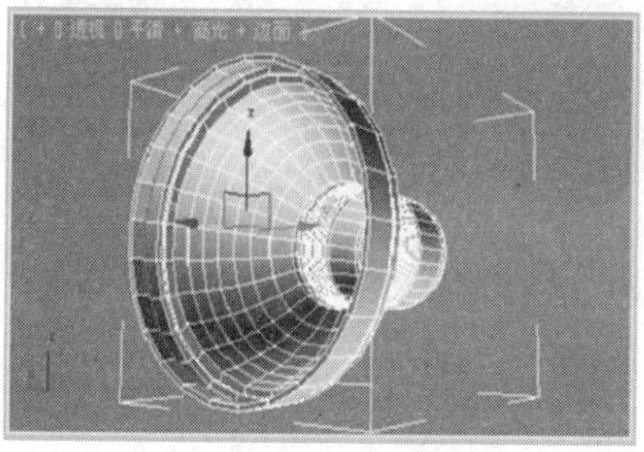

图5-372 挤出边界

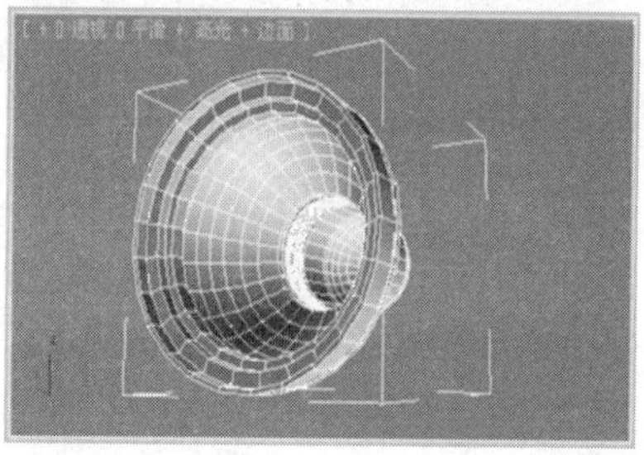

图5-373 挤出边界并调整大小

04 进入【创建】控制面板的 ◉【图形】建立区域，单击 [　线　] 按钮，在左视图中绘制出反光镜侧线，如图 5-374 所示。进入 ◢【修改】命令面板，在 [修改器列表 ▼] 中选择【车削】命令，单击 ☒ 按钮，在【命令堆栈】中打开【车削】前面的加号，选择【轴】子集，使用【移动】工具将轴心沿 Y 轴移动，得到如图 5-375 所示模型。

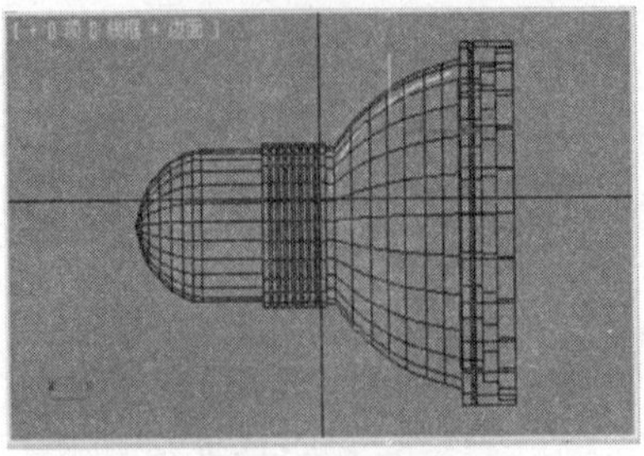

图5-374　绘制样条线

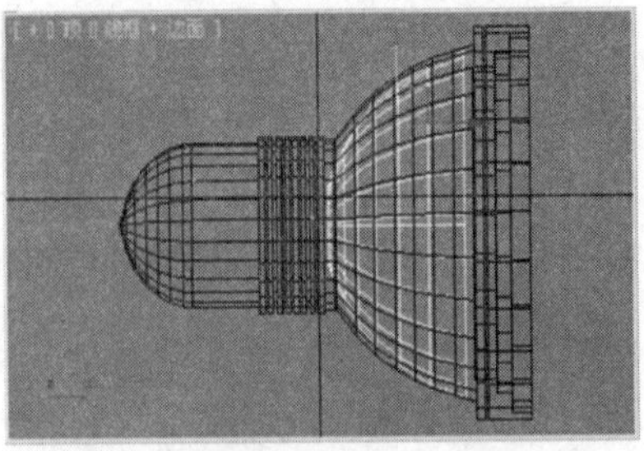

图5-375　加入车削命令并调整轴心

05 进入【创建】控制面板的 ⬚【图形】建立区域，单击 ⬚⬚⬚⬚ 按钮，在前视图中绘制出灯体侧线，如图 5-376 所示。进入 ⬚【修改】命令面板，在 ⬚⬚⬚⬚⬚ 中选择【车削】命令，单击 ⬚ 按钮，在【命令堆栈】中打开【车削】前面的加号，选择【轴】子集，使用【移动】工具将轴心沿 Y 轴移动，得到如图 5-377 所示模型。

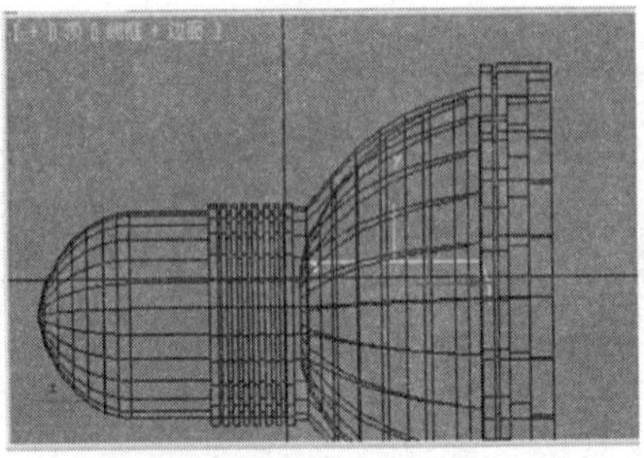

图5-376　绘制样条线

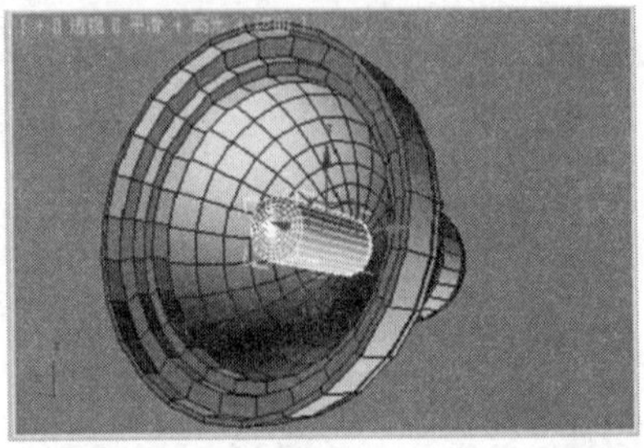

图5-377　加入车削命令并调整轴心

06 选择管状体，进入 ⬚【修改】命令面板，在 ⬚⬚⬚⬚⬚ 中选择【编辑多边形】命令，单击 ⬚【边】子集按钮进入【边】子集当中，选择如图 5-378 所示的灯罩边，单击 ⬚⬚ ⬚ 按钮后面的设置选项，设置弹出的对话框中的【切角量】的值，值要小，做出如图 5-379 所示倒角后的最终效果。

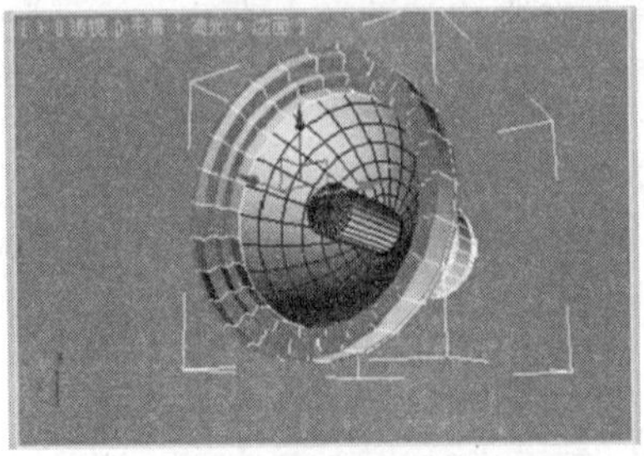

图5-378　选择线段

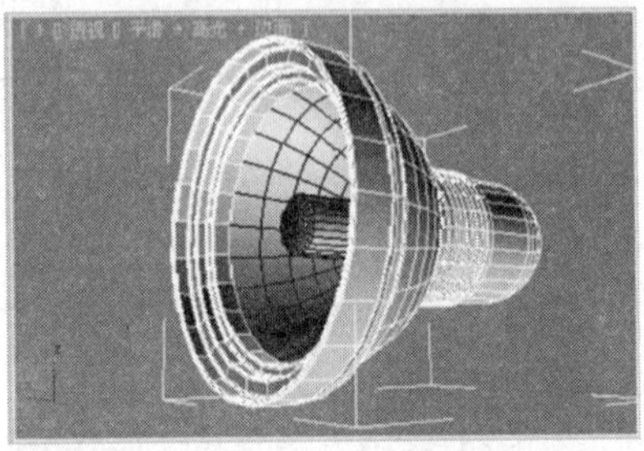

图5-379　最终灯模型

▶️ 5.17　名片夹的制作

在这一节中，将学习利用编辑多边形命令结合挤出及噪波命令，制作名片夹模型，图 5-380 所示为名片夹的效果图。

学习重点

（1）编辑多边形命令的使用。

（2）挤出、噪波命令的使用。

图5-380 最后渲染效果

实例场景：光盘\效果\第5章\名片夹 max

操作步骤

01 进入【创建】控制面板的 【图形】建立区域，单击 图环 按钮，在前视图中绘制出名片夹侧线，如图 5-381 所示。进入【修改】命令面板，为圆环添加【编辑样条线】命令，单击 【分段】子集按钮进入【分段】子集中，选择所有线段，在 拆分 60 命令的后面输入 60，然后单击拆分命令，为其平均加入 60 个节点，效果如图 5-382 所示。

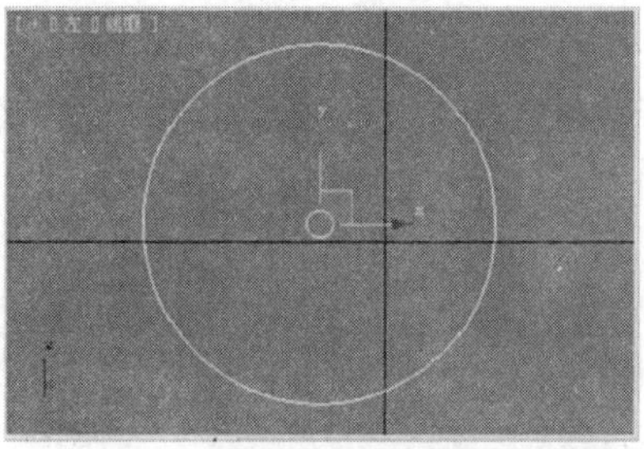

图5-381 绘制圆环

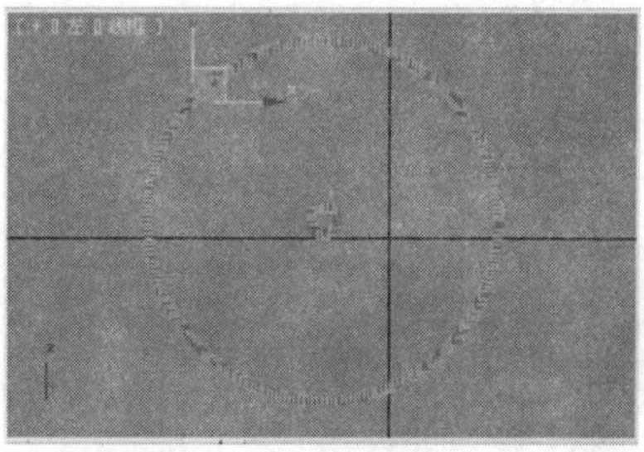

图5-382 添加平均点

02 选中一半的线段，然后删除掉，如图 5-383 所示。单击 【顶点】子集按钮进入【顶点】子集中，单击 连接 命令将两个半圆的端点分别连接，如图 5-384 所示。

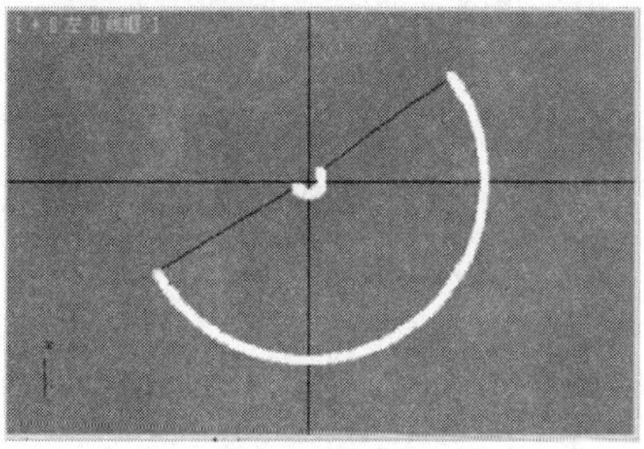

图5-383 删除线段

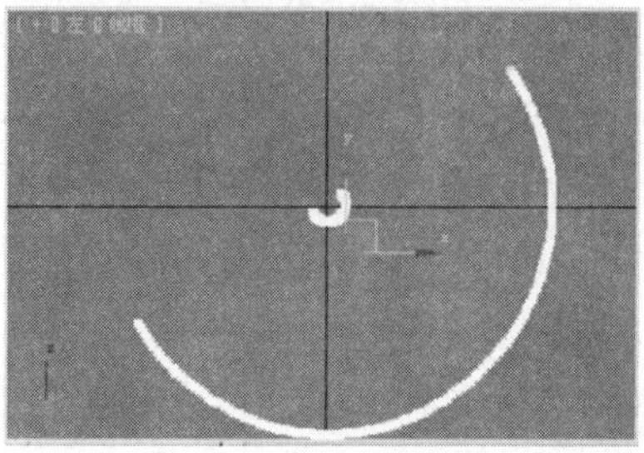

图5-384 连接端点

03 选择如图 5-385 所示的点，进入 ◢【修改】命令面板，在 修改器列表 ▼ 中选择【噪波】命令，调整噪波参数，【比例】为 0.01；【分形】勾选；【迭代次数】为 1；【强度】X 为 1，Y 为 1，得到如图 5-386 所示效果。

图5-385　选择节点

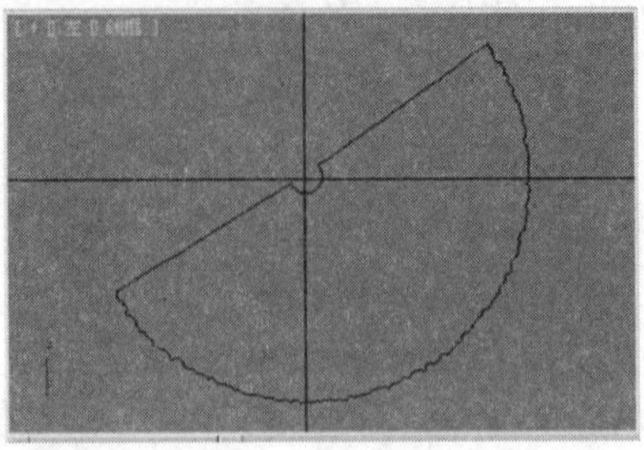

图5-386　加入噪波命令

04 进入 ◢【修改】命令面板，在 修改器列表 ▼ 中选择【挤出】命令，调整挤出数量，如图 5-387 所示。再在 修改器列表 ▼ 中选择【编辑多边形】命令。单击 ▣【多边形】子集按钮进入【多边形】子集中，选择两端的面，如图 5-388 所示。

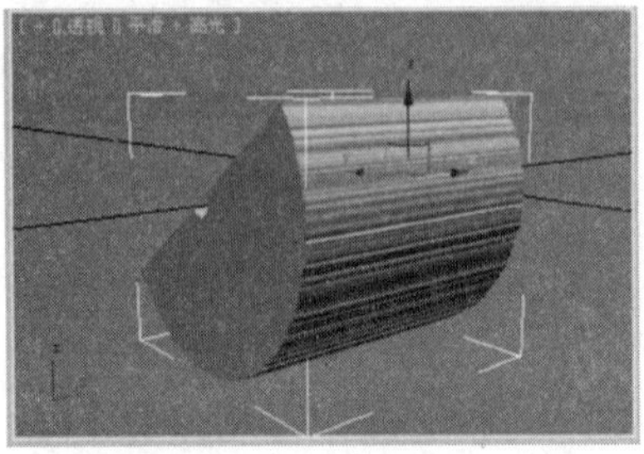

图5-387　挤出厚度

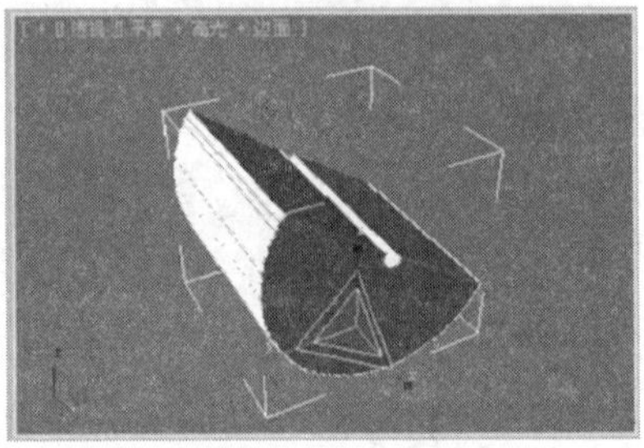

图5-388　选择面

05 单击 重复三角算法【重复三角算法】命令按钮，选择如图 5-389 所示的节点。单击 连接 命令将半圆连接成线，如图 5-390 所示。

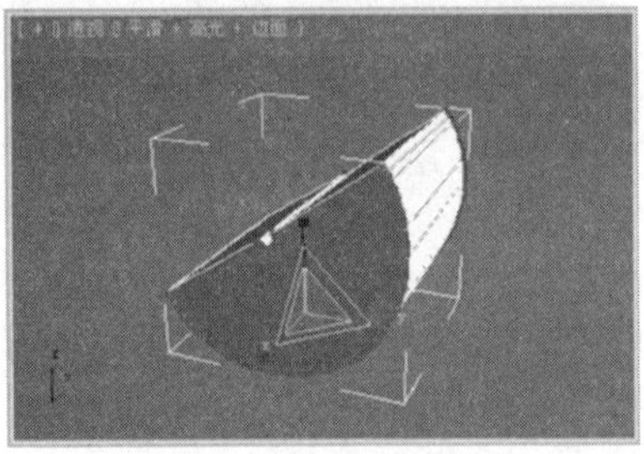

图5-389　选择节点

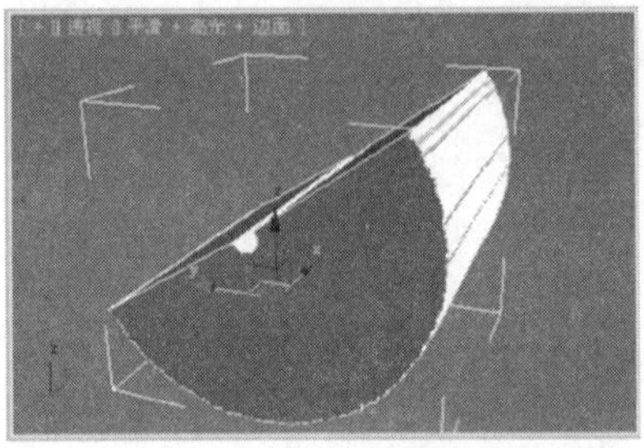

图5-390　连接线

06 进入 ◢【修改】命令面板，在 修改器列表 ▼ 中选择【噪波】命令。调整噪波参数，【比例】为 0.01；勾选【分形】；【迭代次数】为 1；【强度】选项中 Z 为 1，得到如图 5-391 所示效果。进入【创建】控制面板的【几何体】建立区域，单击 圆柱体 按钮，在左视图建立一个圆柱体，【边】数设为 50，如图 5-392 所示。

07 进入 ◢【修改】命令面板，在 修改器列表 ▼ 中选择【编辑多边形】命令。单击 ▣【多边形】子集按钮进入【多边形】子集中，选择圆柱最底下的面为红色，单击 插入 ▣ 命令，向内侧插入一个面，如图 5-393 所示。单击 挤出 □ 右侧的设置按钮，适当调整【高度】值，将面向外挤出，如图 5-394 所示。

图5-391　添加噪波效果

图5-392　绘制圆柱体

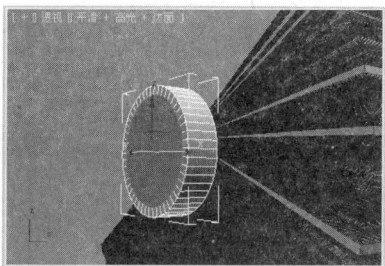

图5-393　插入面

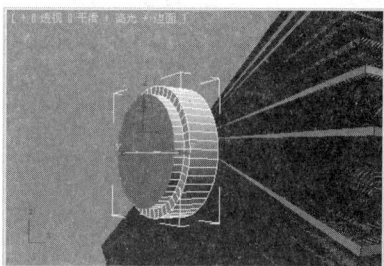

图5-394　挤出插入面

08 选择如图 5-395 所示的面，单击 倒角 □ 命令的设置按钮，倒角方式选择【按多边形】的方式，适当调整【高度】值和【轮廓量】，将面向外挤出，如图 5-396 所示。

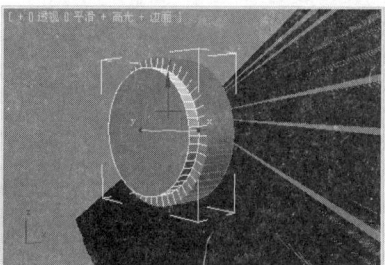

图5-395　选择面

图5-396　挤出面

09 选择如图 5-397 所示的边，单击右侧 切角 □ 的设置按钮，设置参数并适当调整【切角量】，如图 5-398 所示。

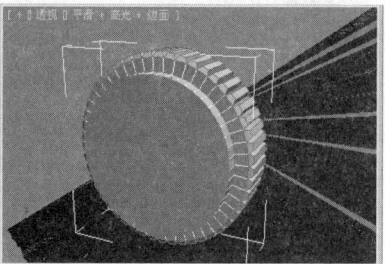

图5-397　选择边

图5-398　将边做倒边效果

10 使用【镜像】命令镜像复制出另一侧的旋钮，进入【创建】控制面板的【几何体】建立区域，单击 圆柱体 按钮，在左视图建立一个圆柱体，位置如图 5-399 所示。进入【创建】控制

面板的 ◎ 【图形】建立区域，单击 矩形 按钮，在顶视图中绘制出如图 5-400 所示的圆角矩形。

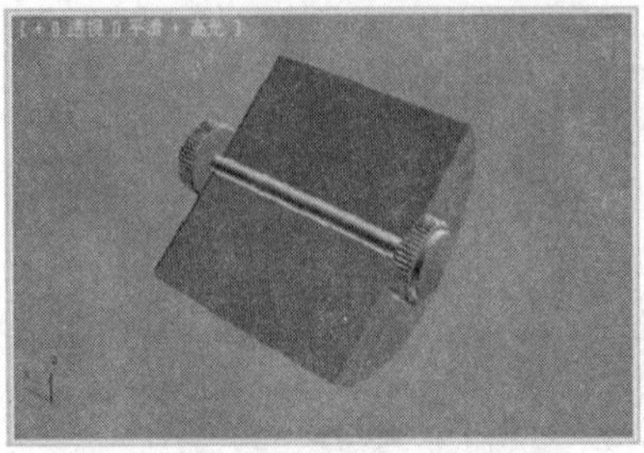

图5-399　镜像复制旋钮

图5-400　绘制圆角矩形

11 在 修改器列表 中选择【挤出】命令，挤出高度为 0.01，再复制一份如图 5-401 所示。进入【创建】控制面板的【几何体】建立区域，单击 圆环 按钮，在左视图建立一个圆环，并复制一份，位置如图 5-402 所示。

图5-401　向上挤出并复制

图5-402　绘制圆环并复制

12 进入【创建】控制面板的 ◎ 【图形】建立区域，单击 线 按钮，在左视图中绘制出支架线并复制出另一侧，如图 5-403 所示。进入 ✏ 【修改】命令面板，在 修改器列表 中选择【编辑样条线】命令。单击 附加 按钮，依次单击两条支架线，将它们结合起来。单击 ⋯ 【顶点】子集按钮进入【顶点】子集中，单击 连接 命令将两段线在底部连接。单击 圆角 按钮，单击尖角处的节点，拖动鼠标，将交汇处的尖角变为圆角，如图 5-404 所示。

13 在【渲染】卷展栏中，将【在视图中启用】命令勾选，并适当调整【厚度】，支架线会渲染出来，最终效果如图 5-405 所示。

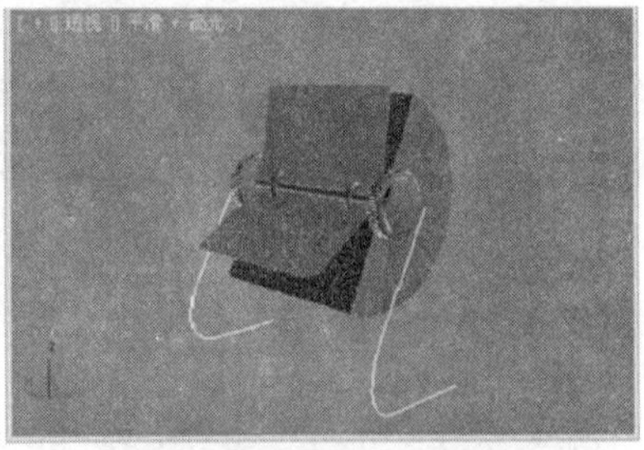

图5-403　绘制样条线

图5-404　修改样条线形状

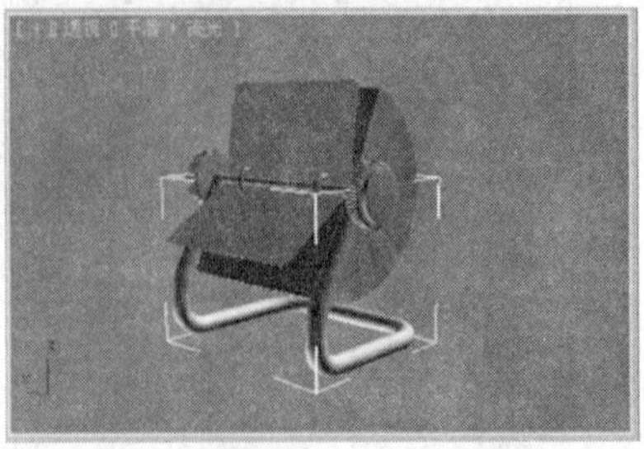

图5-405　名片夹最后效果

▶▷ **5.18   壁灯的制作**

在这一节中，将学习利用编辑多边形命令，制作壁灯模型，图 5-406 所示为壁灯的效果图。

🖋 **学习重点**

(1) 学习编辑多边形命令的使用。

(2) 学会编辑样条线的使用方法。

图5-406   最后渲染效果

🌓 实例场景：光盘\效果\第5章\壁灯 max

📝 **操作步骤**

01 运用【编辑多边形】命令制作灯座。进入【创建】控制面板的 ⬚ 【图形】建立区域，单击 ▭ **椭圆** ▭ 按钮，在左视图中绘制一个椭圆，如图 5-407 所示。进入 ⬚ 【修改】命令面板，在 **修改器列表** ▾ 中选择【挤出】命令，适当挤出一定高度，如图 5-408 所示。

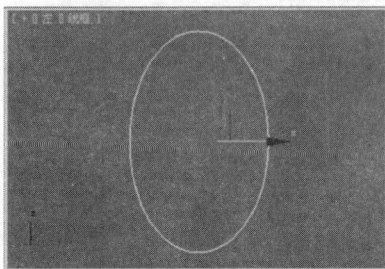

图5-407   绘制椭圆

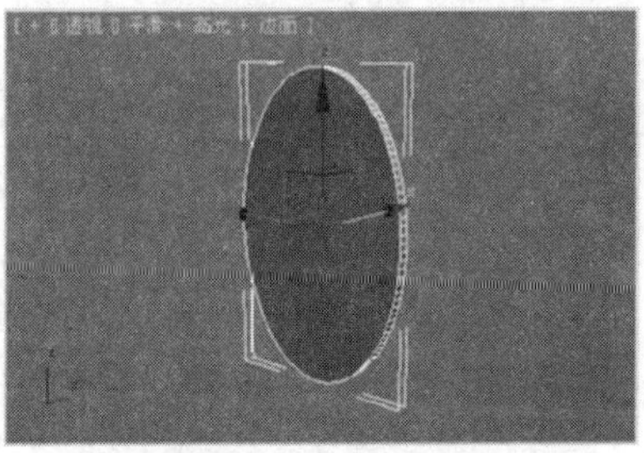

图5-408   挤出厚度

02 进入 ⬚ 【修改】命令面板，在 **修改器列表** ▾ 中选择【编辑多边形】命令，单击 ▭ 【多边形】子集按钮进入到【多边形】子集中，选中多边体上方的面为红色，单击 **挤出** ▭ 命令右侧的设置按钮，适当调整【挤出高度】值，将选中的面向上挤出一定的高度，如图 5-409 所示。保持当前状态激活左视图，使用 ⬚ 【缩放】工具将挤出的面等比例缩小至如图 5-410 所示效果。

03 重复步骤 2 多次，将多边形修改成如图 5-411 所示效果。激活左视图，进入【创建】控制面板的 ⭕ 【几何体】建立区域，单击 ▭ **圆柱体** ▭ 按钮，在左视图中绘制一个圆柱体，位置大小如图 5-412 所示。

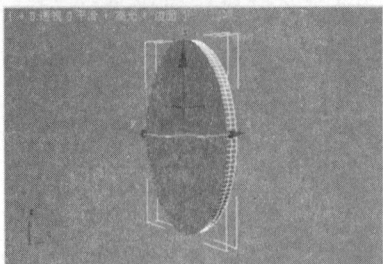

图5-409 挤出选择面

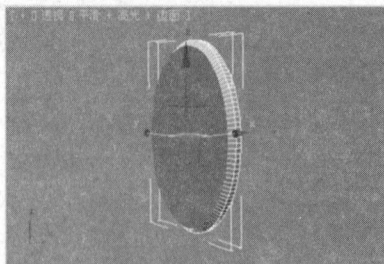

图5-410 缩小选择面

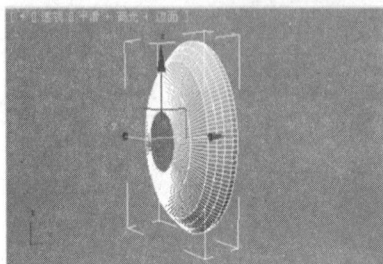

图5-411 修改多边形形状

图5-412 绘制圆柱体

04 单击 球体 按钮，在左视图中绘制一个球体，位置大小如图 5-413 所示。激活前视图，进入【创建】控制面板的 【图形】建立区域，单击 线 按钮，在前视图中绘制一条弧形线段，如图 5-414 所示。

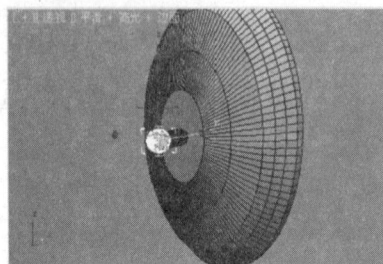

图5-413 绘制球体

图5-414 绘制样条线

05 进入 【修改】命令面板，打开【渲染】卷展栏，将【在渲染中启用】和【在视图中启用】勾选。适当调整【厚度值】，效果如图 5-415 所示。进入【创建】控制面板的 【几何体】建立区域，单击 球体 按钮，在左视图中绘制一个球体，位置大小如图 5-416 所示。

图5-415 调整厚度值

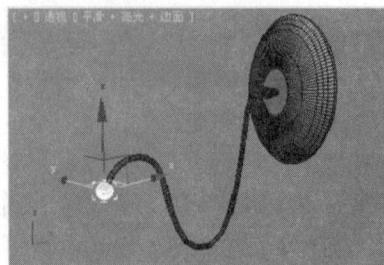

图5-416 绘制球体

06 激活顶视图，进入【创建】控制面板的 ⓠ【图形】建立区域，单击 ▭线▭ 按钮，将【开始新图形】选项勾选掉，在顶视图中绘制一个多边形，如图 5-417 所示，进入 ☑【修改】命令面板，打开【渲染】卷展栏，将【在渲染中启用】和【在视图中启用】勾选。适当调整【厚度值】，效果如图 5-418 所示。

图5-417　绘制样条线

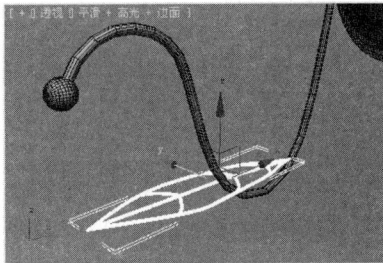

图5-418　线可渲染

07 选中叶子，使用 ✛【移动】工具在各视图中将其移动至相应位置，激活顶视图，使用 ⟳【旋转】工具，将叶子旋转到相应位置，如图 5-419 所示。激活顶视图，进入【创建】控制面板的 ⓠ【图形】建立区域，单击 ▭圆▭ 按钮，绘制一个圆形，大小位置如图 5-420 所示。

图5-419　调整叶子位置

图5-420　绘制圆形

08 在 ▭修改器列表▭ 中选择【编辑样条线】命令，单击 ⌒【样条线】子集按钮进入子集中，选择 ▭轮廓▭ 命令，适当调整其数值，如图 5-421 所示。在 ▭修改器列表▭ 中选择【编辑多边形】命令，单击 ▣【多边形】子集按钮进入到【多边形】子集中，选中圆形上方的面为红色，单击 ▭挤出▭ ▫ 命令右侧的设置按钮，适当调整【挤出高度】值，将选中的面向上挤出一定的高度，如图 5-422 所示。

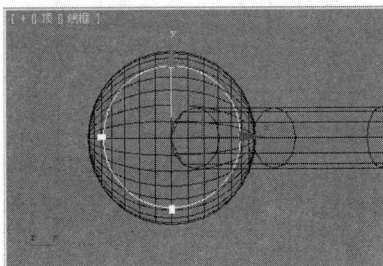

图5-421　建立轮廓

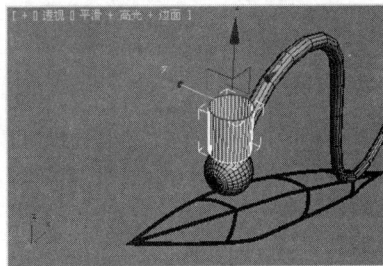

图5-422　挤出选择面

09 保持当前状态激活顶视图，使用 ▦【缩放】工具将挤出的面等比例放大至如图 5-423 所示效果。再次单击 ▭挤出▭ ▫ 命令右侧的设置按钮，适当调整【挤出高度】值，将选中的面向上挤出一定的高度，如图 5-424 所示。

图5-423 放大选择面

图5-424 挤出选择面

10 保持当前状态激活顶视图，使用 ⊡【缩放】工具将挤出的面等比例放大至如图 5-425 所示效果。重复步骤 11，将多边形绘制成如图 5-426 所示效果。

图5-425 继续放大挤出面

图5-426 挤出面并继续放大

11 激活顶视图，进入【创建】控制面板的 ◎【几何体】建立区域，单击 **圆柱体** 按钮，在左视图中绘制一个圆柱体，位置大小如图 5-427 所示。进入【创建】控制面板的 ◎【几何体】建立区域，单击 **圆锥体** 按钮，在顶视图中绘制一个圆锥体，位置大小如图 5-428 所示。

图5-427 绘制圆柱体

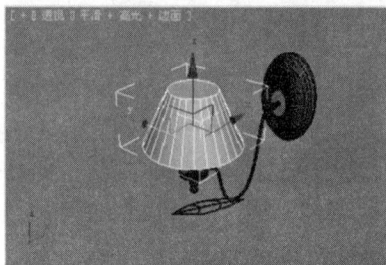

图5-428 绘制圆锥体

▶ 5.19 地灯的制作

在这一节中，将学习利用编辑多边形命令结合车削命令，制作地灯模型，图 5-429 所示为地灯的效果图。

📖**学习重点**

(1) 学习编辑多边形命令的使用。

(2) 学会车削命令的使用方法。

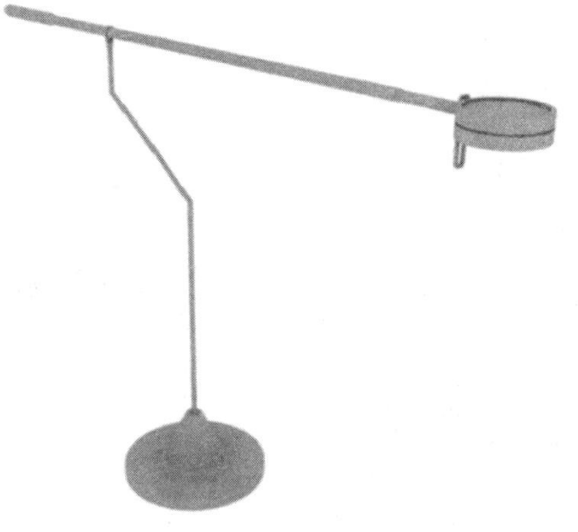

图5-429 最后渲染效果

⊙ 实例场景: 光盘\效果\第5章\地灯 max

✍ **操作步骤**

01 运用【编辑多边形】命令制作灯座。进入【创建】控制面板的 ◎【几何体】建立区域,单击 图柱体 按钮,在顶视图中绘制一个圆柱体,设置【端面分段】为2,如图5-430所示。进入 ✐【修改】命令面板,在 修改器列表 ▾ 中选择【编辑多边形】命令,单击 ▣【多边形】子集按钮进入到子集中,将长方体中间的顶端区域选中,如图5-431所示。

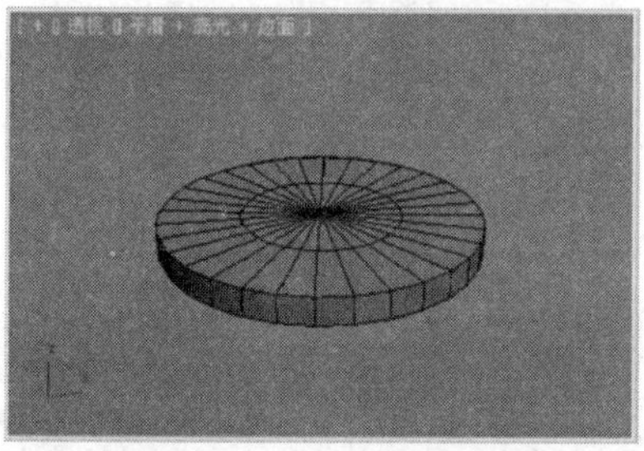

图5-430 绘制圆柱体

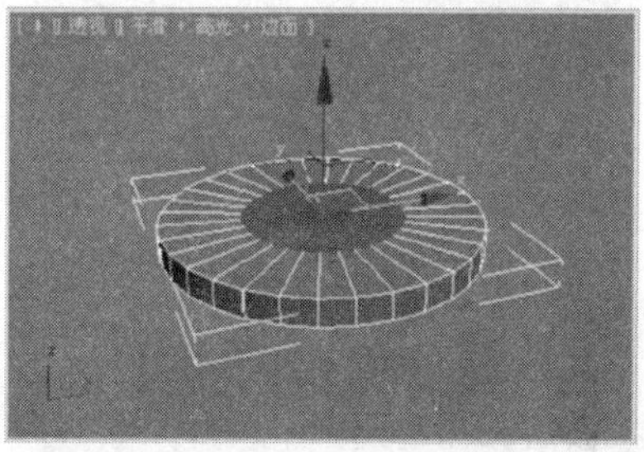

图5-431 选择面

02 保持当前选择状态,单击 挤出 □ 命令右侧的设置按钮,适当调整【挤出高度】值,将选中的面向上挤出一定的高度,如图5-432所示。保持当前面继续为选中状态,继续单击 轮廓 □ 命令右侧的设置按纽,适当调整【轮廓量】值,效果如图5-433所示。

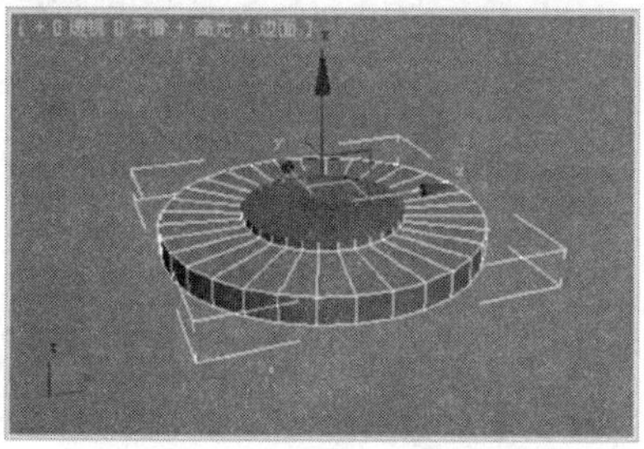

图5-432 挤出高度

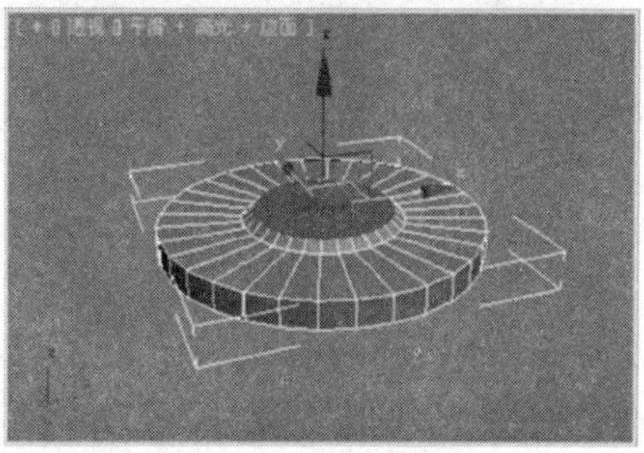

图5-433 调整轮廓

03 单击 挤出 □ 命令右侧的设置按钮，适当调整【挤出高度】值，将选中的面向上挤出一定的高度，如图 5-434 所示。保持当前的面继续为选中状态，继续单击 轮廓 □ 命令右侧的设置按钮，适当调整【轮廓量】值，效果如图 5-435 所示。

图5-434　挤出高度

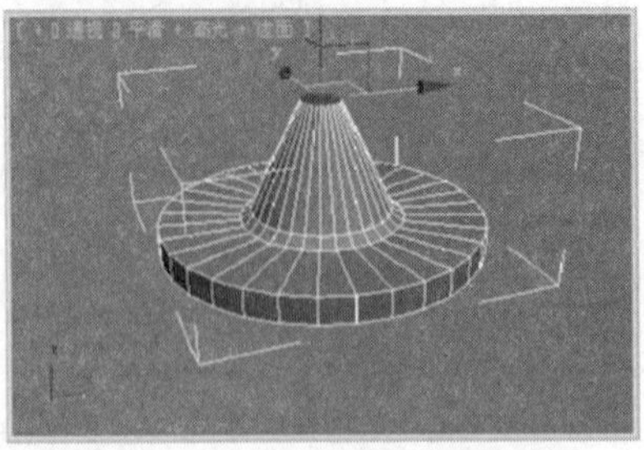

图5-435　调整轮廓

04 进入【创建】控制面板的 □【图形】建立区域，单击 线 按钮，在左视图中绘制一条线段，如图 5-436 所示。将线调为可渲染，进入 □【修改】命令面板，打开【渲染】卷展栏，勾选【在渲染中启用】选项，勾选【在视图中启用】选项，加大【厚度值】参数，如图 5-437 所示。

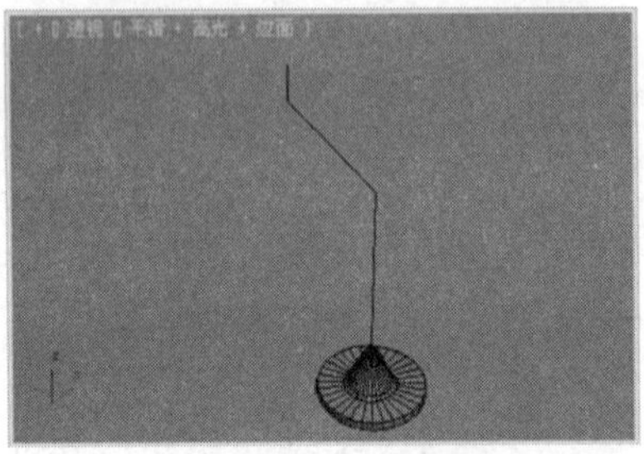

图5-436　绘制样条线

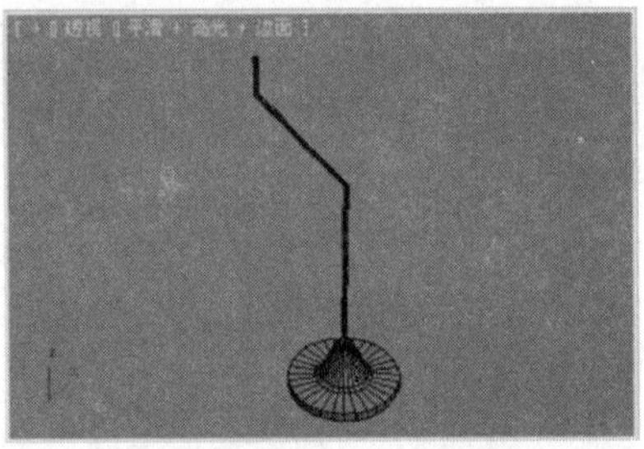

图5-437　线可渲染

05 进入【创建】控制面板的 □【几何体】建立区域，单击 圆柱体 按钮，在顶视图中绘制一个圆柱体，如图 5-438 所示。激活前视图，进入【创建】控制面板的 □【图形】建立区域，单击 线 按钮，在左视图中绘制一条线段，如图 5-439 所示。

图5-438　绘制圆柱体

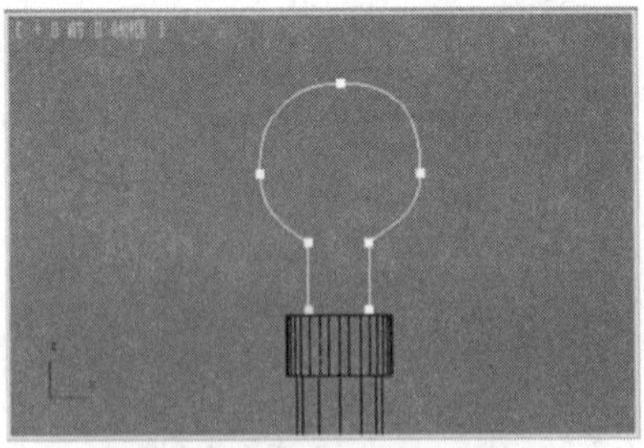

图5-439　绘制样条线

06 进入 □【修改】命令面板，单击 □【样条线】子集按钮进入到子集中，点开下面【几何体】卷帘，适当调整 轮廓 [0.0mm] 值，如图 5-440 所示。进入 □【修改】命令面板，在 修改器列表 ▼ 中选择【挤出】命令，如图 5-441 所示。

三维制作大师

图5-440　建立轮廓

图5-441　挤出厚度

07 进入【创建】控制面板的 ⊙【几何体】建立区域，单击 圆柱体 按钮，在左视图中绘制一个圆柱体，设置【边数】分段为6，如图5-442所示。进入 ✎【修改】命令面板，在 修改器列表 中选择【编辑多边形】命令，单击 ▣【多边形】子集按钮进入到子集中，将长方体中间的顶端区域选中，得到如图5-443所示效果。

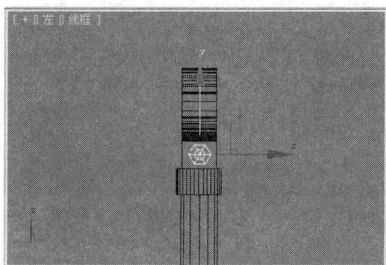

图5-442　绘制圆柱体

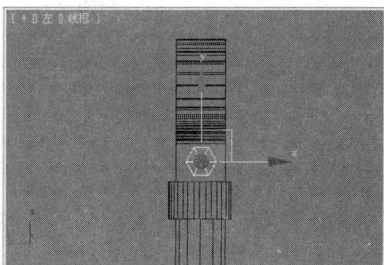

图5-443　选择面

08 单击 挤出 □命令右侧的设置按纽，适当调整【挤出高度】值，将选中面向内挤出一定的高度，效果如图5-444所示。进入【创建】控制面板的 ⊙【几何体】建立区域，单击 圆柱体 按钮，在左视图中绘制一个圆柱体，如图5-445所示。

图5-444　挤入选择面

图5-445　绘制圆柱体

09 激活前视图，选择之前所建立的六角多边形，在前视图使用 ✥【移动】工具，按住键盘Shift键沿X轴向右移动到适当位置复制圆柱体，效果如图5-446所示。进入【创建】控制面板的 ⊙【几何体】建立区域，单击 圆柱体 按钮，在前视图中绘制一个圆柱体，设置【边数】分段为32，如图5-447所示。

10 进入 ✎【修改】命令面板，在 修改器列表 中选择【编辑多边形】命令，单击 ▣【多边形】子集按钮进入到子集中，将圆柱体中间的顶端区域选中，如图5-448所示。单击 倒角 □命令右侧的设置按纽，适当调整【高度】、【轮廓量】值，制作倒角效果，如图5-449所示。

三维制作大师

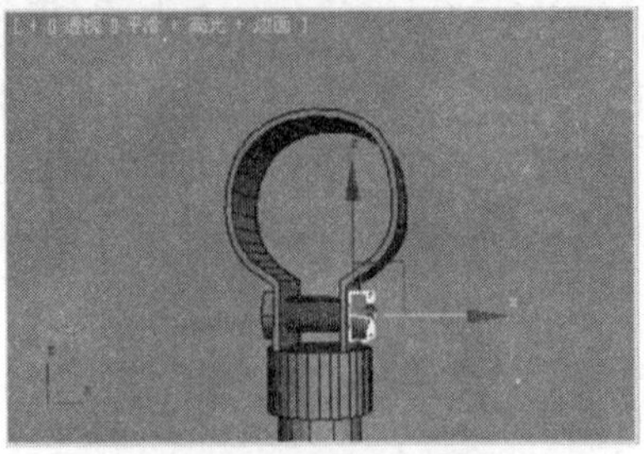

图5-446 复制对象

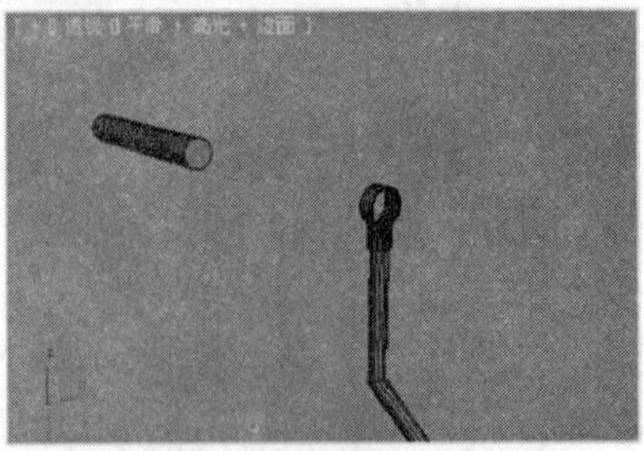

图5-447 绘制圆柱体

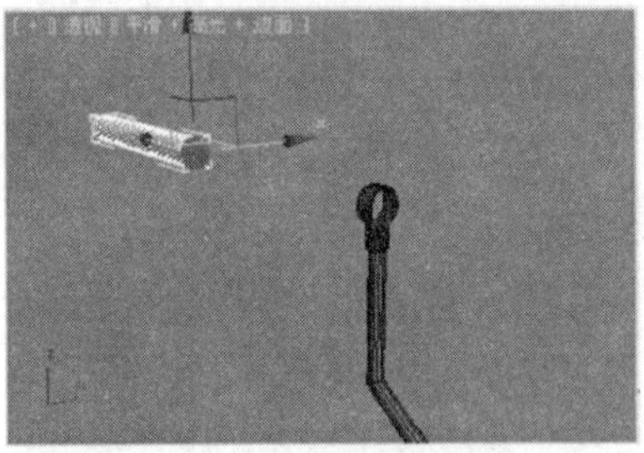

图5-448 选择面

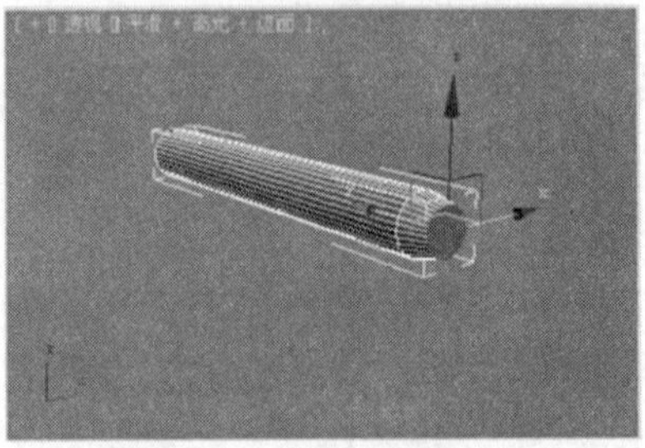

图5-449 挤出选择面并倒角

11 保持当前选中面，单击 挤出 □ 命令右侧的设置按纽，适当调整【挤出高度】值，将选中面向前挤出一定的高度，如图5-450所示。保持当前选中面，单击 倒角 □ 命令右侧的设置按纽，适当调整【高度】、【轮廓量】值，制作倒角效果，如图5-451所示。

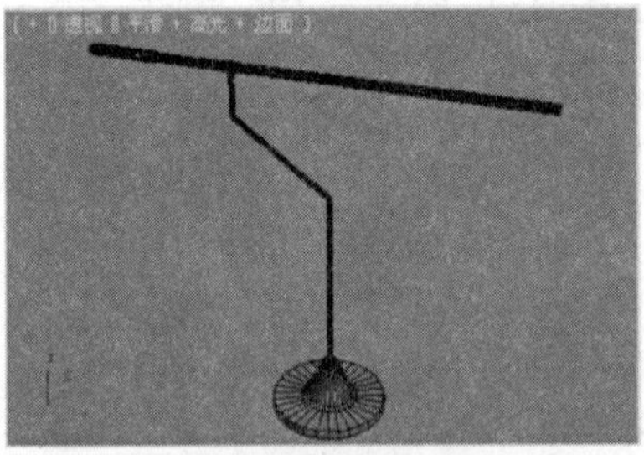

图5-450 挤出选择面

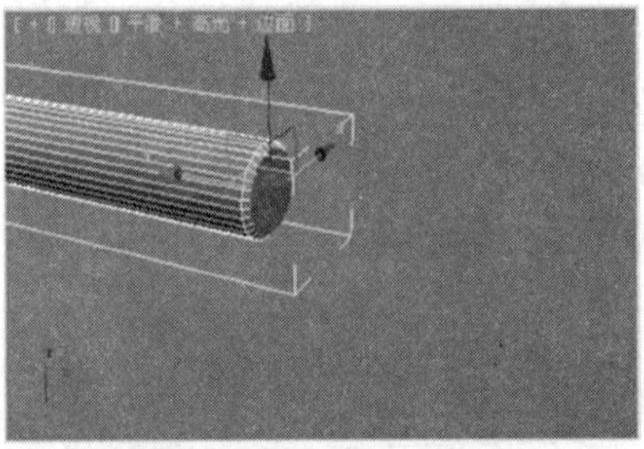

图5-451 挤出选择面并倒角

12 保持当前选中面，单击 挤出 □ 命令右侧的设置按纽，适当调整【挤出高度】值，将选中面向前挤出一定的高度，如图5-452所示。进入【创建】控制面板的 ⊙ 【图形】建立区域，单击 矩形 按钮，在前视图中绘制一个矩形，宽窄比圆柱体直径稍大，适当设置【角半径】数值，如图5-453所示。

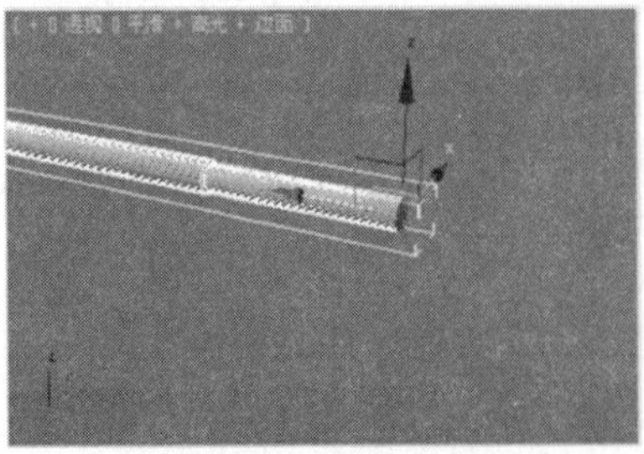

图5-452 挤出选择面

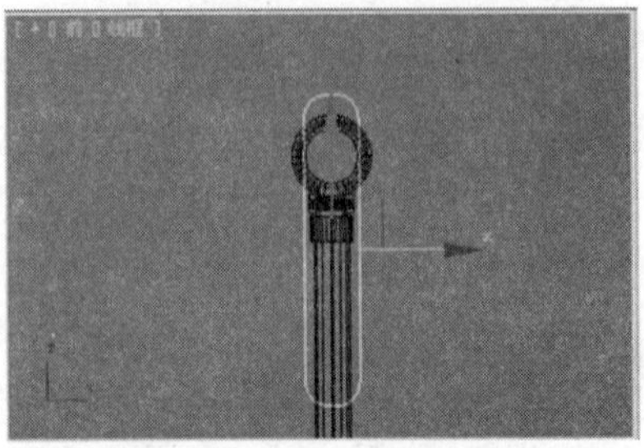

图5-453 绘制圆角矩形

13 单击 矩形 按钮，在前视图中绘制一个小矩形，如图 5-454 所示。进入【创建】控制面板的 【图形】建立区域，单击 圆 按钮，在前视图中绘制一个圆形，大小比圆柱体直径稍大，如图 5-455 所示。

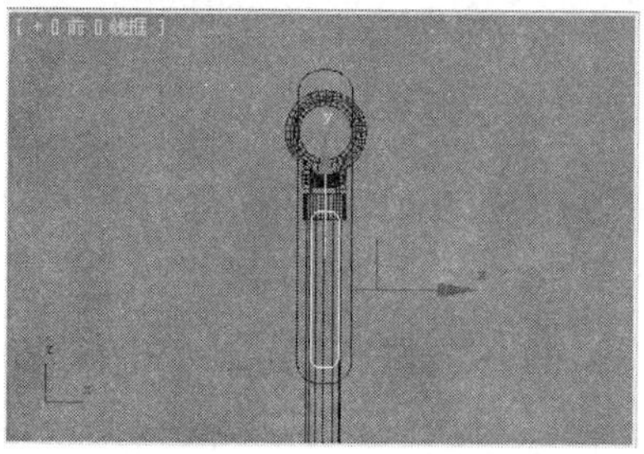

图5-454 绘制圆角矩形

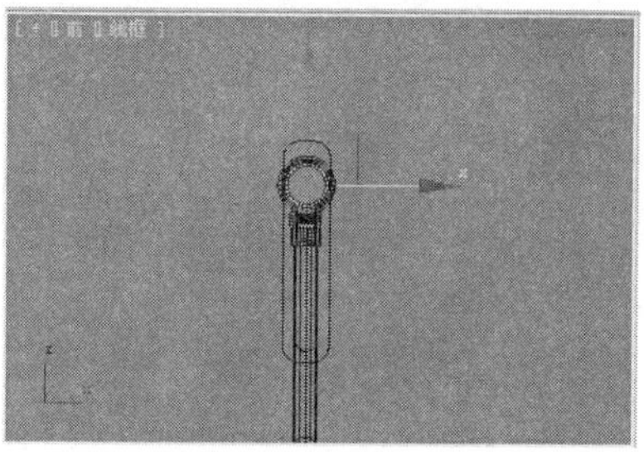

图5-455 绘制圆形

14 进入 【修改】命令面板，在 修改器列表 中选择【编辑样条线】命令，打开【几何体】子集，在子集中选择【附加】命令，将两个矩形组合为一个整体，如图 5-456 所示。在 修改器列表 中选择【挤出】命令，适当挤出一定数值，如图 5-457 所示。

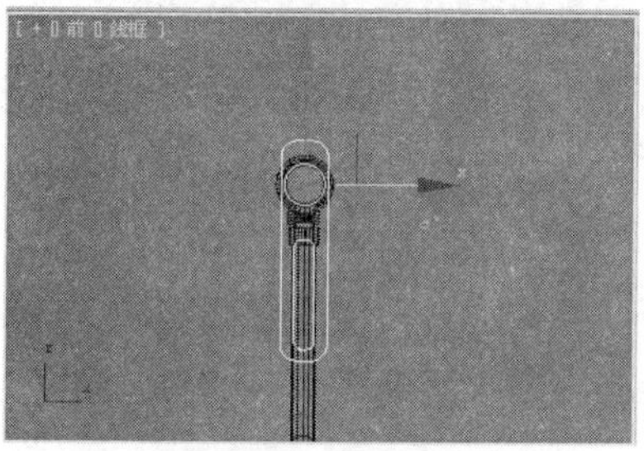

图5-456 将图形结合

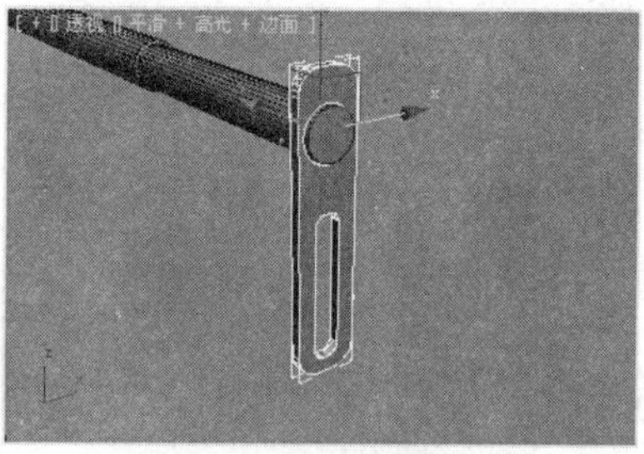

图5-457 挤出厚度

15 进入【创建】控制面板的 【几何体】建立区域，单击 管状体 按钮，在顶视图中绘制一个管状体，设置【高度分段】数值为3，【边数】分段为32，如图 5-458 所示。进入 【修改】命令面板，在 修改器列表 中选择【编辑多边形】命令，单击 【边】按钮进入到多边形子集中，选中管状体中间的横向线段，使用 【移动】工具将线段调整到适当位置，如图 5-459 所示。

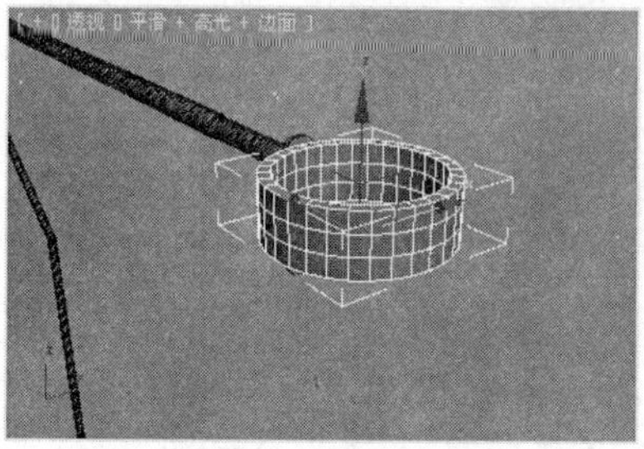

图5-458 绘制管状体

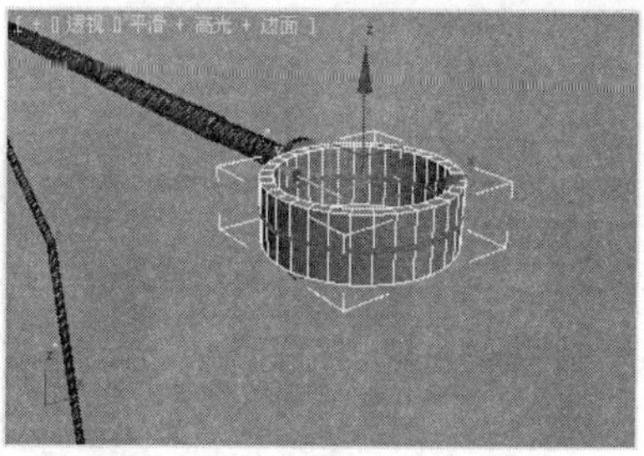

图5-459 调整线段位置

16 单击 【多边形】子集按钮进入到【多边形】子集中，选中管状体中间的细边面为红色，如图 5-460 所示。单击 倒角 命令右侧的设置按钮，选择【倒角类型】为【按多边形】方式，适当调整【高度】值为负值，如图 5-461 所示。

图5-460 选择面

图5-461 挤入选择面

17 进入【创建】控制面板的 ⊙【几何体】建立区域，单击 图柱体 按钮，在顶视图中绘制一个圆柱体，如图 5-462 所示。再次使用此方法，新建圆柱体，移动到灯筒顶部，得到如图 5-463 所示的最终效果。

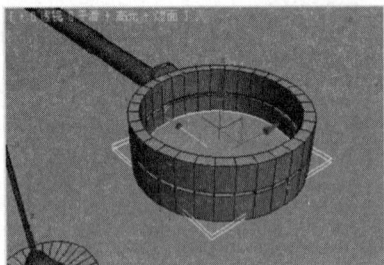

图5-462 绘制圆柱体

图5-463 绘制圆柱体

▶ 5.20 地球仪的制作

在这一节中，将学习利用编辑多边形命令结合挤出命令，制作地球仪模型，图 5-464 所示为地球仪的效果图。

学习重点

(1) 学习编辑多边形命令的使用。

(2) 学习挤出命令的使用。

图5-464 最后渲染效果

实例场景: 光盘\效果\第5章\地球仪 max

操作步骤

01 激活顶视图, 进入【创建】控制面板的 ◯【几何体】建立区域, 单击 **圆柱体** 按钮, 在顶视图中绘制一个圆柱体, 大小位置如图5-465所示。进入 ◢【修改】命令面板, 在 修改器列表 中选择【编辑多边形】命令, 单击 ▣【多边形】子集按钮进入到【多边形】子集中, 选中多边形上方的一个面为红色, 单击 **挤出** ▢ 命令右侧的设置按钮, 适当调整【挤出高度】值, 将选中面向上挤出一定的高度, 如图5-466所示。

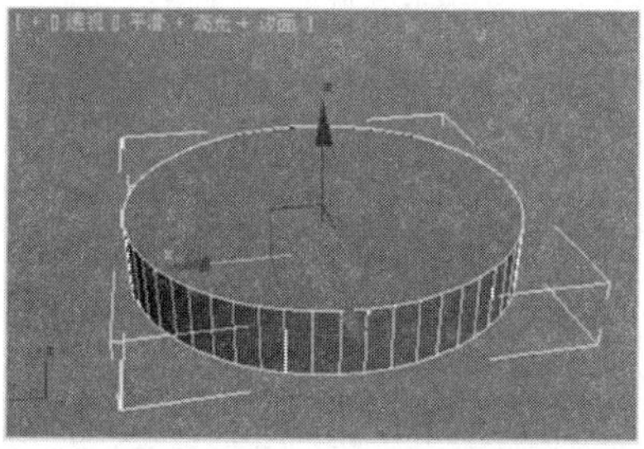

图5-465 绘制圆柱体

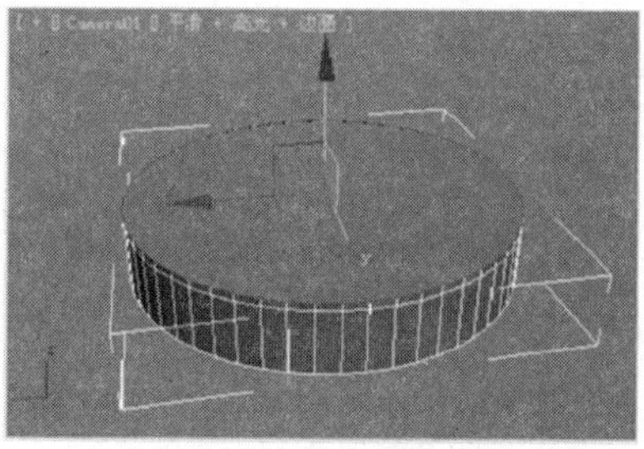

图5-466 挤出选择面

02 激活顶视图, 使用 ▣【缩放】工具将挤出的面等比例缩小至如图5-467所示效果。单击 **挤出** ▢ 命令右侧的设置按钮, 适当调整【挤出高度】值, 将选中面向上挤出一定的高度, 如图5-468所示。

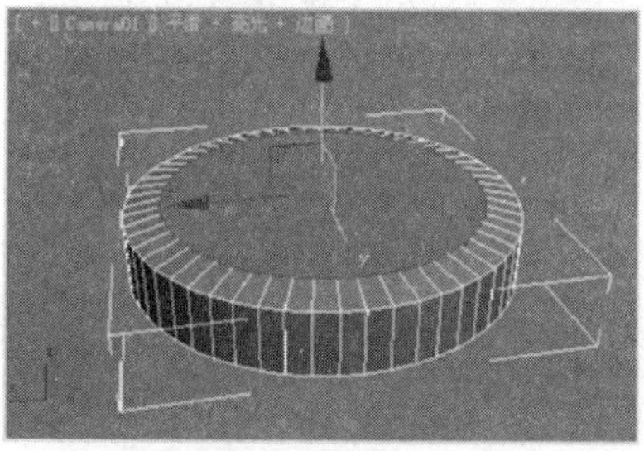

图5-467 缩小选择面

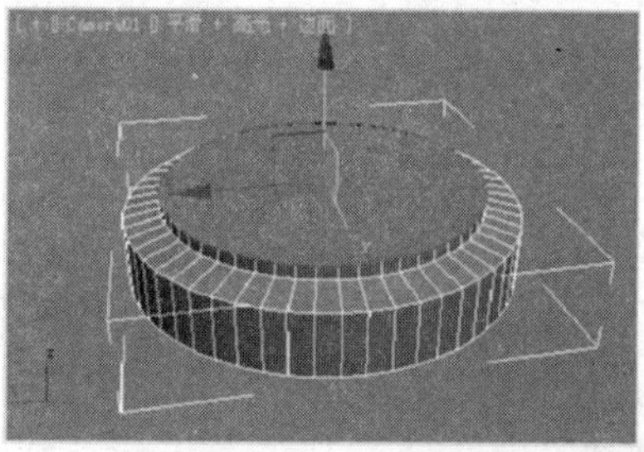

图5-468 挤出选择面

03 激活顶视图, 使用 ▣【缩放】工具将挤出的面等比例缩小至如图5-469所示效果。单击 **挤出** ▢ 命令右侧的设置按钮, 适当调整【挤出高度】值, 将选中面向上挤出一定的高度, 如图5-470所示。

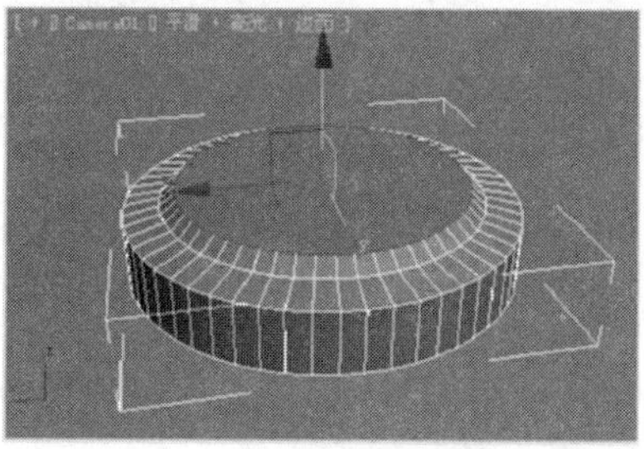

图5-469 缩小选择面

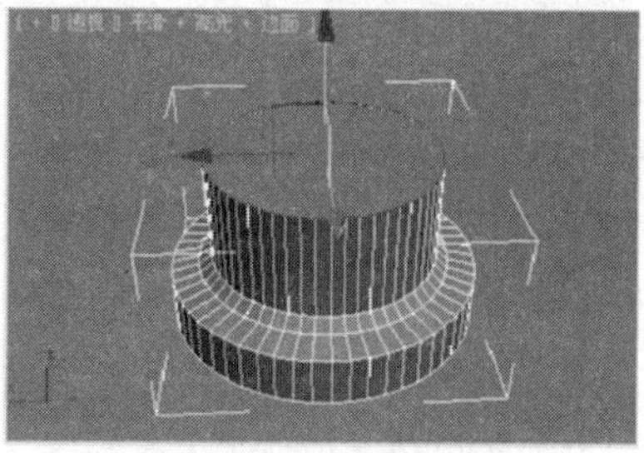

图5-470 挤出选择面

04 激活顶视图，使用 ⊡【缩放】工具将挤出的面等比例缩小至如图 5-471 所示效果。单击 挤出 ⊡ 命令右侧的设置按钮，适当调整【挤出高度】值，将选中面向上挤出一定的高度，如图 5-472 所示。

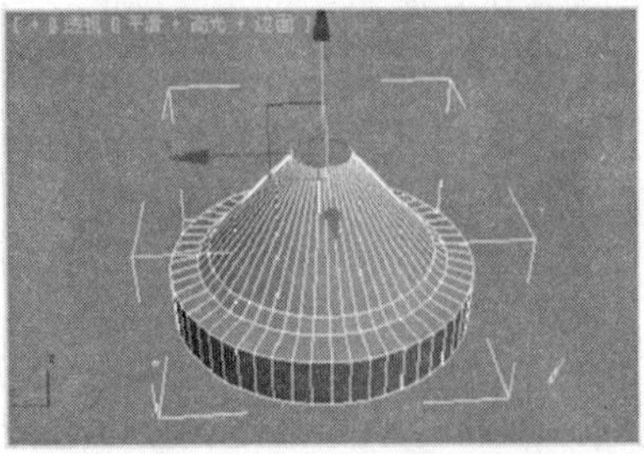

图5-471　缩小选择面 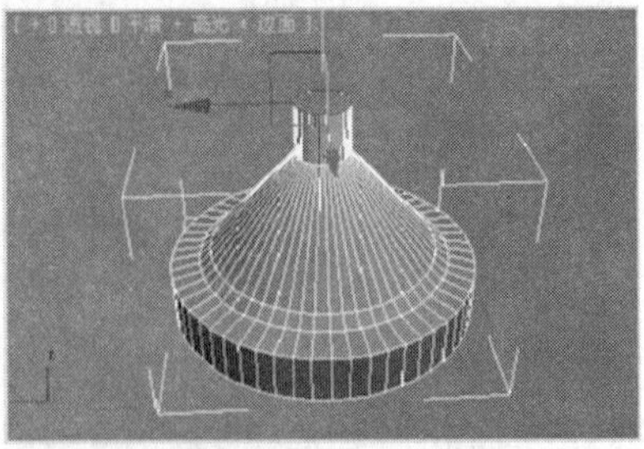　　　　　　　　　　　图5-472　挤出选择面

05 激活顶视图，使用 ⊡【缩放】工具将挤出的面等比例缩小至如图 5-473 所示效果。激活前视图，进入【创建】控制面板的 ⊙【几何体】建立区域，单击 ▢ 按钮，在前视图中绘制一个圆形，大小位置如图 5-474 所示。

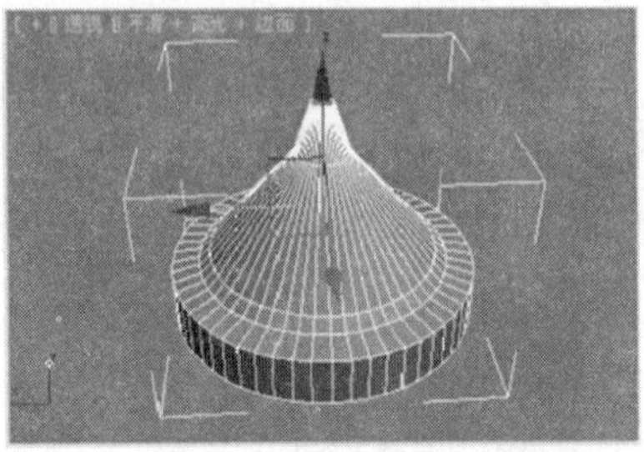

图5-473　缩小选择面 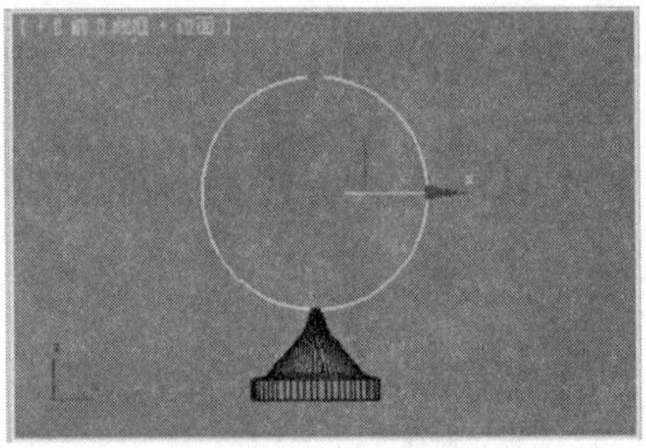　　　　　　　　　　　图5-474　绘制圆形

06 进入 ⊿【修改】命令面板，在 修改器列表 ⌄ 中选择【编辑样条线】命令，单击 ⁄【分段】子集按钮进入到分段子集中，选中相邻两条线段删除掉，如图 5-475 所示。单击 ⌄【样条线】子集按钮进入到样条线子集中，选中整条线，单击 轮廓 按钮，适当调整轮廓数值，得到如图 5-476 所示效果。

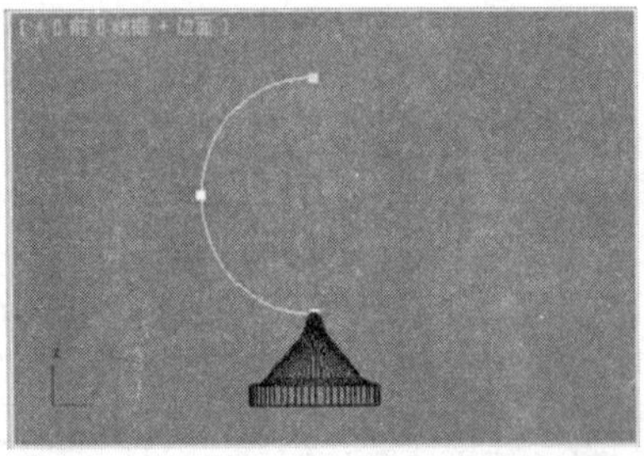

图5-475　修改样条线 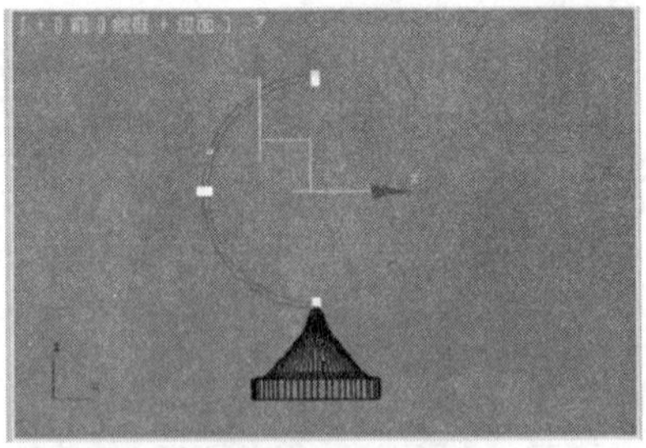　　　　　　　　　　　图5-476　建立轮廓

07 进入 ⊿【修改】命令面板，在 修改器列表 ⌄ 中选择【挤出】命令，挤出适当高度，如图 5-477 所示。使用 ✛【移动】工具并按住键盘 Shift 键，将多边形复制一份，激活前视图，使用 ⊡【缩放】工具将复制物体等比例放大至如图 5-478 所示效果。

图5-477 挤出厚度

图5-478 复制对象并放大

08 适当调整挤出数值，比原有多边形略宽，如图 5-479 所示。选中两个多边形，激活前视图，使用旋转工具，使其旋转到相应位置，效果如图 5-480 所示。

图5-479 调整厚度

图5-480 旋转角度

09 激活前视图，进入【创建】控制面板的 【几何体】建立区域，单击 球体 按钮，在顶视图中绘制一个圆柱体，大小位置如图 5-481 所示。激活顶视图，进入【创建】控制面板的 【几何体】建立区域，单击 圆柱体 按钮，在顶视图中绘制一个圆柱体，大小位置如图 5-482 所示。

10 激活前视图，使用旋转工具，将圆柱体旋转至图 5-483 所示位置，地球仪模型制作完成。

图5-481 绘制球体

图5-482 绘制圆柱体

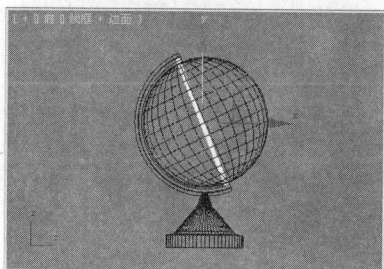

图5-483 完整地球仪模型

▶▶ 5.21 简约沙发的制作

在这一节中，将学习利用编辑多边形命令结合挤出命令，制作简约沙发模型，图 5-484 所示为简约沙发的效果图。

学习重点

(1) 学习编辑多边形命令的使用。

(2) 学会挤出、编辑样条线的使用方法。

图5-484　最后渲染效果

实例场景：光盘\效果\第5章\简约沙发.max

操作步骤

(1) 沙发支架的制作

01 进入【创建】控制面板的 ⬡【几何体】建立区域，单击 长方体 按钮，在顶视图中绘制一个长方体，如图 5-485 所示。进入 ▱【修改】命令面板，在 修改器列表 中选择【编辑多边形】命令，激活前视图，单击 ▱【边】子集按钮进入到子集中，将长方体两侧线段选择为红色，如图 5-486 所示。

三维制作大师

图5-485　绘制长方体

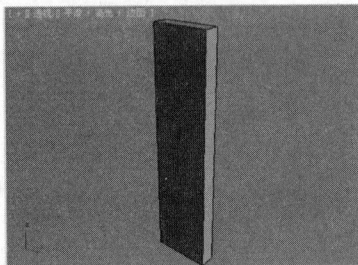

图5-486　选择线段

02 单击 连接 旁边的命令按钮，加入两条线段，适当设置【收缩】和【滑块】数值，单击【应用】按钮，得到如图 5-487 所示效果。保持当前选择状态，再加入一条纵向的线段，再次调整【收缩】和【滑块】数值，得到如图 5-488 所示效果。

03 单击 ▣【多边形】子集按钮进入到【多边形】子集中，选中长方体中间面为红色，如图 5-489 所示，单击 挤出 命令右侧的设置按钮，适当调整【挤出高度】值，将选中面向前挤出一定的高度，单击【确定】按钮，得到如图 5-490 所示效果。

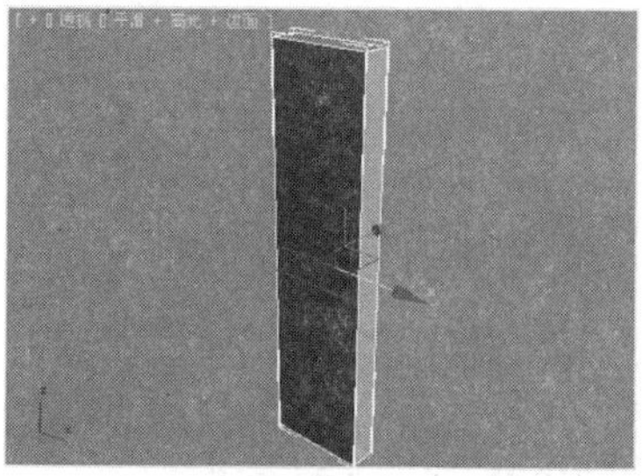

图5-487 添加线段

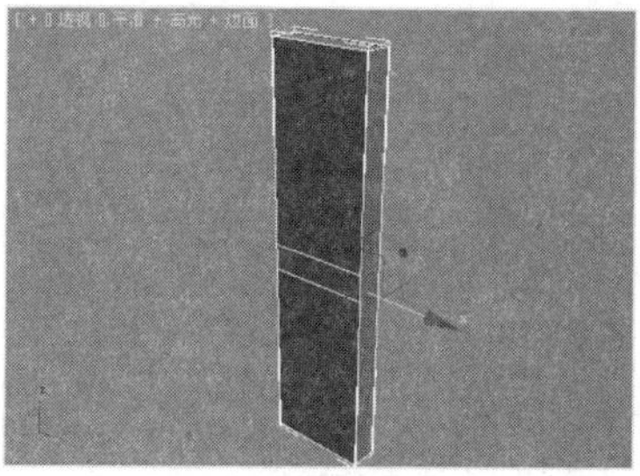

图5-488 添加线段

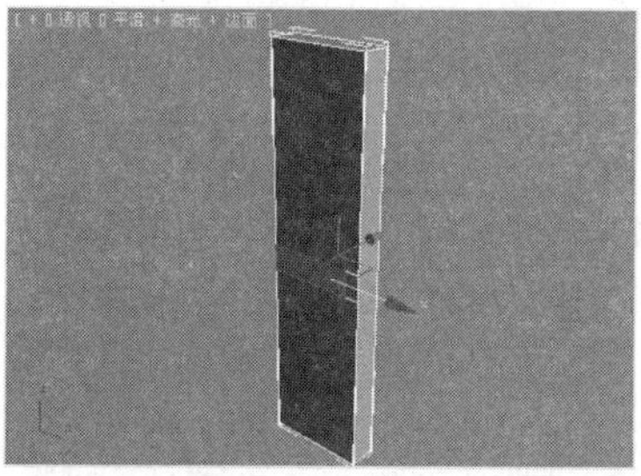

图5-489 选择面

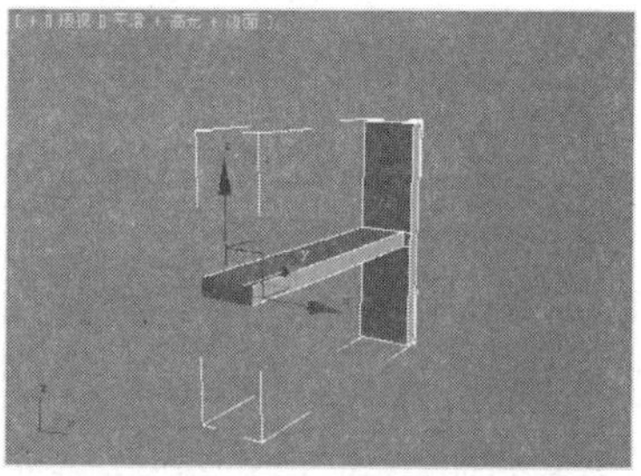

图5-490 挤出选择面

04 单击 ☑【边】子集按钮进入到子集中，选择新挤出长方体下方两侧线段选择为红色，如图 5-491 所示。单击 连接 旁边命令按钮，添加一条线段，得到如图 5-492 所示效果。

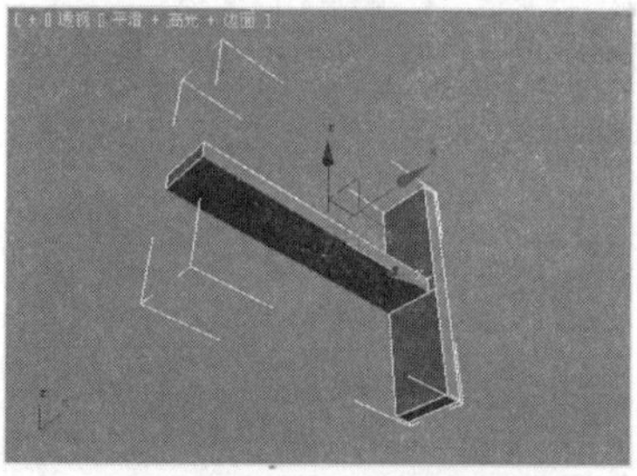

图5-491 选择线段

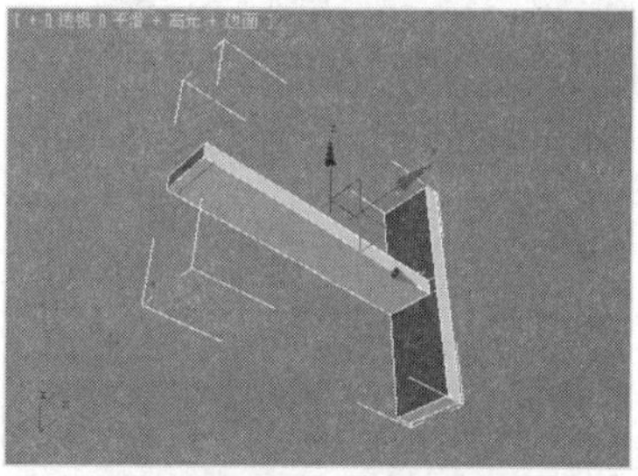

图5-492 添加线段

05 单击 ▣【多边形】子集按钮进入到【多边形】子集中，选中长方体下方端面为红色，如图 5-493 所示。单击 挤出 命令右侧的设置按钮，适当调整【挤出高度】值，将选中面向下挤出，高度与原长方体高度相同，得到如图 5-494 所示效果。

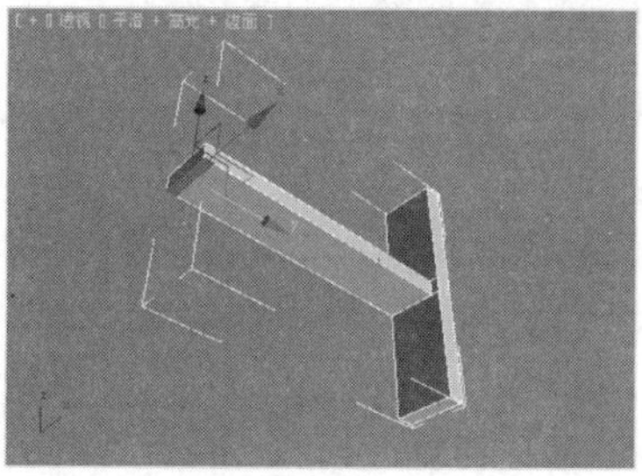

图5-493 选择面

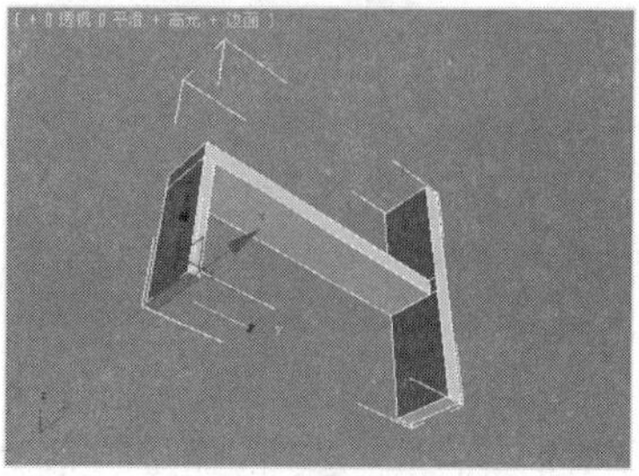

图5-494 挤出选择面

06 单击▣【多边形】子集按钮进入到【多边形】子集中，选中原有长方体顶端小面为红色，如图 5-495 所示，单击 挤出 ▢ 命令右侧的设置按钮，适当调整【挤出高度】值，将选中面向上挤出一点高度，单击【确定】按钮，得到如图 5-496 所示效果。

图5-495　选择面　　　　　　　　　图5-496　挤出选择面

07 单击▣【多边形】子集按钮进入到【多边形】子集中，选中挤出长方体前端小面为红色，如图 5-497 所示，单击 挤出 ▢ 命令右侧的设置按钮，适当调整【挤出高度】值，将选中面向前挤出一点高度，单击【确定】按钮，得到如图 5-498 所示效果。

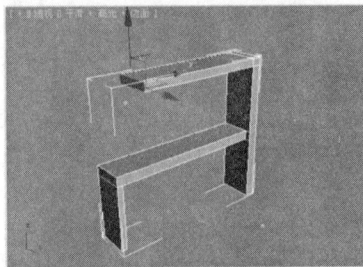

图5-497　选择面　　　　　　　　　图5-498　挤出选择面

08 复制该对象一份，如图 5-499 所示。保持当前选择状态，选择▣【镜像】工具，点选沿 X 轴【镜像】，将复制长方体沿 X 轴翻转，如图 5-500 所示，制作出扶手。

图5-499　复制扶手　　　　　　　　图5-500　镜像扶手

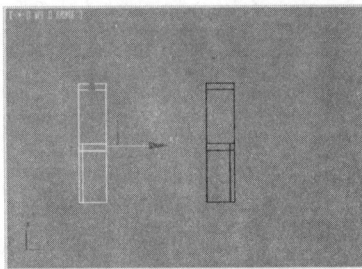

三
维
制
作
大
师

（2）沙发座垫的制作

09 进入【创建】控制面板的▣【图形】建立区域，激活左视图，单击 线 按钮，在左视图中绘制一条样条线，位置大小如图 5-501 所示。进入▣【修改】命令面板，单击▣【顶点】子集按钮进入到子集中，在左视图中选中右侧顶点，如图 5-502 所示。

10 在顶点子集中选择 圆角 命令，适当调整圆角数值，将尖角变圆角，如图 5-503 所示。进入▣【修改】命令面板，在 修改器列表 中，选择【挤出】命令。适当调整挤出数值，效果如图 5-504 所示。

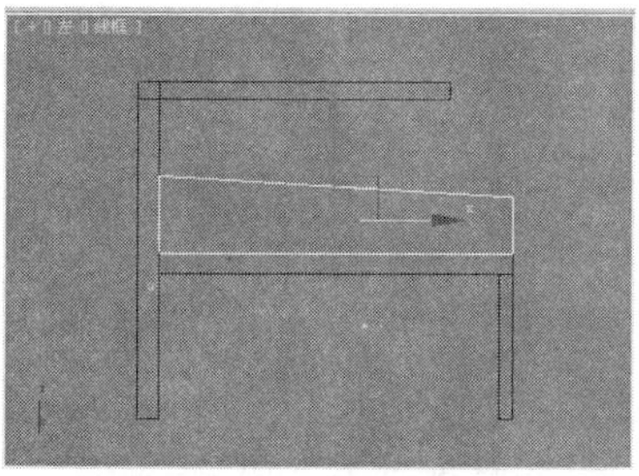

图5-501 绘制样条线

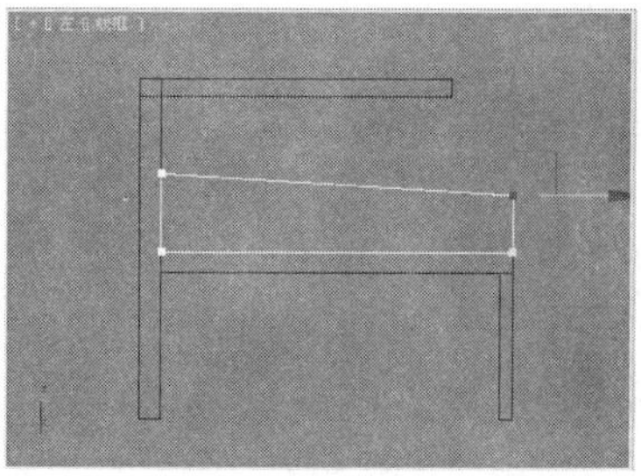

图5-502 选择节点

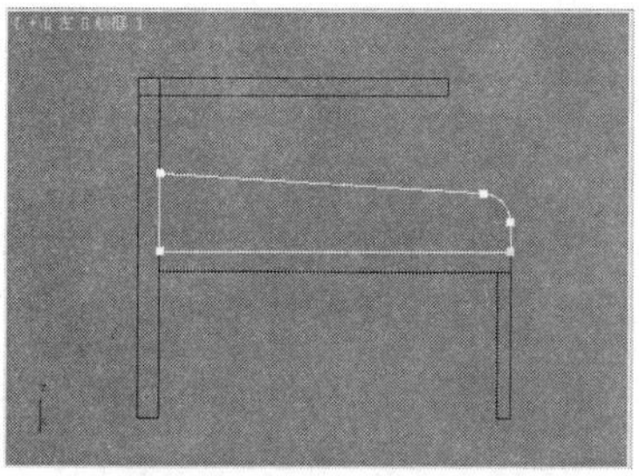

图5-503 改变节点类型

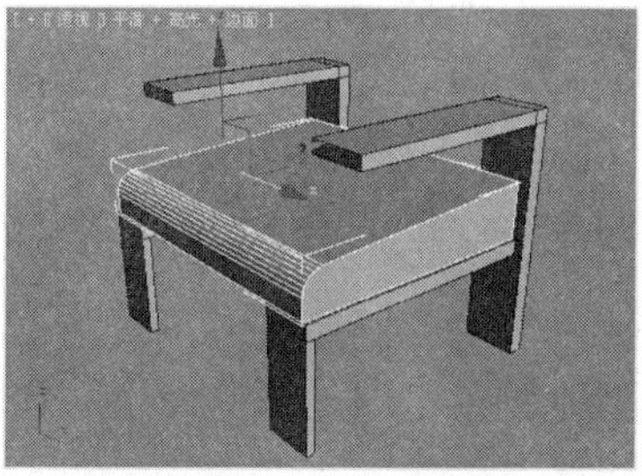

图5-504 挤出厚度

11 进入 ✏【修改】命令面板，在 修改器列表 ▾ 中选择【编辑多边形】命令，激活前视图，单击 ■【多边形】子集按钮进入到【多边形】子集中，选中多边形右侧面为红色，如图 5-505 所示，单击 倒角 ▫ 命令右侧的设置按纽，适当调整【高度】值，【轮廓量】值，将面继续向上挤出并做出倒角效果，如图 5-506 所示。

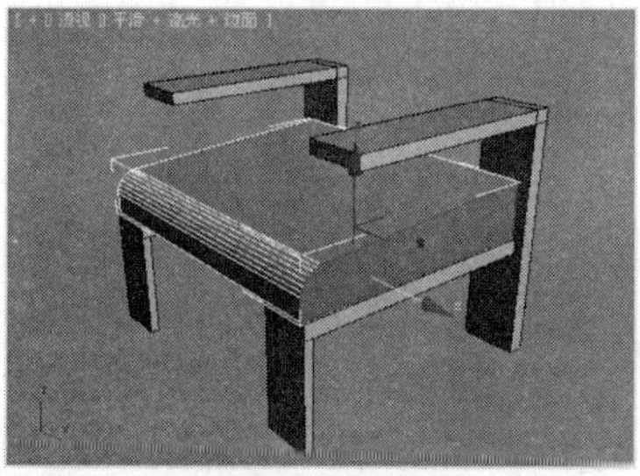

图5-505 选择面

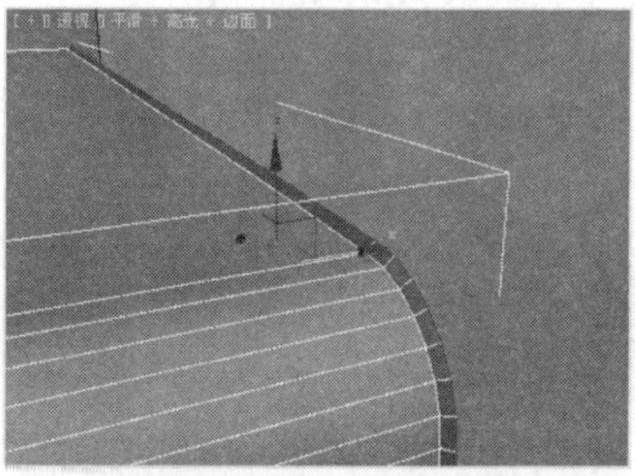

图5-506 制作倒角效果

12 保持选择当前面，继续添加倒角效果，如图 5-507 所示。继续以上的操作，制作出沙发座垫边角，如图 5-508 所示。

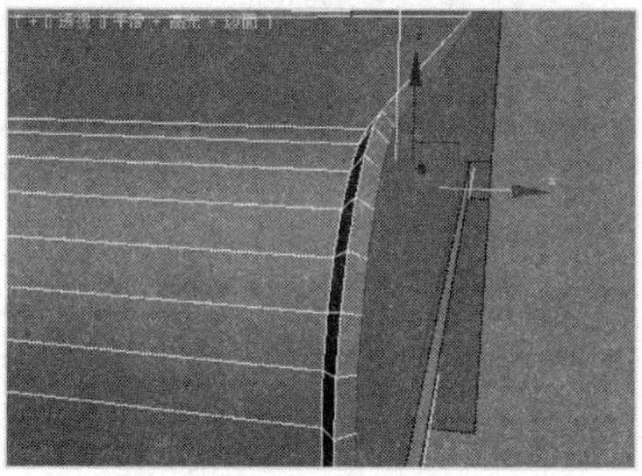

图5-507 制作倒角效果

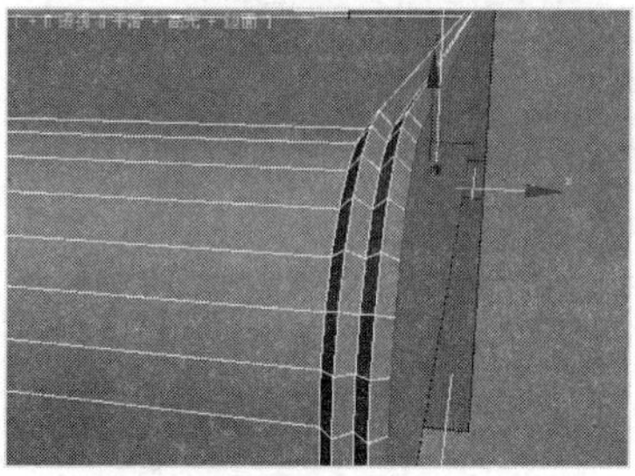

图5-508 制作倒角效果

三维制作大师

13 挤出当前选择面，如图 5-509 所示。使用【插入】命令插入选择面，如图 5-510 所示。

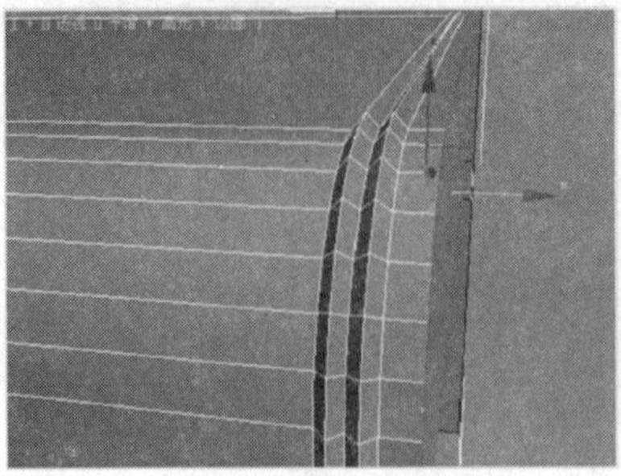

图5-509　挤出选择面

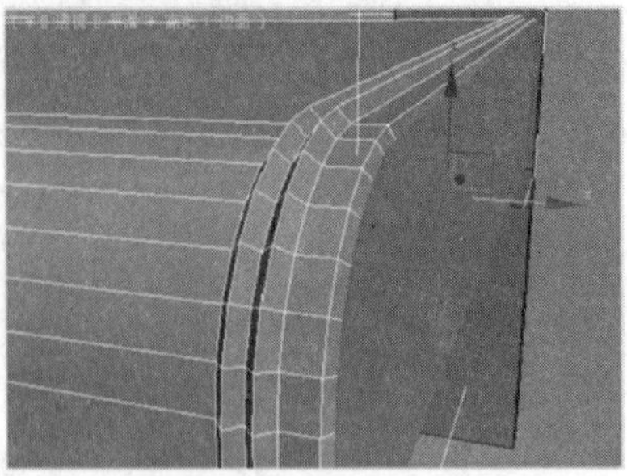

图5-510　插入选择面

（3）沙发靠背的制作

14 进入【创建】控制面板的 【图形】建立区域，激活左视图，单击 线 按钮，在左视图中绘制一条样条线，位置大小如图 5-511 所示。进入 【修改】命令面板，单击 【顶点】子集按钮进入到子集中，在左视图中选中右侧顶点，如图 5-512 所示。

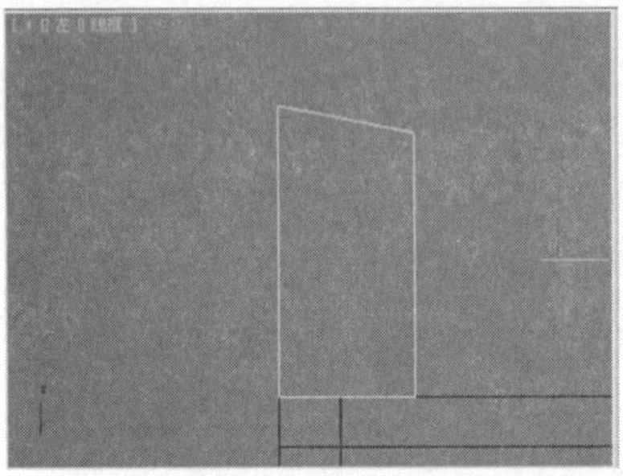

图5-511　绘制样条线

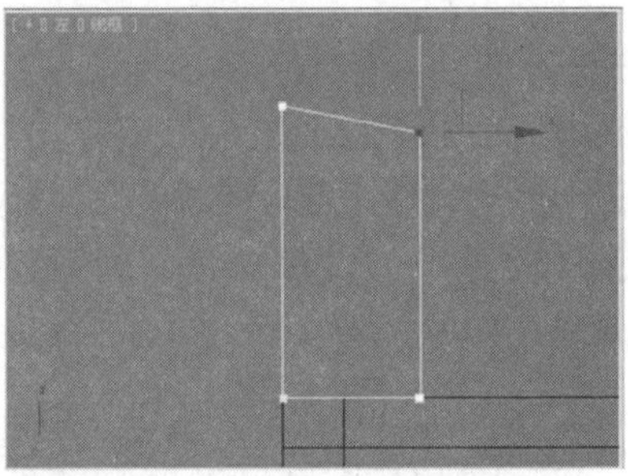

图5-512　选择节点

15 单击 圆角 命令，将尖角变圆角，如图 5-513 所示。进入 【修改】命令面板，在 修改器列表 中，选择【挤出】命令，挤压出厚度，如图 5-514 所示。

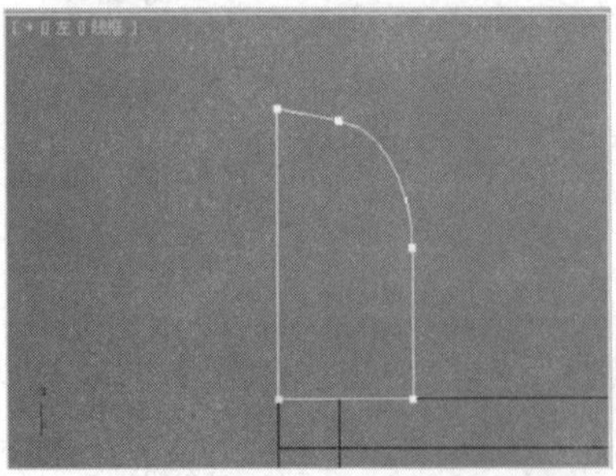

图5-513　改变节点类型

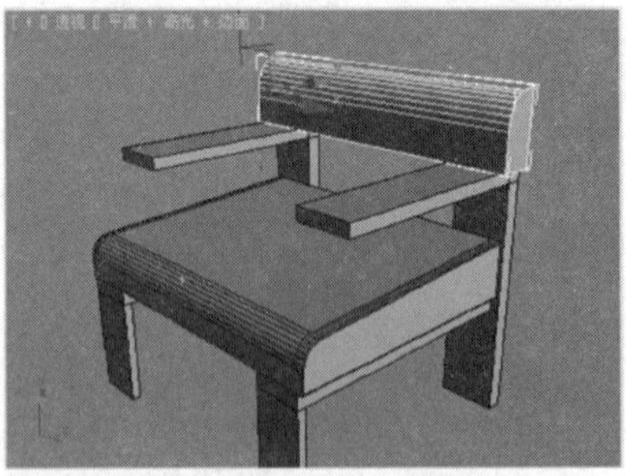

图5-514　挤出厚度

16 进入 【修改】命令面板，在 修改器列表 中选择【编辑多边形】命令，激活前视图，单击 【边】子集按钮进入到子集中，将新挤出的多边形上下线段选择为红色，如图 5-515 所示。单击 连接 命令，加入两条线段，如图 5-516 所示。

三
维
制
作
大
师

图5-515 选择线段

图5-516 添加线段

17 选择线段，如图 5-517 所示。使用 连接 □ 命令再次添加两条线段，如图 5-518 所示。

图5-517 选择线段

图5-518 添加线段

18 选择多边形长边左右四条线段为红色，如图 5-519 所示。单击 连接 □ 命令，再次添加一条线段，如图 5-520 所示。

图5-519 选择线段

图5-520 添加线段

19 单击□【多边形】子集按钮进入到【多边形】子集中，选中如图 5-521 所示的面，单击 挤出 □ 命令右侧的设置按钮，适当调整【挤出高度】值，将选中面向前方挤出一定的高度，如图 5-522 所示。

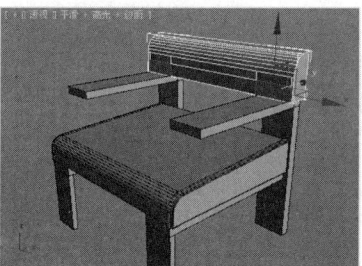

图5-521 选择面

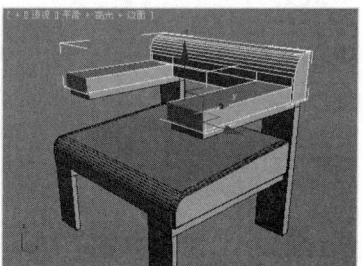

图5-522 挤出选择面

20 保持当前选中面，单击 [倒角] 命令右侧的设置按纽，适当调整【高度】值。设置【轮廓量】为一定负值，将面继续向前挤出并做出倒角效果，如图 5-523 所示。选择沙发左侧面为红色，如图 5-524 所示。

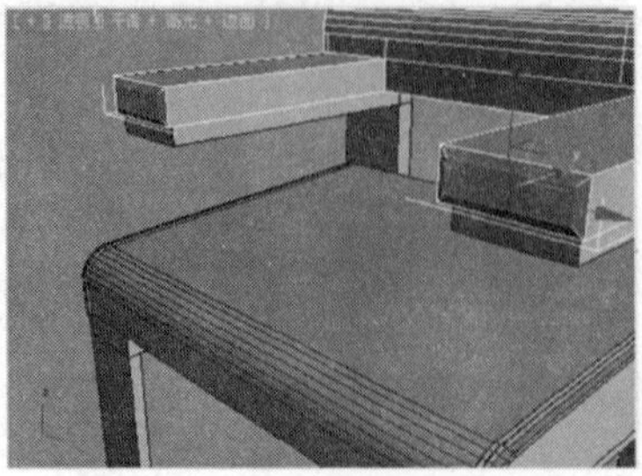

图5-523　将选择面做倒角效果

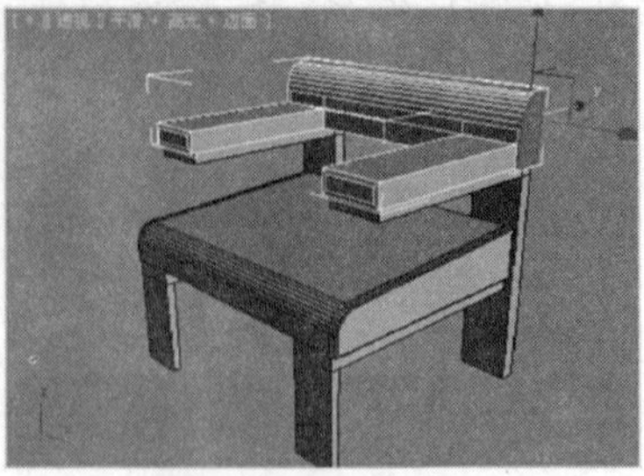

图5-524　选择面

21 单击 [倒角] 命令右侧的设置按纽，适当调整【高度】、【轮廓量】值，将面继续向前挤出并做出倒角效果，如图 5-525 所示。选择另一面，做出同样的倒角效果，如图 5-526 所示。至此，沙发制作完毕。

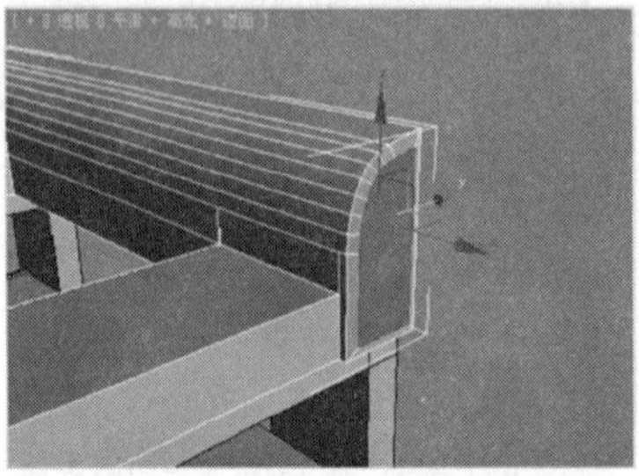

图5-525　将选择面做倒角效果

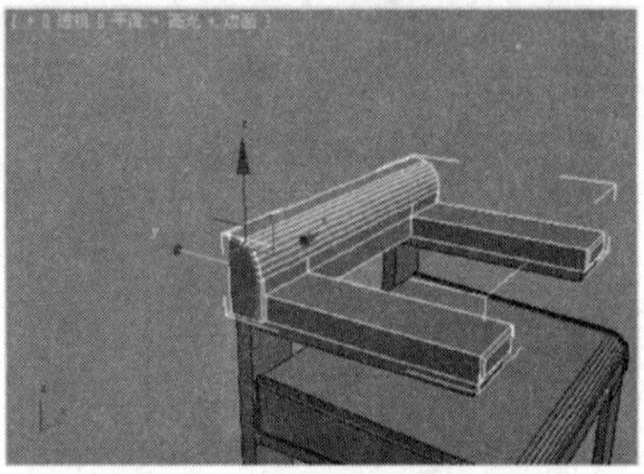

图5-526　沙发制作完毕

▷ 5.22　简单相机的制作

在这一节中，将学习利用编辑多边形命令结合挤出命令，制作简单相机模型，图 5-527 所示为相机的效果图。

学习重点

(1) 学习编多边形命令的使用。

(2) 学会挤出、编辑样条线的使用方法。

图5-527　最后渲染效果

实例场景：光盘＼效果＼第 5 章＼相机 max

操作步骤

01 进入【创建】控制面板的 [几何体] 建立区域，单击 [矩形] 按钮，在顶视图中绘制一个矩形，位置如图 5-528 所示。进入 [修改] 命令面板，在 修改器列表 中选择【编辑样条线】，单击 [顶点] 子集按钮进入到【顶点】子集中，选择右侧的节点，单击 [圆角] 按钮，做出圆角效果，效果如图 5-529 所示。

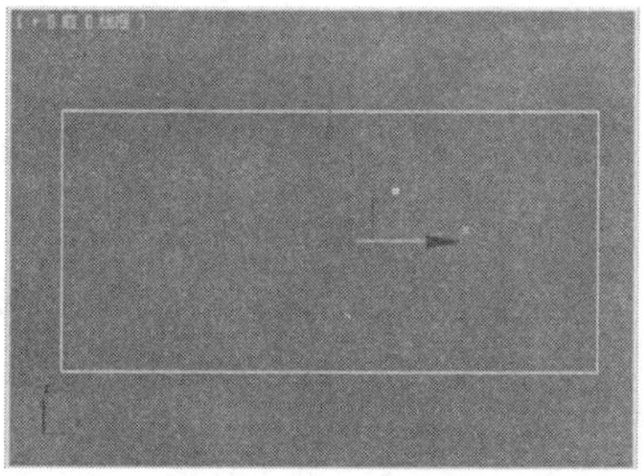

图5-528　绘制矩形

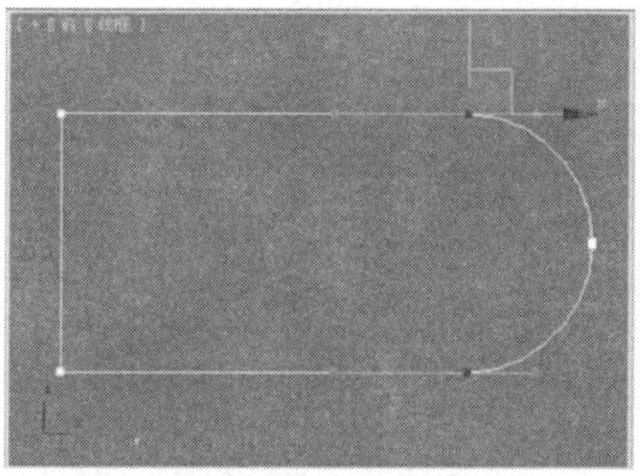

图5-529　将角尖点变圆角点

02 选择相对的节点，继续单击 [圆角] 按钮，适当设置圆角数值，得到如图 5-530 所示效果。退出子集后进入 [修改] 命令面板，在 修改器列表 中选择【挤出】命令，为其加入厚度，效果如图 5-531 所示。

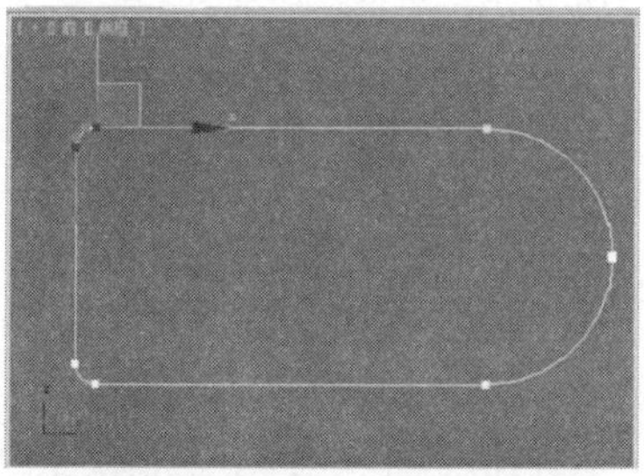

图5-530　将角尖点变圆角点

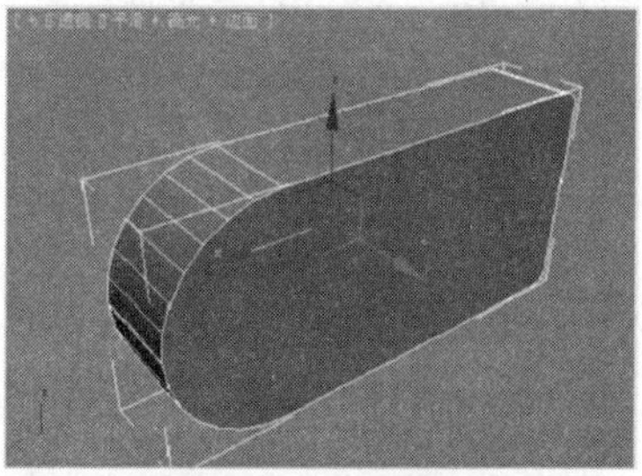

图5-531　挤出厚度

03 选择多边形，进入 [修改] 命令面板，在 修改器列表 中选择【编辑多边形】，单击 [多边形] 子集按钮进入到【多边形】子集中，选中多边形后方的一个面为红色，如图 5-532 所示。单击 [挤出] 命令右侧的设置按钮，适当调整【挤出高度】值，将选中面向上挤出一定的高度，效果如图 5-533 所示。

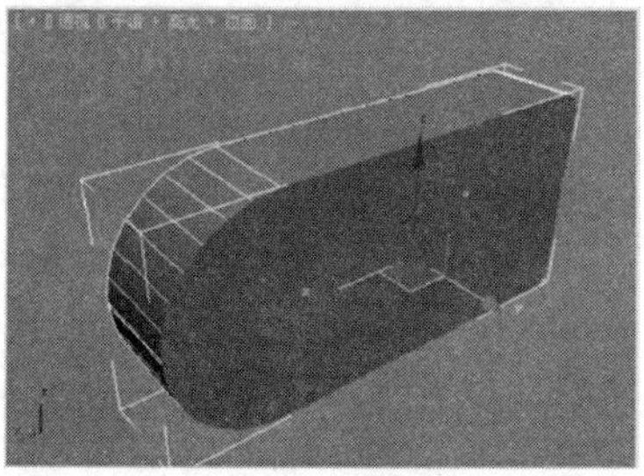

图5-532　选择面

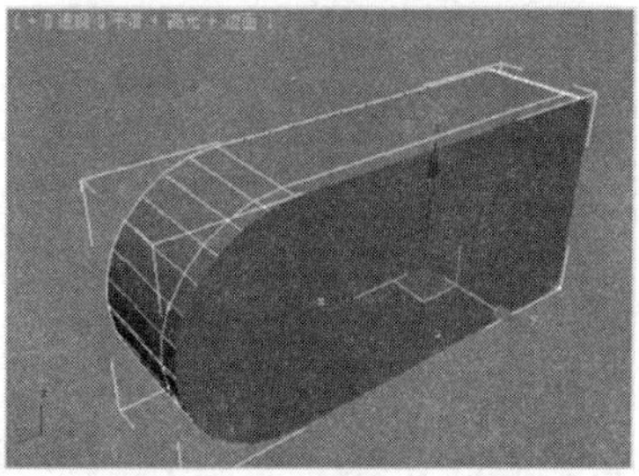

图5-533　挤出选择面

04 激活前视图，使用 [缩放] 工具将挤出的面等比例缩小至如图 5-534 所示效果。进入【创建】控制面板的 ◎【几何体】建立区域，单击 圆柱体 按钮，在前视图中绘制一个圆柱体，如图 5-535 所示。

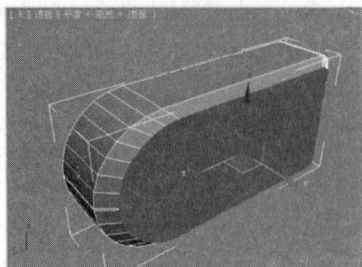

图5-534　制作倒角效果　　　　　　图5-535　绘制圆柱体

05 在前视图绘制圆柱体，如图 5-536 所示。进入【创建】控制面板的 ◎【几何体】建立区域，单击 管状体 按钮，在前视图中再绘制一个管状体，如图 5-537 所示，

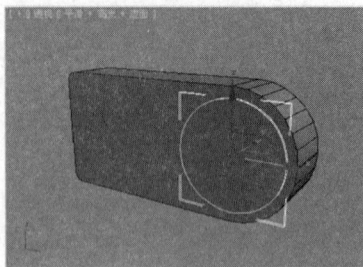

图5-536　绘制圆柱体　　　　　　　图5-537　绘制管状体

06 进入【创建】控制面板的 ◎【图形】建立区域，单击 矩形 按钮，在前视图中绘制一个矩形，适当调整【角半径】，得到如图 5-538 所示圆角矩形。进入 ☑【修改】命令面板，在 修改器列表 中选择【挤出】命令，适当挤出一定高度，效果如图 5-539 所示。

三
维
制
作
大
师

图5-538　绘制圆角矩形　　　　　　图5-539　挤出厚度

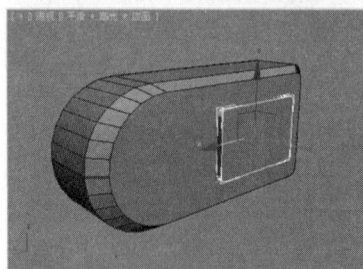

07 在 修改器列表 中选择【编辑多边形】命令，单击 ■【多边形】子集按钮进入到【多边形】子集中，选中多边形后方的一个面为红色，如图 5-540 所示。单击 倒角 □ 命令右侧的设置按钮，调整【高度】、【轮廓量】的值，做出倒角效果，如图 5-541 所示。

08 保持当前状态，选择【缩放】工具，将选择面等比例适当缩小，效果如图 5-542 所示。单击 挤出 □ 命令右侧的设置按钮，适当调整【挤出高度】值，将选中面再挤入一定的深度，效果如图 5-543 所示。

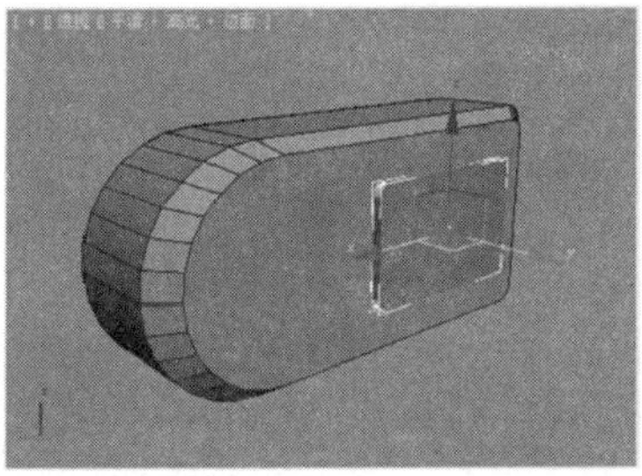

图5-540　选择面

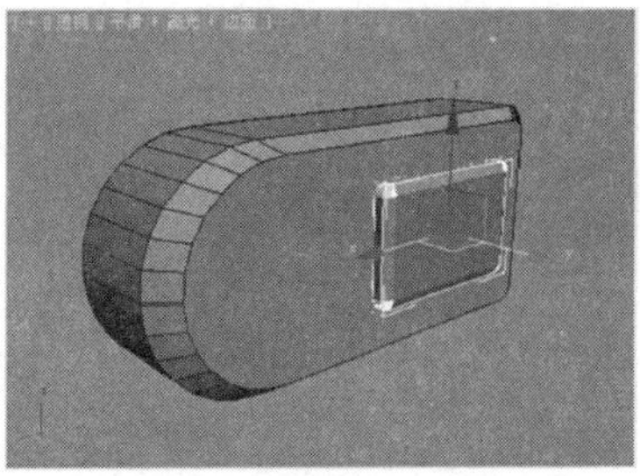

图5-541　将选择面做倒角效果

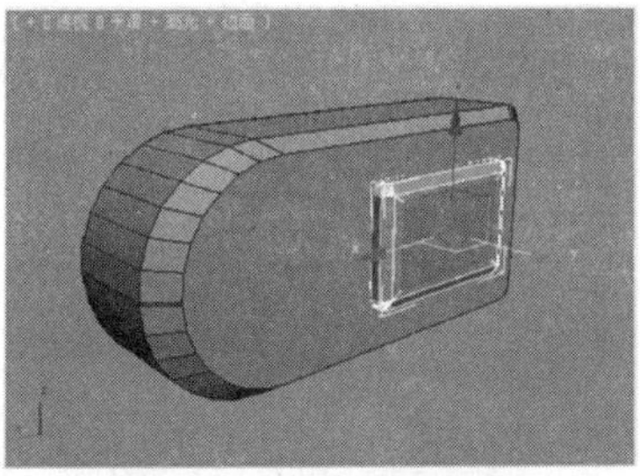

图5-542　缩放选择面

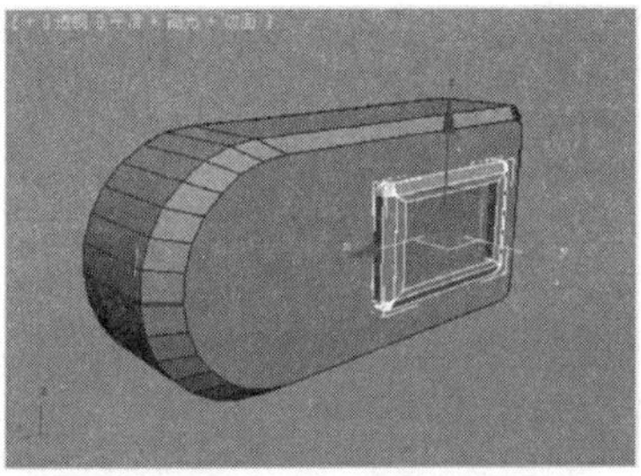

图5-543　挤出选择面

09 激活前视图，进入【创建】控制面板的 ⬚ 【图形】建立区域，单击 文本 按钮，在文本输入框内输入文本 Nikon，使用 ⬚ 【移动】工具在前视图中将文字移动至相应位置，如图 5-544 所示。进入 ⬚ 【修改】命令面板，在 修改器列表 ▾ 中选择【挤出】命令，将文字挤出一定高度，效果如图 5-545 所示。至此，相机制作完成。

图5-544　创建文字

图5-545　挤出厚度

▶ 5.23　精致相机的制作

在这一节中，将学习利用编辑多边形命令结合挤出命令，制作精致相机模型，图 5-546 所示为精致相机的效果图。

📖 学习重点

（1）学习编辑多边形命令的使用。

（2）学会挤出、编辑样条线的使用方法。

图5-546 最后渲染效果

实例场景：光盘\效果\第5章\精致相机.max

操作步骤

01 进入【创建】控制面板的 【图形】建立区域，单击 矩形 按钮，在顶视图中绘制一个矩形，适当调整【角半径】，如图 5-547 所示。进入 【修改】命令面板，在 修改器列表 中选择【挤出】命令，挤出一定高度，如图 5-548 所示。

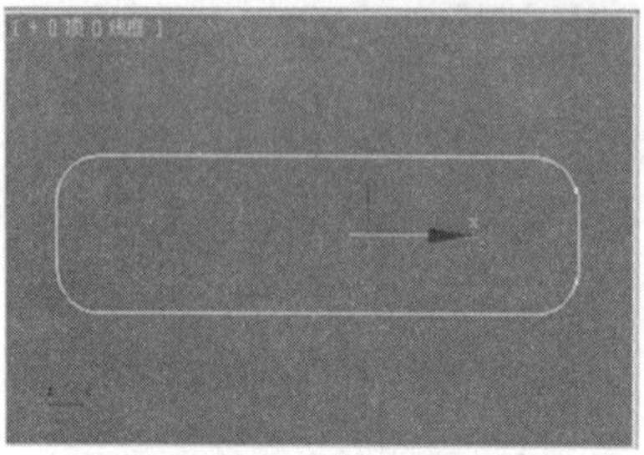

图5-547 绘制圆角矩形

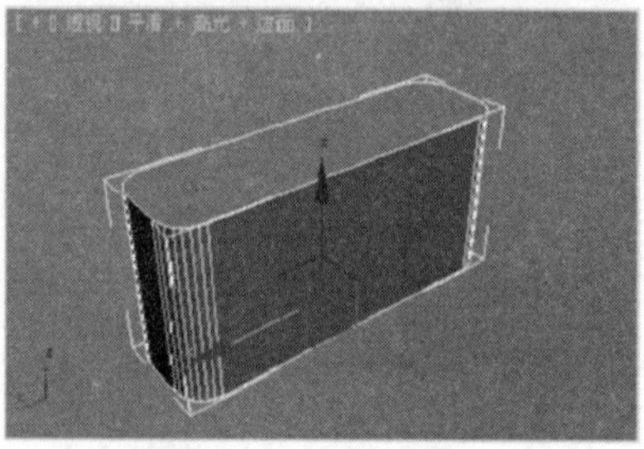

图5-548 挤出厚度

02 进入 【修改】命令面板，在 修改器列表 中选择【编辑多边形】命令，单击 【多边形】子集按钮进入到【多边形】子集中，选中多边形上方的面为红色，单击 挤出 命令右侧的设置按钮，适当调整【挤出高度】值，将选中面向上挤出一定的高度，效果如图 5-549 所示。激活顶视图，使用 【缩放】工具将挤出的面等比例缩小至如图 5-550 所示效果。

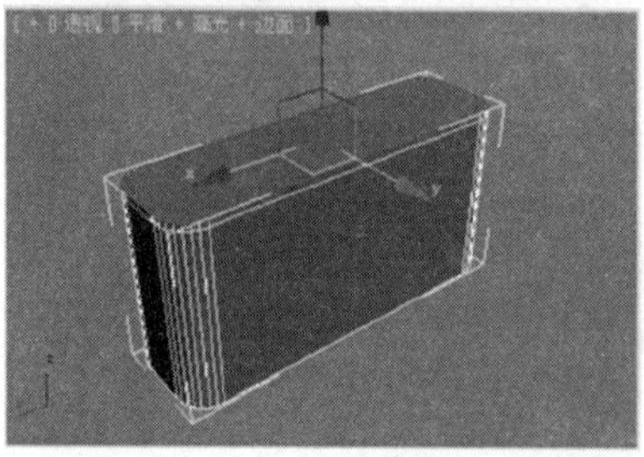

图5-549 选择面并挤出高度

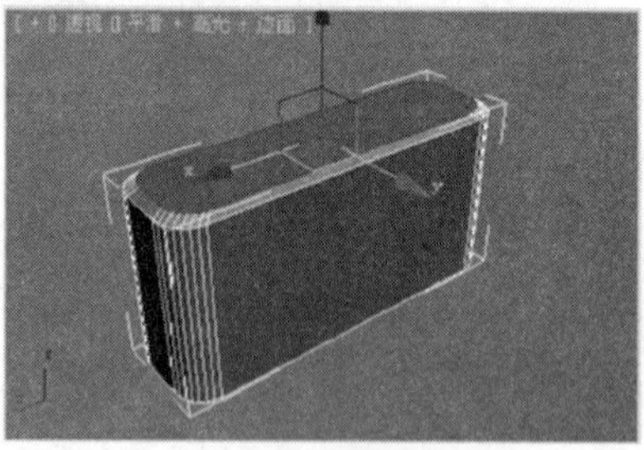

图5-550 缩放选择面

03 进入【创建】控制面板的 【几何体】建立区域，单击 长方体 按钮，在顶视图中绘制一个长方体，设置【高度分段】为2，如图 5-551 所示。进入 【修改】命令面板，在 修改器列表 中选择【编辑多边形】命令，单击 【多边形】子集按钮进入到【多边形】子集中，选中长方体上方的一个面为红色，如图 5-552 所示。

图5-551　绘制长方体

图5-552　选择面

04 使用 【缩放】工具将选中的面在顶视图中沿 X 轴缩小至如图 5-553 所示效果。进入【创建】控制面板的 【几何体】建立区域，单击 长方体 按钮，在顶视图中绘制一个长方体，设置【宽度分段】为 4，设置【高度分段】为 2，如图 5-554 所示。

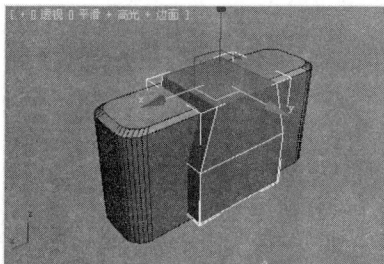

图5-553　缩小选择面

图5-554　绘制长方体

05 进入 【修改】命令面板，在 修改器列表 中选择【编辑多边形】命令，激活左视图，单击 【顶点】子集按钮进入到子集中，选中多边形各顶点，调整节点位置，如图 5-555 所示。选中顶面各顶点，激活前视图，使用 【缩放】工具将选中的面沿 X 轴缩小至如图 5-556 所示效果。

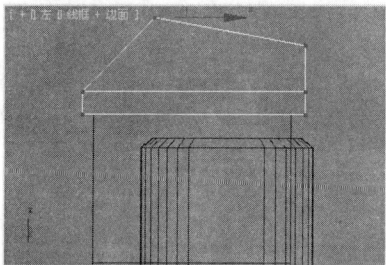

图5-555　调整节点位置

图5-556　缩放节点位置

06 激活前视图，进入【创建】控制面板的 【几何体】建立区域，单击 长方体 按钮，在前视图中绘制一个长方体，大小位置如图 5-557 所示。进入 【修改】命令面板，在 修改器列表 中选择【编辑多边形】命令，单击 【多边形】子集按钮进入到【多边形】子集中，选中长方体上方的顶面为红色，如图 5-558 所示。

07 单击 倒角 命令右侧的设置按钮，适当调整【高度】、【轮廓量】的值，保持当前状态，调整【高度】值，调整【轮廓值】为负值，并单击【确定】按钮，如图 5-559 所示。保持当前选择。单击 挤出 命令右侧的设置按钮，适当调整【挤出高度】值，将选中面向上挤内一定的高度，效果如图 5-560 所示。

三维制作大师

图5-557 绘制长方体

图5-558 选择面

图5-559 调整高度和轮廓值

图5-560 挤出高度

08 激活前视图，进入【创建】控制面板的 ○ 【几何体】建立区域，单击 长方体 按钮，在前视图中绘制一个长方体，大小位置如图 5-561 所示。进入 ☑ 【修改】命令面板，在 修改器列表 ▼ 中选择【编辑多边形】命令，单击 ☑ 【边】按钮进入到边子集中，使用 连接 □ 命令加入如图 5-562 所示的两条横向的线段。

图5-561 绘制长方体

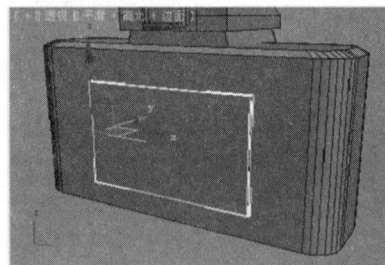

图5-562 添加线段

09 继续加入两条纵向的线段，效果如图 5-563 所示。单击 ▣ 【多边形】子集按钮进入到【多边形】子集中，选中长方体上方的顶面为红色。单击 挤出 □ 命令右侧的设置按钮，适当调整【挤出高度】值，将选中面向上挤内一定的深度，效果如图 5-564 所示。

图5-563 添加线段

图5-564 选择面

10 激活顶视图，进入【创建】控制面板的 ⊙【几何体】建立区域，单击 圆柱体 按钮，在顶视图中绘制一个圆柱体，再次绘制一个圆柱体，大小位置如图 5-565 所示。再次绘制多个圆柱体组合，做为相机的按钮，效果如图 5-566 所示。

图5-565 绘制圆柱体

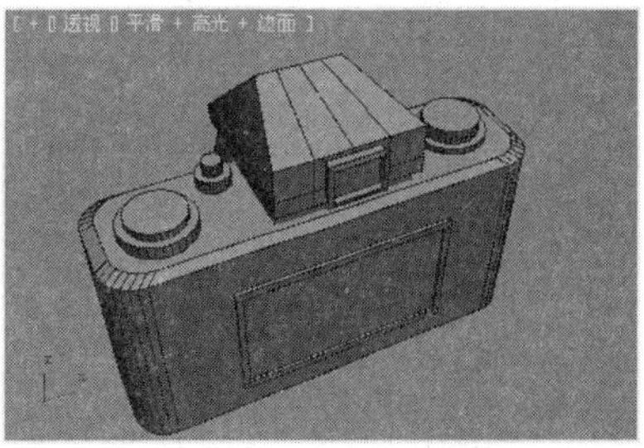

图5-566 绘制圆柱体

11 激活前视图，进入【创建】控制面板的 ⊙【几何体】建立区域，单击 管状体 按钮，在顶视图中绘制一个管状体，大小位置如图 5-567 所示。再次单击 管状体 按钮，建立两个管状体，大小比原管状体略大，位置如图 5-568 所示。

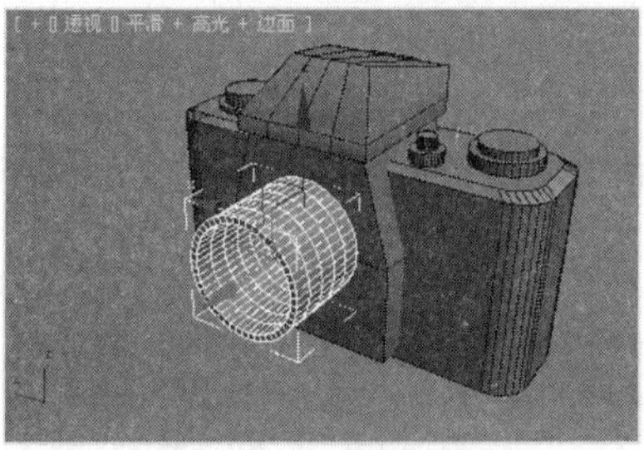

图5-567 绘制管状体

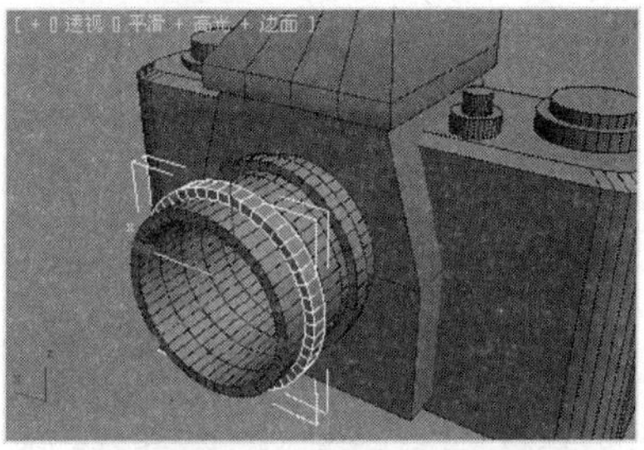

图5-568 绘制管状体

12 激活左视图，进入【创建】控制面板的 ⊙【几何体】建立区域，单击 球体 按钮，在顶视图中绘制一个球体，大小位置如图 5-569 所示。激活左视图，使用 ⊡【缩放】工具将球沿 X 轴缩小，最后完成相机的制作，如图 5-570 所示。

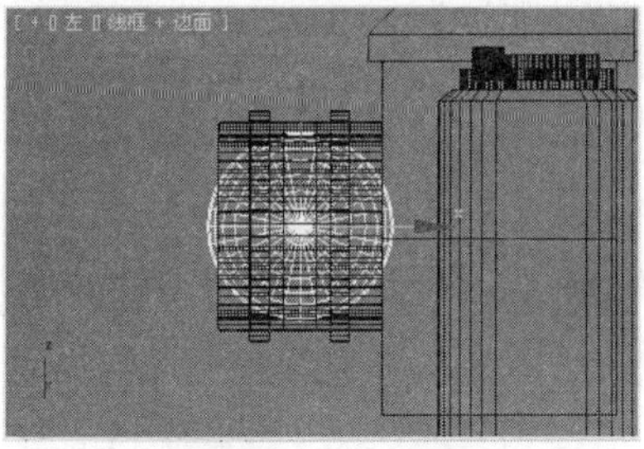

图5-569 绘制球体

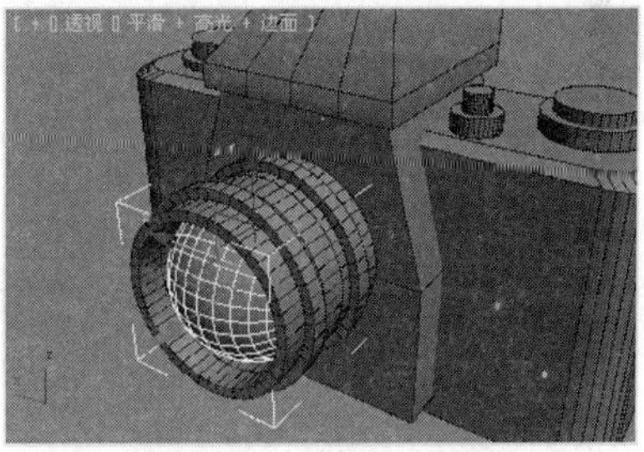

图5-570 相机制作完毕

▶ 5.24 雨伞的制作

在这一节中，将学习利用编辑多边形命令结合挤出命令，制作雨伞模型，图 5-571 所示为雨伞的效果图。

(1) 学习编辑多边形命令的使用。

(2) 学会挤出、编辑样条线的使用方法。

图5-571 最后渲染效果

实例场景: 光盘\效果\第5章\雨伞.max

操作步骤

01 进入【创建】控制面板的 ⊙ 【图形】建立区域, 单击 星形 按钮, 在顶视图中绘制一个星形, 注意星形各个参数的设置, 如图5-572所示。进入 ☑ 【修改】命令面板, 在 修改器列表 ∨ 中选择【挤出】命令, 向上挤出一定高度, 将【封口始端】前的对号去掉, 如图5-573所示。

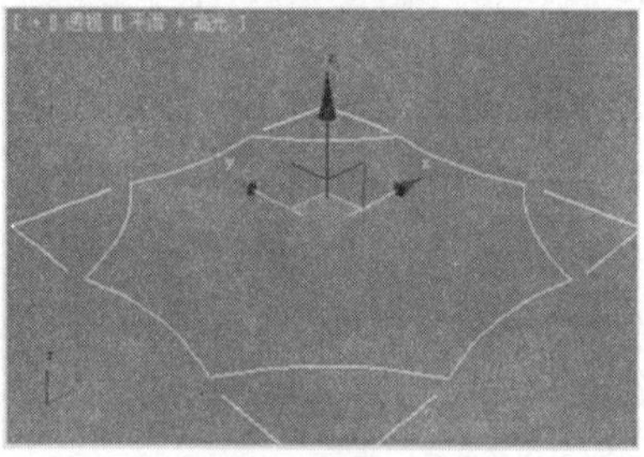

图5-572 绘制星形

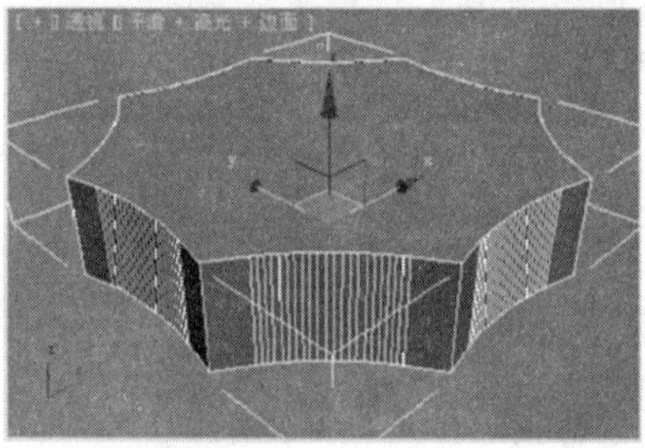

图5-573 挤出厚度

02 再次在 修改器列表 ∨ 中选择【锥化】命令, 设置【数量】值为-1, 将该图形上部收缩, 效果如图5-574所示。继续在 修改器列表 ∨ 中选择【编辑多边形】命令, 单击 ☑ 边按钮进入到边子集中, 选中如图5-575所示的边。单击 创建图形 □命令, 单击旁边的【设置】按钮, 将新创建的图形命名为【支架】。

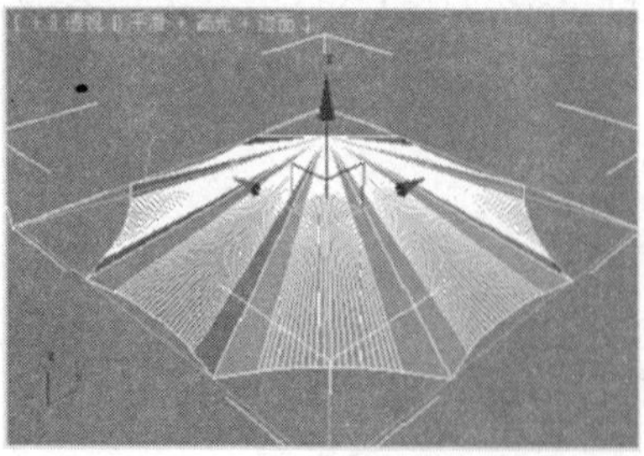

图5-574 制作锥化效果

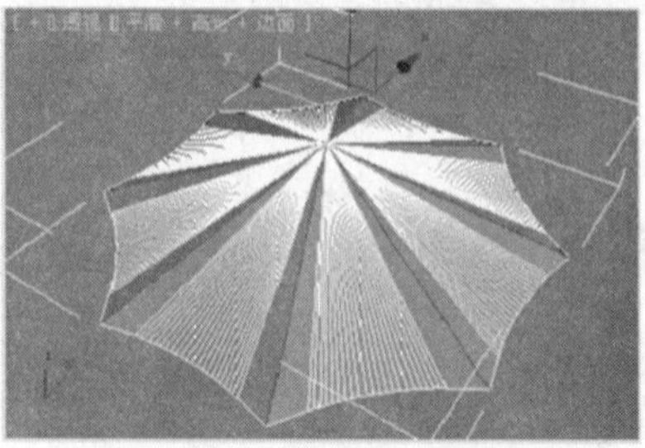

图5-575 创建新对象

03 选中分离出来的命名为【支架】的物体，激活顶视图，使用□【缩放】工具将其等比例放大至如图 5-576 所示效果。再使用❖【移动】工具在前视图中将其移动到相应位置，如图 5-577 所示。

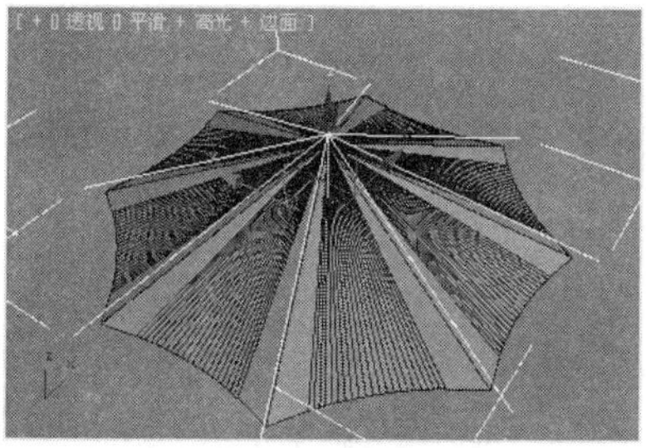

图5-576　放大支架

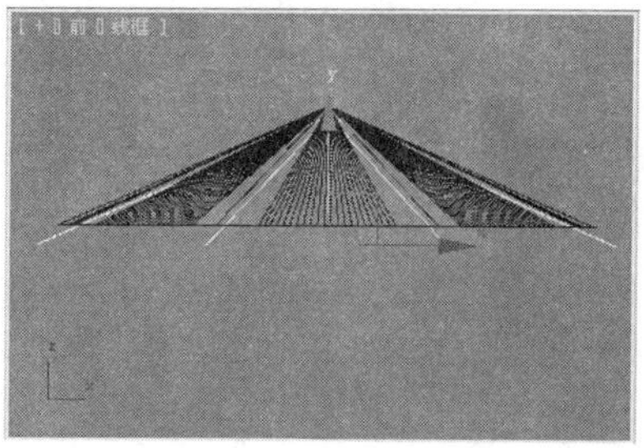

图5-577　调整支架位置

04 进入☑【修改】命令面板，打开【渲染】卷展栏，将【在渲染中启用】和【在视图中启用】命令勾选。适当调整【厚度】值，支架可渲染，如图 5-578 所示。单击☒【镜像】按钮，将支架沿 Y 轴【镜像】复制一份，并将【镜像】的支架沿着 Y 轴移动至相应位置，效果如图 5-579 所示。

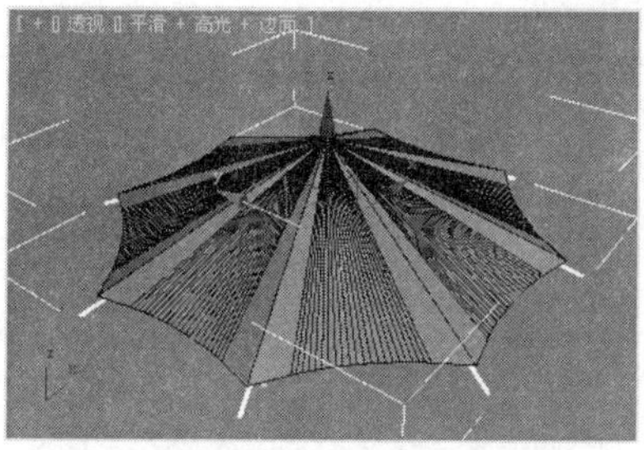

图5-578　调整线为可渲染状态

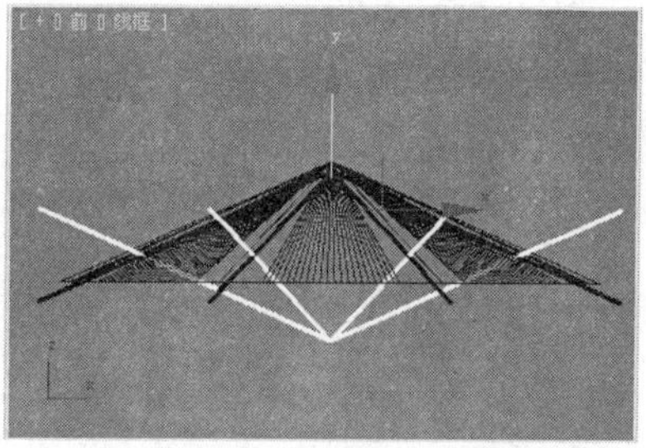

图5-579　镜像复制支架

05 进入【修改】命令面板，单击□【顶点】子集按钮进入到子集中，选中【镜像】得到的支架，调整各个顶点的位置，使用□【缩放】工具将其等比例缩小，制作出雨伞内部的支架来，效果如图 5 580 所示。伞把的制作。进入【创建】控制面板的◢【图形】建立区域，单击 [　线　] 按钮，在前视图中绘制一条线段，如图 5-581 所示，将该线调成可渲染即可。至此，雨伞制作完毕。

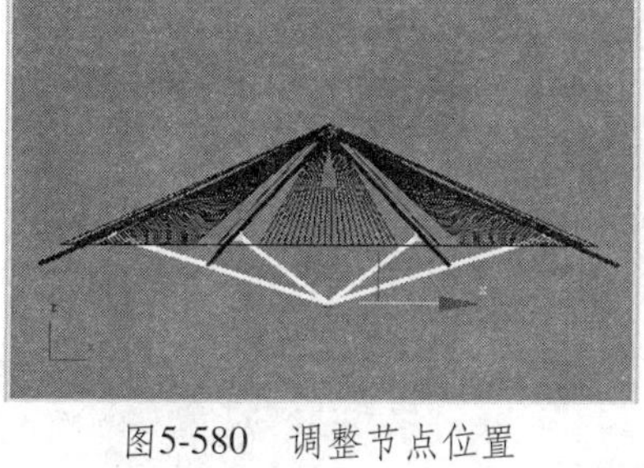

图5-580　调整节点位置

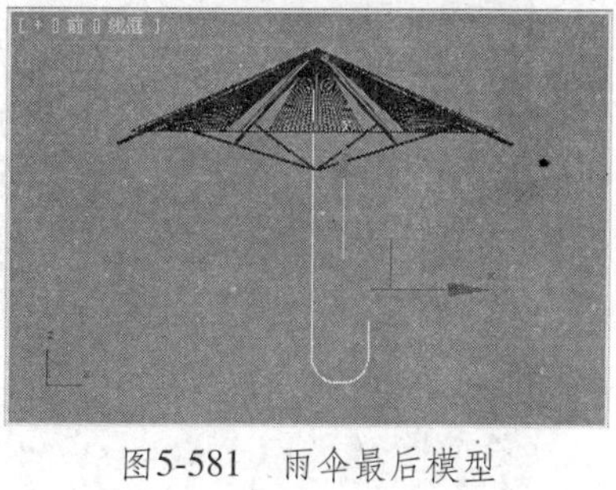

图5-581　雨伞最后模型

5.25 本章小结

本章例举了若干生活中常见的物品的建模实例，巩固了多边形建模法等常用建模方法的使用技巧，加深了对多边形建模方法的应用与理解。

5.26 习题

（1）通过多边形建模法制作苹果电脑模型，如图 5-582 所示。

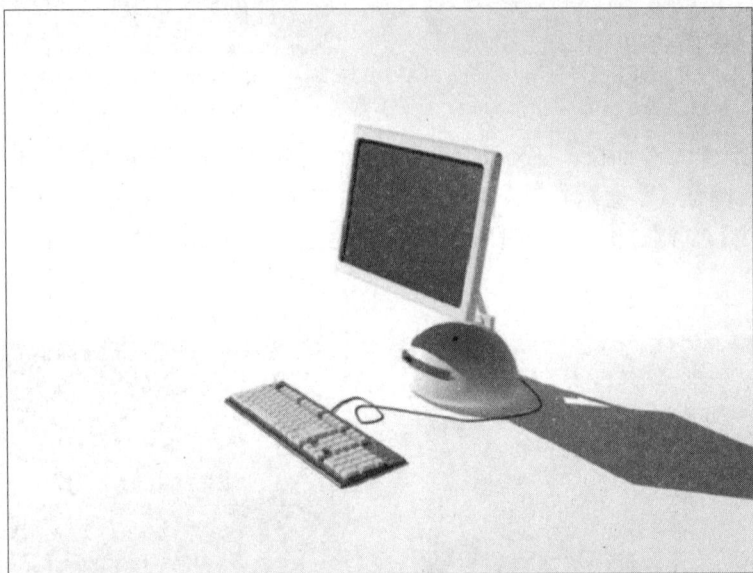

图5-582　苹果电脑模型

（2）通过多边形建模法制作钢琴模型，如图 5-583 所示。

图5-583　钢琴模型

第6章 厨具洁具建模

➡ 本章主要使用多边形建模法创建各种常用厨具洁具模型，掌握厨具洁具建模的技巧和特点。

➤ 6.1 浴缸的制作

在这一节中，将学习利用编辑多边形命令结合车削命令，制作浴缸模型，图6-1所示为浴缸的效果图。

📝 学习重点

(1) 学习编辑多边形命令的使用方法。

(2) 车削命令的使用方法。

图6-1　最后渲染效果

◢ 实例场景：光盘\效果\第6章\浴缸 max

✍ 操作步骤

01 进入【创建】控制面板的 ◯ 【图形】建立区域，单击 ▭线▭ 按钮，在左视图中绘制浴缸侧线，如图 6-2 所示。进入 ✐ 【修改】命令面板，在 ▭修改器列表▭ ∨ 中选择【车削】命令，单击 ▭最小▭ 按钮，【度数】设为 180，得到如图 6-3 所示效果。

图6-2　绘制浴缸剖面图形

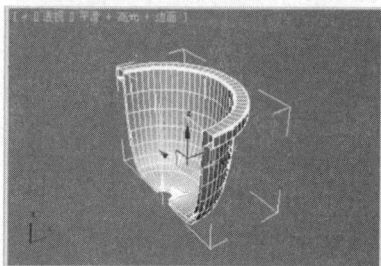

图6-3　加入车削效果

02 单击工具条中的 ▭ 【镜像】命令，在弹出的对话框中设置【镜像轴】为 X 轴，克隆选择为【复制】，调整【偏移】值，做出浴缸的另外一侧，如图 6-4 所示。进入 ✐ 【修改】命令面板，

在 `修改器列表` 中选择【编辑多边形】命令，单击 `附加` 按钮将两个物体合为一体，如图 6-5 所示。

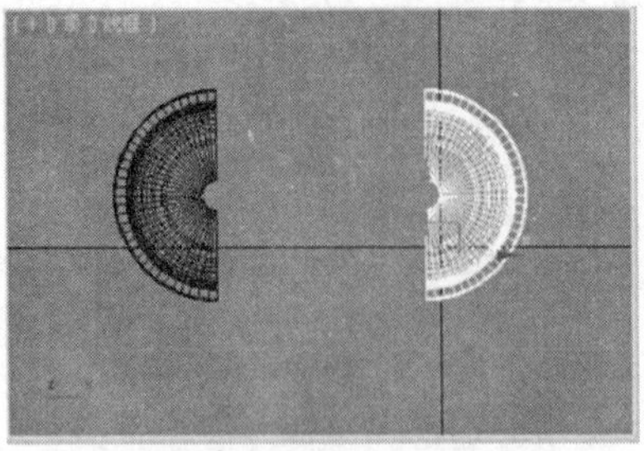

图6-4 【镜像】复制另一侧

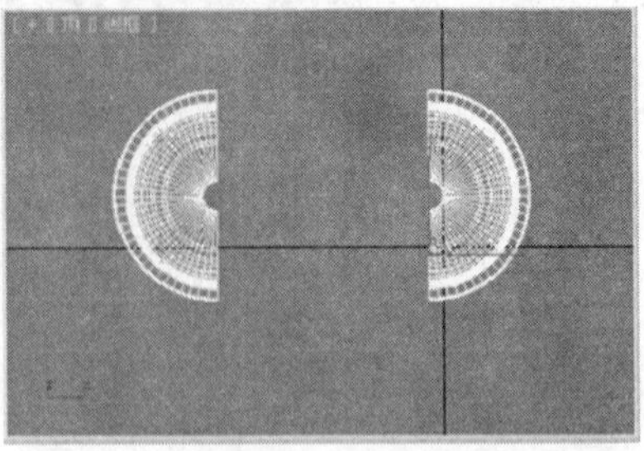

图6-5 二者结合

03 单击 ⋯ 【顶点】子集按钮进入到【顶点】子集中，选择如图 6-6 所示的节点。单击 `塌陷` 按钮将节点合为一个节点。利用相同方法，合并另一侧浴缸的节点，如图 6-7 所示。

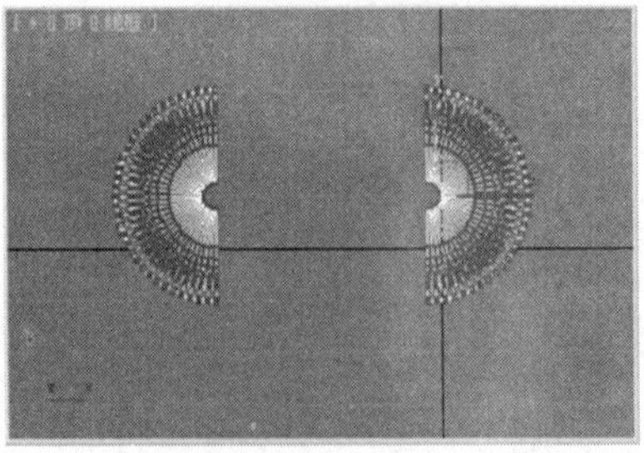

图6-6 选择节点

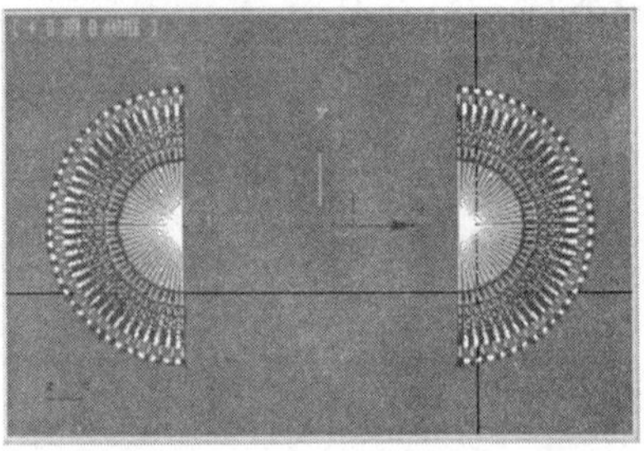

图6-7 合并节点

04 单击 ⬭ 【边界】子集按钮进入到【边界】子集中，选中如图 6-8 所示的两个边界。单击 `桥` 命令，将两个边界连接起来，得到最终效果，如图 6-9 所示。

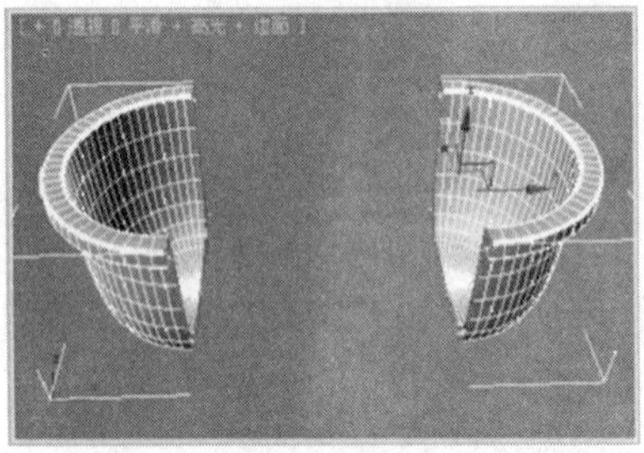

图6-8 选择边界

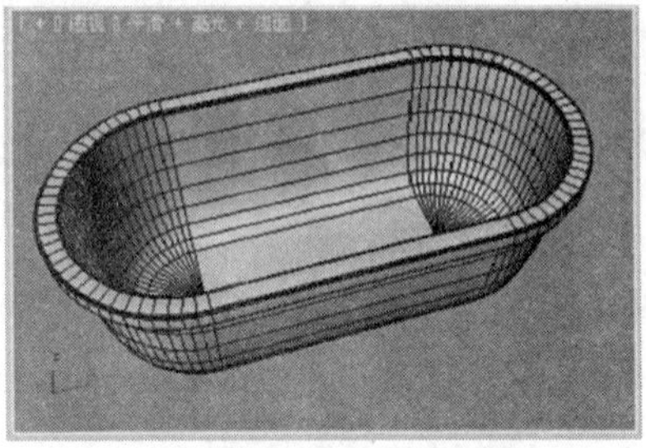

图6-9 桥接边界

▶ 6.2 茶杯的制作

在这一节中，将学习利用编辑多边形命令，制作茶杯模型，图 6-10 所示为茶杯的效果图。

学习重点

(1) 学会车削命令的使用方法。

(2) 学会编辑多边形命令的使用方法。

图6-10 最后渲染效果

实例场景：光盘\效果\第6章\茶杯max

操作步骤

01 进入【创建】控制面板的 ○【几何体】建立区域，单击 圆柱体 按钮，在顶视图中建立一个圆柱体，如图6-11所示。进入 【修改】命令面板，在 修改器列表 中选择【编辑多边形】命令，单击 【顶点】子集按钮进入【顶点】子集中，选择最上方的节点，打开【软选择】卷展栏，勾选【使用软选择】命令，调整【衰减】值，使选择点周围的点也受其影响，如图6-12所示。

图6-11 建立圆柱体

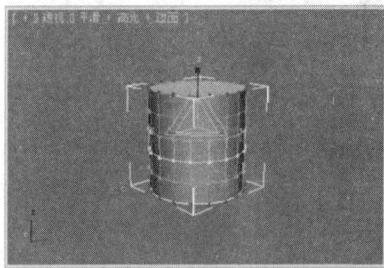

图6-12 调整软选择

02 使用 【缩放】工具在透视图中对选择的点进行压缩，得到茶杯的基本形状，效果如图6-13所示。单击 【多边形】子集按钮进入【多边形】子集，选中杯子底部的面，单击 插入 □ 命令后面的设置，适当调整【插入量】，得到如图6-14所示效果。

图6-13 【缩放】调整选中节点

图6-14 插入选中多边形

03 选中圆柱体顶端的面，单击键盘Delete键将此面删除，在【多边形】子集状态下选择所有的面，单击 挤出 □ 按钮边上的参数设置，适当设置挤出高度值，将所选多边形向外挤出，做出杯子的厚度，效果如图6-15所示。

04 把手的制作，选中如图 6-16 所示的面。单击 挤出 按钮边上的参数设置，适当设置挤出高度值，将所选面向外挤出，效果如图 6-17 所示。单击键盘 Delete 键将选择的面删掉，如图 6-18 所示。

图6-15　将选中面做挤出效果

图6-16　选中多边形

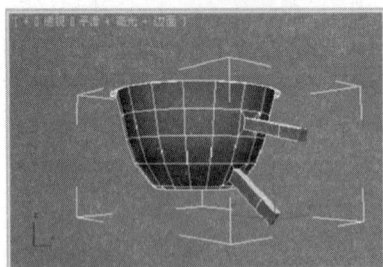

图6-17　将选中面做挤出效果

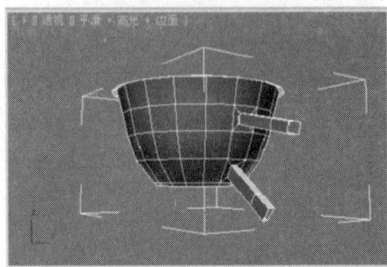

图6-18　删除选中面

05 单击 ⊙ 【边界】子集按钮进入到【边界】子集中，选中如图 6-19 所示的边界，单击 桥 命令，将两个边界连接起来，如图 6-20 所示。

图6-19　选中边界

图6-20　将边界桥接

06 单击 ▦ 【顶点】子集按钮进入到【顶点】子集中，在左视图中将把手的节点选中，使用 ✥ 【移动】工具和 ▨ 【缩放】工具进行调整，效果如图 6-21 所示。再对其加线调整形状，如图 6-22 所示。

图6-21　调整节点位置

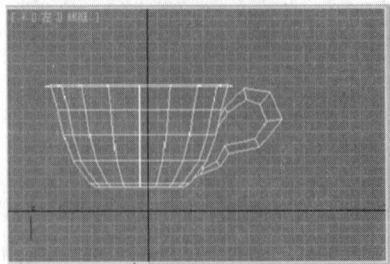

图6-22　加边后继续调整把手形状

07 单击☑【边】子集按钮进入【边】子集中，选中如图 6-23 所示的边。单击 切角 ❑ 命令，适当调整【切角量】，做倒边效果。进入 ☑【修改】命令面板，在 修改器列表 ▼ 中选择【网格平滑】命令，为杯子做光滑处理，最终效果如图 6-24 所示。

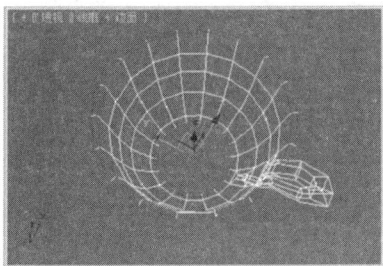

图6-23　将杯口做倒边处理　　　　图6-24　加入光滑之后的茶杯

▶ **6.3　燃气灶台的制作**

在这一节中，将学习利用编辑多边形命令结合车削及挤出命令，制作燃气灶台模型，图 6-25 所示为燃气灶台的效果图。

学习重点

（1）学习编辑多边形命令的使用。
（2）学习车削命令的使用。
（3）学习挤出命令的使用。

图6-25　最后渲染效果

实例场景：光盘\效果\第 6 章\燃气灶 max

操作步骤

（1）灶台的制作

01 进入【创建】控制面板的 ☑【图形】建立区域，单击 矩形 按钮，在顶视图中绘制一个矩形，给出一定的【角半径】，得到一个圆角矩形，如图 6-26 所示。进入 ☑【修改】命令面板，

在 [修改器列表] 中选择【挤出】命令，挤出数量上做适当调整，做出燃气灶的厚度，如图 6-27 所示。

图6-26　绘制矩形

图6-27　加入挤出命令

02 在 [修改器列表] 中选择【编辑多边形】命令，单击 ⊘【边】子集按钮进入【边】子集当中，在顶视图中将全部的边选中为红色，在前视图中按住键盘 Alt 键减选掉燃气灶高度的边，最后选中如图 6-28 所示的燃气灶外围的边线。单击 [切角 □] 按钮后面的设置，设置弹出的对话框中【切角量】的值，值要小，做出如图 6-29 所示的倒角效果。

> **提 示**　在这里做倒角效果是因为在最后光滑之后，燃气灶的边缘要有硬度。

图6-28　选择燃气灶的边

图6-29　为选择边做倒角效果

03 制作燃气灶上的四个凸起部分。在顶视图中将纵向的边全部选择为红色，如图 6-30 所示。单击 [连接 □] 按钮后面的设置，设置弹出对话框中的参数，【分段】数为 2，调整【收缩】值，使添加的两段边往上下边缘靠拢，如图 6-31 所示。

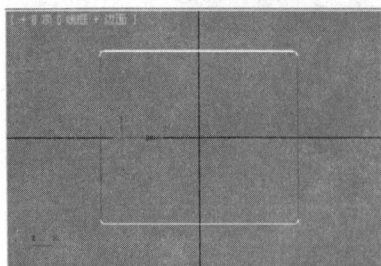

图6-30　选择边

图6-31　添加边

04 在顶视图中将纵向中间的边全部选择为红色，如图 6-32 所示。单击 [连接 □] 按钮后面的设置，设置弹出对话框中的参数，【分段】数为2，调整【收缩】值，使添加的两段边往上下边缘靠拢，如图6-33所示。

图6-32　选择边　　　　　　　　　　　　图6-33　添加边

05 在顶视图中将横向边全部选择为红色，如图6-34所示。单击 连接 □ 按钮后面的设置，设置弹出对话框中的参数，【分段】数为1，【收缩】值为0，添加一条纵向的边，使用 ✛ 【移动】工具在顶视图中将边向左侧移动至如图6-35所示位置。

图6-34　选择边　　　　　　　　　　　　图6-35　添加边

06 在顶视图中将横向右侧边全部选择为红色，如图6-36所示。使用 连接 □ 命令用同样的方法继续添加纵向的线，最后得到如图6-37所示的布线方式。

> **提示**　若添加的线不直的话，可使用 ⊡ 【缩放】工具在顶视图中沿 X 轴进行【缩放】，将线变直。

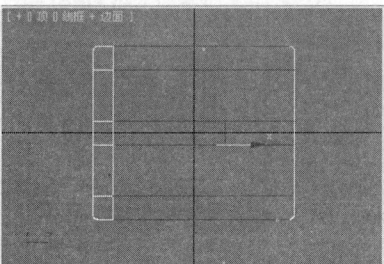

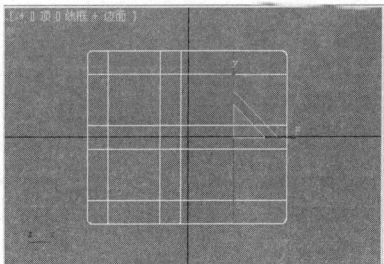

图6-36　选择边　　　　　　　　　　　　图6-37　添加边

07 单击 ▣ 【多边形】子集按钮，进入【多边形】子集中，在顶视图中选择中间四个正方形多边形，如图6-38所示。单击 倒角 □ 按钮后面的设置，设置弹出对话框中的参数，【高度】和【轮廓量】都做适量的调整，得到如图6-39所示效果。

图6-38 选择多边形

图6-39 为选择多边形做倒角效果

08 单击 ✑【边】子集按钮进入【边】子集当中，在前视图中将全部的四个灶台高度的边选中为红色，如图 6-40 所示。单击 连接 □ 按钮，为四个灶台均添加一条横向的边。准备为灶台做倒角处理，如图 6-41 所示。

图6-40 选择边

图6-41 添加边

09 单击【约束】中的【约束到边】，如图 6-42 所示。使用 ✛【移动】工具在前视图中将边沿 Y 轴向下侧移动至靠近灶台面处，做出倒角效果，如图 6-43 所示。

> **提 示** 选择约束到边，在移动点或边时，移动对象只能沿着边移动。

三
维
制
作
大
师

图6-42 约束到边

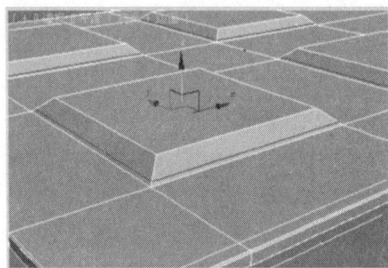

图6-43 移动边

10 运用同样的方法，在四个凸起顶端再做倒角处理，效果如图 6-44 所示。再次单击 ✑【边】子集按钮退出子集，在 修改器列表 中选择【网格光滑】命令，【迭代次数】为 2，得到如图 6-45 所示完整的灶台面。

> **提 示** 【迭代次数】数值越大，物体越光滑。但运行起来越不流畅，一般选择数值为 1 或者 2。

图6-44 做倒边处理

图6-45 加入光滑效果

（2）其他零部件的制作

11 进入【创建】控制面板的 【图形】建立区域，单击 线 按钮，在前世视图中绘制一条曲线，如图 6-46 所示。进入 【修改】命令面板，在 修改器列表 中选择【车削】命令，单击 最小 按钮，勾选【翻转法线】、【焊接内核】，按住键盘 Shift 键使用 【移动】工具在顶视图中复制出另外三个，克隆选项中选择【实例】的复制关系，效果如图 6-47 所示。

图6-46 做倒边处理

图6-47 加入光滑效果

12 进入【创建】控制面板的 【几何体】建立区域，单击 圆环 按钮，在顶视图燃气灶凸起处建立一个圆环，使用 【移动】工具在顶视图中按键盘 Shift 键复制出另外三个，如图 6-48 所示。进入【创建】控制面板的 【图形】建立区域，单击 线 按钮，在前视图中放样所需路径，单击 圆 按钮，在前视图中绘制放样所需横截面图形圆形，如图 6-49 所示。

图6-48 绘制并复制圆环

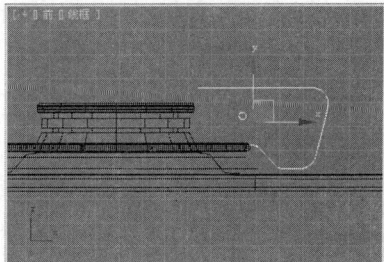

图6-49 绘制放样路径及截面图形

13 选择放样所需路径，进入【创建】控制面板的 【几何体】建立区域，单击下方【几何体】类型下拉菜单，选择【复合对象】命令。单击 放样 命令，单击 获取图形 命令，在前视图中拾取圆形，得到一根金属架，如图 6-50 所示。进入【创建】控制面板的 【几何体】建立区域，单击下方【几何体】类型下拉菜单，选择【扩展基本体】命令，单击 切角长方体 命令，在前视图中绘制一个切角长方体。注意参数中要给出一定的【圆角值】，让边角变圆滑，摆放至如图 6-51 所示位置。

图6-50 制作放样物体

图6-51 绘制切角长方体

14 将步骤 13 所绘制的金属架与切角长方体同时选中，单击菜单栏中的【组】菜单，单击【成组】命令将它们编为一组。进入 【层次】命令面板的 【轴】调整区域，激活 按钮为紫色，此时轴心处于选择状态。在顶视图中使用 【移动】工具将轴心移动至圆环的中心，如图 6-52 所示。再次单击 按钮退出轴调整。单击工具条 【角度捕捉切换】按钮，鼠标右键单击 【角度捕捉切换】按钮进行参数设置，在弹出的对话框中，将【角度】设置改为 90 度，关闭对话框，单击 【旋转】工具，在顶视图中按键盘 Shift 键沿 Z 轴旋转复制，克隆选项中选择【实例】的复制方法，【副本数】为 3。将复制所得的金属架全部选中，单击 【移动】工具，按住键盘 Shift 键在顶视图中移动复制出另外三组金属架，克隆选项中选择【实例】的复制方法，效果如图 6-53 所示。

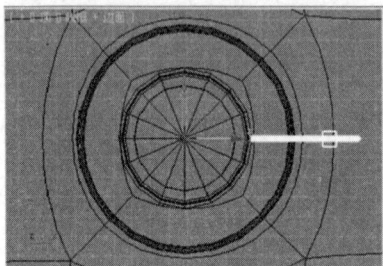

图6-52 调整轴心位置

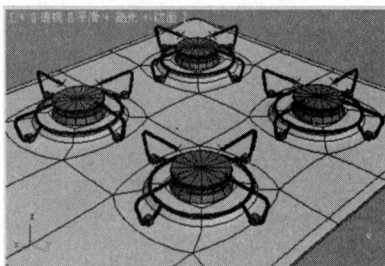

图6-53 复制金属架

15 进入【创建】控制面板的 【图形】建立区域，单击 按钮，在前视图中绘制旋钮底座侧线，如图 6-54 所示。进入 【修改】命令面板，在 修改器列表 中选择【车削】命令，单击 最小 按钮，按住键盘 Shift 键使用 【移动】工具在顶视图中复制出另外三个，克隆选项中选择【实例】的复制关系，效果如图 6-55 所示。

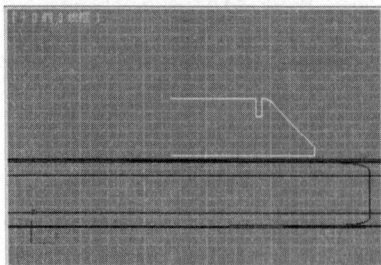

图6-54 绘制剖面图形

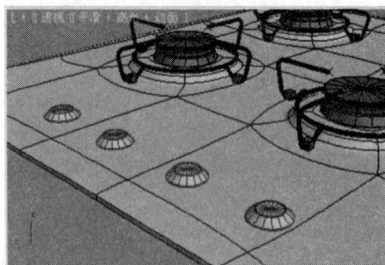

图6-55 加入车削命令并复制

16 旋钮的制作。进入【创建】控制面板的 【图形】建立区域，单击 圆 按钮和 矩形 按钮，分别在前视图中绘制出来，注意矩形的宽度与圆的直径是一样大的，如图 6-56 所示。选择圆形，进入 【修改】命令面板，在 修改器列表 中选择【编辑样条线】命令。单击 【分段】子集按钮进入【分段】子集中，选择圆的下半部分线段为红色，按键盘 Delete 键删除。选择矩形，进入 【修改】命令面板，在 修改器列表 中选择【编辑样条线】命令。单击 【分段】子集按钮进入【分段】子集中，选择矩形的最上面的线段为红色，按键盘 Delete 键删除，如图 6-57 所示。

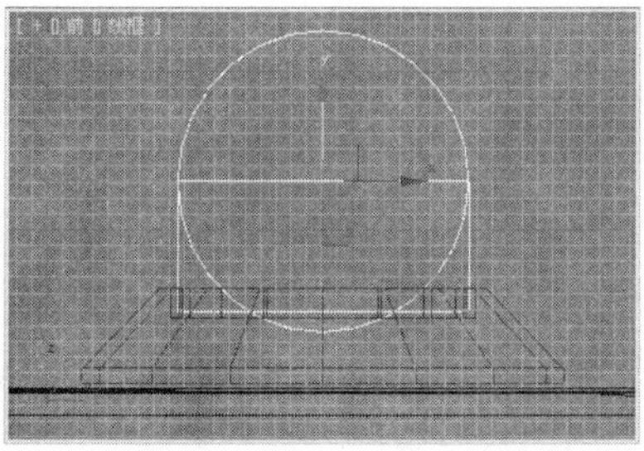

图6-56 绘制圆形矩形 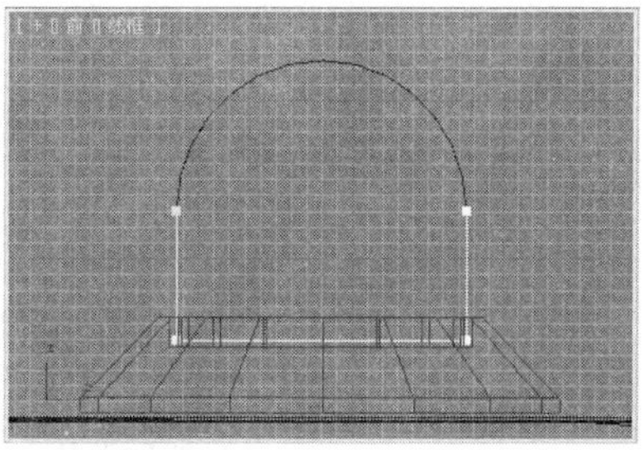　　　　　图6-57 调整圆形矩形

17 单击 附加 按钮，再单击圆形，将圆形与矩形结合到一起。单击 【顶点】子集按钮进入【顶点】子集中，将路径与圆形相对的端点选中，如图 6-58 所示。调整 焊接 0.254cm 按钮后面的距离值，注意值不能太大，单击【焊接】按钮，则相邻的两个节点焊接到一起，如图 6-59 所示。

> **提示** 圆形与矩形相交处的端点为断开的，需要将断点焊接为一个点，路径才会变为封闭的图形。焊接按钮后面的数值为距离值，是指在此距离之内的点将被焊接在一起。

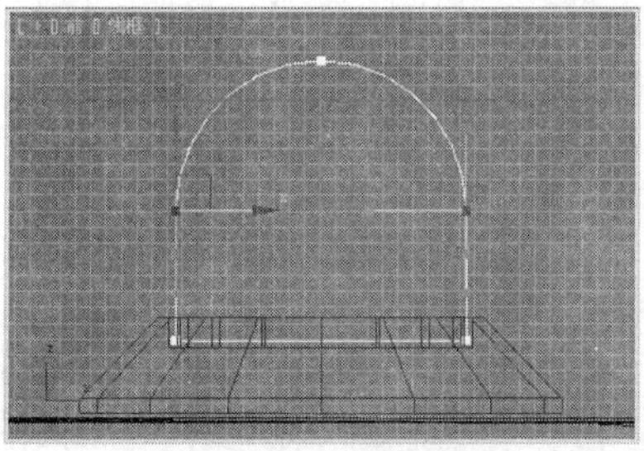

图6-58 选择端点 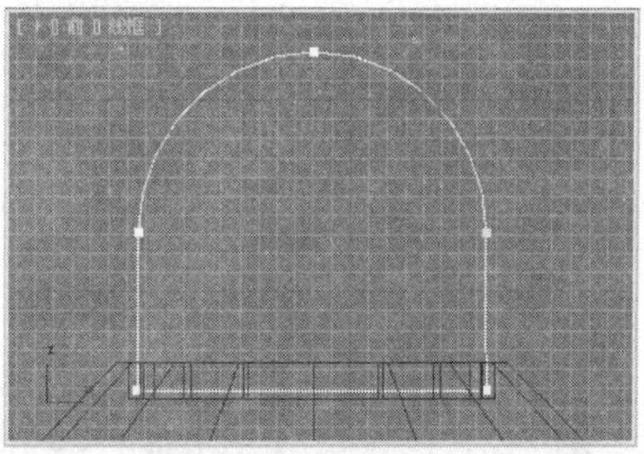　　　　　图6-59 焊接端点

18 再次单击 【顶点】子集按钮退出【顶点】子集，在 修改器列表 中选择【倒角】命令。分别适当调整【级别1】、【级别2】、【级别3】中的【高度】与【轮廓值】，得到如图 6-60 所示旋钮。按住键盘 Shift 键使用 【移动】工具在顶视图中复制出另外三个，在克隆选项中选择【实例】的复制关系，最终效果如图 6-61 所示。

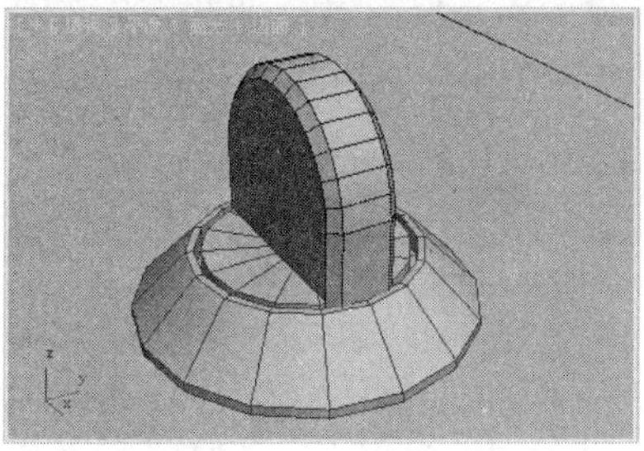

图6-60 加入倒角命令 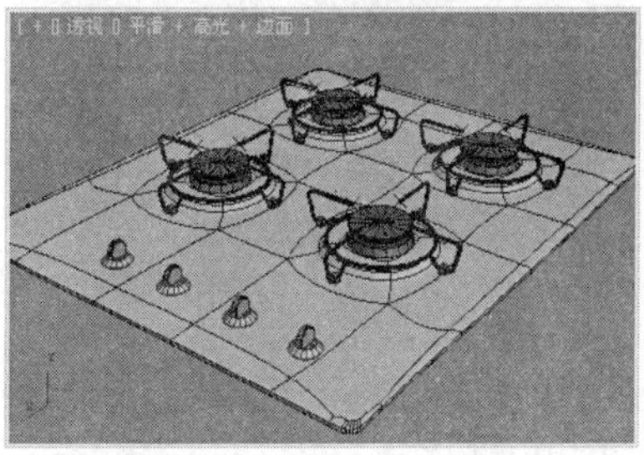　　　　　图6-61 燃气灶完整模型

6.4 垃圾箱的制作

在这一节中，将学习利用编辑多边形命令，制作垃圾箱模型，图 6-62 所示为垃圾箱的效果图。

学习重点

(1) 学习编辑多边形命令的使用方法。

(2) 学习挤出、倒角等常用编辑多边形命令。

图6-62　最后渲染效果

实例场景：光盘\效果\第6章\垃圾箱 max

操作步骤

01 进入【创建】控制面板的 ◎【几何体】建立区域，单击 长方体 按钮，在透视图中建立如图 6-63 所示长方体，进入 ☑【修改】命令面板，在 修改器列表 中选择【编辑多边形】命令。单击 ▣【多边形】按钮进入【多边形】子集中，选中该长方体顶部的面为红色，使用 插入 ▫ 命令插入一个面，使用【移动】工具将该面稍微向上移动，如图 6-64 所示。再单击键盘 Delete 键将面删除。

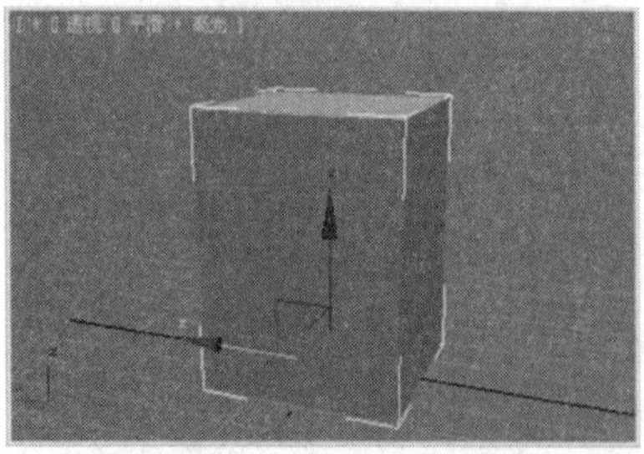

图6-63　建立长方体

图6-64　为选中面做倒角效果

02 选中长方体侧面的一个面，使用 插入 ▫ 命令插入一个面，使用【缩放】工具适当压缩该面的大小，并使用【移动】工具将该面向外侧移动，效果如图 6-65 所示。将与该面相对应的另一侧的面也进行同样的处理使之对称。将剩下的两个面制作出向内凹陷的效果，使用 插入 命令做插入面处理两次，然后将第二次插入的面使用【移动】工具适当往内移动做出凹陷的效果，如图 6-66 所示。

图6-65　插入面并调整大小位置

图6-66　插入面并调整位置

03 单击 【边】子集按钮进入【边】子集中，选中如图 6-67 所示边界，再使用 切角 命令将该边进行倒角，如图 6-68 所示。

图6-67　选择边

图6-68　将选择边做倒边处理

04 单击 【顶点】子集按钮进入【顶点】子集中，选中如图 6-69 所示两点，用 焊接 命令将此两点焊接为一个点，用同样的方法将其他分开的两对点也焊接到一起，最后出现如图 6-70 所示的小三角形。使用同样的方法将另一端的点两两合并。同样道理，将垃圾箱另外的三条边也做倒角处理，然后焊接点。

图6-69　选择节点

图6-70　焊接节点

05 进入 【多边形】子集中，选中长方体底部的面为红色，如图 6-71 所示。使用 插入 命令插入一个面，如图 6-72 所示。

06 使用 挤出 命令将插入的面挤出如图 6-73 所示高度，再使用 倒角 命令继续向下挤出一定高度并制作倒角效果，效果如图 6-74 所示。

图6-71 选择多边形

图6-72 插入面

图6-73 挤出选择面

图6-74 为选择面做倒角效果

07 使用 [挤出 □] 命令将该面继续向下挤出一定的高度，垃圾箱身制作完成，如图 6-75 所示。接下来制作垃圾箱盖，在顶视图建立一个长方体，大小如图 6-76 所示。

图6-75 挤出选择面

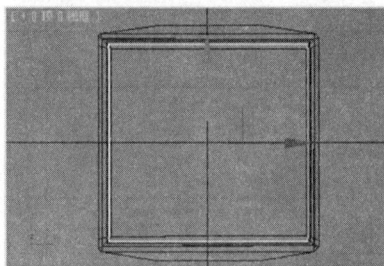

图6-76 绘制长方体

08 进入 [✎] 【修改】命令面板，在 [修改器列表 ▾] 中选择【编辑多边形】命令。单击 [✎] 【边】子集按钮进入【边】子集中，利用 [连接 □] 命令在长方体中间加 4 条线，如图 6-77 所示。单击 [▣] 【多边形】子集按钮进入【多边形】子集中，将该长方体底部如图 6-78 所示已选中的面删除。

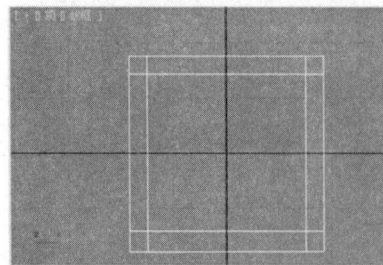

图6-77 添加边

图6-78 删除选中面

09 选中如图 6-79 所示的四个面，使用 挤出 □ 命令将面向下挤出一定高度，如图 6-80 所示。

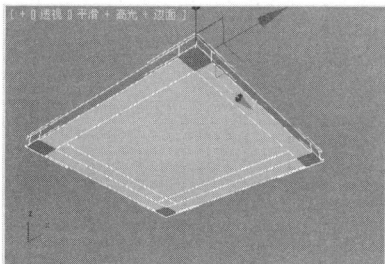

图6-79 选择面

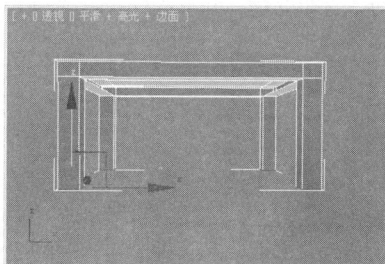

图6-80 将选中面做挤出效果

10 单击 ◁ 【边】子集按钮进入子集中，选中如图 6-81 所示线段为红色，再使用右侧的 切角 □ 命令将该边进行倒角，将倒角出的新面删除，如图 6-82 所示。

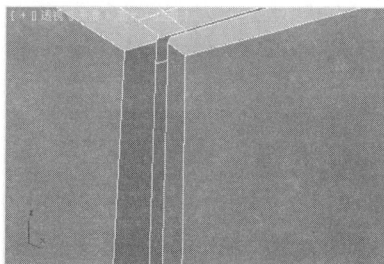

图6-81 选择边

图6-82 删除面

11 进入 【顶点】子集中，选中如图 6-83 所示的两个顶点，按键盘 Backspace 退格键将其删除，如图 6-84 所示，同理，将另外三个立柱做出同样的处理。

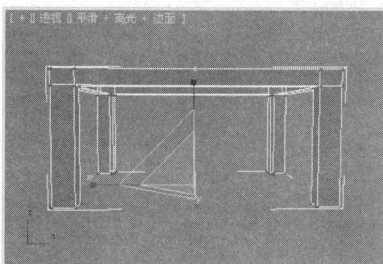

图6-83 选择顶点

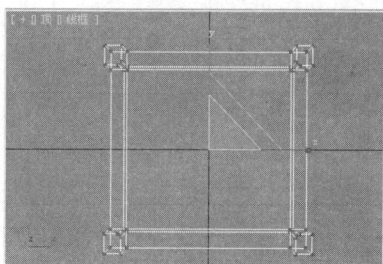

图6-84 删除面

12 选中如图 6-85 所示顶点，然后在顶视图中使用【缩放】命令适当向外扩大，效果如图 6-86 所示。

图6-85 选择顶点

图6-86 调整顶点位置

13 进入 ■【多边形】子集中，选中如图 6-87 所示的四个面，将其删除。进入 ◢【边】子集中，将四条腿的纵向的线段全部选中，单击 连接 □命令在如图 6-88 所示的位置加一条线。

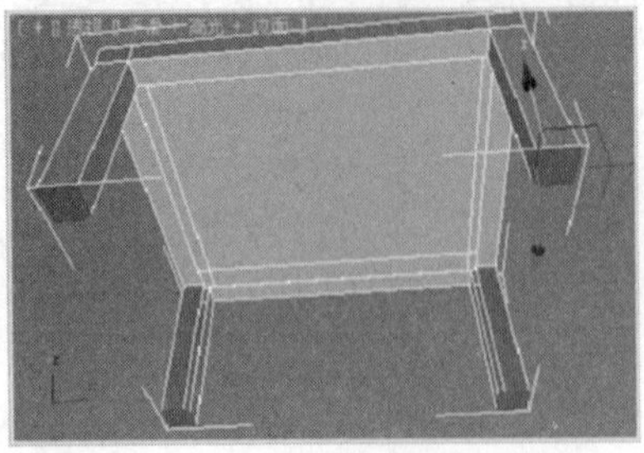

图6-87　选择面

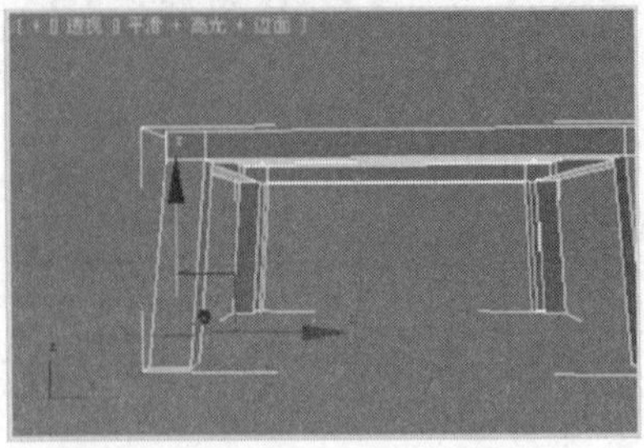

图6-88　添加边

14 进入 ■【多边形】子集中，选中如图 6-89 所示的面将其删除，进入 ◢【边】子集中，将刚刚删除的面的边界用 桥 □命令桥接起来，将另外的三个腿做出同样的效果，如图 6-90 所示。

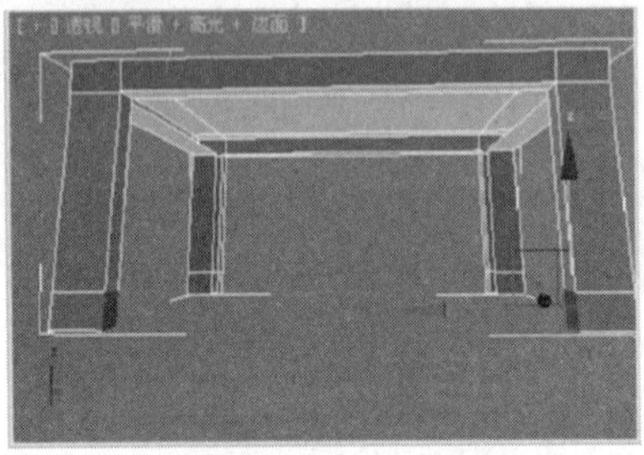

图6-89　选择面并删除

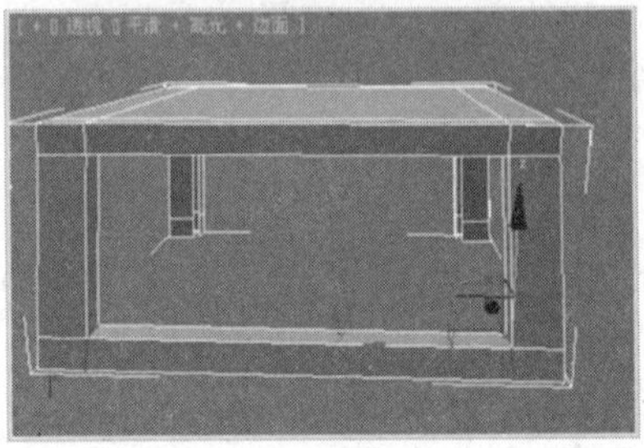

图6-90　桥接选择边界

15 进入 ◎【边】界子集中，将如图 6-91 所示底部的边界选中，使用 挤出 □命令将所选边界挤出面。并使用【移动】工具适当调整位置，如图 6-92 所示。

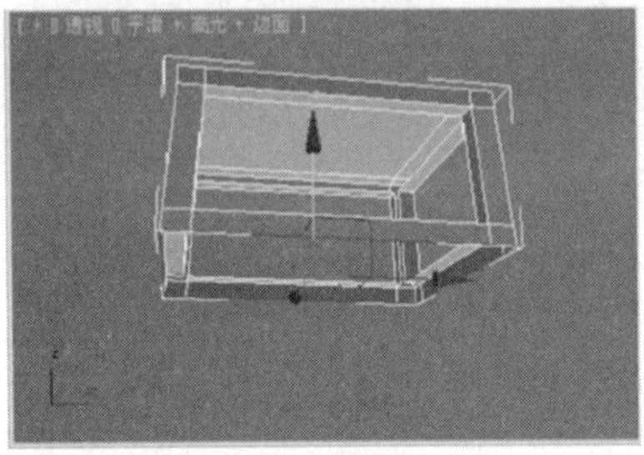

图6-91　选择边

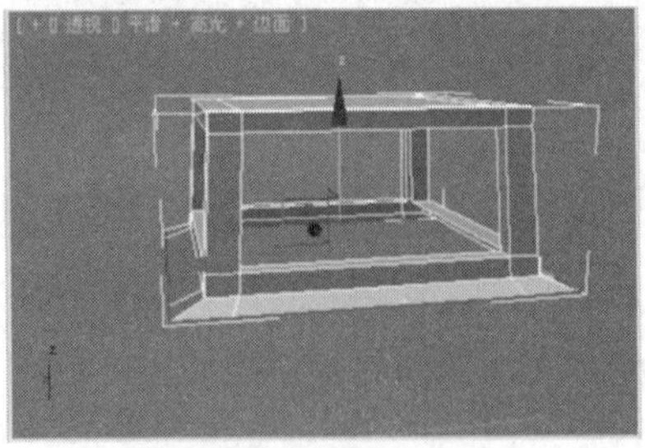

图6-92　调整挤出边

16 单击 ◢【边】子集按钮进入【边】子集当中，使用 连接 □命令添加如图 6-93 所示线段，并在对应的另一侧也添加相应的线段。单击 ◎【边界】按钮进入【边界】子集中，将如图 6-94 所示的边界选中。

17 使用 挤出 □命令向外挤出面，并使用【移动】工具适当调整位置，如图 6-95 所示，单击 ◢【边】子集按钮进入【边】子集当中，使用 连接 □命令横向添加一条如图 6-96 所示的线段。

图6-93 添加边

图6-94 选择边界

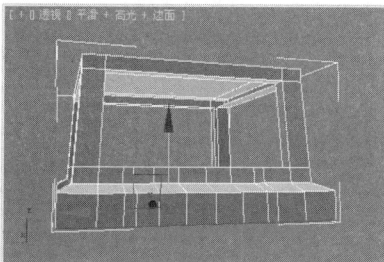

图6-95 调整边位置

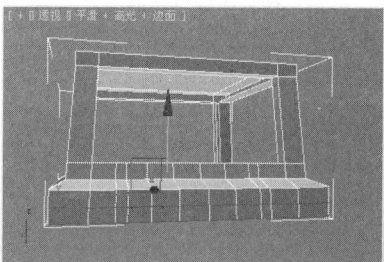

图6-96 添加边

18 单击■【多边形】子集按钮进入【多边形】子集中，删除如图 6-97 所示选中的面，将与其相对应的面也删除。选中如图 6-98 所示的面，进行删除。

图6-97 删除选中面

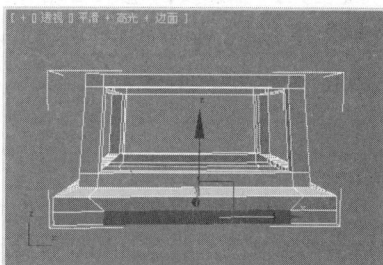

图6-98 选择面并删除

19 单击◢【边】子集按钮进入【边】子集当中，选中如图 6-99 所示显示为红色的线段，再使用 切角 ■命令将四条线段做倒角处理，并使用【移动】工具适当将其上移，得到如图 6-100 所示效果。

图6-99 选择边

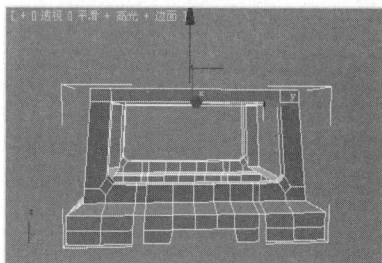

图6-100 调整边的位置

20 选中顶部的边，如图 6-101 所示，使用 切角 命令将其做倒角处理，如图 6-102 所示。

图6-101 选择边

图6-102 将选择边做倒边效果

21 将如图 6-103 所示的边选中，使用 切角 命令同样做倒角处理，效果如图 6-104 所示。

图6-103 选择边

图6-104 将选择边做倒边效果

22 单击 【边界】子集按钮进入【边界】子集中，选中底部边界，如图 6-105 所示。使用 挤出 命令向里挤出面，如图 6-106 所示。

图6-105 选择边界

图6-106 挤出边界

23 单击 【边】子集按钮进入【边】子集当中，选中顶部如图 6-107 所示线段，使用 切角 命令做倒角处理，垃圾箱盖制作完成。最终效果如图 6-108 所示。

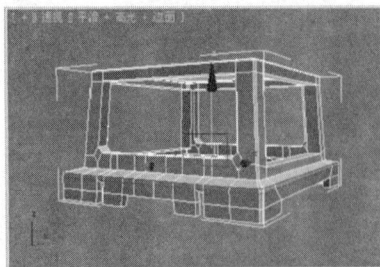

图6-107 选择边并做切角处理

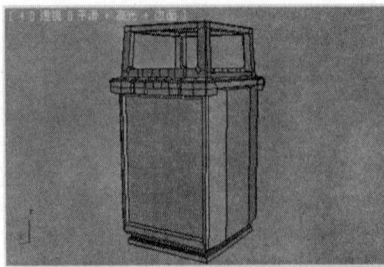

图6-108 完整垃圾箱模型

在这一节中，将学习利用编辑多边形命令结合车削命令，制作饮水机模型，图6-109 所示为饮水机的效果图。

学习重点

(1) 学习编辑多边形命令的使用。

(2) 学习车削命令的使用。

图6-109 最后渲染效果

实例场景：光盘\效果\第6章\饮水机 max

操作步骤

01 饮水机身部分的制作。进入【创建】控制面板的 ◎【几何体】建立区域，单击下拉菜单，选择【扩展基本体】命令，单击 切角长方体 命令，在前视图中绘制一个切角长方体。注意参数中要给出一定的【圆角值】，让边角变圆滑。长、宽、高的分段数分别设为5、4、3，如图 6-110 所示。进入 ☑【修改】命令面板，在 修改器列表 中选择【编辑多边形】命令，单击 ◁【边】子集按钮进入【边】子集当中，选中两侧的线段，适当调整其位置，如图 6-111 所示。

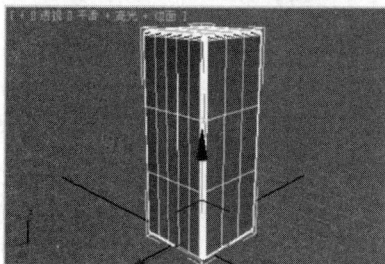

图6-110 绘制切角长方体

图6-111 调整线段位置

02 单击▣【多边形】子集按钮进入【多边形】子集中，选中如图 6-112 所示红色区域的面，单击 挤出 □右侧的设置按钮，向里挤出一定高度，如图 6-113 所示。将对侧与之相对应的面同样挤出。

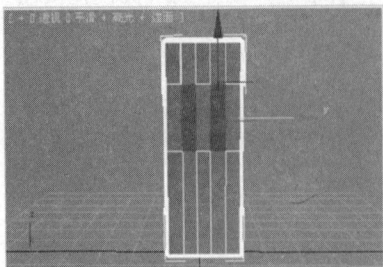

图6-112 选择面

图6-113 挤入选择面

03 选择长方体另一侧的中间面为红色，单击 挤出 □右侧的设置按钮，向内挤入，得到如图 6-114 所示效果。单击✍【边】子集按钮进入【边】子集当中，选中如图 6-115 所示的红色线段。

图6-114 挤入选中面

图6-115 选择线段

04 单击 切角 □右侧的设置按钮做倒角效果。【分段】数可适当的设置多些，使其边界变的更加圆滑，效果如图 6-116 所示。进入【创建】控制面板的○【几何体】建立区域，单击 圆柱体 按钮，在透视图中建立一个圆柱体并将其放置饮水机机身上部。注意圆柱体要和饮水机身稍微重合一些，如图 6-117 所示。

图6-116 加入倒角效果

图6-117 建立圆柱体

05 选中饮水机身，进入【创建】控制面板的○【几何体】建立区域，选择下拉菜单中的【复合对象】选项，单击 布尔 命令，在该命令下再单击 拾取操作对象B 命令，然后再在透视图中拾取圆柱体，得到如图 6-118 所示效果。再在【标准基本体】模式下单击 管状体 命令，在顶视图中建立一个管状体，正好遮住饮水机上的口，作为饮水机的瓶口，如图 6-119 所示。

06 进入✍【修改】命令面板，在 修改器列表 ∨中选择【编辑多边形】命令，单击✍【边】子集按钮进入【边】子集中，选中管状体如图 6-120 所示的红色线段，并用【缩放】工具适当压小，

再使用 切角 □ 命令将该线段倒角，使其变得圆滑，效果如图 6-121 所示。

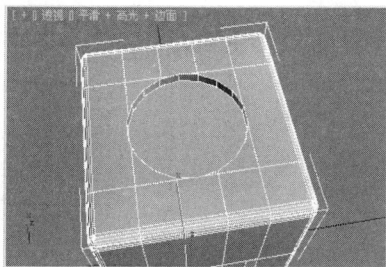

图6-118　制作布尔运算

图6-119　绘制管状体

图6-120　选择线段

图6-121　制作倒角效果

07 创建饮水机水桶部分。进入【创建】控制面板的 ⊙ 【图形】建立区域，单击 线 按钮，在前视图中绘制出水桶侧线，如图 6-122 所示。进入 ⊘ 【修改】命令面板，在 修改器列表 ⌄ 中选择【车削】命令，得到如图 6-123 所示形状。

图6-122　绘制剖面图形

图6-123　加入车削命令

08 在 修改器列表 ⌄ 中选择【壳】命令，使水桶有了一定的厚度，如图 6-124 所示。再将其放置在饮水机上面，如图 6-125 所示。

图6-124　加壳制作厚度

图6-125　调整水桶位置

三维制作大师

09 创建饮水机开关。进入【创建】控制面板的 ⊙ 【几何体】建立区域，单击 图柱体 按钮，在前视图中创建如图 6-126 所示圆柱体，单击 ▣ 【多边形】子集按钮进入【多边形】子集中，选择如图 6-127 所示红色的面。

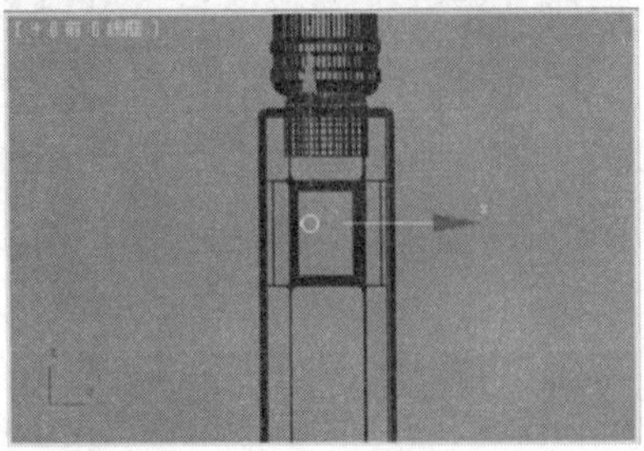

图6-126　绘制圆柱体 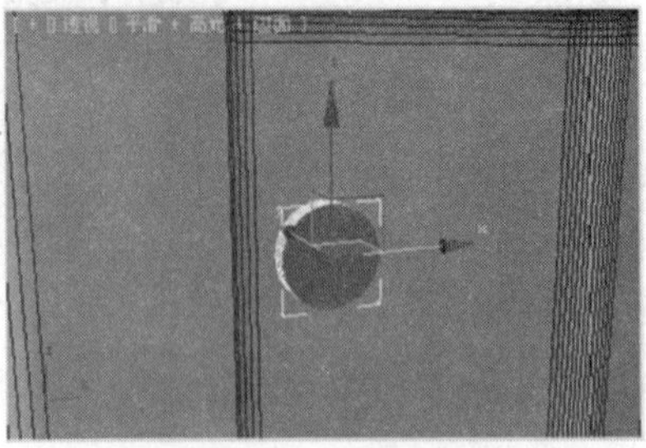　　　　　　　图6-127　选择面

10 单击 插入 □ 命令右侧的设置按钮，适当调整【插入量】，向里插入一个面，如图 6-128 所示。单击 挤出 □ 命令右侧的设置按钮，适当调整【高度】值，向外侧挤出，得到如图 6-129 所示效果。

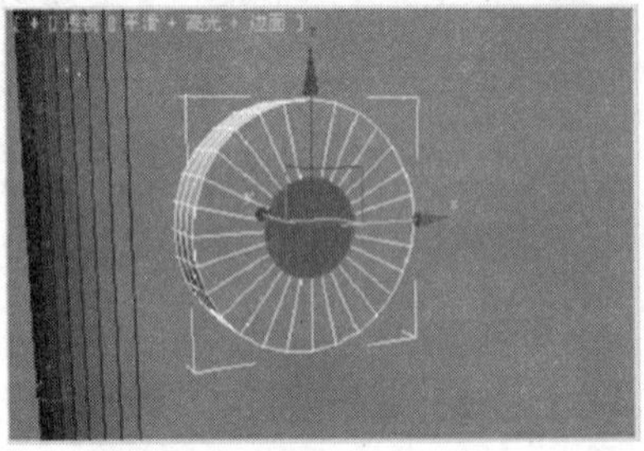

图6-128　插入选择面 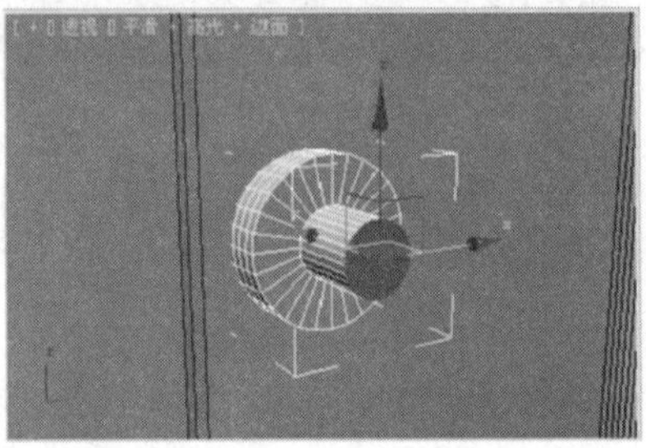　　　　　　　图6-129　挤出选择面

11 单击 ⊘ 【边】子集按钮进入【边】子集当中，选中如图 6-130 所示红色的边，使用 切角 □ 命令将该线段倒角，使其变得圆滑，效果如图 6-131 所示。

图6-130　选择线段 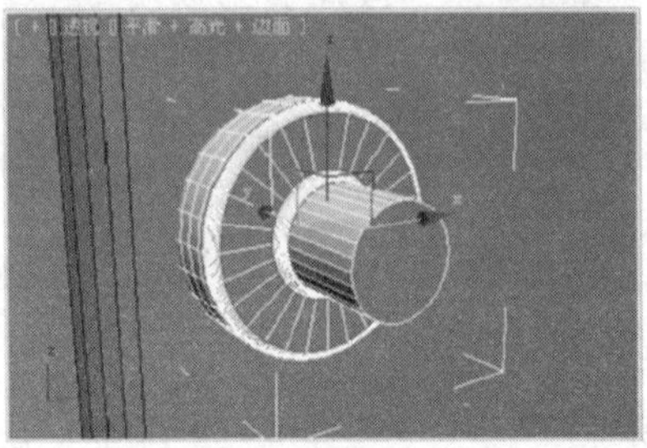　　　　　　　　图6-131　制作倒角效果

12 单击 图柱体 按钮建立一个圆柱体，放置在如图 6-132 所示的位置。将步骤 11 制作的图形一起选中并合为一组，移动复制到如图 6-133 所示位置上。

13 进入【创建】控制面板的 ⊙ 【几何体】建立区域，单击 四棱锥 按钮建立一个四棱锥，放置在如图 6-134 所示位置。再建立一个圆柱体，同上使用【插入】、【挤出】命令得到如图 6-135 所示图形，并将其放置另一开关上。

14 选择【扩展基本体】命令，单击 切角长方体 命令，绘制一个切角长方体，将其调整适当大小并稍微倾斜放置在如图 6-136 所示的凹槽里，复制该长方体数个使其充满凹槽，另外三个凹槽也同样充满，最终效果如图 6-137 所示。

图6-132　建立圆柱体

图6-133　编组并复制

图6-134　绘制四棱锥

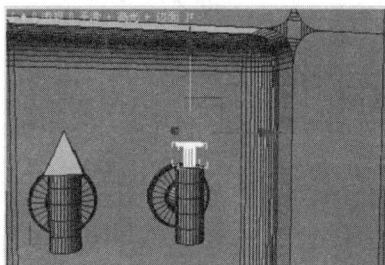

图6-135　制作开关

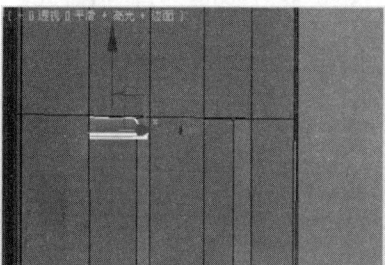

图6-136　绘制并调整切角长方体

图6-137　复制操作

6.6　餐具架的制作

在这一节中，将学习利用编辑多边形命令，制作餐具架模型，图 6-138 所示为餐具架的效果图。

学习重点

（1）学习编辑多边形命令的使用。

（2）学习挤出命令的使用。

图6-138　最后渲染效果

实例场景：光盘\效果\第6章\餐具架 max

操作步骤

01 进入【创建】控制面板的 ◎【几何体】建立区域，单击 长方体 按钮，在左视图中【创建】一个立方体，如图 6-139 所示。进入 ◢【修改】命令面板，在 修改器列表 中选择【编辑多边形】命令。单击 ◢【边】子集按钮进入【边】子集中，将顶部一条边选中，使用 切角 ▫ 命令为其倒边，如图 6-140 所示。

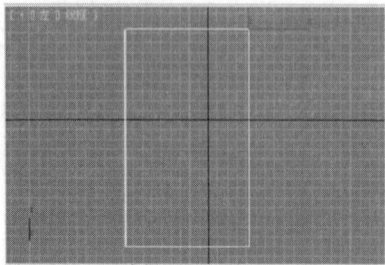

图6-139 绘制立方体

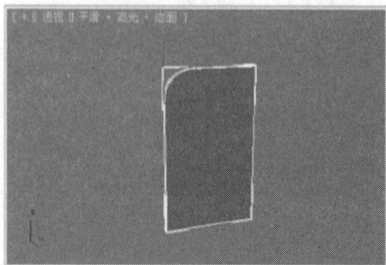

图6-140 制作倒边

02 选择如图 6-141 所示红色的边，使用 切角 ▫ 命令为其倒边，如图 6-142 所示。

图6-141 选择线段

图6-142 加入倒边效果

03 激活顶视图，按键盘 Shift 键将其复制两份并调整距离，如图 6-143 所示。进入【创建】控制面板的 ◎【几何体】建立区域，单击 长方体 按钮，在顶视图中【创建】一个立方体，如图 6-144 所示。

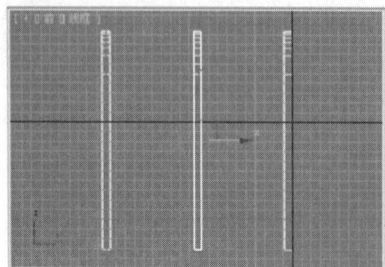

图6-143 复制并调整距离

图6-144 创建长方体

04 进入 ◢【修改】命令面板，在 修改器列表 中选择【编辑多边形】命令。单击 ◢【边】子集按钮进入【边】子集中，将左右两端的边选中，使用 切角 ▫ 命令为其倒边，如图 6-145 所示。继续选择上下两端的边，使用 切角 ▫ 命令为其倒边，如图 6-146 所示。

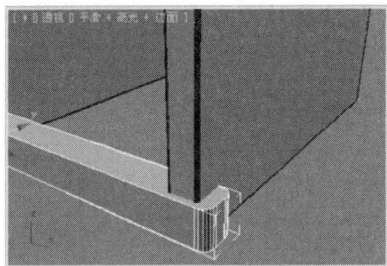

图6-145　制作倒边效果　　　　　图6-146　制作倒边效果

05 激活顶视图，按键盘 Shift 键将其复制两份并调整距离，如图 6-147 所示。在另一侧同样按住键盘 Shift 键将其复制七份并调整距离，调整比例，如图 6-148 所示。

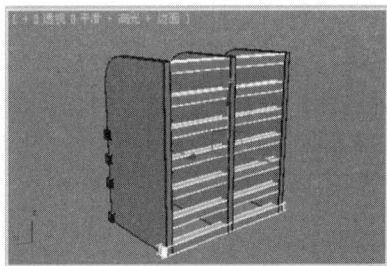

图6-147　复制对象　　　　　　　图6-148　复制对象

06 进入【创建】控制面板的 ⊙【几何体】建立区域，单击 ▢长方体 按钮，在顶视图中【创建】一个立方体作为架子底座，如图 6-149 所示。最终效果如图 6-150 所示。

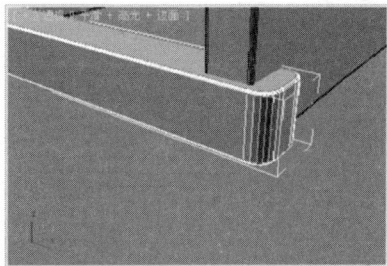

图6-149　绘制长方体　　　　　　图6-150　餐具架完整模型

▶ 6.7　厨房用水池的制作

在这一节中，将学习利用编辑多边形命令结合挤出命令，制作厨房用水池模型，图 6-151 所示为厨房用水池的效果图。

学习重点

（1）学习编辑多边形命令的使用。

（2）学习挤出命令的使用。

图6-151　最后渲染效果

实例场景：光盘\效果\第6章\厨房用水池.max

操作步骤

01 进入【创建】控制面板的 【几何体】建立区域，单击 长方体 按钮，在前视图中建立一个长方体，【高度分段】为2，如图6-152所示。选择长方体，进入 【修改】命令面板，在 修改器列表 中选择【编辑多边形】命令，单击 【顶点】子集按钮进入【顶点】子集中，在前视图中将长方体中间的点选中，利用【移动】工具沿Y轴方向向上移动，调整至如图6-153所示效果。

图6-152　绘制长方体

图6-153　调整节点位置

02 单击 【多边形】子集按钮进入【多边形】子集中，选择长方体上面的面为红色，如图6-154所示。单击 挤出 命令右侧的设置按钮，选择【局部法线】的方式，适当调整【高度】值，得到如图6-155所示效果。

图6-154　选择面

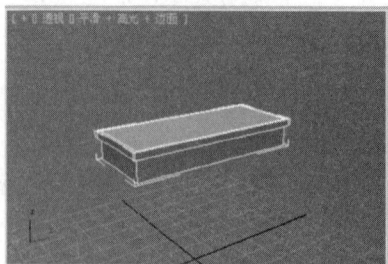

图6-155　挤出选择面

03 选择上面的面为红色，如图6-156所示。单击 挤出 命令右侧的设置按钮，适当调整【高度】，将面向下挤入，得到如图6-157所示效果。

图6-156 选择面

图6-157 挤入选择面

04 进入【边】子集中，选择横向的边为红色，如图 6-158 所示。单击 连接 □ 命令右侧的设置按钮，设置【分段】数为 3。为其添加两条纵向的线，如图 6-159 所示。

图6-158 选择边

图6-159 添加线段

05 选中如图 6-160 所示的边，单击 连接 □ 命令右侧的设置按钮，设置【分段】数为 16，如图 6-161 所示。

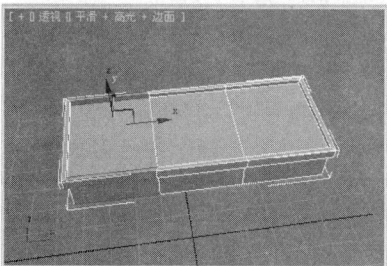

图6-160 选择边

图6-161 添加线段

06 选择上面的面为红色，如图 6-162 所示。单击 倒角 □ 命令右侧的设置按钮，适当调整【高度】和【轮廓量】值，得到如图 6-163 所示效果。

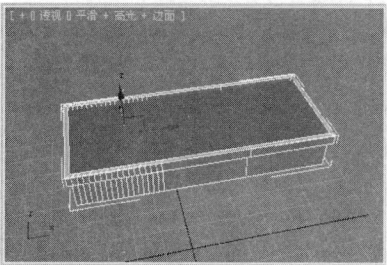

图6-162 选择面

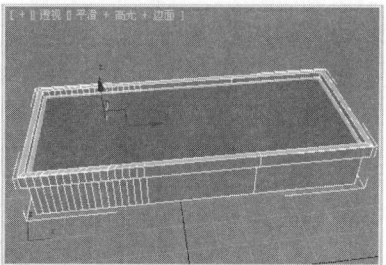

图6-163 为选择面做倒角处理

三维制作大师

07 选择如图 6-164 所示的面，单击 [插入 □] 命令右侧的设置按钮，调整【插入量】，向里插入一个面，单击 [挤出 □] 命令右侧的设置按钮，适当调整【高度】，将选中的面向上挤出来，如图 6-165 所示。

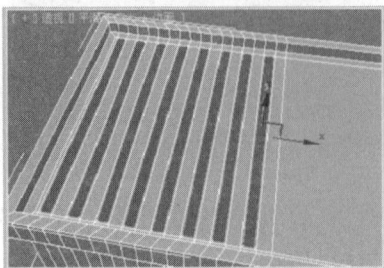

图6-164　选择面

图6-165　插入面并挤出

08 选择右面的面为红色，单击 [插入 □] 命令右侧的设置按钮，调整【插入量】，向里插入一个面，得到如图 6-166 所示效果。单击 [挤出 □] 命令右侧的设置按钮，适当调整【高度】值，向内挤入水池的结构，如图 6-167 所示。

图6-166　插入面

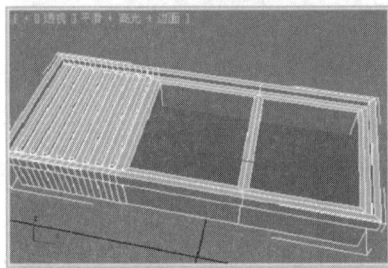

图6-167　挤入选择面

09 单击 [插入 □] 命令右侧的设置按钮，选择【按多边形】的方式，调整插入量，再次向里插入一个面，得到如图 6-168 所示效果。单击 [挤出 □] 命令右侧的设置按钮，适当调整【高度】，向下挤出后删除面，如图 6-169 所示。

图6-168　插入面

图6-169　挤入选择面

10 选择线为红色，如图 6-170 所示。单击 [切角 □] 命令右侧的设置按钮，调整【分段】数为 1，适当调整【切角量】的值，得到如图 6-171 所示的倒边效果。

11 单击 [切片] 命令按钮，在如图 6-172 所示的位置加一条固定形状的线。然后勾选【使用 NURBS 细分】选项设置，【迭代次数】为 2，如图 6-173 所示。

图6-170 选择边

图6-171 为边做倒角处理

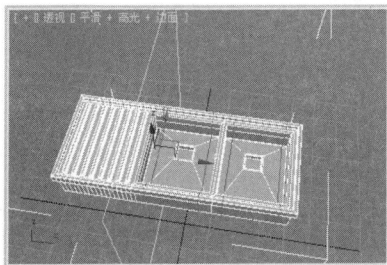

图6-172 添加线段

图6-173 光滑处理

12 建立 4 个长方体，调整宽度和位置，如图 6-174 所示。进入【创建】控制面板的 ⬚ 【图形】建立区域，单击 ▭线▭ 按钮，在顶视图中绘制一条曲线，如图 6-175 所示。

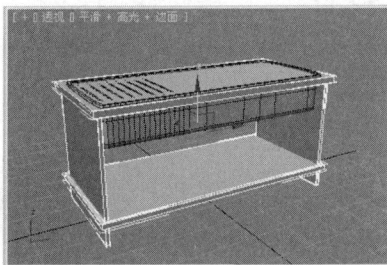

图6-174 绘制长方体

图6-175 绘制样条线

13 进入 ⬚ 【修改】命令面板，在 修改器列表 中选择【挤出】命令，挤出数量上做适当调整，如图 6-176 所示。选择水池台子，进入【创建】控制面板的【几何体】建立区域，在【标准基本体】列表中选择【复合对象】命令，单击 ▭布尔▭ 按钮，单击 拾取操作对象B 命令，在透视图中选择新建的物体，得到如图 6-177 所示的最终效果。

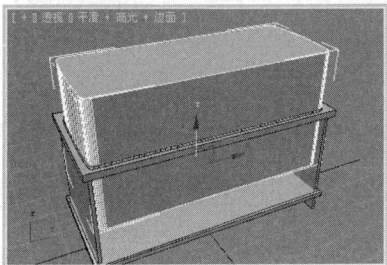

图6-176 挤出厚度

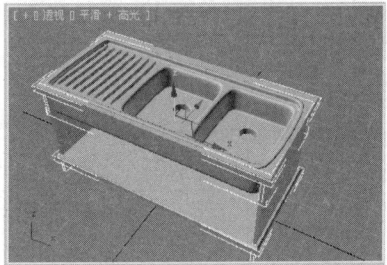

图6-177 水池最后模型效果

6.8 单把水壶的制作

在这一节中，将学习利用编辑多边形命令结合车削命令，制作单把水壶模型，图6-178所示为单把水壶的效果图。

学习重点

(1) 学会车削命令的使用方法。

(2) 学会编辑多边形命令命令的使用方法。

图6-178　最后渲染效果

实例场景：光盘\效果\第6章\单把水壶 max

操作步骤

01 进入【创建】控制面板的 【图形】建立区域，单击 线 按钮，在前视图中绘制壶的半个剖面图，如图6-179所示。在 修改器列表 中选择【车削】命令，设置【分段】值为12，得到如图6-180所示效果。

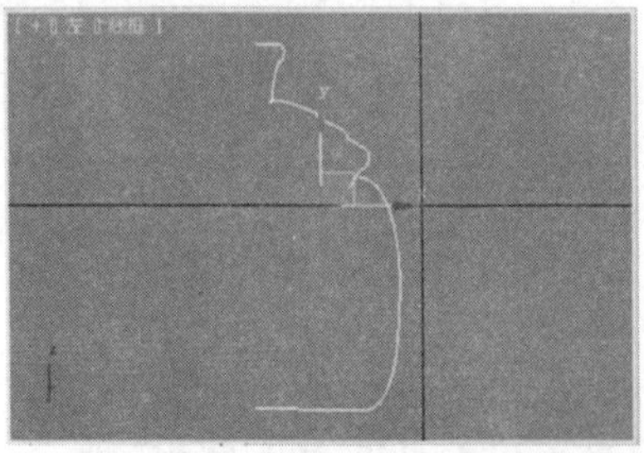

图6-179　绘制剖面图形

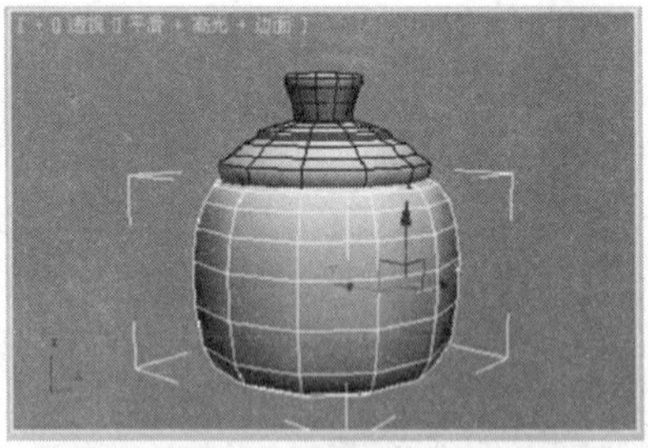

图6-180　加入车削命令

02 进入 【修改】命令面板，在 修改器列表 中选择【编辑多边形】命令，单击 【多边形】子集按钮进入【多边形】子集中，选择如图6-181所示的面。单击 挤出 命令右侧的设置按钮，适当挤出高度值，得到如图6-182所示效果。

03 单击 【边】子集按钮进入【边】子集中，给壶嘴加几条线后调整壶嘴形状，如图6-183所示。在 修改器列表 中选择【网格光滑】命令，为其制作光滑效果，如图6-184所示。

图6-181　选择面

图6-182　挤出选择面

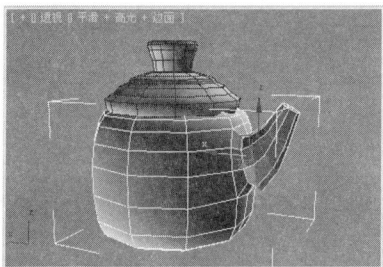

图6-183　调整壶嘴形状

图6-184　加入光滑效果

04 进入【创建】控制面板的 ⊙【几何体】建立区域，单击 圆柱体 按钮，在左视图中建立一个圆柱体，如图 6-185 所示。选择圆柱体，进入 ☑【修改】命令面板，在 修改器列表 ▼ 中选择【编辑多边形】命令，单击▣【多边形】子集按钮进入【多边形】子集中，在透视图中将圆柱体面选中，利用【缩放】工具缩小，调整至如图 6-186 所示效果。

图6-185　绘制圆柱体

图6-186　调整圆柱体

05 单击▣【多边形】子集按钮进入【多边形】子集中，选择圆柱体如图 6-187 的面，单击 挤出 ▣ 命令右侧的设置按钮，适当挤出高度值，将小面向外挤出一点，如图 6-188 所示。

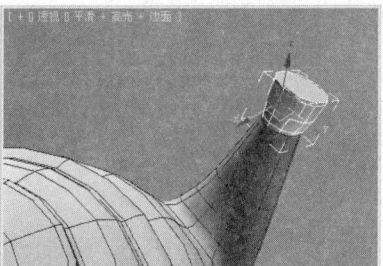

图6-187　选择面

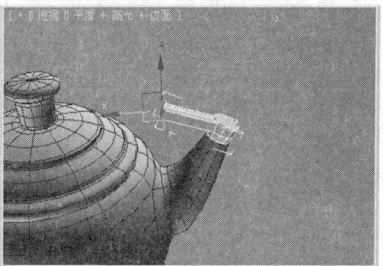

图6-188　挤出选择面

06 对其加线，形状如图 6-189 所示。单击▣【多边形】子集按钮进入【多边形】子集中，选择圆柱体如图 6-190 的面。

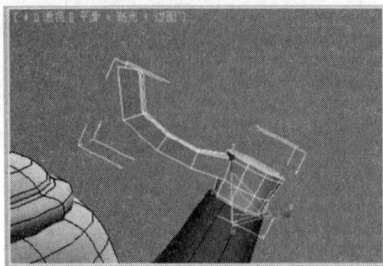

图6-189　加线调整形状

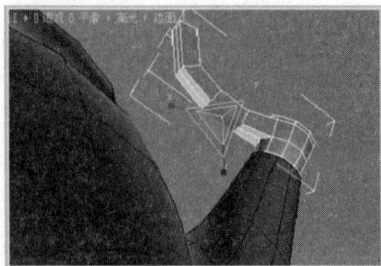

图6-190　选择面

07 单击 挤出 ▣ 命令右侧的设置按钮，适当挤出高度值，将面向外挤出一点，如图 6-191 所示。对挤出的的面加线如图 6-192 所示。

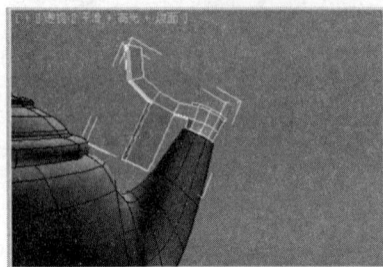

图6-191　挤出选择面

图6-192　添加线段

08 进一步做形状的修改，如图 6-193 所示。进入 ✎ 【修改】命令面板，在 修改器列表 ✔ 中选择【网格光滑】命令，加入光滑效果，如图 6-194 示。

图6-193　调整形状

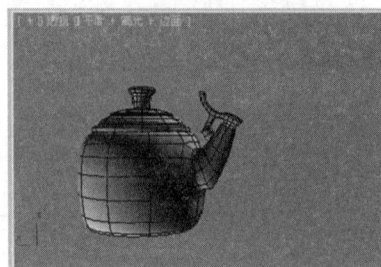

图6-194　加入光滑效果

09 进入【创建】控制面板的 ⃝ 【几何体】建立区域，单击 圆柱体 按钮，在顶视图中建立一个圆柱体，【边】数为 12，如图 6-195 所示。在 修改器列表 ✔ 中选择【编辑多边形】命令，单击 ▣ 【多边形】子集按钮进入【多边形】子集中，选择圆柱体一半的面删掉，如图 6-196 所示。

图6-195　创建圆柱体

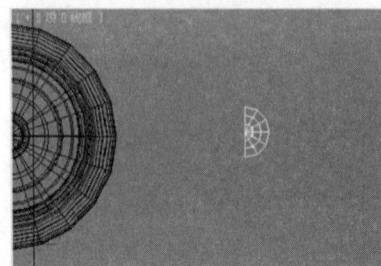

图6-196　删除选择面

10 单击 ☑ 【边】子集按钮进入【边】子集中，在前视图中将圆柱体两面的边选中，如图 6-197 所示。单击 挤出 □ 命令右侧的设置按钮，适当挤出高度值，将边向外挤出一点，如图 6-198 所示。

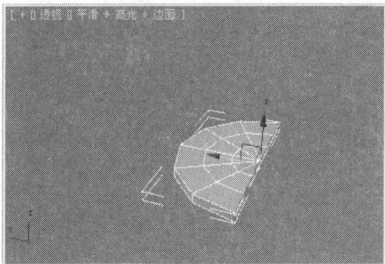

图6-197　选择边

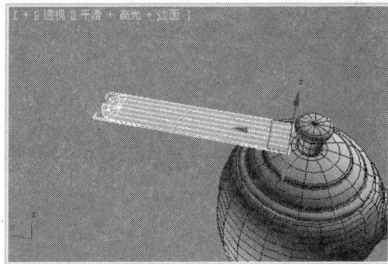

图6-198　挤出选择边

11 调整其位置如图 6-199 所示。进入【创建】控制面板的 ○ 【几何体】建立区域，单击 圆柱体 按钮，在顶视图中建立一个圆柱体，【边】数为 12，调整位置如图 6-200 所示。

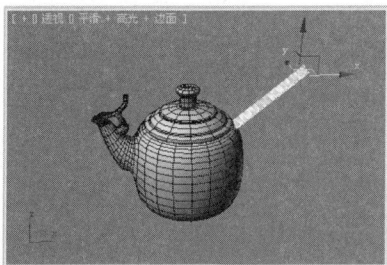

图6-199　调整位置

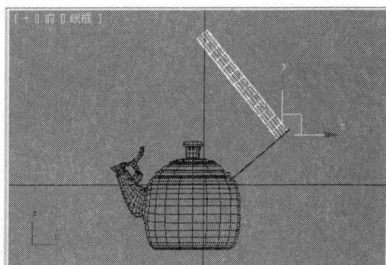

图6-200　创建圆柱体

12 选择圆柱体，进入 ☑ 【修改】命令面板，在 修改器列表 ▼ 中选择【弯曲】命令，适当调整 【角度】值，如图 6-201 所示。进入【创建】控制面板的 ○ 【几何体】建立区域，单击 长方体 按钮，在顶视图中建立一个圆柱体，【宽度段数】为 3，如图 6-202 所示。

图6-201　加入弯曲效果

图6-202　绘制长方体

13 进入 ☑ 【修改】命令面板，在 修改器列表 ▼ 中选择【涡轮平滑】命令，如图 6-203 所示。进 入【创建】控制面板的 ○ 【几何体】建立区域， 单击 圆柱体 按钮，在顶视图中建立两个圆柱体， 位置如图 6-204 所示。

14 选择两个圆柱体进入 ☑ 【修改】命令面板， 在 修改器列表 ▼ 中选择【涡轮平滑】命令，水壶 的最终效果如图 6-205 所示。

图6-203　加入光滑效果

图6-204 绘制圆柱体

图6-205 水壶最终模型

6.9 陶瓷盘子的制作

在这一节中，将学习利用编辑多边形命令结合车削命令，制作陶瓷盘子模型，图6-206所示为陶瓷盘子的效果图。

学习重点

（1）学会编辑多边形命令命令的使用方法。
（2）学习车削命令的使用方法。

图6-206 最后渲染效果

实例场景：光盘\效果\第6章\陶瓷盘子 max

操作步骤

01 进入【创建】控制面板的 【图形】建立区域，单击 矩形 按钮，在顶视图中按键盘 Ctrl 键绘制一个正矩形，如图 6-207 所示。进入 【修改】命令面板，在 修改器列表 中选择 【编辑样条线】命令。单击 【顶点】子集按钮进入【顶点】子集中，选择所有顶点，单击鼠标右键，在弹出的对话框中将节点的类型选择为【Bezier 角点】，调整 Bezier 杆形状，得到如图 6-208 所示的图形。

02 保持点为选择状态，单击 圆角 按钮，在节点处拖动鼠标，将交汇处的尖角变为圆角，如图 6-209 所示。进入 【修改】命令面板，在 修改器列表 中选择【编辑多边形】命令，单击 【多边形】子集按钮进入【多边形】子集，将面选择，如图 6-210 所示。

图6-207　绘制矩形

图6-208　调整节点类型

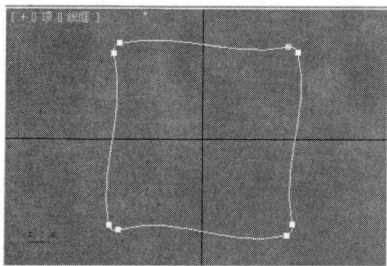

图6-209　尖角变圆角

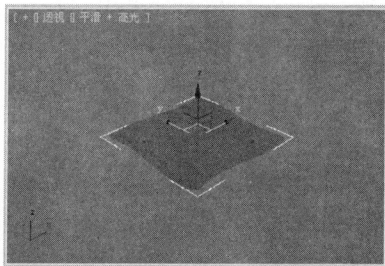

图6-210　选择面

03 单击 挤出 按钮边上的参数设置，设置【挤出高度】值为0.01，将所选多边形向外挤出后并向内压缩，如图6-211所示。单击 挤出 按钮边上的参数设置，适当设置挤出高度值并向内压缩，如图6-212所示。

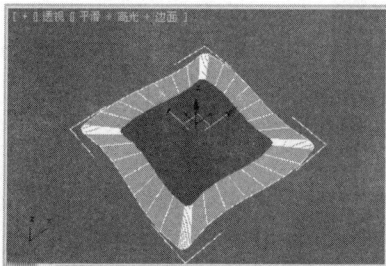

图6-211　缩小挤出面

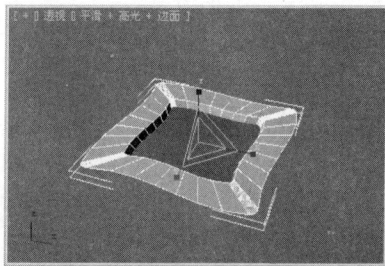

图6-212　挤入选择面

04 在 修改器列表 中选择【壳】命令，适当设置外部量，制作出厚度，如图6-213所示。进入 【修改】命令面板，在 修改器列表 中选择【编辑多边形】命令，单击 【多边形】子集按钮进入【多边形】子集中，选择盘子底部的面，如图6-214所示。

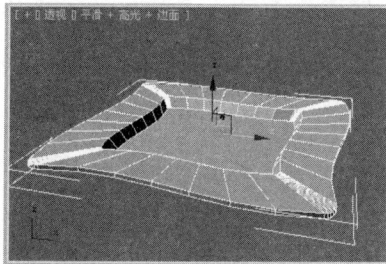

图6-213　加入壳命令

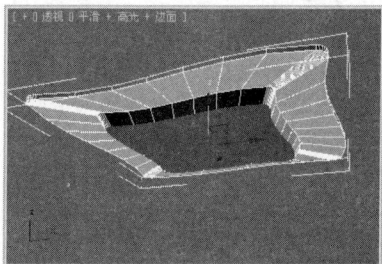

图6-214　选择面

05 单击 挤出 □ 按钮边上的参数设置按钮，设置【挤出高度】值为0.01，将所选多边形向外挤出后并向内压缩，如图6-215所示。单击 挤出 □ 按钮边上的参数设置，适当设置挤出高度值并向内压缩，如图6-216所示。

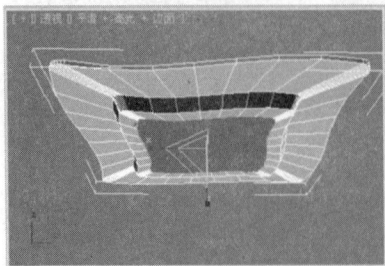

图6-215 挤出并缩小面

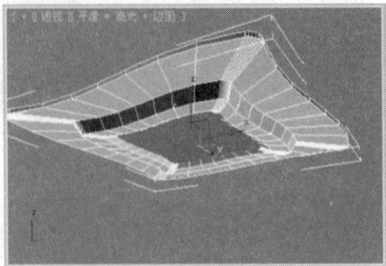

图6-216 挤入选择面

06 单击 ⬦ 【边】子集按钮进入【边】子集中，将所有转折处的边全部选中，如图6-217所示。单击 切角 □ 命令后面的设置，适当调整切角量，得到如图6-218所示效果。

07 进入 ◿ 【修改】命令面板，在 修改器列表 ▾ 中选择【涡轮平滑】命令，最终效果如图6-219所示。

图6-217 选择边

图6-218 将选择边做倒边处理

图6-219 陶瓷盘子最终模型

▶ 6.10 淋浴喷头的制作

在这一节中，将学习利用车削命令结合多边形命令，制作淋浴喷头模型，图6-220所示为淋浴喷头的效果图。

学习重点

(1) 学会车削命令的使用方法。
(2) 学会编辑多边形命令命令的使用方法。

图6-220　最后渲染效果

实例场景：光盘 \ 效果 \ 第 6 章 \ 淋浴喷头 max

操作步骤

01 进入【创建】控制面板的 【图形】建立区域，单击 线 按钮，在左视图中绘制淋浴喷头的半个剖面图，如图 6-221 所示。在 修改器列表 中选择【车削】命令，得到如图 6-222 所示效果。

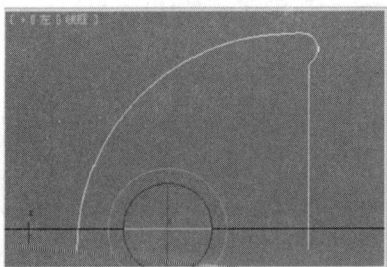

图6-221　绘制剖面图形

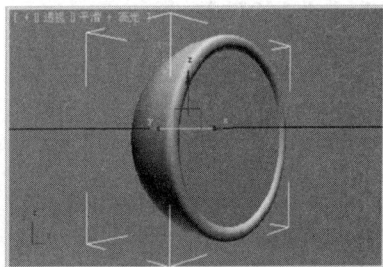

图6-222　加入车削命令

02 进入【创建】控制面板的 【几何体】建立区域，单击 圆柱体 按钮，在前视图建立一个圆柱体，如图 6-223 所示。进入 【层次】命令面板中 轴 面板中，激活 仅影响轴 按钮，在前视图中将轴心调至喷头的中心，如图 6-224 所示。

图6-223　绘制圆柱体

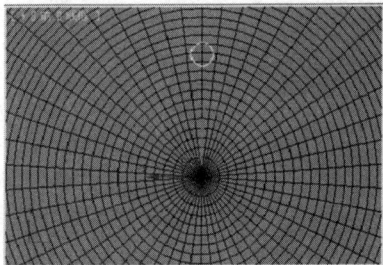

图6-224　调整圆柱体轴心位置

三
维
制
作
大
师

03 进入 ◿【修改】命令面板，在 修改器列表 ▾ 中选择【编辑多边形】命令，单击■【多边形】子集按钮进入【多边形】子集，选择如图 6-225 所示的面。单击鼠标右键选择命令【孤立当前选择】，使用 挤出 □ 和 插入 □ 做出如图 6-226 所示的效果。

图6-225　选择面

图6-226　编辑圆柱体

04 进入 ◿【边】子集中，在透视图中选中如图 6-227 所示的边为红色。单击 切角 □ 命令右侧的设置按钮，适当调整【切角量】的值，得到如 6-228 所示的倒边效果。

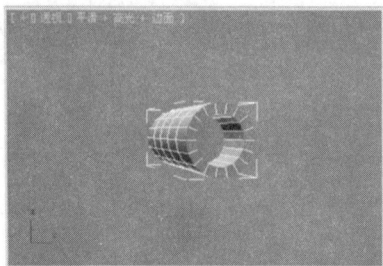

图6-227　选择边

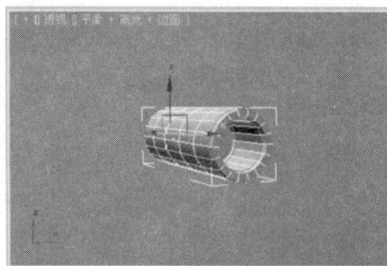

图6-228　将选择边做倒边处理

05 按键盘 Shift 键在前视图复制 3 个图形，调整位置如图 6-229 所示。选择最下面的圆柱体，单击 ▦【阵列】命令，在【阵列】调板中，输入如图 6-230 所示的数值，单击【确定】键，得到了如图 6-231 所示的效果。

06 选择上面的三个圆柱体，单击 ▦【阵列】命令，在【阵列】调板中，输入如图 6-232 所示的数值，单击【确定】键，得到了如图 6-233 所示的效果。

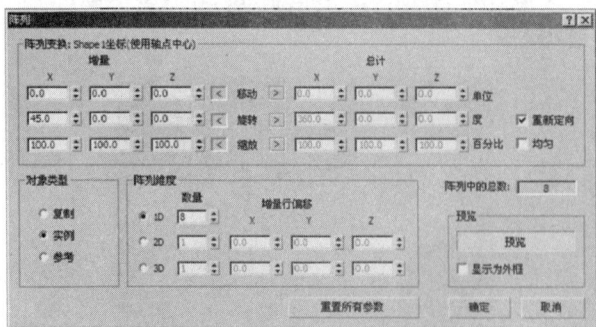

图6-229　复制对象

三
维
制
作
大
师

图6-230　【阵列】对话框

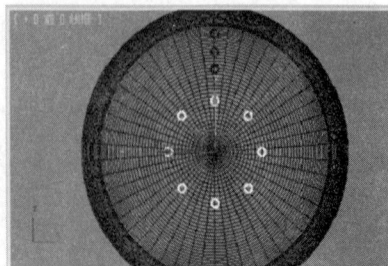

图6-231　阵列之后的效果

图6-232 【阵列】对话框

图6-233 阵列之后的效果

07 进入【创建】控制面板的 ◎【几何体】建立区域，单击 圆柱体 按钮，在顶视图建立一个圆柱体，如图6-234所示。进入【创建】控制面板的 ◎【图形】建立区域，单击 线 按钮，在前视图中绘制输水管曲线，如图6-235所示。

08 打开【渲染】卷展栏，勾选【在视图中启用】命令，适当调整【厚度】，最终效果如图6-236所示。

图6-234 建立圆柱体

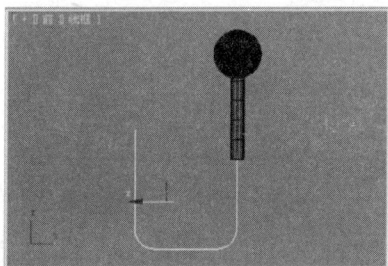

图6-235 绘制样条线

图6-236 喷头最终模型

299

三维制作大师

▶ 6.11 酒壶的制作

在这一节中，将学习利用编辑多边形命令结合挤出命令，制作酒壶模型，图6-237所示为酒壶的效果图。

📖 学习重点

（1）学习编辑多边形命令的使用。
（2）学会挤出命令的使用方法。

图6-237 最后渲染效果

实例场景: 光盘\效果\第6章\酒壶 max

操作步骤

(1) 酒壶瓶身的制作

01 进入【创建】控制面板的 🔘【图形】建立区域，单击 ▭矩形▭ 按钮，在顶视图中绘制一个矩形，适当调整【角半径】，如图 6-238 所示。在 修改器列表 中选择【挤出】命令，挤出适当厚度，效果如图 6-239 所示。

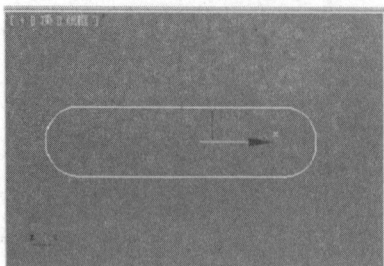

图6-238 绘制圆角矩形

图6-239 挤出高度

02 在 修改器列表 中选择【编辑多边形】命令，单击 ▣【多边形】子集按钮进入到子集中，将多边形的顶端区域选中，效果如图 6-240 所示。单击 倒角 □ 命令右侧的设置按纽，适当调整【高度】、【轮廓量】的值，效果如图 6-241 所示。

图6-240 选择面

图6-241 将选择面做倒角效果

03 保持当前选择状态，再次添加 倒角 □ 命令，做出如图 6-242 所示效果。继续添加 倒角 □ 命令，做出如图 6-243 所示的倒角效果。

图6-242 添加倒角效果

图6-243 添加倒角效果

04 保持当前选择状态，加入【挤压】命令，调整挤压高度，挤出如图 6-244 所示效果。单击 倒角 🔲命令，做出如图 6-245 所示倒角效果。

图6-244　挤出高度

图6-245　制作倒角效果

05 分别挤压倒角，得到如图 6-246、图 6-247 所示效果。

图6-246　挤压倒角效果

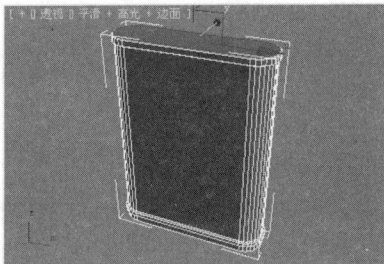

图6-247　倒角效果

06 再次向上挤出高度，完成如图 6-248 所示的倒角效果。进入【创建】控制面板的 🔘【几何体】建立区域，单击 长方体 按钮，在前视图中绘制一个长方体，大小位置如图 6-249 所示。

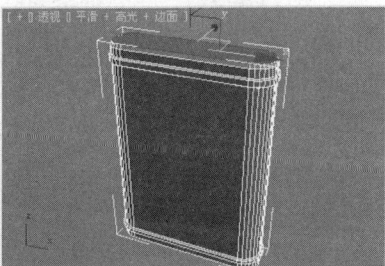

图6-248　制作倒角效果

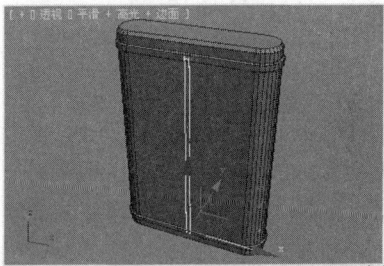

图6-249　绘制长方体

（2）酒壶嘴的制作

07 进入【创建】控制面板的🔘【几何体】建立区域，单击 圆柱体 按钮，在顶视图中绘制一个圆柱体，设置【端面分段】分段为 1，如图 6-250 所示。进入 🖊【修改】命令面板，在 修改器列表 ▾ 中选择【编辑多边形】命令，单击 ▣【多边形】子集按钮进入到子集中，选中如图 6-251 所示的面。

08 单击 倒角 🔲命令右侧的设置按钮，适当调整【高度】、【轮廓量】的值，制作倒角效果，如图 6-252 所示效果。再次加入 倒角 🔲命令，制作如图 6-253 所示倒角效果。

图6-250 绘制圆柱体

图6-251 选择圆柱体顶端的面

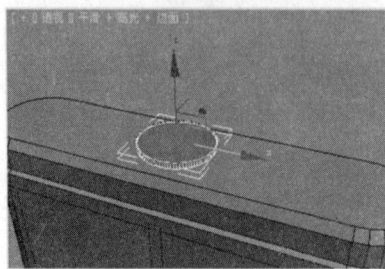

图6-252 倒角效果的制作

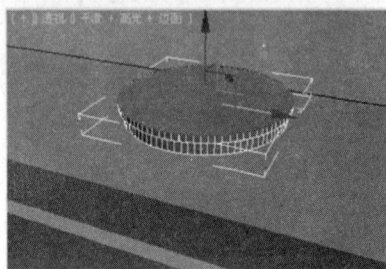

图6-253 倒角效果的制作

09 继续制作倒角效果，效果如图 6-254 所示。再将选择面向上挤出，效果如图 6-255 所示。

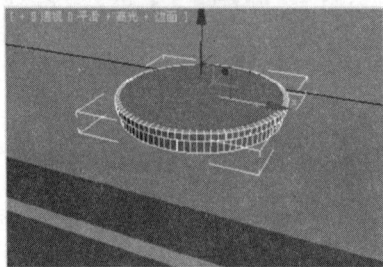

图6-254 倒角效果

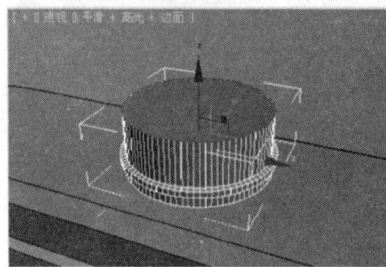

图6-255 挤出效果

10 继续进行倒角操作，效果如图 6-256 所示。进入【创建】控制面板的 ◎ 【几何体】建立区域，单击 管状体 按钮，在顶视图中绘制一个管状体，位置大小如图 6-257 所示。至此，酒壶制作完毕。

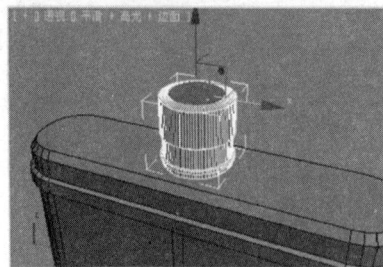

图6-256 制作倒角效果

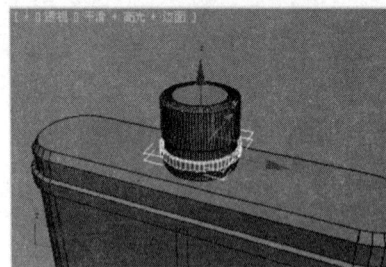

图6-257 绘制圆管体

▷ 6.12 咖啡机的制作

在这一节中，将学习利用编辑多边形命令结合挤出命令，制作咖啡机模型，图 6-258 所示为咖啡机的效果图。

（1）学习编辑多边形命令的使用。

（2）学会挤出、编辑样条线的使用方法。

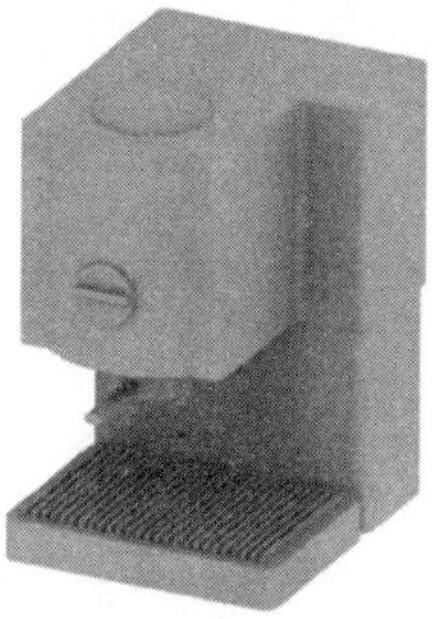

图6-258　最后渲染效果

实例场景：光盘\效果\第6章\咖啡机 max

操作步骤

01 进入【创建】控制面板的 【图形】建立区域，单击 矩形 按钮，在顶视图中绘制一个矩形，适当调整【角半径】，如图6-259所示。进入 【修改】命令面板，在 修改器列表 中选择【挤出】命令，挤出一定高度，如图6-260所示。

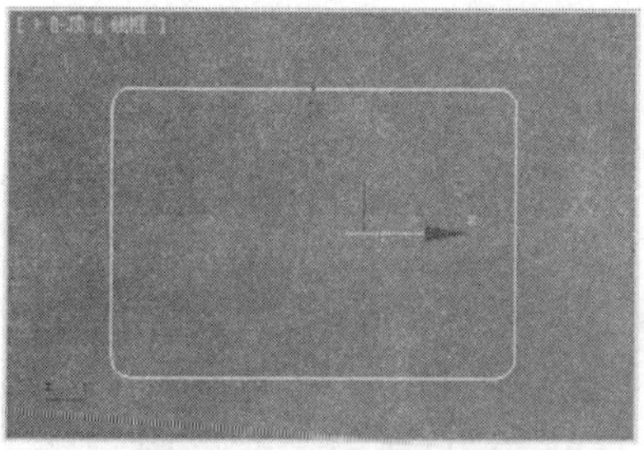

图6-259　绘制圆角矩形

图6-260　挤出厚度

02 进入【创建】控制面板的 【图形】建立区域，单击 矩形 按钮，在顶视图中绘制一个矩形，如图6-261所示。进入 【修改】命令面板，在 修改器列表 中选择【编辑样条线】命令，单击 【顶点】子集按钮进入到子集中，选中多边形如图6-262所示的三个顶点。

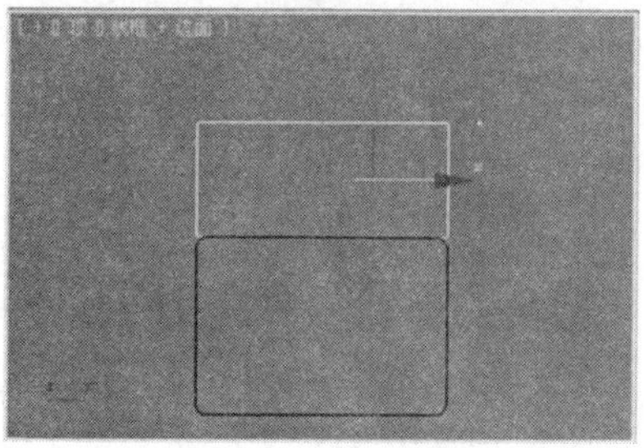

图6-261　绘制长方体

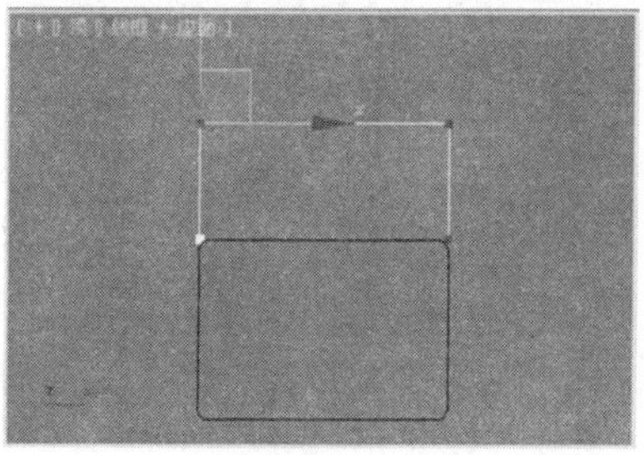

图6-262　选择节点

03 单击 图角 按钮，将尖角点转换为圆角点，得到如图 6-263 所示效果。在 修改器列表 中选择【挤出】命令，挤出一定高度，如图 6-264 所示。

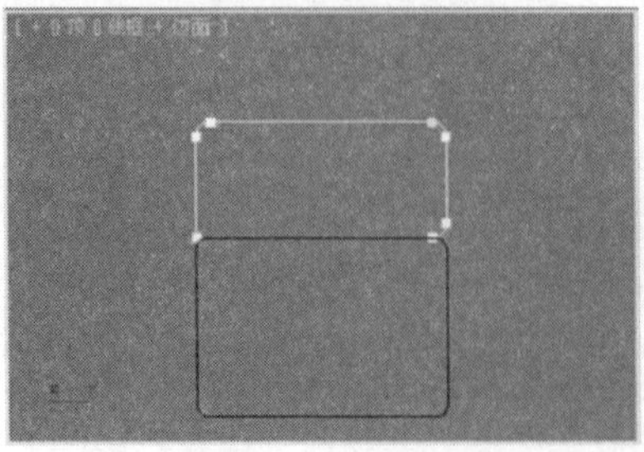

图6-263 尖角点转换为圆角点

图6-264 挤出厚度

04 进入【创建】控制面板的 【图形】建立区域，单击 线 按钮，在顶视图中绘制一个多边形，大小位置如图 6-265 所示。进入 【修改】命令面板，在 修改器列表 中选择【编辑样条线】命令，单击 【顶点】子集按钮进入到子集中，选中如图 6-266 所示顶点。

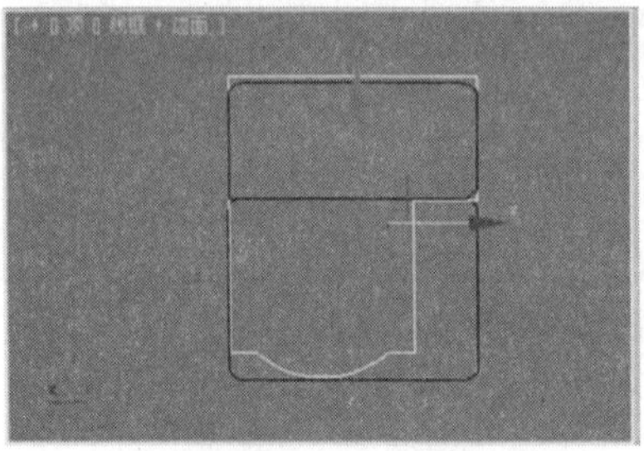

图6-265 绘制样条线

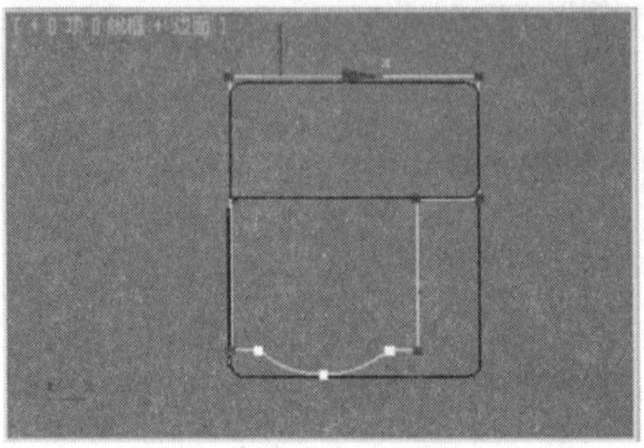

图6-266 选择顶点

05 单击 图角 按钮，将尖角做圆角处理，得到如图 6-267 所示效果。在 修改器列表 中选择【挤出】命令，挤出一定高度，如图 6-268 所示。

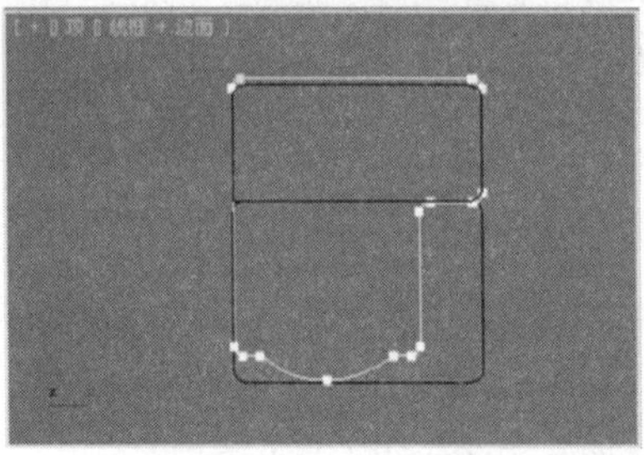

图6-267 将尖角变圆角

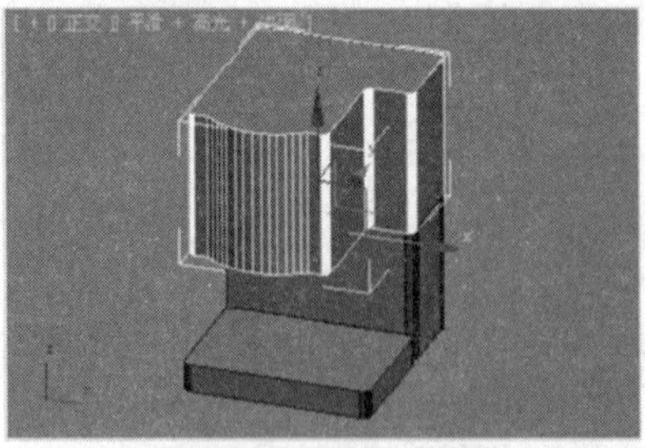

图6-268 挤出厚度

06 进入 【修改】命令面板，在 修改器列表 中选择【编辑多边形】命令，单击 【多边形】子集按钮进入到【多边形】子集中，选中多边形上方的面为红色，如图 6-269 所示。单击 倒角 命令右侧的设置按钮，适当调整【高度】、【轮廓量】值，制作倒角效果，如图 6-270 所示。

07 进入【创建】控制面板的 【几何体】建立区域，单击 圆柱体 按钮，在顶视图中绘制一个圆柱体，大小位置如图 6-271 所示。再次绘制一个圆柱体，位置在原圆柱体下方，大小位置如图 6-272 所示。

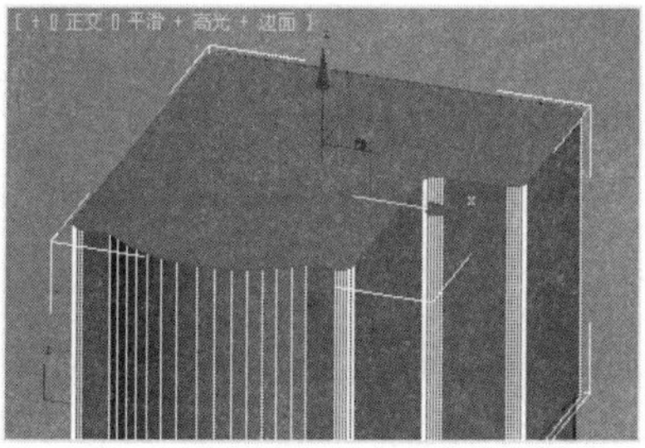

图6-269　选择面

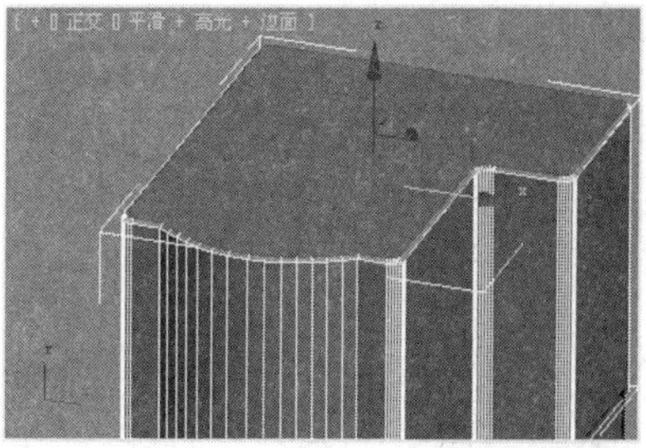

图6-270　制作倒角效果

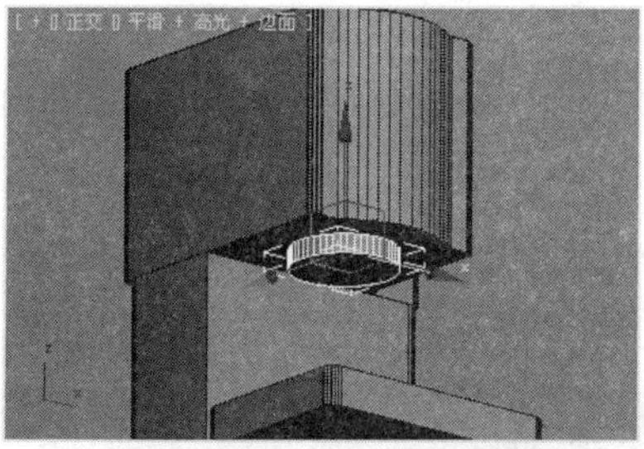

图6-271　绘制圆柱体

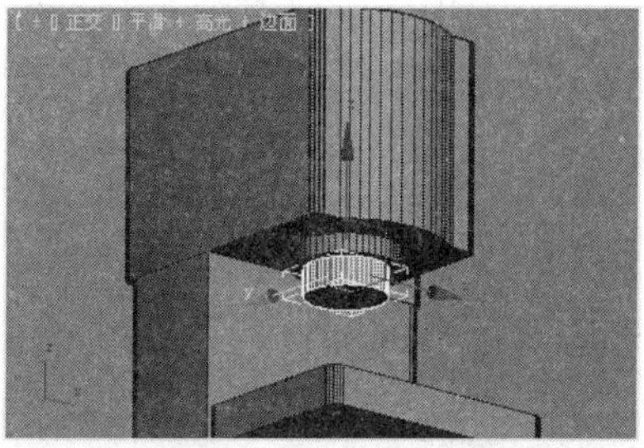

图6-272　绘制圆柱体

08 再次单击 圆柱体 按钮，建立两个小圆柱体做为出水口，大小位置如图 6-273 所示。激活前视图，建立一个圆柱体，大小位置如图 6-274 所示。

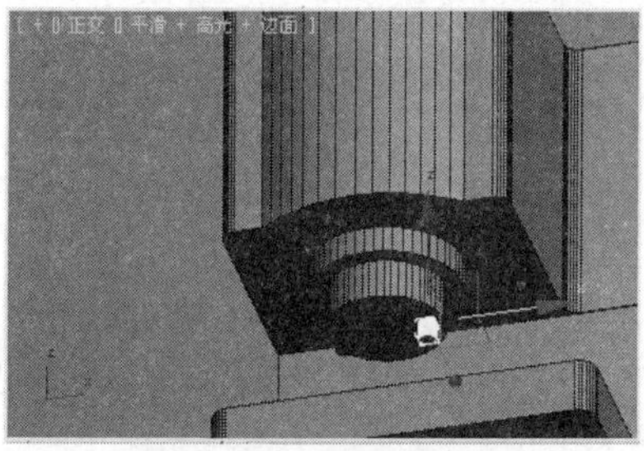

图6-273　绘制圆柱体

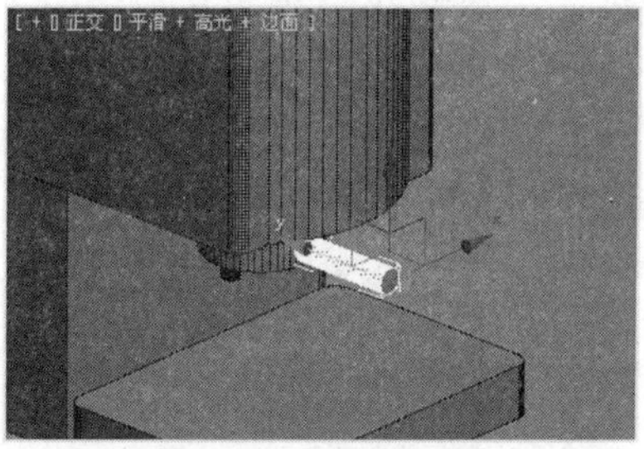

图6-274　绘制圆柱体

09 激活前视图，使用 【缩放】工具将圆柱体沿 Y 轴缩小至如图 6-275 所示效果。再绘制出一个圆柱体及一个长方体图形，如图 6-276 所示。

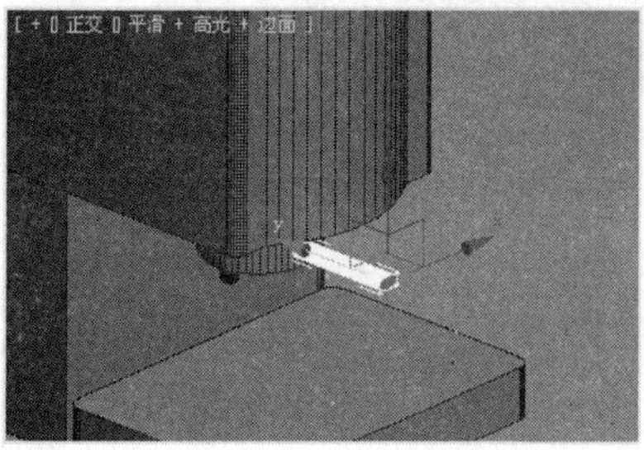

图6-275　压缩圆柱体

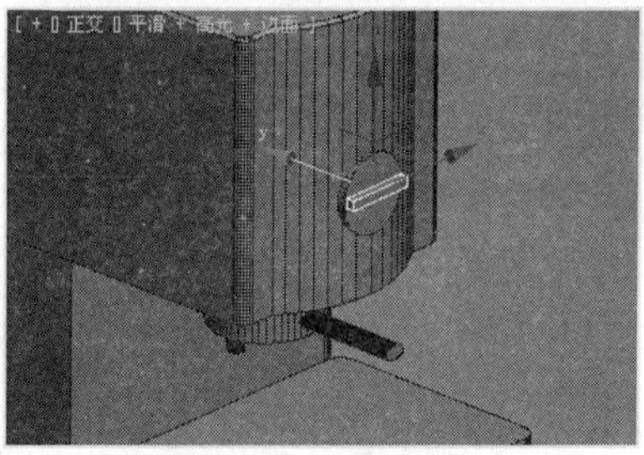

图6-276　绘制长方体

10 激活前视图，进入【创建】控制面板的 【几何体】建立区域，单击 长方体 按钮，在顶视图中绘制一个长方体，如图 6-277 所示。使用 【移动】工具，按住键盘 Shift 键沿 X 轴向右移动，在适当位置复制多个长方体，效果如图 6-278 所示。

图6-277　绘制长方体　　　　　　　　　　图6-278　复制长方体

11 激活顶视图，单击　球体　按钮，建立一个球体，大小位置如图 6-279 所示。使用【缩放】工具将球体延 Y 轴压扁，效果如图 6-280 所示。至此，咖啡机制作完毕。

图6-279　绘制球体　　　　　　　　　　图6-280　压缩球体

6.13　镂空花瓶的制作

在这一节中，将学习利用编辑多边形命令结合形体合并命令，制作镂空花瓶模型，图 6-281 所示为镂空花瓶的效果图。

学习重点

（1）学习编辑多边形命令的使用。

（2）学习形体合并命令的使用。

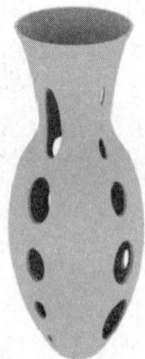

图6-281　最后渲染效果

实例场景：光盘\效果\第6章\镂空花瓶.max

操作步骤

01 进入【创建】控制面板的 ◎【几何体】建立区域，单击 平面 按钮，在前视图中绘制一个正平面体，长度宽度分段为 25，如图 6-282 所示，进入【创建】控制面板的 ◎【图形】建立区域，单击 椭圆 按钮，在前视图中绘制一个椭圆，如图 6-283 所示。

图6-282　绘制平面体

图6-283　绘制椭圆

02 使用 ✛【移动】工具并按住键盘 Shift 键，将新建椭圆复制多份，并依次进入 ◢【修改】命令面板，调整椭圆大小值，如图 6-284 所示。选择最大的椭圆形，进入 ◢【修改】命令面板，在 修改器列表 中选择【编辑样条线】，单击 附加 按钮，分别单击余下的椭圆形，将其附加在一起，如图 6-285 所示。

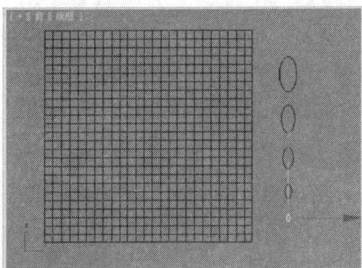

图6 284　更改椭圆大小

图6-285　将所有椭圆附加在一起

03 使用 ✛【移动】工具并按住键盘 Shift 键，将合并后的椭圆形复制多份，并使用 ⚏【镜像】命令，将相隔椭圆形反向【镜像】，得到如图 6-286 所示效果。任选一组椭圆形组，继续使用 附加 按钮，单击余下的多边形组，将其附加在一起，使用 ✛【移动】工具，将附加后的椭圆形移动到平面体前方，如图 6-287 所示。

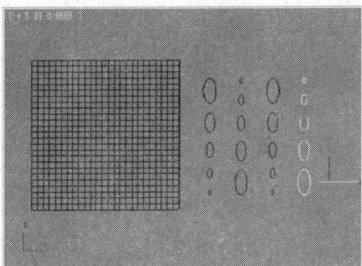

图6-286　镜像复制对象

图6-287　移动对象位置

04 选择平面体，进入【创建】控制面板的 ○【几何体】建立区域，在【复合对象】选项中，选择 图形合并 命令，单击 拾取图形 按钮，在透视图中拾取椭圆形，将椭圆形投影在平面体上，效果如图 6-288 所示。进入 ◢【修改】命令面板，在 修改器列表 中选择【编辑多边形】命令，单击 ▣【多边形】子集按钮进入到【多边形】子集中，选中椭圆形内所有面，按键盘 Delete 键删除面，如图 6-289 所示。

图6-288 加入形体合并命令

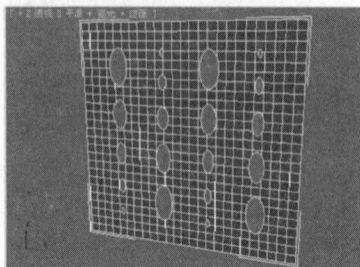

图6-289 删除椭圆中的面

05 进入 ◢【修改】命令面板，在 修改器列表 中选择【弯曲】命令，设置角度为 360 度，方向为 X 轴，将物体弯曲成如图 6-290 所示效果。在透视图中选中物体，单击鼠标右键，在弹出子菜单中选择【可编辑多边形】，将物体转换为可编辑多边形，如图 6-291 所示。

图6-290 加入弯曲效果

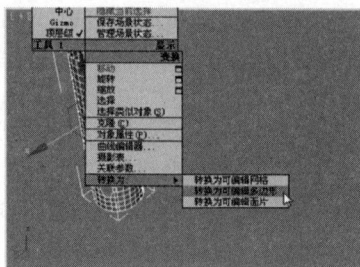

图6-291 转换为可编辑多边形

06 单击 ▦【顶点】子集按钮进入到子集中，在视图中选中所有节点，单击 焊接 □ 按钮，将所有节点焊接，效果如图 6-292 所示。单击 ◑【边界】按钮进入到子集中，选中圆柱体底部边界为红色，如图 6-293 所示。

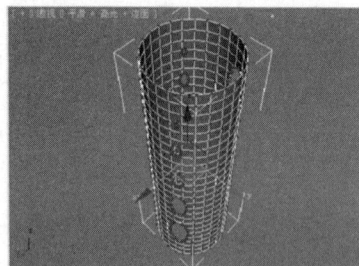

图6-292 焊接节点

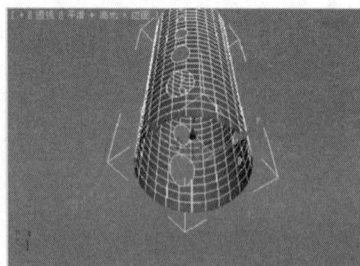

图6-293 选择边界

07 单击 封口 命令，将底部封口，如图 6-294 所示。进入 ◢【修改】命令面板，在 修改器列表 中选择【壳】命令，适当调整【内部量】做出厚度，得到如图 6-295 所示效果。

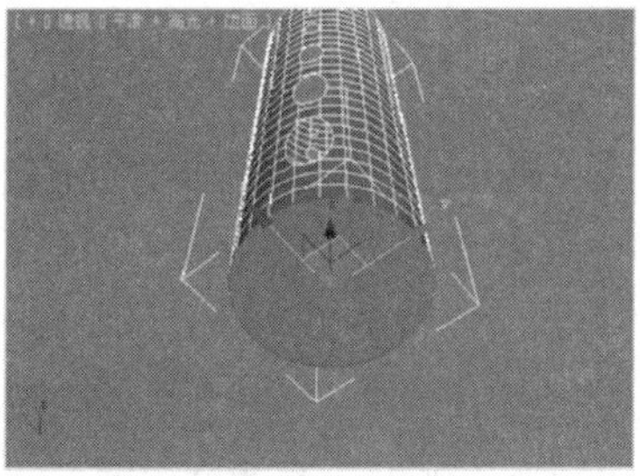

图6-294　加入封口命令

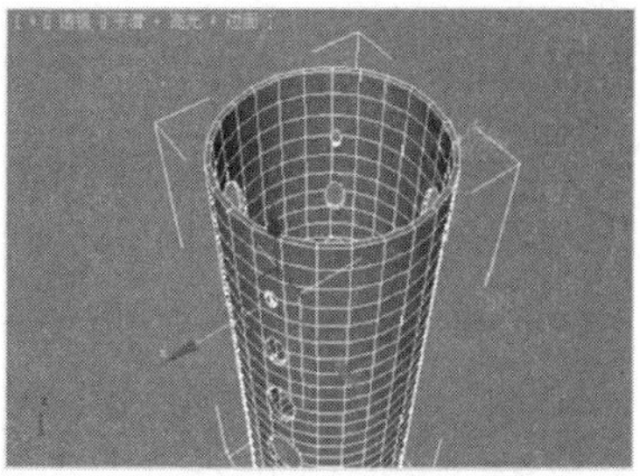

图6-295　加入厚度

08 在  修改器列表 中选择【FFD（长方体）4×4×4】命令，单击【设置点数】按钮，将控制点的数量改为 6×4×4，得到如图 6-296 所示效果。在命令堆栈中选择【控制点】子集，将控制点调整成如图 6-297 所示效果。至此，镂空花瓶制作完毕。

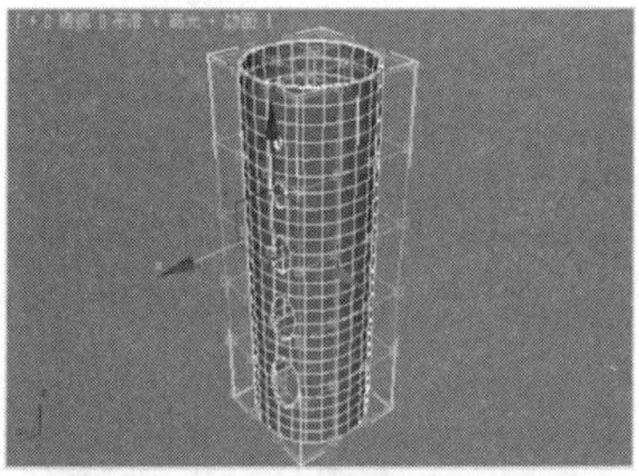

图6-296　加入自由变形盒命令

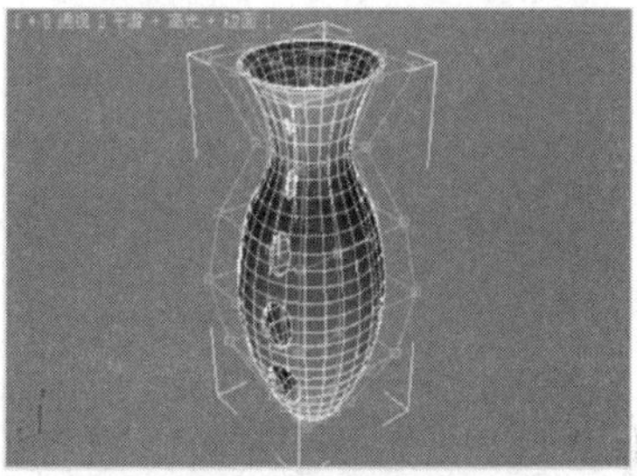

图6-297　调整控制点位置

▶ 6.14　时尚镜子的制作

在这一节中，将学习利用编辑多边形命令结合弯曲命令，制作时尚镜子模型，图 6-298 所示为时尚镜子的效果图。

学习重点

（1）学习编辑多边形命令的使用。

（2）学会弯曲命令的使用方法。

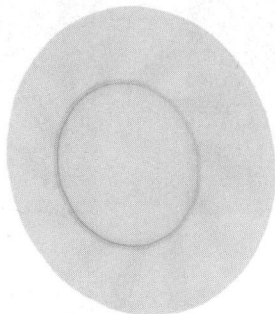

图6-298　最后渲染效果

实例场景：光盘＼效果＼第6章＼时尚镜子 max

三
维
制
作
大
师

操作步骤

01 进入【创建】控制面板的 ⊙【几何体】建立区域，单击 ▭平面▭ 按钮，在前视图中绘制一个平面体，【宽度分段】为 12，如图 6-299 所示，单击鼠标右键，在弹出子菜单中选择【可编辑多边形】命令，将该平面转换为可编辑多边形物体，如图 6-300 所示。

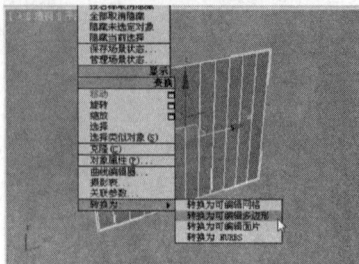

图6-299　绘制长方体　　　　　　　　　图6-300　转换成可编辑多边形

02 在【修改】命令面板中，单击 ▦【顶点】子集按钮进入到【顶点】子集中，使用 ✛【移动】工具将该图形上的各个节点移动位置，效果如图 6-299 所示。激活顶视图，选择如图 6-301 所示顶点，使用 ✛【移动】工具沿 Y 轴移动，制作出点与点错开的效果，如图 6-302 所示。

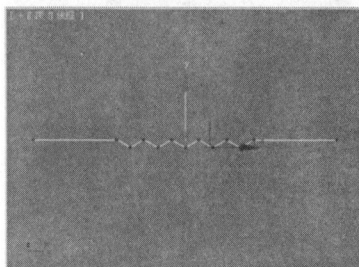

图6-301　选择并移动节点　　　　　　　　图6-302　调整节点位置

03 激活前视图，使用 ✛【移动】工具，按住键盘 Shift 键将该图形沿 X 轴移动复制 11 份，注意要首尾相接对齐，效果如图 6-303 所示。进入 ⚒【工具】命令面板，使用 ▭塌陷▭ 命令，选择所有物体，单击 ▭塌陷选定对象▭ 按钮，将所有物体塌陷，如图 6-304 所示。

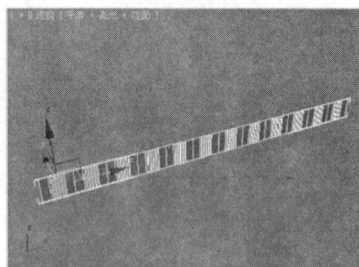

图6-303　复制对象　　　　　　　　　　　图6-304　塌陷对象

04 进入 ☑【修改】命令面板，在 ▭修改器列表▭ 中选择【弯曲】命令，设置角度为 360 度；方向为 90；轴向为 X 轴，效果如图 6-305 所示。单击鼠标右键，在弹出子菜单中选择【可编辑多边形】命令，将该物体转换为可编辑多边形，单击 ▦【顶点】子集按钮进入到【顶点】子集中，选择所有节点，单击 ▭焊接▭ 按钮，将所有断开的节点焊接，效果如图 6-306 所示。

图6-305　加入弯曲效果

图6-306　焊接节点

05 选择镜子内部所有节点，如图 6-307 所示。使用 ⟳【旋转】工具，在前视图中沿 Z 轴旋转所选择节点，得到如图 6-308 所示效果。

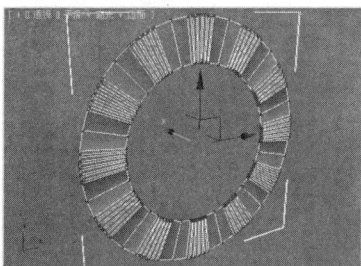

图6-307　选择节点

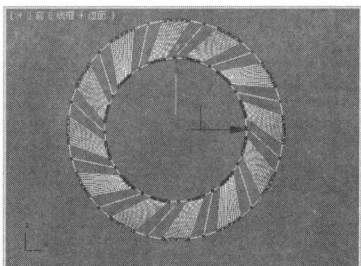

图6-308　旋转节点

06 单击 ⟳【边界】子集按钮进入到边界子集中，选择内侧边界为红色，如图 6-309 所示。激活左视图，使用 ✛ 移动工具并按住键盘 Shift 键，将选中边界向后挤压拉伸，如图 6-310 所示。

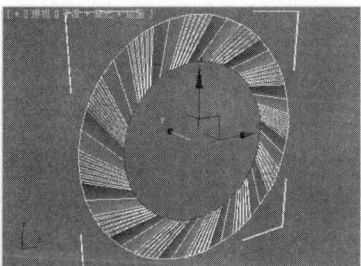

图6-309　选择边界

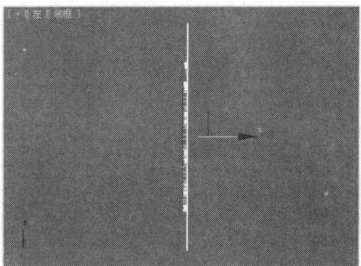

图6-310　移动拉伸边界

07 选择 `平面化` `X` `Y` `Z` 命令，将挤出边界对齐边界，如图 6-311 所示。激活前视图，使用【缩放】工具并按住键盘 Shift 键将边界等比例缩小拉伸至如图 6-312 所示。

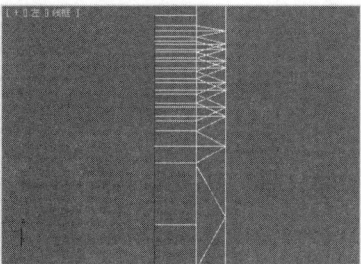

图6-311　添加平面化命令

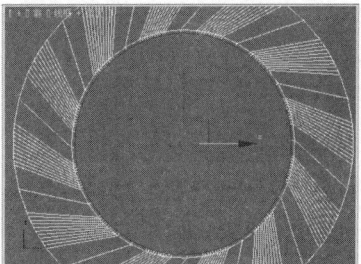

图6-312　缩小拉伸边界

三维制作大师

08 继续重复以上的操作，绘制出镜边的结构，如图 6-313 所示。选择 [封口] 命令，将镜面封口，如图 6-314 所示。

图6-313　制作倒角效果

图6-314　将边界封口

09 选择外侧边界为红色，如图 6-315 所示。激活左视图，使用 [+] 【移动】工具，将选中边界向前拉伸，如图 6-316 所示。

图6-315　选择边界

图6-316　移动边界位置

10 保持当前选择，使用 [+] 【移动】工具并按住键盘 Shift 键，将选中边界向后拉伸，激活前视图，使用 [ ] 【缩放】工具将边界等比例放大，效果如图 6-317 所示。重复以上步骤多次，绘制出镜子外框，选择 [平面化][X][Y][Z] 命令，将挤出边界对齐边界，选择 [封口] 命令，将边界封口，如图 6-318 所示。

图6-317　挤出并放大边界

11 进入 [ ] 【修改】命令面板，在 [修改器列表] 中选择【网格平滑】命令，设置【迭代次数】为 2，加入光滑效果，最终效果如图 6-319 所示。

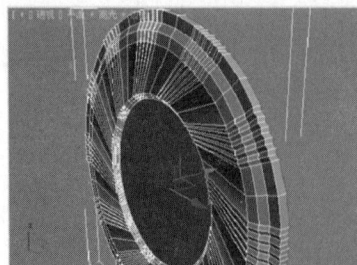

图6-318　制作镜子外围倒角效果

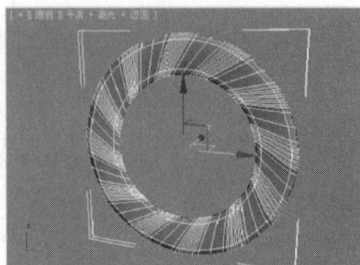

图6-319　最终镜子模型

⟳ 6.15 时尚酒瓶的制作

在这一节中，将学习利用编辑多边形命令结合形体合并命令，制作时尚酒瓶模型，图6-320所示为时尚酒瓶的效果图。

学习重点

（1）学习编辑多边形命令的使用。
（2）学会形体合并命令的使用方法。

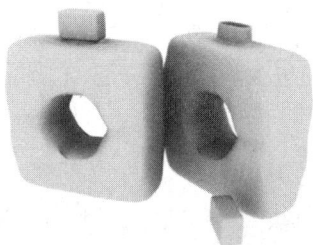

图6-320 最后渲染效果

◁ 实例场景：光盘\效果\第6章\时尚酒瓶 max

操作步骤

01 进入【创建】控制面板的 ◎【几何体】建立区域，单击 长方体 按钮，在顶视图中绘制一个长方体。设置【长度分段】为2，【宽度分段】为3，【高度分段】为4，如图6-321所示。进入 ☑【修改】命令面板，在 修改器列表 中选择【编辑多边形】命令，单击 ▣【多边形】子集按钮进入到【多边形】子集中，选中长方体后侧的面为红色，按键盘 Delete 键删除，如图6-322所示。

> 💡 **提 示** 删除面是因为酒瓶是对称的，所以从一半做起。

图6-321 绘制长方体

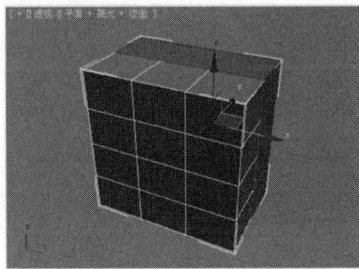

图6-322 删除选择面

02 激活前视图进入【创建】控制面板的 ◎【图形】建立区域，单击 多边形 按钮，在前视图中绘制一个多边形，如图6-323所示。选择瓶身，进入【创建】控制面板的 ◎【几何体】建立区域，在下拉菜单中选择【复合对象】命令，选择 图形合并 命令，单击 拾取图形 按钮，在透视图中拾取新建的多边形,将多边形投影在长方体上,如图 6-324 所示。

图6-323　绘制多边形

图6-324　使用图形合并命令

03 在透视图中单击鼠标右键,在弹出子菜单中选择将物体转变成【可编辑多边形】,如图 6-325 所示。单击 【边】子集按钮进入到【边】子集中,将多边形中间线段按键盘 Delete 键删除掉,如图 6-326 所示。

图6-425　转换为可编辑多边形

图6-326　删除选择边

04 利用 连接 命令为长方体上下各添加两条横向的线段,使用 【移动】工具将线调整至如图 6-327 所示位置。

05 单击 【边界】子集按钮进入到【边界】子集中,选中多边形所有的边界,如图 6-328 所示。激活前视图,按住键盘 Shift 键,选择【缩放】工具将选择的边界等比例缩小复制,效果如图 6-329 所示。

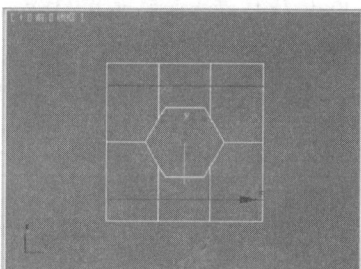

图6-327　添加线段

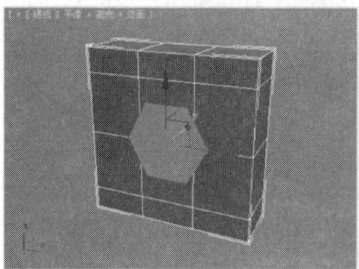

图6-328　选择边界

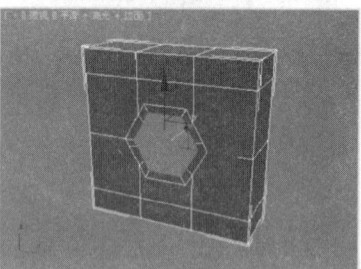

图6-329　缩放边界

06 激活顶视图,使用 【移动】工具将选中的边界向后移动,如图 6-330 所示。单击 封口 命令将边界封口,如图 6-331 所示。

图6-330 移动边界位置

图6-331 加入封口命令

07 选中如图 6-332 所示面，单击 倒角 □命令，将选择面做倒角效果，效果如图 6-333 所示。

图6-332 选择面

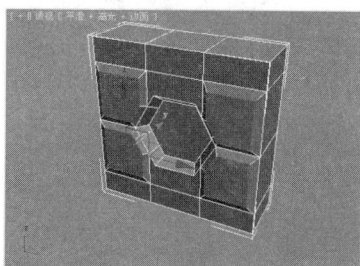

图6-333 加入倒角效果

08 退出多边形子集，在 修改器列表 中选择【对称】命令，选择 Y 轴，单击选择【翻转】，制作出酒瓶后半部分，如图 6-334 所示。在透视图上单击鼠标右键，将物体再次转换成【可编辑多边形】物体。单击 【顶点】子集按钮进入到【顶点】子集中，激活顶视图，适当调整节点位置，将酒瓶变窄，如图 6-335 所示。

图6-334 加入对称命令

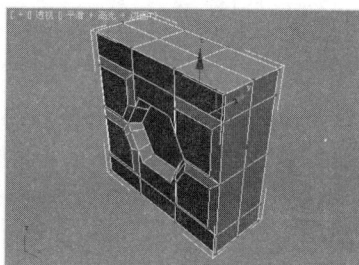

图6-335 调整节点位置

09 单击 【多边形】子集按钮进入到【多边形】子集中，选中中间前后的面为红色，如图 6-336 所示。单击 桥 □命令按钮，将两个面连接，做出镂空的效果，如图 6-337 所示。

图6-336 选择面

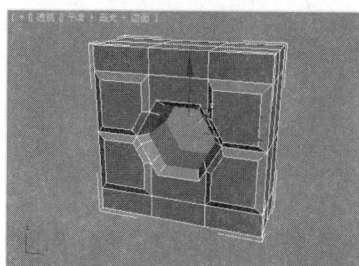

图6-337 将面桥接

10 单击☑【边】子集按钮进入到【边】子集中，将多边形顶端中间线段按键盘 Delete 键删除掉，如图 6-338 所示。单击⊙【边界】子集按钮进入到【边界】子集中，选中多边形上面的边界，如图 6-339 所示。

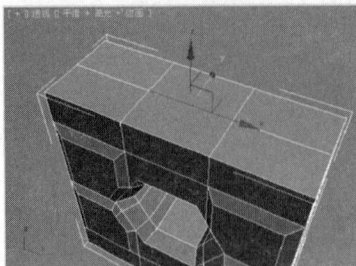

图6-338　选择并删除线段

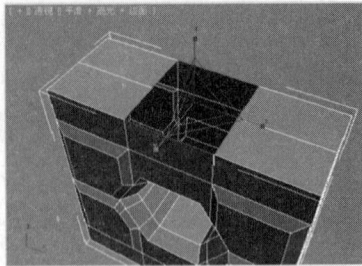

图6-339　选择边界

11 激活顶视图，按住键盘 Shift 键，选择⬛【缩放】工具将选择的边界缩小至如图 6-340 所示效果。激活前视图，使用⬥【移动】工具并按住键盘 Shift 键将选中的边界向上移动，重复以上步骤制作出瓶嘴效果，如图 6-341 所示。

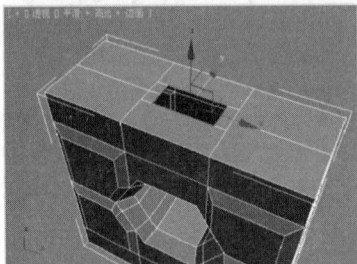

图6-340　缩放边界

图6-341　制作瓶嘴形状

12 瓶盖的制作。进入【创建】控制面板的◉【几何体】建立区域，单击 长方体 按钮，在顶视图中绘制一个长方体，如图 6-342 所示。进入☑【修改】命令面板，在 修改器列表 ▾ 中选择【编辑多边形】命令，单击☑【边】子集按钮进入到【边】子集中，将多边形所有线段选中，单击 切角 □ 命令右侧的设置按组，适当调整数值，制作出切角效果，如图 6-343 所示。

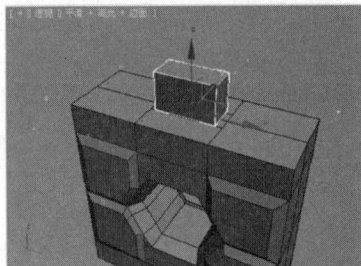

图6-342　绘制长方体

13 退出【边】子集，进入☑【修改】命令面板，在 修改器列表 ▾ 中选择【涡轮平滑】命令，设置【迭代次数】为2，得到如图 6-344 所示酒瓶效果。

图6-343　将边界做切角效果

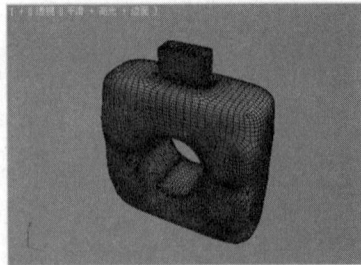

图6-344　酒瓶最终效果

6.16 座便器的制作

在这一节中，将学习利用编辑多边形命令结合挤出命令，制作座便器模型，图 6-345 所示为座便器的效果图。

学习重点

（1）学习编辑多边形命令的使用。

（2）学会挤出、编辑样条线的使用方法。

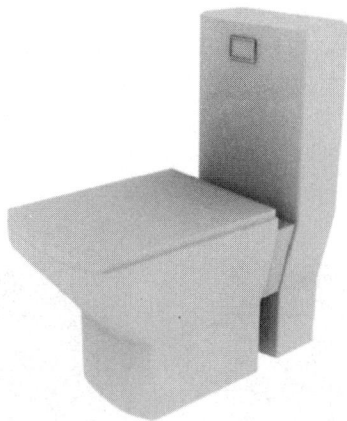

图6-345 最后渲染效果

实例场景：光盘\效果\第6章\座便器 max

操作步骤

（1）坐便器的制作

01 进入【创建】控制面板的 【几何体】建立区域，单击 矩形 按钮，在顶视图中绘制一个矩形，设置【角半径】为一定数值，如图 6 346 所示。进入 【修改】命令面板，在 修改器列表 中选择【编辑样条线】命令，单击 【分段】子集按钮进入到【分段】子集中，激活顶视图，选择多边形纵向线段，效果如图 6-347 所示。

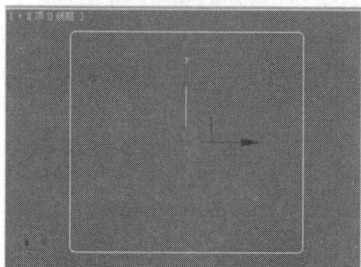

图6-346 绘制圆角矩形

图6-347 选择线段

02 设置 [拆分] [6] 命令后面的数值为 11，单击【拆分】按钮，为所选线段添加平均点，如图 6-348 所示。在 [修改器列表] 中选择【挤出】命令，做出厚度，如图 6-349 所示。

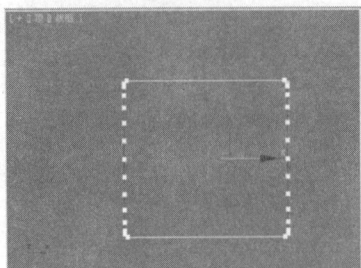

图6-348 添加平均点

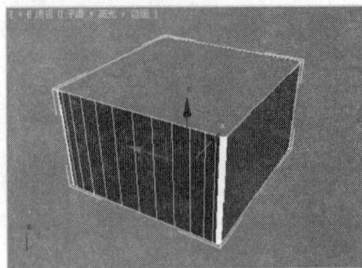

图6-349 挤出厚度

03 进入 【修改】命令面板，在 [修改器列表] 中选择【编辑多边形】命令，单击 【顶点】子集按钮进入到【顶点】子集中，激活顶视图，选中如图 6-350 所示的节点。打开【软选择】卷展栏，勾选【使用软选择】命令，适当调整【衰减】值，使选择的点影响周围的点，效果如图 6-351 所示。

图6-350 选择节点

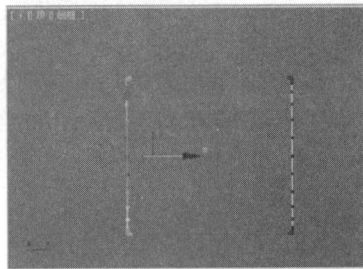

图6-351 打开软选择

04 激活顶视图，使用 【工具】将选择的节点沿 X 轴移动，制作出弧度效果，如图 6-352 所示。移动后关闭软选择开关。

图6-352 制作弧度效果

05 单击 【多边形】子集按钮进入到【多边形】子集中，选择多边形顶端面为红色，如图 6-353 所示。单击 [挤出] 命令右侧的设置按钮，适当调整【挤出高度】值，将选中面向上挤出一定的高度，如图 6-354 所示。

06 单击 【顶点】子集按钮进入到【顶点】子集中，选中如图 6-355 所示节点。使用 【移动】工具将节点调整位置，如图 6-356 所示。

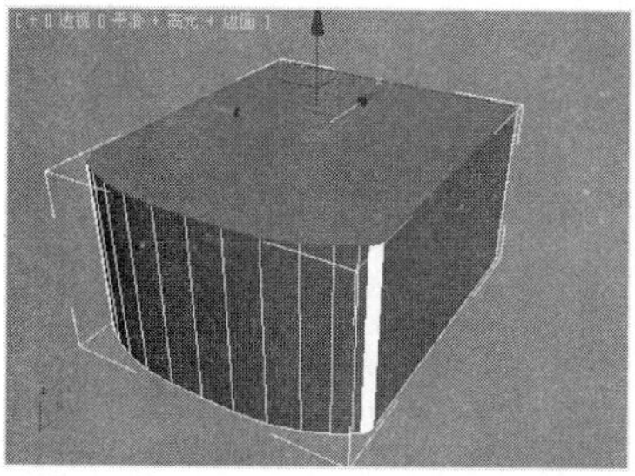

图6-353　选择面

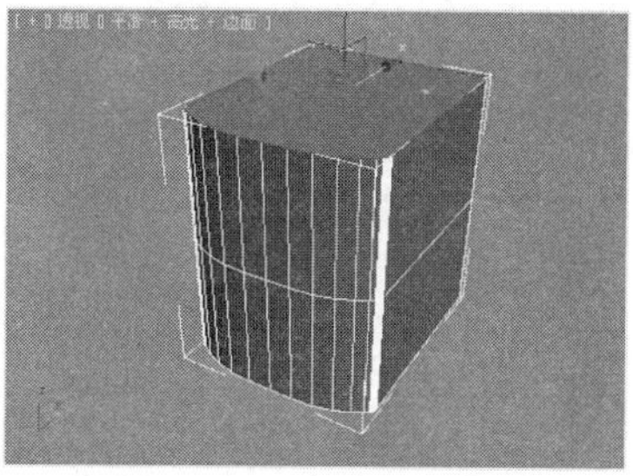

图6-354　挤出选择面

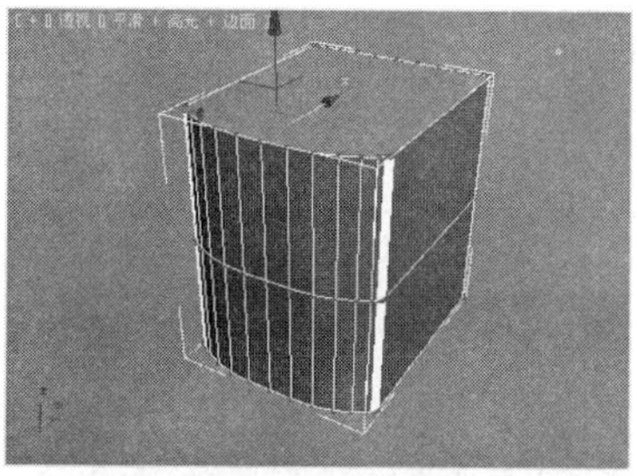

图6-355　选择节点

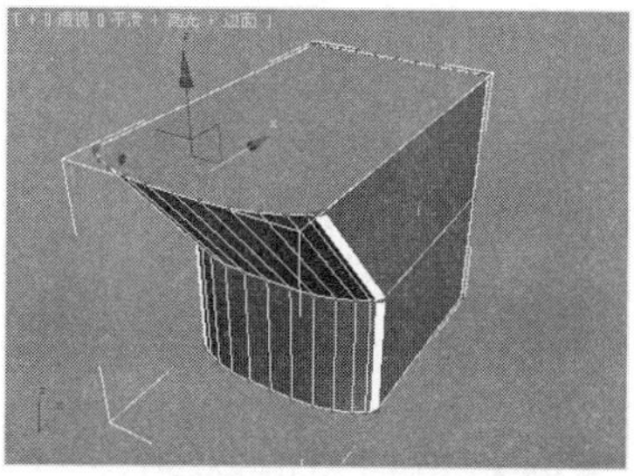

图6-356　调整节点位置

07 选择多边形顶端所有节点，如图 6-357 所示。使用【缩放】命令适当放大，如图 6-358 所示。

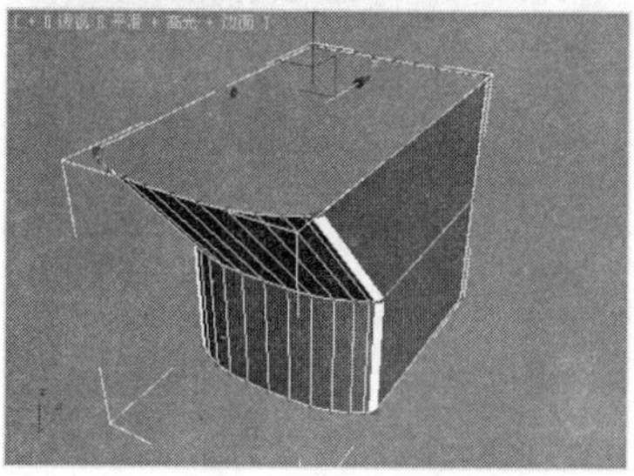

图6-357　选择节点

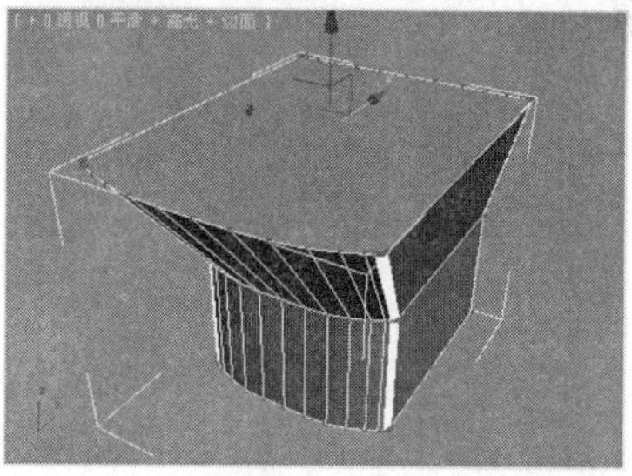

图6-358　放大节点

08 单击 ▣【多边形】子集按钮进入到【多边形】子集中，选择多边形顶端面为红色，如图 6-359 所示。单击 挤出 □命令右侧的设置按钮，适当调整【挤出高度】值，将选中面向上挤出一定的高度，如图 6-360 所示。

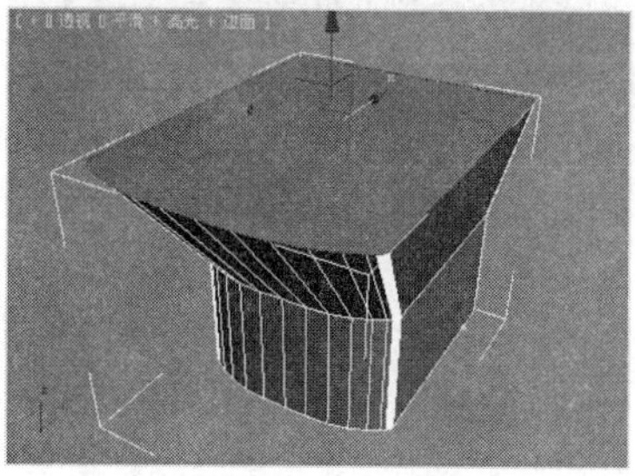

图6-359　选择面

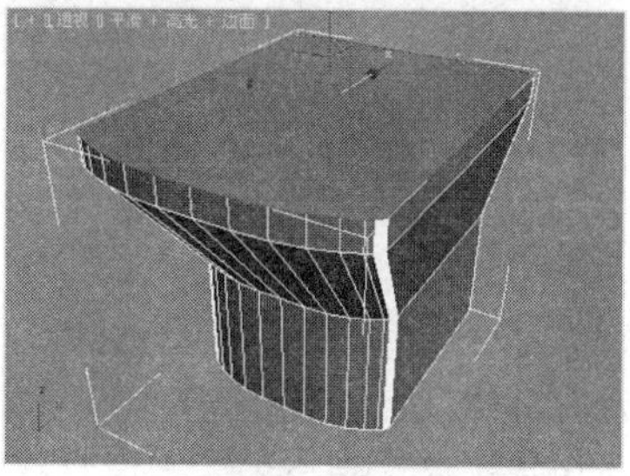

图6-360　挤出高度

09 单击 倒角 □命令右侧的设置按钮，调整【高度】、【轮廓量】的值，做出倒角效果，如图 6-361 所示。继续添加倒角命令，效果如图 6-362 所示。

图6-361 制作倒角效果

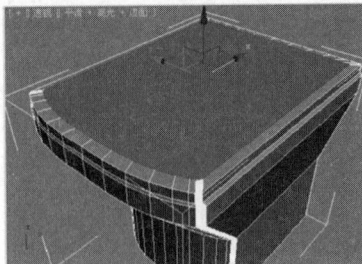

图6-362 制作倒角效果

(2) 存水箱的制作

10 进入【创建】控制面板的 ◉ 【几何体】建立区域，单击 矩形 按钮，在顶视图中绘制一个矩形，设置【角半径】为一定数值，如图 6-363 所示。进入 ⬚ 【修改】命令面板，在 修改器列表 中选择【编辑样条线】命令，单击 ⬚ 【分段】子集按钮进入到【分段】子集中，将多边形中间线段选择为红色，效果如图 6-364 所示。

图6-363 绘制圆角矩形

图6-364 选择线段

11 设置 拆分 6 命令后面的数值为 11，单击【拆分】按钮，得到如图 6-365 所示效果。在 修改器列表 中选择【挤出】，挤出高度，如图 6-366 所示。

图6-365 添加平均点

图6-366 挤出高度

12 进入 ⬚ 【修改】命令面板，在 修改器列表 中选择【编辑多边形】命令，单击 ⬚ 【顶点】子集按钮进入到【顶点】子集中，激活顶视图，选中如图 6-367 所示节点。打开【软选择】卷展栏，勾选【使用软选择】命令，适当调整【衰减】值，如图 6-368 所示。

13 调整节点位置，得到带有弧度的模型，如图 6-369 所示。单击 ⬚ 【多边形】子集按钮进入到【多边形】子集中，选择多边形顶端面为红色，单击 挤出 ⬚ 命令右侧的设置按钮，适当调整【挤出高度】值，将选中面向上挤出一定的高度，效果如图 6-370 所示。

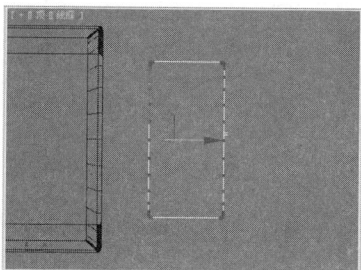

图6-367 选择节点

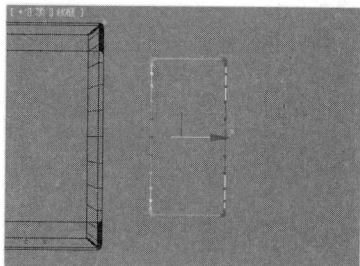

图6-368 打开衰减效果

图6-369 调整节点位置

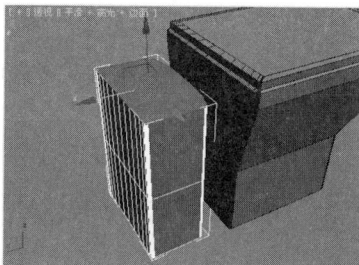

图6-370 挤出选择面

14 单击 ⊡ 【顶点】子集按钮进入到【顶点】子集中，选择如图 6-371 所示的节点。将所选节点放大，如图 6-372 所示。

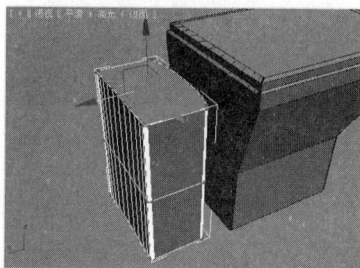

图6-371 选择节点

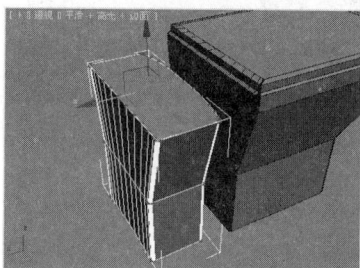

图6-372 缩放节点大小

15 单击 ▣ 【多边形】子集按钮进入到【多边形】子集中，选择多边形前端面为红色，如图 6-373 所示。单击 挤出 □ 命令右侧的设置按钮，适当调整【挤出高度】值，将选中面向前方挤出一定的高度，效果如图 6-374 所示。

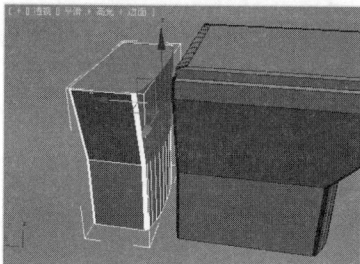

图6-373 选择面

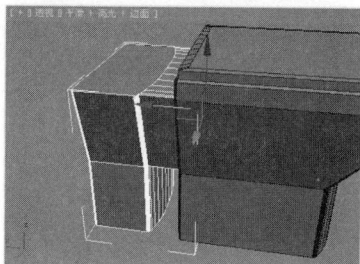

图6-374 挤出选择面

16 再次选择多边形顶端面为红色，如图 6-375 所示。单击 挤出 □ 命令右侧的设置按钮，适当调整【挤出高度】值，将选中面向上挤出一定的高度，并加入倒角效果，效果如图 6-376 所示。

图6-375　选择面

图6-376　挤出选中面并倒角

17 进入【创建】控制面板的 ◎【几何体】建立区域，单击 长方体 按钮，在顶视图中绘制一个长方体，如图 6-377 所示。使用【插入】命令插入一个面后挤入一些深度，如图 6-378 所示。至此，坐便器制作完毕。

图6-377　绘制长方体

图6-378　制作倒角效果

▶ 6.17　手纸架的制作

在这一节中，将学习利用编辑多边形命令结合挤出命令，制作手纸架模型，图 6-379 所示为手纸架的效果图。

学习重点

(1) 学习编辑多边形命令的使用。

(2) 学会挤出命令的使用方法。

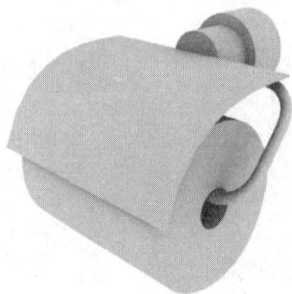

图6-379　最后渲染效果

实例场景：光盘\效果\第6章\手纸架.max

操作步骤

01 进入【创建】控制面板的○【几何体】建立区域，单击 圆柱体 按钮，在前视图中绘制一个圆柱体，如图6-380所示。进入☑【修改】命令面板，在 修改器列表 中选择【编辑多边形】命令，单击■【多边形】子集按钮进入到【多边形】子集中，选中圆柱体前面的面为红色，激活前视图，单击 挤出 □命令右侧的设置按钮，调整【挤出高度】值为0.1，将选中面向上挤出一点高度，效果如图6-381所示。

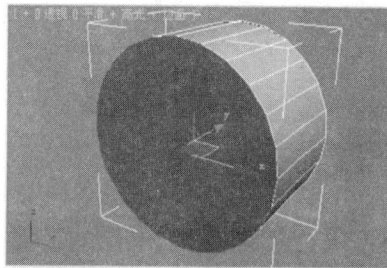

图6-380 绘制圆柱体

图6-381 挤出选择面

02 使用□【缩放】工具将选择的面等比例缩小至如图6-382所示效果。单击 挤出 □命令右侧的设置按钮，适当调整【挤出高度】值，继续将选中的面向上挤出，效果如图6-383所示。

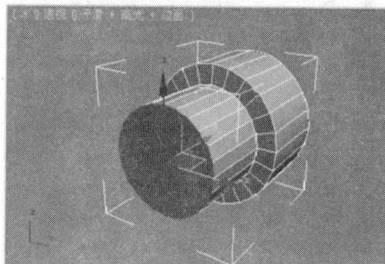

图6-382 缩小选择面

图6-383 挤出选择面

03 进入【创建】控制面板的○【图形】建立区域，单击 矩形 按钮，在顶视图中绘制一个矩形，适当调整【角半径】数值，如图6-384所示。进入☑【修改】命令面板，打开【渲染】卷展栏，勾选【在渲染中启用】和【在视图中启用】命令，将线调整为可渲染状态，如图6-385所示。

图6-384 绘制圆角矩形

图6-385 调整线为可渲染状态

04 激活左视图，使用○【旋转】工具将新建矩形沿Z轴旋转到相应位置，如图6-386所示。进入【创建】控制面板的○【几何体】建立区域，单击 管状体 按钮，在左视图中绘制一个管状体，位置大小如图 6-387 所示。

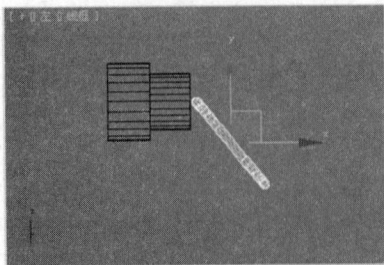

图6-386 调整矩形角度

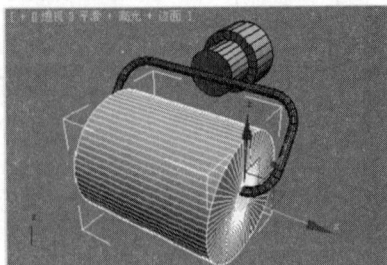

图6-387 绘制管状体

05 进入【创建】控制面板的 【图形】建立区域，单击 线 按钮，在左视图中绘制一条弧线，如图 6-388 所示。进入 【修改】命令面板，单击 样条线按钮进入样条线子集中，选择 轮廓 命令，将弧线制作轮廓效果，再在 修改器列表 中选择【挤出】命令，挤出宽度，最终效果如图 6-389 所示。

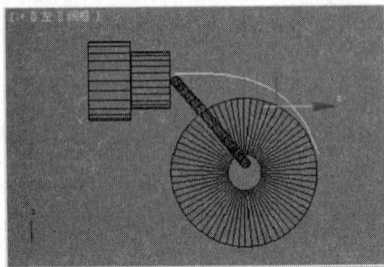

图6-388 绘制弧线

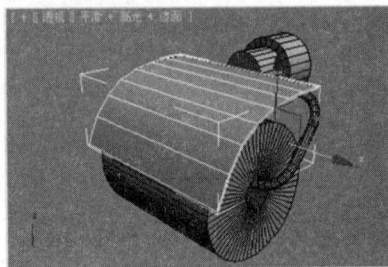

图6-389 挤出宽度

▶ 6.18 牙膏的制作

在这一节中，将学习利用编辑多边形命令结合挤出命令，制作牙膏模型，图 6-390 所示为牙膏的效果图。

学习重点

(1) 学习编辑多边形命令的使用。

(2) 学会挤出、编辑样条线的使用方法。

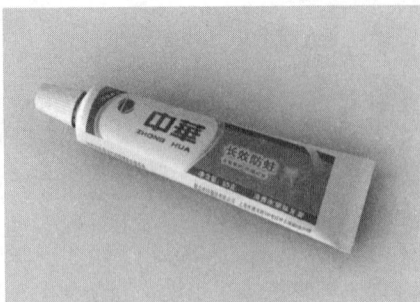

图6-390 最后渲染效果

实例场景：光盘 \ 效果 \ 第6章 \ 牙膏 max

操作步骤

01 进入【创建】控制面板的 ⊙【几何体】建立区域，单击 圆柱体 按钮，在左视图中绘制一个圆柱体，如图 6-391 所示。进入 ☑【修改】命令面板，在 修改器列表 中选择【编辑多边形】命令，单击 ▣【多边形】子集按钮进入到【多边形】子集中，将圆柱体的前后端面删除掉，如图 6-392 所示。

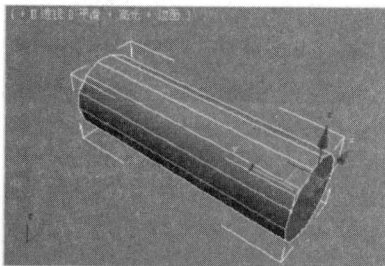

图6-391　绘制圆柱体

图6-392　删除端面

02 单击 ⊞【顶点】子集按钮进入到【顶点】子集中，选中一端的所有顶点，调整节点形状，如图 6-393 所示。进入【创建】控制面板的 ⊙【几何体】建立区域，单击 长方体 按钮，在顶视图中绘制一个长方体，位置大小如图 6-394 所示。

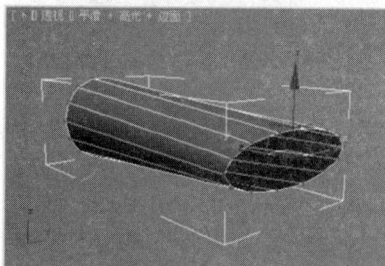

图6-393　调整节点位置

图6-394　绘制长方体

03 进入 ☑【修改】命令面板，在 修改器列表 中选择【编辑多边形】命令，单击 ▣【多边形】子集按钮进入到【多边形】子集中，将长方体正对着圆柱体的面删除掉，如图 6-395 所示。选择圆柱体，进入【创建】控制面板，选择【复合对象】选项中的 连接 命令，单击 拾取操作对象 按钮，拾取长方体，将圆柱体与长方体连接在一起，得到如图 6-396 所示效果。

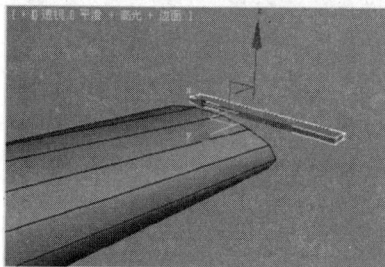

图6-395　删除长方体的面

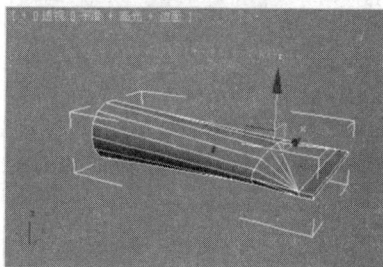

图6-396　将二者连接起来

三维制作大师

04 加入【编辑多边形】命令，单击 【边界】子集按钮进入到【边界】子集中，选中圆柱体前方边界轮廓，按住键盘 Shift 键复制挤出并调整大小，如图 6-397 所示。继续向前挤出并调整大小。进入【边】子集中，选择如图 6-398 所示的两段线段。

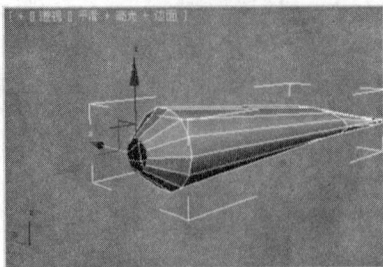

图6-397 挤出边界

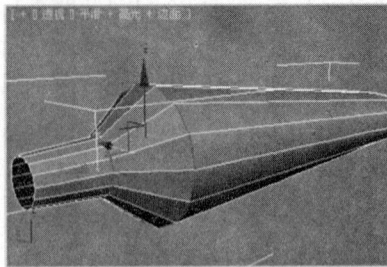

图6-398 选择线段

05 为选择线段做切线效果，如图 6-399 所示，将牙膏底端也做出切线效果，如图 6-400 所示。

图6-399 制作切线效果

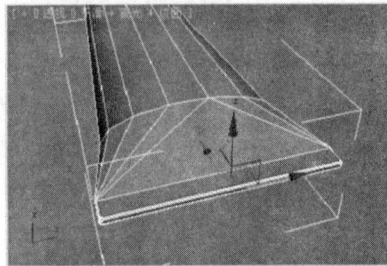

图6-400 制作切线效果

06 进入【创建】控制面板的 【图形】建立区域，单击 星形 按钮，在左视图中绘制一个星形，加入【挤出】命令后，适当调整挤出高度，做为牙膏的盖子，如图 6-401 所示，加入【编辑多边形】命令，将端面缩小，如图 6-402 所示为牙膏的最终效果。

三维制作大师

图6-401 制作牙膏盖

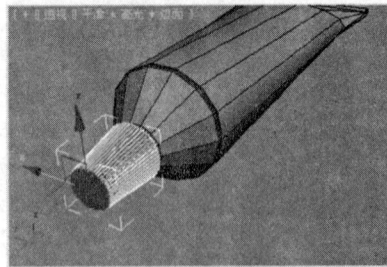

图6-402 缩小端面

6.19 易拉罐的制作

在这一节中，将学习利用编辑多边形命令结合形体合并命令，制作易拉罐模型，图 6-403 所示为易拉罐的效果图。

（1）学习编辑多边形命令的使用。

（2）学会形体合并命令的使用方法。

图6-403　最后渲染效果

实例场景：光盘\效果\第6章\易拉罐.max

操作步骤

01 进入【创建】控制面板的 ○ 【几何体】建立区域，单击 圆柱体 按钮，在顶视图中绘制一个圆柱体，如图 6-404 所示。进入 ✍ 【修改】命令面板，在 修改器列表 中选择【编辑多边形】命令，单击 ✍ 【边】子集按钮进入到【边】子集中，修改圆柱体横向的线段位置，单击 ▣ 【多边形】子集按钮进入到【多边形】子集中，删除掉圆柱体顶端面，如图 6-405 所示。

图6-404　绘制圆柱体　　　　　　　　　图6-405　删除端面

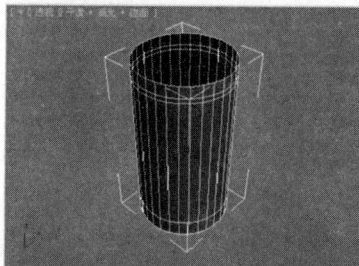

02 单击 ◑ 【边界】按钮进入到边界子集中，选择圆柱体顶端边界，挤出复制边界后，得到如图 6-406 所示效果，单击 ▣ 【多边形】子集按钮进入到【多边形】子集中，删除掉圆柱体底端面，如图 6-407 所示。

图6-406　挤出边界　　　　　　　　　图6-407　删除底端面

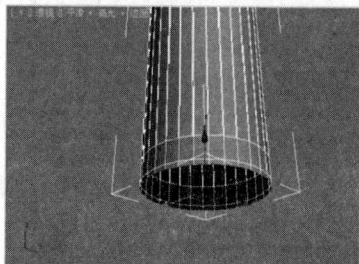

03 单击 ◎【边界】按钮进入到边界子集中，运用之前的方法制作出圆柱体底端的形状，并单击 封口 命令将边界封口，如图 6-408 所示。单击 ■【多边形】子集按钮进入到【多边形】子集中，选中圆柱体底面，制作倒角效果，如图 6-409 所示。

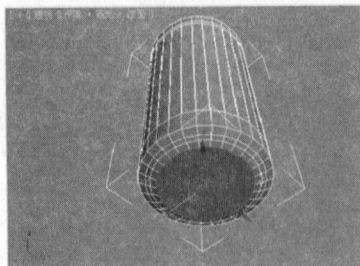

图6-408　将边界封口

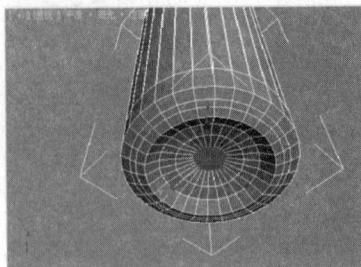

图6-409　制作底部造型

04 单击 ◎【边界】子集按钮进入到【边界】子集中，选择圆柱体顶端的边界，制作出如图 6-410 所示效果，单击 封口 命令将边界封口，效果如图 6-411 所示。

图6-410　制作顶部造型

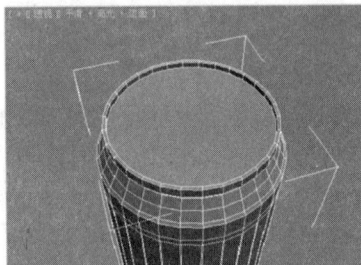

图6-411　将边界封口

05 单击【多边形】子集按钮进入到【多边形】子集中，选中圆柱体顶面，单击 插入 □ 命令后制作倒角效果，如图 6-412 所示。进入【创建】控制面板的 ◎【图形】建立区域，单击 线 按钮，在顶视图中绘制一条曲线，作为易拉罐开口造型，将该曲线复制一份，如图 6-413 所示。

三
维
制
作
大
师

图6-412　制作倒角效果

图6-413　绘制曲线并复制

06 选择罐身，进入【创建】控制面板的 ◎【几何体】建立区域，在下拉菜单中选择【复合对象】命令选项，选择 图形合并 命令，单击 拾取图形 按钮，在透视图中拾取新建曲线，如图 6-414 所示。进入 ☑【修改】命令面板，在 修改器列表 ▼ 中选择【编辑多边形】命令，单击 ■【多边形】子集按钮进入到【多边形】子集中，选中圆柱体中如图 6-415 所示的面。按键盘 Delete 键将此面删除。

图6-414 形体合并

图6-415 选择面并删除

07 选择复制的曲线，进入 ![图标]【修改】命令面板，在 修改器列表 中选择【挤出】命令，做出厚度，如图 6-416 所示。激活顶视图，进入【创建】控制面板的 ![图标]【图形】建立区域，单击 线 按钮，在顶视图中绘制一条曲线，如图 6-417 所示。

图6-416 挤出厚度

图6-417 绘制曲线

08 进入【创建】控制面板的 ![图标]【图形】建立区域，去掉【开始新图形】前面的对号，再次单击 线 按钮，绘制一条曲线。进入 ![图标]【修改】命令面板，在 修改器列表 中选择【挤出】命令，适当调整挤出数值，做出厚度，如图 6-418 所示。最后再绘制一个圆柱体作为螺丝效果，如图 6-419 所示。至此，易拉罐制作完毕。

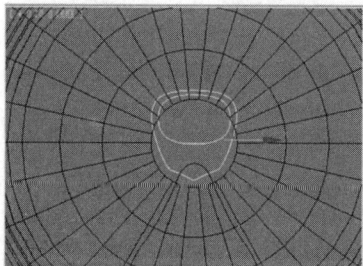

图6-418 绘制曲线并挤出厚度

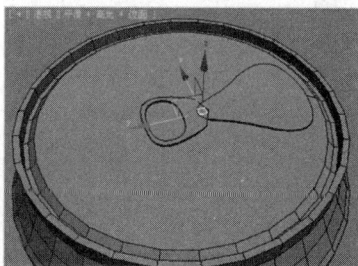

图6-419 易拉罐顶部造型

329

三维制作大师

▶▶ **6.20** 油桶的制作

在这一节中，将学习利用编辑多边形命令，制作油桶模型，图 6-420 所示为油桶的效果图。

学习重点

（1）学习编辑多边形命令的使用。

（2）学习焊接顶点等编辑多边形常用命令。

图6-420　最后渲染效果

实例场景：光盘\效果\第6章\油桶.max

操作步骤

01 进入【创建】控制面板的 ○【几何体】建立区域，单击　长方体　按钮，在顶视图中绘制一个长方体。设置【长度分段】为3；【宽度分段】为4；【高度分段】为3，如图6-421所示。选中长方体，单击鼠标右键，在弹出子菜单中选择【可编辑多边形】命令，将其转换为多边形模式，如图6-422所示。

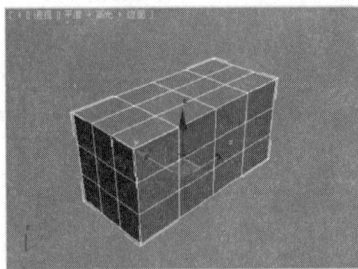

图6-421　绘制长方体

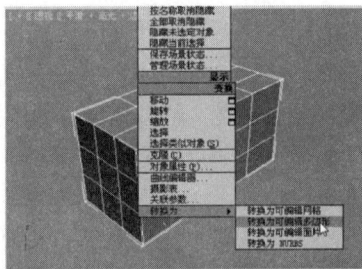

图6-422　转换为可编辑多边形

02 在【修改】命令面板中单击 □【多边形】子集按钮进入到【多边形】子集中，将长方体一头的面做倒角效果，如图6-423所示。继续向上倒角，如图6-424所示。

图6-423　制作倒角效果

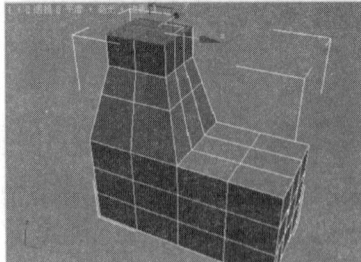

图6-424　制作倒角效果

03 把手的制作。单击　挤出　□命令将选中面向外侧挤出一定的高度，如图6-425所示。继续挤出并调整为垂直方向，如图6-426所示。

图6-425　挤出选择面

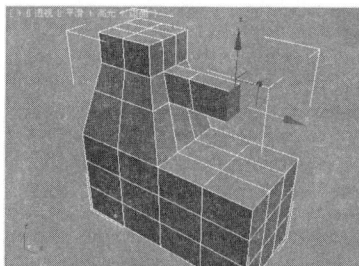

图6-426　挤出选择面

04 选中如图 6-427 所示的面，继续向上挤出并调整节点位置，如图 6-428 所示。

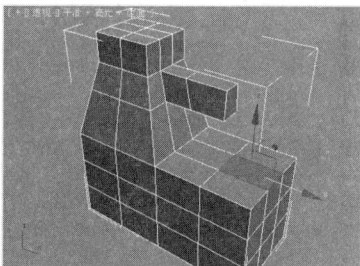

图6-427　选择面

图6-428　挤出选择面并调整节点

05 单击█【多边形】子集按钮进入到【多边形】子集中，将上下把手端面选中，如图 6-429 所示，按键盘 Delete 键清除掉。单击█【顶点】子集按钮进入到【顶点】子集中，单击 目标焊接 按钮，单击一个需要焊接的节点，按住鼠标引出一条连接线，将连接线连接到与此点对应的另一个点上，将二个节点焊接到一起，其他的节点也如此操作，如图 6-430 所示。

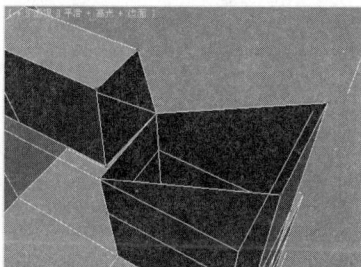

图6-429　删除端面

图6-430　目标焊接节点

06 继续调整节点至如图 6-431 所示效果。删除壶嘴处的面并选择边界，如图 6-432 所示。

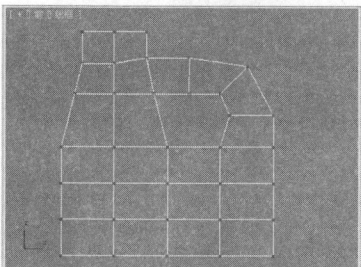

图6-431　调整节点位置

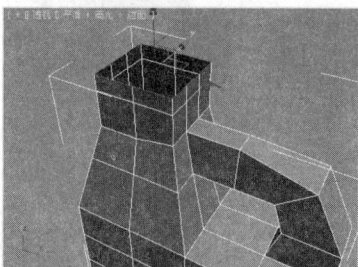

图6-432　选择边界

07 为壶嘴制作倒角效果，如图 6-433、图 6-434 所示。

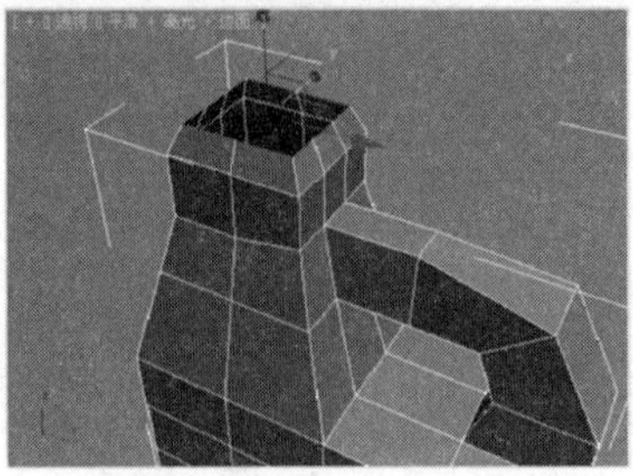

图6-433　制作倒角效果

图6-434　制作倒角效果

08 单击☑【边】子集按钮进入到【边】子集中，选中如图 6-435 所示边线，单击 切角 □命令制作出倒角效果。最后在 修改器列表 中选择【网格平滑】命令，设置【迭代次数】为 2，做光滑处理，最终效果如图 6-436 所示。

图6-435　制作切角效果

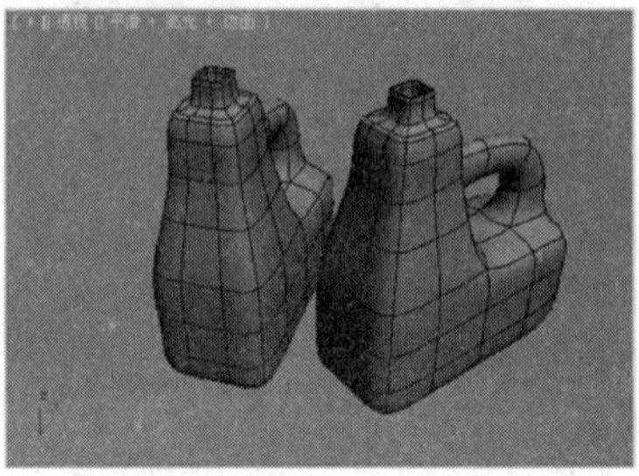

图6-436　加入光滑命令

6.21　本章小结

　　本章通过对生活中常见的厨具洁具物品的建模实例，巩固了多边形建模法等常用建模方法的使用技巧。加深了对多边形建模的应用与理解。

6.22　习题

　　（1）通过多边形建模法结合放样、车削等命令制作电饭锅，如图 6-437 所示。

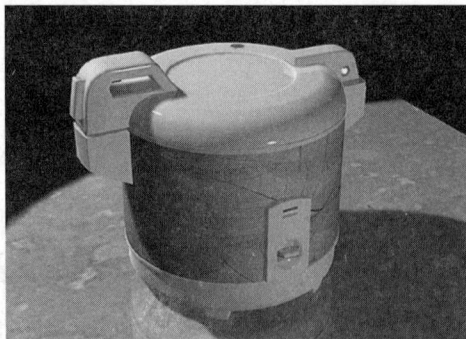

图6-437　电饭锅模型

（2）通过多边形建模法结合放样、车削等命令制作四个手盆，如图 6-438 所示。

图6-438　手盆模型

第7章　基础设施建模

> 本章主要介绍使用多边形建模法创建各种基础设施的方法和技巧，掌握各种基础设施建模的要点。

▶ 7.1　公园长椅的制作

在这一节中，将学习利用编辑多边形命令结合快照复制命令，制作公园长椅模型，图7-1所示为公园长椅的效果图。

学习重点

（1）编辑多边形命令的使用。
（2）快照复制方法的使用。

图7-1　最后渲染效果

实例场景：光盘\效果\第7章\公园长椅 max

操作步骤

（1）长椅的制作

01 进入【创建】控制面板的 ◎【几何体】建立区域，单击下方【几何体】类型下拉菜单，选择【扩展基本体】命令，单击 切角长方体 命令，在顶视图中绘制一个切角长方体。因为是长椅，所以长度要足够长。注意参数中要给出一定的【圆角值】，要做出切角的效果。设置长度、宽度、高度、圆角分段均为1，如图7-2所示。利用【车削】命令制作出大螺丝，【分段】数为6，出现六边形旋转效果，如图7-3所示。再复制一个大螺丝到长立方体的另一端，【克隆选项】为【实例】的复制类型。

02 将切角长方体与两个大螺丝全部选中编为一组，利用【快照】的复制方法进行复制。首先绘制出切角长方体的运动路径，进入【创建】控制面板的 ◎【图形】建立区域，单击 线 按钮，在前视图中绘制出长方体运动的路径，如图7-4所示。选中切角长方体和螺丝所在的组，单击【动画】菜单【约束】命令中的【路径约束】命令，在视图中拾取曲线路径。拖动时间滑块，观察长方体会沿着路径产生运动，但并不随着路径弯曲的弧线改变运动方向。进入◎【运动】控制面板中，勾选【跟随】，则长方体沿着路径运动，并随着弧度改变运动方向，如图 7-5 所示。

图7-2　切角长方体的建立

图7-3　图车削制作出的螺丝

> **提示**　【快照】复制是一种高级的复制方法，使用【快照】复制要先将复制的对象制作路径约束动画，通过对象沿约束路径运动，产生复制效果。

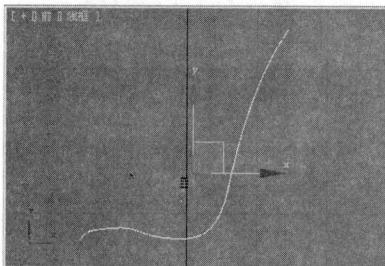

图7-4　绘制运动路径

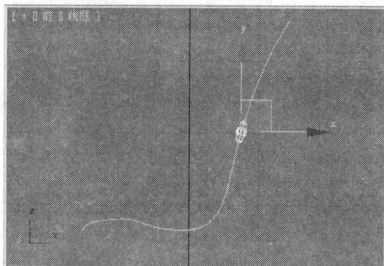

图7-5　制作路径约束动画

03 保持切角长方体处于选择状态下，选择【工具】菜单中的【快照】命令，在弹出的对话框里作出如图 7-6 所示的参数设置，得到如图 7-7 所示的长椅。

> **提示**　将鼠标放在工具条空白处，当鼠标显示为小手形状时，单击鼠标右键，在弹出的命令中，选择【附加】命令。鼠标按住▦【阵列】命令按钮，在隐藏的下拉按钮里单击⑤【快照】命令，也可以调出【快照】对话框。

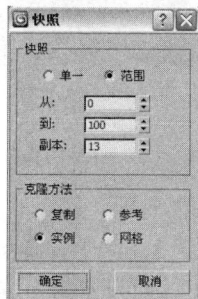

图7-6　【快照】对话框

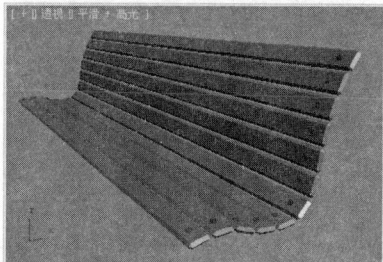

图7-7　快照复制出的长椅

04 运用【放样】命令制作长条椅背部铁艺的支架。再次选择切角长方体的运动路径作为放样路径，在顶视图中将其移动至长条椅一侧的螺丝下方，再在前视图中将其移动至长条椅的外侧，为长条椅背部铁艺绘制出放样所需截面图形矩形，如图 7-8 所示。选择放样路径，进入【创建】控制面板的 ◎【几何体】建立区域，单击下方【几何体】类型下拉菜单，选择【复合对象】命令。单击 ▬放样▬ 命令，单击 ▬获取图形▬ 命令，在前视图中拾取矩形，得到放样图形，进入 ▨【修改】命令面板，在【蒙皮】参数中将【图形步数】改为 0，【路径步数】为 2，效果如图 7-9 所示。

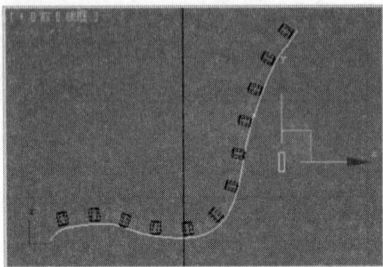

图7-8　绘制放样所需图形

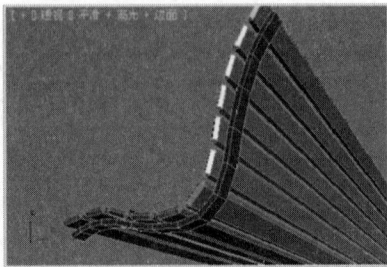

图7-9　放样之后的支架效果

05 选中绘制的放样物体，在 ▬修改器列表▬ 中选择【编辑多边形】命令，对其进行细微的形状调整。单击▣【多边形】子集按钮进入【多边形】子集中，分别选择该图形的上下两端的面为红色，为其做【倒角】处理，单击 ▬倒角 ▫▬ 命令右侧的设置按钮，适当调整【高度】与【轮廓量】值，得到如图 7-10 所示效果。选择长条椅底部铁艺的外侧的一个面，也同样为其制作【倒角】效果，如图 7-11 所示。

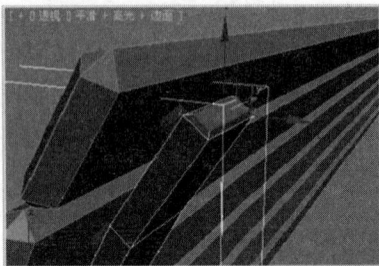

图7-10　将选择多边形做倒角效果

图7-11　将选择多边形做倒角效果

06 选中另外一侧的面为红色，单击 ▬挤出 ▫▬ 命令右侧的设置按钮，适当调整【高度】值，向内侧挤入，效果如图 7-12 所示。单击键盘 Delete 键，将红色的面删除，再次单击▣【多边形】子集按钮退出【多边形】子集。将整个长条椅背部铁艺【镜像】复制一份，激活顶视图，单击工具条中的▮◁▮【镜像】命令，在弹出的对话框中，选择【镜像轴】为 Y 轴，克隆选择为【复制】的复制类型，调整【偏移】值，将铁艺【镜像】复制到长条椅的另外一侧，如图 7-13 所示。

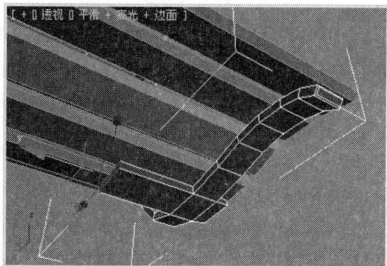

图7-12　将选择多边形挤出

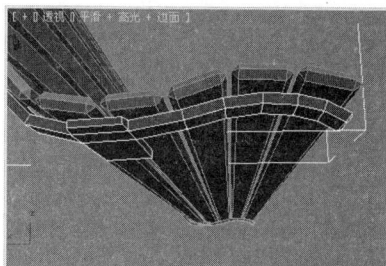

图7-13　【镜像】长椅支架

07 选中一侧的铁艺物体，单击 [附加] 命令，然后再单击另一侧的铁艺，将二者结合起来。单击 [○]【边界】按钮进入到【边界】子集中，将如图 7-14 所示的边界选为红色，按住键盘 Ctrl 键单击另一侧的铁艺的同样位置的边界，将两个边界同时选择。单击 [桥] 命令，将二者连接起来，长条椅背部铁艺部分制作完毕，如图 7-15 所示。

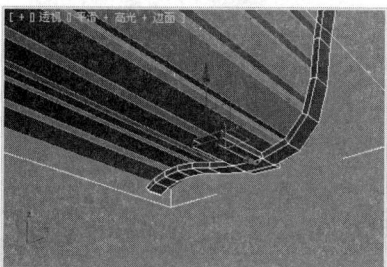

图7-14　选择边界

图7-15　将边界桥接

（2）长椅扶手的制作

08 使用【编辑多边形】命令制作长椅扶手。进入【创建】控制面板的 [○]【几何体】建立区域，单击 [长方体] 按钮，在前视图中绘制一个小长方体，如图 7-16 所示。进入 [❷]【修改】命令面板，在 [修改器列表] 中选择【编辑多边形】命令，单击 [■]【多边形】子集按钮进入【多边形】子集中，选中长方体 X 轴方向的面为红色，使用 [挤出] 命令向外挤出，并使用 [✥]【移动】工具在前视图中略微向上移动，使用 [□]【缩放】工具沿着 X 轴放大，效果如图 7-17 所示。

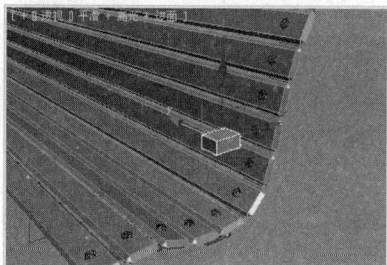

图7-16　绘制长方体

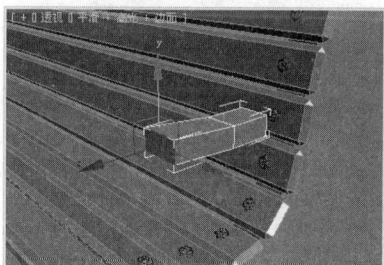

图7-17　将选中多边形做挤出效果

09 保持该面处于选择状态，继续挤出，并使用 [✥]【移动】工具、[○]【旋转】工具、[□]【缩放】工具将挤出的面进行位置、大小、角度的调整，注意观察不同的视图中显示的扶手形状，如图 7-18 所示。选择扶手底部的一个面，使用同样的方法，向下挤出，并调整出如图 7-19 所示的造型。

图7-18　调整扶手形状

图7-19　调整扶手形状

10 继续使用同样的方法，挤出一条椅子腿，效果如图 7-20 所示。注意在顶视图中调整出不同面的不同的宽度。可随时切换到 █【顶点】子集中调节【顶点】位置，以及使用 █【缩放】工具将点进行【缩放】，这样在模型形状的塑造上更加轻松，如图 7-21 所示。

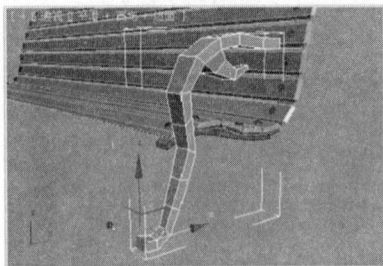

图7-20　调整扶手形状

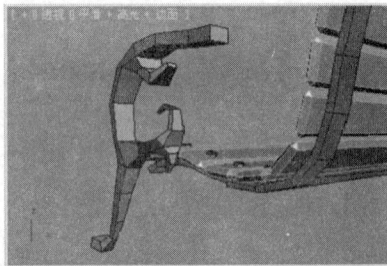

图7-21　调整扶手形状

11 选择小方块的另一侧的面，继续使用同样的方法向上挤出，制作出扶手的上半部分，如图 7-22 所示。继续挤出扶手的另一条腿，如图 7-23 所示。整个扶手的制作过程较为漫长，细节部分要靠读者个人自由把握。

12 为扶手加入【网格光滑】命令，做光滑处理。将扶手在长椅的另外一端复制一个，复制方式选为【实例】，最后得到如图 7-24 所示的长椅模型。

三
维
制
作
大
师

图7-22　调整扶手形状

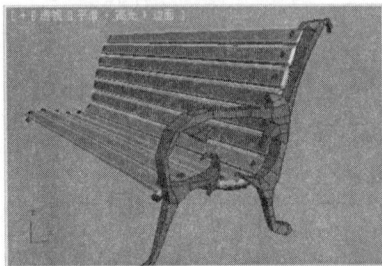

图7-23　调整扶手形状

图7-24　公园长椅

▶️ **7.2　消防栓的制作**

　　在这一节中，将学习利用编辑多边形命令结合放样及车削命令，制作消防栓模型，图 7-25 所示为消防栓的效果图。

（1）学习编辑多边形命令的使用。

（2）学习放样、车削命令的使用。

图7-25　最后渲染效果

实例场景：光盘\效果\第7章\消防栓max

操作步骤

（1）消防栓立柱的制作

01 消防栓立柱两端侧孔的制作。进入【创建】控制面板的 ◎【几何体】建立区域，单击 圆柱体 按钮，在顶视图中建立一个圆柱体，【高度分段】为5，【边数】为16，如图7-26所示。选择圆柱体，进入 ☑【修改】命令面板，在 修改器列表 中选择【编辑多边形】命令，单击 ▣【多边形】子集按钮进入【多边形】子集，将如图7-27所示的多边形选中为红色，注意由于消防栓有两个侧孔，所以将背面的多边形也选中。

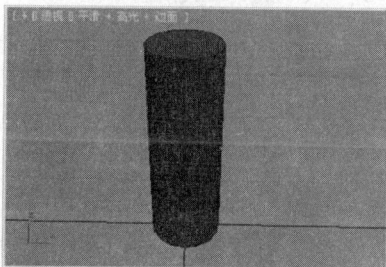

图7-26　建立圆柱体

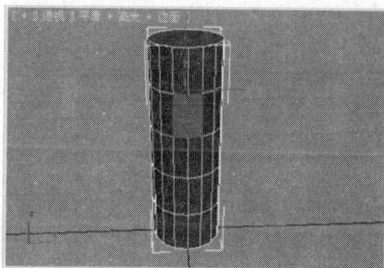

图7-27　选择多边形

02 单击 挤出 ▫ 按钮边上的参数设置，适当设置【挤出高度】值，将所选多边形向外挤出，效果如图7-28所示。激活顶视图，通过观察发现，挤出的上下两个面不平，所以使用 ▣【缩放】工具在顶视图中沿Y轴向下无限缩放，直到两组多边形变为水平显示，如图7-29所示。

03 单击 ☑【边】子集按钮进入【边】子集中，将纵向第二组边全部选中，单击 连接 ▫ 按钮在中间加上一条边，效果如图7-30所示。单击 ▣【顶点】子集按钮进入到【顶点】子集中，在前视图中将挤出高度的点选中，使用 ✥【移动】工具和 ▣【缩放】工具进行调整，效果如图7-31所示。

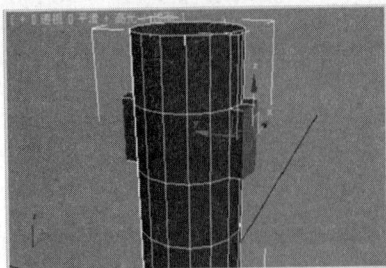

图7-28 挤出选择多边形

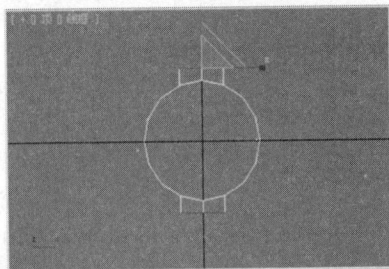

图7-29 【缩放】多边形至水平对齐

提示 在选择节点的时候，由于前后都有节点，所以必须框选，将前后的节点一起选中。

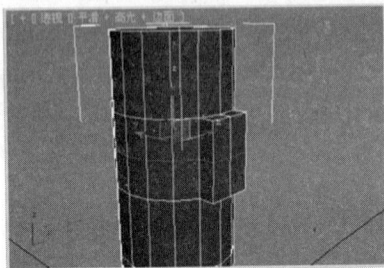

图7-30 添加边

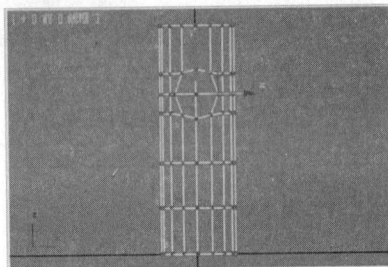

图7-31 调整节点位置

04 在顶视图中将上下两排点选中，如图7-32所示。使用 【缩放】工具在透视图中沿Z轴、X轴进行缩小调整。使鼓出的两个面略变小，且更趋于正方形，效果如图7-33所示。

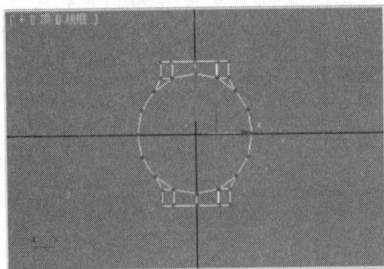

图7-32 选择节点

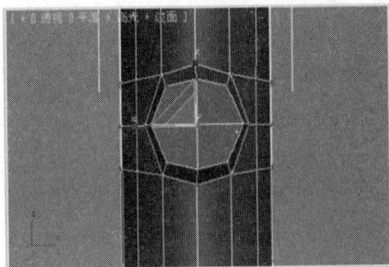

图7-33 缩小选择节点

05 在前视图中选中如图7-34所示的两组节点，在顶视图中使用 【缩放】工具沿Y轴向中间缩小，效果如图7-35所示。

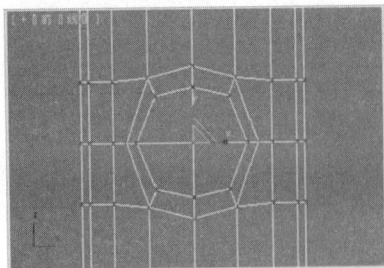

图7-34 选择节点

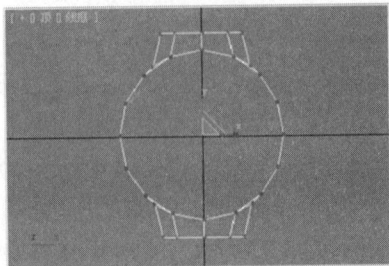

图7-35 调整节点位置

06 单击☑【边】子集按钮进入【边】子集中，在顶视图中选中如图7-36所示的两组表示挤出高度的线，单击 连接 ☐ 按钮后面的参数设置，【分段】为1，适当调整【滑块值】，加入一条制作倒角的线，效果如图7-37所示。

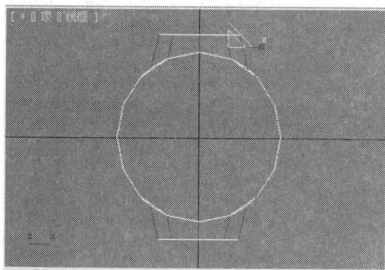

图7-36 选择边

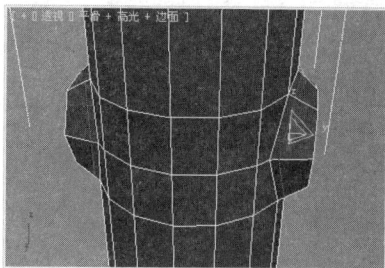

图7-37 添加边

07 单击▣【多边形】子集按钮进入【多边形】子集，将前后两个挤出的面都选中，单击 倒角 ☐ 命令后面的参数设置，将【高度值】、【轮廓量】值进行适当调整，得到如图7-38所示效果。单击☑【边】子集按钮进入【边】子集中，在顶视图中将上下两组刚倒角出来的纵向的边选中，单击 连接 ☐ 按钮后面的参数设置，【分段】为2，【滑块值】为0，适当调整【收缩值】，加入两条制作倒角的线，效果如图7-39所示。

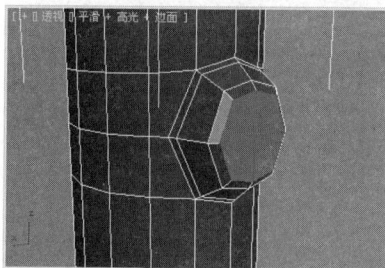

图7-38 将选择多边形倒角

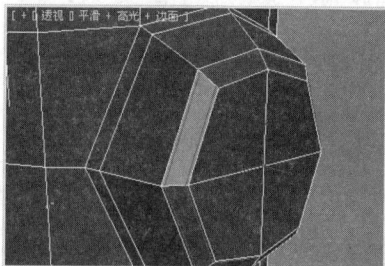

图7-39 加入倒角用的边

08 单击▣【多边形】子集按钮进入【多边形】子集，再次将前后两个挤出的面都选中，单击 倒角 ☐ 命令后面的参数设置，将【高度值】、【轮廓量值】适当调整为负数，得到如图7-40所示效果。单击键盘Delete键，将所选择的面删除，消防栓两侧的出水孔制作完毕，效果如图7-41所示。

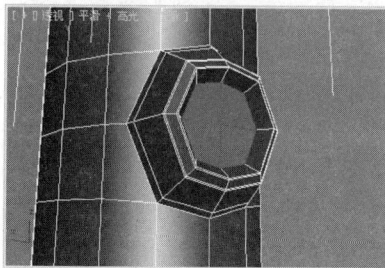

图7-40 挤入选中多边形

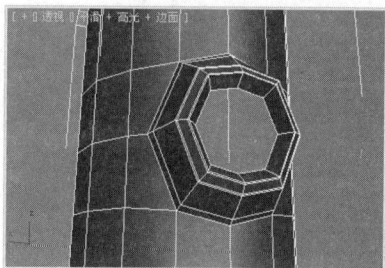

图7-41 删除选中多边形

09 制作大出水孔，方法同小出水孔。单击☑【边】子集按钮进入【边】子集中，在前视图中将最上面的第一组纵向的线全部选中，单击 连接 ☐ 按钮后面的参数设置，【分段】为1，添加一条水平线，如线不够水平，则使用▣【缩放】工具在前视图中沿Y轴向下【缩放】，使线变水平。

三维制作大师

并使用 ✛【移动】工具将线沿 Y 轴向下移动些，效果如图 7-42 所示。单击 ▣【多边形】子集按钮进入【多边形】子集，将如图 7-43 所示的多边形全部选中。

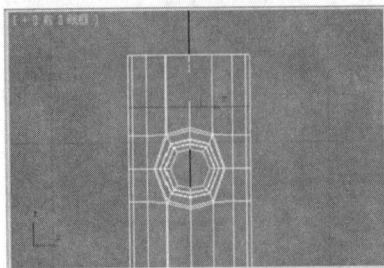

图7-42　加入边

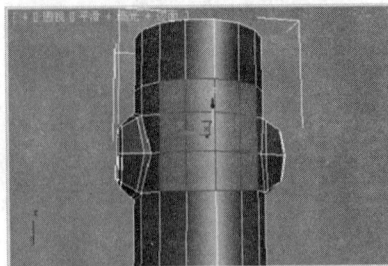

图7-43　选择多边形

10 单击 [倒角 □] 按钮边上的参数设置，将【高度】值、【轮廓量】值进行适当调整，效果如图 7-44 所示。激活顶视图观察发现，挤出的面不是在一条垂直线上，所以使用 ▣【缩放】工具在顶视图中沿 X 轴无限【缩放】，直到两个边变垂直，如图 7-45 所示。

图7-44　挤出选择多边形

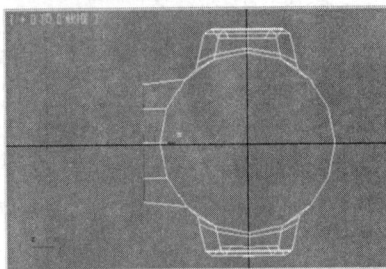

图7-45　【缩放】选择多边形至水平

11 单击 ⊡【顶点】子集按钮进入到【顶点】子集中，勾选【忽略背面】，在左视图中将挤出高度大小的点选中，使用 ✛【移动】工具和 ▣【缩放】工具将点进行调整，尽量调整至圆形，效果如图 7-46 所示。单击 ◁【边】子集按钮进入【边】子集中，去掉【忽略背面】前面的勾选。在顶视图中将挤出高度的边全部选中，单击 [连接 □] 按钮后面的参数设置，【分段】为 1，适当调整【滑块】值，加入一条制作倒角的线，效果如图 7-47 所示。

> **提示**　由于前后都有顶点，勾选【忽略背面】之后，进行框选点的时候后面的顶点将不被选中。

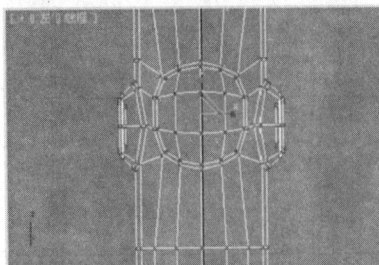

图7-46　调整节点位置

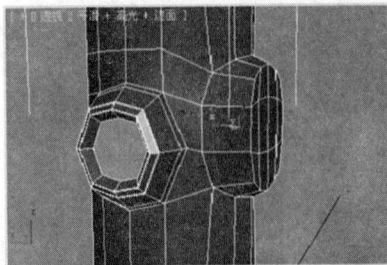

图7-47　添加边

三
维
制
作
大
师

12 单击▣【多边形】子集按钮进入【多边形】子集，将挤出的面都选中，单击 倒角 □ 命令后面的参数设置，将【高度】值、【轮廓量】值进行适当调整，得到如图7-48所示效果。单击☑【边】子集按钮进入【边】子集中，在顶视图中将刚倒角出来的边选中，单击 连接 按钮后面的参数设置【分段】为2，【滑块】值为0，适当调整【收缩】值，加入两条制作倒角的线，效果如图7-49所示。

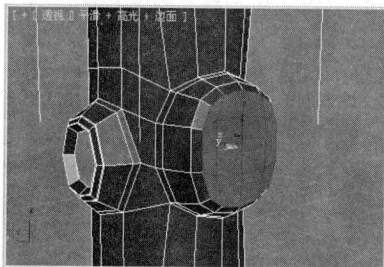

图7-48　将选择多边形做倒角效果　　　　图7-49　加入边

13 单击▣【多边形】子集按钮进入【多边形】子集，再次将挤出的面选中，单击 倒角 □ 命令后面的参数设置，将【高度】值、【轮廓量】值进行适当调整为负数，得到如图7-50所示效果。单击键盘Delete键，将所选择的面删除，消防栓大出水孔制作完毕，效果如图7-51所示。

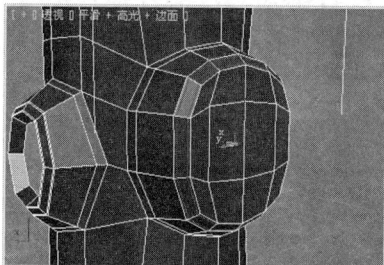

图7-50　将选择多边形做挤入效果　　　　图7-51　删除选中多边形

14 制作立柱下方凹陷修饰效果，单击☑【边】子集按钮进入边子集中，在前视图中将下方的两组水平线都选中并使用✛【移动】工具沿Y轴向下移动至如图7-52所示位置。在透视图中向下方倒数第二排纵向的边每隔一个边选择一个边，如图7-53所示。

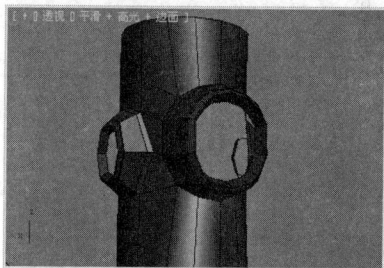

图7-52　调整选中边的位置　　　　图7-53　选择边

15 单击 切角 □ 命令后面的设置，适当调整【切角量】，得到如图7-54所示效果。单击▣【多边形】子集按钮进入【多边形】子集，将箭头形的面选中。单击 倒角 □ 命令后面的参数设置，适当调整【高度】值与【轮廓量】值，得到如图7-55所示效果。

三维制作大师

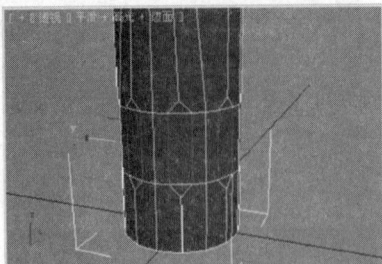

图7-54　将选中边做切角效果

图7-55　将选中面倒角

16 单击▣【多边形】子集按钮进入【多边形】子集，将圆柱体两端的面选中，单击 插入 ▣命令后面的设置，适当调整【插入量】，得到如图 7-56 所示效果。再次单击▣【多边形】子集按钮退出【多边形】子集，在 修改器列表 ▼中选择【网格平滑】命令，【迭代次数】为 2，得到如图 7-57 所示效果。

图7-56　插入圆柱体顶端面

图7-57　将消防栓做光滑处理

（2）其他零部件的制作

17 制作消防栓顶部零部件。进入【创建】控制面板的 ▣【图形】建立区域，单击 线 按钮，在前视图中绘制旋钮底座侧线，如图 7-58 所示。进入 ▣【修改】命令面板，在 修改器列表 ▼中选择【车削】命令，单击 最小 按钮，勾选【翻转法线】、【焊接内核】命令，得到如图 7-59 所示效果。

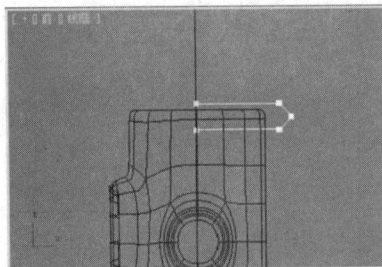

图7-58　绘制剖面图形

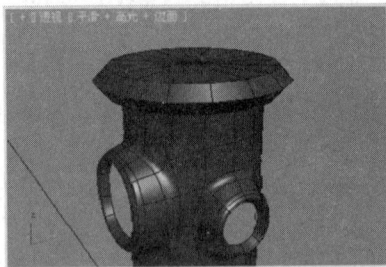

图7-59　加入车削命令

18 利用【放样】命令制作消防栓顶部圆头。进入【创建】控制面板的 ▣【图形】建立区域，单击 线 、 圆 按钮，在前视图中绘制放样所需路径垂直线与横截面图形圆形。接下来利用线的【布尔运算】方法绘制另一个横截面图形。单击 圆 按钮，在前视图中绘制一大一小两个圆形，如图 7-60 所示。选择小圆，进入 ▣【层次】命令面板的 轴 调整区域，激活 仅影响轴 按钮为紫色，此时轴心处于选择状态，如图 7-61 所示。

图7-60　绘制放样所需路径与截面图形

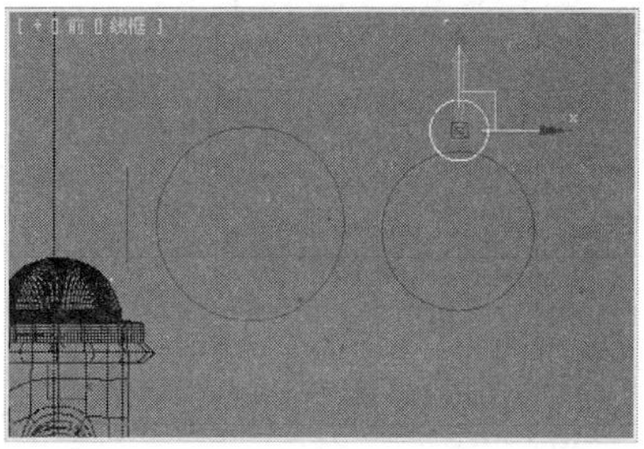

图7-61　调整轴心

19 单击工具条 【对齐】按钮,在前视图中拾取与小圆交汇的大圆,在弹出的对话框中选择【轴点对轴点】,X、Y 轴对齐,如图 7-62 所示。将轴心定在大圆的中心之后,再次单击 位影响轴 按钮退出【轴】调整。单击工具条 【角度捕捉切换】按钮,再鼠标右键单击 【角度捕捉切换】按钮进行参数设置,在弹出的对话框中,将【角度】值改为 45 度,关闭对话框,单击 【旋转】工具,在前视图中按键盘 Shift 键沿 Z 轴旋转复制,克隆选项中选择【复制】的复制方法,【副本】数为 7,如图 7-63 所示。

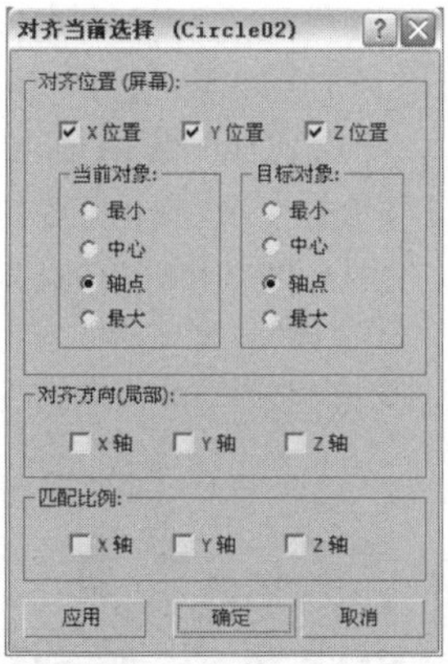

图7-62　【对齐当前选择】对话框

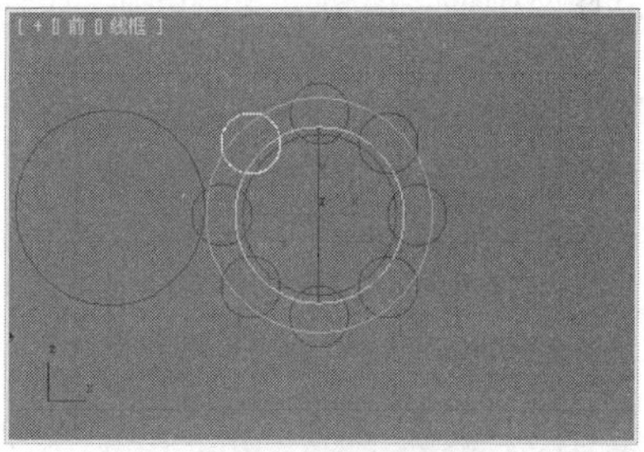

图7-63　旋转复制圆

345

20 选择大圆,进入 【修改】命令面板,在 修改器列表 中选择【编辑样条线】命令,单击 附加 命令,依次单击要做布尔运算的圆,将它们结合为一个整体,如图 7-64 所示。单击 【样条线】按钮,进入【样条线】子集,将中间的大圆选中为红色,激活 布尔 按钮后面中间的【相减】按钮,在前视图中依次单击小圆做布尔运算,得到如图 7-65 所示效果。

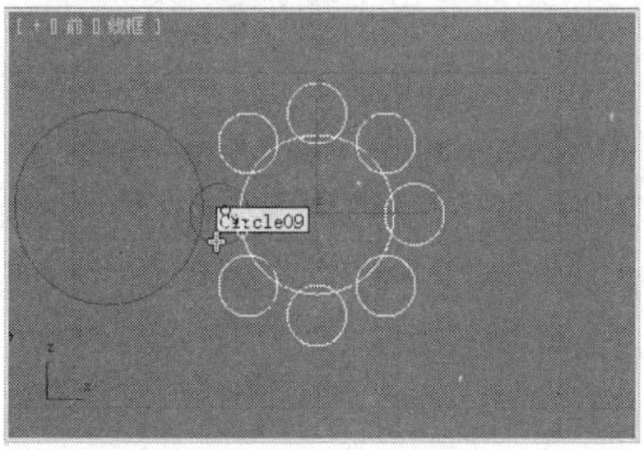

图7-64　结合圆

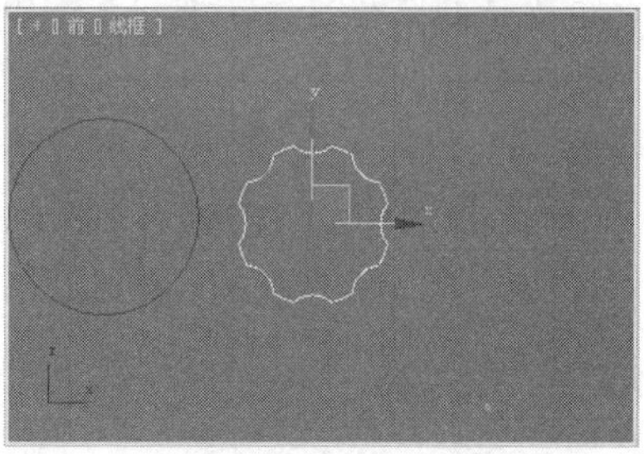

图7-65　布尔运算圆

21 单击⊡【顶点】子集按钮进入【顶点】子集中，选择所有的节点，单击 ▇▇ 命令，将所有节点稍做圆角处理，完成放样截面图形的制作。选择放样路径垂直线，进入【创建】控制面板的⊙【几何体】建立区域，单击下方【几何体】类型下拉菜单，选择【复合对象】命令。单击 ▇放样▇ 命令，单击 ▇获取图形▇ 命令，在前视图中，拾取第一个大圆形，得到圆柱体。将圆柱体移动至消防栓立柱上方，如图 7-66 所示。进入☑【修改】命令面板，打开命令堆栈中【Loft】前面的加号，进入到【图形】子集中，在透视图中选中圆柱体下方的横截面为红色，如图 7-67 所示。

图7-66 制作放样物体

图7-67 选择截面图形

22 按住键盘 Shift 键，使用❖【移动】工具在透视图中沿 Z 轴向上复制一个横截面至如图 7-68 所示位置。在弹出的对话框中选择【实例】的复制方式。使用同样的方法，再次沿着 Z 轴向上复制一个横截面图形，选中后复制的截面图形，使用⬚【缩放】工具等比例将其缩小，并使用❖【移动】工具将缩小后的截面图形沿 Z 轴向下稍微移动，作出如图 7-69 所示效果。

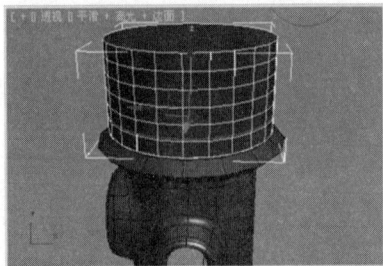

图7-68 复制截面图形

图7-69 【缩放】截面图形

23 再次打开命令堆栈中【Loft】前面的加号，进入到【图形】子集中，在透视图中选中步骤 21 中最后缩小的横截面图形。按住键盘 Shift 键，使用❖【移动】工具在透视图中沿 Z 轴向上再次复制一个横截面。在【命令堆栈】中单击【图形】选项退出子集，在下方【路径参数】卷展栏中的【路径】值调为 50，单击 ▇获取图形▇ 按钮，在前视图中拾取另一个横截面图形，得到如图 7-70 所示效果。此时，获得了一个产生扭曲效果的横截面图形，需要进行调整。再次打开命令堆栈中【Loft】前面的加号，进入到【图形】子集中，选中放样物体中的后拾取的带花纹的横截面图形。使用⟳【旋转】工具在透视图中沿 Z 轴旋转至正确方向，并使用⬚【缩放】工具等比例将其缩小。再使用❖【移动】工具将截面图形沿 Z 轴向下稍微移动，得到如图 7-71 所示效果。

24 在【命令堆栈】中单击【图形】退出子集，单击【变形】卷展栏中的 ▇缩放▇ 按钮，作出如图 7-72 所示的曲线调整，得到如图 7-73 所示消防栓圆顶。

三维制作大师

图7-70 拾取花纹截面图形

图7-71 调整花纹截面图形大小与角度

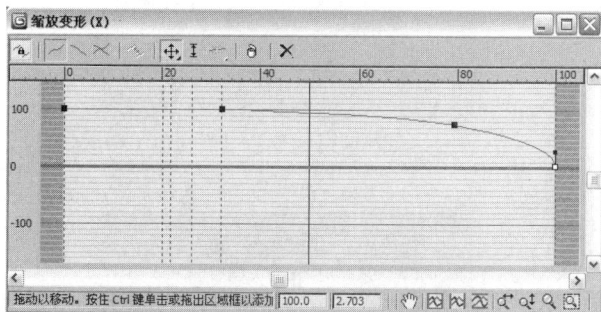

图7-72 【缩放变形】对话框

图7-73 应用缩放变形之后的放样图形

25 运用【车削】命令制作出消防栓圆顶上的螺钮效果。运用【挤出】命令制作出圆顶周围的螺丝，并正确的复制，如图 7-74 所示。在前视图中绘制如图 7-75 所示的曲线。

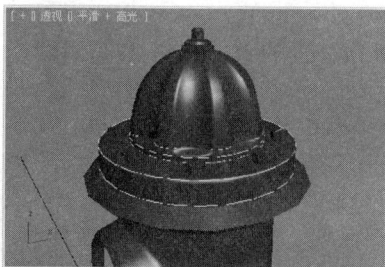

图7-74 制作螺丝并复制

图7-75 绘制剖面图形

26 进入 【修改】命令面板，在 修改器列表 中选择【车削】命令，旋转方向选为 X 轴，打开命令堆栈中【车削】前面的加号进入到【轴】子集中，在前视图中使用 【移动】工具将轴心沿 Y 轴向下调整至路径的最下方，得到如图 7-76 所示效果，在顶视图中绘制如图 7-77 所示的曲线。

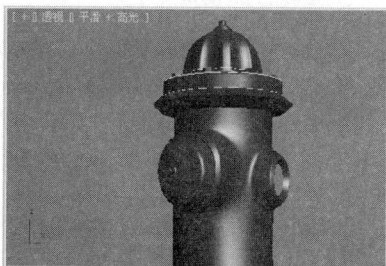

图7-76 加入车削命令

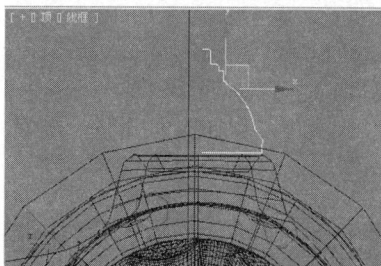

图7-77 绘制剖面图形

三维制作大师

27 进入 ☑【修改】命令面板，在 修改器列表 中选择【车削】命令，单击 最小 按钮，勾选【翻转法线】、【焊接内核】命令，得到如图 7-78 所示效果。选择放样物体，激活顶视图，单击工具条中 ▥【镜像】命令，在弹出的对话框中将【镜像轴】选为 Y 轴，克隆类型选择【复制】的类型，调整【偏移】值，得到如图 7-79 所示效果。

图7-78　加入车削命令

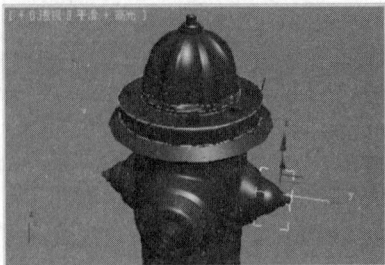

图7-79　【镜像】车削物体

28 利用【车削】命令制作消防栓底座，在前视图中绘制如图 7-80 所示曲线。进入 ☑【修改】命令面板，在 修改器列表 中选择【车削】命令，单击 最小 按钮，得到如图7-81 所示效果。

29 在底座上使用挤出命令制作出大螺丝，并沿着消防栓立柱等距离旋转复制出若干个，最后效果如图 7-82 所示。

图7-80　绘制剖面图形

图7-81　加入车削命令

图7-82　完整消防栓模型

▷ 7.3　电话亭的制作

在这一节中，将学习利用编辑多边形命令结合挤出命令等，制作电话亭模型，图 7-83 所示为电话亭的效果图。

📖 学习重点

(1) 学习编辑多边形命令的使用方法。

(2) 学习挤出命令等使用。

图7-83　最后渲染效果

实例场景：光盘\效果\第7章\电话亭 max

操作步骤

01 进入【创建】控制面板的 ⚪【几何体】建立区域，单击 长方体 按钮，在左视图中建立一个长方体，进入 🖊【修改】命令面板，在 修改器列表 中选择【编辑多边形】命令，单击 ◁【边】子集按钮进入【边】子集中，选择横向所有的线，利用 连接 □ 命令在长方体中间加 2 条线，如图 7-84 所示。单击 ■【多边形】子集按钮进入【多边形】子集中，选中如图 7-85 所示的面为红色，单击键盘 Delete 键将选中的面删除。

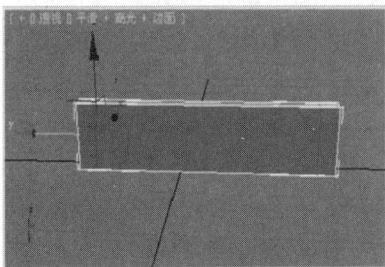

图7-84　添加边

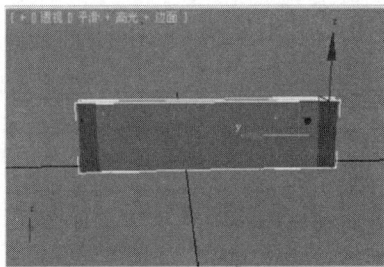

图7-85　删除选择面

02 利用 ▷◁【镜像】命令将该长方体镜像出另一个，如图 7-86 所示。然后选择其中一个长方体使用 附加 □ 命令，将两个长方体结合为一体，单击 ⌐【边界】按钮进入到【边界】子集中，选中一侧边界，如图 7-87 所示。

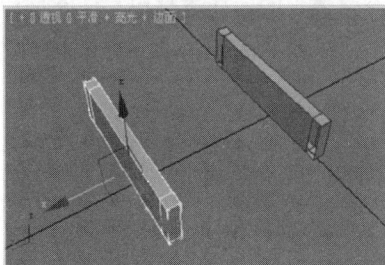

图7-86　镜像长方体

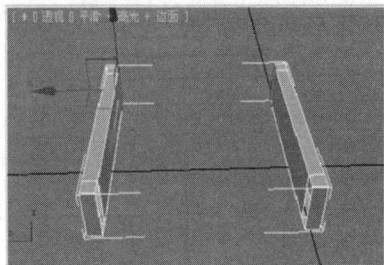

图7-87　选择边界

03 使用 桥 □ 命令将该侧桥接起来，如图 7-88 所示。依照之前步骤将另一侧边界也桥接起来，如图 7-89 所示。

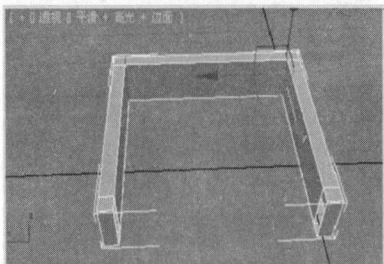

图7-88 桥接边界

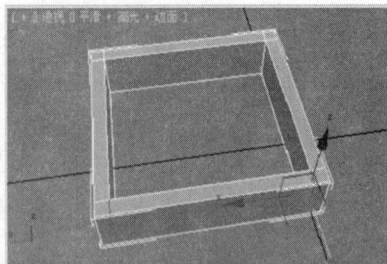

图7-89 桥接边界

04 利用 连接 ▢ 命令在该物体中间加一条线，如图7-90所示，进入 ▣ 【多边形】子集中，选中物体一侧的面，如图7-91所示。

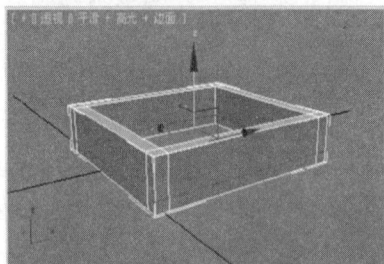

图7-90 添加边

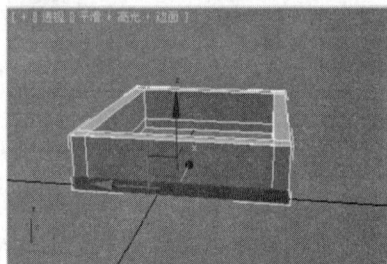

图7-91 选择面

05 使用右侧的 挤出 ▢ 命令将选中的面挤出并使用 ▣ 【缩放】工具将挤出的面适当压小，如图7-92所示。同理将另外三侧的面也挤出同样大小，如图7-93所示。

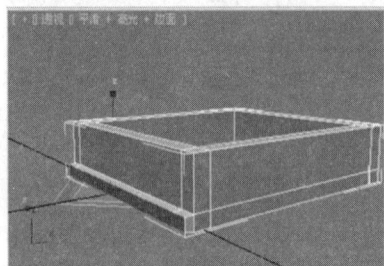

图7-92 挤出面并调整大小

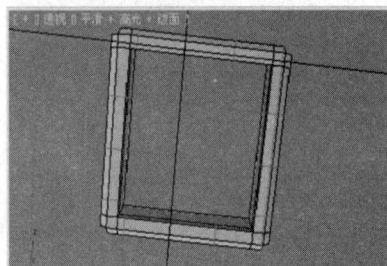

图7-93 挤出其他面

06 选中如图7-94所示红色区域。再使用 挤出 ▢ 命令将选中的面向下挤出一定高度，如图7-95所示。

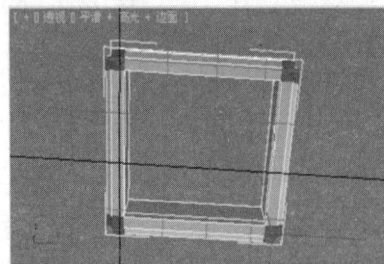

图7-94 选择面

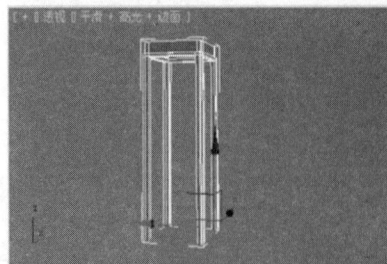

图7-95 挤出选择面

07 再次选中如图 7-96 所示红色区域，然后使用 [插入 □] 命令向内插入一个面，使用【移动】工具将面向内适当移动些距离，如图 7-97 所示。将其他三个面做同样的处理。

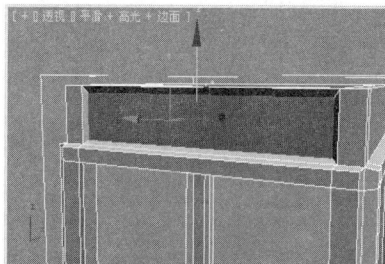

图7-96　选择面　　　　　　　　　　图7-97　插入并调整位置

08 进入【创建】控制面板的 ○【几何体】建立区域，单击 [长方体] 按钮，在左视图中建立一个长方体，大小位置如图 7-98 所示。进入 ◎【修改】命令面板，在 [修改器列表 ▾] 中选择【编辑多边形】命令，进入 ■【多边形】子集中，选中该长方体顶部的面，使用 [插入 □] 命令插入一个面，再使用 [挤出 □] 命令将插入的面挤出一定高度，如图 7-99 所示。

图7-98　绘制长方体　　　　　　　　图7-99　插入并挤出

09 进入【创建】控制面板的 ○【几何体】建立区域，建立一个圆柱体，在【扩展基本体】下单击 [棱柱] 按钮，创建一个棱柱体，分别调整大小并摆放在如图 7-100 所示位置。再建立四个长方体作为电话亭后侧支架，如图 7-101 所示。

图7-100　绘制棱柱体　　　　　　　图7-101　建立后侧支架

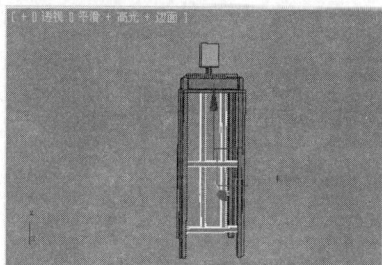

10 建立三个长方体作为电话亭后侧木板，如图 7-102 所示，用同样的方法将电话亭侧面用长方体拼凑起来，最后效果如图 7-103 所示。

图7-102　绘制长方体

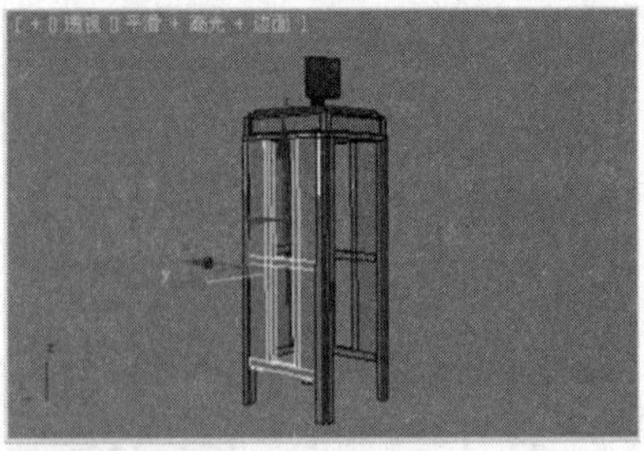

图7-103　完整电话亭模型

➲ 7.4　公交站台的制作

在这一节中，将学习利用编辑多边形命令结合挤出命令，制作公交站台模型，图 7-104 所示为公交站台的效果图。

学习重点

（1）学习编辑多边形命令的使用。

（2）学习挤出命令的使用。

图7-104　最后渲染效果

实例场景：光盘\效果\第 7 章\公交站台 max

操作步骤

01 进入【创建】控制面板的 ◯【几何体】建立区域，单击 长方体 按钮，在前视图中建立如图 7-105 所示长方体，在 修改器列表 中选择【编辑多边形】命令，单击 ◁【边】子集按钮进入【边】子集当中，再使用 连接 □ 命令添加如图 7-106 所示线段。

02 单击 ▣【多边形】子集按钮进入【多边形】子集中，选择长方体两侧的面再单击 挤出 □ 命令右侧的设置按钮，适当调整【高度】值，向外侧挤出，如图 7-107 所示。再选择如图 7-108 所示红色面，将其删除。

图7-105　绘制长方体

图7-106　添加线段

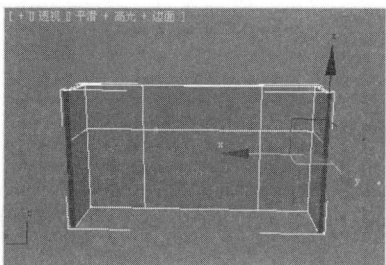

图7-107　挤出选中面

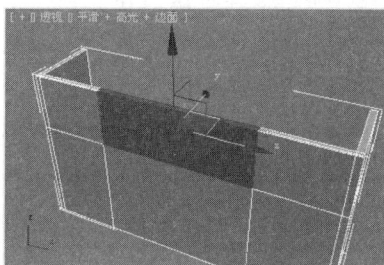

图7-108　删除选择面

03 进入【创建】控制面板的 ○ 【几何体】建立区域，单击 长方体 按钮，在顶视图中建立如图 7-109 所示长方体，再在顶视图中建立两个长方体作为站台顶棚，如图 7-110 所示。

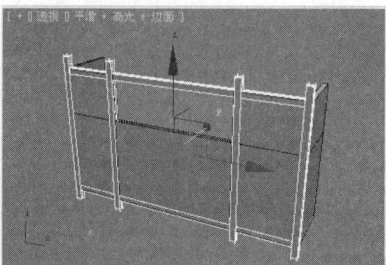

图7-109　绘制长方体

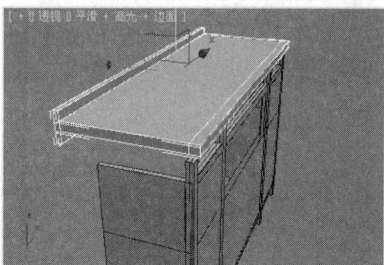

图7-110　绘制长方体

04 在 修改器列表 中选择【编辑多边形】命令，单击 ■【多边形】子集按钮进入【多边形】子集中，选择如图 7-111 所示红色区域面，再单击 挤出 □ 命令右侧的设置按钮，适当调整【高度】值，向下挤出，如图 7-112 所示。

图7-111　选择面

图7-112　挤出选择面

05 进入【创建】控制面板的 ◎【几何体】建立区域，单击 长方体 按钮，在顶视图中建立如图 7-113 所示长方体，注意长方体的分段数。在 修改器列表 中选择【编辑多边形】命令，单击 ⠿【顶点】子集按钮进入【顶点】子集当中，使用工具将其调整至如图 7-114 所示形状。

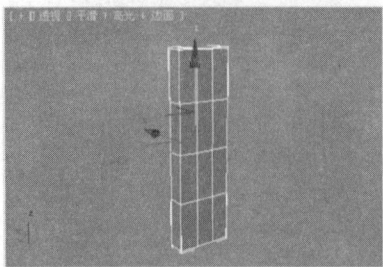

图7-113 绘制长方体

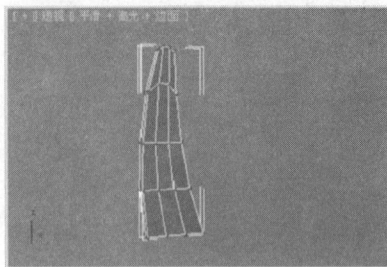

图7-114 调整节点位置

06 单击 ▣【多边形】子集按钮进入【多边形】子集中，选择如图 7-115 所示红色区域面，并将其对侧相应的面同样选中，单击 挤出 命令右侧的设置按钮，将【高度】值设为 0.01，向里侧挤入并用【缩放】工具适当压缩，如图 7-115 所示。再次使用 挤出 命令向里侧挤入一定的深度，如图 7-116 所示。

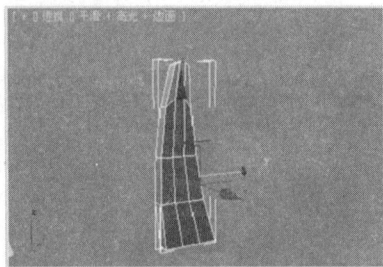

图7-115 选择面并挤出0.01的厚度

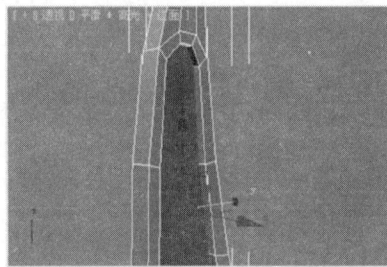

图7-116 挤入选择面

07 利用 切割 命令添加如图 7-117 所示线段，单击 ▣【多边形】子集按钮进入【多边形】子集中，选择如图 7-118 所示红色区域面，相对应的另一侧的面也同样一起选中，单击键盘 Delete 键删除。

图7-117 添加线段

图7-118 删除选中面

08 单击 ⠿【顶点】子集按钮进入【顶点】子集当中，选中该物体最下排顶点，使用【缩放】工具在左视图中将所有点沿 Y 轴【缩放】，压至同一直线上，如图 7-119 所示。再使用 快速切片 命令在该物体下面加一条线，如图 7-120 所示。

09 回到物体编辑模式，在 修改器列表 中选择【网格平滑】命令，将【迭代次数】设为 2，得到如图 7-121 所示效果。将该物体复制出一个放置站台另一侧，如图 7-122 所示。

三维制作大师

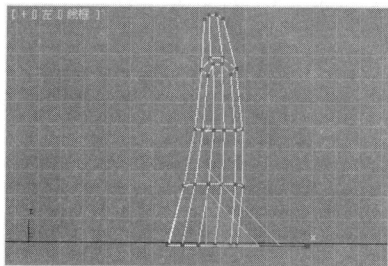

图7-119　对齐选择顶点

图7-120　添加线段

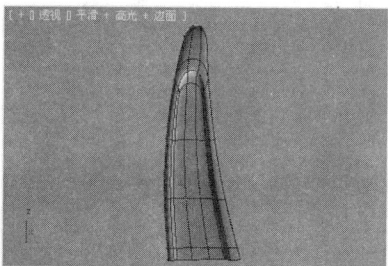

图7-121　加入光滑命令

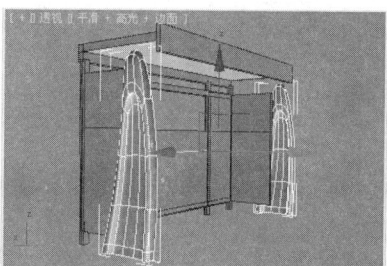

图7-122　复制对象

10 制作站台里的座位。进入【创建】控制面板的 ⊙【几何体】建立区域，单击下方【几何体】类型下拉菜单，选择【扩展基本体】命令，单击 切角长方体 命令，在顶视图中建立如图 7-123 所示切角长方体，注意切角长方体的分段数。在 修改器列表 中选择【编辑多边形】命令，单击 ◁【边】子集按钮进入【边】子集当中，将其形状调整为如图 7-124 所示。

图7-123　绘制切角长方体

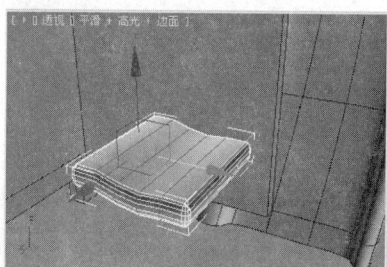

图7-124　调整切角长方体形状

11 回到物体编辑模式，在顶视图中将该物体复制出 7 个，如图 7-125 所示。进入【创建】控制面板的 ⊙【几何体】建立区域，单击 圆柱体 按钮在顶视图建立 3 个圆柱体，放置如图 7-126 所示位置。

图7-125　复制对象

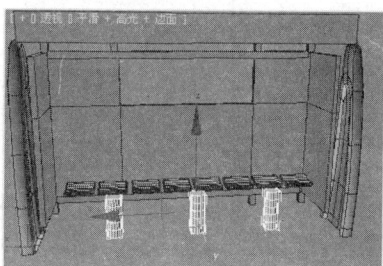

图7-126　绘制圆柱体

355

三维制作大师

12 在左视图中建立两个圆柱体作为座位支架，如图 7-127 所示，站台最终效果如图 7-128 所示。

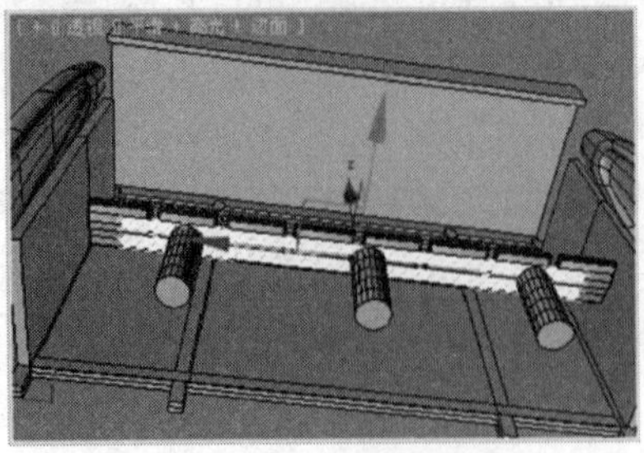

图7-127　绘制圆柱体

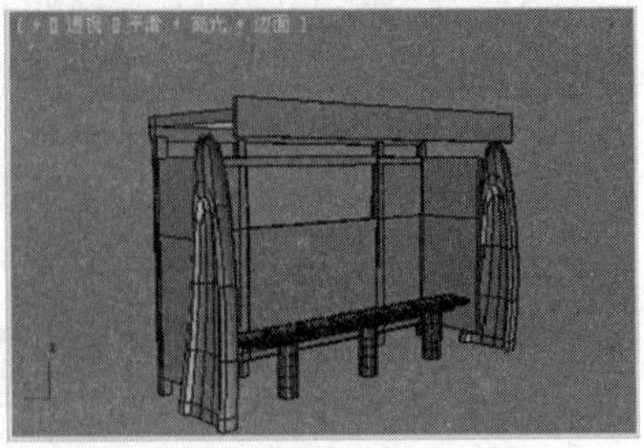

图7-128　公交站台最终模型

7.5　欧式路灯的制作

本在这一节中，将学习利用编辑多边形命令结合挤出、车削及补洞命令，制作欧式路灯模型，图 7-129 所示为欧式路灯的效果图。

学习重点

(1) 编辑多边形命令的使用。

(2) 挤出、车削、补洞等命令的使用。

图7-129　最后渲染效果

实例场景: 光盘 \ 效果 \ 第 7 章 \ 欧式路灯 max

操作步骤

01 利用多边形建模制作灯体。进入【创建】控制面板的【几何体】建立区域，单击　圆柱体　按钮，在顶视图中建立一个圆柱体，如图 7-130 所示。进入【修改】命令面板，在　修改器列表　中选择【编辑多边形】命令。单击【顶点】子集按钮进入顶点子集中，选择圆柱体顶端的点，将选择的点向上移动，【修改】大小比例，如图 7-131 所示。

02 选择圆柱体纵向所有线，如图 7-132 所示。利用　连接　命令在圆柱体上添加七条横向的线，如图 7-133 所示。

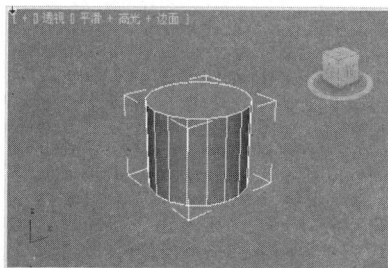

图7-130　绘制圆柱体

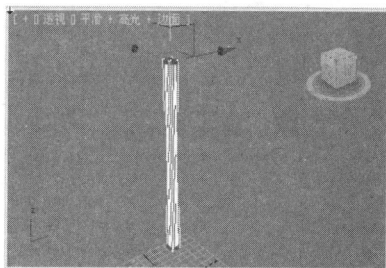

图7-131　调整顶点位置

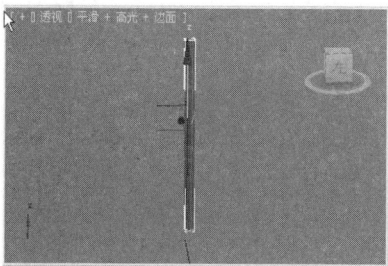

图7-132　选择纵向线段

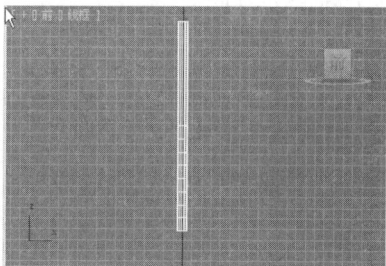

图7-133　添加线段

03 调整线的位置，使线紧密些，如图 7-134 所示。使用【缩放】工具将选择的点放大，如图 7-135 所示。

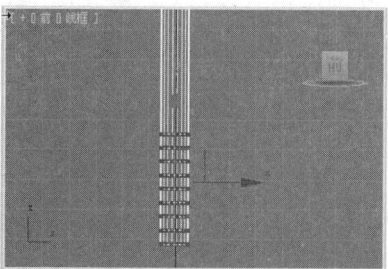

图7-134　调整线段位置

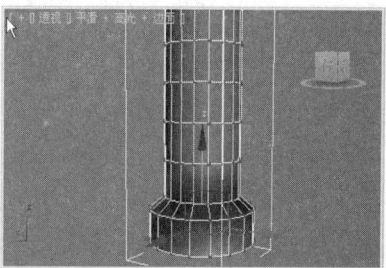

图7-135　放大选择节点

04 选中上方 5 排点，使用【缩放】工具将选择的点在前视图沿 Y 轴【缩放】使其紧凑些，如图 7-136 所示。选中 5 排点在透视图沿 XY 轴逐一缩放成圆形，如图 7-137 所示。

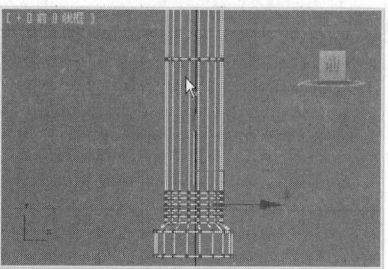

图7-136　缩小选择节点

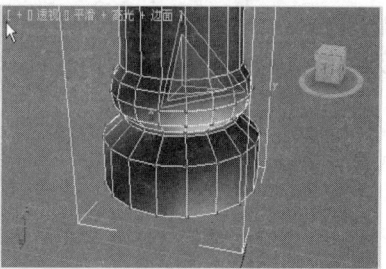

图7-137　调整节点位置形状

05 选择圆柱体纵向所有线段，如图 7-138 所示。利用 连接 命令在圆柱上添加 18 条横向的线段，如图 7-139 所示。

三维制作大师

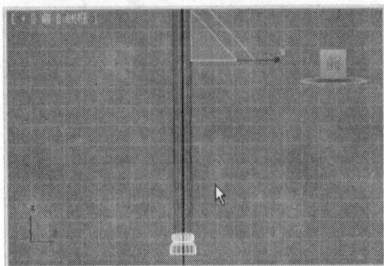

图7-138　选择纵向线段

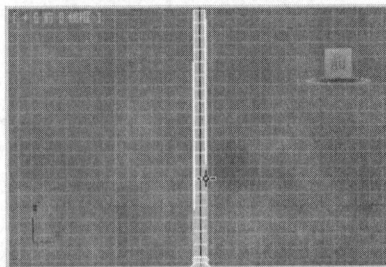

图7-139　添加横向线段

06 选择新加线段上的节点，如图 7-140 所示。使用【缩放】工具将选择的点【缩放】紧密些，如图 7-141 所示。

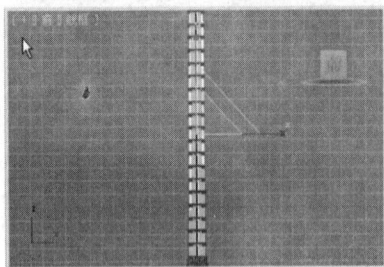

图7-140　选择节点

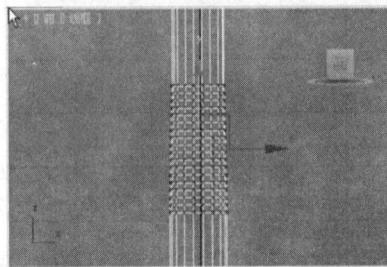

图7-141　缩放节点位置

07 选中下方 5 排节点，使用【缩放】工具将选择的点在透视图沿 XY 轴逐一缩放成圆形，如图 7-142 所示。选中上方的点沿 XY 轴逐一缩放成如图 7-143 所示形状。

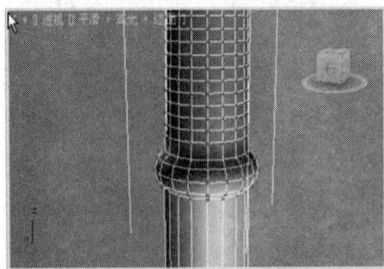

图7-142　调整节点形状

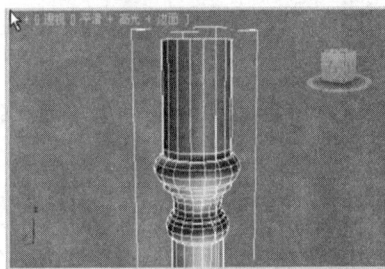

图7-143　调整节点形状

08 选择圆柱体纵向所有线，利用 连接 □ 命令在圆柱上方加 18 条横向的线，如图 7-144 所示。参见上小节调整形状的方法，最后调整至如图 7-145 所示。

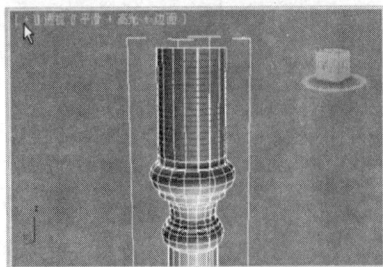

图7-144　添加线段

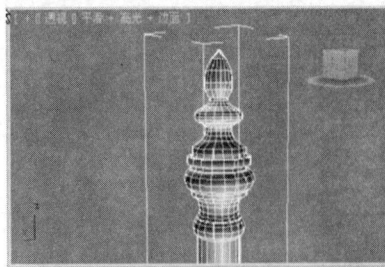

图7-145　调整节点形状

09 进入【创建】控制面板的 ○【几何体】建立区域，单击 长方体 按钮，在顶视图中建立一个长方体，如图 7-146 所示。进入 ╱【修改】命令面板，在 修改器列表 中选择【编辑多边形】命令。单击 ╱【边】子集按钮进入【边】子集中，选择所有的边，使用 切角 命令将边切出斜面，如图 7-147 所示。

图7-146　绘制长方体

图7-147　将所有边做切角效果

10 进入【创建】控制面板的 ○【几何体】建立区域，单击 线 按钮，在顶视图中绘制灯架边缘所需曲线，如图 7-148 所示。进入 ╱【修改】命令面板，在 修改器列表 中选择【车削】命令，单击 最小 按钮，得到如图 7-149 所示效果。

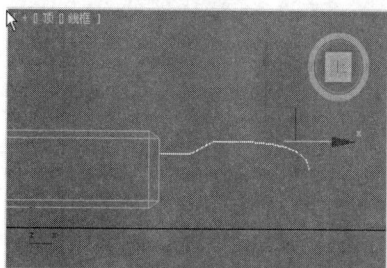

图7-148　绘制样条线

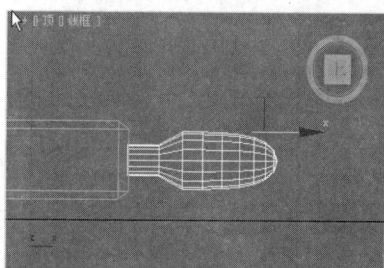

图7-149　制作车削对象

11 选择【车削】出来的对象，单击工具条中 ⊞【镜像】命令，在弹出的对话框中将【镜像】轴选为 X 轴，克隆类型选择【复制】的类型，调整【偏移】值，得到另一侧灯架边缘，如图 7-150 所示。进入【创建】控制面板的 ○【几何体】建立区域，单击 线 按钮，在前视图中绘制灯架装饰所需曲线，如图 7-151 所示。

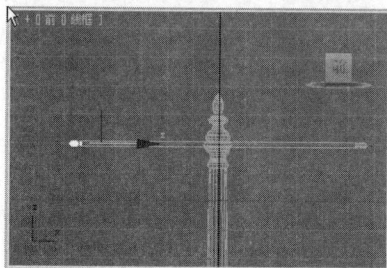

图7-150　镜像复制对象

图7-151　绘制样条线

12 进入 ╱【修改】命令面板，在 修改器列表 中选择【编辑样条线】命令，单击 ╱【样条线】按钮，进入【样条线】子集，单击 轮廓 命令将线条生成宽度，如图 7-152 所示。进入 ╱【修改】命令面板，在 修改器列表 中选择【编辑多边形】命令。单击 ▦【多边形】子集按钮进

三维制作大师

入【多边形】子集中，选择装饰线最上面的面为红色，如图7-153所示。

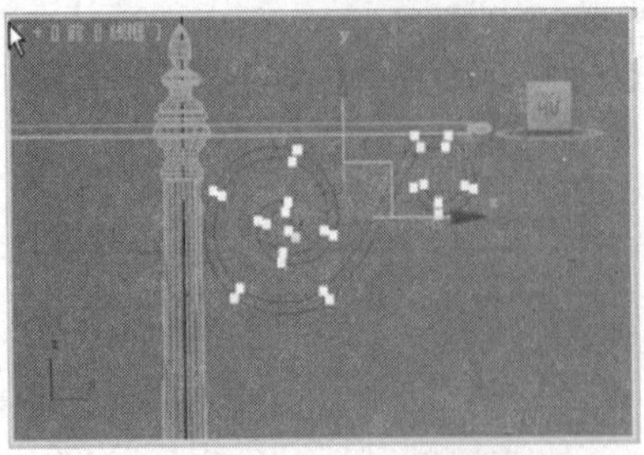

图7-152　建立轮廓

图7-153　选择面

13 单击 挤出 □ 右侧的设置按钮，将【高度】值调为适中，向上稍微挤出一个面，如图7-154所示。单击 ◎【边界】子集按钮进入【边界】子集中，选中如图7-155所示的边界。

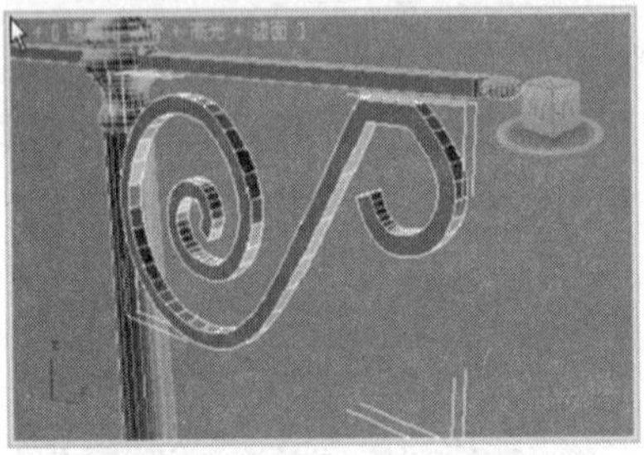

图7-154　挤出厚度

图7-155　选择边界

14 进入 ☑【修改】命令面板，在 修改器列表 ▾ 中选择【补洞】命令将边界封口，如图7-156所示。再次进入 ☑【修改】命令面板，在 修改器列表 ▾ 中选择【编辑多边形】命令。单击 ☑【边】子集按钮进入【边】子集中，选中如图7-157所示的边。

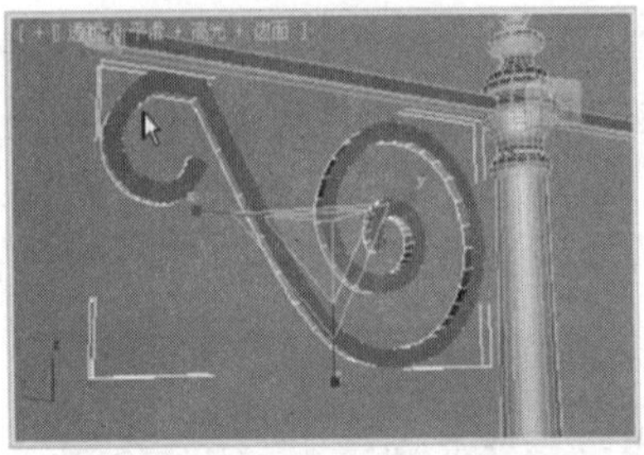

图7-156　将边界封口

图7-157　选择线段

三
维
制
作
大
师

15 单击 切角 □ 右侧的设置按钮，将【切角量】值调为适中，将边切出一个斜面，如图7-158所示。选择灯架装饰物体，单击工具条中 🔢【镜像】命令，在弹出的对话框中将【镜像】轴选为X轴，克隆类型选择【复制】的类型，调整【偏移】值，得到另一侧灯架装饰物体，如图7-159所示。

16 进入【创建】控制面板的 ◎【几何体】建立区域，单击 线 按钮，在左视图中绘制固定灯的架子的曲线，如图7-160所示。进入 ☑【修改】命令面板，单击 ☑【样条线】子集按钮进入到【样条线】子集中，将线条选中为红色，勾选【自动焊接】、【复制】命令选项，并单击 镜像 命令，得到另一半曲线，删除中间多余的点，如图7-161所示。

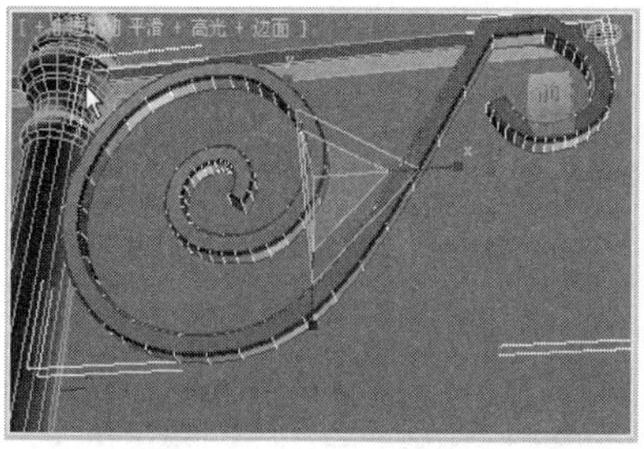

图7-158　制作切角效果

图7-159　镜像对象

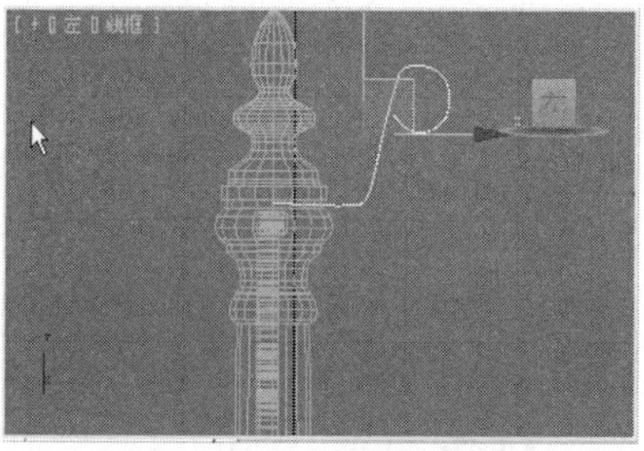

图7-160　绘制样条线

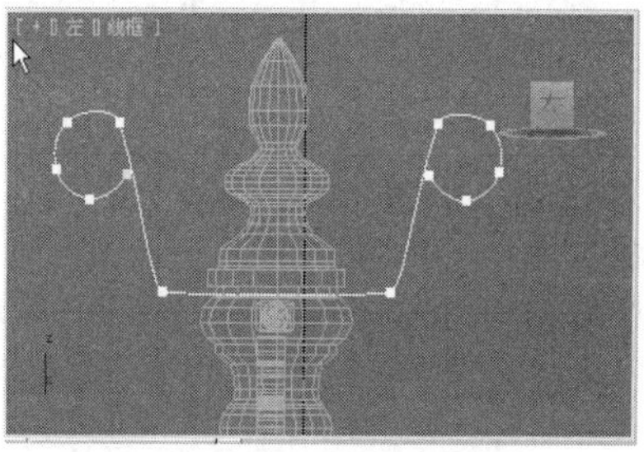

图7-161　镜像样条线

17 单击 ⌒【样条线】子集按钮进入到【样条线】子集中，将线条选中为红色，单击 轮廓 命令，单击线条并拖动鼠标，做出如图 7-162 所示的轮廓效果。进入 ◢【修改】命令面板，在 修改器列表 中选择【编辑多边形】命令。单击 ▣【多边形】子集按钮进入【多边形】子集中，选择最上面的面为红色，如图 7-163 所示。

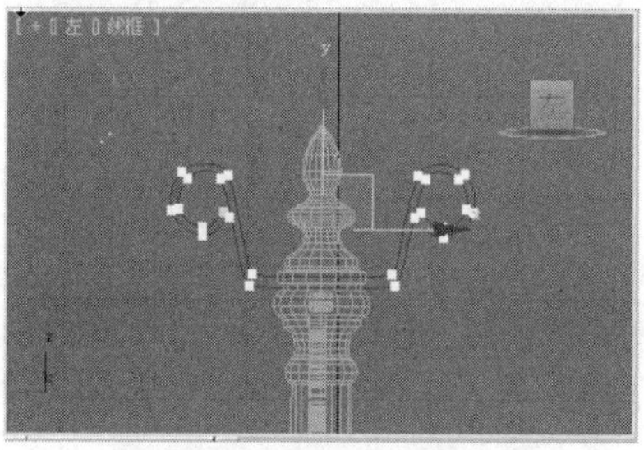

图7-162　制作轮廓效果

图7-163　选择面

18 单击 挤出 □ 右侧的设置按钮，将【高度】值调为适中，向上稍微挤出一个面，如图 7-164 所示。单击 ◎【边界】子集按钮进入【边界】子集中，选中如图 7-165 所示的边。

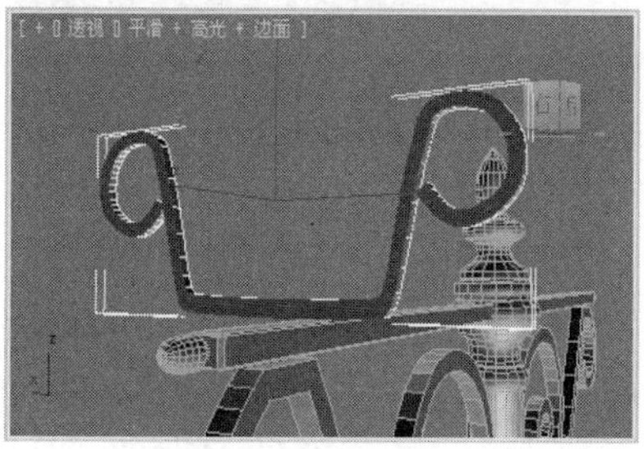

图7-164　挤出厚度

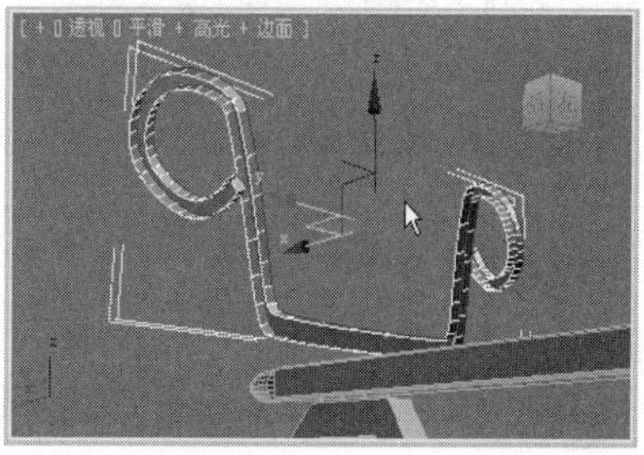

图7-165　选择边界

三维制作大师

19 进入 ☑【修改】命令面板，在 [修改器列表] 中选择【补洞】命令得到如图 7-166 所示的效果。再次进入 ☑【修改】命令面板，在 [修改器列表] 中选择【编辑多边形】命令。单击 ☑【边】子集按钮进入【边】子集中，选中如图 7-167 所示的边。

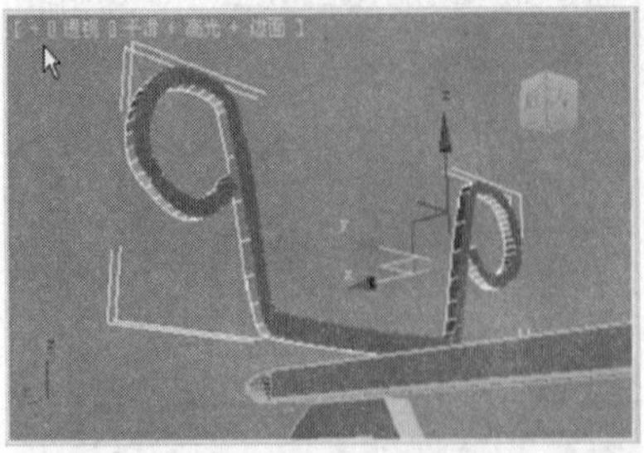

图7-166 加入补洞命令

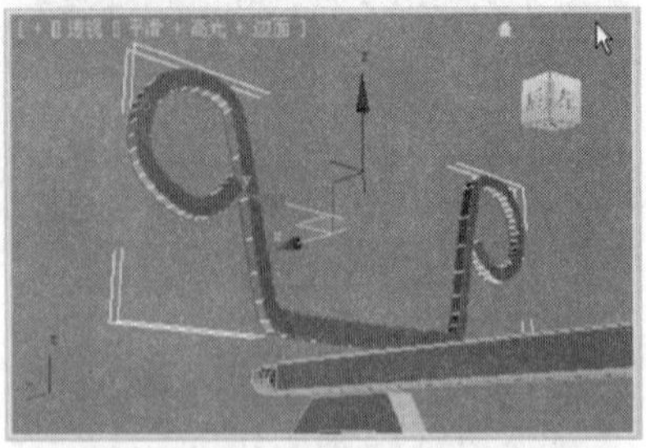

图7-167 选择边界

20 单击 [切角] 右侧的设置按钮，将【切角量】值调为适中，将边切出一个斜面，如图 7-168 所示。选择灯架物体，单击工具条中 ⚏【镜像】命令，在弹出的对话框中将【镜像】轴选为 X 轴，克隆类型选择【复制】的类型，调整【偏移】值，得到另一侧灯架物体，如图 7-169 所示。

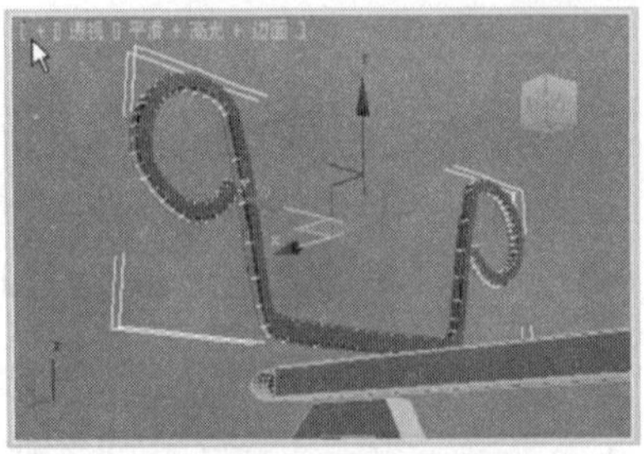

图7-168 做出倒边效果

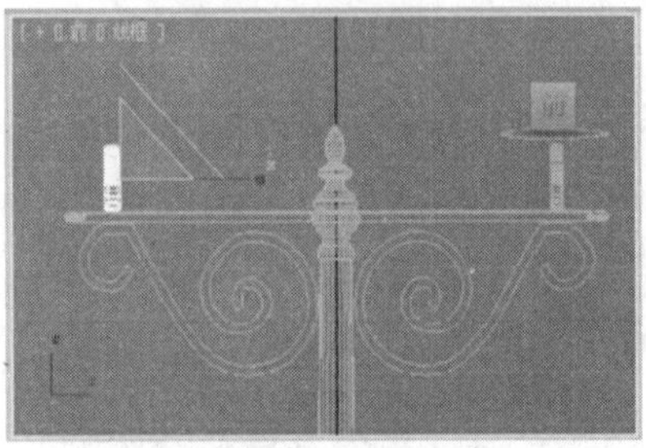

图7-169 复制对象

21 进入【创建】控制面板的 ⚪【几何体】建立区域，单击 [圆柱体] 按钮，在顶视图中绘制一个圆柱体，【高度分段】为 0，【边】数为 6，去掉【平滑】选项前面的对号，如图 7-170 所示。进入 ☑【修改】命令面板，在 [修改器列表] 中选择【编辑多边形】命令。单击 ☑【顶点】子集按钮进入【顶点】子集中，选择圆柱最顶端的点为红色，对其形状做出修整，如图 7-171 所示。

图7-170 绘制圆柱体

图7-171 调整节点位置

22 单击 ▣【多边形】子集按钮进入【多边形】子集中，选择圆柱体顶上的面为红色，单击 [挤出] □命令右侧的设置按钮，适当调整【高度】值，向外侧挤出，得到如图 7-172 所示效果。继续选中上方的面，单击 [倒角] □命令，向外侧挤出，得到如图 7-173 所示效果。

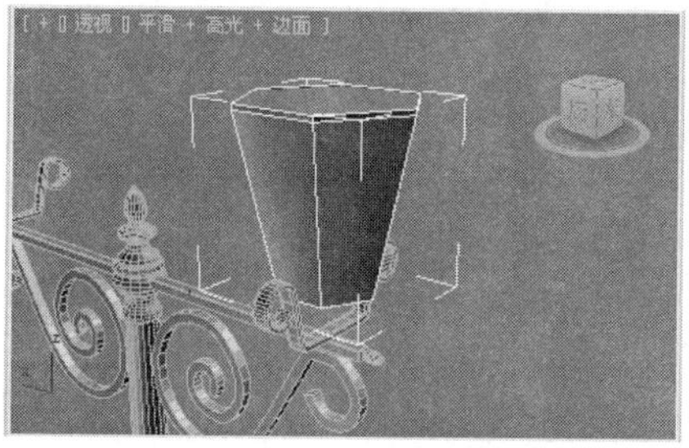

图7-172　挤出选择面

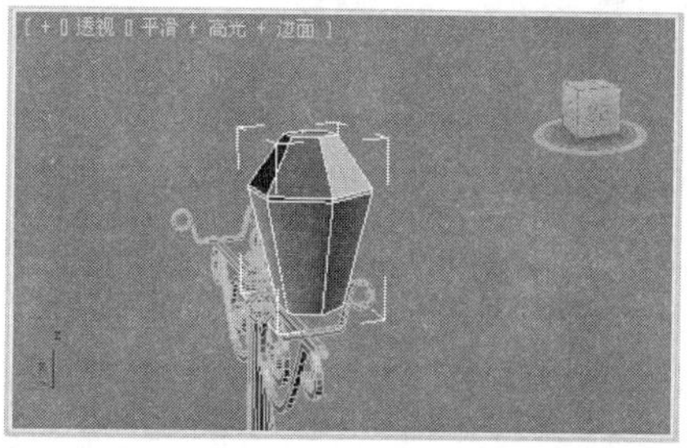

图7-173　倒脚选择面

23 进入【创建】控制面板的 ○【几何体】建立区域，单击 圆柱体 按钮，在顶视图中绘制一个圆柱体，【高度分段】为6，【边】数为6，去掉【平滑】选项前面的对号，如图7-174所示。进入 ☑【修改】命令面板，在 修改器列表 中选择【编辑多边形】命令。单击 ⋯【顶点】子集按钮进入【顶点】子集中，选择圆柱最顶端的点为红色，对其形状做出修整，如图7-175所示。

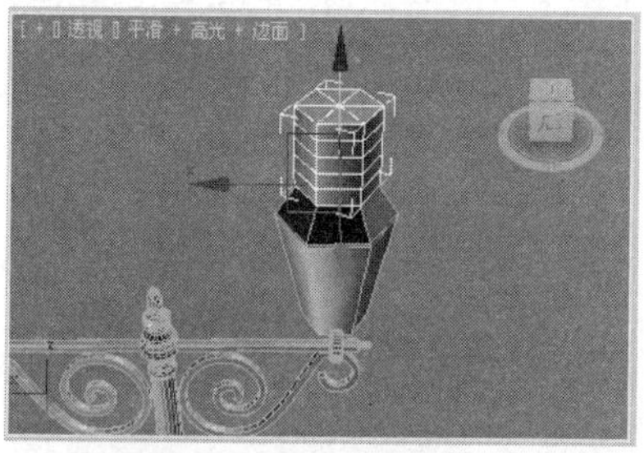

图7-174　绘制圆柱体

图7-175　调整节点位置

24 按键盘Shift键并沿Z轴在透视图中向上移动复制一份，如图7-176所示。进入 ☑【修改】命令面板，在 修改器列表 中选择【编辑多边形】命令，单击 ■【多边形】子集按钮进入【多边形】子集中，选择该物体顶面，如图7-177所示。

图7-176　复制对象

图7-177　选择面

25 单击 插入 □ 命令右侧的设置按钮，适当调整【插入量】值，为其插入一个面，使用 挤出 □ 命令向上挤出一定的高度，如图7-178所示。选中如图7-179的线段。

26 利用 连接 □ 命令在圆柱上添加8条横向的线段，如图7-180所示。使用 🔲【缩放】工具调整节点位置，得到如图7-181所示效果。

27 在前视图中选中灯对象，如图7-182所示。按住键盘Shift键并沿X轴向右移动复制一份。至此，欧式路灯模型制作完毕，效果如图7-183所示。

图7-178　插入面并挤出

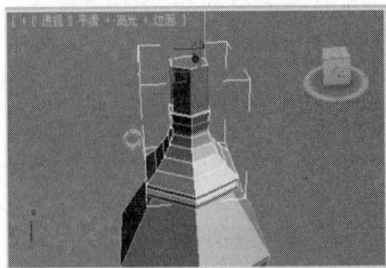

图7-179　选择线段

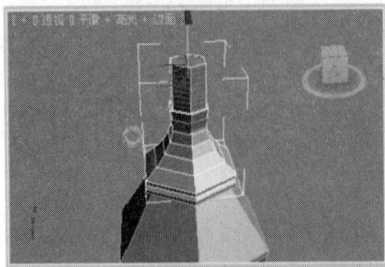

图7-180　添加线段

图7-181　调整节点位置

图7-182　选择灯

图7-183　欧式路灯模型

▶ 7.6　钢琴的制作

在这一节中，将学习利用编辑多边形命令结合挤出命令，制作钢琴模型，图 7-184 所示为钢琴的效果图。

学习重点

(1) 学习编辑多边形命令的使用。

(2) 学会挤出、编辑样条线的使用方法。

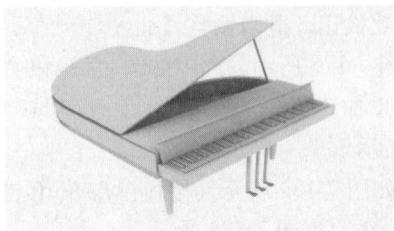

图7-184　最后渲染效果

实例场景: 光盘\效果\第7章\钢琴 max

操作步骤

01 运用【编辑多边形】命令制作琴身。进入【创建】控制面板的 【图形】建立区域，单击 按钮，在前视图中绘制一条样条线，如图 7-185 所示。在前视图中使用 【移动】工具。按住键盘 Shift 键沿 Y 轴向下移动适当位置复制一个多边形，效果如图 7-186 所示。

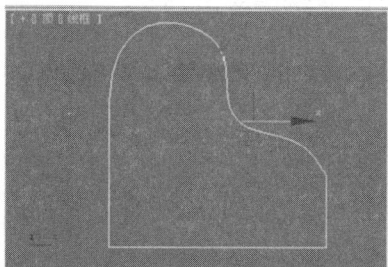

图7-185　绘制样条线 　　　　　　　图7-186　复制样条线

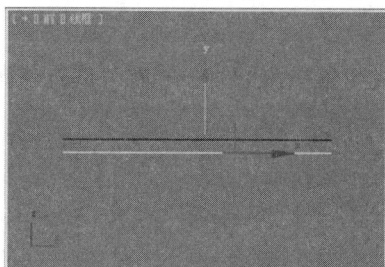

02 选择复制的样条线，在 修改器列表 中选择【挤出】命令，制作厚度，效果如图 7-187 所示。选择另一条样条线，进入 【修改】命令面板，单击 【样条线】子集按钮进入到子集中，设置 轮廓 0.0 数值为适当数值，建立轮廓效果，如图 7-188 所示。

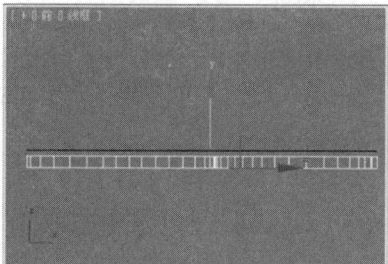

图7-187　挤出厚度 　　　　　　　　图7-188　建立轮廓

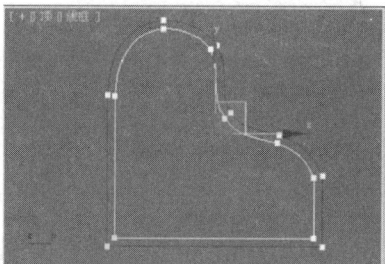

03 选择【挤出】命令，设置 数量 0.0 为适当数值，挤出高度，效果如图 7-189 所示。使用 【移动】工具在前视图中将多边形沿着X轴向下移动到相应位置，得到如图 7-190 所示效果。

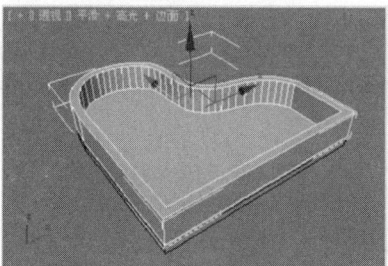

图7-189　挤出高度 　　　　　　　　图7-190　向下移动位置

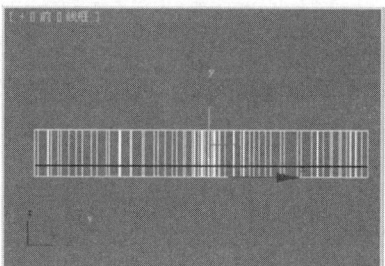

04 选择较薄的琴板，使用 【移动】工具，在前视图中按住键盘 Shift 键沿 Y 轴向上移动适当位置复制一个多边形，效果如图 7-191 所示。进入 【修改】命令面板，为其添加【编辑多边形】命令，单击 【顶点】子集按钮进入到子集中，选择多边形下方所有顶点，如图 7-192 所示。

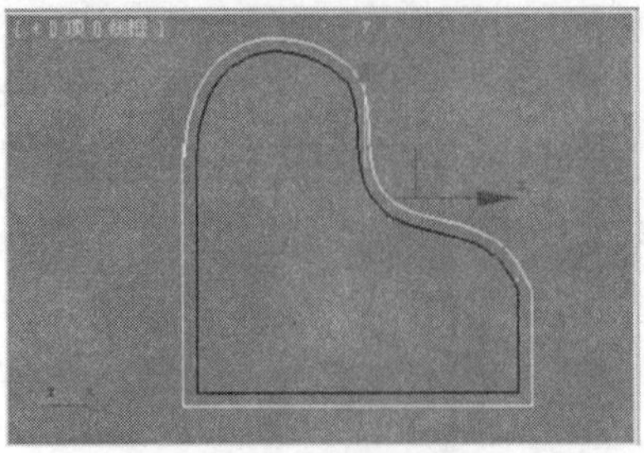

图7-191 复制对象

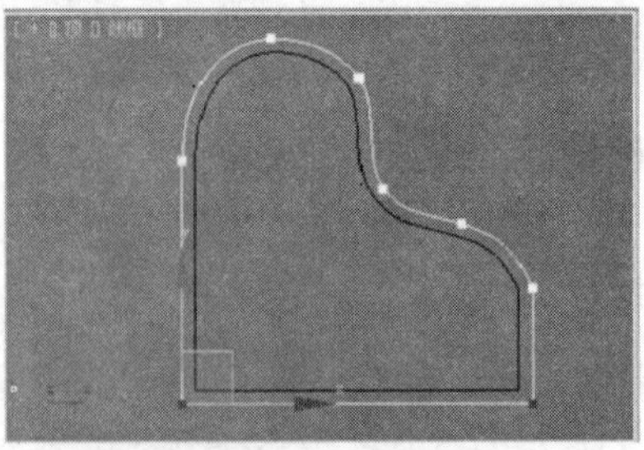

图7-192 选择节点

05 在顶视图中使用 ➕【移动】工具将选择顶点向上移动至适当位置，效果如图 7-193 所示。重新设置【挤出】数值，将挤出数值调小，效果如图 7-194 所示。

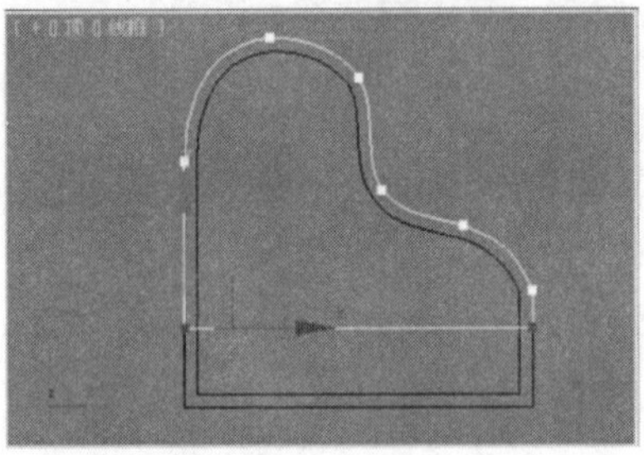

图7-193 调整节点位置

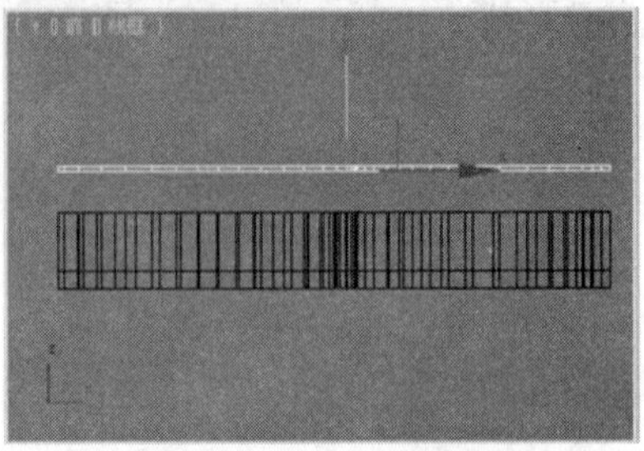

图7-194 更改挤出厚度

06 激活前视图，选择 ⭕【旋转】工具沿 Z 轴旋转图形，并使用 ➕【移动】工具，沿 Y 轴将多边形移动到相应的位置，效果如图 7-195 所示。激活顶视图，进入【创建】控制面板的 ⭕【几何体】建立区域，单击 **圆柱体** 按钮，在顶视图中绘制一个圆柱体，大小位置如图 7-196 所示。

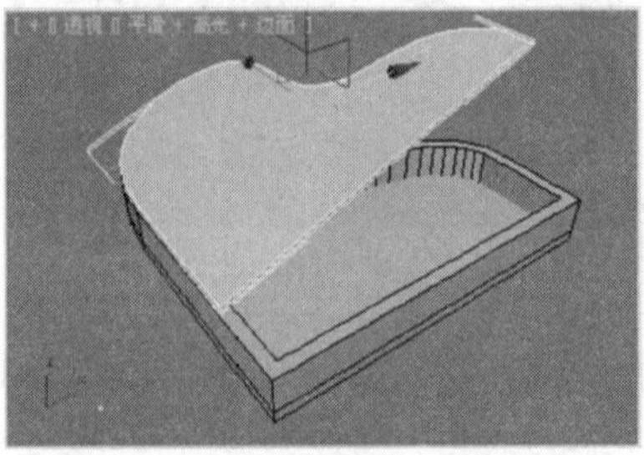

图7-195 调整对象角度位置

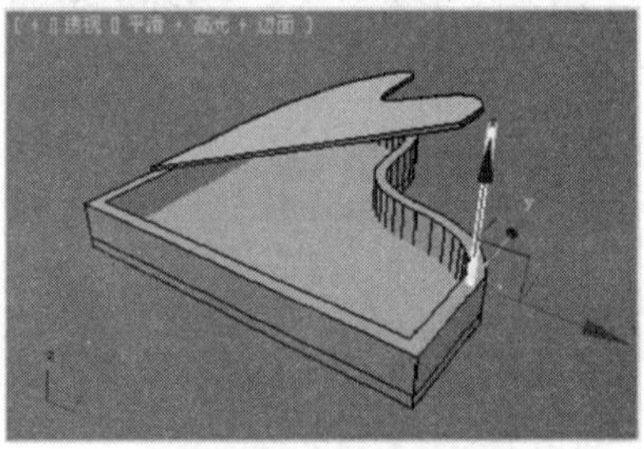

图7-196 绘制圆柱体

07 选择 ⭕【旋转】工具，在前视图中沿 Z 旋转圆柱体，效果如图 7-197 所示。激活顶视图，进入【创建】控制面板的 ⭕【几何体】建立区域，单击 **长方体** 按钮，在顶视图中绘制一个长方体，位置大小如图 7-198 所示。

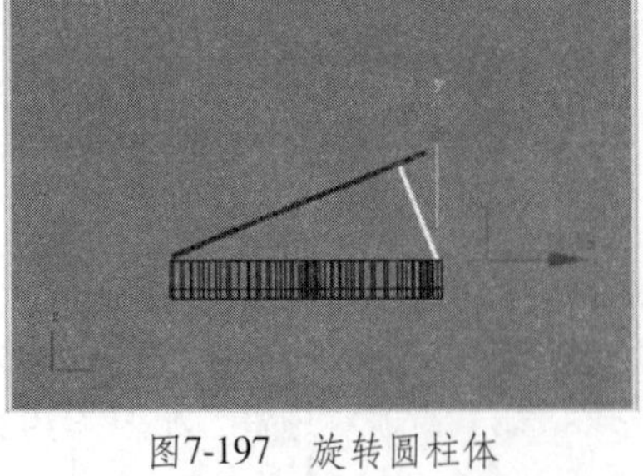

图7-197 旋转圆柱体

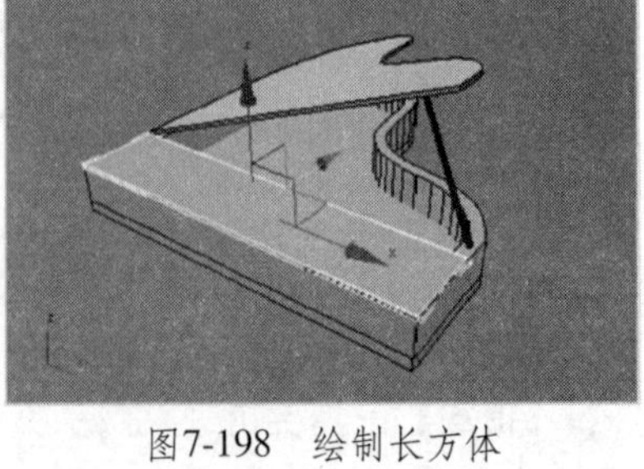

图7-198 绘制长方体

08 激活顶视图，进入【创建】控制面板的 ◯【几何体】建立区域，单击 圆锥体 按钮，在顶视图中绘制一个圆锥体，位置大小如图 7-199 所示。再使用 ✛【移动】工具，复制出两个圆锥体，效果如图 7-200 所示。

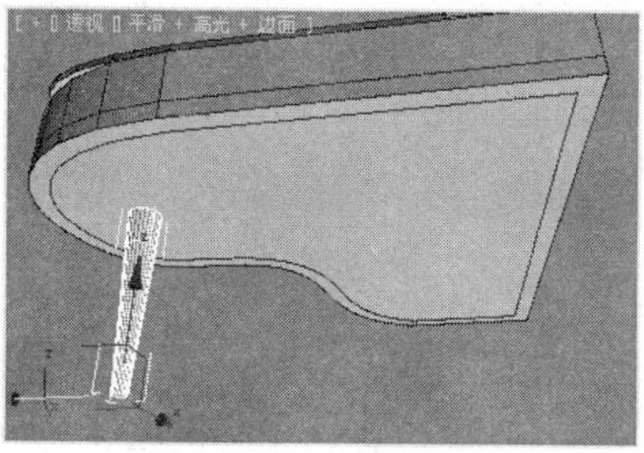

图7-199　绘制圆锥体 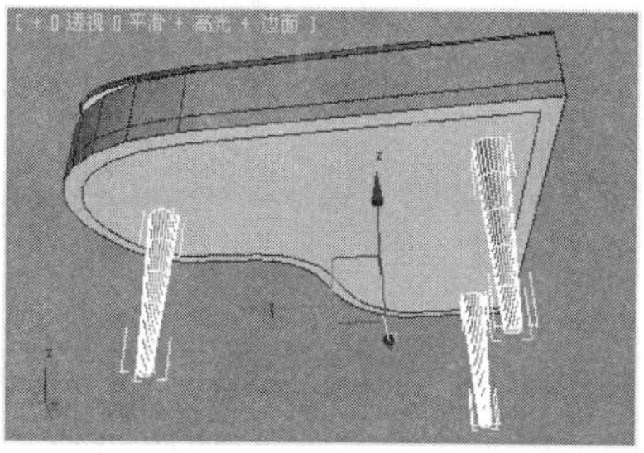　　　　　图7-200　复制圆锥体

09 进入【创建】控制面板的 ◯【几何体】建立区域，单击 长方体 按钮，在顶视图中绘制一个长方体，位置大小如图 7-201 所示。进入 ◪【修改】命令面板，在 修改器列表 中选择【编辑多边形】命令，单击 ◪【边】子集按钮进入到子集中，将长方体左右的边选中，如图 7-202 所示。

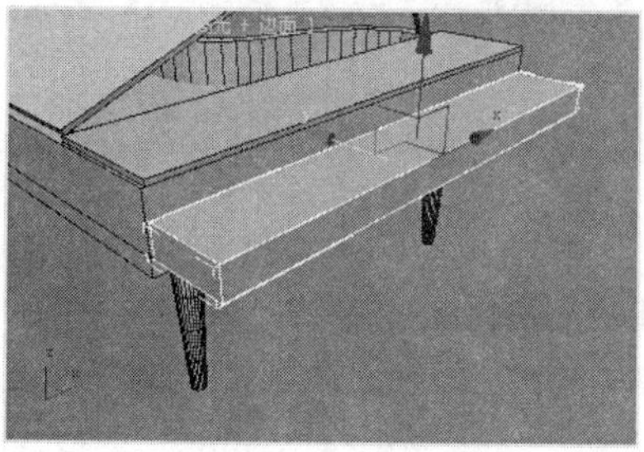

图7-201　绘制长方体 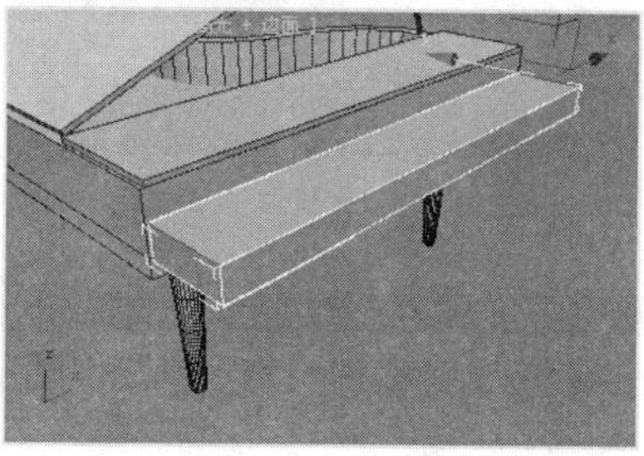　　　　　图7-202　选择线段

10 单击 连接 ▫命令右侧的设置按钮，设制【分段】数值为2，适当调整【收缩】数值单击【应用】按钮，如图 7-203 所示，保持当前状态，适当调整【收缩】数值到相应位置。单击【确定】按钮，如图 7-204 所示。

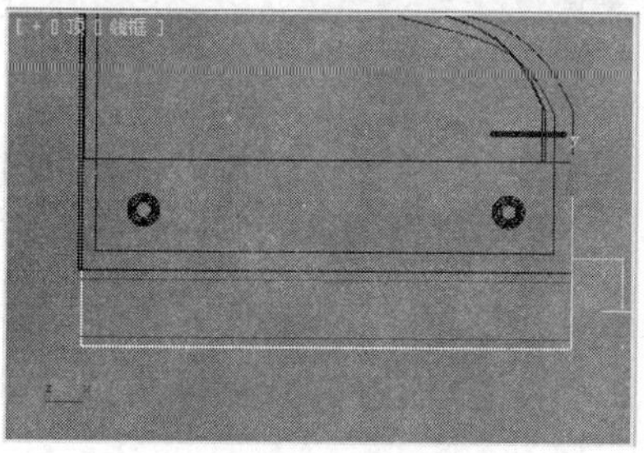

图7-203　添加线段 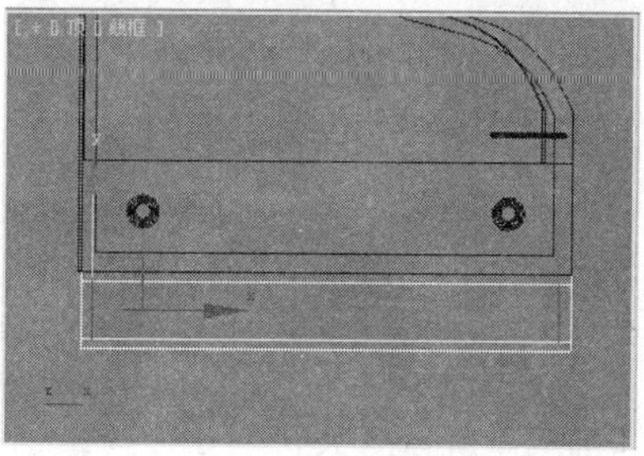　　　　　图7-204　添加线段

11 单击 ▣【多边形】子集按钮进入到【多边形】子集中，选中长方体上方的一个面为红色，单击 挤出 ▫命令右侧的设置按钮，适当调整【挤出高度】值，将选中面向下挤入一定的深度，效果如图 7-205 所示。激活左视图，进入【创建】控制面板的 ◷【图形】建立区域，单击 线 按钮，在左视图中绘制一条样条线，如图 7-206 所示。

图7-205 挤入选择面

图7-206 绘制样条线

12 进入 ◢【修改】命令面板，单击 ⬚【顶点】子集按钮进入到子集中，选择中间节点，适当设置 图角 数值，得到如图 7-207 所示效果。单击 ⌒【样条线】子集按钮进入到子集中，设置 轮廓 [0.0] 数值为适当正值，如图 7-208 所示。

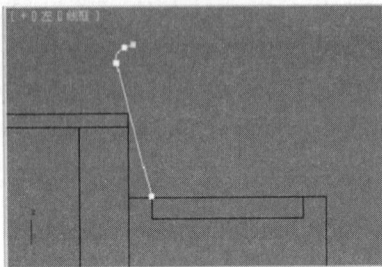

图7-207 改变节点类型

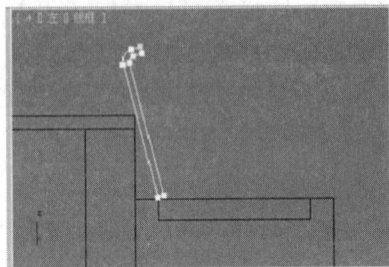

图7-208 建立轮廓

13 在 修改器列表 中选择【挤出】命令，适当调整挤出数量，效果如图 7-209 所示。进入【创建】控制面板的 ⬤【几何体】建立区域，单击 长方体 按钮，在顶视图中绘制一个长方体，位置大小如图 7-210 所示。

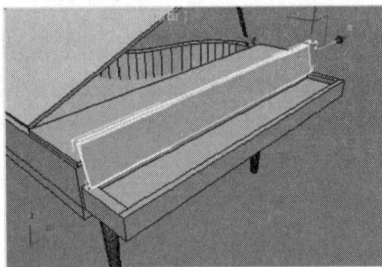

图7-209 挤出厚度

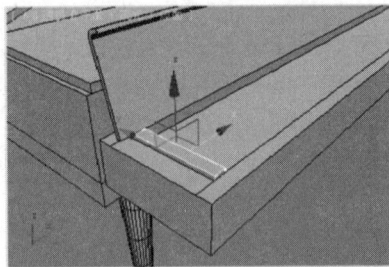

图7-210 绘制长方体

14 在顶视图中使用 ✛【移动】工具，按住键盘 Shift 键沿 X 轴向右移动至适当位置复制多个长方体，效果如图 7-211 所示。进入【创建】控制面板的 ⬤【几何体】建立区域，单击 长方体 按钮，在顶视图中绘制一个长方体，位置大小如图 7-212 所示。

15 进入 ◢【修改】命令面板，在 修改器列表 中选择【编辑多边形】命令，单击 ▣【多边形】子集按钮进入到【多边形】子集中，选中长方体上方的一个面为红色，单击 倒角 ▢ 命令右侧的设置按纽，适当调整【高度】与【轮廓量】的值，将面向上挤出并做出倒角效果，如图 7-213 所示。保持当前状态，再次调整【高度】与【轮廓量】的值，将面继续向上挤出并做出倒角效果，单击【确定】按钮，如图 7-214 所示。

图7-211 复制长方体

图7-212 绘制长方体

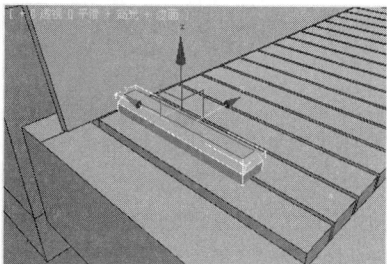

图7-213 制作倒角效果

图7-214 制作倒角效果

16 在顶视图中使用 ⊕【移动】工具，按住键盘 Shift 键沿 X 轴向右移动，在适当位置复制多个长方体，效果如图 7-215 所示。激活顶视图，进入【创建】控制面板的 ◎【几何体】建立区域，单击 圆柱体 按钮，在顶视图中绘制一个圆柱体，大小位置如图 7-216 所示。

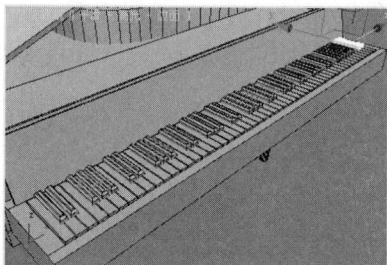

图7-215 复制对象

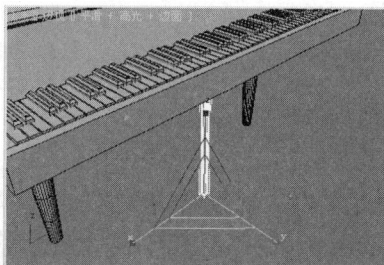

图7-216 绘制圆柱体

17 进入【创建】控制面板的 ◎【图形】建立区域，单击 线 按钮，绘制一条样条线，如图 7-217 所示。在 修改器列表 中选择【挤出】命令，做出厚度，如图 7-218 所示。

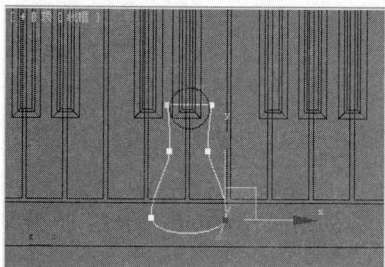

图7-217 绘制样条线

图7-218 加入厚度

18 将圆柱体与绘制的对象复制 2 个，钢琴制作完毕。最终渲染效果如图 7-219 所示。

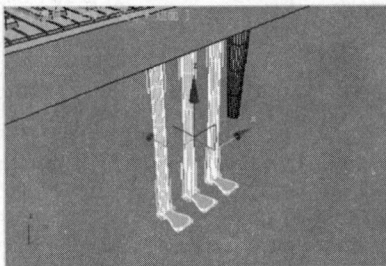

图7-219　复制对象

7.7　垃圾桶的制作

在这一节中，将学习利用编辑多边形命令结合挤出命令，制作垃圾桶模型，图 7-220 所示为垃圾桶的效果图。

学习重点

（1）学习编辑多边形命令的使用。

（2）学会挤出、编辑样条线的使用方法。

图7-220　最后渲染效果

实例场景：光盘 \ 效果 \ 第 7 章 \ 垃圾桶 max

操作步骤

（1）桶身的制作

01 进入【创建】控制面板的 ⊙【几何体】建立区域，单击 圆柱体 按钮，在顶视图中绘制一个圆柱体，如图 7-221 所示。单击 管状体 按钮，在顶视图中绘制一个管状体，位置如图 7-222 所示，高度适中。

02 进入 ▨【修改】命令面板，在 修改器列表 ▾ 中选择【编辑多边形】命令，单击 ▣【多边形】子集按钮进入到【多边形】子集中，选中圆管体上方的一个面为红色，如图 7-223 所示，单击

挤出 □命令右侧的设置按钮，适当调整【挤出高度】值，将选中面向上挤出一定的高度，效果如图 7-224 所示。

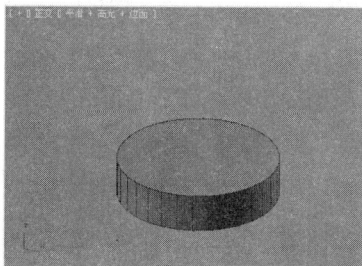

图7-221 绘制圆柱体

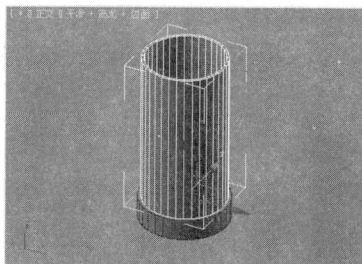

图7-222 绘制管状体

图7-223 选择面

图7-224 挤出高度

03 激活顶视图，选择 □【缩放】工具将挤出的面等比例放大至如图 7-225 所示效果。再次单击 挤出 □ 命令右侧的设置按钮，适当调整【挤出高度】值，将选中面向上挤出一定的高度，效果如图 7-226 所示。

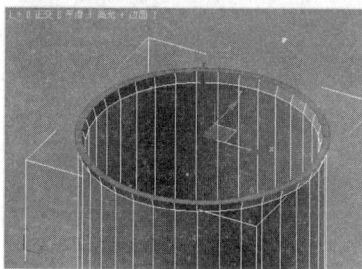

图7-225 放大选择面

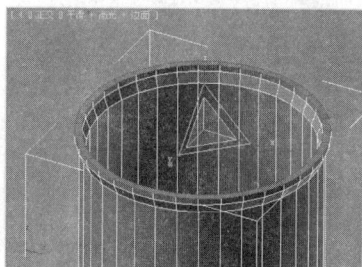

图7-226 挤出选择面

04 继续挤出并放大，得到桶口的效果，如图 7-227 所示。在 修改器列表 中选择【平滑】命令，选择平滑组为 1，效果如图 7-228 所示。

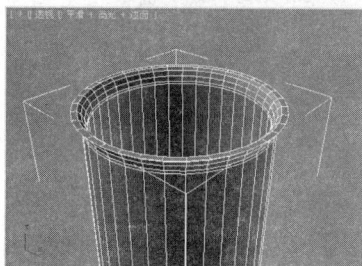

图7-227 桶口造型

图7-228 加入光滑命令

371

三 维 制 作 大 师

(2) 桶盖的制作

05 进入【创建】控制面板的 ⊙【几何体】建立区域，单击 圆柱体 按钮，在顶视图中绘制一个圆柱体，设置【端面分段】数值为2，进入 ✎【修改】命令面板，在 修改器列表 中选择【编辑多边形】命令，单击 ☑【边】子集按钮进入到子集中，将圆柱体顶端中间线端选择为红色，效果如图 7-229 所示。激活顶视图，选择 ☒【缩放】工具将选择的边等比例放大至如图 7-230 所示效果。

图7-229 选择线段   图7-230 放大选择边

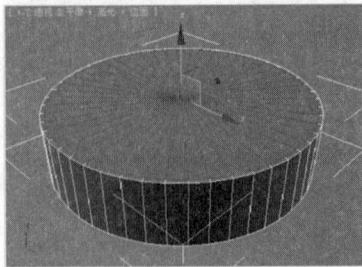

06 单击 ▣【多边形】子集按钮进入到【多边形】子集中，选中圆柱体上方的面，如图 7-231 所示。单击 挤出 ▫ 命令右侧的设置按钮，适当调整【挤出高度】值，将选中的面向内挤入一定的深度，效果如图 7-232 所示。

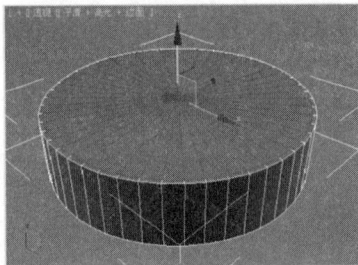

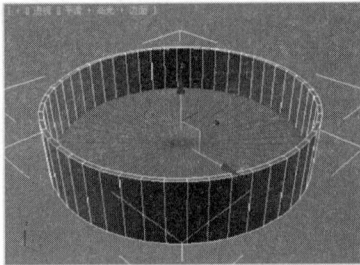

图7-231 选择面   图7-232 挤入选择面

07 进入【创建】控制面板的 ⊙【几何体】建立区域，单击 圆柱体 按钮，在顶视图中绘制一个圆柱体，设置【端面分段】数值为1，高度比之前的圆柱体稍高，如图 7-233 所示。单击 ▣【多边形】子集按钮进入到【多边形】子集中，选中圆柱体上方的面选择为红色，如图 7-234 所示。

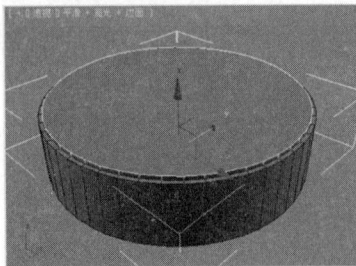

图7-233 创建圆柱体   图7-234 选择面

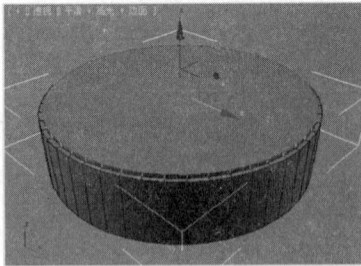

08 单击 倒角 ▫ 命令右侧的设置按钮，适当调整【高度】与【轮廓量】的值，将面向上挤出并做出倒角效果，如图 7-235 所示。保持选择当前面，再次适当向上挤出如图 7-236 所示效果。

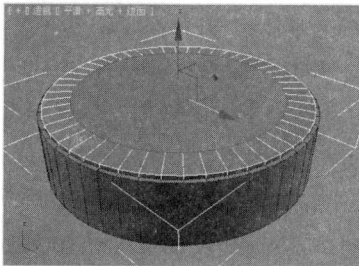

图7-235　制作倒角效果

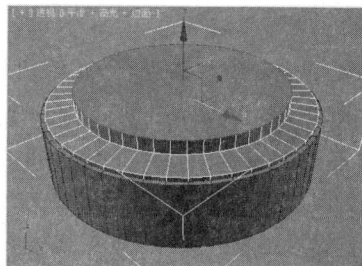

图7-236　挤出选择面

09 继续将面倒角挤出如图 7-237 所示效果。将选择的面向下挤入一定深度,效果如图 7-238 所示。

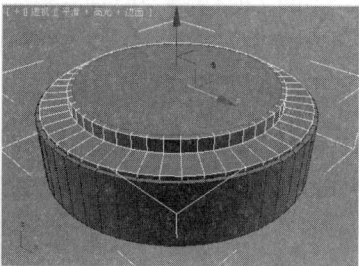

图7-237　将选择面倒角

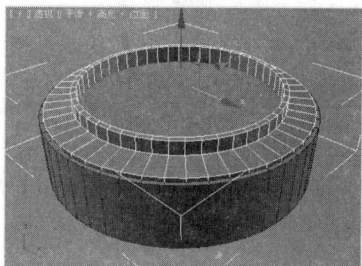

图7-238　向下挤入深度

10 螺丝的制作,进入【创建】控制面板的 ◯ 【几何体】建立区域,单击 圆柱体 按钮,在前视图中绘制一个小圆柱体,位置大小如图 7-239 所示。为圆柱体加入【编辑多边形】命令,单击 ▣ 【多边形】子集按钮进入到【多边形】子集中,选中圆柱体的端面,如图 7-240 所示。

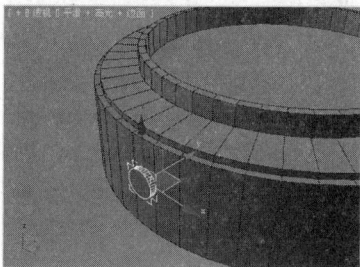

图7-239　绘制圆柱体

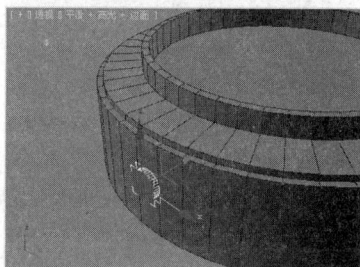

图7-240　选择面

11 单击 倒角 □ 命令右侧的设置按纽,适当调整【高度】与【轮廓量】的值,将面继续向上挤出并做出倒角效果,如图 7-241 所示。将螺丝另外复制三个,效果如图 7-242 所示,桶盖制作完毕。

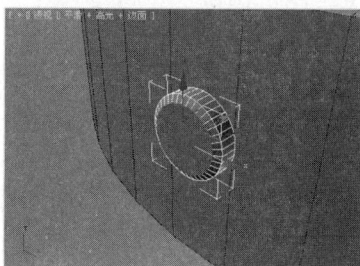

图7-241　将选择面倒角

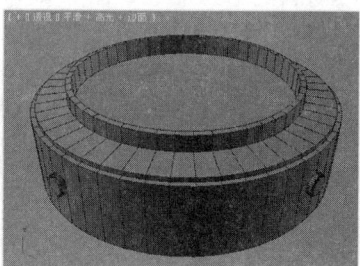

图7-242　螺丝的添加

三
维
制
作
大
师

（3）把手的制作

12 利用线的可渲染性制作把手。进入【创建】控制面板的 【图形】建立区域，单击 矩形 按钮，在前视图中绘制一个矩形，适当设置【角半径】，效果如图 7-243 所示。进入 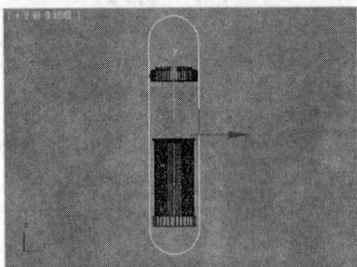【修改】命令面板，打开【渲染】卷展栏，勾选【在渲染中启用】和【在视图中启用】选项，适当调整【厚度】值（调整好【厚度】数值后，关闭【在视图中启用】选项，以方便操作），效果如图 7-244 所示。

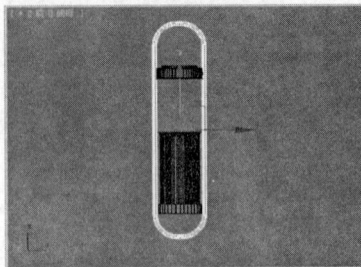

图7-243　绘制圆角矩形　　　　　图7-244　将线调为可渲染

13 在 修改器列表 中选择【编辑样条线】命令，单击 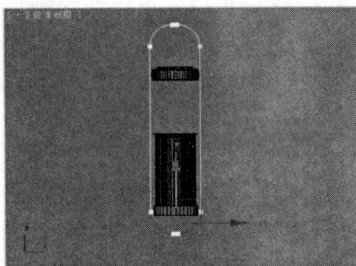【分段】子集按钮进入到分段子集中，将下方两条线段选择为红色，如图 7-245 所示。按键盘 Delete 键删除，得到完整的垃圾桶模型，如图 7-246 所示。

图7-245　删除线段　　　　　图7-246　垃圾桶最终模型

7.8　办公楼的制作

在这一节中，将学习利用编辑多边形命令结合挤出命令，制作办公楼模型，图 7-247 所示为办公楼的效果图。

学习重点

（1）学习编辑多边形命令的使用。

（2）学会挤出命令的使用方法。

图7-247　最后渲染效果

实例场景：光盘\效果\第7章\办公楼 max

操作步骤

（1）楼体的制作

01 进入【创建】控制面板的 ◎【几何体】建立区域，单击 长方体 按钮，在前视图中绘制一个长方体，设置【宽度分段】为 3，如图 7-248 所示。在顶视图中使用 ✥【移动】工具，按住键盘 Shift 键沿 Y 轴向下移动复制另一个长方体，作为楼体两侧的墙壁，如图 7-249 所示。

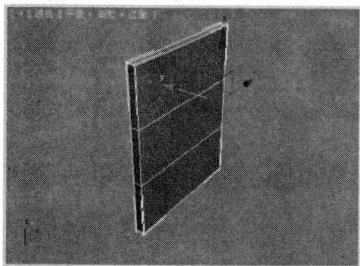
图7-248　绘制长方体

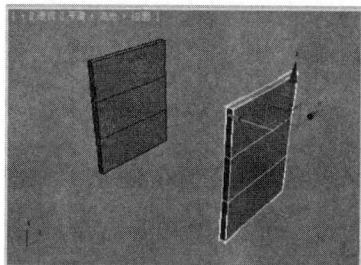
图7-249　复制长方体

02 单击 长方体 按钮，在顶视图中绘制一个长方体。为楼体加盖，宽度及长度以建立的长方体为基准，如图 7-250 所示。进入 ☑【修改】命令面板，在 修改器列表 中选择【编辑多边形】命令，单击 ■【多边形】子集按钮进入到【多边形】子集中，选中该长方体上方的面为红色，单击 插入 □命令右侧的设置按钮，适当调整【插入量】，将该面向内插入一个面，单击 挤出 □命令右侧的设置按钮，适当调整【高度】值，将插入的面向内挤入，得到如图 7-251 所示效果。

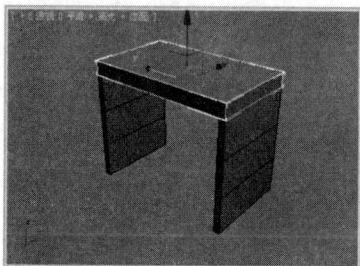
图7-250　绘制长方体

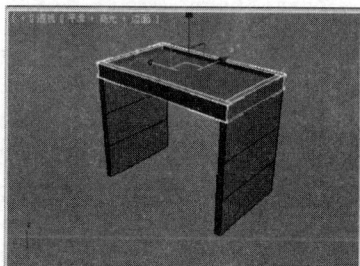
图7-251　插入选择面

03 进入【创建】控制面板的 ◎【几何体】建立区域，单击 长方体 按钮，在左视图中绘制一个长方体，高度与侧墙体相同，宽度适当，效果如图 7-252 所示。在顶视图中使用 ✥【移动】工具，按住键盘 Shift 键沿 Y 轴向下移动复制长方体若干个，效果如图 7-253 所示。

04 进入【创建】控制面板的 ◎【几何体】建立区域，单击 长方体 按钮，在左视图中绘制一个长方体，高度、宽度与主楼体相同，厚度适当，作为楼体的玻璃墙。使用 ✥【移动】工具，将新建长方体移动到相应位置，效果如图 7-254 所示。再次单击 长方体 按钮，在左视图中绘制一个长方体，宽度与主楼体相同，高度、厚度适当。在左视图中使用 ✥【移动】工具，将新建长方体移动到如图 7-255 所示位置。再将步骤 3、4 所绘的长方体全部选中，复制到楼体的后侧一份。

图7-252 绘制长方体

图7-253 复制长方体

图7-254 绘制长方体

图7-255 绘制长方体

(2) 主楼梯的制作

05 进入【创建】控制面板的 ⊙【几何体】建立区域，单击 长方体 按钮，在顶视图中绘制一个长方体，大小适当。进入 ☑【修改】命令面板，在 修改器列表 ▼ 中选择【编辑多边形】命令，单击 ☷【顶点】子集按钮进入到【顶点】子集中。在顶视图中将长方体靠近楼体一侧的顶点选中，使用 ⬚【缩放】工具沿 Y 轴缩小，做出如图 7-256 所示效果，并摆放在正确位置。单击 ☑【边】子集按钮进入到【边】子集中，将长方体一侧的上下两边选中，单击 连接 ▫ 命令右侧的设置按纽，设制【分段】数值为 2，适当调整【收缩】和【滑块】数值，加入如图 7-257 所示的两条边。

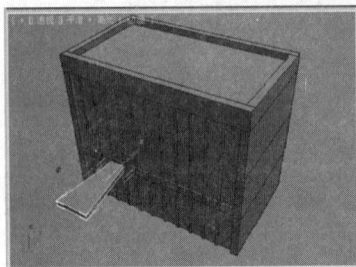

图7-256 绘制长方体并修改形状

图7-257 添加线段

06 单击 ▣【多边形】子集按钮进入到【多边形】子集中，选中长方体分段中间的面为红色，单击 挤出 ▫ 命令右侧的设置按钮，适当调整【挤出高度】值，将选中的面向前方挤出一定的高度，如图 7-258 所示。激活顶视图，使用 ✛【移动】工具与 ⟳【旋转】工具，将该面调整至与楼体角度一致，如图 7-259 所示。

图7-258 挤出选择面

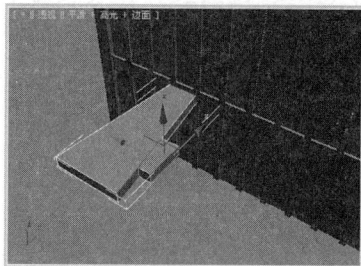

图7-259 调整选择面角度

07 选中顶视图，进入【创建】控制面板的 ⊙【几何体】建立区域，单击 长方体 按钮，在顶视图中绘制两个长方体，宽度与挤出面积相同，厚度适当。在顶、左视图使用 ✛【移动】工具，将两个长方体移动到相应位置，做出台阶，效果如图 7-260 所示。将两个长方体继续向下复制，制作出整个楼梯，如图 7-261 所示。

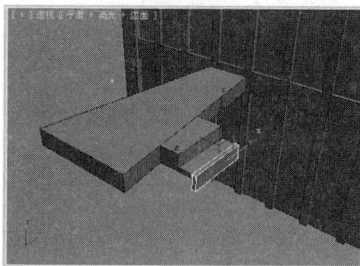

图7-260 绘制长方体

图7-261 复制长方体

08 进入【创建】控制面板的 ⊙【几何体】建立区域，单击 长方体 按钮，在顶视图中绘制一个长方体，使用 ✛【移动】工具，将新建长方体摆放至如图 7-262 所示位置。进入 ✎【修改】命令面板，在 修改器列表 中选择【编辑多边形】命令，单击 ⦙【顶点】子集按钮进入到【顶点】子集中。在顶视图中调整长方体各顶点位置，形状如图 7-263 所示。

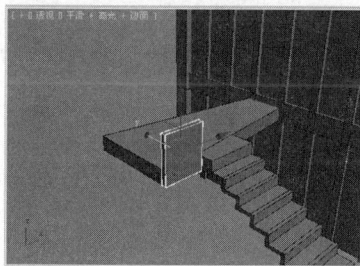

图7-262 绘制长方体

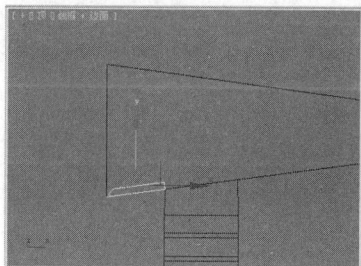

图7-263 调整长方体形状

09 继续使用此方法，将楼梯上部的围墙全部制作出来，效果如图 7-264 所示。制作楼梯扶手，进入【创建】控制面板的 ⊙【几何体】建立区域，单击 长方体 按钮，在顶视图中绘制一个长方体做楼体扶手，使用 ✛【移动】工具、⟳【旋转】工具等调整好扶手的角度位置等，效果如图 7-265 所示。

图7-264　绘制长方体

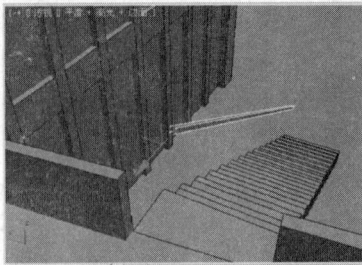

图7-265　绘制长方体

10 进入【创建】控制面板的○【几何体】建立区域，单击 长方体 按钮，在顶视图中绘制一个长方体做为栏杆，使用✥【移动】工具将栏杆移动到相应位置，如图7-266所示。复制栏杆，如图7-267所示，楼梯制作完毕。

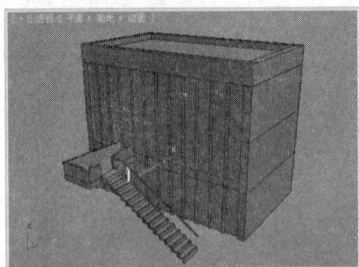

图7-266　绘制栏杆

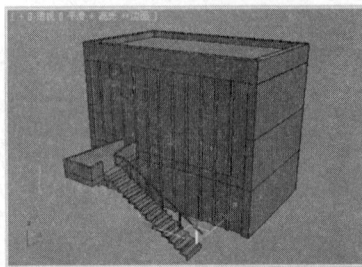

图7-267　复制栏杆

(3) 侧门及楼梯的制作

11 选择图中右侧主楼体，进入✍【修改】命令面板，在 修改器列表 中选择【编辑多边形】命令，单击✍【边】子集按钮进入到【边】子集中。选中长方体中间横向线段为红色，单击 连接 □命令右侧的设置按纽，设置【分段】数值为2，适当调整【收缩】和【滑块】数值到相应位置，并单击【应用】按钮，保持当前所选状态，设置【分段】数值为2，继续调整【收缩】和【滑块】数值到相应位置，并单击【确定】按钮，效果如图7-268所示。单击▣【多边形】子集按钮进入到【多边形】子集中，选中长方体分段中间面为红色，单击 挤出 □命令右侧的设置按钮，适当调整【挤出高度】值，将选中面向内挤入一定的深度，效果如图7-269所示。

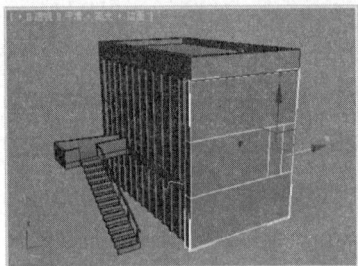

图7-268　添加线段

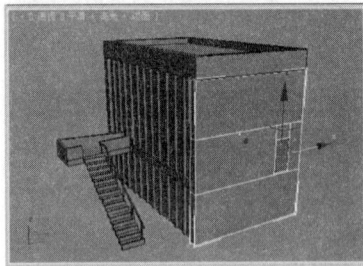

图7-269　选择面

12 进入【创建】控制面板的○【几何体】建立区域，单击 长方体 按钮，在顶视图中绘制两个长方体，为楼体建立楼板，如图7-270所示。使用楼体的制作方法，为楼板制作出楼梯，如图7-271所示。

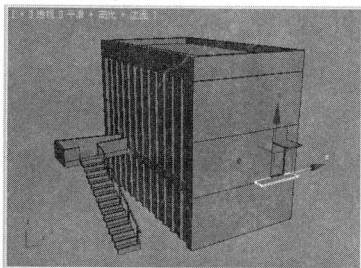

图7-270　绘制长方体

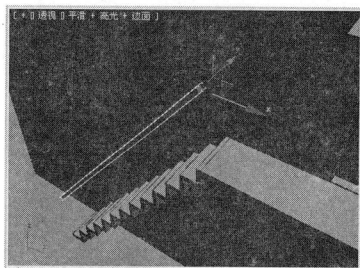

图7-271　制作楼梯

13 继续绘制长方体为楼梯添加扶手，如图 7-272 示，添加栏杆，如图 7-273 所示。

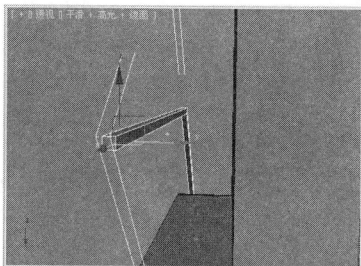

图7-272　绘制扶手

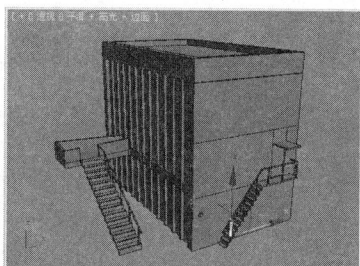

图7-273　添加栏杆

（4）侧楼及支柱的制作

14 制作侧楼体，进入【创建】控制面板的 ⊙【几何体】建立区域，单击 长方体 按钮，在顶视图中绘制一个长方体，如图 7-274 所示。进入 ⊘【修改】命令面板，在 修改器列表 ▾ 中选择【编辑多边形】命令，单击 ▣【多边形】子集按钮进入到【多边形】子集中，选中该长方体上方的面为红色，单击 插入 ▫ 命令右侧的设置按钮，适当调整【插入量】，将该面向里插入一个面，单击 挤出 ▫ 命令右侧的设置按钮，适当调整【高度】值，将插入的面向里挤入，得到如图 7-275 所示效果。

三维制作大师

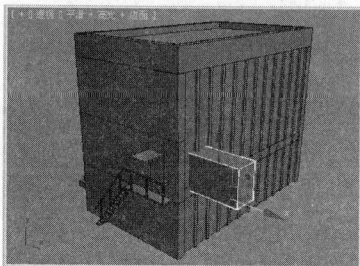

图7-274　绘制长方体

图7-275　制作倒角效果

15 制作支柱，进入【创建】控制面板的 ⊙【几何体】建立区域，单击 圆柱体 按钮，在顶视图中绘制一个圆柱体，大小适当，调整【高度分段】值为1，【边数】值为32，如图 7-276 所示。进入 ⊘【修改】命令面板，在 修改器列表 ▾ 中选择【编辑多边形】命令，单击 ⋮【顶点】子集按钮进入到【顶点】子集中，激活顶视图，选中如图 7-277 所示节点，使用 ▣【缩放】工具将选中的节点等比例缩小。

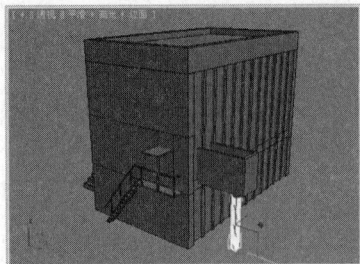

图7-276 绘制圆柱体

图7-277 调整节点位置

16 支柱制作完毕，使用同样的方法，将主楼梯下方的支柱也制作出来，如图 7-278 所示。楼梯的完整效果如图 7-279 所示。

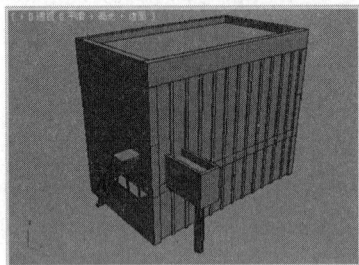

图7-278 制作支柱

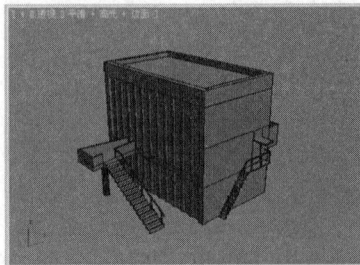

图7-279 楼梯完整效果

17 激活顶视图，进入【创建】控制面板的 ○【几何体】建立区域，单击 长方体 按钮，在顶视图中绘制一个长方体做为地面，如图 7-280 所示。进入 【修改】命令面板，在 修改器列表 中选择【编辑多边形】命令，单击 【边】子集按钮进入到【边】子集中，使用 连接 □命令为长方体加入边，然后使用 挤出 □命令绘制出墙体，如图 7-281 所示。至此，办公楼制作完毕。

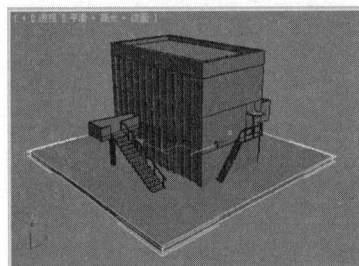

图7-280 绘制长方体

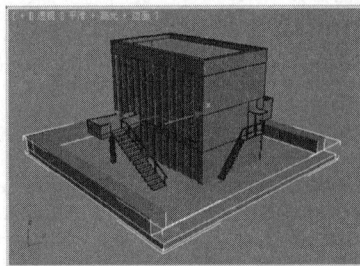

图7-281 最后场景模型

▶ 7.9 带天桥的办公楼的制作

在这一节中，将学习利用编辑多边形命令结合挤出命令，制作带天桥的办公楼模型，图 7-282 所示为带天桥的办公楼的效果图。

学习重点

(1) 学习编辑多边形命令的使用。
(2) 学会挤出命令的使用方法。

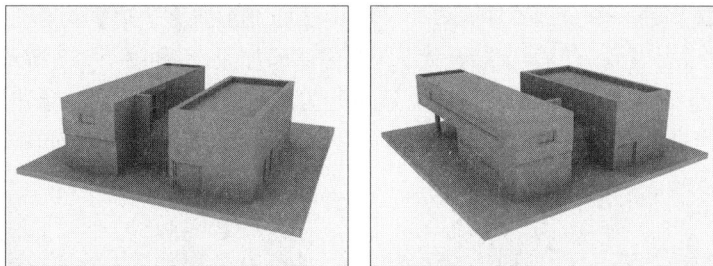

图7-282　最后渲染效果

实例场景：光盘＼效果＼第7章＼带天桥办公楼 max

操作步骤

（1）楼体的制作

01 运用【编辑多边形】命令制作墙体。进入【创建】控制面板的 ◯ 【几何体】建立区域，单击 长方体 按钮，在顶视图中绘制一个长方体，设置【长度分段】数值为5，设置【宽度分段】数值为3，设置【高度分段】数值为2，如图 7-283 所示。进入 ⬚ 【修改】命令面板，在 修改器列表 ▾ 中选择【编辑多边形】命令，单击 ☑ 【边】子集按钮进入到【边】子集中，将长方体中各个边的位置调整至如图 7-284 所示效果。

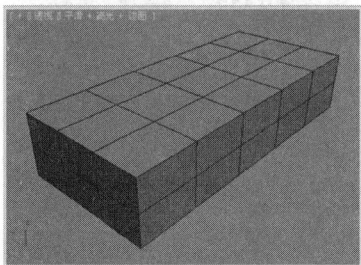

图7-283　绘制长方体

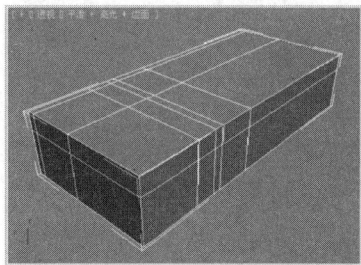

图7-284　调整线段位置

02 单击 ▣ 【多边形】子集按钮进入到【多边形】子集中，将长方体两个侧面的三个面选择为红色，单击 挤出 ▫ 命令右侧的设置按钮，适当调整【挤出高度】值，将选中面向内挤入一定深度，如图 7-285 所示。进入【创建】控制面板的 ◯ 【几何体】建立区域，单击 长方体 按钮，在顶视图中绘制一个长方体，放置在楼体的上部，如图 7-286 所示。

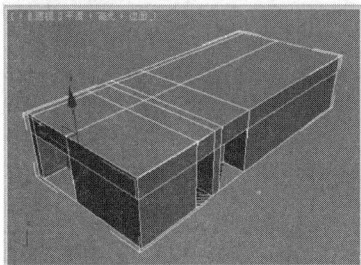

图7-285　挤入选择面

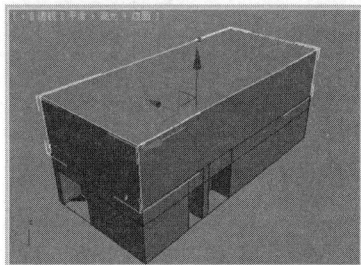

图7-286　绘制长方体

03 进入 ◢【修改】命令面板，在 修改器列表 ▼ 中选择【编辑多边形】命令，单击 ✓【边】子集按钮进入到【边】子集中，使用 连接 □ 命令为长方体添加线段，如图 7-287 所示。再单击 ■【多边形】子集按钮进入到【多边形】子集中，选中长方体上方的面为红色，单击 挤出 □ 命令右侧的设置按钮，适当调整【挤出高度】值，将选中面向下挤出一定的深度，如图 7-288 所示。

图7-287　添加线段

图7-288　挤出选择面

04 进入【创建】控制面板的 ○【几何体】建立区域，单击 长方体 按钮，在顶视图中绘制一个长方体，设置【长度分段】数值为5，设置【宽度分段】数值为1，设置【高度分段】数值为4，如图 7-289 所示。进入 ◢【修改】命令面板，在 修改器列表 ▼ 中选择【编辑多边形】命令，单击 ✓【边】子集按钮进入到【边】子集中，将长方体上的边做位置的调整，如图 7-290 所示。

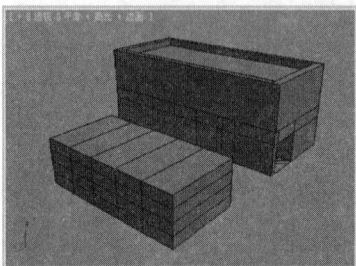

图7-289　绘制长方体

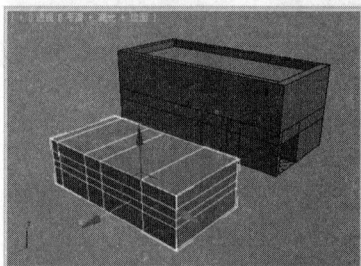

图7-290　调整线段位置

05 单击 ■【多边形】子集按钮进入到【多边形】子集中，将长方体侧边的两个面选择为红色，单击 挤出 □ 命令右侧的设置按钮，适当调整【挤出高度】值，将选中面向内挤入一定的深度，如图 7-291 所示。再次单击 长方体 按钮，在顶视图中绘制一个长方体，设置【长度分段】数值为5，设置【宽度分段】数值为3，设置【高度分段】数值为3，位置如图 7-292 所示。

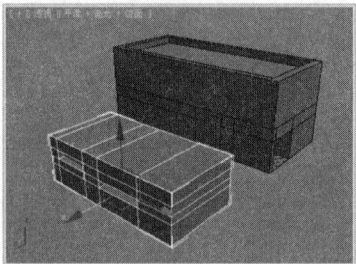

图7-291　挤入选择面

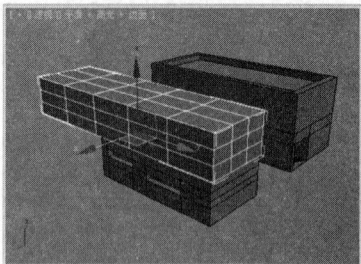

图7-292　绘制长方体

06 进入 ◢【修改】命令面板，在 修改器列表 ▼ 中选择【编辑多边形】命令，单击 ✓【边】子集按钮进入到【边】子集中，将该长方体的两边调整位置，如图 7-293 所示。长方体另一侧的边也做位置上的调整，如图 7-294 所示。

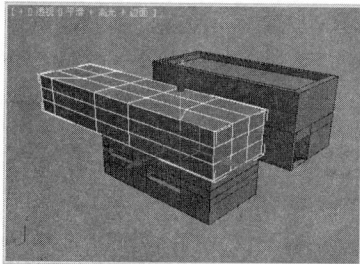

图7-293 调整线段位置

图7-294 调整线段位置

07 单击■【多边形】子集按钮进入到【多边形】子集中，将长方体两侧选中的面使用 `挤出` `□` 命令向内挤入一定的深度，如图 7-295、图 7-296 所示。

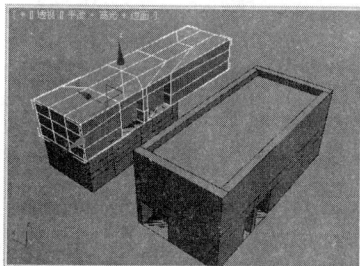

图7-295 挤入选择面

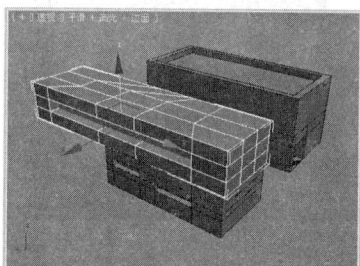

图7-296 挤入选择面

08 将长方体堵头一侧的面选中，使用 `挤出` `□` 命令向内挤入一定的深度，如图 7-297 所示。进入【创建】控制面板的 ○【几何体】建立区域，单击 `长方体` 按钮，在顶视图中绘制一个长方体，大小适当，设置【宽度分段】数值为 2，使用 ✛【移动】工具，调整到如图 7-298 所示的位置，做连接两个楼的天桥。

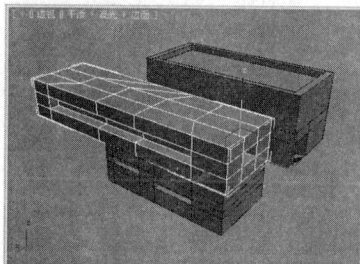

图7-297 挤入选择面

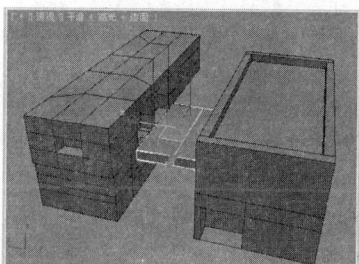

图7-298 绘制长方体

09 选择天桥，为其加入【编辑多边形】命令，单击■【多边形】子集按钮进入到【多边形】子集中，选中如图 7-299 所示的长方体下方的面，单击 `挤出` `□` 命令右侧的设置按钮，适当调整【挤出高度】值，将选中面向下挤出一定的高度，如图 7-300 所示。

10 单击 ⊿【边】子集按钮进入到【边】子集中，使用 `连接` `□` 命令在长方体上面加入一条边，如图 7-301 所示。单击■【多边形】子集按钮进入到【多边形】子集中，将长方体上面的小面选中，单击 `挤出` `□` 命令右侧的设置按钮，适当调整【挤出高度】值，将选中面向上挤出一定的高度，如图 7-302 所示。

三维制作大师

图7-299　选择面

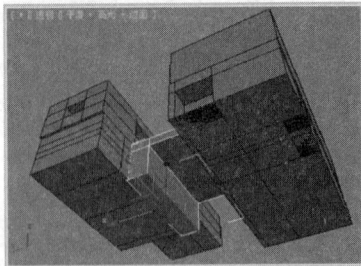

图7-300　挤出选择面

图7-301　添加线段

图7-302　挤出选择面

11 使用 插入 □ 命令在挤出面的内侧做插入面的效果，如图 7-303 所示。单击 挤出 □ 命令右侧的设置按钮，将插入的面向内挤入，如图 7-304 所示。

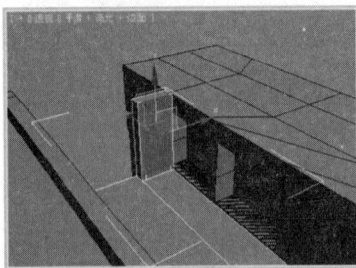

图7-303　插入面

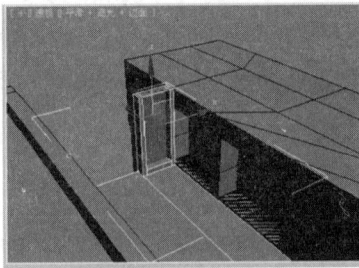

图7-304　挤入选择面

（2）护栏地面的制作

12 进入【创建】控制面板的 ☑ 【图形】建立区域，单击 长方体 按钮，在前视图中两楼间天桥绘制一个长方体，如图 7-305 所示，继续单击 长方体 按钮，在前视图中两楼间天桥处绘制另一个长方体，比之前的长方体略细一点，如图 7-306 所示。

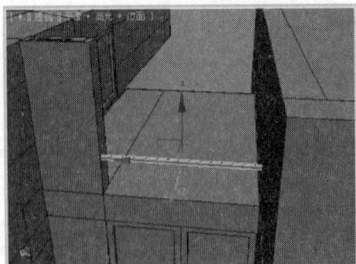

图7-305　绘制长方体

图7-306　绘制长方体

13 重复使用步骤12的方法，将天桥两侧栏杆都绘制出来，效果如图 7-307 所示。制作支柱，进入【创建】控制面板的 [○]【几何体】建立区域，单击 [圆柱体] 按钮，在顶视图中绘制一个圆柱体，大小适当，调整【高度分段】值为1，【边数】值为32，再将此支柱向里侧复制一个，如图 7-308 所示。

14 单击 [长方体] 按钮，在顶视图中创建一个长方体做为地面，该实例完成，最终效果如图 7-309 所示。

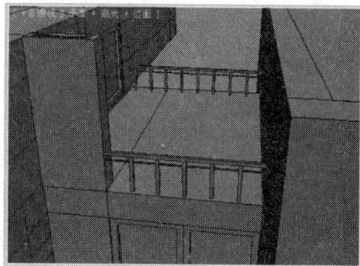

图7-307　绘制长方体

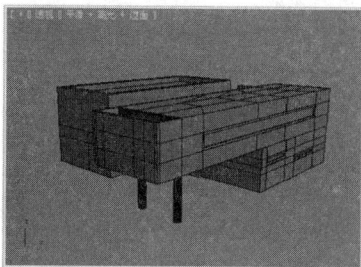

图7-308　绘制圆柱体

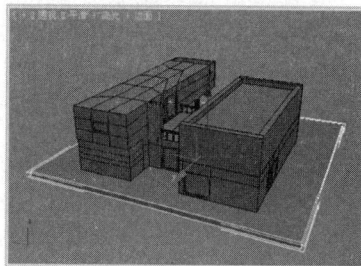

图7-309　场景最终效果

▶ 7.10　别墅的制作

在这一节中，将学习利用编辑多边形命令结合挤出命令，制作别墅模型，图 7-310 所示为别墅的效果图。

学习重点

（1）学习编辑多边形命令的使用。
（2）学会挤出命令的使用方法。

图7-310　最后渲染效果

✎ **操作步骤**

（1）墙体的制作

01 进入【创建】控制面板的 ○【几何体】建立区域，单击 长方体 按钮，在顶视图中绘制一个长方体，设置【宽度分段】为2，如图7-311所示。进入 ✎【修改】命令面板，在 修改器列表 中选择【编辑多边形】命令，单击 ◁【边】子集按钮进入到【边】子集中，将长方体中间的边选中，使用 ✛【移动】工具在前视图中将边沿着X轴向右侧移动至相应位置，如图7-312所示。

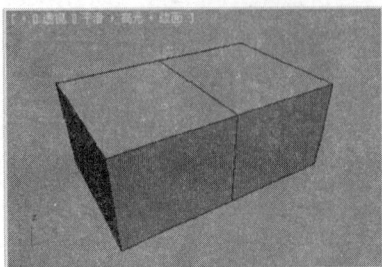

图7-311　绘制长方体　　　　　　　　　图7-312　调整线段位置

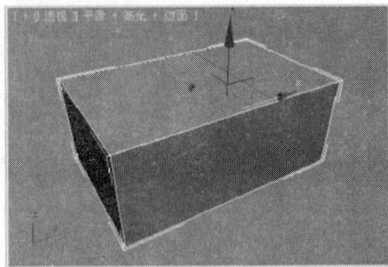

02 单击 ▣【多边形】子集按钮进入到【多边形】子集中，选中长方体上方的面为红色，单击 挤出 □命令右侧的设置按钮，适当调整【挤出高度】值，将选中的面向上挤出一定的高度，如图7-313所示。保持当前面继续为选中状态，单击 挤出 □命令右侧的设置按钮，调整【挤出高度】值为0.1，并使用 ⊡【缩放】工具将挤出的面等比例放大至如图7-314所示效果。

图7-313　挤出选择面　　　　　　　　　图7-314　挤出面并放大

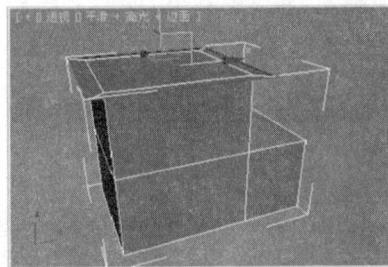

03 单击 倒角 □命令右侧的设置按钮，适当调整【高度】与【轮廓量】的值，将面继续向上挤出并做出倒角效果，如图7-315所示。选中正前方下面的三条竖线段，如图7-316所示。

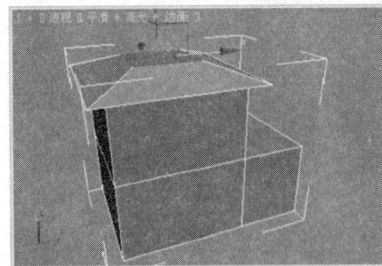

图7-315　制作倒角效果　　　　　　　　图7-316　选择线段

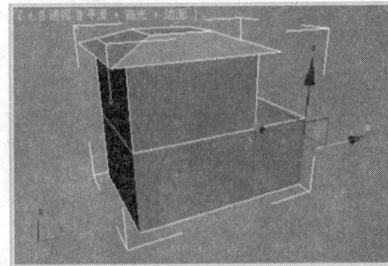

04 单击 连接 □命令右侧设置按钮，设制【分段】数值为1，适当调整【滑块】数值，得到如

图 7-317 所示效果。单击 ■【多边形】子集按钮进入到【多边形】子集中，选中正前方窄条的面，单击 挤出 命令右侧的设置按钮，适当调整【挤出高度】值，如图 7-318 所示。

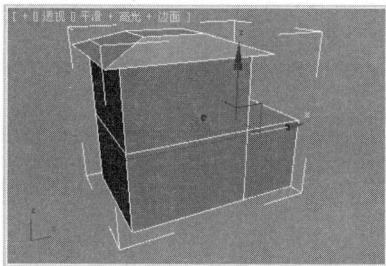

图7-317 添加线段

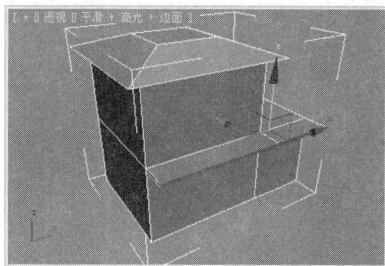

图7-318 挤出选择面

（2）窗户及门的制作

05 单击 ◢【边】子集按钮进入到【边】子集中，选中长方形正前方三条竖线段，如图 7-319 所示。单击 连接 命令右侧的设置按纽，设制【分段】数值为 2，适当调整【收缩】和【滑块】数值，为其加入两条线段，如图 7-320 所示。

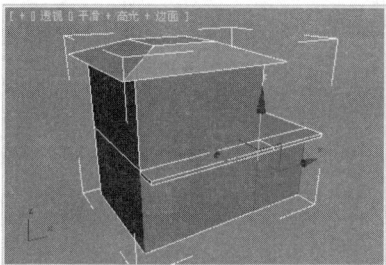

图7-319 选择线段

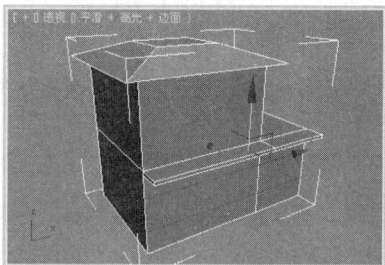

图7-320 添加线段

06 选中左侧两条横线段，如图 7-321 所示，继续单击 连接 命令右侧的设置按纽，设制【分段】数值为 4，为其加入四条线段，如图 7-322 所示。

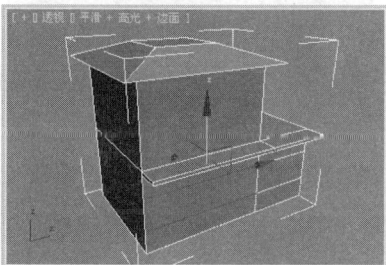

图7-321 选择线段

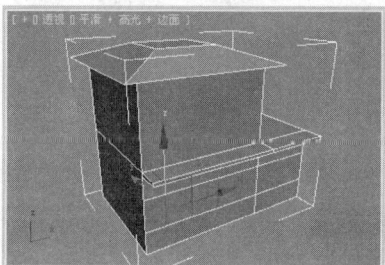

图7-322 添加线段

07 单击 ■【多边形】子集按钮进入到【多边形】子集中，选中长方体正前方的两个面为红色，单击 挤出 命令右侧的设置按纽，适当调整【挤出高度】值，将选中面向内挤入一定的深度，如图 7-323 所示。使用相同方式在二楼做出相同样式的窗户，如图 7-324 所示。

08 单击 ◢【边】子集按钮进入到【边】子集中，选中长方形正前方右侧两条横向线段，单击 连接 命令，为其添加两条纵向的线段，将线段调整至如图 7-325 所示效果。单击 ■【多边形】子集按钮进入到【多边形】子集中，选中右侧面为红色，单击 挤出 命令，将选中面向内挤入，如图 7-326 所示。

三维制作大师

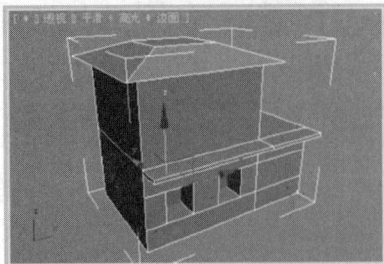
图7-323 挤入选择面

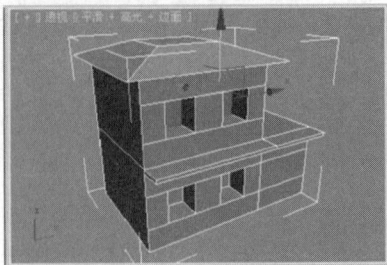
图7-324 挤入选择面

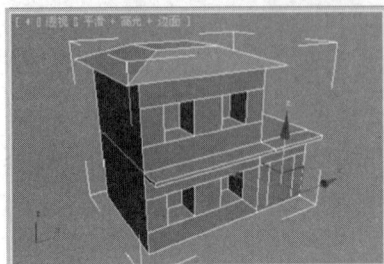
图7-325 添加线段并调整位置

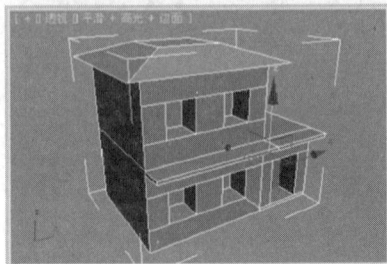
图7-326 挤入选择面

09 运用线命令建造窗口及门口。进入【创建】控制面板的 ⊙【图形】建立区域，单击 矩形 按钮，在前视图中延窗边绘制一个矩形，如图 7-327 所示。进入 ☑【修改】命令面板，在 修改器列表 中加入【编辑样条线】命令，单击 ⌒【样条线】子集按钮进入到【样条线】子集中，选中矩形为红色，单击 轮廓 命令，在视图中为矩形拖动出厚度，如图 7-328 所示。

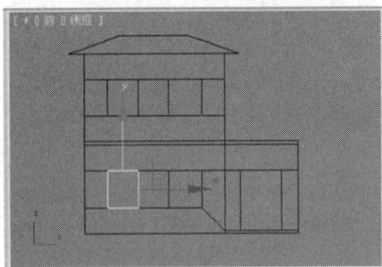
图7-327 绘制矩形

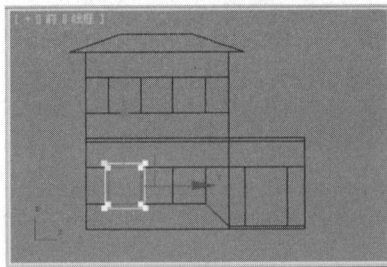
图7-328 建立轮廓

10 退出【样条线】子集，在 修改器列表 中选择【挤出】命令，为窗口制作出厚度，效果如图 7-329 所示。将制作的窗口移动复制到其他的窗上。运用上面的方法，再制作一个门口，如图 7-330 所示。

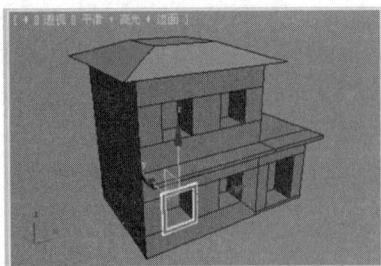
图7-329 建立轮廓

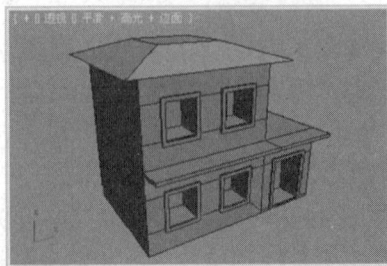
图7-330 复制窗口

11 窗框的制作。进入【创建】控制面板的 ⊙【图形】建立区域，单击 矩形 按钮，在前视图中延窗边绘制一个矩形，如图 7-331 所示。进入 ◢【修改】命令面板，单击 ⌒【样条线】子集按钮进入到【样条线】子集中，选中矩形为红色，单击 轮廓 命令，在视图中单击矩形拖动出窗框的厚度，如图 7-332 所示。再在 修改器列表 ∨ 中选择【挤出】命令，适当调整挤出高度，制作出窗框的厚度。

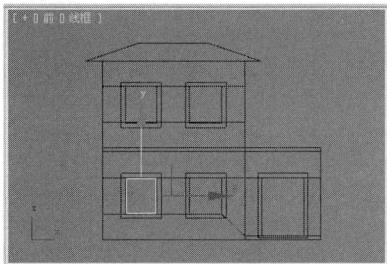

图7-331　绘制矩形　　　　　　　图7-332　制作窗框

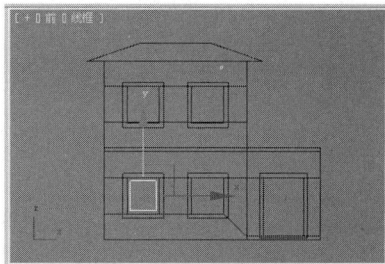

12 进入【创建】控制面板的 ⊙【几何体】建立区域，单击 长方体 按钮，在顶视图中窗口位置处绘制一个大小适当的长方体做窗框，效果如图 7-333 所示。按住键盘 Shift 键使用 ✛ 工具将窗框向下复制，效果如图 7-334 所示。

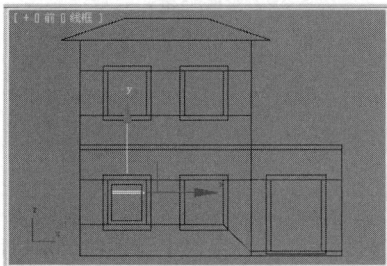

图7-333　绘制长方体　　　　　　图7-334　复制长方体

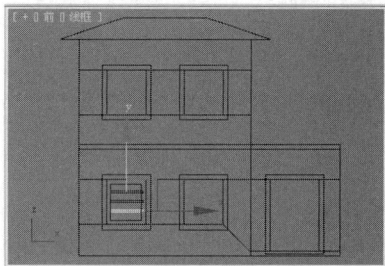

13 进入【创建】控制面板的 ⊙【几何体】建立区域，单击 长方体 按钮，在顶视图中窗口位置处绘制一个大小适当的竖着的长方体，如图 7-335 所示。选中所有窗框，使用 ✛【移动】工具复制到其他的窗口中，效果如图 7-336 所示。

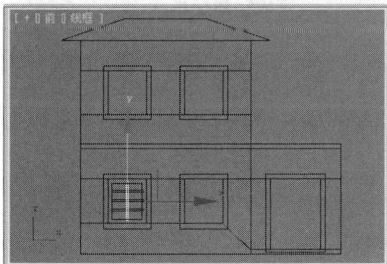

图7-335　绘制长方体　　　　　　图7-336　复制窗框

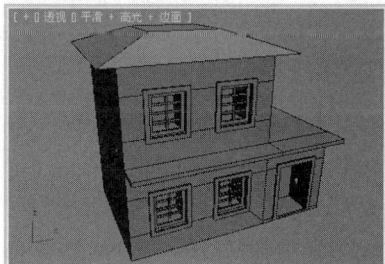

14 门的制作。进入【创建】控制面板的 ⊙【几何体】建立区域，单击 长方体 按钮，在前视图中延门边绘制一个长方体，设置【宽度分段】为 8，厚度适当，如图 7-337 所示。进入 ◢【修改】命令面板，在 修改器列表 ∨ 中选择【编辑多边形】命令，单击 ∷【顶点】子集按钮进入到【顶点】子集中，在前视图中选中新建长方体正中间上下的顶点，打开【软选择】卷展栏，勾选【使

用软选择】选项，适当调整【衰减】数值，让选中点影响周围的点，效果如图 7-338 所示。

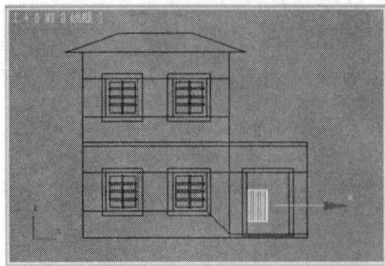

图7-337　绘制长方体

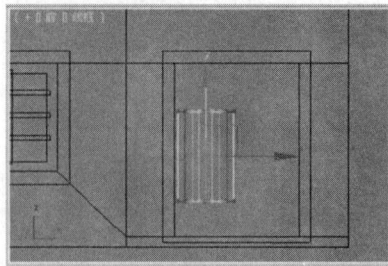

图7-338　打开软选择效果

15 在前视图使用 🔲【缩放】工具，将选中的点延 Y 轴适当缩小，如图 7-339 所示。使用 ✛【移动】工具，按住键盘 Shift 键将门沿 X 轴向右移动适当位复制到另外一侧，房门制作完毕，如图 7-340 所示。

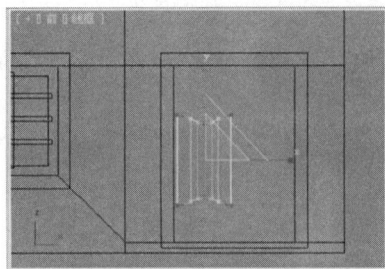

图7-339　调整节点位置

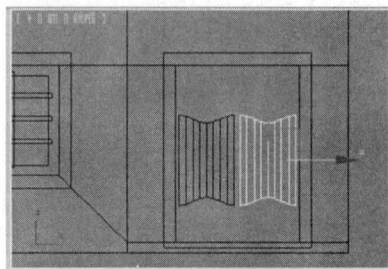

图7-340　复制对象

16 制作二楼侧门。单击 ✍【边】子集按钮进入到【边】子集中，选中长方形左侧方二楼上下两条横向线段，使用 连接 🔲命令为其加入如图 7-341 所示的线段。单击 ▣【多边形】子集按钮进入到【多边形】子集中，选中长方体中间面为红色，单击 挤出 🔲命令右侧的设置按纽，适当调整【挤出高度】值，将选中面向内挤入，如图 7-342 所示效果。

三维制作大师

图7-341　添加线段

图7-342　挤入选择面

（3）楼梯、扶手的制作

17 进入【创建】控制面板的 ⭕【几何体】建立区域，单击 长方体 按钮，在前视图中延门底边绘制一个长方体，如图 7-343 所示。再次单击 长方体 按钮，在前视图中楼侧边绘制一个长方体为楼梯踏板，向下复制出其他的踏板，效果如图 7-344 所示。

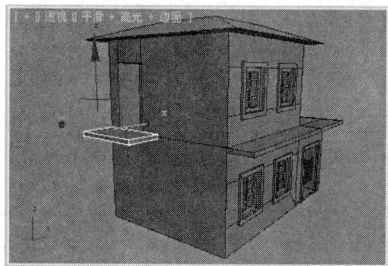

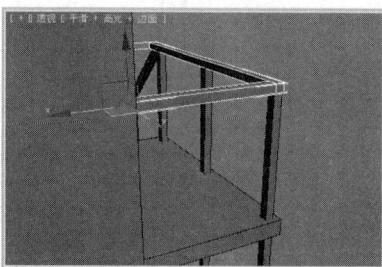

图7-343　绘制长方体　　　　　　　　图7-344　绘制长方体

18 进入【创建】控制面板的 ⊙ 【几何体】建立区域，单击 长方体 按钮，在前视图中延楼梯平台边绘制一个长方体，如图 7-345 所示。用同样的方法继续制作出其他的栏杆，如图 7-346 所示。

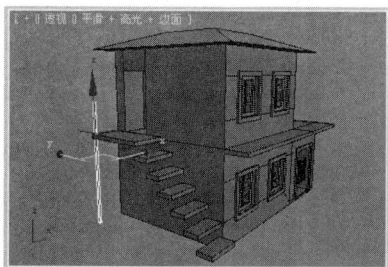

图7-345　绘制栏杆　　　　　　　　图7-346　绘制栏杆

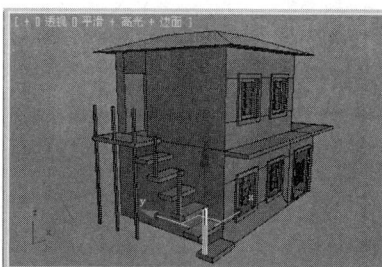

19 单击 长方体 按钮，在前视图中沿楼梯踏步方向绘制一个长方体，如图 7-347 所示。继续创建长方体，将楼上的扶手制作出来，如图 7-348 所示。

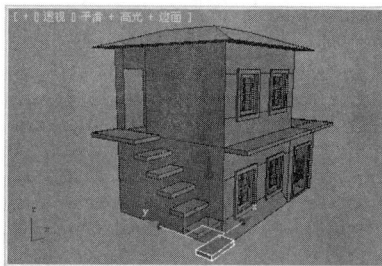

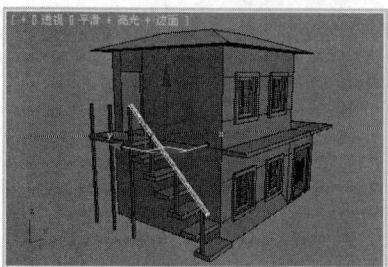

图7-347　绘制长方体　　　　　　　　图7-348　绘制长方体

20 进入【创建】控制面板的 ⊙ 【几何体】建立区域，单击 长方体 按钮，在前视图中延二楼平台绘制一个长方体，如图 7-349 所示。同时复制出另外的一个支柱，最后绘制出地面。最终效果如图 7-350 所示。

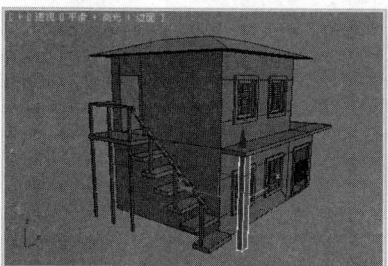

图7-349　绘制长方体　　　　　　　　图7-350　完整楼体模型

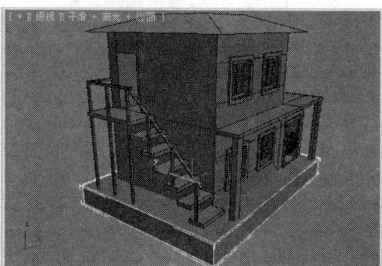

三维制作大师

📎 7.11 本章小结

本章通过制作生活中常见的基础设施模型及简单楼房的建模练习，进一步加深了解 3ds Max 中常用的建模方法，对这些常用建模方法的综合使用技巧是至关重要的。

📎 7.12 习题

(1) 通过多边形建模法结合放样、挤出、布尔等命令制作别墅，如图 7-351 所示。

图7-351 别墅模型

(2) 通过多边形建模法结合放样、车削、布尔等命令制作长廊，如图 7-352 所示。

图7-352 长廊模型

第8章 综合建模练习

▶ 本章介绍综合运用多种建模方法创建自行车模型和摩托车模型的技巧。

▶ 8.1 自行车的制作

在这一节中，将学习利用编辑多边形命令结合其他常用命令，制作自行车模型，图8-1所示为自行车的效果图。

📖 学习重点

(1)【编辑多边形】命令的使用。

(2) 各种其他常用命令的综合使用。

图8-1　最后渲染效果

实例场景：光盘\效果\第8章\自行车 max

📝 操作步骤

01 进入【创建】控制面板的 🔘【图形】建立区域，单击 ▁▁线▁▁ 按钮，在顶视图中绘制自行车内圈金属部分的曲线，如图8-2所示。进入 📐【修改】命令面板，在 修改器列表 ▼ 中选择【车削】命令，在【命令堆栈】中选择【轴】子集，调整旋转轴的位置，得到如图8-3所示效果。

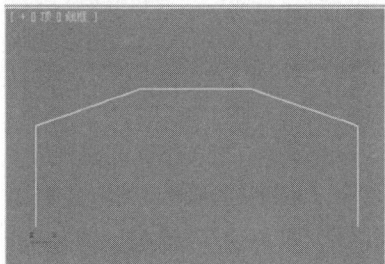

图8-2　绘制曲线

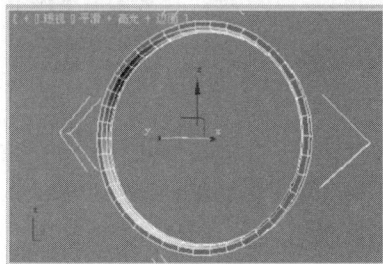

图8-3　加入车削命令

02 在顶视图中绘制自行车外圈轮胎部分的曲线，如图 8-4 所示。进入 ☑【修改】命令面板，在 修改器列表 ∨ 中选择【车削】命令，在【命令堆栈】中选择【轴】子集，调整旋转轴的位置，设置【分段】值为 256，得到如图 8-5 所示效果。

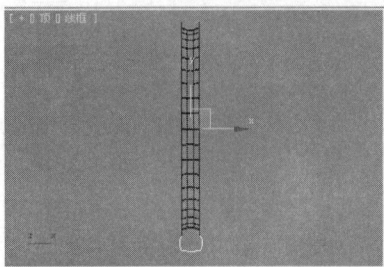

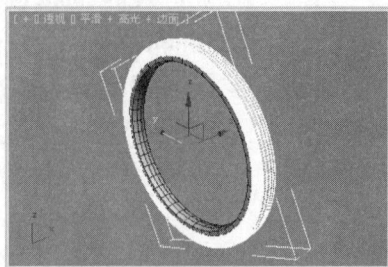

图8-4　绘制曲线　　　　　　　　　图8-5　加入车削命令

03 进入 ☑【修改】命令面板，在 修改器列表 ∨ 中选择【编辑多边形】命令，单击 ▣【多边形】子集按钮进入【多边形】子集中，选择如图 8-6 所示的面。单击 挤出 □ 命令右侧的设置按钮，适当调整【高度】值，做出轮胎的凸起部分，如图 8-7 所示。

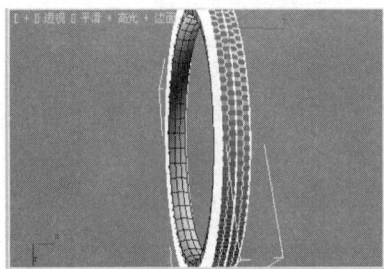

图8-6　选择面　　　　　　　　　　图8-7　挤出选择面

04 进入【创建】控制面板的 ◎【图形】建立区域，单击 线 按钮，在顶视图中绘制自行车轴的曲线，如图 8-8 所示。进入 ☑【修改】命令面板，在 修改器列表 ∨ 中选择【车削】命令，单击 最小 按钮，得到如图 8-9 所示的车轴。

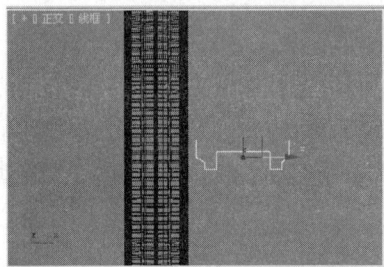

图8-8　绘制车轴剖面图形　　　　　图8-9　加入车削命令

05 进入【创建】控制面板的 ◎【图形】建立区域，单击 线 按钮，在左视图中绘制车条线，注意使用【旋转】工具调整车条的角度，打开【渲染】卷展栏，勾选【在渲染中启用】、【在视图中启用】命令，适当调整【厚度】值，车条线可渲染，如图 8-10 所示。然后复制另一侧的车条如图 8-11 所示。

三
维
制
作
大
师

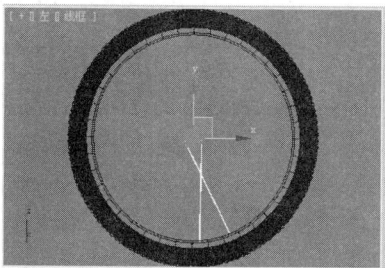

图8-10 绘制车条

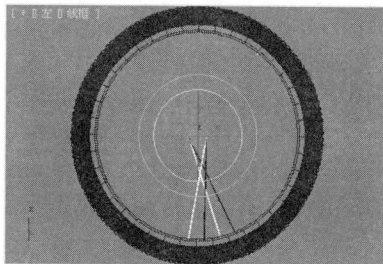

图8-11 复制车条

06 将两组车条全部选中,进入层次命令面板中,将轴心调整至车轴的中心,单击 【阵列】命令,在【阵列】调板中,输入如图 8-12 所示的数值,单击【确定】,得到了如图 8-13 所示的效果。

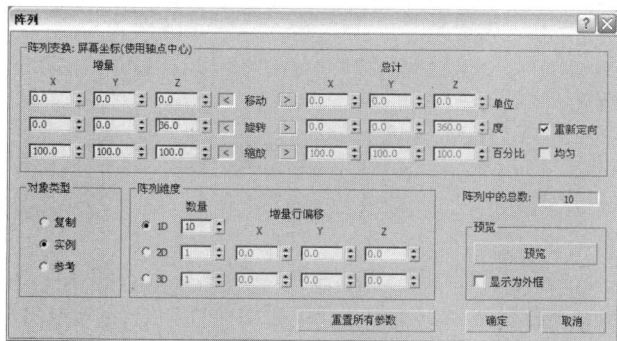

图8-12 【阵列】调板

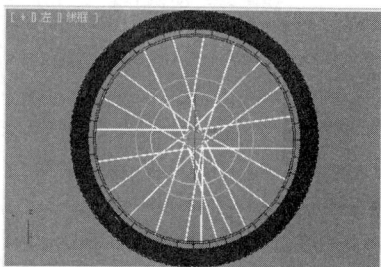

图8-13 阵列车条

07 在左视图中按住键盘 Shift 键使用【移动】工具沿 X 轴复制一个车轮,如图 8-14 所示。进入【创建】控制面板的 【几何体】建立区域,单击 圆柱体 按钮,在左视图建立一个圆柱体,【高度分段】为 1、【端面分段】为 2、【边数】为 50。进入 【修改】命令面板,在 修改器列表 中选择【编辑多边形】命令,单击 【顶点】子集按钮进入【顶点】子集中,将如图 8-15 所示的点选中。

图8-14 复制车轮

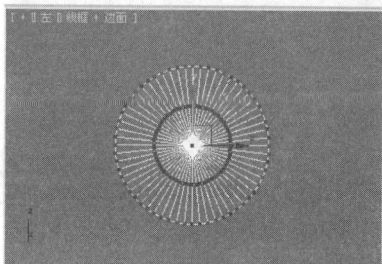

图8-15 选择节点

08 使用 【缩放】工具将选中的点在左视图中沿 XY 轴压缩,制作出齿轮的效果,如图 8-16 所示。将该齿轮复制七个,调整位置和大小比例,如图 8-17 所示。

09 进入【创建】控制面板的 【几何体】建立区域,单击 圆柱体 按钮,在顶视图建立 4 个圆柱体,做出车体的架子,如图 8-18 所示。在左视图中建立一个圆柱体作为后轮支架,将该圆柱体添加【编辑多边形】命令,调整节点的位置,使其稍微弯曲,如图 8-19 所示。

图8-16　缩小选择节点

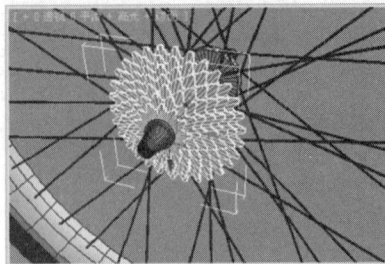

图8-17　复制齿轮

图8-18　圆柱体组合

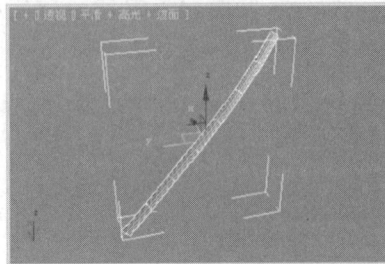

图8-19　编辑圆柱体

10 将其复制一份后再建立一个圆柱体，三个物体的位置摆放如图 8-20 所示。进入 [修改] 命令面板，在 修改器列表 中选择【编辑多边形】命令，使用 附加 命令将其合为一体，并调整形状，如图 8-21 所示。

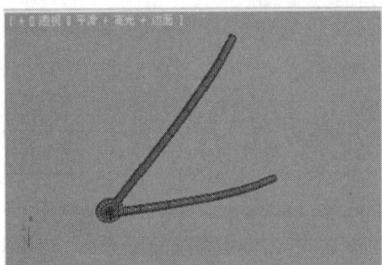

图8-20　绘制并编辑圆柱体

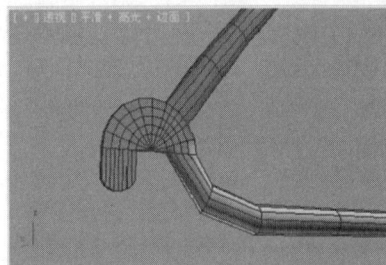

图8-21　合并之后调整圆柱体形状

11 使用工具条【镜像】命令复制出另一侧，如图 8-22 所示。同样使用多边形建模法做出前车轮的支架，如图 8-23 所示。

图8-22　镜像复制后轮支架

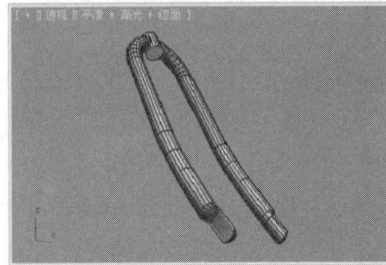

图8-23　制作前轮支架

12 换另一个角度观察前车轮车架,如图 8-24 所示。将其摆放在已经建好的模型上,如图 8-25 所示。

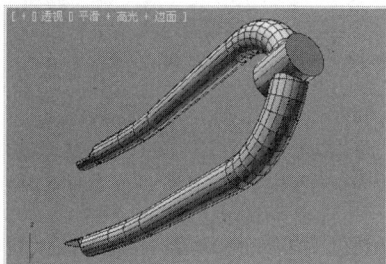

图8-24 制作前轮支架

图8-25 调整前轮支架位置

13 车座的建模。进入【创建】控制面板的○【几何体】建立区域,单击 长方体 按钮,在顶视图建立一个长方体,注意段数的设置,如图 8-26 所示。进入◢【修改】命令面板,在 修改器列表 中选择【编辑多边形】命令,通过多边形建模法加线,并调整车座形状,如图 8-27、图 8-28 所示。车座底部都要做倒角处理。

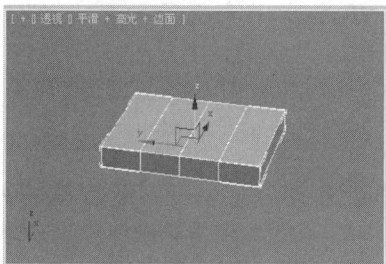

图8-26 绘制长方体

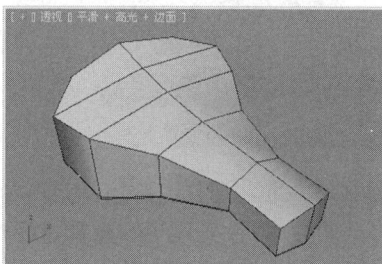

图8-27 车座建模

14 在 修改器列表 中选择【涡轮平滑】命令,将车座做光滑处理。进入【创建】控制面板的○【几何体】建立区域,单击 圆柱体 按钮,在顶视图中建立两个圆柱体,做出车座的支架,并正确摆放,如图 8-29 所示。

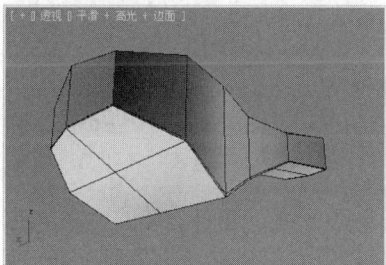

图8-28 车座建模

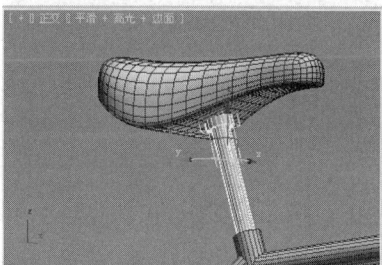

图8-29 车座支架

15 自行车车把的制作。进入【创建】控制面板的○【几何体】建立区域,单击 圆柱体 按钮,创建如图 8-30 所示的车把形状。进入◢【修改】命令面板,在 修改器列表 中选择【编辑多边形】命令,单击:::【顶点】子集按钮进入【顶点】子集中,调整顶点位置,将车把变弯一点,如图 8-31 所示。

图8-30 绘制圆柱体组成车把

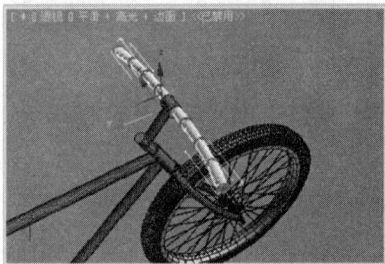

图8-31 调整节点位置

16 单击 ◼ 【多边形】子集按钮进入【多边形】子集中，选择如图 8-32 所示的面。单击 挤出 □
命令右侧的设置按钮，挤出类型为【局部法线】的方式，适当调整【高度】值，做出扶手的凸
起部分，如图 8-33 所示。把手的最外侧一段可再加线挤出。

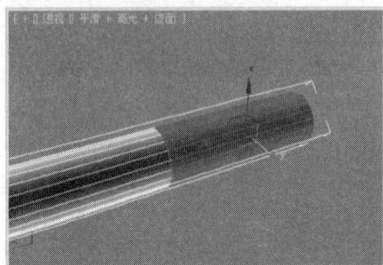

图8-32 选择面

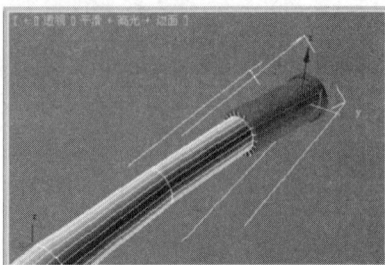

图8-33 挤出选择面

17 链条的制作。进入【创建】控制面板的 ◯ 【几何体】建立区域，单击 圆柱体 按钮，在前
视图建立一个圆柱体，注意段数的设置数量要少，如图 8-34 所示，复制该圆柱体，进入 ✐ 【修改】
命令面板，在 修改器列表 中选择【编辑多边形】命令，将复制圆柱体与之前的圆柱体结合后，
调整成如图 8-35 所示形状。

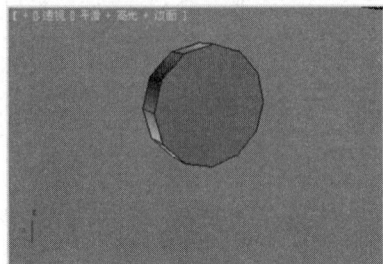

图8-34 绘制圆柱体

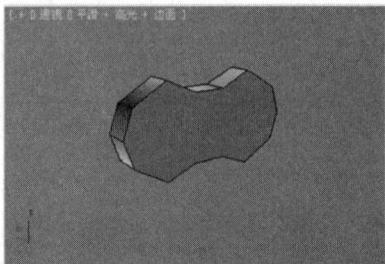

图8-35 调整圆柱体形状

18 将该物体复制多个摆放，作为自行车车链，如图 8-36 所示。车链齿轮的建立。进入【创建】
控制面板的 ◯ 【图形】建立区域，单击 星形 按钮在前视图建立一个星形，调整参数，将其
调整为齿轮形状，如图 8-37 所示。

19 进入 ✐ 【修改】命令面板，在 修改器列表 中选择【编辑样条线】命令，单击 ⣿ 【顶点】
子集按钮进入【顶点】子集中，将所有顶点选中，单击鼠标右键将所有的点改为【角点】。齿轮
外形建立完毕，如图 8-38 所示。进入【创建】控制面板的 ◯ 【图形】建立区域，单击 圆
按钮，在前视图齿轮的中心位置建立一个圆形，使用【附加】命令将它们结合为一体，进入 ✐ 【修
改】命令面板，在 修改器列表 中选择【挤出】命令，将其挤出一定厚度，如图 8-39 所示。

图8-36　制作车链

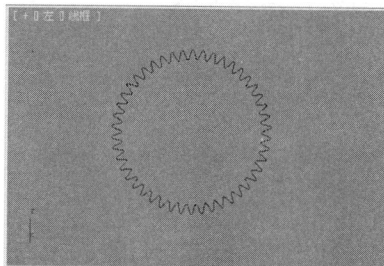

图8-37　绘制星形

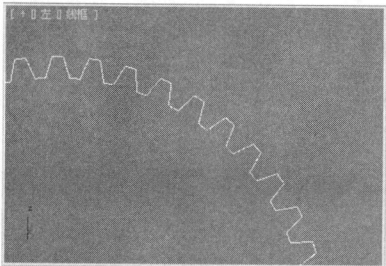

图8-38　改变节点类型

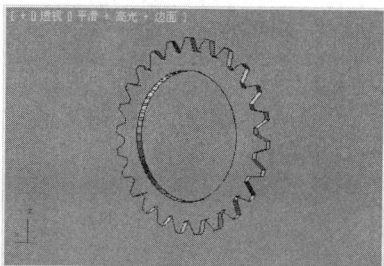

图8-39　挤出厚度

20 将齿轮复制一个，并适当缩小，与该齿轮并列摆放，再次使用上述方法绘制一个齿轮曲线，进入【创建】控制面板的 【几何体】建立区域，单击 圆柱体 按钮，在齿轮外形中建立一个圆柱体，注意参数的设置，如图8-40所示。进入 【修改】命令面板，在 修改器列表 中选择【编辑多边形】命令，在此圆柱体中，利用 利用所选内容创建图形 命令，提取出如图8-41所示的曲线。将此曲线与外面的齿轮线结合之后，利用【挤出】命令制作出厚度。

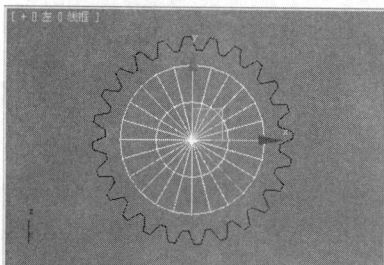

图8-40　绘制圆柱体

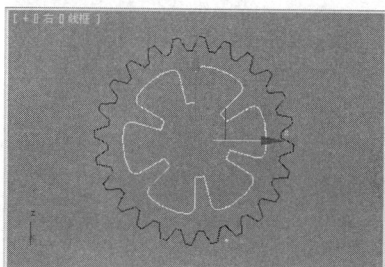

图8-41　修改圆柱体得到曲线

21 将三个齿轮有序的摆放在一起，如图8-42所示。脚踏的制作。进入【创建】控制面板的 【几何体】建立区域，单击 长方体 按钮，在左视图建立一个长方体，如图8-43所示。

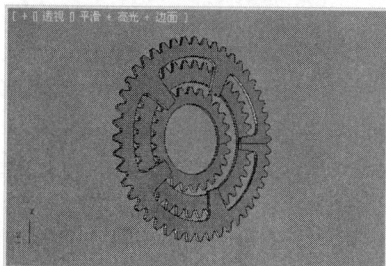

图8-42　完整的齿轮

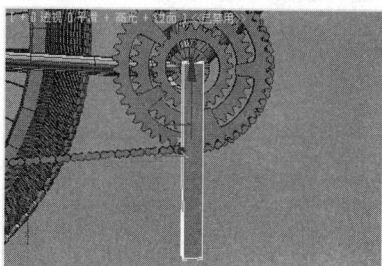

图8-43　绘制长方体

399

三维制作大师

22 进入 ✐【修改】命令面板，在 修改器列表 ∨ 中选择【编辑多边形】命令，加线调整形状，如图 8-44 所示。进入 ✐【修改】命令面板，在 修改器列表 ∨ 中选择【涡轮平滑】命令，效果如图 8-45 所示。

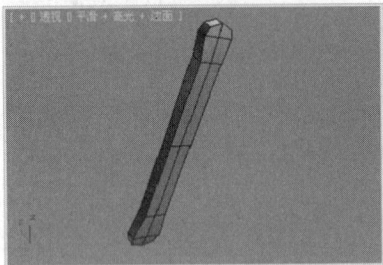

图8-44 调整长方体形状

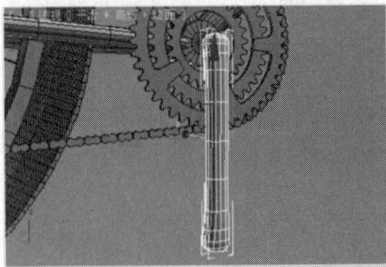

图8-45 加入光滑命令

23 进入【创建】控制面板的 ◎【几何体】建立区域，单击 圆柱体 按钮，在前视图中建立一个圆柱体，将其【边数】设为 5，如图 8-46 所示。进入 ✐【修改】命令面板，在 修改器列表 ∨ 中选择【编辑多边形】命令，单击 ■【多边形】子集按钮进入【多边形】子集中，选择该圆柱体外侧的五个面，使用 挤出 □ 命令，【挤出类型】设为【按多边形】，得到如图 8-47 所示效果。

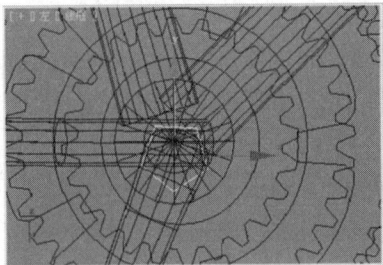

图8-46 绘制圆柱体

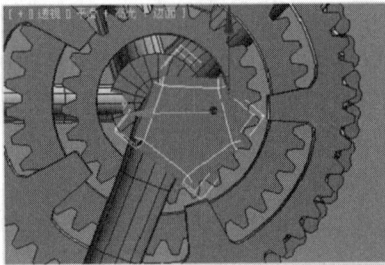

图8-47 挤出选择面

24 将挤出的面适当压小，再次使用 挤出 □ 命令，如图 8-48 所示，继续做【挤压】、【倒角】的效果，得到如图 8-49 所示形状。

图8-48 挤出选择面

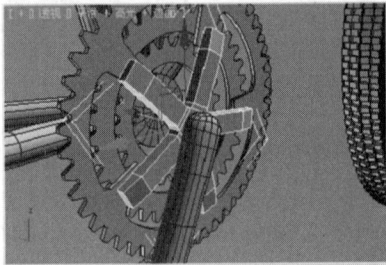

图8-49 挤出并倒角

25 进入【创建】控制面板的 ◎【图形】建立区域，在顶视图中画出如图 8-50 所示曲线，进入 ✐【修改】命令面板，在 修改器列表 ∨ 中选择【挤出】命令，如图 8-51 所示。

26 进入【创建】控制面板的 ◎【几何体】建立区域，单击 圆柱体 按钮，在前视图建立一个圆柱体，如图 8-52 所示，单击 管状体 ，再在前视图中建立两个管状体，为两个管状体分别添加【编辑多边形】命令，选中两侧的面向两侧挤出，得到如图 8-53 所示效果。

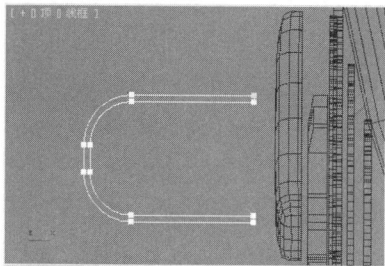

图8-50　绘制曲线

图8-51　挤出厚度

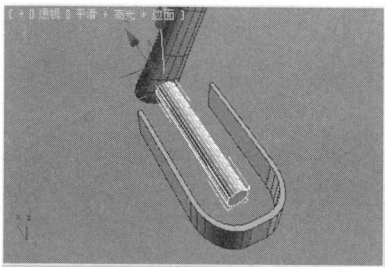

图8-52　绘制圆柱体

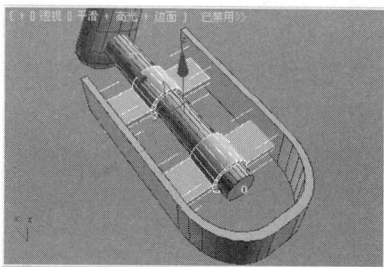

图8-53　修改管状体

27 选中如图 8-54 所示物体编为一组，再【镜像】复制出另一组做为另一侧的踏板，如图 8-55 所示。

图8-54　将踏板编组

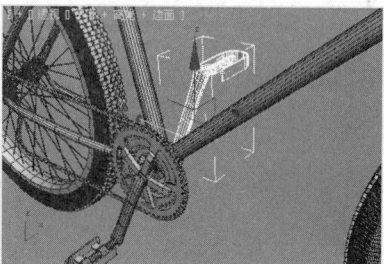

图8-55　镜像复制踏板

28 进入【创建】控制面板的 ⊙【图形】建立区域，在顶视图中画出如图 8-56 所示曲线，进入 ⧄【修改】命令面板，在 修改器列表 中选择【挤出】命令，如图 8-57 所示。

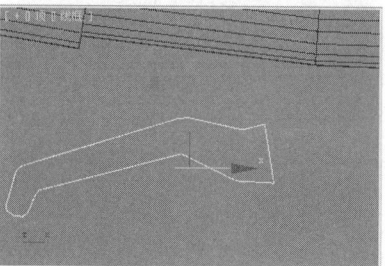

图8-56　绘制曲线

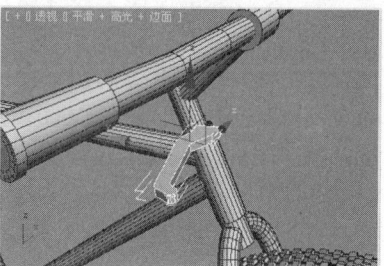

图8-57　挤出厚度

29 进入 ⧄【修改】命令面板，在 修改器列表 中选择【编辑多边形】命令，单击 ◁【边】子集按钮进入【边】子集中，选中如图 8-58 所示边，再使用 切角 □ 命令将选中的边做倒角处理，如图 8-59 所示。

图8-58 选择线段

图8-59 制作切角效果

30 进入【创建】控制面板的 ⬤ 【几何体】建立区域，单击 图柱体 按钮，在左视图建立一个圆柱体，如图 8-60 所示。为圆柱体添加【编辑多边形】命令，选中圆柱体侧面的几个面，使用 挤出 ⬛ 命令挤出，如图 8-61 所示。

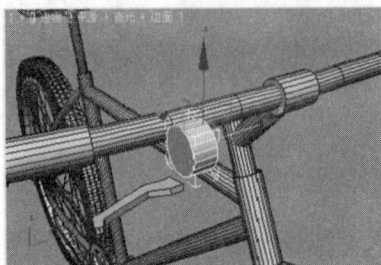

图8-60 绘制圆柱体

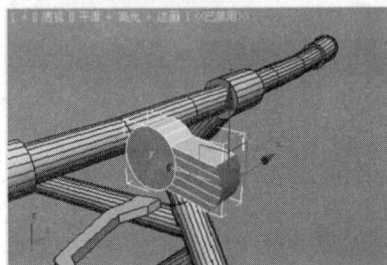

图8-61 挤出选择面

31 继续为该物体加线修正形状，如图 8-62 所示。单击 ⬛ 【多边形】子集按钮进入【多边形】子集中，选择如图 8-63 所示的面。

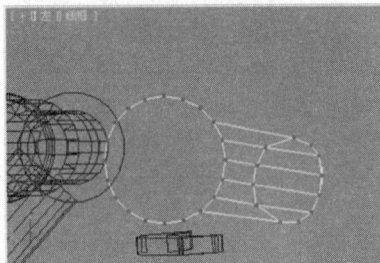

图8-62 修改形状

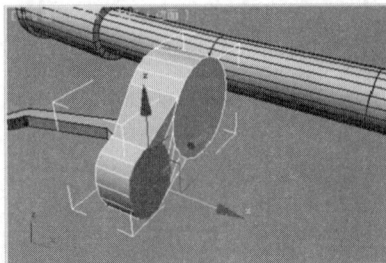

图8-63 选择面

32 单击 挤出 ⬛ 命令右侧的设置按钮，向外侧挤出，并适当调整形状，如图 8-64 所示，单击 插入 ⬛ 命令，为其加入一个面，再次挤出，如图 8-65 所示。

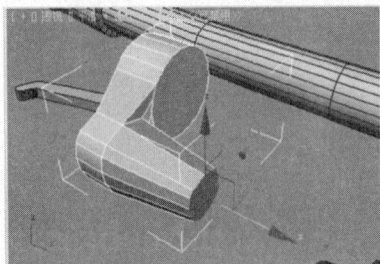

图8-64 制作倒角效果

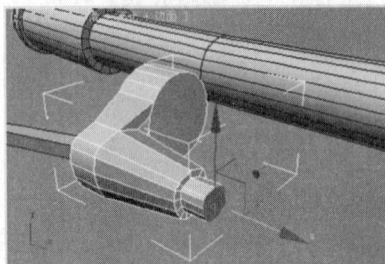

图8-65 制作倒角效果

33 将如图 8-66 所示两个物体合为一体,作为自行车的车轧,再将车轧【镜像】复制出另外一侧,如图 8-67 所示。

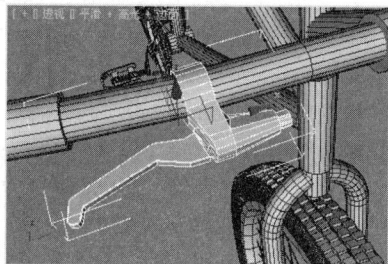

图8-66　将选择物体编组

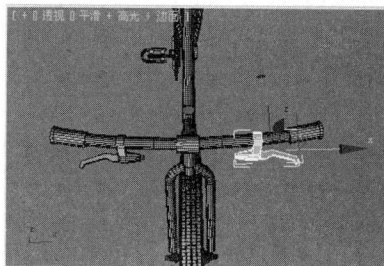

图8-67　镜像复制

34 变速器的制作。进入【创建】控制面板的◎【几何体】建立区域,单击 长方体 按钮,在顶视图建立一个长方体,如图 8-68 所示。进入◢【修改】命令面板,在 修改器列表 中选择【编辑多边形】命令,加线调整形状,单击⊡【顶点】子集按钮进入【顶点】子集中,将长方体调整如图 8-69 所示形状。

图8-68　绘制长方体

图8-69　编辑修改长方体

35 单击◢【边】子集按钮进入【边】子集中,选中外侧边界,使用 切角 □命令将边进行倒角处理,如图 8-70 所示。进入【创建】控制面板的◎【几何体】建立区域,单击 圆柱体 按钮,在前视图建立两个圆柱体,放置在如图 8-71 所示位置。

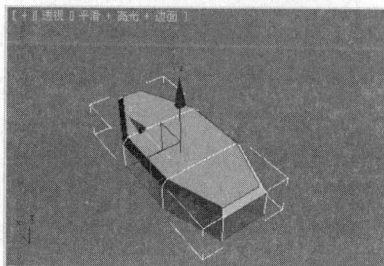

图8-70　将线段做切角效果

图8-71　绘制圆柱体

三
维
制
作
大
师

36 进入【创建】控制面板的◎【几何体】建立区域,单击 长方体 按钮,再在顶视图建立一个长方体,如图 8-72 所示。进入◢【修改】命令面板,在 修改器列表 中选择【编辑多边形】命令,加线调整形状,单击⊡【顶点】子集按钮进入【顶点】子集中,将长方体调整至如图 8-73 所示形状。

图8-72　绘制长方体

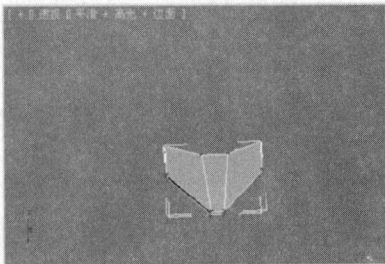

图8-73　调整长方体形状

37 在 [修改器列表] 中选择【涡轮平滑】命令，将其做光滑处理，如图 8-74 所示，依照同样的方法做出另一个类似图形，如图 8-75 所示。

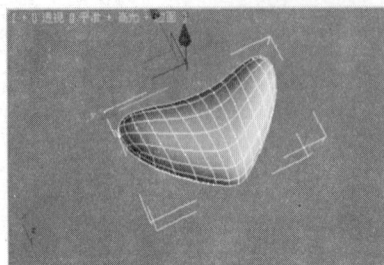

图8-74　加入光滑效果

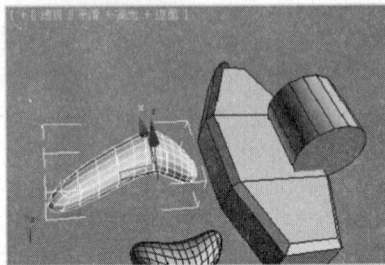

图8-75　制作变速杆

38 进入【创建】控制面板的 [○]【几何体】建立区域，单击 [圆柱体] 按钮，在前视图建立两个圆柱体，放置在如图 8-76 所示位置。将视图中的变速器组合成一组，并将其【镜像】复制出另一个放置另一侧，如图 8-77所示。

　　至此，自行车模型完成，最终效果如图8-78 所示。

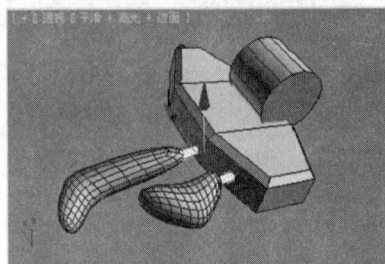

图8-76　绘制圆柱体

三
维
制
作
大
师

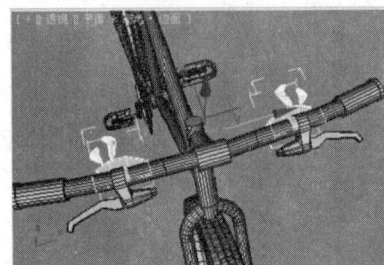

图8-77　镜像复制

图8-78　完整自行车模型

▶◯ 8.2　摩托车的制作

　　在这一节中，将学习利用编辑多边形命令结合其他常用命令，制作摩托车模型，图 8-79 所示为摩托车的效果图。

（1）编辑多边形命令的使用。

（2）其他常用命令的综合使用。

图8-79　最后渲染效果

实例场景：光盘＼效果＼第8章＼摩托车 max

操作步骤

01 制作轮胎。进入【创建】控制面板的　【图形】建立区域，单击　　　按钮，在顶视图中绘制车外圈橡胶部分的曲线，如图 8-80 所示。进入　【修改】命令面板，在 修改器列表 　中选择【车削】命令，调整旋转轴心的位置，得到如图 8-81 所示效果。

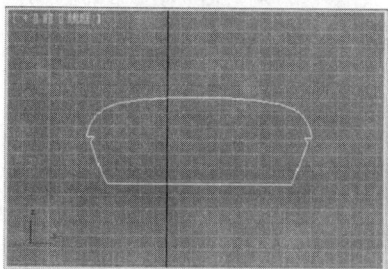

图8-80　绘制轮胎剖面图形

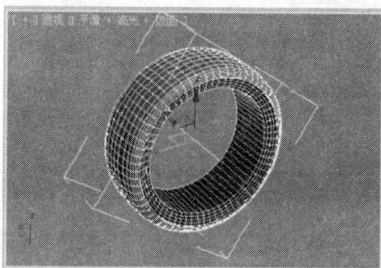

图8-81　加入车削命令

02 在顶视图中绘制车内圈龙骨部分的曲线，如图 8-82 所示。进入　【修改】命令面板，在 修改器列表 　中选择【车削】命令，调整轴心的位置，得到如图 8-83 所示效果。

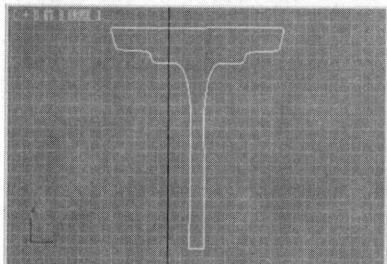

图8-82　绘制龙骨剖面图形

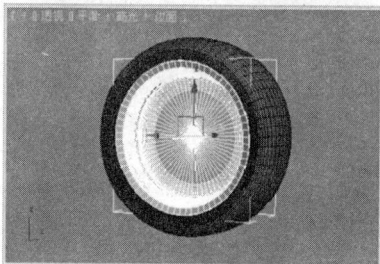

图8-83　加入车削命令

03 进入【创建】控制面板的 【图形】建立区域，单击 线 按钮，在顶视图中绘制车纹曲线，如图 8-84 所示（注意，此曲线是有一定弯曲程度的）。在 修改器列表 中选择【挤出】命令，得到如图 8-85 所示效果。

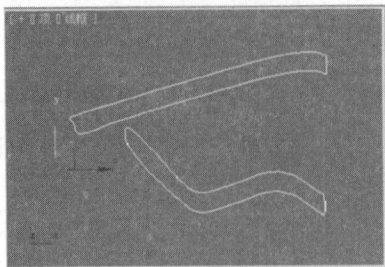

图8-84　车胎纹理曲线

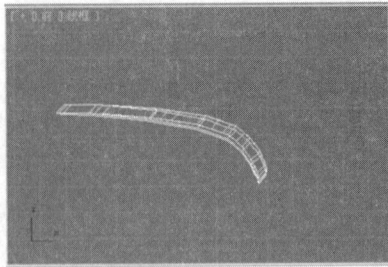

图8-85　挤出厚度

04 将车纹曲线的轴心对齐到车轮的中心处，使用 【旋转】工具将车纹旋转复制一圈，如图 8-86 所示。为其添加【编辑多边形】命令，使用 附加 命令将所有车纹结合成一体。运用布尔运算的方法，制作出轮胎上的花纹。选择轮胎，进入【创建】控制面板 中，在【标准基本体】下拉菜单中选择【复合对象】选项，选择 布尔 命令，单击 拾取操作对象B 按钮，拾取车纹，得到如图 8-87 所示的布尔物体。

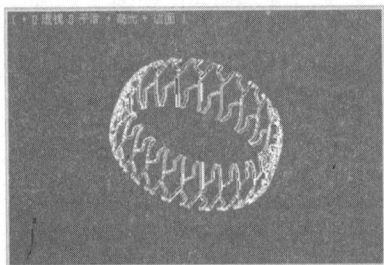

图8-86　旋转复制

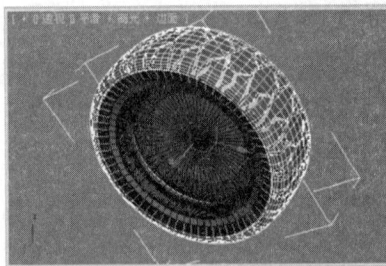

图8-87　布尔出带有纹理的车胎

05 在 修改器列表 中选择【编辑多边形】命令，单击 【边界】子集按钮进入【边界】子集中，选择所有边界，如图 8-88 所示。单击 挤出 命令右侧的设置按钮，适当【挤出高度】值，将边向里挤入一定深度，然后单击 封口 命令，将镂空的位置封口，如图 8-89 所示。

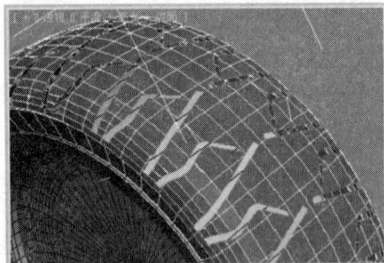

图8-88　选择边界

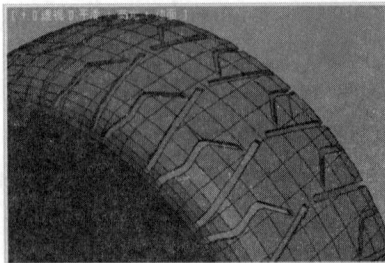

图8-89　挤入深度并封口

06 利用管状体的拼凑组合、圆柱体的布尔运算，制作出如图 8-90 所示车轴效果。摆放在如图 8-91 所示的位置。注意在车轮的另一侧也要镜像复制一个。前轮制作完毕。

07 后轮的制作。进入【创建】控制面板的 【图形】建立区域，单击 线 按钮，在顶视图中绘制曲线，如图 8-92 所示。进入 【修改】命令面板，在 修改器列表 中选择【车削】命令，

单击 最小 按钮，得到如图 8-93 所示效果。

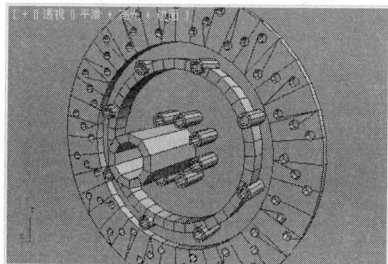

图8-90　车轴效果

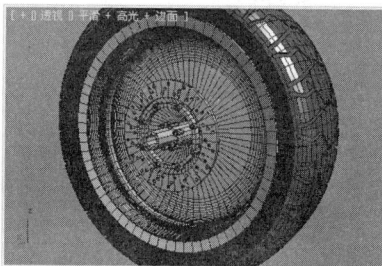

图8-91　确定车轴位置

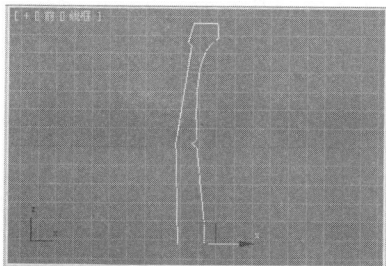

图8-92　绘制剖面图形

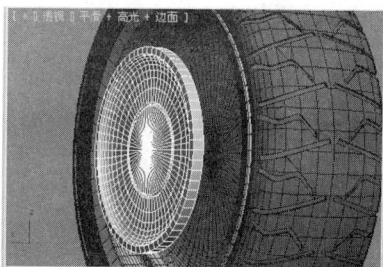

图8-93　加入车削命令

08 进入【创建】控制面板的 ⊙【图形】建立区域，单击 线 按钮，在左视图中绘制曲线，如图 8-94 所示。在 修改器列表 中选择【挤出】命令，制作出厚度，旋转复制出另外四个，得到如图 8-95 所示效果。

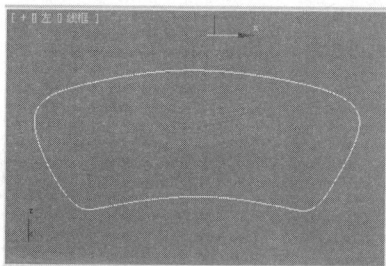

图8-94　绘制曲线

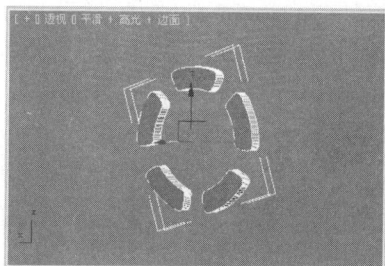

图8-95　挤出厚度并旋转复制

09 将此物体和步骤 7 中制作的物体布尔运算后，得到如图 8-96 所示效果。在左视图中建立一个管状体并复制七个，摆放位置如图 8-97 所示。

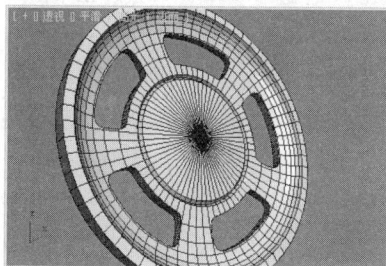

图8-96　制作布尔运算

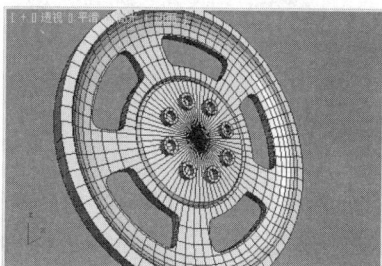

图8-97　绘制管状体

10 将步骤9制作的物体摆放至后车轮处，如图8-98所示位置。利用绘制线，然后挤出的方法，制作一个形状如图8-99所示的物体，摆放到后轮车轴的中间。

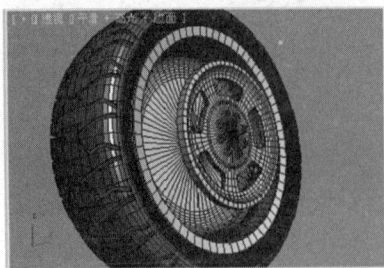

图8-98　调整位置

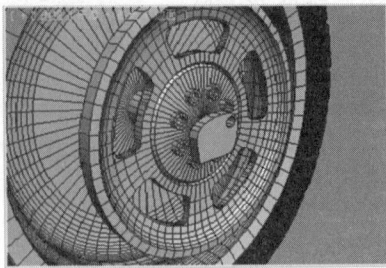

图8-99　挤出厚度

11 利用多边形建模的方法，制作一个螺丝，放置到后车轮车轴处，如图8-100所示。使用步骤7、8、9的方法制作出如图8-101所示的图形。

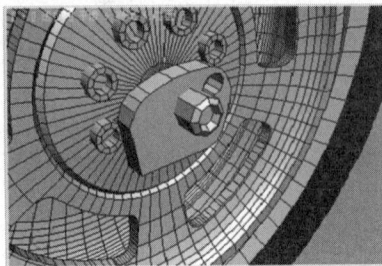

图8-100　制作螺丝

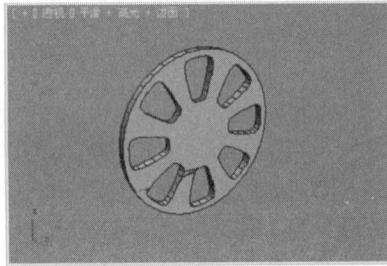

图8-101　建立布尔运算物体

12 将该图形复制摆放到前轮两侧以及后轮的右侧，藏于步骤6制作的图形后面，如图8-102所示。车盖的制作。进入【创建】控制面板的 【几何体】建立区域，在顶视图中建立一个长方体，如图8-103所示。

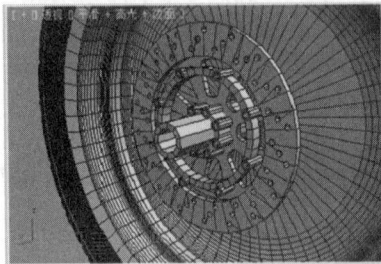

图8-102　调整位置

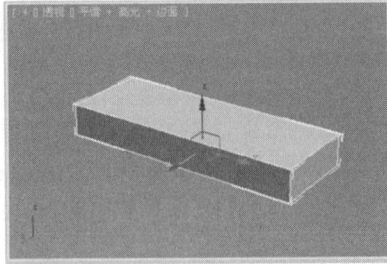

图8-103　绘制长方体

13 在 修改器列表 中选择【编辑多边形】命令，利用 连接 命令加入几条线，然后进入顶点子集中，调整顶点位置，将形状调整至如图8-104和图8-105所示。

14 在 修改器列表 中选择【网格平滑】命令，做光滑处理，效果如图8-106所示。进入【创建】控制面板的 【图形】建立区域，单击 线 按钮，在前视图中绘制曲线，如图8-107所示。

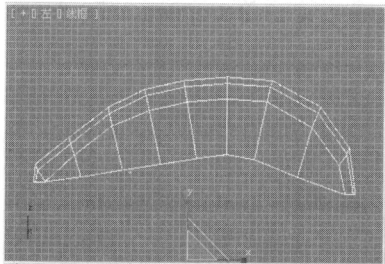

图8-104　调整长方体形状

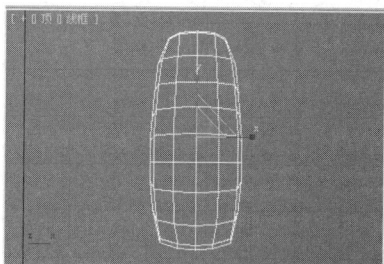

图8-105　调整长方体形状

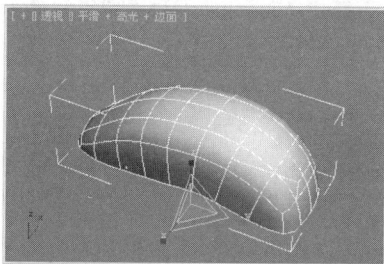

图8-106　加入网格光滑效果

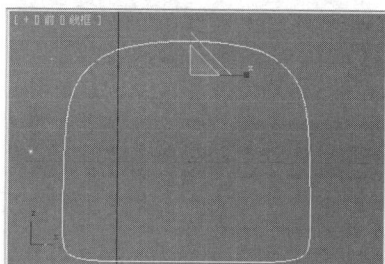

图8-107　绘制曲线

15 选择曲线，在 修改器列表 中选择【挤出】命令，将其挤出一定厚度，摆放至如图 8-108 所示的位置。选择车盖，利用布尔运算的方法将车盖挖洞，得到如图 8-109 所示的效果。

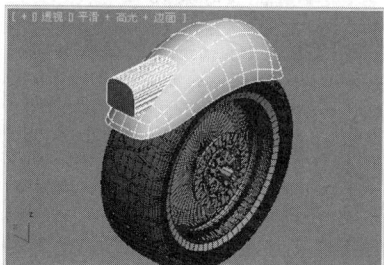

图8-108　挤出厚度并调整位置

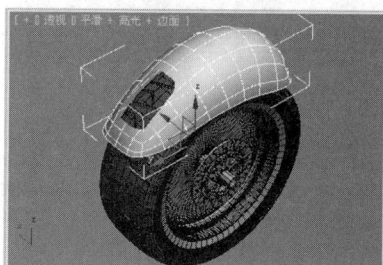

图8-109　制作布尔运算

16 选中布尔后的车盖，在 修改器列表 中选择【编辑多边形】命令，单击 边界子集按钮进入边界子集中，选择布尔后的边界，如图 8-110 所示。单击 挤出 命令右侧的设置按钮，适当【挤出高度】值，将边界向内挤入一点，如图 8-111 所示。

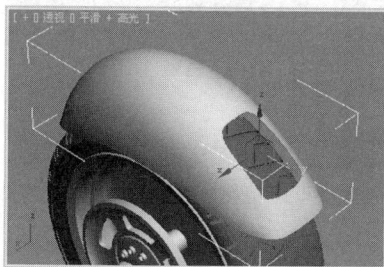

图8-110　选择边界

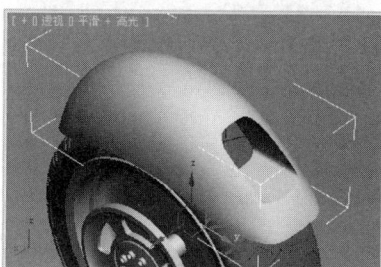

图8-111　挤出边界

三
维
制
作
大
师

17 车灯的制作。进入【创建】控制面板的 ◎【几何体】建立区域，在顶视图中建立一个长方体，适量设置分段数，如图 8-112 所示。在 [修改器列表 ▼] 中选择【编辑多边形】命令，单击 ⋮ 【顶点】子集按钮进入【顶点】子集中，调整形状如图 8-113 所示。

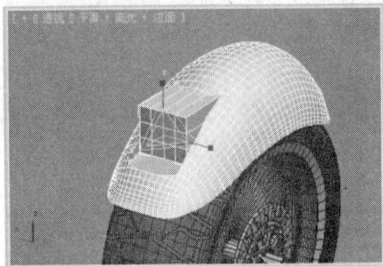

图 8-112　绘制长方体

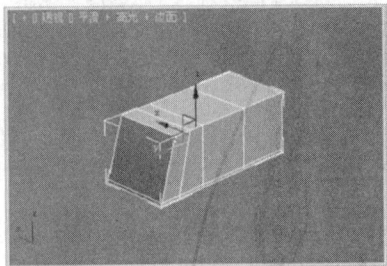

图 8-113　调整长方体形状

18 在 [修改器列表 ▼] 中选择【网格平滑】命令，为其做光滑效果，效果如图 8-114 所示。车座的制作。进入【创建】控制面板的 ◎【几何体】建立区域，在顶视图建立一个长方体，如图 8-115 所示。

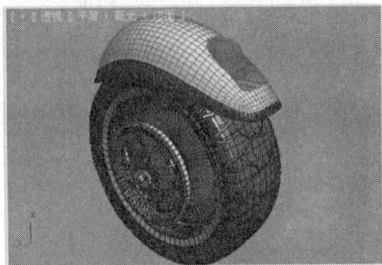

图 8-114　为长方体加入光滑效果

图 8-115　绘制长方体

19 在 [修改器列表 ▼] 中选择【编辑多边形】命令，利用 [连接 □] 命令加入几条线，然后进入顶点子集中，调整顶点位置，将形状调整至如图 8-116 所示效果。在 [修改器列表 ▼] 中选择【网格平滑】命令，做光滑处理，如图 8-117 所示。

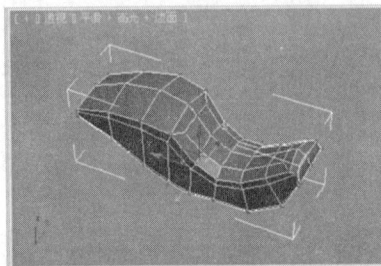

图 8-116　编辑长方体形状

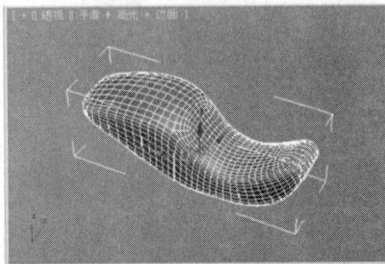

图 8-117　编辑长方体形状

20 单击 ■【多边形】子集按钮进入【多边形】子集中，选择如图 8-118 所示的面。单击 [挤出 □] 命令右侧的设置按钮，适当【挤出高度】值，将面向外挤出一点，如图 8-119 所示。

21 油箱的制作。进入【创建】控制面板的 ◎【几何体】建立区域，在顶视图建立一个长方体，如图 8-120 所示。在 [修改器列表 ▼] 中选择【编辑多边形】命令，利用 [连接 □] 命令加入几条线，然后进入顶点子集中，调整顶点位置，将形状调整至如图 8-121 所示效果。

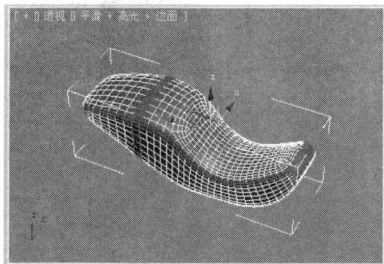

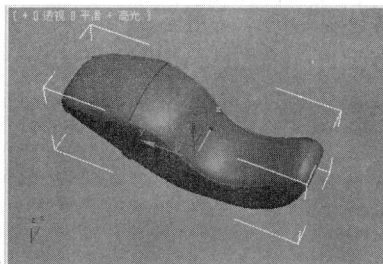

图8-118　选择面　　　　　　　　　　图8-119　挤出选择面

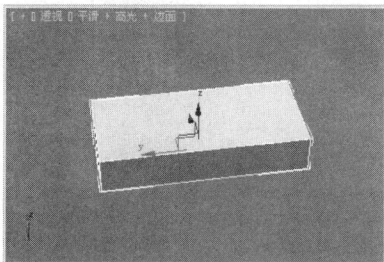

图8-120　绘制长方体　　　　　　　　图8-121　调整长方体形状

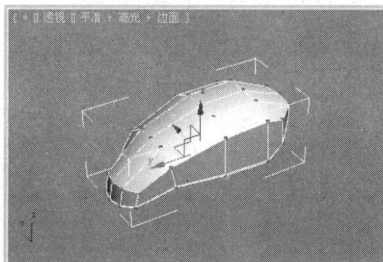

22 在 修改器列表 中选择【网格平滑】命令，将油箱做光滑处理，效果如图 8-122 所示。进入【创建】控制面板的 【几何体】建立区域，单击 圆柱体 按钮，在顶视图中建立六个圆柱体，调整位置如图 8-123 所示。

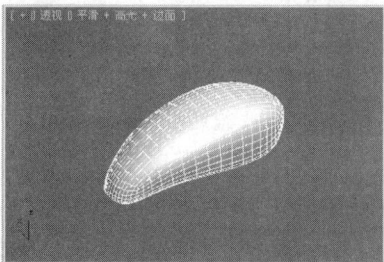

图8-122　加入光滑命令　　　　　　　图8-123　绘制圆柱体

23 进入【创建】控制面板的 【几何体】建立区域，单击 圆柱体 按钮，在圆柱体顶端再绘制两个圆柱体，进入 修改器列表 中选择【编辑多边形】命令，单击 【顶点】子集按钮进入【顶点】子集中，调整圆柱体形状，如图 8-124 所示。摆放至如图 8-125 所示位置。

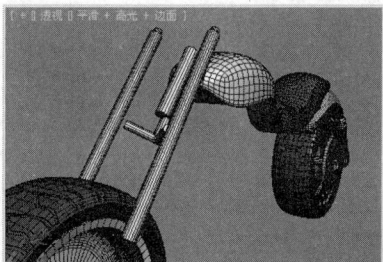

图8-124　绘制圆柱体并调整形状　　　图8-125　调整位置

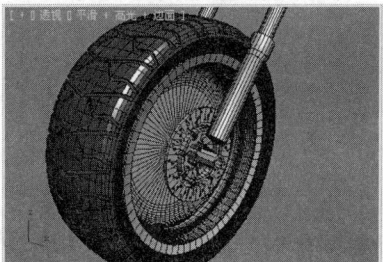

三维制作大师

24 进入【创建】控制面板的 ◎【几何体】建立区域，在顶视图建立一个长方体，调整形状、位置，如图 8-126 所示。发动机组的制作。进入【创建】控制面板的 ⃝【图形】建立区域，单击 ▭ 战 按钮，在前视图中绘制曲线，如图 8-127 所示。

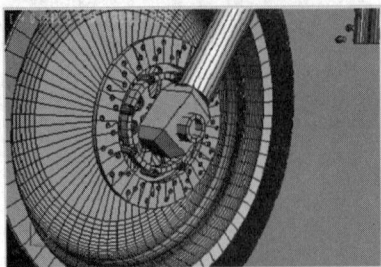

图8-126　绘制长方体并调整形状

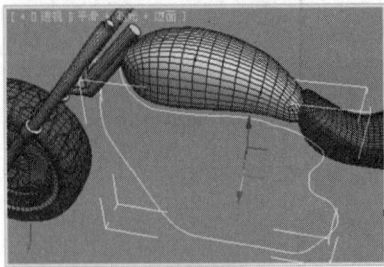

图8-127　绘制曲线

25 进入【修改】命令面板中，打开【渲染】卷展栏，勾选【在视图中启用】命令，调整【厚度】值，将线调整为可渲染状态。使用 ▦ 镜像复制出另一侧。将两个曲线端点处连接起来，如图 8-128 所示。进入【创建】控制面板的 ◎【几何体】建立区域，单击 ▭圆柱体 按钮，在顶视图中建立一个圆柱体并复制到对称一面，位置如图 8-129 所示。

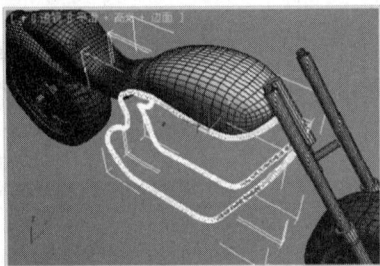

图8-128　将线调整为可渲染

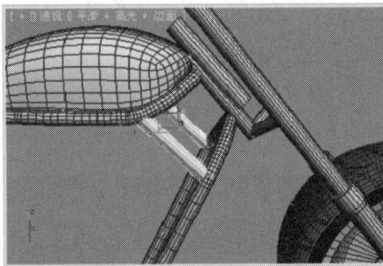

图8-129　绘制圆柱体并复制

三
维
制
作
大
师

26 进入【创建】控制面板的 ◎【几何体】建立区域，在顶视图建立一个长方体，位置大小如图 8-130 所示。在 修改器列表 中选择【编辑多边形】命令，利用 连接 ▫ 命令加入几条线，然后进入【顶点】子集中，调整【顶点】位置，并将边线做切角效果，如图 8-131 所示。

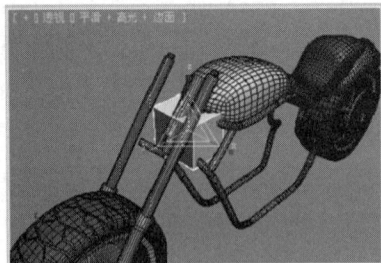

图8-130　绘制长方体

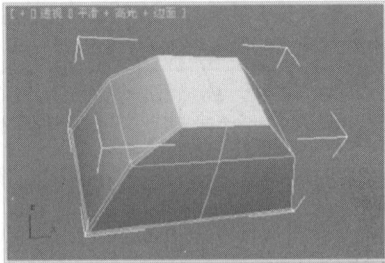

图8-131　编辑长方体

27 在 修改器列表 中选择【网格平滑】命令，做出光滑效果，如图 8-132 所示。进入【创建】控制面板的 ⃝【图形】建立区域，单击 矩形 按钮，在左视图中绘制一个矩形，适量调整圆角值，得到一个圆角矩形，将该矩形复制五份，如图 8-133 所示。

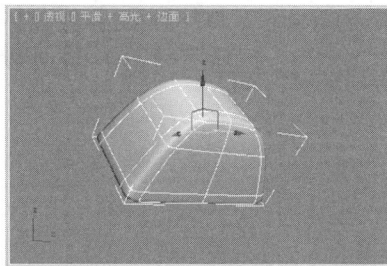

图8-132 加入光滑效果

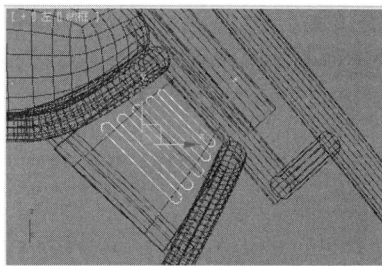

图8-133 绘制矩形并复制

28 将这些圆角矩形使用【附加】命令结合到一起，在 修改器列表 中选择【挤出】命令，得到如图 8-134 所示效果。选择步骤 26 的物体，进入 创建控制面板，在【标准基本体】下拉菜单中选择【复合对象】选项，单击布尔命令，与挤出的圆角矩形做布尔运算效果，如图 8-135 所示。

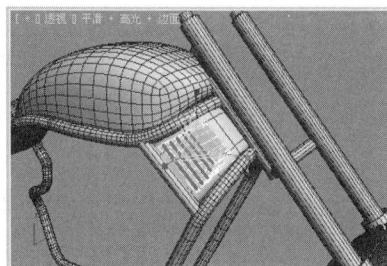

图8-134 挤出厚度

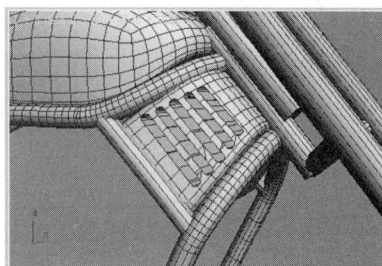

图8-135 制作布尔运算

29 进入【创建】控制面板的 【图形】建立区域，单击 线 按钮，在前视图中绘制一条曲线，如图 8-136 所示。同理，再绘制出如图 8-137 所示的线。

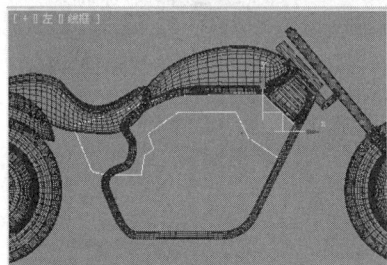

图8-136 绘制曲线

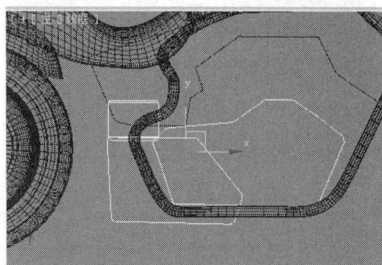

图8 137 绘制曲线

30 在 修改器列表 中选择【挤出】命令，如图 8-138 所示。进入【创建】控制面板的 【图形】建立区域，单击 矩形 按钮，在左视图中制一个矩形，并适量调整圆角值，得到一个圆角矩形，如图 8-139 所示。

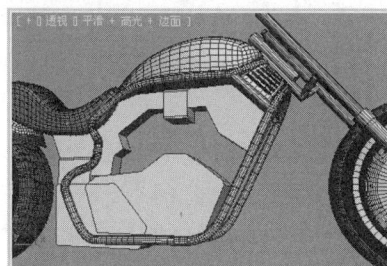

图8-138 挤出厚度

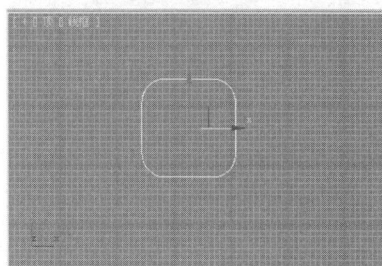

图8-139 绘制圆角矩形

31 在 修改器列表 中选择【挤出】命令，复制并逐步缩小，得到如图 8-140 所示效果。再次向下复制，并不断调整薄厚，为其添加【编辑多边形】命令，然后使用【附加】命令将它们合为一体，如图 8-141 所示。

图8-140 挤出厚度并缩小复制

图8-141 挤出厚度并缩小复制

32 进入【创建】控制面板的 ○【几何体】建立区域，单击 圆柱体 按钮，在顶视图中建立一个圆柱体，沿 X 轴压扁一点，并复制一个到另外一面，位置如图 8-142 所示。使用布尔运算的命令得到如图 8-143 所示效果。

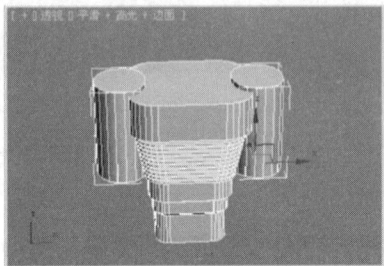

图8-142 绘制圆柱体

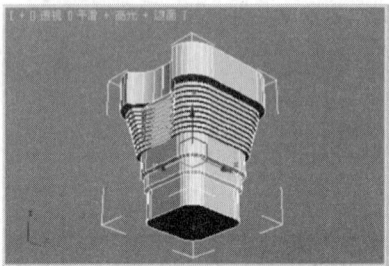

图8-143 制作布尔运算

33 进入【创建】控制面板的 ○【几何体】建立区域，使用 圆柱体 和 长方体 命令，拼凑制作成如图 8-144 所示物体。将其摆放至如图 8-145 所示位置。

三维制作大师

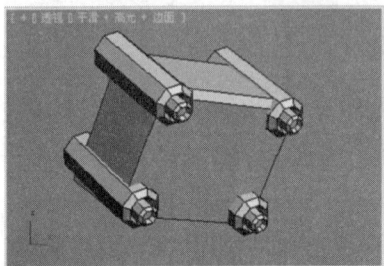

图8-144 绘制编辑长方体圆柱体

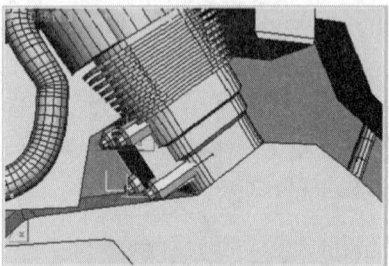

图8-145 调整位置

34【镜像】复制出另一个模型，如图 8-146 所示。进入【创建】控制面板的 ♧【图形】建立区域，单击 线 按钮，在前视图中绘制曲线，如图 8-147 所示。

35 在 修改器列表 中选择【挤出】命令，如图 8-148 所示。进入【创建】控制面板的 ○【几何体】建立区域，使用 圆柱体 和 长方体，拼凑建立如图 8-149 所示物体。

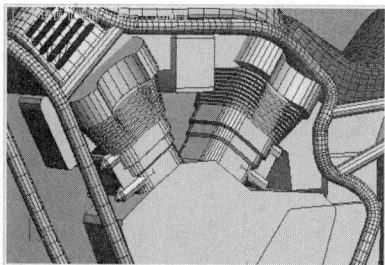

图8-146　镜像复制对象

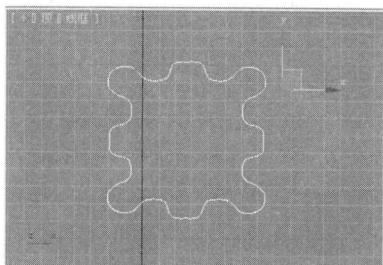

图8-147　绘制曲线

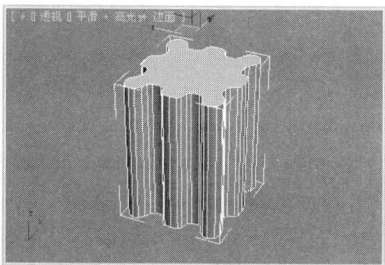

图8-148　挤出厚度

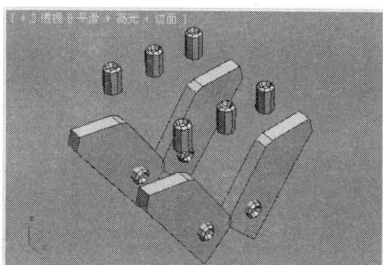

图8-149　绘制编辑长方体圆柱体

36 将此两个物体分别摆放在如图 8-150 和图 8-151 所示位置。

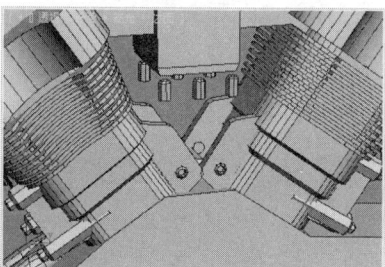

图8-150　调整位置

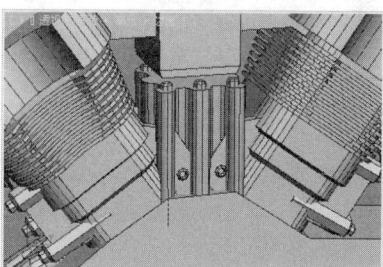

图8-151　调整位置

37 进入【创建】控制面板的 ⊙ 【几何体】建立区域，单击 ▭圆柱体 按钮，在左视图中建立一个圆柱体，【端面分段】为 6，边数为 24，如图 8-152 所示。进入【修改】命令面板中，在 `修改器列表 ▾` 中选择【编辑多边形】命令，单击 ▣ 【多边形】子集按钮进入【多边形】子集中，选择如图 8-153 所示的面。

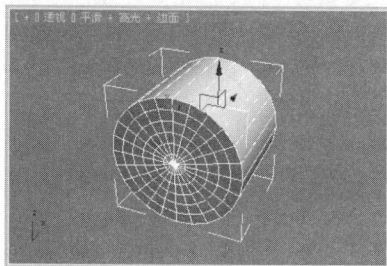

图8-152　绘制圆柱体

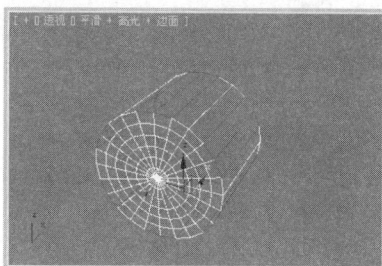

图8-153　选择面

38 运用【倒角】命令将选中面向外挤出一点并倒角，如图 8-154 所示。然后利用【软选择】的方法，将中心的点向外移出一点，使其看起来有凸起感，如图 8-155 所示。

三
维
制
作
大
师

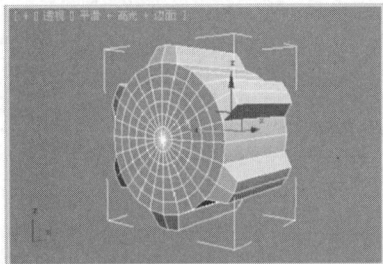

图8-154　挤出并倒角　　　　　　　　图8-155　调整形状

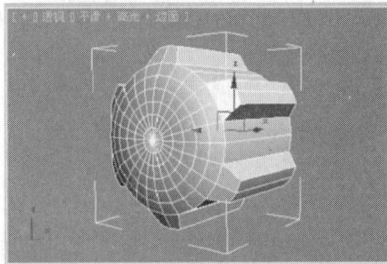

39 进入【创建】控制面板的 ◎【几何体】建立区域，单击 圆柱体 、 管状体 按钮，通过编辑多边形的方法，制作六个螺丝，位置摆放如图8-156所示。将该物体摆放在摩托车的如图8-157所示的位置，另一侧也要镜像复制一份该模型。

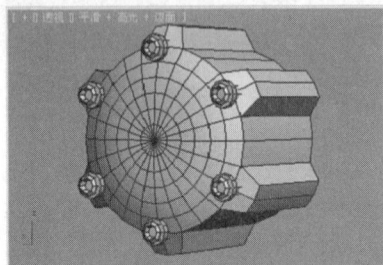

图8-156　制作螺丝　　　　　　　　图8-157　调整位置

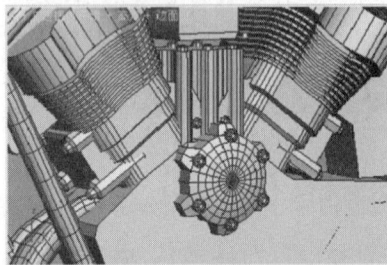

40 使用线的可渲染性和圆柱体创建出如图8-158所示形状。摆放在如图8-159所示位置。

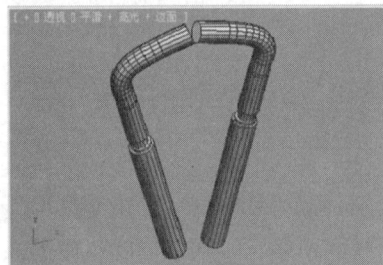

图8-158　绘制图形　　　　　　　　图8-159　调整位置

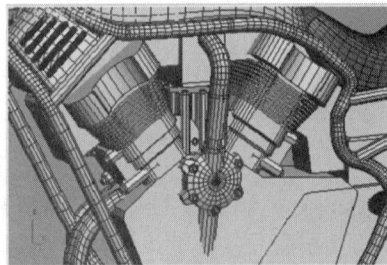

41 利用多边形建模法，创建出如图8-160所示的几个模型，并摆放到相应位置。再次创建两个长方体，通过多边形建模法，添加光滑处理之后，得到如图8-161所示的红色线框显示的两个模型，摆放到正确位置。

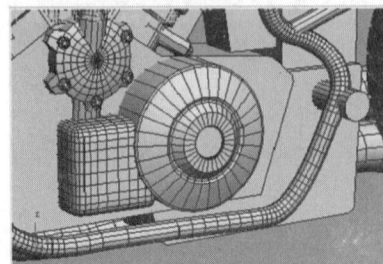

图8-160　绘制对象　　　　　　　　图8-161　绘制对象

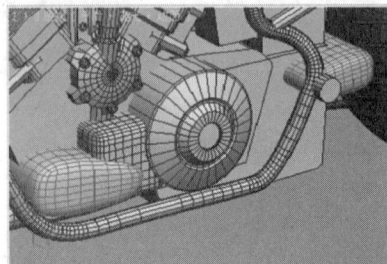

三
维
制
作
大
师

42 排气管的制作。进入【创建】控制面板的 【图形】建立区域，单击 线 按钮，绘制一条排气管曲线，如图 8-162 所示为左视图效果，如图 8-163 所示为顶视图效果。

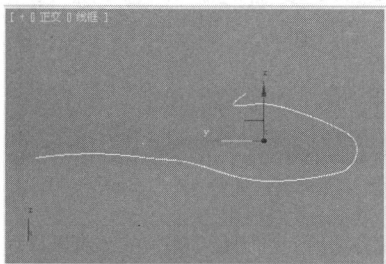

图8-162　绘制曲线

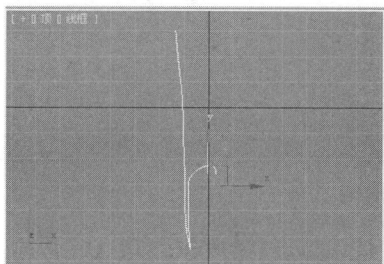

图8-163　绘制曲线

43 进入【修改】命令面板，打开【渲染】卷展栏，勾选【在视图中启用】选项，适当调整【厚度】，将线调整为可渲染，如图 8-164 所示。进入 修改器列表 中选择【编辑多边形】命令，调整形状，如图 8-165 所示。

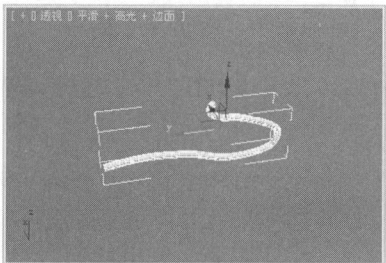

图8-164　调整线为可渲染

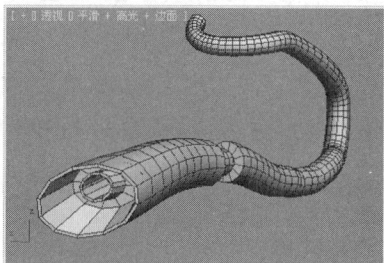

图8-165　编辑形状

44 将排气管摆放到摩托车的右侧，向下再复制一个排气管并稍微调整形状，如图 8-166、图 8-167 所示。

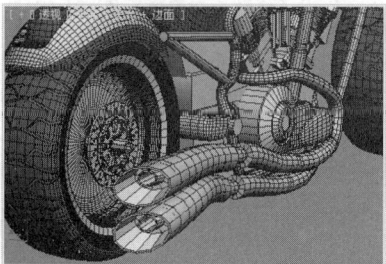

图8-166　复制排气管并调整形状

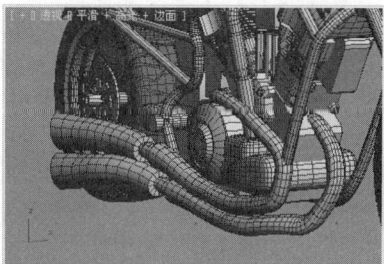

图8-167　调整排气管形状

45 利用圆柱体和螺旋线可渲染的方法制作出摩托车的减震支架，如图 8-168 所示。将其摆放在如图 8-169 所示的位置，另外一侧也要镜像复制一份。

46 进入【创建】控制面板的 【几何体】建立区域，单击 圆柱体 按钮，在左视图中建立两个圆柱体，摆放位置如图 8-170 所示，摩托车的另外一侧也要镜像复制一份。前车轮盖的制作。进入【创建】控制面板的 【几何体】建立区域，单击 平面 命令，在顶视图中创建一个平面体，如图 8-171 所示。

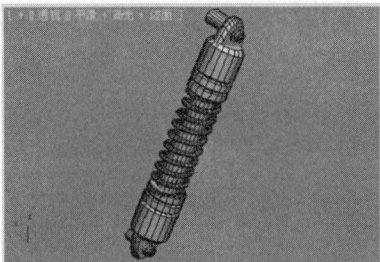

图 8-168 制作减震支架

图 8-169 调整位置

图 8-170 绘制圆柱体

图 8-171 创建平面

47 进入【修改】命令面板，在 修改器列表 中选择【编辑多边形】命令，加线调整形状，如图 8-172 所示。继续加线调整形状，如图 8-173 所示。

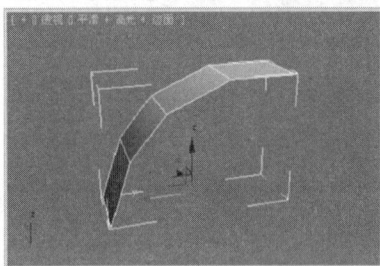

图 8-172 调整平面形状

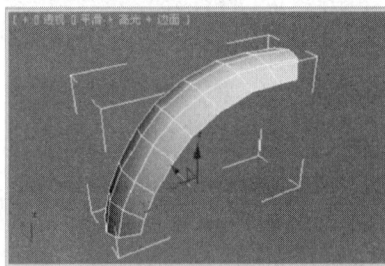

图 8-173 调整平面形状

48 单击 【多边形】子集按钮进入【多边形】子集中，选中所有面单击【插入】命令，向里面加一个面，如图 8-174 所示。将边缘面用【挤出】命令向上挤出一点，如图 8-175 所示。

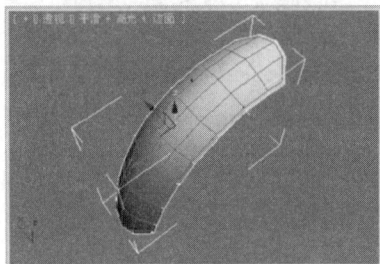

图 8-174 插入选择面

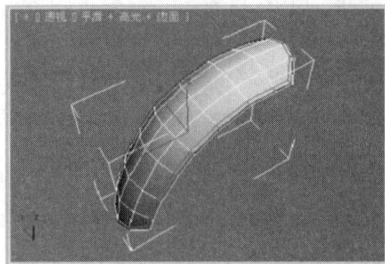

图 8-175 挤出选择面

49 在 修改器列表 中选择【网格平滑】命令，做光滑处理，效果如图 8-176 所示。进入【创建】控制面板的 【图形】建立区域，单击 线 按钮，在顶视图中绘制曲线，如图 8-177 所示。

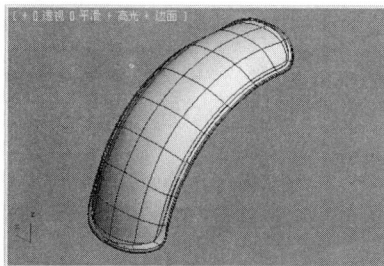

图8-176　加入光滑命令

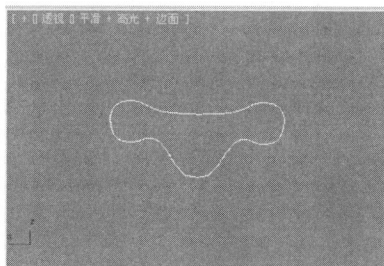

图8-177　绘制曲线

50 在 修改器列表 中选择【挤出】命令，挤出一定的高度，向下复制一份，摆放在如图 8-178 所示位置。进入【创建】控制面板的 【几何体】建立区域，单击 圆柱体 按钮，在顶视图见建立一个圆柱体，进入 修改器列表 中选择【编辑多边形】命令，调整形状如图 8-179 所示。

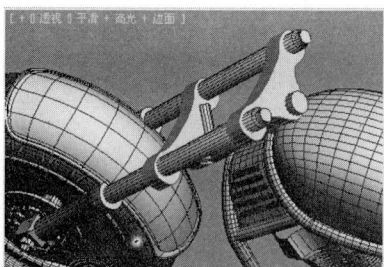

图8-178　挤出厚度并复制

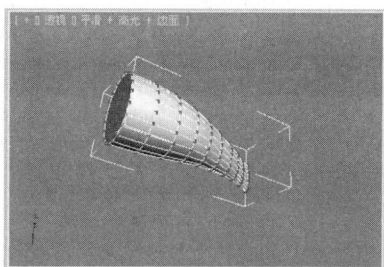

图8-179　绘制编辑圆柱体

51 再复制一份步骤 50 绘制的图形，调整形状，将两个图形一起摆放在如图 8-180 所示位置。车把的制作。在顶视图中建立一条如图 8-181 所示的线。

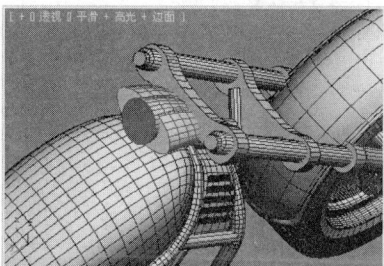

图8-180　绘制对象

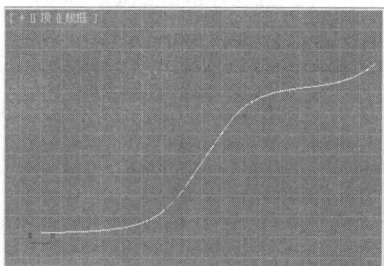

图8-181　绘制曲线

52 打开【渲染】卷展栏，勾选【在视图中启用】命令，调整【厚度】值，将线调整为可渲染，如图 8-182 所示。用圆柱体和长方体组合制作出如图 8-183 所示的把手。

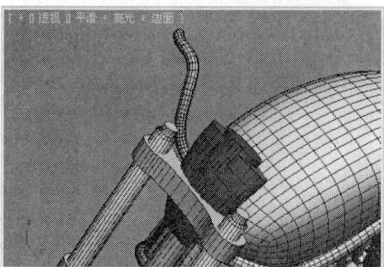

图8-182　为线加入可渲染

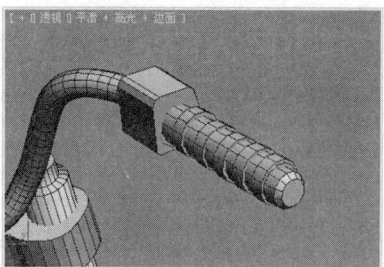

图8-183　制作把手

53 分别创建圆柱和球体，通过多边形建模法制作出如图 8-184 所示各个物体。利用线的可渲染和球体，通过多边形建模法制作出后视镜，效果如图 8-185 所示。

图8-184　绘制编辑圆柱体

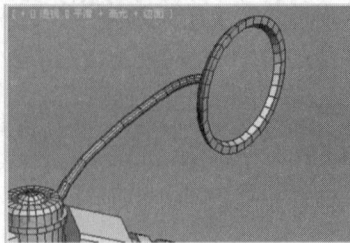

图8-185　制作后视镜

54 镜像复制出另一侧的车把，如图 8-186 所示。利用圆柱体，通过多边形建模法制作车灯，如图 8-187 所示。

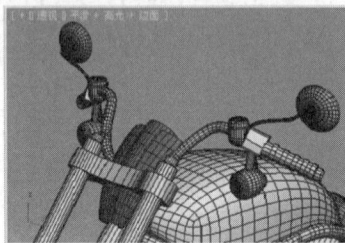

图8-186　镜像复制车把

图8-187　绘制编辑圆柱体

55 车灯灯罩的制作，进入【创建】控制面板的 ○【几何体】建立区域，单击 圆柱体 按钮，在顶视图中建立一个圆柱体，进入 修改器列表 中选择【编辑多边形】命令，单击 ■【多边形】子集按钮进入【多边形】子集中，删除一半面后调整形状，如图 8-188 所示。在 修改器列表 中选择【网格平滑】命令，将灯罩做光滑处理，摆放至如图 8-189 所示位置。

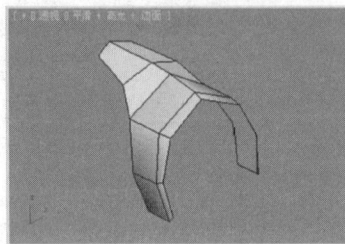

图8-188　绘制编辑圆柱体

图8-189　加入光滑效果

至此，摩托车制作完毕，整体效果如图 8-190、图 8-191 所示。

图8-190　摩托车最终效果

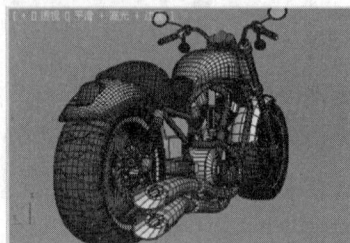

图8-191　摩托车最终效果

▶ 8.3　本章小结

本章对之前学习的所有建模方法的综合使用做出了专门的练习，自行车与摩托车两个实例的制作稍有难度，要求初学者必须对复杂模型进行认真拆分，逐个对模型的结构认真剖析，找出最快最准确的建模方法来创建模型。

▶ 8.4　习题

（1）综合运用 3ds Max 中的各种建模命令，制作如图 8-192 所示的楼房。

图8-192　楼房模型

（2）综合运用 3ds Max 中的各种建模命令，制作如图 8-193 所示的机车模型。

图8-193　机车模型

"十二五" 全国高校数字艺术与平面设计专业
骨干课程权威教材系列

- 中文版Photoshop CS5影像制作精粹
- 中文版CorelDRAW X5矢量图形绘制
- 中文版AutoCAD 2010辅助绘图基础
- 中文版CorelDRAW X5平面设计典型实例
- 中文版Photoshop CS5图像处理典型实例

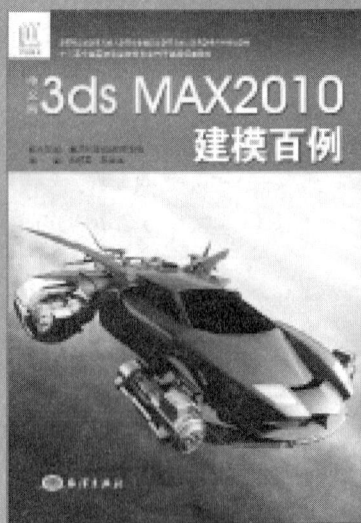

"十二五" 全国高校动漫游戏专业
骨干课程权威教材系列

- 中文版3ds Max2010模型、材质、渲染、动画完全讲座
- 中文版3ds Max2010从入门到精通
- 中文版3ds Max2010建模百例
- 中文版Premiere Pro CS5非线性编辑
- 中文版After Effects CS5影视特效设计